混合资料同化

张卫民　陈　妍　刘柏年　朱孟斌　王品强　等◎著

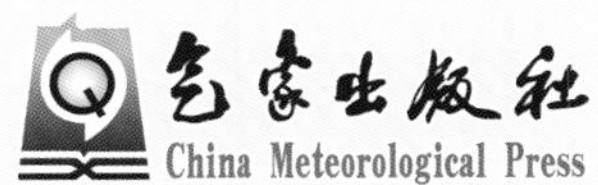

内 容 简 介

本书是一本关于混合资料同化理论与实践相结合的著作。从资料同化基础知识出发，由浅入深，系统论述了从经典资料同化到混合资料同化的发展历程，阐述了集合变分混合、集合粒子滤波混合、粒子滤波变分混合三大类混合资料同化的设计思想、当前发展状况和大量试验结果，最后概述了混合资料同化未来发展的前沿问题和发展趋势。本书内容既全面也很深入，不仅可以作为研究生的教材，更能为从事数值预报领域的研究人员提供最前沿的研究成果。

图书在版编目（CIP）数据

混合资料同化 / 张卫民等著. -- 北京 : 气象出版社, 2022.4
ISBN 978-7-5029-7611-8

Ⅰ. ①混… Ⅱ. ①张… Ⅲ. ①气候资料－分析 Ⅳ. ①P468

中国版本图书馆CIP数据核字(2021)第244466号

审图号：GS(2022)1085 号

混合资料同化
Hunhe Ziliao Tonghua

出版发行：气象出版社
地　　址：北京市海淀区中关村南大街 46 号　邮政编码：100081
电　　话：010-68407112(总编室)　010-68408042(发行部)
网　　址：http://www.qxcbs.com　E-mail：qxcbs@cma.gov.cn
责任编辑：隋珂珂　终　　审：吴晓鹏
责任校对：张硕杰　责任技编：赵相宁
封面设计：艺点设计
印　　刷：北京地大彩印有限公司
开　　本：787 mm×1092 mm　1/16　印　　张：21.75
字　　数：580 千字
版　　次：2022 年 4 月第 1 版　印　　次：2022 年 4 月第 1 次印刷
定　　价：245.00 元

序一

人类生活在地球环境之中，为了生活的需要和发展，必须了解认识地球环境的状态及其随时间的变化。例如，我们需要认识地球大气状态及其随空间和时间的变化，就采取了多种方法进行观测，由此积累了大量数据，可称之为“观测数据库”。此外，人们也能按已掌握的科学规律，例如物理、化学的定律做推断计算，由此及彼，由已知的观测资料推断出所未曾有的，这又产生了大量的数据，于是人们拥有多种数据，甚至所谓海量的“大数据”。特别是人们很需要天气预报。天气由大气状态的基本物理量组成，人们可以利用每天的气象资料作为“初始条件”，应用计算数学的方法求解大气动力学方程组，算出此后一天或一定时段内的天气，即数值天气预报，于是长期积累起来，又有了一套“历史预报数据库”。不过，无论是“观测数据库”，还是按理论推断计算出的数据库，特别是预报数据库，都是不完整的和含有误差的。地球三分之二的表面为海洋，在那里，除海岛外，难以进行实地气象观测，可见早期的天气观测资料极不完整，从而没有准确和完整的初始场，全球数值天气预报也就极不完整和误差颇大。即使今天有了气象卫星等观测到的大量遥感资料，但大多数只能间接推算出大气状态的基本物理量，地区也有一定局限，观测数据仍然是很不完整和有不小误差的。但是“观测数据库”和非实测产生的数据库例如“历史预报数据库”都是很宝贵的，两者可以相互参证和互补。如何利用这两者产生更全面的和误差更小的数据，做到对客观事物的更好认知，特别是为全球数值天气预报提供更接近实况的初始场，这便是一个非常重要的兼具理论研究和业务实用意义的研究大方向了。这就是将各种资料融合在一起的科学，称为“资料融合”或“资料同化”的理论方法。可知，它是各有关科学和数学深度交叉融合所产生的结果。

说到数值天气预报，20 世纪 70 年代世界很多国家已进行业务使用，但严重受制于没有较准确的初始场，使预报水平无法提高，于是除致力于数值天气预报模式和计算方法的提高外，催生出并大大加强了与产生较好初始场相关联的资料的时空同化研究。20 世纪 90 年代就已有了基于统计误差理论上的统计最优估值方法、时空四维变化同化方法（另一种最优估值方法），以及二者的结合。这样一来，天气预报不仅可以覆盖全球，甚至满足一定精度要求的预报现在已可达到七天以上。

目前，数值天气预报模式和四维资料同化已成为数值预报的两大核心技术，而且资料同化也迅速和广泛地推广于海洋、陆面过程、水文过程、土壤水分和碳循环、空间天气等的研究和预报或其他业务之中，而将观测和预报两种数据融合做出的所谓“再分析”资料已成为可大规模使用的宝贵资料了。

当前在业务和研究中占主流地位的资料同化方法包括四维变分、集合卡尔曼滤波、粒子滤波等，这些资料同化方法各有优缺点，单纯一种方法亦难以满足数值预报模式对资料同化越来越高的要求。从 21 世纪初开始，国际上尝试将不同资料同化方法进行有机组合，取长补短，形成了混合资料同化方法。

我国在 20 世纪受制于没有足够强大的巨型计算机，相应的，我国的数值天气预报业务起步较晚，比较落后。可喜的是，在 21 世纪我们的超级计算机和计算机科学有了长足的进步，这同时也促进了我国的数值天气预报和资料同化研究的快速发展，已可和世界同行并驾齐驱了。

这里应该指出，数学科学出身的张卫民教授领导其团队在我国较早地开展了大气和海洋资料同化研究工作，硕果累累，为我国的数值天气预报业务系统作出了杰出贡献，特别是，提出了局地加权集合卡尔曼滤波和隐式等权重粒子平滑等混合资料同化方法。张卫民教授还指导他的学生一起完成了《集合资料同化及背景误差方差滤波方法研究》《非线性资料同化关键问题研究》《局地加权集合卡尔曼滤波方法及其应用》《粒子滤波和四维变分混合资料同化方法研究》等多篇很有价值的博士学位论文，既培养了资料同化研究人才，又做出了创新研究工作。

本书的大部分内容就是由张卫民教授研究团队在混合资料同化方面的研究成果汇编而成。但是为了完整性，也从资料同化基础知识出发，由浅入深，逐一介绍从经典资料同化方法到混合资料同化方法的发展历程，而核心章节（第 3 至 5 章）则详细介绍三种混合资料同化方法的理论体系和数值试验，第 6 章更指出混合资料同化未来发展的前沿问题和发展趋势。

本书既全面也很深入，不仅可以作为研究生的教材，更能为从事数值预报和资料同化领域的研究和业务人员提供最前沿的研究成果知识。

我粗读了这本著作，虽未全部读通，已颇感受益匪浅，对该领域豁然开朗。故乐于写此序作为推介。

最后指出一点，由于该领域是十足的浓厚数学味，建议不是数学专业出身的读者，最好同时参考有关概率论、统计估值和变分法等的有关教科书“细细咀嚼”，会更觉“饶有滋味”。

曾庆存*

2021 年 5 月于北京

* 曾庆存，中国科学院院士。

序二

资料同化是数值预报系统不可或缺的核心组成部分，至今经历了七十多年的发展。20世纪50年代出现了早期的资料同化方法，这些方法缺乏严谨的理论基础，都是经验分析方法，无法充分利用模式和观测资料的误差统计信息，也无法利用模式的时空演变信息，因而在实际数值预报中并没有得到广泛应用。直到20世纪60年代初，提出了基于统计估计理论的最优插值方法，在20世纪80年代至90年代初被各业务预报中心普遍采用，目前仍然在继续使用该方法。20世纪70年代开发了基于控制理论的变分方法和基于最小方差理论的卡尔曼滤波方法。20世纪90年代中期，在卡尔曼滤波方法的基础上结合随机采样理论，出现了集合卡尔曼滤波方法。而基于顺序重要性采样理论的粒子滤波方法直到2005年才首次被应用于资料同化领域。

混合资料同化方法能够结合各类纯同化方法的优势，近年来已经成为资料同化中最活跃的前沿研究领域之一。集合变分混合同化方法的最初尝试始于1999年并在国际各大业务中心沿用至今，如英国气象局、欧洲中期天气预报中心、美国国家海洋和大气管理局环境预报中心以及美国大气研究中心等。由于粒子滤波方法发展较晚，目前集合—粒子混合方法和变分-粒子混合方法尚未正式业务化应用，亟待学者和研究人员进一步探索和发展。

本书是一本关于混合资料同化的理论与实践相结合的著作，系统地论述了资料同化方法从纯方法到混合方法的理论发展及其应用实现，为读者详细描述了混合资料同化方法的整体框架，引用了大量试验结果，不仅参考了大量的经典文献，还引述了近十年发表的许多研究前沿文献，并尽可能概括了混合资料同化方法的最新发展及其热点领域。目前国际上虽然已有关于资料同化方法的著作问世，但从混合角度探讨资料同化方法理论及其应用还是第一次。本书的出版发行能够给资料同化领域的科研工作者提供重要参考和启迪。

徐祥德*

2021年5月于北京

* 徐祥德，中国工程院院士。

序三

资料同化将大气海洋观测资料和运动规律认知相结合形成数值预报模式初始状态。随着卫星遥感、地基雷达等观测手段的不断发展，观测资料时空分布不断高分辨率化，观测类型和数目也不断增多，如何有效地利用这些观测资料为数值预报系统提供更高质量的初始状态信息，是数值预报领域被广泛关注的核心问题。在众多研究工作者共同努力下，资料同化得到了较快发展，从早期没有坚实理论基础的客观分析，发展到如今基于统计估计和变分两种理论的各种同化方法，对提高数值天气预报和数值海洋预报的精准性作出了很大贡献，资料同化已成为数值预报的两大核心技术之一。另外，资料同化的应用领域不仅限于大气海洋数值预报，而且在陆面水文预报、空间天气预报、碳循环过程数值模拟与分析、再分析等方面都有广泛应用。

当前在业务和研究中占主流地位的资料同化方法包括四维变分、集合卡尔曼滤波、粒子滤波等，这些资料同化方法各有优缺点，单纯的一种方法已难以满足数值预报模式对资料同化越来越高的要求。从 21 世纪初开始，国际上尝试将不同资料同化方法进行有机组合，取长补短形成了混合资料同化方法。张卫民研究团队长期从事大气海洋资料同化技术研究工作，为数值天气预报业务系统发展作出了重要贡献，他们较早开展了混合资料同化的系统性研究工作，率先在国内实现了集合变分混合资料同化的业务化应用，并提出了局地加权集合卡尔曼滤波和隐式等权重粒子平滑等新型混合资料同化方法，指导学生完成了《集合资料同化及背景误差方差滤波方法研究》《非线性资料同化关键问题研究》《局地加权集合卡尔曼滤波方法及其应用》《粒子滤波和四维变分混合资料同化方法研究》等多篇相关博士论文。

本书是张卫民研究团队在混合资料同化领域的研究成果汇集而成。本书从资料同化基础知识出发，介绍了从经典资料同化方法到混合资料同化方法的发展历程，在此基础上详细介绍了三种混合资料同化方法的理论体系和数值试验，最后指出了混合资料同化未来发展的前沿问题和发展趋势。本书由浅入深，从基础到前沿，不仅可以作为研究生的教科书，而且能够为资料同化领域科研工作者提供非常有价值的研究成果。

宋君强*

2021 年 11 月于长沙

* 宋君强，中国工程院院士。

前言

资料同化是大气海洋数值预报系统的核心组成部分，数值预报需要利用数值计算方法求解大气/海洋运动控制方程从而得到未来时刻的大气/海洋的运动状态，这里的一个必不可少的步骤是计算模式变量在离散网格点上的初始状态，资料同化就是将不同时空分辨率、采用不同观测手段获得的观测资料融合到数值预报模式中，提供“最优”的模式初始状态估计的过程。资料同化的主要目标有两个：第一是得到模式初始状态的最佳估计；第二是确定模式初始状态的不确定性。资料同化不仅能够为数值预报模式提供初始状态，而且能够为预报员提供实况天气图、为天气过程事后研究提供分析场、为统计预报提供预报因子、为模式提供参数估计等。ECMWF（欧洲中期天气预报中心）的 Dee 等（2011）对再分析数据集 ERA-Interim 评估后认为“预报效果改进只有 1/4 来自于观测，而另外 3/4 来自于对资料同化和模式的改进”。

近年来，随着大气/海洋数值模式分辨率的不断提高、观测类型的不断丰富和观测数量的不断积累，要求资料同化能够处理数值模式的高维数、物理过程的不同时间/空间尺度、观测算子的非线性、误差分布的非高斯性等。主流的四维变分、集合卡尔曼滤波、粒子滤波等单纯的资料同化方法在理论上和应用中各有优缺点，难以同时满足目前精细化的大气/海洋数值模式对资料同化的高要求：四维变分同化尽管通过切线性和伴随模式约束隐式包含了背景误差随天气变化的流依赖属性，但是受到了变分同化系统中的诸多线性假设条件和固定的背景误差协方差等多方面的限制；集合卡尔曼滤波中，背景误差协方差由一组短期集合预报扰动估计获得，这样虽然可以得到具有“流依赖”属性的背景误差协方差，避免了四维变分同化使用静态背景误差协方差的缺陷，但为了避免集合成员过少导致的协方差矩阵欠秩以及长距离虚假相关，各种形式的集合卡尔曼滤波均采用局地化方案，导致样本误差问题和动力不平衡问题；粒子滤波能够处理非线性非高斯问题，但始终存在粒子退化等问题，从而一直没有在大气/海洋数值预报业务系统中得到试用。那么是否可以将不同资料同化方法进行有机结合，保留这些方法的优势，克服各自的缺点，发展出具有“杂交”优势的混合方法？21 世纪初，研究人员首先尝试的是结合变分和集合卡尔曼滤波的优势，发展出变分框架下具有流依赖属性的误差协方差集合估计的混合资料同化方法，即集合变分资料同化，ECMWF 在 2010 年引入了集合四维变分资料同化，十年来一直在持续不断地改进，为 ECMWF 保持全球中期数值天气预报国际领先地位作出了核心贡献。

本书作者在国家重点研发计划“区域高分辨率多圈层耦合资料同化系统”（项目编号：2021YFC3101500）、国家自然科学基金项目“基于集合分析的流依赖背景场误差协方差模型研究”（项目编号：41375113）、“隐式等权重粒子滤波及其在海洋资料同化中的应用研究”（项目编号：41675097）、“多分辨率集合四维变分资料同化方法研究”（项目编号：4200503）等支持下，从 2010 年开始带领博士研究生开展混合资料同化研究。首先是跟踪 ECMWF 研究集合四维变分同化技术，设计和实现了流依赖球面小波背景误差协方差模型，以及方差滤波和方差校正、平衡关系及其平衡系数统计等一系列新算法，在此基础上自主研制了集合四维同化系统并于 2020 年实现业务化，在最新一代全球数值天气预报业务系统中发挥了重要作用。然后将混合资料同化设计思想拓展到了粒子滤波与集合卡尔曼滤波和变分同化的优势结合上，在粒子滤波与集合卡尔曼滤波混合以及粒子滤波与四维变分两种混合同化方法设计上做了开创性工作，提出了局地加权集合卡尔曼滤波方法和隐式等权重粒子平滑方法，并在海洋资料同化方面实现了这两种方法的业务化，发表了一系列高水平论文，完成了《集合资料同化及背景误差方差滤波方法研究》《非线性资料同化关键问题研究》《局地加权集合卡尔曼滤波方法及其应用》《粒子滤波和四维变分混合资料同化方法研究》等多篇博士论文。

本书是张卫民研究团队在混合资料同化方向研究成果基础上总结提炼而成，全书由张卫民、陈妍、刘柏年、朱孟斌、王品强等著，张卫民、陈妍统稿。第 1 章为资料同化基础，介绍了资料同化基本概念、大气海洋观测系统和观测算子设计、大气海洋数值预报模式、资料同化的发展历程和研究现状，由张卫民、陈妍执笔；第 2 章为经典资料同化到混合资料同化方法，介绍了四维变分、集合卡尔曼和粒子滤波三类经典资料同化方法，阐述了集合变分混合、集合粒子滤波混合、粒子滤波变分混合这三大类混合资料同化的设计思想和当前发展状况，由张卫民、陈妍、李少英、邢翔执笔；第 3 章为集合四维变分同化，介绍了不确定样本生成、流依赖球面小波背景误差协方差模型、方差滤波和方差校正、相关系数统计、平衡关系和平衡系数统计，以及在自主四维变分同化系统 YH4DVar 中的业务实现情况，由刘柏年执笔；第 4 章为局地加权集合卡尔曼滤波，介绍了粒子滤波和集合卡尔曼滤波的混合方法，设计了局地加权集合卡尔曼滤波方法，基于该方法建立了海洋资料同化系统，并进行了一系列敏感性试验及同化效果评估，由陈妍执笔；第 5 章为隐式等权重变分粒子平滑方法，介绍了如何将隐式等权重粒子滤波和四维变分混合，构建隐式等权重变分粒子平滑方法，由王品强执笔；第 6 章展望了未来资料同化的发展，由张卫民、刘柏年、陈妍、王品强和朱孟斌执笔。对本书作出贡献的作者还包括赵娟、段博恒、孙敬哲、彭军、余意、赵延来、马烁、冷洪泽、张泽、李松、王晓慧、方民权。苟新民等为本书提供了精美插图。

整个写作过程中得到了不少专家的有益建议和有关同志在文字、公式、图表方面的帮助，书中引用了一些同行作者的论著及研究成果，在此一并表示衷心感谢。作者才疏学浅，更兼时间和精力所限，书中错谬之处在所难免，若蒙读者不吝告知，作者感谢不尽。

2022 年 3 月于长沙

目录

第 1 章
资料同化基础

广义来说,"资料同化"是指将一个系统的已有知识与该系统的观测资料相融合。资料同化的应用领域非常广泛,如天气预报、石油开采、交通管制、图像处理、新冠疫情趋势预测等。本书中关注的"资料同化"特指狭义的地球物理系统中的资料同化,本章随后的小节将详细介绍资料同化的基本概念和资料同化基本过程,然后介绍与资料同化密切相关的观测系统、观测算子和数值预报模式,最后梳理资料同化发展历史。

1.1 资料同化基本概念

资料同化是数值预报系统的核心组成部分。数值预报系统利用数值计算方法求解大气运动控制方程从而得到未来时刻的大气运动状态,为了有效地完成预报任务,必须得到大气状态变量在离散网格点上的初始场。在数值预报中,利用所有可用知识得到模式初始场的过程称为资料同化。资料同化可用的基本数据是对实况大气状态进行测量后得到的观测数据。如果模式状态能够被观测数据完全确定,资料同化实际上就退化为一个插值过程。最早的资料同化方法就是用观测进行插值,但对于实际可用数值预报模式,受观测条件的限制,仅利用观测资料生成模式初始场在数学上是一个不适定问题:一方面同化可用观测资料量大大小于模式状态空间维数,另一方面观测量往往不是模式状态变量,模式状态变量和观测量之间的关系需要引入观测算子来表达。增加可用信息从而缓解不适定问题成为资料同化发展的重要追求,这方面工作的第一个重要进展发生在 1954 年,Gilchrist 和 Cressman 将过去的模式预报结果作为初始场先验估计,由此发展出了目前仍在一些场合使用的 Cressman 方法(Cressman,1959)。

当前欧洲中期天气预报中心(European Centre for Medium-Range Weather Forecasts,ECMWF)在资料同化领域处于世界领先地位。ECMWF 利用国际上最先进的资料同化来估计数值预报模式初始场,向其成员国及世界其他国家发布数值预报产品。ECMWF 认为,资料同化是一种利用观测和短期预报确定最优大气状态的过程。资料同化不仅生成数值天气预报模式的初始场,它还广泛地应用到了大气、海洋和陆面等地球系统的各个分量中。Zhang 等(2015)从更广视角对资料同化进行了定义,他们认为资料同化是组合观测资料和控制系统动力状态的最优估计,将数值预报模式推广到了更广的动力系统。资料同化能够适应很多新领域的数据分析需要,例如 2020 年新冠疫情爆发后,挪威南森环境与遥感中心(Nansen Environmental and Remote Sensing Center,NERSC)的 Evensen 等(2020)利用资料同化对挪威新冠疫情的走势进行了预测;我国兰州大学黄建平教授领导的团队也做了类似工作,利用资料同化实现历史资料与数值模式有机结合,利用实时的疫情预报,对流行病模型的传染率、治愈率、死亡率等进行动态估计和修正,建立了新冠疫情预测系统。本书将资料同化局限在地球系统的观测资料处理和模式初始场生成中,从这个狭义的角度出发,给出一个较为精确的定义:资料同化是利用时间演变和物理特性约束,将不同时空分辨率、采用不同观测手段获得的观测资料积累到模式状态中的方法。

资料同化有两个主要目标：第一是得到大气—陆面—海洋系统初始状态的最佳估计；第二是确定初始状态估计的不确定性。资料同化不仅能够为数值预报模式提供"最优"的初始状态估计，从而提高数值模式的预报水平，还能为预报员提供实况天气图、为天气过程事后研究提供分析场、为统计预报提供预报因子、为模式提供参数估计等。Dee等(2011)对业务化ERA-Interim(1989年1月以后的ECMWF再分析)评估后得出如下结论：过去30年，预报效果改进只有1/4来自于观测，而另外3/4来自于对资料同化和模式的改进。另外，资料同化具有填补观测资料空缺的作用，因此资料同化的另一个重要应用是制作大气海洋过去状态演变的再分析产品。此外，海洋或者大气模式都不是理想模式，其参数化过程中采用了许多经验性参数，资料同化也可用于参数估计，减小模式误差。

在本书中，为表述简洁，有时将资料同化简称为同化。在资料同化领域中，一般采用"分析"指本书狭义的"资料同化"。而目前国际上对"资料同化"一词的使用有歧义，有时指"预报—分析—预报"循环过程，有时仅指分析过程。因此，为了表述清晰和避免歧义，请读者注意，在本书中，"资料同化"和"分析"是等价的。

1.1.1 状态向量和观测

大气或海洋的运动遵循一组物理定律，这些物理定律的数学表达式构成了描述大气或海洋运动的基本方程组。在给定初始条件和边界条件下，通过积分这些基本方程组，就可以根据已知的初始时刻的大气或海洋状态来预报未来状态。这些基本方程组是偏微分方程组，来自实践问题的偏微分方程组几乎都得不到解析解，只能通过采用离散方法进行数值近似求解。简单来说，数值预报模式即是针对基本方程组和适定条件采用数值求解的数学计算方案。预报模式中的状态向量 $\boldsymbol{x}$ 由描述模式状态的一系列数据组成，其维数用 $N_x \in \mathbb{Z}^+$ 表示。若已知 $n-1$ 时刻的初始状态为 $\boldsymbol{x}_{n-1}$，确定性数值预报模式为 $\mathcal{M}(\cdot)$，则可得到 n 时刻的预报状态：

$$\boldsymbol{x}_{n,f} = \mathcal{M}(\boldsymbol{x}_{n-1}) \tag{1.1}$$

其中，下标 f 表示预报场(forecast)。

状态向量可以用几种等价方法来表述，如模式场的表述有：格点值、谱分量、经验正交函数(Empirical Orthogonal Function，EOF)值或有限元分解；风可以用速度分量 (u,v)、涡度和散度 (ψ,η) 或流函数和势函数 (Ψ,ξ) 来表示；湿度的等价表达有绝对温度、相对湿度或已知温度时的露点温度；在静力平衡假设下，垂直面上的厚度或重力势高度可以认为是和温度、表面压力等价的。所有这些变换都不会改变问题本身，而只是改变它的表述形式。不同的表述形式是等价的，且变换可逆，那么就可以用一种不同于预报模式的表述形式进行资料同化。这是十分重要的，因为在适当的表述形式下，实际的资料同化问题(如误差概率的建模)会变得简单一些。

资料同化中广泛采用一阶马尔可夫假设，即在已知过去所有时刻的模式状态前提下，当前时刻的模式状态的条件分布只与前一时刻有关，即：

$$p(\boldsymbol{x}_n \mid \boldsymbol{x}_{1:n-1}) = p(\boldsymbol{x}_n \mid \boldsymbol{x}_{n-1}) \tag{1.2}$$

在同化之前，对真实状态的先验估计或背景估计用 $\boldsymbol{x}^b$ 表示，在循环同化(见1.2节)中，它一般即为预报场。同化后得到的模式状态(也就是同化得到的模式状态)称为后验状态或分析状态，用 $\boldsymbol{x}^a$ 表示。在实际的应用中一般并不对模式状态的所有分量都进行分析。其原因一方面是目前并不知道如何对所有分量都进行分析，所以一般考虑采用一种合适的模式状态表述形式；另一方面是受目前计算机能力的限制，因而不得不降低分辨率或减小分析的范围。在这些情况下，分析所处理的空间就不再是模式空间，而是考虑了背景场变换的被称为控制变量的空间，这时的分析问题就转换为求解修正量 $\delta\boldsymbol{x}^a$（或分析增量），且使得：

$$\boldsymbol{x}^a = \boldsymbol{x}^b + \delta\boldsymbol{x}^a \tag{1.3}$$

能尽量靠近真实状态（即真值）$\boldsymbol{x}^t$ 。最后的分析问题可以用上述形式描述为在一个合适的子空间上求解 $\boldsymbol{x}^a - \boldsymbol{x}^b$ 而不是 $\boldsymbol{x}^a$ 。

观测向量 $\boldsymbol{y}$ 由一系列观测数据组成，其维数记作 $N_y \in \mathbb{Z}^+$。为了能够在分析过程中使用这些观测数据，它们必须能够与状态向量作比较。如果能够直接观测状态向量的每个维度，那么就能直接将 $\boldsymbol{y}$ 视为状态向量的特殊值。但在实际情况中，观测资料的数量总是远小于模式变量，而且它们的分布在空间和时间上也是不规则的。所以需要引入观测算子 $\mathcal{H}$，将模式变量从状态空间变换到观测空间，才能与观测资料进行比较。在实际应用中，观测算子一般是由两部分组成，一部分是模式离散网格点到观测点的空间插值算子（有时也包含时间插值算子），另一部分是模式变量到观测参数的变换。

同化方法对资料进行分析的关键是如何利用观测资料与状态向量之间的差，这个差由如下公式给出：

$$\boldsymbol{y} - \mathcal{H}(\boldsymbol{x}) \tag{1.4}$$

当用背景 $\boldsymbol{x}^b$ 进行计算时，上式称为新息量（innovation），用分析 $\boldsymbol{x}^a$ 时则称为分析残差（analysis residual）。

1.1.2 误差模型

为了描述背景场、观测场和分析场中存在的不确定性，需要建立这些向量与其真值之间的误差模型。从统计理论出发，应对每种误差假定其具有某种概率分布，则可由相应的概率密度函数（probability distribution function，pdf）表述，这时将涉及一些复杂和严密的概率论知识（在 1.3 节中做简略介绍）。下面先以背景误差为例对概率密度函数做一些简单的解释。

背景场 $\boldsymbol{x}^b$ 与真实状态 $\boldsymbol{x}^t$ 之差称为背景误差：

$$\boldsymbol{\epsilon}^b = \boldsymbol{x}^b - \boldsymbol{x}^t \tag{1.5}$$

如果能以严格相同的条件，重复进行多次试验，每次试验得到的 $\boldsymbol{\epsilon}^b$ 都不相同。根据此项试验，可以得到 $\boldsymbol{\epsilon}^b$ 的一些统计量，如平均值、方差和频率柱状图等。在进行多次试验后，统计量的值应仅取决于相应误差的物理属性，而不取决于这些误差的任何特定实现。那么在相同条件下，进行另一次试验时，并不期望知道误差 $\boldsymbol{\epsilon}^b$ 具体是什么，但至少应该能够知道它的概率密度函数，从而能够知道它的统计特征，包括平均值（或期望）$\overline{\boldsymbol{\epsilon}^b}$ 和协方差矩阵 $\boldsymbol{B} = \overline{(\boldsymbol{x}^b - (\overline{\boldsymbol{x}^b}))(\boldsymbol{x}^b - (\overline{\boldsymbol{x}^b}))^{\mathrm{T}}}$ 等。

类似地，可以定义观测误差、模式误差和分析误差。上文提到，观测算子一般由两部分组成，一部分是模式变量到观测变量的物理变换，另一部分是时间、空间插值。由于测量仪器的误差、变换方程无法准确描述物理过程、数值计算导致的计算误差、插值导致的代表性误差等，观测误差的存在是不可避免的。定义观测误差：

$$\boldsymbol{\epsilon}^o = \boldsymbol{y} - \mathcal{H}(\boldsymbol{x}^t) \tag{1.6}$$

其期望为 $\overline{\boldsymbol{\epsilon}^o}$,协方差矩阵为 $\boldsymbol{R} = \overline{(\boldsymbol{\epsilon}^o - (\overline{\boldsymbol{\epsilon}^o}))(\boldsymbol{\epsilon}^o - (\overline{\boldsymbol{\epsilon}^o}))^{\mathrm{T}}}$ 。

模式基本方程组无法准确描述地球物理系统、无法计算精确的解析解、模式离散化导致计算误差等原因导致预报状态不是真实状态,也存在模式误差:

$$\boldsymbol{\epsilon}^m = \boldsymbol{x}_n^t - \mathcal{M}(\boldsymbol{x}_{n-1}^t) \tag{1.7}$$

其期望为 $\overline{\boldsymbol{\epsilon}^m}$,协方差矩阵为 $\boldsymbol{Q} = \overline{(\boldsymbol{\epsilon}^m - (\overline{\boldsymbol{\epsilon}^m}))(\boldsymbol{\epsilon}^m - (\overline{\boldsymbol{\epsilon}^m}))^{\mathrm{T}}}$ 。

类似地,定义分析误差:

$$\boldsymbol{\epsilon}^a = \boldsymbol{x}^a - \boldsymbol{x}^t \tag{1.8}$$

其期望为 $\overline{\boldsymbol{\epsilon}^a}$,协方差矩阵记作 $\boldsymbol{A}$ 。上述几种误差的期望称作偏差。一般地,在资料同化系统中,假设误差满足无偏高斯分布,即:

$$\begin{aligned}
\boldsymbol{\epsilon}^b &\sim N(0,\boldsymbol{B}) \\
\boldsymbol{\epsilon}^o &\sim N(0,\boldsymbol{R}) \\
\boldsymbol{\epsilon}^m &\sim N(0,\boldsymbol{Q}) \\
\boldsymbol{\epsilon}^a &\sim N(0,\boldsymbol{A})
\end{aligned} \tag{1.9}$$

1.1.3 误差协方差矩阵

下面以背景误差为例说明协方差矩阵的具体结构,观测误差、模式误差和分析误差也有类似的协方差矩阵。在标量系统中,误差协方差矩阵退化为方差。而在高维系统中,协方差是一个对称方阵。模式状态向量大小为 N_x ,则协方差为 $N_x \times N_x$ 矩阵。矩阵的对角线包含每个模式变量的方差。上(下)三角元素为每对模式变量之间的交叉协方差。协方差矩阵总是半正定的。只有在极特殊的情况下,即相信背景场的某些特征是极精确的,一些方差才会为 0,因此误差协方差矩阵一般是正定的。例如:如果模式状态是三维的,记 $\boldsymbol{\epsilon}^b - \overline{\boldsymbol{\epsilon}^b} = (e_1, e_2, e_3)$,则:

$$\boldsymbol{B} = \begin{bmatrix} \mathrm{var}(e_1) & \mathrm{cov}(e_1,e_2) & \mathrm{cov}(e_1,e_3) \\ \mathrm{cov}(e_1,e_2) & \mathrm{var}(e_2) & \mathrm{cov}(e_2,e_3) \\ \mathrm{cov}(e_1,e_3) & \mathrm{cov}(e_2,e_3) & \mathrm{var}(e_3) \end{bmatrix} \tag{1.10}$$

若误差协方差矩阵中的方差(对角线元素)非零,则其上(下)三角元素可以变换为相关系数:

$$\rho(e_i,e_j) = \frac{\mathrm{cov}(e_i,e_j)}{\sqrt{\mathrm{var}(e_i)\mathrm{var}(e_j)}} \tag{1.11}$$

若定义一个模式状态的线性变换矩阵 $\boldsymbol{T}$,则关于新变量的协方差矩阵是 $\boldsymbol{TBT}^{\mathrm{T}}$ 。

观测误差方差与观测仪器的特点有关。当物理现象不能被模式分辨时,观测误差还应包含代表性误差。注意到,由于观测偏差会导致分析增量产生偏差,一般在同化之前对观测进行偏差订正,将观测偏差从观测值中去除,而不应将观测偏差直接作为观测误差方差的组成部分。

在资料同化算法中,一般假设观测误差是相互独立的,即协方差为 0。对于受物理上相互独立误差影响的不同类型的观测,或由不同观测设备得到的观测资料,这显然是合理的。但对于同种观测平台得到的观测资料就不一定成立了,如无线电探空仪、航空探测、卫星和同一站点的连续报文观测等。直观上看,由相近站点发来的报文应该具有显著的误差相关性。对观测的预处理也可以产生观测资料间的人为相关性,如:温度剖面转换为重力势、相对湿度与绝对湿度之间的转换、卫星资料的反演等。另外，如果在观测资料的预处理中使用了背景场资料，就会在观测和背景场的误差之间引入人为相关性，而这种相关性很难估计。最后，代表性误差与其自然属性相关：只要观测相对于模式分辨率是稠密的，插值误差之间就是相关的。然而，观测误差相关性很难被估计，并对观测数据的质量控制算法带来一些问题，在实际应用中经常有意识地减小它们，如：使用偏差订正方案、避免不必要的预处理过程、对高分辨率的观测数据进行稀疏化，以及改进模式和观测算子的构造等。许多实用的观测误差协方差模型几乎都是对角的。

1.1.4 资料同化基础理论——贝叶斯定理

资料同化需要定量处理不确定性，因此概率统计理论是资料同化的核心基础，其中最重要的是贝叶斯定理(Bayes' theorem)，各种资料同化方法都可以从贝叶斯定理推导而来。贝叶斯定理是由英国数学家托马斯·贝叶斯(Thomas Bayes)在 1763 年提出，该定理是利用观测信息对已知先验概率进行修正的一种方法。

理解贝叶斯定理需要先从条件概率说起。条件概率一般记作 $P(A \mid B)$，是指当 B 事件发生后，A 事件发生的概率。根据图 1.1 可知，在事件 B 已发生的情况下，事件 A 发生的概率为事件 A 和事件 B 同时发生的概率除以事件 B 发生的概率：

$$P(A \mid B) = \frac{P(A \cap B)}{P(B)} \tag{1.12}$$

同理，在事件 A 已发生的情况下，事件 B 发生的概率为事件 B 和事件 A 同时发生的概率除以事件 A 发生的概率：

$$P(B \mid A) = \frac{P(B \cap A)}{P(A)} \tag{1.13}$$

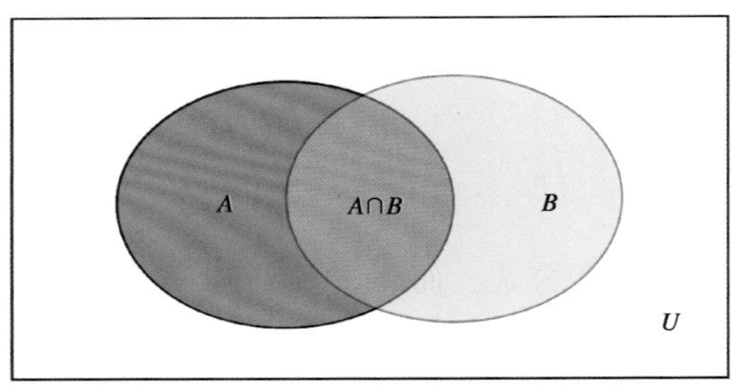

图 1.1 文氏图(Venn Diagram)

$P(A \cap B)$ 表示 A、B 同时发生的概率，称为联合概率，且交集运算符是可交换的：$P(B \cap A) = P(A \cap B)$。假设事件 A 和 B 为相互独立事件，则有 $P(A \cap B) = P(A)P(B)$。式(1.13)左右两边同时乘以 $P(A)$，即可得到 $P(A \cap B)$ 的表达式：

$$P(A \cap B) = P(B \mid A)P(A) \tag{1.14}$$

将上式代入条件概率表达式(1.12)：

$$P(A \mid B) = \frac{P(A)P(B \mid A)}{P(B)} \tag{1.15}$$

即得贝叶斯定理的表达式，其中：$P(A)$ 和 $P(B)$ 称为先验概率，$P(B \mid A)$ 称为似然概率，而 $P(A \mid B)$ 称为后验概率。

1.1.4.1 时间序列贝叶斯

如果一个随机过程的未来状态的条件概率分布只依赖于当前状态，则称该随机过程具有一阶马尔可夫性质。具有马尔可夫性质的随机过程称为“马尔可夫过程”。一个只依赖于当前状态的转移规则来改变状态的随机系统可以用一阶马尔可夫过程来模拟。对于离散时间的情况，马尔可夫过程被称为“马尔可夫链”。

资料同化问题的贝叶斯表述为：以观测到的噪声数据为条件时模式状态的概率分布问题。从这个角度出发，资料同化方法有两个主要类别：平滑方法（Smoother）——将来的观测数据可能会影响对模式过去状态的认识；滤波方法（Filter）——将来的数据不用于估计给定时刻的模式状态概率分布。

考虑某个时间段内数值模式的状态轨迹 $x_{0:n}$，以及观测 $y_{1:n}$，其中下标表示时间步。那么根据贝叶斯定理有：

$$p(\boldsymbol{x}_{0:n} \mid \boldsymbol{y}_{1:n}) = \frac{p(\boldsymbol{y}_{1:n} \mid \boldsymbol{x}_{0:n})p(\boldsymbol{x}_{0:n})}{p(\boldsymbol{y}_{1:n})} \tag{1.16}$$

假设模式符合一阶马尔可夫链，则：

$$\begin{aligned} p(\boldsymbol{x}_{0:n}) &= p(\boldsymbol{x}_n \mid \boldsymbol{x}_{0:n-1})p(\boldsymbol{x}_{0:n-1}) \\ &= p(\boldsymbol{x}_n \mid \boldsymbol{x}_{n-1})p(\boldsymbol{x}_{n-1} \mid \boldsymbol{x}_{n-2})\cdots p(\boldsymbol{x}_1 \mid \boldsymbol{x}_0)p(\boldsymbol{x}_0) \end{aligned} \tag{1.17}$$

若假设不同时刻的观测条件概率是相互独立的，并且当前时刻的观测仅依赖于当前时刻的模式状态，那么：

$$p(\boldsymbol{y}_{1:n} \mid \boldsymbol{x}_{0:n}) = p(\boldsymbol{y}_n \mid \boldsymbol{x}_n)p(\boldsymbol{y}_{n-1} \mid \boldsymbol{x}_{n-1})\cdots p(\boldsymbol{y}_1 \mid \boldsymbol{x}_1) \tag{1.18}$$

假设不同时刻的观测相互独立，将(1.17)式和(1.18)式代入(1.16)式，可得：

$$\begin{aligned} p(\boldsymbol{x}_{0:n} \mid \boldsymbol{y}_{1:n}) &= \frac{p(\boldsymbol{y}_n \mid \boldsymbol{x}_n)\cdots p(\boldsymbol{y}_1 \mid \boldsymbol{x}_1)p(\boldsymbol{x}_n \mid \boldsymbol{x}_{n-1})\cdots p(\boldsymbol{x}_0)}{p(\boldsymbol{y}_n)\cdots p(\boldsymbol{y}_1)} \\ &= \frac{p(\boldsymbol{y}_n \mid \boldsymbol{x}_n)p(\boldsymbol{x}_n \mid \boldsymbol{x}_{n-1})}{p(\boldsymbol{y}_n)}\cdots\frac{p(\boldsymbol{y}_1 \mid \boldsymbol{x}_1)p(\boldsymbol{x}_1 \mid \boldsymbol{x}_0)p(\boldsymbol{x}_0)}{p(\boldsymbol{y}_1)} \\ &= \frac{p(\boldsymbol{y}_n \mid \boldsymbol{x}_n)p(\boldsymbol{x}_n \mid \boldsymbol{x}_{n-1})}{p(\boldsymbol{y}_n)}p(\boldsymbol{x}_{0:n-1} \mid \boldsymbol{y}_{1:n-1}) \end{aligned} \tag{1.19}$$

这样就得到了平滑方法的一般公式。而对于滤波方法，只需对上式进行积分可得：

$$p(\boldsymbol{x}_n \mid \boldsymbol{y}_{1:n}) = \frac{p(\boldsymbol{y}_n \mid \boldsymbol{x}_n)}{p(\boldsymbol{y}_n)}\int p(\boldsymbol{x}_n \mid \boldsymbol{x}_{n-1})p(\boldsymbol{x}_{n-1} \mid \boldsymbol{y}_{1:n-1})\mathrm{d}\boldsymbol{x}_{n-1} \tag{1.20}$$

1.1.4.2 条件概率与转换密度

举个简单的例子，若通过温度计测量室内温度得到观测温度 $T^o = 20$ ℃，这个测量结果是否准确？此时就需要知道精确度或者误差。如果温度 T^o 的误差为 10 ℃，这又意味着什么呢？若假设温度的测量误差服从高斯分布，那么 $T^o = 20 \pm 10$ ℃。也就是 $T^o = T^t + \boldsymbol{\epsilon}^o$，随机变量 $\boldsymbol{\epsilon}^o$ 为观测误差，且服从高斯分布 $\boldsymbol{\epsilon}^o \sim N(0,\sigma^2)$，其中 $\sigma = 10$ ℃。类似地，可对大气或海洋环境进行建模：

$$\boldsymbol{x}_n = \mathcal{M}(\boldsymbol{x}_{n-1}) + \boldsymbol{\epsilon}_n^m \tag{1.21}$$

其中，待定的未知量为：①初始条件；②边界条件和强迫；③参数。

根据联合概率的基本知识可知：

$$p(\boldsymbol{x},\boldsymbol{y}) = p(\boldsymbol{x} \mid \boldsymbol{y})p(\boldsymbol{y}) \tag{1.22}$$

那么，根据贝叶斯定理可得：

$$p(\boldsymbol{x} \mid \boldsymbol{y}) = \frac{p(\boldsymbol{y} \mid \boldsymbol{x})p(\boldsymbol{x})}{p(\boldsymbol{y})} \tag{1.23}$$

其中，$\boldsymbol{x}$ 为模式状态量，$\boldsymbol{y}$ 为观测量，$p(\boldsymbol{x})$ 为先验模式状态概率密度函数(同化观测前)。$p(\boldsymbol{x} \mid \boldsymbol{y})$ 表示后验模式状态概率密度函数(同化观测后)，即已知观测的模式状态条件概率密度函数。$p(\boldsymbol{y} \mid \boldsymbol{x})$ 为给定模式状态 $\boldsymbol{x}$ 时观测的条件概率密度函数，也称为似然。

假设真值观测是真值大气或海洋状态的无误差观测，那么现实中的观测量 $\boldsymbol{y}$ 是真值观测 $\boldsymbol{y}^t$ 与观测误差 $\boldsymbol{\epsilon}^o$ 的和。假定 $\mathcal{H}$ 是将模式状态量映射到观测空间的算子，那么可得 $\boldsymbol{y} = \boldsymbol{y}^t + \boldsymbol{\epsilon}^o = \mathcal{H}(\boldsymbol{x}^t) + \boldsymbol{\epsilon}^o$。因此，可以认为观测是从概率密度分布 $p(\boldsymbol{y} \mid \boldsymbol{x}^t)$ 中随机采样得到的样本 $\boldsymbol{y} = \mathcal{H}(\boldsymbol{x}^t) + \boldsymbol{\epsilon}^o$。若已知 $p(\boldsymbol{y} \mid \boldsymbol{x}^t)$ 或 $p(\epsilon^o)$ 的概率密度函数分布，如高斯分布，那么：

$$p(\boldsymbol{y} \mid \boldsymbol{x}^t) = C\exp[-\frac{1}{2}(\boldsymbol{y} - \mathcal{H}(\boldsymbol{x}^t))^{\mathrm{T}}\boldsymbol{R}^{-1}(\boldsymbol{y} - \mathcal{H}(\boldsymbol{x}^t))] \tag{1.24}$$

其中，C 为归一化因子，以保证 $\int p(\boldsymbol{x} \mid \boldsymbol{y})\mathrm{d}\boldsymbol{x} = 1$，它是不依赖于模式变量和观测的常数。根据贝叶斯定理，需要遍历所有 $\boldsymbol{x}$ 取值下的概率密度函数值 $p(\boldsymbol{y} \mid \boldsymbol{x})$，使用 $\boldsymbol{x} = \boldsymbol{x}^t$ 来近似 $p(\boldsymbol{y} \mid \boldsymbol{x})$：

$$p(\boldsymbol{y} \mid \boldsymbol{x}) \propto C\exp[-\frac{1}{2}(\boldsymbol{y} - \mathcal{H}(\boldsymbol{x}))^{\mathrm{T}}\boldsymbol{R}^{-1}(\boldsymbol{y} - \mathcal{H}(\boldsymbol{x}))] \tag{1.25}$$

(1.25)式的分母为观测的概率密度函数 $p(\boldsymbol{y})$，可采用：

$$p(\boldsymbol{y}) = \int p(\boldsymbol{x},\boldsymbol{y})\mathrm{d}\boldsymbol{x} = \int p(\boldsymbol{y} \mid \boldsymbol{x})p(\boldsymbol{x})\mathrm{d}\boldsymbol{x} \tag{1.26}$$

根据贝叶斯定理可得：

$$p(\boldsymbol{x} \mid \boldsymbol{y}) = \frac{p(\boldsymbol{y} \mid \boldsymbol{x})p(\boldsymbol{x})}{\int p(\boldsymbol{y} \mid \boldsymbol{x})p(\boldsymbol{x})\mathrm{d}\boldsymbol{x}} \tag{1.27}$$

从上式的角度来看，资料同化是一个乘法问题。

在大气或海洋模式中，存在很多未知参数，如何对参数进行合理估计也是资料同化研究中的一个问题。假定未知参数为 $\boldsymbol{a}$，根据贝叶斯定理可知，需要求解的条件概率密度函数为：

$$p(\boldsymbol{a} \mid \boldsymbol{y}) = \frac{p(\boldsymbol{y} \mid \boldsymbol{a})p(\boldsymbol{a})}{p(\boldsymbol{y})} \tag{1.28}$$

其中，$p(\boldsymbol{a})$ 是参数的先验概率密度函数；$p(\boldsymbol{y} \mid \boldsymbol{a})$ 表示为：

$$\begin{aligned} p(\boldsymbol{y} \mid \boldsymbol{a}) &= \int p(\boldsymbol{x},\boldsymbol{y} \mid \boldsymbol{a})\mathrm{d}\boldsymbol{x} = \int p(\boldsymbol{y} \mid \boldsymbol{x},\boldsymbol{a})p(\boldsymbol{x} \mid \boldsymbol{a})\mathrm{d}\boldsymbol{x} \\ &= \int p(\boldsymbol{y} \mid \boldsymbol{x})p(\boldsymbol{x} \mid \boldsymbol{a})\mathrm{d}\boldsymbol{x} \end{aligned} \tag{1.29}$$

由此可知，对于每一个参数值 $\boldsymbol{a}$，首先求解取该参数值时的模式状态概率密度 $p(\boldsymbol{x} \mid \boldsymbol{a})$，然后运行该模式到观测时刻来计算 $p(\boldsymbol{y} \mid \boldsymbol{x})$，最后可求得该参数值的概率密度 $p(\boldsymbol{a} \mid \boldsymbol{y})$，但这样求解所需的计算量非常大。

假设模式是线性或非线性的(即不对模式作线性假设)，且模式时间是离散的。即存在从时刻 $t = 0$ 到时刻 $t = n$ 的模式状态 $\boldsymbol{x}_0,\cdots,\boldsymbol{x}_n = \boldsymbol{x}_{0:n}$，那么可得 $\boldsymbol{x}_{0:n}$ 的先验概率密度为：

$$
\begin{aligned}
p(\boldsymbol{x}_{0:n}) &= p(\boldsymbol{x}_{1:n} \mid \boldsymbol{x}_0)p(\boldsymbol{x}_0) \\
&= p(\boldsymbol{x}_{2:n} \mid \boldsymbol{x}_{0:1})p(\boldsymbol{x}_1 \mid \boldsymbol{x}_0)p(\boldsymbol{x}_0) \\
&= \cdots \\
&= \prod_{i=1}^{n} \underbrace{p(\boldsymbol{x}_i \mid \boldsymbol{x}_{0:i-1})}_{\text{转移概率密度}} p(\boldsymbol{x}_0)
\end{aligned}
\tag{1.30}
$$

假定离散时间的模式状态满足马尔可夫链，即存在：

$$
p(\boldsymbol{x}_{i:n} \mid \boldsymbol{x}_{0:i-1}) = p(\boldsymbol{x}_{i:n} \mid \boldsymbol{x}_{i-1})
\tag{1.31}
$$

即当前时刻的状态只与前一时刻的状态相关，那么：

$$
\begin{aligned}
p(\boldsymbol{x}_{0:n}) &= p(\boldsymbol{x}_n \mid \boldsymbol{x}_{n-1})\cdots p(\boldsymbol{x}_1 \mid \boldsymbol{x}_0)p(\boldsymbol{x}_0) \\
&= \prod_{i=1}^{n} p(\boldsymbol{x}_i \mid \boldsymbol{x}_{i-1})p(\boldsymbol{x}_0)
\end{aligned}
\tag{1.32}
$$

其中，$p(\boldsymbol{x}_0)$ 为先验概率密度，即当前时刻已知的初始条件 $\boldsymbol{x}_0$ 的概率密度函数。下面分情况讨论转移概率密度 $p(\boldsymbol{x}_i \mid \boldsymbol{x}_{i-1})$ 。

情况 1 假定模式是确定性(deterministic)模式，

$\boldsymbol{x}_n = \mathcal{M}(\boldsymbol{x}_{n-1})$ 确定性方程

$p(\boldsymbol{x}_n \mid \boldsymbol{x}_{n-1})$ 对于每一个 $\boldsymbol{x}_n$ 的值，给定 $\boldsymbol{x}_{n-1}$

这样，如果 $\boldsymbol{x}_{n-1}$ 已知，那么我们可以通过模式方程算出 $\boldsymbol{x}_n$ ，则：

$$
p(\boldsymbol{x}_n \mid \boldsymbol{x}_{n-1}) = \begin{cases} 1, & \boldsymbol{x}_n = \mathcal{M}(\boldsymbol{x}_{n-1}) \\ 0, & \boldsymbol{x}_n \neq \mathcal{M}(\boldsymbol{x}_{n-1}) \end{cases}
$$

那么可以用狄拉克 δ 函数的形式表示条件概率密度函数：

$$
p(\boldsymbol{x}_n \mid \boldsymbol{x}_{n-1}) = \delta(\boldsymbol{x}_n - \mathcal{M}(\boldsymbol{x}_{n-1}))
\tag{1.33}
$$

情况 2 假定模式存在加性随机误差，

$$
\boldsymbol{x}_n = \underbrace{\mathcal{M}(\boldsymbol{x}_{n-1})}_{\text{确定部分}} + \underbrace{\boldsymbol{\epsilon}_n^m}_{\text{随机部分}}
$$

那么条件概率密度函数 $p(\boldsymbol{x}_n \mid \boldsymbol{x}_{n-1})$ 由模式误差 $\boldsymbol{\epsilon}_n^m$ 的概率密度函数确定。例如，假设模式误差服从高斯分布 $\boldsymbol{\epsilon}_n^m \sim N(0,\boldsymbol{Q})$ ，则 $p(\boldsymbol{x}_n \mid \boldsymbol{x}_{n-1})$ 的概率密度为 $p(\boldsymbol{x}_n \mid \boldsymbol{x}_{n-1}) = N(\mathcal{M}(\boldsymbol{x}_{n-1}),\boldsymbol{Q})$。

典型的地球物理系统的状态量的维数为 10^9，若每一维的概率密度用 10 个离散数值表示，则需要 10^{10^9} 个离散数值才能够表示状态量的完整概率密度 $p(\boldsymbol{x})$，如此庞大的存储要求在现在以及可见的未来是不可能满足的。所以，在高维情况下，无法直接使用贝叶斯定理求解后验概率密度。

假定 $\boldsymbol{x}_n = \mathcal{M}(\boldsymbol{x}_{n-1}) + \boldsymbol{\epsilon}_n^m$ ，其中 $\boldsymbol{\epsilon}_n^m \sim N(0,\boldsymbol{Q})$ ，求 $p(\boldsymbol{x})$ 关于时间 t 的偏导，可得：

$$
\frac{\partial p(\boldsymbol{x})}{\partial t} = \underbrace{-\frac{\partial p(\mathcal{M}(\boldsymbol{x}))}{\partial \boldsymbol{x}}}_{\text{第1项}} + \underbrace{\frac{\partial^2 p(\boldsymbol{Q})}{\partial \boldsymbol{x}^2}}_{\text{第2项}}
\tag{1.34}
$$

第 1 项是确定性模式导致的概率随时间的平流变化(advection of probability)，第二项是模式的随机性移动导致的概率随时间的扩散变化(diffusion of probability)。这就是 Kolmogorov 方程或者是 Fokker-Planck 方程。那么可通过离散点代表连续的概率密度函数，可从概率密度函数中进行采样。

连续函数的平均值为 $\bar{\boldsymbol{x}} = \int \boldsymbol{x} p(\boldsymbol{x}) \mathrm{d}\boldsymbol{x}$，而离散点的平均值为 $\bar{\boldsymbol{x}} \approx \frac{1}{N}\sum_{i=1}^{N} \boldsymbol{x}_i$。采用离散形式来表示概率密度函数 $p(\boldsymbol{x})$：

$$p(\boldsymbol{x}) = \frac{1}{N}\sum_{i=1}^{N}\delta(\boldsymbol{x}-\boldsymbol{x}_i) \tag{1.35}$$

概率密度函数的时间演进，就是模式状态量 x_i 的正向时间演进，根据贝叶斯定理可得：

$$\begin{aligned} p(\boldsymbol{x} \mid \boldsymbol{y}) &= \frac{p(\boldsymbol{y} \mid \boldsymbol{x}) p(\boldsymbol{x})}{\int p(\boldsymbol{y} \mid \boldsymbol{x}) p(\boldsymbol{x}) \mathrm{d}\boldsymbol{x}} \\ &= \frac{p(\boldsymbol{y} \mid \boldsymbol{x}) \frac{1}{N}\sum_{i=1}^{N}\delta(\boldsymbol{x}-\boldsymbol{x}_i)}{\frac{1}{N}\sum_{j=1}^{N} p(\boldsymbol{y} \mid \boldsymbol{x}_j)} \\ &= \frac{\sum_{i=1}^{N} p(\boldsymbol{y} \mid \boldsymbol{x}_i)\delta(\boldsymbol{x}-\boldsymbol{x}_i)}{\sum_{j=1}^{N} p(\boldsymbol{y} \mid \boldsymbol{x}_j)} \\ &= \sum_{i=1}^{N} w_i \delta(\boldsymbol{x}-\boldsymbol{x}_i) \end{aligned} \tag{1.36}$$

其中，$w_i = \dfrac{p(\boldsymbol{y} \mid \boldsymbol{x}_i)}{\sum_{j=1}^{N} p(\boldsymbol{y} \mid \boldsymbol{x}_j)}$。

此时的平均值推广成了权重平均，即：

$$\begin{aligned} \bar{\boldsymbol{x}} &= \int \boldsymbol{x} p(\boldsymbol{x} \mid \boldsymbol{y}) \mathrm{d}\boldsymbol{x} \\ &= \int \boldsymbol{x} \sum_{i=1}^{N} w_i \delta(\boldsymbol{x}-\boldsymbol{x}_i) \mathrm{d}\boldsymbol{x} \\ &= \sum_{i=1}^{N} w_i \boldsymbol{x}_i \end{aligned} \tag{1.37}$$

其中，$\boldsymbol{x}_i$ 被称作粒子，这就是粒子滤波的基本形式。

若假定背景误差和观测误差均为高斯分布，即：

$$\begin{aligned} p(\boldsymbol{x}) &\propto C_1 \exp\left[-\frac{1}{2}(\boldsymbol{x}-\boldsymbol{x}^b)^{\mathrm{T}} \boldsymbol{B}^{-1}(\boldsymbol{x}-\boldsymbol{x}^b)\right] \\ p(\boldsymbol{y} \mid \boldsymbol{x}) &\propto C_2 \exp\left[-\frac{1}{2}(\boldsymbol{y}-\mathcal{H}(\boldsymbol{x}))^{\mathrm{T}} \boldsymbol{R}^{-1}(\boldsymbol{y}-\mathcal{H}(\boldsymbol{x}))\right] \end{aligned} \tag{1.38}$$

那么根据贝叶斯定理：

$$\begin{aligned} p(\boldsymbol{x} \mid \boldsymbol{y}) \propto\ & C_1 \exp\left[-\frac{1}{2}(\boldsymbol{x}-\boldsymbol{x}^b)^{\mathrm{T}} \boldsymbol{B}^{-1}(\boldsymbol{x}-\boldsymbol{x}^b)\right] \\ & \times C_2 \exp\left[-\frac{1}{2}(\boldsymbol{y}-\mathcal{H}(\boldsymbol{x}))^{\mathrm{T}} \boldsymbol{R}^{-1}(\boldsymbol{y}-\mathcal{H}(\boldsymbol{x}))\right] \end{aligned} \tag{1.39}$$

对(1.41)式取自然对数，则可得到三维变分的代价函数。

对(1.41)式进行进一步的变换，且假设观测算子为线性算子，则可得

$$p(\boldsymbol{x} \mid \boldsymbol{y}) \propto C\exp\left[-\frac{1}{2}(\boldsymbol{x}-\boldsymbol{x}^{a})^{\mathrm{T}}\boldsymbol{P}^{-1}(\boldsymbol{x}-\boldsymbol{x}^{a})\right] \tag{1.40}$$

其中，

$$\begin{aligned} \boldsymbol{x}_{a} &= \boldsymbol{x}^{b} + \underbrace{\boldsymbol{BH}^{\mathrm{T}}(\boldsymbol{HBH}^{\mathrm{T}}+\boldsymbol{R})^{-1}}_{\text{卡尔曼增益矩阵}\boldsymbol{K}}(\boldsymbol{y}-\boldsymbol{H}\boldsymbol{x}^{b}) \\ \boldsymbol{P} &= (\boldsymbol{I}-\boldsymbol{KH})\boldsymbol{B} \end{aligned} \tag{1.41}$$

这就是卡尔曼滤波。由此可见，粒子滤波、卡尔曼滤波以及变分这三大类同化方法都可由贝叶斯定理推导得出。本书第2章将详细介绍粒子滤波、卡尔曼滤波以及变分方法。

1.2 资料同化过程

资料同化是融合观测资料和模式先验信息得到模式初始状态最佳估计的过程，如图1.2所示，资料同化的核心工作是要融合观测资料和模式背景场 x^{b}。观测资料由分布在各地的各种观测仪器测量得到，但目前只能得到某个点或某一片连续区域的观测，因此观测相对模式变量来说数量稀少且时空不连续；受制于观测手段的限制，甚至不能直接对模式变量进行观测。模式背景场 x^{b} 由数值模式通过预报得到。

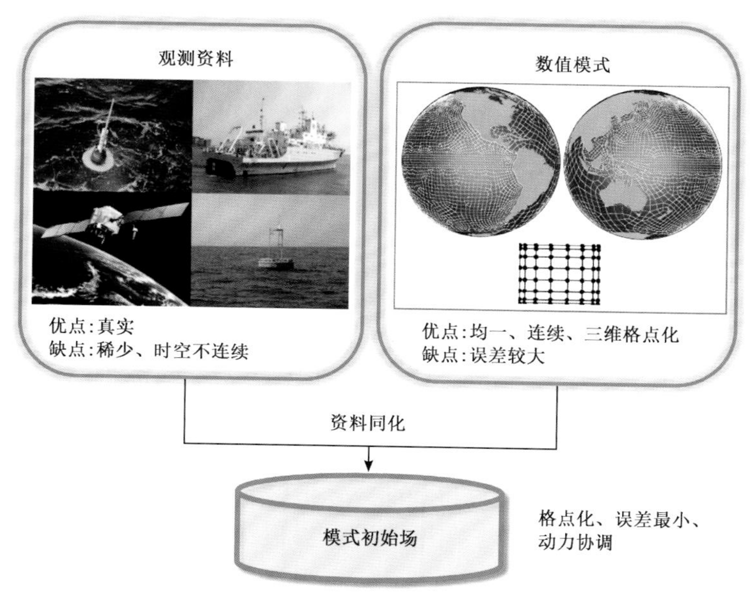

图1.2 资料同化的资料融合分析示意图

业务中心使用的资料同化实际上是一个不断进行同化分析和模式预报的循环过程，称为循环同化，如图1.3所示，资料同化系统主要由三个部分组成：观测处理、同化分析和模式预报。

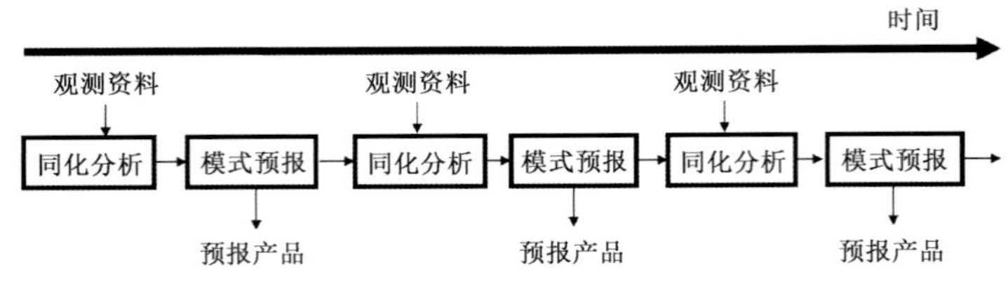

图 1.3 资料同化循环过程

（1）观测处理：对各种类型的观测进行处理是资料同化系统非常重要的组成部分。观测处理主要包括观测质量控制、观测偏差订正和观测算子。由于观测仪器感知的大气海洋状态总是存在误差，因此为了在资料同化系统中使用观测资料，首先需要进行观测的质量控制和观测的偏差订正等工作，对观测进行去粗取精工作。另外得到的状态往往不在模式网格点上，甚至还不是模式变量，因此需要引入观测算子，将模式状态转化为观测量，在下一节将进一步介绍观测系统和观测算子。

（2）模式预报：利用实际数值预报模式进行短时预报生成分析背景场，如 12 h 四维变分同化的设计和实现中，背景场生成需要模式进行 9 h 预报。因此资料同化系统设计必须面向具体的数值预报模式，同化和模式成为数值预报系统不可或缺的两个核心组成部分，1.4 节会对本书后面需要的各种数值预报模式进行简略介绍。

（3）资料分析：当前，资料分析过程已经成为一个典型的大数据处理问题，至少满足大数据的 4 个 V，首先是数据量巨大（Volume），目前同化系统每天需要处理的数据量已超过 1000 万个，其次是数据类型多种多样（Variety），需要处理大气、海洋、陆面的多学科观测资料，包括卫星、雷达等遥感资料和各种平台的现场观测资料，第三是各种观测都具有不确定性（Veracity），需要对这些不确定性进行定量评估，第四是价值密度低（Value），目前真正能够在同化中发挥作用的观测资料不超过 5%。

1.3 大气海洋观测系统和观测算子设计

资料同化处理的对象是观测资料，各种不同观测资料的处理方法不同，以观测算子为核心的观测资料处理是资料同化系统的主要组成部分之一。本节同时介绍地球观测系统和观测算子设计两个方面。一般来说，各种观测系统都倾向于相互补充，若存在冗余，则可对数据进行交叉检查和相互比较。业务化大气观测系统是一个国际合作典范，由世界气象组织统一规划组织和管理。本节从数值天气预报系统使用角度出发，将观测分为现场观测和遥感观测两类，不同的观测系统具有不同的特点，这在进行资料同化时是必须分别考虑的。本节将简介大气、海洋和陆地表面的不同观测技术，在此基础上介绍常规观测算子和遥感观测算子的设计。

1.3.1 现场观测

在气象卫星出现以前，普遍使用的观测类型都是现场观测，这类观测在资料同化中被称为常规观测。在大多数情况下，它们是对气象参数或海洋参数的现场测量，如温度、流场、压力、湿度或盐度等。现场观测通常被认为是逐点和瞬时的，这通常是在业务数值预报的背景下的准确假设。然而，由于其采样特性，每种仪器和测量技术都与其自身的空间和时间尺度相关联。如：依附气球或飞机穿过大气层的仪器可以在较短的时间内获得相对较长距离的平均值，而固定位置的仪器可以在较长时间内对相同的小体积空气或水团进行采样，另外，一些现场观测可以提供整个大气柱或水柱的积分信息。

大气观测由地面站点等地表观测资料和无线电探空仪、探空气球、气象飞机、风廓线等高空观测资料组成。地面站观测是在当地具有代表性的地方用仪器及目力对气象要素和天气现象进行测量和观察。国家基本站每天进行02时、08时、14时和20时四次观测，国家地面自动观测站对气象要素每1 h进行一次观测。高空观测是通过仪器对大气各高度进行观察和测定，每天进行08时和20时两次观测。

世界气象组织(World Meteorological Organization，WMO)发起的全球观测系统(Global Observing System，GOS)致力于支持世界天气监视和气候监测。飞机气象数据中继计划(Aircraft Meteorological Data Relay programme，AMDAR)是GOS的一个子系统。该计划利用民航飞机上的机载传感器收集气象数据，并通过卫星或无线电链路将气象观测数据传输到地面站，目前，绝大部分民航飞机都安装了相当先进的机载观测设备，是气象数据的重要来源之一。

飞机现场观测容易受到各种情况的影响而发生质量和数量上的变化。如2020年新冠疫情发生之前，全球每天能够向该系统提供超过70万条高质量数据，然而由于疫情导致航班的急速减少，在2020年新冠疫情期间，全球飞机观测资料急剧减少了75%～80%(详情请见 https://public.wmo.int/en/media/press-release/covid-19-impacts-observing-system)。

海洋现场观测系统是利用船舶、浮标、潜标等平台上的传感器获取海洋中特定点位(或者轨迹)上随深度和时间变化的海洋环境要素。海洋现场观测可以是欧拉类型的(观测位置是固定的，比如潜标和锚定浮标等)，也可以是拉格朗日类型的(观测位置随时间变化，比如海表漂流浮标、Argo浮标等)。海洋现场观测系统有潮汐仪、船基平台(自愿观测船、科考船等)、漂流浮标和锚定浮标、声学层析成像仪、Argo剖面浮标、水下滑翔机等。每一类观测在时间和空间分辨率方面都各有优缺点。

验潮站观测海平面变化(相对于仪器所处的陆地高度)，其优点在于可以记录验潮站长时间序列的海平面变化，缺点是人为观测误差大。船测往往沿着商业航线(商船)或者规划航线(科考船)进行，可以对关键海区进行观测，但费用较高。海表漂流浮标是一种相对便宜的观测手段，且寿命长，释放之后随海流运动，可以测量海表面气压和海表温度(15 m深度)，通过卫星定位获取浮标的位置信息，还可以进一步获取海表流速，NOAA(美国国家海洋和大气局)的全球海表漂流浮标计划(Global Drifter Program)发布了全球海区的漂流浮标观测(15 m深度的温度和流速)，目前全球海表漂流浮标数为1647个。Argo浮标在海洋观测史上具有非常重要的地位，和海表漂流浮标一样，它也随海流运动，但它可以在上浮或者下潜的过程中对海洋 2000 m 以上(具体海区 Argo 浮标的下潜深度设置不同)的热盐结构,以及漂流深度环流的季节和年际变化进行测量,目前全球活跃的 Argo 浮标有 4000 个左右,Argo 浮标是全球海洋研究最重要的数据源之一。锚定浮标或潜标可对固定位置进行长时间高频率的观测,这对于研究海洋中的高频信号(比如内波)是非常重要的,缺点是潜标的价格昂贵,而且数量非常少。滑翔机是小型的自主水下航行器,可以对海洋上层 1000 m 进行现场观测,相比 Argo 浮标的被动式观测,水下滑翔机可进行位置控制,可进行主动观测,他们沿着可重新编程的路线执行从表面到 1000 m 深度的锯齿轨迹观测。海洋相比大气,最困难的地方在于深层的观测,表层可以利用卫星进行大面积观测,但是在深层,海洋很难进行大面积观测。声层析技术就是海洋内部的遥感技术,其原理在于海洋在很大程度上对电磁辐射不透明,但对声音透明,通过声速廓线可以反演出海洋大面积的温度和流场结构。声层析技术依赖于精确测量声音信号在两个仪器(声源和接收器)之间(100～5000 km 的范围)传播所花费的时间。

1.3.2 遥感观测

天基对地观测系统的遥感观测已经成为气象观测的主体,目前数值天气预报系统中使用的观测资料 90%以上已经是遥感观测资料。数值天气预报系统使用的遥感观测资料的主要供应商包括美国国家航空航天局(National Aeronautics and Space Administration,NASA)和美国国家海洋和大气管理局(National Oceanic and Atmospheric Administration,NOAA)、欧洲航天局(European Space Agency,ESA)和欧洲气象卫星应用组织(European Organisation for the Exploitation of Meteorological Satellites,EUMETSAT)、日本航空研究开发机构(Japan Aerospace Exploration Agency,JAXA)和日本气象厅(Japan Meteorological Agency,JMA),以及我国的自然资源部(Ministry of Natural Resources,MNR)和中国气象局(CMA)等,其他机构包括俄罗斯联邦水文气象局、印度航天局等。

天基气象观测系统包括地球静止轨道卫星和极地轨道卫星两大类,各机构确保极地轨道和地球静止轨道上卫星运行系统的长期连续性。这两种观测地球/大气层的方法是互补的,地球静止轨道卫星(Geostationary Earth Orbiting Satellite,GEOS)位于赤道平面上空 36000 km 处,以与地球相同的角速度环绕地球运行,因此可以提供地球同一部分几乎连续的视图(重复时间为几分钟)。GEOS 的高时间分辨率使其基本上适用于目前的预报应用,也适用于数值天气预报(Numerical Weather Prediction,NWP)资料同化系统。但地球静止轨道卫星的轨道几何结构使它们无法观测极地地区。目前用于气象观测的极地轨道卫星都是太阳同步轨道卫星,也被称为低地球轨道卫星(Low Earth Orbiting Satellite,LEOS),在大约 800 km 高度的低地球轨道上绕地球飞行,在两极上空的重复时间约为 100 分。这些卫星比 GEOS 更接近大气层,更适合于对大气层进行观测。在这两种情况下(GEOS 和 LEOS),都需要一个卫星星座来提供足够的全球覆盖范围,目前由各国运行的卫星星座实现。

为什么我们需要卫星遥感观测?因为现场观测无法得到地球的全貌,从常规气象水文观测系统中获得的数据一方面空间分辨率较低,另一方面在空间分布上也极为不均匀:在陆地上比较密集,在海洋中则非常稀疏;在中低纬度比较密集,在高维和两极地区则比较稀疏。因此常规气象观测已越来越不能满足时空分辨率日益增长的同化系统的应用需求。遥感数据作为常规观测数据的重要补充,可以实现全天候、准连续、准全球覆盖、高时空分辨率的观测。目前遥感数据已成为大气海洋观测的主要手段，资料同化的主要对象由常规观测数据演变为天基、空基和地基等多源遥感探测数据。卫星遥感观测手段使我们能够“看”到地球系统观测要素的全貌，从而也就有了进行全球中期预报的基础。现场观测的温、压、湿、风等要素一般可直接在资料同化系统中应用，同化方法简单。但遥感观测的传感器所接收的是受大气影响的电磁波，从这种电磁波的信号数据变为大气的热力、动力参数往往需要一个复杂的转换过程，并且它们的误差特征比较复杂，因此遥感资料的同化难度要比直接观测大得多。

目前国内外众多的数值预报业务和研究单位都努力将大气、海洋、陆地表面和大气成分方面的多源遥感观测资料应用到数值天气预报系统中，遥感资料已经成为资料同化系统可用观测资料的主体，国际上先进的数值天气预报系统使用的观测资料90%以上是卫星资料。尽管卫星资料应用已取得了巨大成就，但是由于同化系统中观测算子云雨粒子辐射效应、湿物理过程等问题的复杂性和不确定性，目前真正能够在同化系统中使用的卫星遥感资料大约仅占卫星获取的气象观测资料的5%，卫星遥感资料在数值预报系统中的应用还需要进一步深入研究，还有巨大潜力需要进一步挖掘(English et al.，2013；薛纪善，2009)。卫星资料同化的另一个重要问题是卫星观测资料的质量控制和偏差订正。与现场观测仪器不同，卫星观测可能存在明显的系统偏差，在同化前或同化过程中须将这种系统偏差消除。通过分析发现，系统偏差与扫描角和大气要素有关，基于对历史资料的统计，可以建立偏差订正的统计模型，从而实现对观测的偏差订正。统计模型本身也要随着季节或天气而调整，偏差订正纳入到变分同化中进行也就是所谓的变分偏差订正可以取得更优的订正效果。随着资料同化系统的不断改进，获取足够好的卫星资料进一步提高预报准确性已越来越困难，如何准确选择新型观测作为发展方向、如何确保新型观测的有效利用率、如何对各种卫星遥感资料进行敏感性评估都是亟需解决的重要问题。

1.3.2.1 微波辐射观测

微波辐射探测具有穿透云层及在一定程度上穿透雨区的能力，因而能够提供除强降水之外近乎全天时、全天候的大气温度、湿度的廓线观测。微波辐射探测一直以来都是影响资料同化效果最大的一类观测资料。微波辐射观测包括微波温度和微波湿度两类。在2010年前，微波温度和微波湿度都是由不同探测仪完成，2011年发展了先进技术微波探测仪(Advanced Technology Microwave Sounder，ATMS)，首次将微波温度和微波湿度探测集成在同一个探测仪中。目前，国际上著名的微波辐射探测仪包括：AMSU-A，AMSU-B，MHS，ATMS，MWTS-2，MWHS-2等，主要搭载于NOAA 15～20、AQUA和METOP-A/B/C、风云三号FY3等极轨气象卫星上。其中，AMSU-A垂直探测温度廓线，AMSU-B和MHS垂直探测湿度廓线，ATMS垂直探测温度和湿度廓线，MWTS-2和MWHS-2分别垂直探测温度廓线和湿度廓线。

1978年至今，NOAA已发射了20多颗极轨卫星。这些卫星都装载有微波探测仪或先进微波探测仪。NOAA的前9颗卫星装载是微波探测仪，该仪器有4个通道，其中心频率分别是50.30 GHz(通道1)、53.74 GHz(通道2)、54.96 GHz(通道3)以及57.95 GHz(通道4)，这4个通道所观测的大气温度分别对应于地球表面、对流层中层、对流层顶以及平流层下层，微波探测仪的星下点水平精度是111 km；从1998年起先进微波探测仪(AMSU-A/B)取代微波探测仪，先进微波探测仪安装在NOAA 15～17上，包括15个大气温度观测通道的AMSU-A和5个湿度探测通道的AMSU-B，AMSU-A和AMSU-B星下点水平分辨率分别为48 km和

17 km；NOAA 18 和 NOAA 19 将 AMSU-B 升级为 MHS(Microwave Humidity Sounder)，通道设置不变。另外，NOAA 卫星组网在几乎所有时间段上都有 2 颗以上的卫星对地球进行同时观测，提供了连续的大气温度观测系列，同时由于其全球覆盖性，这套观测资料为大气温度变化研究提供了有效手段。

我国风云三号搭载的微波温度和湿度探测仪最初分别是 4 通道的 MWTS-1(Micro-Wave Temperature Sounder-1)和 5 通道的 MWHS-1(Micro-Wave Humility Sounder-1)，在 C 星之后升级到 MWTS-2(Micro-Wave Temperature Sounder-2)和 MWHS-2(Micro-Wave Humility Sounder-2)，通道数分别增加到 13 个和 15 个；2011 年发射的 Suomi-NPP 试验卫星装载了先进技术微波探测仪(ATMS)，ATMS 是用单一仪器组合温度探测 AMSU-A 和湿度探测 MHS 两方面的探测通道，ATMS 通道 6～15 与 AMSU-A 通道 5～14 对应，而 ATMS 通道 18、19 和 22 与 MHS 通道 5、4 和 3 对应，ATMS 仪器除了继承 AMSU-A 与 MHS 的通道之外添加了 1 个温度通道和 2 个湿度通道，通道频率及极化状态见表 1.1(Bormann et al.，2012)。该仪器不同通道分辨率不同，通道 1 与通道 2 星下点分辨率为 75 km，通道 3～16 星下点分辨率为 32 km，通道 17～22 星下点分辨率为 16 km。极化状态随着扫描位置不同而变化，表 1.1 给出了星下点的极化状态。ATMS 通道 6～15 与 AMSU-A 通道 5～14 类似，ATMS 通道 18、19、22 分别对应于 MHS 通道 5、4、3。ATMS 所有通道每间隔 1.11°采样共 96 个扫描位置，跨轨幅宽达 2300 km 大于 AMSU-A 与 MHS 的 2074 km，使得观测数据在热带地区相邻扫描带没有间隔。

表 1.1 ATMS 通道频率和极化状态(H、V 分别表示水平极化和垂直极化)

通道数	频率(GHz)和极化状态	通道数	频率(GHz)和极化状态
1	23.8 V	12	57.29 ± 0.3222±0.048 H
2	31.4 V	13	57.29 ± 0.3222±0.022 H
3	50.3 H	14	57.29 ± 0.3222±0.010 H
4	51.76 H	15	57.29 ± 0.3222±0.0045 H
5	52.8 H	16	88.2 V
6	53.596±0.115 H	17	165.5 H
7	54.4 H	18	183.31±7.0 H
8	54.94 H	19	183.31±4.5 H
9	55.5 H	20	183.31±3.0 H
10	57.29 H	21	183.31±1.8 H
11	57.29±0.3222 ±0.217 H	22	183.31±1.0 H

1.3.2.2 红外辐射观测

红外辐射观测一般可分为两类：近红外辐射计和热红外辐射计。可见光和近红外辐射计应用最广。6000 K 的太阳辐射在此频率范围的幅亮度最大，地球表面对此频率范围的太阳光反射和后向散射比较显著，很多辐射计都工作在这一波段。窄带可见光和近红外辐射计一般用于水色和气象遥感，宽带可见光和近红外辐射计一般用于陆地和气象遥感。它们探测的不是地球的自发辐射，而是太阳光在大气、海洋、陆地的反射和后向散射。当然在夜间并避开月光反射的条件下，近红外辐射计也能够探测地球的自发辐射。

热红外波段是对应于 300 K 的地球表面自发辐射最强的波段。根据普朗克黑体辐射定律，热红外波段辐射计接收到的辐射功率代表着地球表面的“冷”或者“热”，因此，地球表面自发辐射最强的波段被称为热红外波段。与地球反射的可见光相比，热红外信号一般较弱；但是，由于其波长比可见光更长，具有较大的绕射能力和穿透能力，不易受到雾、烟尘和气溶胶的影响，即使穿过大气层，热红外遥感也能够探测到比较清晰的图像。

随着卫星遥感探测技术的发展，红外辐射观测系统从初期仅有少数几个红外宽波段通道、低空间分辨率，逐步发展到高光谱分辨率和较高空间分辨率观测，星载红外仪器由滤光片分光发展到光栅或干涉分光，仪器搭载应用的平台也从极轨平台拓展到静止卫星平台。

2002 年美国国家航空航天局(NASA)地球观测系统(EOS)第二颗卫星 Aqua 成功发射，其上携带的大气红外探测器(Atmospheric Infrared Sounder，AIRS)具有 2378 个通道，具有高精度、高光谱分辨率的探测能力，开创了红外高光谱分辨率大气垂直探测系统新纪元。随着越来越多的高光谱探测(METOP-A/B/C 上的 IASI(Infrared Atmospheric Sounding Interferometer)，Suomi NPP 上的 CrIS(Cross-track Infrared Sounder)，风云三号上的 HIRAS(High-spectral Resolution Infrared Atmospheric Sounder)，风云四号上的 GIIRS(Geosynchronous Interferometric Infrared Sounder))升空运行，卫星红外高光谱资料同化成为了各大气象中心的研究热点。未来的全球高光谱分辨率大气垂直探测，将提供全球覆盖的大气温度、湿度、云参数、气溶胶、温室与痕量气体、全球辐射收支等综合产品。表 1.2 介绍了最新全球在轨运行的卫星红外高光谱大气垂直探测器的特征参数。

表 1.2　最新全球在轨运行卫星红外高光谱大气垂直探测器的光谱参数

卫星	仪器	分光方式	光谱范围 cm^{-1}(μm)	光谱分辨率 (cm^{-1})	通道数	星下点分辨率 (km)	灵敏度 (NEΔT)	扫描幅宽 (km)
Suomi NPP	CrIS	干涉	长波 650～1095 (15.38～9.13)，中波 1210～1750 (8.26～5.71)，短波 2155～2550 (4.64～3.92)	0.625，1.25，2.5	1,385	14	0.18～0.5 K (250 K)	2200
FY-3	HIRAS	干涉	长波 650～1136 (8.8～15.39)，中波 1210～1750 (5.71～8.26)，短波 2155～2550 (3.92～4.64)	0.625，1.25，2.5	1,343	16	0.15 K(250 K)，0.2 K(250 K)，0.3 K (250 K)	2300
FY-4	GIIRS	干涉	长波 700～1130 (8.85～14.29)，中波 1650～2250 (4.44～6.06)	0.625	1650	16	0.3 K，0.1 K	区域 5000×5000 km^2/中小尺度 1000×1000 km^2

1.3.2.3 全球导航卫星系统观测

全球导航卫星系统(Global Navigation Satellite System，GNSS)是一种天基无线电导航定位系统，能在地球表面或近地空间的任何地点为用户提供全天候的三维坐标、速度和时间信息。卫星导航定位技术目前已基本取代了地基无线电导航、传统大地测量和天文测量导航定位技术，并推动了大地测量与导航定位领域的全新发展。当前，GNSS系统不仅是国家安全和经济的基础设施(邹晓蕾，2009)，也是体现现代化大国地位和国家综合国力的重要标志。由于其在政治、经济、军事等方面具有重要的意义，世界主要军事大国和经济体都在竞相发展独立自主的卫星导航系统。截至2017年4月，世界上已业务化运行的GNSS系统有四个：美国GPS、中国北斗卫星导航系统BDS、俄罗斯GLONASS和欧盟GALILEO。除了上述4大全球系统外，还有若干区域系统和增强系统，其中区域系统有日本的QZSS和印度的IRNSS，增强系统有美国的WASS、日本的MSAS、欧盟的EGNOS、印度的GAGAN以及尼日利亚的NIG-COMSAT-1等(宁津生 等，2013)。

目前在同化系统中，GPS无线电掩星(GPS Radio Occultation：GPS-RO)资料是应用最为广泛和成熟的GNSS观测资料，因此本节以GPS为例，阐述全球导航卫星系统观测资料的同化原理和应用情况。

GPS是美国的全球定位系统，在20世纪80年代和90年代早期开始应用。最初是为美国军方的精确定位而设计，由距离地球表面约20200 km高度的6个轨道上运行的24颗卫星组成。这些卫星以两个L波段频率(f1＝1.57542 GHz和f2＝1.22760 GHz)持续发射无线电电磁波，电磁波的传播路径(也叫射线)经过大气层时受到大气折射率的影响而弯曲。使用GPS无线电掩星技术可以测量这些电磁波射线的总弯曲。由于大气折射率是大气温度、水汽和液态水含量的函数，因此，GPS无线电掩星资料包含了大气状态信息。

无线电信号的传播在真空中是一条直线，但实际射线从GPS卫星发射后，途径地球电离层和中性大气层时，受电离层电子密度分布和大气折射率的影响，路径有不同程度的弯曲，从而这些信号到达LEO接收卫星的时间有所延迟。已知卫星的精确位置和运行速度，则可以导出总的弯角。由于GPS卫星和低轨接收卫星的相对运动，从大气顶部到地球表面的整个大气层都有射线穿过。因此，可以获得弯角的垂直廓线。GPS无线电信号的波长较长，大约20 cm，这些信号传播途径大气层时不会受到气溶胶和云雨的影响。

通过把两个波段的信号传播延迟量进行一种线性组合，可以消除电离层的影响。剩余的无线电信号传播延迟量便只包含中性大气中大气折射率的影响。资料同化是一个反演过程，通过同化GPS无线电信号传播延迟量资料，便可以得到中性大气中大气折射率的分布情况。

全球主要的数值预报中心都能够同化GPS-RO观测(Metop-A和Metop-B的GRAS，COSMIC，风云三号GNOS)，如ECMWF从2006年12月12日开始业务同化COSMIC的GPS-RO弯曲角观测，在2008年5月28日开始业务同化Metop-A的GRAS弯曲角资料，在2013年1月14日开始业务同化Metop-B卫星GPS-RO资料；Met Office于2007年5月15日开始业务同化COSMIC掩星资料，于2012年12月12日开始业务同化Metop-B卫星GPS-RO资料；NCEP于2007年5月1日开始业务同化COSMIC掩星观测资料；Meto-France从2007年9月开始业务同化GPS-RO弯曲角资料。

1.3.3 观测算子

观测算子提供了模式状态变量和观测之间的联系(Lorenc, 1986)。观测算子应用到模式状态量得到模式观测等价量,从而使模式和观测可以进行比较。因此算子 $\mathcal{H}$ 表示将控制变量 x 转换为在观测位置 y^0 处的观测等价量的算子集合。卡尔曼滤波等同化方法要求观测算子是线性的,也有一些同化方法,如 3D/4DVar、粒子滤波等允许 $\mathcal{H}$ 是非线性的,这对于卫星辐射率资料、散射计资料、云和降水资料等是十分必要的。观测算子设计应该是通用的,即同样的算子可以应用到不同来源的资料和不同的资料同化系统中。如辐射算子模拟了从一大类卫星辐射计(微波和红外)中得到的观测;温度算子被应用到探空报 TEMP、飞机报 AIREP 和其他资料类型上,同时也被应用到辐射传输格式 RTTOV 的输入中。

1.3.3.1 观测算子设计思路

观测算子一般是由两部分组成:一部分是模式变量到观测变量的物理变换;另一部分是时间、空间插值。由于测量仪器的误差、变换方程描述物理过程的误差、数值计算导致的计算误差、插值导致的代表性误差等,观测误差是客观存在的。假设观测等价量可以从模式数据的单个垂直剖面计算,那么空间插值算子可以假设为 $H=H_vH_h$,其中 H_v 为从模式数据到观测位置的水平插值;H_h 为从模式数据到观测位置的垂向插值。整个算子可分为一系列子算子,每个子算子执行将控制变量转换为观测变量的一个子步骤,以大气全球谱模式为约束的变分同化为例,一个完整观测算子由如下 4 个方面的子算子组成:

(1)从控制变量到模式变量变换的逆谱变换;逆谱变换将模式变量置于模式精简高斯网格上。

(2)用 12 点双三次或 4 点双线性水平插值给出观测点处模式变量的垂直廓线。地面场进行双线性插值以避免伪最大、最小数。步骤(1)至(2)对所有数据类型都是相同的。

(3)垂直积分。例如形成位势的流体静力学方程和辐射率的辐射传输方程。

(4)垂直插值到观测层。

垂直插值算子设计依赖于变量。温度、比湿气压可以采用简单的基于气压的线性插值,对风则采用基于气压对数的线性插值,而对位势的垂直插值与风类似(为保证地转风)。

模式变量的梯度在边界层最低部分变化强烈,其流变化时间短,空间尺度小,这是由湍流和地形特性引起的。对于这些数据,垂直插值算子应考虑 Monin-Obulkhov 相似理论。(Cardinali et al., 1994)采用了这些观测算子,结果表明若控制变量不加入地面表面温度,则2 m 温度资料的同化效果不佳,温度梯度将在近地面出现不合理的分析增量。基于 10 m 风观测算子的 Monin-Obulkhov 理论也可用于所有 10 m 风观测。

1.3.3.2 常规资料观测算子

本节给出了位势高度、湿度、温度和风速风向四类观测算子,其中风一般是按照 u,v 分量给出,而这里按照风速风向给出,本节内容(1)、(2)和(3)主要引自欧洲中期天气预报中心 ECMWF(European Centre for Medium-Range Weather Forecasts)的 IFS 科学文档。

(1)位势高度观测算子

给定气压 p 处的位势,通过解析地使用国际民航组织(International Civil Aviation Organization,ICAO)温度廓线进行流体静力学方程积分和垂直插值 $\Delta\varphi$ 计算得到,$\Delta\varphi$ 为模式层位势和 ICAO 位势之差。ICAO 温度廓线定义为：

$$T_{\rm ICAO} = T_0 - \frac{\Lambda}{g}\varphi_{\rm ICAO} \tag{1.42}$$

其中，T_0 为 288 K；$\varphi_{\rm ICAO}$ 为 1013.25 hPa 上的位势；Λ 为 0.0065 $\rm km^{-1}$，在 ICAO 对流层，0 在 ICAO 同温层。ICAO 对流层顶定义为 ICAO 温度达到 216.5 K 的层。使用这个温度廓线，积分流体静力学方程可得到 $T_{\rm ICAO}$，位势 $\varphi_{\rm ICAO}$ 定义为气压的函数。可用下式估计位势 $\varphi(p)$（气压 p 处）：

$$\varphi_p - \varphi_{\rm surf} = \varphi_{\rm ICAO}(p) - \varphi_{\rm ICAO}(p_{\rm surf}) + \Delta\varphi \tag{1.43}$$

其中，$p_{\rm surf}$ 为模式表面气压；$\varphi_{\rm surf}$ 为模式地形。$\Delta\varphi$ 通过从整模式层值 $\Delta\varphi_k$ 垂直插值得到。垂直插值直到第二模式层对 $\ln p$ 是线性的，对其之上的层则对 $\ln p$ 为二次的。整模式层值通过使用预报模式积分离散流体静力学方程得到(Simmons et al.,1981)：

$$\Delta\varphi_k = \sum_{j=L}^{k+1} R_{\rm dry}(T_{v_j} - T_{{\rm ICAO}_j})\ln\left(\frac{p_{j+1/2}}{p_{j-1/2}}\right) + \alpha_k R_{\rm dry}(T_{v_k} - T_{{\rm ICAO}_k}) \tag{1.44}$$

其中，

$$\alpha_k = 1 - \frac{p_{k-1/2}}{p_{k+1/2} - p_{k-1/2}}\ln\left(\frac{p_{k+1/2}}{p_{k-1/2}}\right) \tag{1.45}$$

$k>1$ 且 $\alpha_1 = \ln 2$。

在第二模式整层之上，线性插值由 $\ln p$ 的二次插值取代：

$$Z(\ln p) = a + b(\ln p) + c(\ln p)^2 \tag{1.46}$$

其中，a,b,c 为给定常数。上述方程在顶层($k=1,2,3$)拟合高度插值公式为：

$$\varphi(\ln p) = Z_2 + \frac{(Z_2 - Z_1)(\ln p - \ln p_2)(\ln p - \ln p_3)}{(\ln p_2 - \ln p_1)(\ln p_1 - \ln p_3)} - \frac{(Z_2 - Z_3)(\ln p - \ln p_1)(\ln p - \ln p_2)}{(\ln p_2 - \ln p_3)(\ln p_1 - \ln p_3)} \tag{1.47}$$

其中，1，2，3 分别指 $k=1,2,3$(层)。

考虑模式地形时位势的外插为：假定从最低模式层(下标 $l-1$)之上的模式层开始有一个恒定流逝率，则可求出表面温度 T^*：

$$T^* = T_{l-1} + \Lambda\frac{R_{\rm dry}}{g}T_{l-1}\ln\frac{p_{\rm surf}}{p_{l-1}} \tag{1.48}$$

$$T^* = \frac{\{T^* + \max[T_y, \min(T_x, T^*)]\}}{2} \tag{1.49}$$

平均海平面温度 T_0 为：

$$T_0 = T^* + \Lambda\frac{\varphi_{\rm surf}}{g} \tag{1.50}$$

$$T_0 = \min[T_0, \max(T_x, T^*)] \tag{1.51}$$

其中，T_x 为 290.5 K，T_y 为 255 K。那么考虑模式地形时的位势为：

$$\varphi = \varphi_{\rm surf} - \frac{R_{\rm dry}T^*}{\gamma}\left[\left(\frac{p}{p_{\rm surf}}\right)^{\gamma} - 1\right] \tag{1.52}$$

其中，$\gamma = \frac{R_{\rm dry}}{\varphi_{\rm surf}}(T_0 - T_{\rm surf})$。

(2)湿度观测算子

比湿 q、相对湿度 U 和可降水 PWC 分别关于 p 进行线性插值。一般不使用上层相对湿度资料，但若需要也可以使用。

饱和水气压 $e_{sat}(T)$ 使用 Tetens's 公式计算：

$$e_{sat}(T) = a_1 \exp\left[a_3\left(\frac{T-T_3}{T-a_4}\right)\right] \tag{1.53}$$

在水面上时 $a_1 = 611.21$ hPa，$a_3 = 17.502$，$a_4 = 32.19$ K，在海冰上时 $a_3 = 22.587$，$a_4 = -0.7$ K，$T_3 = 273.16$ K。温度高于 0 ℃取水上饱和值，低于 −23 ℃取冰上饱和值。对于中间温度，饱和水汽压则使用 $e_{sat(water)}$ 和 $e_{sat(ice)}$ 的组合值计算：

$$e_{sat}(T) = e_{sat(ice)}(T) + [e_{sat(water)}(T) - e_{sat(ice)}(T)]\left(\frac{T-T_i}{T_3-T_i}\right)^2 \tag{1.54}$$

其中，$T_3 - T_i = 23$ K 。

相对湿度 U 计算为：

$$U = \frac{pq\dfrac{R_{vap}}{R_{dry}}}{[1+(\dfrac{R_{vap}}{R_{dry}}-1)q]e_{sat}(T)} \tag{1.55}$$

可降水作为从模式顶层开始的一个垂直和进行计算：

$$\mathrm{PWC}_k = \frac{1}{g}\sum_{i=1}^{k} q_i(p_i - p_{i-1}) \tag{1.56}$$

(3)温度观测算子

在最高模式层之上，温度为常数，并等于最高模式层的温度。在最低模式层和模式地面之间，温度为线性插值：

$$T = \frac{(p_{surf} - p)T_l + (p - p_l)T^*}{p_{surf} - p_l} \tag{1.57}$$

最低模式层之下的温度外插得到：

$$T = T^*[1 + \alpha\ln\frac{p}{p_{surf}} + \frac{1}{2}(\alpha\ln\frac{p}{p_{surf}})^2 + \frac{1}{6}(\alpha\ln\frac{p}{p_{surf}})^3] \tag{1.58}$$

其中，$\alpha = \Lambda R_{dry}/g, \varphi_{sat}/g < 2000$ m 。对于高地形，α 改为 $\alpha = R_{dry}(T'_0 - T^*)/\varphi_{surf}$ 。

(4)风速风向观测算子

在同化系统中，一般采用风的 u,v 分量作为分析变量，因此一般先将风速、风向分解为 u,v 分量，并假设它们不相关；一般情况下，u,v 分量的观测误差主要由风速误差转换得到。而大部分观测系统都是直接对风速、风向通过不同手段进行测量，它们的误差获取更为直接，并且两者可以认为是不相关的。因此，理论上，对于直接测量风速、风向的观测产品来说，采用风速、风向直接同化，相比 u,v 分量同化，避免了转换过程中观测误差的不恰当假设以及 u,v 分量的相关性误差。

考虑风速(sp)、风向(dir)与 u,v 分量的转换关系式 H_t ，有：

$$\begin{pmatrix}\mathrm{sp}\\ \mathrm{dir}\end{pmatrix} = H_t\begin{pmatrix}u\\ v\end{pmatrix} \tag{1.59}$$

其中，具体转换关系为：

$$\begin{aligned}\mathrm{sp} &= (u^2+v^2)^{1/2}\\ \mathrm{dir} &= n\pi + \arctan(\frac{u}{v})\end{aligned} \tag{1.60}$$

1.3.3.3 卫星观测算子

与常规气象水文观测资料相比较，卫星观测资料具有准连续性、空间分辨率高、观测范围广等优点。目前卫星资料在先进数值预报中心的全球资料同化中得到充分的应用，卫星资料已经成为资料同化系统可用观测资料的主体，国外众多的数值预报业务和研究单位都努力将更多卫星观测资料应用到数值天气预报系统中。将卫星资料应用到资料同化系统中，首先必须设计复杂的卫星观测算子，本节介绍快速辐射传输模式和 GNSS 二维掩星弯曲角两个方面的卫星观测算子设计。

(1)快速辐射传输模式

将卫星辐射观测资料应用到资料同化中，需要设计复杂观测算子，通常称为辐射传输模式。辐射传输模式用于模拟卫星红外或微波辐射率，其核心是大气透过率模式。大气透过率计算是一个十分复杂的过程，在大气遥感领域使用的大气透过率模式主要有两类：一类是逐线(LBL)模式，通常称为精确模式；另一类是参数化(或解析)模式，通常称为快速模式。大气层向上的大气辐射可以看作大气温度以及大气中吸收气体分布的函数，气象卫星在大气层顶探测到的大气辐射就包含了这些信息。由于这些电磁辐射遵循一定的物理规律，因此可以利用辐射传输模式模拟大气层向上的大气辐射。这时一般需要假设大气为平行平面且满足局地动力平衡和热力平衡，有时还需忽略散射以及地球表面镜面反射的影响。目前资料同化中作为算子使用的是快速辐射传输模式。

给定大气温度、湿度廓线以及表面状态等模式初始变量，快速辐射传输模式沿着卫星辐射计的观测方向(扫描角)，根据仪器探测通道的平均光谱响应函数，以较高精度计算卫星的模拟探测值。晴空条件下快速辐射传输模式对卫星观测的模拟已经能够达到相当高的精度，而由于水成物辐射效应的复杂性，云雨条件下的计算精度还有待进一步提高，这也正是当前一些数值预报中心卫星资料同化应用仍然以晴空条件辐射率为主的原因所在。在数值预报资料同化中业务使用的快速辐射传输模式属于用回归方程定义光学厚度计算系数的模式，依据平行平面大气假设，按照等压面的设置和大气中吸收气体含量来划分辐射传输模式的模式层。

目前，在业务数值预报中使用的快速辐射传输模式主要有以下三类：①RTTOV，由 ECMWF(Saunders et al.，2018)开发的用于模拟多种气象卫星探测的地球环境红外和微波辐射的快速辐射传递模式系统，RTTOV 在 ECMWF-IFS，Met Office-UM 和 GRAPES 3D/4D-VAR 中成功使用；②CRTM，由美国 JCSDA(Joint Center for Satellite Data Assimilation)开发，主要应用于 NOAA/NCEP 和 NCAR 等美国发展的资料同化系统中；③中国气象局的翁富忠等(Weng et al.，2020)发展了 ARMS 快速辐射传输模式，并已经在国家卫星气象中心得到了应用。

下面简单介绍 RTTOV 辐射传输模式，RTTOV 辐射传输模式同时提供了正演模式以及相应的切线性模式和伴随模式，可以对 3～20 μm 波段的红外通道以及 10～200 GHz 通道的微波通道进行模拟。对于给定的大气温度、湿度廓线以及表面状态和云参量等，利用 RTTOV 辐射传输模式，可以计算沿卫星扫描方向接收到的每一个通道的辐射强度。在 RTTOV 模式中，每一个通道的辐射强度表示为：

$$L(\upsilon,\theta) = (1-N)L^{\text{Clr}}(\upsilon,\theta) + NL^{\text{Cld}}(\upsilon,\theta) \tag{1.61}$$

其中，$L(\upsilon,\theta)$ 是波数为 υ、天顶角为 θ 时大气顶向上的辐射，$L^{\text{Clr}}(\upsilon,\theta)$ 和 $L^{\text{Cld}}(\upsilon,\theta)$ 分别为晴空和云天大气顶的向上辐射，N 为云量比例，这里晴空辐射 $L^{\text{Clr}}(\upsilon,\theta)$ 可写为：

$$L^{\mathrm{Clr}}(\upsilon,\theta) = \tau_s(\upsilon,\theta)\xi_s(\upsilon,\theta)B(\upsilon,T_s) + \int_{\tau_s}^{1} B(\upsilon,T)\,\mathrm{d}\tau + (1-\xi_s(\upsilon,\theta))\tau_s^2(\upsilon,\theta)\int_{\tau_s}^{1}\frac{B(\upsilon,T)}{\tau^2}\mathrm{d}\tau \tag{1.62}$$

上式右侧的第一、三项分别是地表的出射辐射及地表反射的大气向下辐射，第二项是大气发射的辐射；T 是各层平均温度，T_s 是地表温度；$B(\upsilon,T)$ 是温度为 T 时的 Planck 函数，$\tau_s(\upsilon,\theta)$ 为地面至外空间的透过率，$\tau(\upsilon,\theta)$ 为各层至外空间的透过率，$\xi_s(\upsilon,\theta)$ 为地表发射率。

假设云顶发射率为1，则云天辐射 $L^{\mathrm{Cld}}(\upsilon,\theta)$ 的定义如下：

$$L^{\mathrm{Cld}}(\upsilon,\theta) = \tau_{\mathrm{cld}}(\upsilon,\theta)B(\upsilon,T_{\mathrm{cld}}) + \int_{\tau_{\mathrm{cld}}}^{1} B(\upsilon,T)\,\mathrm{d}\tau \tag{1.63}$$

其中，$\tau_{\mathrm{cld}}(\upsilon,\theta)$ 为云顶向外空间的透过率，T_{cld} 为云顶温度。实际计算时将大气辐射方程离散化，把大气顶至地面的大气分为若干薄层，并用谱带订正温度 T' 代替场温 T，此时卫星仪器第 i 通道的大气顶向上辐射为：

$$L_i(\upsilon,\theta) = (1-N)L_i^{\mathrm{Clr}}(\upsilon,\theta) + NL_i^{\mathrm{Cld}}(\upsilon,\theta) \tag{1.64}$$

离散化之后的晴空辐射 L_i^{Clr} 和云天辐射 L_i^{Cld} 分别为：

$$L_i^{\mathrm{Clr}}(\upsilon,\theta) = \tau_{i,s}(\upsilon,\theta)\xi_{i,s}(\upsilon,\theta)B_i(T'_s) + \sum_{j=1}^{J_s} L_{i,j}^{u} + (1-\xi_{i,s}(\upsilon,\theta))L_{i,j}^{u}\left[\frac{\tau_{i,s}^2}{\tau_{i,j-1}\tau_{i,j}}\right] + L'_i \tag{1.65}$$

$$L_i^{\mathrm{Cld}}(\upsilon,\theta) = \tau_{i,\mathrm{cld}}(\upsilon,\theta)B_i(T'_{\mathrm{cld}}) + L''_i + \sum_{j=1}^{J_{\mathrm{cld}}} L_{i,j}^{u} \tag{1.66}$$

其中，$\tau_{i,j}$ 是模式层 j 至外空间在通道 i 谱响应区间内的透过率，L'_i 是地面至离地最近的模式大气层 J_s 之间大气对 L_i^{Clr} 的贡献，L''_i 是云顶至云顶以上最近的模式层 J_{Cld} 之间大气对 L_i^{Cld} 的贡献，并定义为：

$$L''_{i,j} = \frac{1}{2}\left[B_i(T'_j) + B_i(T'_{j-1})\right](\tau_{i,j-1} - \tau_{i,j}) \tag{1.67}$$

用辐射传输方程计算各通道在大气顶的向上辐射率，首先需要确定各个辐射通道在各层向外空间的透过率 $\tau_{i,j}$。RTTOV 模式将 0.1～1013 hPa 的大气层分为 43 个等压层，星载仪器通道在每一模式层上的透过率 $\tau_{i,j}$，考虑了均匀混合气体（包括 CO_2、O_2、NO、CO、N 等）以及可变气体（包括水汽、O_3）在通道谱段上的综合吸收效应，是非单色的。为与吸收气体的单色透过率相区别，记通道透过率为 $\tau_{i,j}^{\mathrm{tot}}$，其计算过程如下：

①选取 43 条不同的大气温度、湿度和 O_3 的廓线，用逐线模式分别计算均匀混合气体、均匀混合气体与水汽混合、均匀混合气体与水汽及 O_3 混合的各模式层至外空间的单色透过率，然后在仪器通道的光谱响应区间对逐线模式透过率进行积分（卷积分辨率为 0.5 cm^{-1}），得到相应气体的通道透过率 $\tau_{i,j}^{\mathrm{mix}}$、$\tau_{i,j}^{\mathrm{mix+wv}}$、$\tau_{i,j}^{\mathrm{mix+wv+oz}}$，再由近似公式计算通道透过率 $\tau_{i,j}^{\mathrm{tot}}$：

$$\tau_{i,j}^{\mathrm{tot}} = \tau_{i,j}^{\mathrm{mix}} \cdot \frac{\tau_{i,j}^{\mathrm{mix+wv}}}{\tau_{i,i}^{\mathrm{mix}}} \cdot \frac{\tau_{i,j}^{\mathrm{mix+wv+oz}}}{\tau_{i,i}^{\mathrm{mix+wv}}} \tag{1.68}$$

②分别对混合气体、水汽和 O_3 应用回归方程，计算各层至外空间的光学厚度：

$$d_{i,j} = d_{i,j-1} + Y_j \sum_{k=1}^{K} a_{i,j,k}X_{k,j} \tag{1.69}$$

其中，Y_j、$X_{k,j}$ 为因子，包括模式输入的大气廓线等变量，K 为因子总数，$a_{i,j,k}$ 为回归系数，可由①中逐线模式计算的通道透过率和一些大气廓线因子的统计回归确定。

③将光学厚度换算成透过率，即 $\tau_{i,j} = \mathrm{e}^{(-d_{i,j})}$。

④计算每一模式层向外空间的通道透过率 $\tau_{i,j}^{\mathrm{tot}}$。RTTOV 模式将每颗卫星的回归系数存于 ASCll 码文件中，正演时由初始化模块读入，因此实际应用时，省去上述计算过程的步骤①，以加快透过率的计算速度。

根据辐射能量传输方程，卫星所测的辐射强度受到大气层温、湿度的影响，通常用一个权重函数来描述不同高度大气温、湿对辐射强度的贡献，权重函数随波长而变。

(2)GNSS 掩星观测

GNSS 掩星观测技术具有较高的空间覆盖率、垂直分辨率和全天候等优点，可以获得对流层、平流层及其上层大气的精细的温度和湿度的廓线资料信息，对提高数值天气预报对流层和平流层预报效果有着积极的正影响。例如：COSMIC 掩星事件观测高度最高可到 60 km，每个掩星事件在垂直方向大约可获得 3000 个垂直层上的弯曲角和折射率数据，在 40～60 km 大概有 300 层的观测数据；Metop 卫星 GRAS 掩星事件观测高度最高可到 90 km，每个掩星事件在垂直方向大约可获得 900 个左右垂直层上的弯曲角和折射率的观测数据，在 40～90 km 之间大概有 600 层的观测数据。

GNSS 掩星观测资料在进入同化系统之前必须进行预处理，可以将掩星观测处理成折射率或弯曲角后再引入到同化系统中，因此 GNSS 掩星观测算子可以分为折射率算子和弯曲角算子，弯曲角观测具有相对简单的误差特性，同时避免了在折射率廓线计算的 Abel 逆积分过程中由于上限设置不确定性所导致的误差传播难以定量估计的问题，因此近年来各业务中心普遍采用弯曲角观测算子。本节介绍一维/二维弯曲角观测算子，引入如下形式的一维弯曲角观测算子：

$$\alpha = H_\alpha F_I H_N(T,p,q) \tag{1.70}$$

其中，$H_N(T,p,q)$ 在折射率为 N 时，完成模式网格点上非球对称折射率的计算；F_I 将模式网格点上的折射率插值到射线的近地面切点位置；H_α 表示根据近地面切点位置的折射率，利用 Abel 变换得出弯曲角的计算过程。

根据 Abel 变换可知，弯曲角 α 是关于影响参数 a 和折射率指数 n 的函数：

$$\alpha(a) = -2a\int_{r_t}^{\infty} \frac{1}{\sqrt{r^2 n^2 - a^2}} \frac{\mathrm{dln}(n)}{\mathrm{d}r}\mathrm{d}r \tag{1.71}$$

其中，影响参数 a 的计算需要用到位势高度，而 n 由折射率 N 决定（$n = 10^{-6}N + 1$）。所以对于给定的影响参数 a，弯曲角的同化需要计算背景场垂直层上的折射率廓线：

$$N = k_1 \frac{P_d}{T} + k_2 \frac{e}{T^2} + k_3 \frac{e}{T} \tag{1.72}$$

将 $x = nr$ 代入 Abel 变换，可以得到：

$$\alpha(a) = -2a\int_{a}^{\infty} \frac{1}{\sqrt{x^2 - a^2}} \frac{\mathrm{dln}(n)}{\mathrm{d}x}\mathrm{d}x \tag{1.73}$$

在实际的计算过程中，必须对 Abel 方程进行相应简化。首先，考虑折射率非常小，所以认为：

$$\frac{\mathrm{dln}(n)}{\mathrm{d}x} \approx 10^{-6}\frac{\mathrm{d}N}{\mathrm{d}x} \tag{1.74}$$

其次，因为折射率标高相对于地球的半径非常小，所以有：

$$\sqrt{x^2-a^2} \approx \sqrt{2a(x-a)} \tag{1.75}$$

将上述近似代入 Abel 变换可以得到：

$$\alpha(a) = -\sqrt{2a}10^{-6}\int_a^{\infty} \frac{\mathrm{d}N/\mathrm{d}x}{\sqrt{x-a}} \tag{1.76}$$

进一步假定，折射率在背景场各垂直层上随 $x = nr$ 呈指数形式变化。所以，在 j 和 $j+1$ 层之间折射率梯度的计算可以表示为：

$$\frac{\mathrm{d}N}{\mathrm{d}x} = -k_j N_j \exp(-k_j(x-x_j)) \tag{1.77}$$

所以：

$$k_j = \frac{\ln(N_j/N_{j+1})}{(x_{j+1}-x_j)} \tag{1.78}$$

其中，k_j 的值必须为正。从而得到一个比最小正值为 $k_j^{\min} = 10^{-6}$ 更为严格的约束条件是：k_j 不能大于 $0.157N_j$ 。

根据上述结论，可以得到在 j 和 $j+1$ 层之间弯曲度的表达式为：

$$\Delta\alpha_j = 10^{-6}k_j N_j \exp(-k_j(x_j-a))\sqrt{2a}\int_{x_j}^{x_{j+1}} \frac{\exp(-k_j(x-a))}{\sqrt{x-a}}\mathrm{d}x \tag{1.79}$$

通过变量变换，可以得到：

$$\Delta\alpha_j = 10^{-6}\sqrt{2\pi a k_j}N_j \exp(-k_j(x_j-a))\left[\mathrm{erf}\left(\sqrt{k_j(x_{j+1}-a)}\right)-\mathrm{erf}\left(\sqrt{k_j(x_j-a)}\right)\right] \tag{1.80}$$

当 $j+1 = n_{\mathrm{lev}}$ 时，即模型顶端的射线弯曲度为：

$$\Delta\alpha_{\mathrm{top}} = 10^{-6}\sqrt{2\pi a k_j}N_j \exp(-k_j(x_j-a))\left[1-\mathrm{erf}\left(\sqrt{k_j(x_j-a)}\right)\right] \tag{1.81}$$

其中，误差方程 erf 表示如下：

$$\mathrm{erf}(x) = \frac{2}{\sqrt{\pi}}\int_0^x \mathrm{e}^{-t^2}\mathrm{d}t \tag{1.82}$$

根据上述分析可知，一维弯曲角观测算子的整个计算过程可以分为如下 3 个步骤：

①计算折射率廓线 N 。首先计算背景场位势高度层上的水汽压，然后计算对应高度层上的折射率 N 。

②计算影响参数 a 。根据方程 $a = nr = (1+1\times10^{-6}N)(n+R_c)$ ，即可利用折射率 N 计算得到影响参数 a ，此时需要将位势高度转换为几何高度 h 。

③计算弯曲角 α 。可以利用开源的 ROPP 软件包中关于 Abel 积分的子程序 ropp_fm_abel，将弯曲角 α 作为影响参数 a 的函数进行计算，而误差方程 erf 则通过多项式逼近方法进行计算。

二维射线追踪方法基于求解定义射线路径的微分方程。它采用上面介绍的水平网格。另外，因为步长会作为模式的一部分而被调整，所以折射率 N 和半径 r 在全模式层进行计算，并不需要将其插入 250 m 垂直网格中。弯曲角的计算基于圆形极坐标下定义射线路径的组合方程的数值解。

$$\frac{\mathrm{d}r}{\mathrm{d}s} = \cos\phi \tag{1.83}$$

$$\frac{\mathrm{d}\theta}{\mathrm{d}s} = \frac{\sin\phi}{r} \tag{1.84}$$

$$\frac{\mathrm{d}\phi}{\mathrm{d}s} = -\sin\phi\left[\frac{1}{r} + \frac{1}{n}\left(\frac{\partial n}{\partial r}\right)_\theta\right] + \frac{\cos\phi}{nr}\left(\frac{\partial n}{\partial \theta}\right)_r \tag{1.85}$$

其中，s 是沿着射线路径的距离，n 是折射率指数，φ 是本地矢径向量和射线路径切线之间的角度。实际上，最后一个公式能够通过假定 $1/n \simeq 1$ 进行简化，在射线弯曲度最大的切点，$\phi = \pi/2$，所以 $\cos\phi \times (\partial n/\partial\theta)_r \simeq 0$。物理上，由于在切点附近射线路径几乎和 $(\partial n/\partial\theta)_r$ 平行，所以这一项非常小。射线弯曲度由垂直于路径的折射率梯度引起。因此，最后一个公式可以简化为：

$$\frac{\mathrm{d}\phi}{\mathrm{d}s} = -\sin\phi\left[\frac{1}{r} + \frac{1}{n}\left(\frac{\partial n}{\partial r}\right)_\theta\right] \tag{1.86}$$

试验显示通过这些近似引起的弯曲角误差小于 0.05%。方程组利用四阶 Runge-Kutta 方法求解，步长沿着射线路径进行调整。考虑射线路径在第 i 和第$(i+1)$模式层之间的部分，路径被分成了 m 步，定义半径增长为 $\Delta r = (r_{i+1} - r_i)/m$，$r_i$ 和 r_{i+1} 为第 i 和第$(i+1)$模式层上的半径值。同时，选择步长 Δs，使得 r 的变化近似为 Δr。在切点处，步长给定为 $\Delta s = \sqrt{2r_t\Delta r}$，$r_t$ 是切点处的半径值。通常情况下，步长给定为 $\Delta s = \Delta r/\cos\phi$。半径折射率梯度在假定模式层之间的折射率随高度以指数的方式进行变化的情况下进行计算。模式层顶之上的弯曲角可以通过一个基于互补的误差方程的解析表达式精确计算出来。总的弯曲角是将沿着切点和 LEO 之间的路径部分的弯曲角和沿着切点和 GPS 之间的路径的弯曲角加起来得到的值。上面展示的是射线追踪观测算子，射线追踪方法被称作“理论上最好的观测算子”。

1.3.3.4 地球模式函数和散射计风场观测算子

散射计又称为斜视观测的主动式微波探测装置，是一种非成像卫星雷达传感器。散射计通过测量海线表面后向散射系数获得海表面粗糙度信息，进而反演得出海表面风矢量。散射计的观测范围覆盖全球海面约 70%的面积，并且能够穿透云层，进行全天候、全天时的风场监测，提供准确的海洋表面风速和风向信息。散射计资料有效弥补常规海洋观测资料的不足，因此成为了海洋表面风场探测的主要手段。

地球物理模型即海面电磁后向散射模型(CMOD)，在散射计风向量反演中用于描述海面后向散射系数 σ^0 与海表面风向量之间的关系。由于建立严格的理论模型函数需要对海面风与海表面相互作用的风成海面理论，以及海表面与电磁波相互作用的海面电磁散射理论机制有彻底的理解，目前是非常困难的，因此，现在大多通过统计方法建立经验模型函数。

经验函数的一般形式给出了 σ^0 与极化方式 p(VV，HH)、入射角 θ、风速 U 和风的相对方位角 ϕ_R 的函数关系，这种函数关系可表示为：

$$\sigma^0 = \mathrm{F}(P, U, \theta, \phi_R) \tag{1.87}$$

基于机载和散射计数据，在固定风速、入射角和极化方式的条件下，通过经验可得出 σ^0 与 ϕ_R 的关系，并可以描述为傅里叶级数展开的形式。目前，业务化使用的地球物理模式函数的一般表达式为：

$$\sigma^0 = b_0(1 + b_1\cos\phi + b_2\cos 2\phi + \cdots)^{1.6} \tag{1.88}$$

一般情况下，忽略了高阶项的影响。式中，σ^0 为后向散射系数，ϕ 为相对方位角，b_0，b_1，b_2 均为风速 v 和入射角 θ 的具体表达式，以 CMOD5.N 为例(Verhoef A et al.，2008)。

固定入射角，给定一个方位角、一个雷达后向散射系数，会有唯一的风速与之对应。反过来，给定一个后向散射系数 σ^0 和入射角，便可以做出一条关于风速与风向的曲线。若对同一

个面元有 n 个观测值(入射角和后向散射系数),便可以得到相应的 n 条关于风速风向的二维曲线。在不存在模型误差和测量误差的情况下,即理想状态时,对同一观测面元内全部雷达后向散射系数的测量值(包括其对应的入射角)对应在风速、风向二维解空间内交于一点或孤立的几点,这些点对应的风矢量即为所求的风矢量模糊解,通常取前两个概率最大的解。这 2 个风矢量解在风速大小上相同,但是方向相差约 180°。因此,通过 3 次观测就能获得正确的风速,但是无法具体确定风向,得到的这样的模糊解需要通过一定的方法来去模糊。一般散射计产品同化分为两种方式,一是采用去模糊后的风产品,即确定解进行同化;二是直接将风模糊解进行同化。

散射计反演的风矢量在接入到同化系统之前,一般是将风速、风向转换为纬向风分量 u 和经向风分量 v 的形式。散射计变分同化的代价函数可以表示为:

$$J = J_b + J_o^{\text{scat}} \tag{1.89}$$

其中,J_b 表示背景场的代价函数,J_o^{scat} 表示散射计风观测的代价函数,其中 J_b 的具体形式为:

$$J_b = \frac{1}{2}(x - x_b)^{\mathrm{T}} \boldsymbol{B}^{-1}(x - x_b) \tag{1.90}$$

其中,$x = (u, v)^{\mathrm{T}}$ 表示分析向量,$x_b = (u_b, v_b)^{\mathrm{T}}$ 为背景场风向量,$\boldsymbol{B}$ 为背景误差协方差矩阵,为了方便计算,变分同化里一般采用增量 δx 分析的形式:

$$\delta x = (x - x_b) = \begin{pmatrix} \delta u \\ \delta v \end{pmatrix} \tag{1.91}$$

(1)确定解同化

常规散射计风产品(去模糊后)观测代价函数为:

$$J_o^{\text{scat}} = \frac{1}{2}\frac{(H\delta u - \delta u^{\text{scat}})^2 + (H\delta v - \delta v^{\text{scat}})^2}{\varepsilon^2} \tag{1.92}$$

相应的观测代价函数的梯度方程为:

$$\frac{\partial J_o^{\text{scat}}}{\partial \delta u} = H^{\mathrm{T}}\frac{(H\delta u - \delta u^{\text{scat}})}{\varepsilon^2} \tag{1.93}$$

$$\frac{\partial J_o^{\text{scat}}}{\partial \delta v} = H^{\mathrm{T}}\frac{(H\delta v - \delta v^{\text{scat}})}{\varepsilon^2} \tag{1.94}$$

(2)模糊解直接同化

直接引入散射计资料反演的模糊解,观测的代价函数修正为:

$$J_o^{\text{scat}} = J_s^{-\frac{1}{p}} \tag{1.95}$$

$$J_s = \frac{1}{2}\sum_{i=1}^{N}\left(\frac{(H\delta u - \delta u_i^{\text{scat}})^2 + (H\delta v - \delta v_i^{\text{scat}})^2}{\varepsilon^2}\right)^{-p} \tag{1.96}$$

其中,H 为观测算子的切线性算子,ε 为相应的观测误差标准差,p 为经验参数,N 为模糊解的数目,i 为模糊解风向量的索引。相应的梯度函数变换为:

$$\frac{\partial J_o^{\text{scat}}}{\partial \delta u} = \frac{\partial J_o^{\text{scat}}}{\partial J_s}\frac{\partial J_s}{\partial \delta u} = \frac{-1}{p}J_s^{-1-\frac{1}{p}}\frac{\partial J_s}{\partial \delta u} \tag{1.97}$$

$$\frac{\partial J_o^{\text{scat}}}{\partial \delta v} = \frac{\partial J_o^{\text{scat}}}{\partial J_s}\frac{\partial J_s}{\partial \delta v} = \frac{-1}{p}J_s^{-1-\frac{1}{p}}\frac{\partial J_s}{\partial \delta v} \tag{1.98}$$

$$\frac{\partial J_s}{\partial \delta u} = -p\sum_{i=1}^{N}\left(\frac{(H\delta u - \delta u_i^{\text{scat}})^2 + (H\delta v - \delta v_i^{\text{scat}})^2}{\varepsilon^2}\right)^{-p-1} \cdot \frac{(H\delta u - \delta u_i^{\text{scat}})}{\varepsilon^2} \tag{1.99}$$

$$\frac{\partial J_s}{\partial \delta v}=-p\sum_{i=1}^{N}\left(\frac{(H\delta u-\delta u_i^{\mathrm{scat}})^2+(H\delta v-\delta v_i^{\mathrm{scat}})^2}{\varepsilon^2}\right)^{-p-1}\cdot\frac{(H\delta v-\delta v_i^{\mathrm{scat}})}{\varepsilon^2} \tag{1.100}$$

相比于确定解同化，新方法更能充分利用散射计反演的模糊解信息，避免了在去模糊的过程中多次引入背景场的信息，达到模式协调的效果。

1.3.3.5 地面场观测算子

在最低模式层和地面之间使用了一个解析技巧(Geleyn，1988)进行插值。根据 Monin-Obukhov 相似理论：

$$\frac{\partial u}{\partial z}=\frac{u_*}{\kappa(z+z_0)}\varphi_M(\frac{z+z_0}{L}) \tag{1.101}$$

$$\frac{\partial s}{\partial z}=\frac{s_*}{\kappa(z+z_0)}\varphi_H(\frac{z+z_0}{L}) \tag{1.102}$$

$$L=\frac{c_p}{g}\frac{T}{\kappa}\frac{u_*^2}{s_*} \tag{1.103}$$

其中，u，s 为风和能量变量，u_*，s_* 为摩擦值，$\kappa=0.4$ 为冯·卡门常数(von Karman constant)。

湿度通过下式与干静能量 s 相联系：

$$s=c_pT+\varphi \tag{1.104}$$

$$c_p=c_{p\mathrm{dry}}\left[1+\left(\frac{c_{p\mathrm{vap}}}{c_{p\mathrm{dry}}}-1\right)q\right] \tag{1.105}$$

定义高度 z 处中间表面交换系数：

$$C_N=[\frac{\kappa}{\ln(\frac{z+z_0}{z_0})}]^2 \tag{1.106}$$

黏滞和加热系数为：

$$C_M=\frac{u_*^2}{[u(z)]^2} \tag{1.107}$$

$$C_H=\frac{u_*s_*}{u(z)[s(z)-\tilde{s}]} \tag{1.108}$$

设置下列数：

$$B_N=\frac{\kappa}{\sqrt{C_N}},B_M=\frac{\kappa}{\sqrt{C_M}},B_H=\frac{\kappa\sqrt{C_M}}{C_H} \tag{1.109}$$

在稳定条件下，稳定性函数可表示为：

$$\varphi_{M/H}=H\beta_{M/H}\frac{z}{L} \tag{1.110}$$

通过从 0 到 z_1（最低模式层），积分方程(1.101)、(1.102)得：

$$u(z)=\frac{u(z_1)}{B_M}\left[\ln\left(1+\frac{z}{z_1}(e^{B_N}-1)-\frac{z}{z_1}(B_N-B_M)\right)\right] \tag{1.111}$$

$$s(z)=\tilde{s}+\frac{s(z_1)-\tilde{s}}{B_H}\left[\ln\left(1+\frac{z}{z_1}(e^{B_N}-1)\right)\frac{z}{z_1}(B_N-B_H)\right] \tag{1.112}$$

在不稳定条件下，稳定性函数可表示为：

$$\varphi_{M/H}=(1-\beta_{M/H}\frac{z}{L})^{-1} \tag{1.113}$$

且对风和干静力能量，垂直廓线为：

$$u(z)=\frac{u(z_1)}{B_M}\left[\ln\left(1+\frac{z}{z_1}(e^{B_N}-1)\right)-\ln\left(1+\frac{z}{z_1}(e^{B_N-B_M}-1)\right)\right] \tag{1.114}$$

$$s(z)=\tilde{s}+\frac{s(z_1)-\tilde{s}}{B_H}\left[\ln\left(1+\frac{z}{z_1}(e^{B_N}-1)\right)-\ln\left(1+\frac{z}{z_1}(e^{B_N-B_H}-1)\right)\right] \tag{1.115}$$

可由 s 得到温度：

$$T(z)=s(z)-\frac{z_g}{c_p} \tag{1.116}$$

当 z 设为观测高度时，方程(1.111)和(1.112)以及方程(1.114)、(1.115)给出后处理风和温度。为求解该问题，必须在地面场 $\tilde{s}=\tilde{s}(T_{\text{surf}},q=0)$ 计算干静力能量，B_M,B_N,B_H 值取决于粘滞与热量交换系数方程。

(1)干静力能量的地面场值

为确定在地面场的干静力能量，我们使用方程(1.104)、(1.105)，其中地面场温度为：

$$\tilde{q}=q(z=0)=h(C_{\text{snow}},C_{\text{liq}},C_{\text{veg}})q_{sat}(T_{\text{surf}},p_{\text{surf}}) \tag{1.117}$$

h 由下式给出(Blondin，1991)：

$$h=C_{\text{snow}}+(1-C_{\text{snow}})[C_{\text{liq}}+(1-C_{\text{liq}})\bar{h}] \tag{1.118}$$

其中，

$$\bar{h}=\max\{0.5(1-\cos\frac{\pi\vartheta_{\text{soil}}}{\vartheta_{\text{vap}}}),\min(1,\frac{q}{q_{\text{sat}}(T_{\text{surf}},p_{\text{surf}})})\} \tag{1.119}$$

其中，ϑ_{soil} 为土壤湿度，ϑ_{vap} 为场容量(2/7 体积单位)土壤湿度。雪盖部分 C_{snow} 依赖雪量 W_{snow}：

$$C_{\text{snow}}=\min(1,\frac{W_{\text{snow}}}{W_{\text{snowCT}}}) \tag{1.120}$$

其中，$W_{\text{snowCT}}=0.015$ m 是一个临界值。湿地部分 C_{liq} 由地面蓄水量 W_{liq} 求得：

$$C_{\text{liq}}=\min(1,\frac{W_{\text{liq}}}{W_{\text{liqmax}}}) \tag{1.121}$$

其中，

$$W_{\text{liqmax}}=W_{\text{layermax}}\{(1-C_{\text{veg}})+C_{\text{veg}}A_{\text{leaf}}\} \tag{1.122}$$

$W_{\text{layermax}}=2\times10^{-4}$ m，为一层上的最大保持水量，或裸露地上的水层。$A_{\text{leaf}}=4$ 为叶区索引，C_{veg} 为植被分量。

(2)传播系数

比较方程(1.101)、(1.102)从 z_0 到 $z+z_0$ 用方程(1.106)～(1.108)积分，C_M,C_H 解析定义为：

$$\frac{1}{C_M}=\frac{1}{k^2}\left[\int_{z_0}^{z_0+z}\frac{\varphi_M(z'/L)}{z'}dz'\right]^2 \tag{1.123}$$

$$\frac{1}{C_H}=\frac{1}{k^2}\left[\int_{z_0}^{z_0+z}\frac{\varphi_M(z'/L)}{z'}dz'\int_{z_0}^{z_0+z}\frac{\varphi_H(z'/L)}{z'}dz'\right] \tag{1.124}$$

由于稳定性函数形式很复杂，前者积分由分析表达式逼近，得：

$$C_M=C_N+f_M(R_i,\frac{z}{z_0}) \tag{1.125}$$

$$C_H=C_N+f_H(R_i,\frac{z}{z_0}) \tag{1.126}$$

其中，C_N 由方程(1.106)给出。R_i 为：

$$R_i = \frac{g\Delta z\Delta T_v}{c_p T_v |\Delta u|^2} \tag{1.127}$$

其中，T_v 为虚温。f_M，f_H 为模式不稳定函数，在中性和高度稳定情况情况下正确(Louis，1979；Louis et al.，1982)。

(a) 不稳定情况 $R_i < 0$

$$f_M = 1 - \frac{2bR_i}{1 + 3bcC_N\sqrt{(1+\frac{z}{z_0})(-R_i)}} \tag{1.128}$$

$$f_H = 1 - \frac{3bR_i}{1 + 3bcC_N\sqrt{(1+\frac{z}{z_0})(-R_i)}} \tag{1.129}$$

其中，$b=c=5$。

(b)稳定情况 $R_i > 0$

$$f_M = \frac{1}{1 + 2bR_i\sqrt{(1+dR_i)}} \tag{1.130}$$

$$f_H = \frac{1}{1 + 3bR_i\sqrt{(1+dR_i)}} \tag{1.131}$$

其中，$d=5$。

1.4 数值预报模式

资料同化一方面为数值预报模式提供初始场，另一方面资料同化需要的背景场必须由数值预报模式提供，因此数值预报模式已经成为资料同化的有机组成部分。资料同化方法的研究思路一般是首先利用简单模式验证方法的有效性，在此基础上再应用到实际模式中，因此本节分别介绍我们在研究中常用简单模式和实际使用的数值预报模式。

1.4.1 简单模式

1.4.1.1 Lorenz96 模式

Lorenz96(L96)模式(Lorenz，1995)是一个混沌系统，模拟了固定纬圈上的大气变量。L96 模式可根据不同的强迫系数设置而表现不同程度的混沌行为，也可根据数值试验需要任意扩展模式空间的维数。另外，该模式比较简单，计算量小，是测试资料同化新方法的理想简单模式之一，被广泛用于理想试验中(Chen et al.，2020b；Wang et al.，2020；Zhu et al.，2016)。

L96 模式的状态空间维度 N_x 可以根据试验需要自由扩展，常用的空间维度有 36、40、

100、1000 等。N_x 个模式变量的位置在纬圈上均匀分布，模式变量随时间的演变由以下微分方程控制：

$$\frac{\mathrm{d}x_k}{\mathrm{d}t} = (x_{k+1} - x_{k-2})\, x_{k-1} - x_k + F \tag{1.132}$$

其中，$k = 1,2,\cdots,N_x$，x_k 是位置 k 处的模式状态量，且采用周期边界条件 $x_{N_x+k} = x_k$，$x_{-k} = x_{N_x-k}$。F 为强迫系数，为了确保模式的动力混沌性，通常设置为 $F = 8.0$。式(1.132)中的三项类似于地球物理模型中的平流项、阻尼项和强迫项。L96 模式的数值积分计算采用四阶龙格—库塔格式，模式中的单位时间（$t = 1.0$）对应为 5 d。

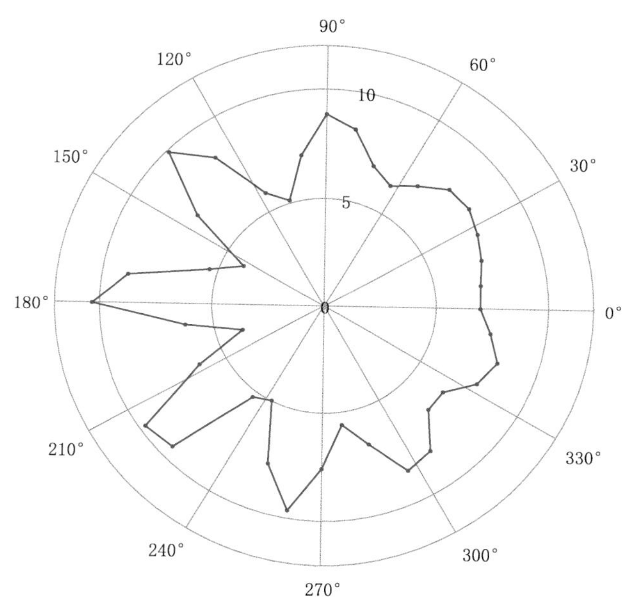

图 1.4　L96 模式示意图

图 1.4 为 L96 模式在积分运行 $t = 2.5$ 后的模式状态示意图，模式的状态空间维度和强迫系数设置为：

$$N_x = 40 \tag{1.133}$$

$$F = 8.0 \tag{1.134}$$

初始模式变量设置为：

$$\begin{cases} x_1 = 1.0001 \\ x_{2,\cdots,40} = 1.0 \end{cases} \tag{1.135}$$

1.4.1.2　两层准地转模式

两层准地转(quasi-geostrophic，QG) 模式描述了大气流动的地转风运动（图 1.5）。它是研究数值天气预报（NWP）系统中资料同化的有效工具，因为它为提供了一些业务天气模式的动力过程，例如斜压不稳定性。该模式支持不同的分辨率设置，具有相对较低的计算复杂度，并已用于各种资料同化方法的基本特性研究中（Bibov et al.，2015；Fisher et al.，2011；Mussa et al.，2014）。

两层 QG 模式的方程（Fandry et al.，1984；Pedlosky，1979）采用无量纲变量表示为：

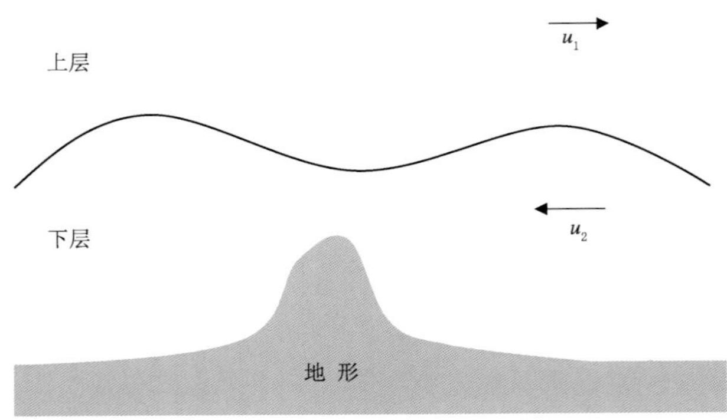

图 1.5 两层准地转模式示意图

$$\frac{\mathrm{D}q_1}{\mathrm{D}t} = \frac{\mathrm{D}q_2}{\mathrm{D}t} = 0 \tag{1.136}$$

其中，D 表示纬向风 u 和经向风 v 的物质导数，即 $\frac{\mathrm{D}}{\mathrm{D}t} = \frac{\partial}{\partial t} + u\frac{\partial}{\partial x} + v\frac{\partial}{\partial y}$；$q_1$ 和q_2 分别表示上层和下层的准地转位势涡度：

$$q_1 = \nabla^2 \psi_1 - F_1(\psi_1 - \psi_2) + \beta y \tag{1.137}$$

$$q_2 = \nabla^2 \psi_2 - F_2(\psi_2 - \psi_1) + \beta y + R_s \tag{1.138}$$

其中，β 是科里奥利(Coriolis)参数的(无量纲)北向微分值，R_s 表示地形。模式区域纬向采用周期边界条件，且在距离模式区域南边界和北边界一个网格点的空间距离处，假设经向速度为 0。

无量纲化是一种标准的表示形式，下面给出无量纲化过程。定义特征尺度参数：水平距离尺度 L 和水平速度尺度 U 。上下两层的深度定义为 D_1 和 D_2 。定义南边界的科里奥利参数为 f_0 ，其北向微分值为 β_0 ，重力加速度为 g ，两层间的位温差为 $\Delta\theta$，平均位温为 $\bar{\theta}$ 。

那么可以得到无量纲的变量和参数：

$$t = \tilde{t}\,\frac{U}{L} \tag{1.139}$$

$$x = \frac{\tilde{x}}{L} \tag{1.140}$$

$$y = \frac{\tilde{y}}{L} \tag{1.141}$$

$$u = \frac{\tilde{u}}{U} \tag{1.142}$$

$$v = \frac{\tilde{v}}{U} \tag{1.143}$$

$$F_1 = \frac{f_0^2 L^2}{D_1 g \Delta\theta / \bar{\theta}} \tag{1.144}$$

$$F_2 = \frac{f_0^2 L^2}{D_2 g \Delta\theta / \bar{\theta}} \tag{1.145}$$

$$\beta = \beta_0\,\frac{L^2}{U} \tag{1.146}$$

其中,变量上的波浪号表示原量纲的时间、空间坐标和水平速度,罗斯贝(Rossby)数为 $\varepsilon = \overline{U}/f_0 L$ 。

模式的预报量是定义在方形网格 $nx \times ny$ 上的流函数,格点的索引从南到北,从西到东顺序增长。该模式的时间演进算法仅对时间步长 Δt 的一阶导数是精确的。这样设计的主要目的是出于运行速度而不是精确性的考虑,单个时间步的模式状态仅由流函数表征,那么仅给定当前时间步的流函数信息即可预报下一时间步的模式状态。

通常情况下,一个时间步的演进算法可以从流函数在某时刻 t 的值开始运行,返回流函数在时刻 $t+\Delta t$ 的值。然而,为了能够获取风和位势涡度的值从而可以同化风和位势涡度的观测,本书中的 QG 模式将按照以下步骤来实现数值计算:

(1)模式积分前

进行模式积分前,首先计算风和位势涡度的值,然后利用中心有限差分近似计算每个格点的速度:

$$u = -\frac{\partial \psi}{\partial y}, v = \frac{\partial \psi}{\partial x} \tag{1.147}$$

利用距离格点南面和北面一个格点空间距离的 ψ 的值用来计算第一和最后一行格点速度的 u 部分的值。这些值是人为设置的常数值,决定了每一层的平均纬向速度值,并且在整个积分过程中保持常数。同时,在南部和北部边界,v 的值逐渐趋于零,这表明在边界处 ψ 与 x 是相互独立的。位势涡度可以通过方程(1.137)和方程(1.138)计算得到。拉普拉斯算子使用了标准的5点有限差分近似。

(2)模式运行时间步

对于每个时间步,计算步骤如下:

①对于每个格点,(x_{ij}, y_{ij}),计算偏差点:

$$x_{ij}^D = x_{ij} - \frac{\Delta t}{\Delta x} u_{ij}^t, y_{ij}^D = y_{ij} - \frac{\Delta t}{\Delta y} v_{ij}^t \tag{1.148}$$

②通过插值到偏差点来计算位势涡度场:

$$q_{ij}^{t+\Delta t} = q(x_{ij}^D, y_{ij}^D) \tag{1.149}$$

其中,插值采用的是双三次插值。对于区域外的平流,设置区域外的位势涡度为常数。

③与 $q^{t+\Delta t}$ 对应的流函数由转换方程(1.137)和(1.138)得到,后面会详细叙述。

④由流函数计算得到时间 $t+\Delta t$ 处的速度。

(3)位势涡度的反变换

对(1.137)式应用 ∇^2,减去 F_1 乘以(1.137)式,并减去 F_2 乘以(1.138)式,以消去 ψ_1,则可得到关于 ψ_1 的方程:

$$\nabla^2 q_1 - F_2 q_1 - F_1 q_2 = \nabla^2(\nabla^2 \psi_1) - (F_1 + F_2)\nabla^2 \psi_1 \tag{1.150}$$

此为二维亥姆霍兹方程,可通过求解该方程得到 $\nabla^2 \psi_1$。然后通过转换拉普拉斯算子计算得到 ψ_1。若已知 ψ_1 和 $\nabla^2 \psi_1$,第二层的流函数可以通过代入方程(1.137)得到。

亥姆霍兹方程的解和拉普拉斯算子的逆变换可以通过快速傅里叶变换(fast Fourier transform,FFT)求得。应用 Fourier 变换到东西向的方程(1.150)可以得到对于每个波数都独立的方程的集合。在5点离散拉普拉斯算子的情况下,这些方程是三对角矩阵方程,可以使用标准托马斯 Thomas 算法进行求解。

1.4.2 全球大气数值预报模式

大气模式是为描述不同类型的大气运动而建立的闭合方程组，它能够根据气象要素场的初始状态确定其未来状态。根据用途，可分为数值天气预报模式、大气环流模式、气候模式等；根据水平范围，可分为区域模式和全球模式等；根据计算方法，可分为差分模式、谱模式等。本节主要介绍国防科技大学自主发展的全球数值预报模式 YHGSM（Peng et al.，2020）。该模式引入了基于干空气质量守恒的静力载水大气运动方程组，在此基础上全新研制了干空气质量守恒的静力载水谱模式动力框架，采用水平谱离散、线性精简高斯格点、垂直有限元离散、两时间层的半隐式半拉格朗日时间积分，集成了辐射传输、湍流扩散、重力波拖曳、对流输送、大尺度降水、陆面、甲烷氧化等完善的物理过程参数化方案，并设计实现了快速 Legendre 变换、高可扩展并行计算等，YHGSM 从根本上解决了全球业务模式动力框架普遍存在的干空气质量不守恒、无法合理描述强降水质量强迫效应等问题。

1.4.2.1 干空气质量垂直坐标和大气状态变量

考虑由干空气、水汽、云水、雨水等组成的一般大气，用 $q_j = q_v, q_c, q_r, \cdots$ 分别表示水汽、云水、雨水、与其他组分的混合比。注意，这里的混合比定义为 $q_j = \rho_j/\rho_d$，其中 ρ_j 为组分 j 的密度，且 ρ_d 为干空气的密度。这样，总混合比 q_t 给出为：

$$q_t = \sum_j q_j (j = v, c, r, \cdots) \tag{1.151}$$

且总密度 $\rho = \rho_d(1 + q_t)$。为简洁起见，定义 $\gamma = (1 + q_t)^{-1}$。

引入一个基于干空气气压的混合地形追随坐标 η_d，坐标面的气压定义为：

$$\pi_d(x, y, \eta_d, t) = A(\eta_d) + B(\eta_d)\pi_{ds}(x, y, t) \tag{1.152}$$

其中，π_d 是干空气静力气压，满足下述静力平衡关系：

$$\frac{\partial \pi_d}{\partial z} = -\rho_d g \tag{1.153}$$

π_{ds} 为地面的干空气静力气压，π_{ds}/g 是地面上方单位面积空气柱中的干空气质量。

全（湿）气压 p 定义为干空气分压 p_d 与水汽分压 p_v 之和，即：

$$p = p_d + p_v = \rho_d R_d T + \rho_d q_v R_v T = \rho_d R_d T[1 + (R_v/R_d)q_v] \tag{1.154}$$

引入如下修正的湿温度变量：

$$T_m = T[1 + (R_v/R_d)q_v] \tag{1.155}$$

这样，湿状态方程可以进一步简化为：

$$p = \rho_d R_d T_m \tag{1.156}$$

从物理角度来看，上述方程意味着湿空气的状态完全由两个对立的自变量 ρ_d 与 T_m 决定，且后者完全包含了水汽对湿空气状态的效应。

考虑静力平衡假设，全（湿）气压与总密度相关：

$$\frac{\partial p}{\partial z} = -\rho g \tag{1.157}$$

将全（湿）大气静力平衡关系与干空气静力平衡关系合并，在垂直方向可以得到 p 与 π_d 的下述关系：

$$\frac{\partial p}{\partial \pi_d} = 1 + q_t \tag{1.158}$$

需要澄清的是，对干空气静力气压 π_d 和干空气密度 ρ_d，状态方程并不成立，即 $\pi_d \neq \rho_d R_d T$。同时，对干空气分压 p_d 与干空气密度 ρ_d，静力平衡关系也不成立，即 $\partial p_d / \partial z \neq -\rho_d g$。

1.4.2.2 湿大气载水控制运动方程组

引入一个诊断变量，即气压偏差 $\hat{q}$，定义为：

$$\hat{q} = \ln\left(\frac{p}{\pi_d}\right) \tag{1.159}$$

一般地，全(湿)静力气压可以按下述方式进行诊断：

$$p = \int_0^{\eta_d} \frac{\partial p}{\partial \eta_d} \mathrm{d}\eta_d = \int_0^{\eta_d} \frac{\partial p}{\partial \pi_d} m_d \mathrm{d}\eta_d = \int_0^{\eta_d} (1 + q_t) m_d \mathrm{d}\eta_d = \pi_d + \underbrace{\int_0^{\eta_d} q_t m_d \mathrm{d}\eta_d}_{m_q} \tag{1.160}$$

因此，气压偏差可以按下述方式进行计算：

$$\hat{q} = \ln\left(1 + \frac{m_q}{\pi_d}\right) \tag{1.161}$$

且全气压梯度为：

$$\nabla \ln p = \nabla \ln \pi_d + \nabla \hat{q} \tag{1.162}$$

其中，水平梯度直接在谱空间中进行计算。

在有降水的大气中，实际上是干空气质量守恒而不是全湿空气质量守恒，因此，连续方程应为：

$$\frac{1}{\rho_d \delta v} \frac{\mathrm{d}(\rho_d \delta v)}{\mathrm{d}t} = 0 \tag{1.163}$$

其中，δv 表示物质体积单元，且在 η_d -坐标中，其可以表示为：

$$\delta v = \delta x \delta y \delta z = -\rho_d^{-1} g^{-1} \delta x \delta y \delta \pi_d = -\rho_d^{-1} g^{-1} m_d \delta x \delta y \delta \eta_d \tag{1.164}$$

这里 $m_d = \partial \pi_d / \partial \eta_d$ 是垂直方向上的度量因子。由此可得：

$$\frac{1}{m_d} \frac{\mathrm{d}m_d}{\mathrm{d}t} + \nabla \cdot \boldsymbol{u} + \frac{\partial \dot{\eta}_d}{\partial \eta_d} = 0 \tag{1.165}$$

其中，$\boldsymbol{u}$ 是水平风向量，且 $\dot{\eta}_d = \mathrm{d}\eta_d / \mathrm{d}t$ 是广义垂直速度。该方程的 Euler 形式为：

$$\frac{\partial m_d}{\partial t} + \nabla \cdot (m_d \boldsymbol{u}) + \frac{\partial m_d \dot{\eta}_d}{\partial \eta_d} = 0 \tag{1.166}$$

对上述方程沿垂直方向，从大气顶($\eta_d = 0$)到地面($\eta_d = 1$)进行积分，采用边界条件 $\dot{\eta}_d|_{\eta_d=0} = 0$ 与 $\dot{\eta}_d|_{\eta_d=1} = 0$，可得地面干空气静力气压 π_{ds} 的倾向方程：

$$\frac{\partial \pi_{ds}}{\partial t} + \int_0^1 \nabla \cdot (m_d \boldsymbol{u}) \mathrm{d}\eta_d = 0 \tag{1.167}$$

在 η_d 一坐标中，气压梯度强迫可以表示为：

$$\begin{aligned} -\rho^{-1} \nabla p - \nabla \phi &= -\gamma R_d T_m \nabla \ln p - \nabla \phi \\ &= -\gamma R_d T_m (\nabla \ln \pi_d + \nabla \hat{q}) - \nabla \phi \end{aligned} \tag{1.168}$$

因此，水平动量方程可以写为：

$$\frac{\mathrm{d}\boldsymbol{u}}{\mathrm{d}t}+\gamma R_d T_m(\boldsymbol{\nabla}\ln\pi_d+\boldsymbol{\nabla}\hat{q})+\boldsymbol{\nabla}\phi=F_u \tag{1.169}$$

其中，$\mathrm{d}/\mathrm{d}t=\partial/\partial t+\boldsymbol{u}\cdot\boldsymbol{\nabla}_{\eta_d}+\dot{\eta}_d\partial/\partial\eta_d$ 是 Lagrange 导数，ϕ 是重力位势，F_u 表示对 $\boldsymbol{u}$ 的物理过程参数化贡献(包含科氏力项)。

通过对静力平衡方程 $\partial\phi/\partial\eta_d=-m_d R_d T_m/p$ 进行积分，可以得到重力位势的诊断计算公式：

$$\phi=\phi_s+\int_{\eta_d}^{1}\frac{m_d R_d T_m}{p}\mathrm{d}\eta'_d \tag{1.170}$$

其中，ϕ_s 是地面重力位势。

一般地，湿物质与湿空气温度的控制方程可以分别写为：

$$\frac{\mathrm{d}q_j}{\mathrm{d}t}=F_{q_j} \tag{1.171}$$

和

$$\frac{\mathrm{d}T}{\mathrm{d}t}-\frac{RT}{c_p}\frac{\omega}{p}=\frac{Q}{c_p} \tag{1.172}$$

其中，$\omega=\mathrm{d}p/\mathrm{d}t$ 是全气压垂直速度，R 是气体常数，c_p 是湿空气定压比热，且 Q 是对 T 的物理过程参数化贡献。之后，可得关于修正湿温度 T_m 的方程：

$$\frac{\mathrm{d}T_m}{\mathrm{d}t}-\frac{RT_m}{c_p}\frac{\omega}{p}=H_m \tag{1.173}$$

其中，$\varepsilon=R_v/R_d$，$H_m=(1+\varepsilon q_v)Q/c_p+\varepsilon TF_{q_v}$ 是总的透热贡献，显式包含透热过程的两部分效应：加热/冷却、与减湿/加湿。

综上所述，YHGSM 载水谱模式动力框架完备的控制方程组为：

$$\begin{cases}\dfrac{\partial\pi_{ds}}{\partial t}+\displaystyle\int_0^1\boldsymbol{\nabla}\cdot(m_d\boldsymbol{u})\mathrm{d}\eta_d=0\\[2ex]\dfrac{\mathrm{d}\boldsymbol{u}}{\mathrm{d}t}+\gamma R_d T_m(\boldsymbol{\nabla}\ln\pi_d+\boldsymbol{\nabla}\hat{q})+\boldsymbol{\nabla}\phi=F_u\\[2ex]\dfrac{\mathrm{d}q_j}{\mathrm{d}t}=F_{q_j}\\[2ex]\dfrac{\mathrm{d}T_m}{\mathrm{d}t}-\dfrac{RT_m}{c_p}\dfrac{\omega}{p}=H_m\end{cases} \tag{1.174}$$

1.4.2.3 气压垂直速度

根据定义，可知气压垂直速度为：

$$\omega(\eta_d)=\frac{\mathrm{d}p}{\mathrm{d}t}(\eta_d)=\frac{\mathrm{d}\pi_d}{\mathrm{d}t}+\frac{\mathrm{d}m_q}{\mathrm{d}t} \tag{1.175}$$

采用关系式：

$$\frac{\partial m_q}{\partial\eta_d}=q_t m_d \tag{1.176}$$

可将 $\omega(\eta_d)$ 表达式右端第 2 项进一步写为：

$$
\begin{aligned}
\frac{\mathrm{d}m_q}{\mathrm{d}t} &= \left(\frac{\partial}{\partial t}+\boldsymbol{u}\cdot\nabla+\dot{\eta}_d\frac{\partial}{\eta_d}\right)\int_0^{\eta_d} q_t m_d \mathrm{d}\eta_d \\
&= \int_0^{\eta_d}\left[\frac{\partial}{\partial t}(q_t m_d)+\frac{\partial \boldsymbol{u}}{\partial \eta_d}\cdot\nabla m_q+\boldsymbol{u}\cdot\nabla(q_t m_d)+\frac{\partial \dot{\eta}_d}{\partial \eta_d}\frac{\partial m_q}{\partial \eta_d}+\dot{\eta}_d\frac{\partial}{\eta_d}(q_t m_d)\right]\mathrm{d}\eta_d \\
&= \int_0^{\eta_d}\left[\frac{\mathrm{d}}{\mathrm{d}t}(q_t m_d)+\left(\frac{\partial \boldsymbol{u}}{\partial \eta_d}\cdot\nabla m_q+\frac{\partial \dot{\eta}_d}{\partial \eta_d}\frac{\partial m_q}{\partial \eta_d}\right)\right]\mathrm{d}\eta_d \\
&= \int_0^{\eta_d} q_t\frac{\mathrm{d}m_d}{\mathrm{d}t}\mathrm{d}\eta_d+\int_0^{\eta_d} m_d\frac{\mathrm{d}q_t}{\mathrm{d}t}\mathrm{d}\eta_d+\int_0^{\eta_d}\left(\frac{\partial \boldsymbol{u}}{\partial \eta_d}\cdot\nabla m_q+\frac{\partial \dot{\eta}_d}{\partial \eta_d}\frac{\partial m_q}{\partial \eta_d}\right)\mathrm{d}\eta_d
\end{aligned}
\tag{1.177}
$$

利用干空气质量的连续性方程，进一步可得：

$$
\int_0^{\eta_d} q_t\frac{\mathrm{d}m_d}{\mathrm{d}t}\mathrm{d}\eta_d=-\int_0^{\eta_d} q_t m_d\nabla\cdot\boldsymbol{u}\mathrm{d}\eta_d-\int_0^{\eta_d} q_t m_d\frac{\partial \dot{\eta}_d}{\partial \eta_d}\mathrm{d}\eta_d \tag{1.178}
$$

与

$$
\int_0^{\eta_d}\left(\frac{\partial \boldsymbol{u}}{\partial \eta_d}\cdot\nabla m_q+\frac{\partial \dot{\eta}_d}{\partial \eta_d}\frac{\partial m_q}{\partial \eta_d}\right)\mathrm{d}\eta_d=\int_0^{\eta_d}\frac{\partial \boldsymbol{u}}{\partial \eta_d}\cdot\nabla m_q\mathrm{d}\eta_d+\int_0^{\eta_d}\frac{\partial \dot{\eta}_d}{\partial \eta_d}q_t m_d\mathrm{d}\eta_d \tag{1.179}
$$

因此，

$$
\omega(\eta_d)=\underbrace{\dot{\pi}_d}_{\omega_0(\eta_d)}+\underbrace{\int_0^{\eta_d}-q_t m_d\nabla\cdot\boldsymbol{u}\mathrm{d}\eta_d}_{\omega_1(\eta_d)}+\underbrace{\int_0^{\eta_d}\frac{\partial \boldsymbol{u}}{\partial \eta_d}\cdot\nabla m_q\mathrm{d}\eta_d}_{\omega_2(\eta_d)}+\underbrace{\int_0^{\eta_d}m_d\frac{\mathrm{d}q_t}{\mathrm{d}t}\mathrm{d}\eta_d}_{\omega_3(\eta_d)} \tag{1.180}
$$

其中，$\omega_0(\eta_d)=\dot{\pi}_d$ 是干静力气压垂直速度，也称为气压垂直速度的第一分量；$\omega_1(\eta_d)=\int_0^{\eta_d}-q_t m_d\nabla\cdot\boldsymbol{u}\mathrm{d}\eta_d$ 是气压垂直速度的第二分量，与总水物质的水平通量有关；$\omega_2(\eta_d)=\int_0^{\eta_d}(\partial\boldsymbol{u}/\partial\eta_d)\cdot\nabla m_q\mathrm{d}\eta_d$ 是第三分量，与湿物质水平梯度造成的斜压性相关；$\omega_3(\eta_d)=\int_0^{\eta_d}m_d(\mathrm{d}q_t/\mathrm{d}t)\mathrm{d}\eta_d$ 是第四分量，是总水物质质量的变化造成的。

用于诊断 ω_0 的计算公式可以通过对式(1.166)从模式顶到层次 η_d 进行积分，然后在所得方程左右两边同时加上干空气静力气压的三维对流 $\boldsymbol{u}\cdot\nabla\pi_d+\dot{\eta}_d\partial\pi_d/\partial\eta_d$ 得到：

$$
\omega_0(\eta_d)=\dot{\pi}_d=\boldsymbol{u}\cdot\nabla\pi_d-\int_0^{\eta_d}\nabla\cdot(m_d\boldsymbol{u})\mathrm{d}\eta'_d \tag{1.181}
$$

用于诊断 $\dot{\eta}_d$ 的计算公式也可以类似得到：

$$
m_d\dot{\eta}_d=B(\eta_d)\int_0^1\nabla\cdot(m_d\boldsymbol{u})\mathrm{d}\eta_d-\int_0^{\eta_d}\nabla\cdot(m_d\boldsymbol{u})\mathrm{d}\eta'_d \tag{1.182}
$$

其中用到关系式：

$$
\partial\pi_d/\partial t=B\partial\pi_{ds}/\partial t=-B\int_0^1\nabla\cdot(m_d\boldsymbol{u})\mathrm{d}\eta_d \tag{1.183}
$$

1.4.2.4 高精度时空离散计算方法

在高精度时空离散计算方法方面，发展了垂直方向分辨率按需升级方法、基于稳定外插的高精度两时间层半隐半拉格朗日格式、与垂直方向高精度计算方案。对气压混合垂直坐标中的分辨率提升，通过结合 Benard 算法的分区特征点、与 Eckermann 算法气压层厚度垂直廓线的保形特性，提出了一种提升垂直分辨率的新方法，按重力波上传描述的需要，增加对流层上部到平流层中部的垂直分层。基于稳定外插的两时间层半隐半拉格朗日格式既具有两时间层格式适应于长时间步的优点，又提高了时空离散精度。垂直方向高精度计算方案在引入前期业务化数值天气预报系统三次样条有限元垂直离散的基础上，在半拉格朗日方案中对温度与水物质变量引入垂直五次样条插值，有效提升了模式动力框架对重力波传播过程进行显式描述的能力。

1.4.2.5 快速球谐函数谱变换技术

球谐谱变换是全球数值天气预报谱模式的核心操作之一，其包含傅里叶变换与勒让德变换两类变换，其中傅里叶变换已广泛采用快速变换算法，而基于计算精度的考虑，传统勒让德变换通常采用矩阵向量乘来实现，因此对最大截断波数为 N 的谱模式，传统勒让德变换计算复杂度为 $O(N^2)$，导致在谱模式中 $O(N)$ 个勒让德变换对应的总计算复杂度为 $O(N^3)$。这从计算复杂度上远远大于傅里叶变换的 $O(N^2 \lg N)$，更远远大于其他计算部分的约 $O(N^2)$。YHGSM 模式基于矩阵秩分解与 Butterfly 矩阵压缩，提出了一种快速勒让德变换算法，并基于稀疏数据存储结构进行了高效实现，有效降低了球谐函数变换的通信开销和计算时间，提高了球谐函数变换的并行可扩展性，进而大大提高了模式计算效率。

1.4.3 海洋环境数值预报模式

海洋环流模式（Ocean general circulation models，OGCMs）是描述海洋物理和热力学过程的一种特殊的环流模式。海洋模式可以根据不同的标准进行分类。如根据垂直坐标系不同，可分为 σ 坐标、z 坐标、等密度坐标和混合坐标模式等；根据垂向近似方式不同，有静力、准静力和非静力模式；根据数值计算离散方式不同，可分为有限差分、有限元和有限体积模式等。常见的海洋模式包括 POM（Princeton Ocean Model）、ROMS（Regional Ocean Model System）、NEMO（Nucleus for European Modelling of the Ocean）、FVCOM（Finite Volume Coastal Ocean Model）、HYCOM（HYbrid Coordinate Ocean Model）、MITgcm（MIT General Circulation Model）。各个模式各有特点，下面详细介绍区域海洋模式 ROMS。

ROMS 是一个水平方向采用曲线正交网格，垂直方向采用随地形变化的 s 坐标的自由表面原始三维环流模式，该模式能够较好地描述海洋状态量受地形的影响，特别是在地形变化较大的海域，其水平压力梯度的计算误差较小。由于垂直方向采用非等比例分层，能够提供更高分辨率的温跃层信息。该模式已被广泛应用于海洋环流、海洋生物、海洋地质以及海冰等研究领域中，并在大至全球尺度环流、小至河川水体运动等各种尺度运动的数值模拟中发挥作用。目前常见的 ROMS 有 3 个版本：ROMS_AGRIF、UCLA 和 Rutgers/COASWT。三个版本的比较如表 1.3 所示（译自 https://www.croco-ocean.org/documentation/roms_agrif-user-guide/#）。

表 1.3 不同版本 ROM 的比较

版本	AGRIF	UCLA	Rutgers/COASWT
起源	UCLA-IRD-INRIA	UCLA	UCLA-Rutgers-USGS
维护	IRD-INRIA	UCLA	Rutgers-USGS
区域	欧洲	美国西海岸	美国东海岸
最早发布时间（年）	1999	2002	1998

续表

版本	AGRIF	UCLA	Rutgers/COASWT
		代码特征	
并行化	MPI 或者 OPENMP，允许混合	混合 MPI-OpenMP	MPI 或者 OPENMP
嵌套	在线的正压模式	离线	离线
同化方法	3DVar	3DVar	4DVar
波流相互作用	(McWilliams et al., 2004)	(McWilliams et al., 2004)	(Mellor, 2003); (McWilliams et al., 2004)
海气耦合	自制+OASIS	自制	MCT
泥沙动力学	(Blaas et al., 2007)	(Blaas et al., 2007)	(Blaas et al., 2007); (Warner et al., 2008)
生物地球化学	NPZD (Gruber et al., 2006); PISCES	NPZD (Gruber et al., 2006), PISCES	EcoSim; NEMURO; NPZD Franks; NPZD Powell; Fennel
海冰	无	无	(Budgell, 2005)
垂直混合	KPP;GLS	KPP;GLS	KPP;GLS;MY2.5
干湿变化方案	(Warner et al., 2013)	无	(Warner et al., 2013)
		时间离散方案	
二维运动	Generalized FB(AB3-AM4)	Generalized FB(AB3-AM4)	LF-AM3 with FB feedback
三维运动	LF-AM3	LF-AM3	AB3
追踪变量	LF-AM3	LF-AM3	LF-RT
内波	LF-AM3 with FB feedback	LF-AM3 with FB feedback	Generalized FB (AB3-TR)
耦合步	预测器	校正器	
		稳定约束(最大柯朗数)	
二维运动	1.78	1.78	1.85
三维运动	1.58	1.58	0.72
科氏力	1.58	1.58	0.72
内波	1.85	1.85	1.85

1.4.3.1 ROMS 特点

本书中采用的是 ROMS-Rugster 版本，本书后面提及的 ROMS 如果没有特指，均指 Rugster 版本，完整的代码可以从官网(http:/www.myroms.org)获取。整个 ROMS 结构采用地球系统模拟框架 ESMF(Earth system Modeling Framework)，分为初始过程(initialize)、运行过程(run)和结束过程(finalize)三部分。ROMS 的动态内核分为独立的四个部分：非线性模式(NLM)，切线性模式(TLM)，代表模式(RPM)，伴随模式(ADM)。这四个模式可以单独运行或者组合运行，具有较强的灵活性。ROMS 通过一般稳定理论分析 GLS (Generalized Stability Theory analysis)研究与扰动、预报系统的误差、不确定性及适应性采样相关的动态性能、敏感性和运算过程的稳定性。ROMS 还包含一个伴随敏感模块(ADSEN)，全称 Adjoint Sensitivities，可以用来计算指定代价函数对系统所有物理变量的响应，包含了对强约束和弱约束 4D-Var 同化的驱动程序。集合预报的驱动程序可以实现对强迫场和初始条件通过奇异向量沿着状态空间中最不稳定的方向进行扰动。

1.4.3.2 ROMS 控制方程

关于 ROMS 控制方程组的详细介绍可参考 https://www.myroms.org/wiki. 本书仅介绍一些重要的控制方程。ROMS 基本变量包括了温度(T)、盐度(S)、流速、海表面起伏(ζ)等。前面介绍了 ROMS 包含正压模和斜压模,因此,流速包括 3D 的(u,v,w)和 2D 的(ubar,vbar)。在求解雷诺平均的纳维斯托克斯方程组的过程中,ROMS 采用了静力近似和 Boussinesq 近似。在笛卡尔坐标系下,水平动量方程为:

$$\begin{aligned}\frac{\partial u}{\partial t}+\vec{v}\cdot\nabla u-fv&=-\frac{\partial\phi}{\partial x}-\frac{\partial}{\partial z}(\overline{u'w'}-\nu\frac{\partial u}{\partial z})+\mathcal{F}_u+\mathcal{D}_u\\\frac{\partial v}{\partial t}+\vec{v}\cdot\nabla v+fu&=-\frac{\partial\varphi}{\partial y}-\frac{\partial}{\partial z}(\overline{v'w'}-\nu\frac{\partial v}{\partial z})+\mathcal{F}_v+\mathcal{D}_v\end{aligned}\tag{1.184}$$

其中,f 为科氏参数,g 是重力加速度,ϕ 是动力压强,ν 是分子黏性系数。从左到右,方程第一项为局地变化项,第二项为对流项,第三项为科氏力项,第四项为压强梯度力项,第五项为湍摩擦和分子黏性项,第六项($\mathcal{F}_u$ 和 $\mathcal{F}_v$)为外强迫项或者源,最后一项($\mathcal{D}_u$ 和 $\mathcal{D}_v$)为水平扩散项或汇。

在静力近似和 Boussinesq 近似下,垂直运动方程简化为:

$$\frac{\partial\varphi}{\partial z}=-\frac{\rho g}{\rho_0}\tag{1.185}$$

其中,ρ 代表海水密度,通常它是位温(T)、盐度(S)和压强(P)的函数,通过海水状态方程求解:

$$\rho=\rho(T,S,P)\tag{1.186}$$

ROMS 假设流体不可压缩,连续性方程简化为:

$$\frac{\partial u}{\partial x}+\frac{\partial v}{\partial y}+\frac{\partial w}{\partial z}=0\tag{1.187}$$

温度和盐度通过标量输运方程表示:

$$\frac{\partial C}{\partial t}+\vec{v}\cdot\nabla C=-\frac{\partial}{\partial z}(\overline{C'w'}-\nu_\theta\frac{\partial C}{\partial z})+\mathcal{F}_C+\mathcal{D}_C\tag{1.188}$$

其中,ν_θ 为分子扩散系数,C 代表温度或者盐度。

这些方程通过雷诺应力和湍流示踪物通量的参数化进行封闭:

$$\overline{u'w'}=-K_M\frac{\partial u}{\partial z};\ \overline{v'w'}=-K_M\frac{\partial v}{\partial z};\ \overline{C'w'}=-K_C\frac{\partial C}{\partial z}\tag{1.189}$$

垂直方向边界条件可以表示为:

海表 $z=\zeta(x,y,t)$:

$$\begin{aligned}K_m\frac{\partial u}{\partial z}&=\tau_s^x(x,y,t)\\K_m\frac{\partial v}{\partial z}&=\tau_s^y(x,y,t)\\K_C\frac{\partial C}{\partial z}&=\frac{Q_C}{\rho_0 c_P}\end{aligned}\tag{1.190}$$

海底 $z=-h(x,y)$:

$$
\begin{aligned}
K_m \frac{\partial u}{\partial z} &= \tau_b^x(x,y,t) \\
K_m \frac{\partial v}{\partial z} &= \tau_b^y(x,y,t) \\
K_C \frac{\partial C}{\partial z} &= 0 \\
-w + \vec{v} \cdot \nabla h &= 0
\end{aligned}
\tag{1.191}
$$

变量的说明如表 1.4 所示。

表 1.4　ROMS 变量说明

变量	描述
$C(x,y,z,t)$	标量:温度、盐度、营养浓度等
$\mathcal{D}_u$，$\mathcal{D}_v$，$\mathcal{D}_C$	水平耗散项或汇
$\mathcal{F}_u$，$\mathcal{F}_v$，$\mathcal{F}_C$	强迫项或源
$f(x,y)$	科氏参数
g	重力加速度
$h(x,y)$	海底地形
$H_z(x,y,z)$	垂直层厚度(m)
ν，ν_θ	重力加速度
K_M，K_C	涡动黏滞系数和扩散系数
P	总压强 $P \approx -\rho_0 gz$
$\phi(x,y,z,t)$	动力压强 $\varphi = P/\rho_0$
$\rho_0 + \rho(x,y,z,t)$	总密度
$S(x,y,z,t)$	盐度
$T(x,y,z,t)$	位温
t	时间
u,v,w	3D 流速
$\zeta(x,y,t)$	海表面起伏
Q_C	海表浓度通量
τ_s^x,τ_s^y	海表风应力
τ_b^x,τ_b^y	海底摩擦力

1.4.3.3　侧边界条件

ROMS 侧边界类型包括开边界条件、闭合边界条件和周期边界条件，具体有 Gradient 边界条件、Wall 边界条件、Clamped 边界条件、Flather 边界条件、Shchepetkin 边界条件、Chapman 边界条件、Radiation 边界条件、Mixd radiation-nudging 边界条件等。

Gradient 边界条件是一个极其简单的条件，它在边缘的地方把变量的梯度设置为零，变量值则设置为与临近的值相等。

Wall 边界条件是在没有选择边界条件的时候默认使用的边界条件，它将追踪变量(温盐)和海表面高度的梯度设置为零，流速设置为零。切向流速可以设置为有摩擦或者无摩擦。

Clamped 边界条件把边界值设置为一个已知的外部值。

Flather 边界条件将正压流速与外部值的偏差向外按重力外波的速度辐射出去。外部值通常用来提供潮汐边界条件。然而，当只知道潮汐高度时，需要一个退化的物理选项来估计外部的正压流速。

Shchepetkin 边界条件与 Flather 边界条件的目的是一样的，当外部正压流速不知道的时候，需要一个退化的物理选项。

Chapman 边界条件用在海表面高度的边界条件上。需要与 Flather 边界条件和 Shchepetkin 边界条件结合一起使用。假设所有在浅水区的波向外离开的信号均按重力波速传播。在这个边界的时间导数可以是显式或者隐式的，至于选择哪一种，需要根据海表面高度对水平方向的偏导值的估计方法来确认。

Radiation 边界条件常用在真实模拟中。一些情况下，在相同的边界位置或者在相同水平位置的不同深度，向外的流和向内的流同时存在。如果需要向外传播，边界条件会假设一个局地的相速来计算将流速辐射出去，相速被局地的柯朗—佛里德里克斯—莱维(CFL)条件所限制。这个方案比较适合波离开边界的时候。

Mixing radiation-nudging 边界条件使用向外辐射的边界条件和向内松弛逼近的边界条件。边界条件要求有两个时间尺度：流入松弛逼近时间尺度和流出松弛逼近时间尺度。

1.4.3.4 垂直坐标

ROMS 垂直方向采用随地形变化的 S 坐标，当前支持多种垂直坐标方案，但推荐采用 $V_{\text{transform}}=2$ 和 $V_{\text{stretching}}=4$ 的方案。对于用 $V_{\text{transform}}=2$，垂直坐标转换为：

$$z(x,y,\sigma,t)=\zeta(x,y,t)+[\zeta(x,y,t)+h(x,y)]S(x,y,\sigma)$$
$$S(x,y,\sigma)=\frac{h_c\sigma+h(x,y)C(\sigma)}{h_c+h(x,y)} \tag{1.192}$$

式中，$S(x,y,\sigma)$ 为非线性的垂直转换函数；σ 为垂直拉伸坐标分数，取值范围为 $-1\leqslant\sigma\leqslant 0$；$C(\sigma)$ 为无量纲、单调的垂直拉伸函数，取值范围为 $-1\leqslant C(\sigma)\leqslant 0$；$h_c$ 为正的厚度，控制拉伸的幅度。

拉伸函数 $C(\sigma)$ 可以表示为：

$$C(\sigma)=(1-\theta_B)\frac{\sinh(\theta_S\sigma)}{\sinh\theta_S}+\theta_B\left[\frac{\tanh[\theta_S(\sigma+\frac{1}{2})]}{2\tanh(\frac{1}{2}\theta_S)}-\frac{1}{2}\right] \tag{1.193}$$

对于 $V_{\text{stretching}}=4$，海表细化函数为：

$$C(\sigma)=\frac{1-\cosh(\theta_S\sigma)}{\cosh(\theta_S)-1} \tag{1.194}$$

海底细化函数为：

$$C(\sigma)=\frac{\exp(\theta_B C(\sigma))-1}{1-\exp(-\theta_B)} \tag{1.195}$$

θ_S 和 θ_B 的取值范围为：

$$0\leqslant\theta_S\leqslant 10, 0\leqslant\theta_B\leqslant 4 \tag{1.196}$$

1.4.3.5 数值计算方法

ROMS 包含一些精确而高效的物理数值算法，并具备和多个数值模式耦合的接口，例如：大气、生物地球化学、生物光学、沉淀物和海冰。ROMS 支持多种形式的多重嵌套，包括镶嵌网格、复合网格和精细化网格等，可实现对重点海区或者感兴趣的海区进行高精度的数值模拟。

为了提高计算效率，静压动量方程模式采用显式时间步分裂算法，斜压模式采用较长的时间步，正压模式采用较短的时间步，在每个斜压步长内执行有限数量的正压时间步长，以发展自由面和垂直积分的动量方程，该方案需要在正压模式和斜压模式之间进行耦合。为了避免混淆频率（正压步解析而斜压步无法解析）引起的误差，ROMS对正压步状态场进行时间平均（余弦型时间滤波器），然后再用斜压步的状态场进行替换。此外，分离的时间步通过体积守恒和示踪物一致性保留性质进行约束。当前，所有2D和3D方程都是使用三阶精确预测器（Leap-Frog）和校正器（Adams-Molton）进行时间离散。

在垂直方向上，原始方程使用拉伸的地形跟随坐标来进行离散化，称为S坐标。S坐标允许在感兴趣的区域拥有更高的垂直分辨率，例如混合层和底边界层。模式垂直方向默认使用二阶有限差分离散化方法，并提供了多种水平压强梯度力计算方案，例如：密度雅克比方法（标准形式、三次多项式形式或者权重形式）或者压强雅克比方法（二阶或者四阶方案）。

在水平方向上，原始方程使用正交曲线的Arakawa C网格，包括了迪卡尔坐标和球坐标二种形式。海陆交界使用有限的离散格点来表示，使用海陆掩码方法进行标记。跟垂直方向一样，默认使用二阶有限差分来进行离散化，但提供了多种水平对流方案，包括二阶、四阶中心差分和三阶迎风差分（默认）格式。

ROMS拥有丰富的次网格尺度参数化方案，动量和示踪物可以沿S面、等位势面和等密度面进行水平混合。垂直混合参数化方案可以是局地或非局地封闭方案。局地封闭方案包括Mellor-Yamada 2.5和GLS (Generic Length Scale)方案，非局地封闭方案有KPP方案。GLS方案使用一个双方程的湍流模式实现，允许多种垂直混合闭合方案，包括k-k_l，k-e，k-w等。

在海气耦合方面，目前的海气相互作用边界层是基于通量参数化方案实现的。这个方案是改编自COARE（Coupled Ocean-Atmosphere Response Experiment）算法，用来计算表面动量、感热和潜热通量。边界层可以单向的或者双向的与大气模式进行耦合。

ROMS使用Cpp选项来激活不同的物理和数值选项，可以串行或者并行计算。最初版本只设计了OpenMP的代码，现在OpenMP和MPI均可使用。ROMS有一套非常复杂的独立的模式的数据前处理和后处理软件模板，实现数据准备、分析、画图和可视化等一系列操作。模式的输入输出都是用NetCDF格式，方便计算机、用户和其他独立分析软件之间进行数据交互。

1.5 资料同化发展历史

随着观测技术的发展，全球观测系统的不断完善，观测资料时空分布不断扩大，观测类型和数目也不断增多。资料同化作为一种资料分析方法，如何有效地利用这些观测资料为数值预报系统提供更多信息，是数值预报领域一直被持续广泛关注的核心问题。在众多研究工作者共同努力下，资料同化得到了较快发展，从早期没有理论基础的客观分析，发展到如今基于统计估计和变分两种理论的分析方法，对提高数值预报准确性做出了很大贡献。资料同化60多年的发展历程根据主流方法的设计思想大致上可以分为分析、统计估计、随机采样和混合方法四个阶段。

1.5.1 第一阶段——分析方法

数值预报是一个初值问题，对于采用差分方法的数值预报模式，需要网格点上的实况值作为模式积分的初始场。在数值预报刚开展工作的初期，模式的初始场是通过手工分析方法给出的，这种方法遇到了不客观、精度低、花费时间太长等问题。为了更好地满足数值预报的需要，在20世纪50年代出现了客观分析(Objective Analysis)技术。这些早期的资料同化方法也被称为逐步订正法(successive correction methods)，在不同的尺度上应用一系列的修正来过滤未识别尺度的信息，例如文献(Barnes，1964；Cressman，1959)。

逐步订正法是最早应用于数值预报业务的一种大气资料客观分析方法。首先，数值预报模式给出背景场；然后将背景场插值到观测站上，计算背景场与观测场的偏差，从而得到观测增量；然后获得某一个格点所能影响半径范围内各个观测站上观测增量，接着对它们求加权平均值作为这个格点的分析增量；最后用分析增量逐步地对背景场进行订正：不断缩小格点的影响半径，每次订正的分析场作为下一次订正的背景场，直到观测增量小于某一个确定值，最终得到本次订正的分析场。逐步订正法在分析时刻引入观测和给定的影响半径对背景场进行订正，订正后的分析场作为预报初值进行模式积分得到新的背景场，然后再次引入新的观测对其进行订正，这样在时间上循环推进就构成了所谓的循环资料同化。逐步订正法在资料同化历史上第一次引入了背景场的概念，这是一个巨大的进步。背景场可以使用气候平均值，短期预报值(3～12 h)，或是二者的结合。气候背景场是特定空间位置上的状态变量在某一给定季节的一系列长期观测的平均值。没有观测资料的格点的气候值可以通过插值或函数映射等方式获得。逐步订正法具有以下几个特点：引入了背景场；分析增量是观测增量的加权平均；权重函数是经验给定的；是单点分析方案。

客观分析法都是经验分析方法，没有充分利用模式和观测资料的误差统计信息，也没有利用模式的时空演变信息，并且缺乏强有力的理论基础。因此，在实际数值预报中并没有得到广泛应用。

1.5.2 第二阶段——统计估计理论

统计估计理论是采用统计学方法对混有噪声信号的参数或状态进行估计的理论。直到20世纪60年代初，最优插值法(Optimal Interpolation，OI)的提出，资料同化方法才有了基于统计估计理论的基础，这也使得资料同化进入了快速发展的轨道。1963年，OI第一次出现在Gandin的书中(俄文)，1965年该书被翻译成英文(Gandin，1965)。由于算法中所涉及的误差方差和协方差的真实表达式都是未知的，Gandin的方法不是最优的。在20世纪80年代至90年代初，天气预报中心采用OI方法作为业务资料同化方法，30多年来仍然在一些中心的特殊同化场合使用。OI方法将背景场提供的先验信息与观测资料结合起来，通过最小方差估计得出最优权重矩阵，进而对背景场进行修正。与逐步订正法相同的是，OI方法也是一个单点分析方案，同样引入了背景场，得到的分析增量也是观测增量的加权平均。与逐步订正法不同的是，OI方法的权重函数不是经验给定的，而是由最小方差计算得到的，相比之下更加合理，得到的分析场更加准确。但为此所要付出的代价是需要合理估计背景误差协方差，而且需要求解一个高维矩阵的逆矩阵。另外，相比后来发展起来的同化方法，OI方法具有以下几个明显的缺点：在该方法中，资料约束与动力约束被分割开来，不能同时进行；分析变量与观测变量之间需要满足线性关系条件；非模式变量的观测资料需要转换为模式变量才能使用；难以直接同化目前大量的卫星、雷达等非常规观测资料。OI方法或者在局地区域使用大量的观测数据，或者只在每个格点附近采用少量的观测数据，得不到分析场的全局最优解。

另一种基于统计估计理论资料同化是由Sasaki(1970)提出的，他采用泛函的思想，根据观测数据来约束数值模式(Lewis et al.，2008)。在该思想基础上发展了变分方法(Variation，Var)，如1D(一维，1 Dimensional，后同)、2D、3D和4D变分。非时间变分方法(1D、2D、3D变分)也可以从贝叶斯定理中导出，Fletcher(2010)证明了将4DVar描述为贝叶斯问题也是可能的。4DVar的实现需要占用相当多的计算资源，因此，在同化中包含时间信息的想法经过了一段时间的发展才在业务中心实现运行。Courtier等(1994)提出了一种增量变分方法，使4DVar能够满足业务运行的需求。变分同化使用最优控制方法，通过求解以动力模式为约束的极小化问题，使得在一定时间窗内模式预报结果与实际观测资料之间的偏差达到极小。变分同化能够有效地将不同时刻、不同区域、不同类型的观测资料结合起来统一使用，促进了资料同化研究与应用业务的快速发展。与最优插值相比，变分同化可以方便地加入动力约束等条件，从而使得分析结果更为光滑，在动力、物理和热力上更加协调一致。

在Sasaki开发变分方法的同时，Kalman正在开发卡尔曼滤波(Kalman Filter，KF)方法。卡尔曼滤波方法也基于统计估计理论，与变分方法的一个不同之处在于得到的分析场的描述性统计信息不同。变分方法寻求的是后验联合概率分布最大值对应的模式状态，而卡尔曼滤波方法寻求最小方差状态(即平均值)和协方差矩阵。在高斯分布的假设下，这两个描述性统计信息—卡尔曼滤波方法得到的平均值和3DVar得到的最优状态是相同的。卡尔曼滤波方法后来又扩展到非线性形式，称为扩展卡尔曼滤波方法(Extended Kalman Filter，EKF)。从应用角度来看，EKF可以比依赖于切线性及其伴随模式后向积分的变分同化方法更简便地应用到真实的大气模式中。但由于其需要计算完整的背景误差协方差矩阵，计算量难以承受，很长时期卡尔曼滤波方法被认为是一种没有业务应用前景的资料同化方法。

另外，从贝叶斯问题的角度出发，变分方法和卡尔曼滤波方法(包括EKF)都对背景误差进行了高斯假设，也就是隐式地对模式进行了线性假设，而实际的大气和海洋预报模式大多是非线性系统，这样的假设与实际不符。

1.5.3 第三阶段——随机采样

随机采样即按随机性原则，从总体单位中抽取部分单位作为样本进行调查，以其结果推断总体有关指标的一种采样方法。为了减小卡尔曼滤波方法中误差协方差矩阵的庞大计算量，20世纪90年代中期，Evensen(1994)提出了利用随机采样集合来估计背景误差和分析误差的协方差矩阵的思想，称为集合卡尔曼滤波方法(Ensemble Kalman Filter，EnKF)。Evensen

(1994)在海洋中首次进行集合卡尔曼滤波的应用。之后 Evensen(1994)、Geir 等(2000)试验得出 EnKF、集合卡尔曼平滑(Ensemble Kalman Smoother,EnKS) 都可以用于非线性系统。Reichle 等(2002)对比了广义卡尔曼滤波和集合卡尔曼滤波在陆面过程中的差别, 认为集合卡尔曼滤波优于广义卡尔曼滤波。集合卡尔曼滤波在各种地球物理现象的预测中得到了广泛的应用,并在理论和实际应用方面都得到了人们的广泛认可,集合卡尔曼滤波方法发展出了许多不同的版本,如:集合调整卡尔曼滤波(Ensemble Adjustment Kalman Filter,EAKF)(Anderson, 2001)、集合变换卡尔曼滤波(Ensemble Transform Kalman Filter,ETKF)(Bishop et al., 2001)、局地集合变换卡尔曼滤波(Local Ensemble Transform Kalman Filter,LETKF)(Hunt et al., 2007)等。目前,集合卡尔曼滤波是资料同化领域主流算法之一,被广泛应用于大气、海洋和陆地资料同化中(Evensen, 2003)。

近年来,随着需要考虑更强的非线性,以及小尺度上的概率行为不满足高斯分布的想法,对允许非线性和非高斯误差的资料同化方法的需求日益增长。一种能够处理非线性和非高斯性的方法——粒子滤波方法(Particle Filter,PF)发展起来。粒子滤波又称为顺序蒙特卡罗滤波,它是基于马尔可夫链蒙特卡罗(Markov Chain Monte Carlo,MCMC)理论和贝叶斯理论的顺序重要性采样(Sequential Importance Sampling,SIS)滤波思想发展起来的一种滤波方法。早在 20 世纪 50 年代末,Hammersley 等(1954)在统计学和物理学领域就提出了基本的 SIS 方法,并在 60 年代末引入了自动控制领域。由于当时计算条件的限制以及粒子滤波本身存在的粒子退化问题,并未引起足够的重视。直到 1993 年,Gordon 等(1993)在 SIS 的基础上引入重采样步骤,一定程度上缓解了高维系统中的粒子退化问题,这也成为粒子滤波算法重新兴起的标志。粒子滤波算法的基本思想是利用状态空间一组加权随机样本粒子逼近状态的概率密度分布,随着粒子数目的增加,粒子的概率密度函数逐渐逼近状态的真实概率密度函数。从 2005 年,Moradkhani 等(2005)首次将粒子滤波算法用于陆面资料同化并取得成功,粒子滤波算法开始被应用于资料同化领域,并成为当前资料同化算法研究的热点之一。但滤波退化问题一直阻碍着粒子滤波在高维系统中的应用。

滤波退化是指随着同化的进行,少数粒子的权重变得很大, 而大多数粒子的权重接近于零的现象。如果出现了滤波退化,大量的计算成本会被用于更新对概率分布密度函数的贡献几乎为零的粒子,造成计算资源的浪费,且过低的有效样本率也会导致后验估计的精度完全不可靠,无法改善预报效果。目前已发展了几种技术来改善粒子滤波,以避免实际应用中的滤波退化问题(Van Leeuwen et al., 2019)。一种技术是引入提议密度,该提议密度取决于过去的模式变量和当前的观测值。从提议密度而不是原来的转移密度采样粒子。提议密度的选取只需要满足一个非常松散的条件即可:其支撑集包含原始转移密度的支撑集。理论上,有许多不同的提议密度的选取方式。考虑这样一类提议密度,对于每个粒子,它的值只取决于前一时刻的粒子值和当前时刻的观测值。基于这一类的提议密度的不同选取,发展出了一系列粒子滤波方法,如:隐式粒子滤波 (Implicit particle filter,IPF)(Chorin et al., 2010)、等权重粒子滤波(Equivalent Weight Particle Filter,EWPF)(Ades et al., 2013; Ades et al., 2015; Van Leeuwen, 2010)和隐式等权重粒子滤波(Implicit Equal Weight Particle Filter,IEWPF)(Zhu et al., 2016)等。其中,EWPF 和 IEWPF 能够应用于高维系统而不发生滤波退化,并且不需要局地化。另一种消除滤波退化的技术是采用转换过程,以确定性的方式将先验粒子移动为后验粒子,如集合变换粒子滤波(Ensemble Transform Particle Filter,ETPF)(Reich, 2013)、粒子流滤波方法(Particle Flow Filter)(Van Leeuwen et al.,2019)和变分映射粒子滤波(Variational Mapping Particle Filter)(Pulido et al.,2018)等。缓解滤波退化的第三种方法是引入局地化。局地计算粒子权重的想法首先由 Bengtsson 等(2003)和 Van Leeuwen(2003)提出,随后的详细讨论请参考文献(Van Leeuwen,2009;Farchi et al.,2018)将 PF 的局地化方法分为两类:模式状态块区域局地化和顺序观测局地化。2016 年,基于这两种不同的局地化思想,由 Penny 等(2016)以及 Poterjoy(2016)分别发展了两种局地粒子滤波方法。随后出现的局地调整粒子滤波(Localized Adaptive Particle Filter,LAPF) (Potthast et al.,2019)也采用了模式状态块区域局地化方法。

1.5.4 第四阶段——混合方法

经过三个阶段数十年的发展,出现了大量的资料同化方法,目前的主流方法是变分同化、集合卡尔曼滤波和粒子滤波三类方法,尤其是变分同化方法为数值预报水平的提高做出了卓越贡献。在 2000—2010 年期间,数值预报业务中心使用的业务同化系统普遍采用变分方法,主要是四维变分同化方法。

这三类方法有各自的优缺点,背景误差协方差估计是变分同化方法实现的核心内容,如何利用观测资料对分析场进行有效更新,依赖于背景场能否对不均匀的观测信息在空间上尽可能合理的传播。这种信息传递是否好,既依赖于数值模式的质量,更取决于对背景误差协方差的统计描述,在 3DVar 中,背景误差协方差通常都是基于时空均匀和各向同性的假设,采用气候统计方法得到,这样的背景误差协方差是静态的,不能合理地估计随天气形式变化的信息。4DVar 尽管通过切线性和伴随模式的约束隐式包含了背景误差随天气变化的流依赖属性,但依然受到变分系统中的诸多线性假设条件和固定的背景误差协方差等方面的限制,同样会影响同化效果。在 EnKF 中,背景误差协方差由一组短期集合预报扰动估计获得,这样就可以得到具有流依赖属性的背景误差协方差的估计,避免了静态背景误差协方差的缺陷。为避免更新循环中大矩阵的求逆,各种不同形式的 EnKF 均需要顺序同化观测资料,导致计算代价随观测数量的增加线性增长,而在 3D/4DVar 方法中,随着观测资料数量的增加,计算代价变化并不明显。粒子滤波方法具有非线性非高斯的理论优势,但当独立观测的维数很大时,很容易由于粒子与观测的差别太大而无法获取有意义的权重,出现所谓的"滤波退化"问题,直接导致有效样本率的降低,从而大大降低后验估计的准确性。

是否可以结合不同方法的优势,发展具有杂交优势的混合方法在 21 世纪初进入了研究人员的视野,首先尝试的是结合变分方法和 EnKF 方法的优缺点,发展出将具有流依赖属性的集合估计的误差协方差与变分框架共同构造一种新的资料同化方法,即集合—变分资料同化。集合—变分混合资料同化是在变分资料同化框架的基础上,利用集合预报扰动场信息的优点,构造具有流依赖属性的背景误差协方差,克服变分同化中固定、均匀及各向同性的背景误差协方差的缺陷,改善分析和预报的质量。英国气象局率先提出了集合—变分混合同化方法,并开展了相关的数值试验,但由于当时并无集合预报的战略需求,其发展一度停滞,随着相关科研人员赴美国开展工作,促进了美国集合—变分同化的发展。2008 年,受集合—变分同化新成果的影响,英国气象局重新调整了发展规划。2011 年 7 月 20 日,在气象业务部门中,英国气象局实现了世界上首个基于集合变换卡尔曼滤波和四维变分的集合—变分同化系统的业务运行。英国气象局的集合—变分同化系统基于全球和区域集合预报系统(MOGREPS, Met Office Global and Regional Ensemble Prediction System)和高分辨率确定性数值预报系统,其结构如图 1.6 所示。

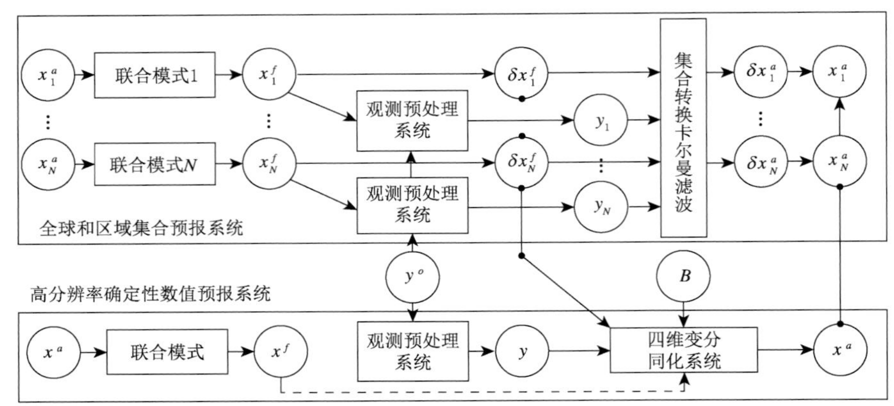

图 1.6 英国气象局全球和区域集合预报系统(MOGREPS,上方框)和高分辨率确定性数值预报系统(下方框)组成的集合—变分同化系统。采用的数值模式为联合模式;上标 a 和 f 分别表示分析和预报,N 为集合成员数,$\boldsymbol{B}$ 为基于气候统计的静态背景误差协方差。粗箭头代表集合预报系统提供流依赖的集合信息给四维变分同化系统

(引用网址:hfip. psu. edu/EDA2010/Barker. pdf. page. 3. The 4th EnKF Workshop Agenda, April. 6-9.)

英国气象局的全球和区域集合预报系统(MOGREPS)预报时效为 15 d,提供中期数值集合预报产品。该集合预报系统的初始扰动采用集合转换卡尔曼滤波方法(ETKF)产生,集合信息的传播由模式的动力过程和物理过程实现。高分辨率的确定性数值预报系统采用四维变分同化方案,能够同化多种常规、非常规资料。由四维变分同化方案产生确定性的分析场,将 ETKF 产生的扰动叠加于其上,为下一循环集合预报产生分析场;集合扰动信息进入四维变分同化系统,与原有的基于气候统计的静态的背景误差协方差混合,改善背景误差协方差的流依赖特性,从而改善分析场的质量。二者协同配合,促进数值天气预报水平的提高。

美国的多家研究机构比较早地从事了集合—变分混合资料同化系统的研发和测试。基于 EnKF 和 GSI 的集合—变分同化系统,美国国家海洋和大气管理局(NOAA,National Oceanic and Atmospheric Administration)环境预报中心(NCEP, National Centers for Environmental Prediction)的环境模式中心(EMC, Environmental Model Centers)在 2012 年完成了混合资料同化系统的主要测试工作,实现了业务化运行。美国国家大气研究中心(NCAR, National Centers for Atmospheric Research)资料同化测试中心(DATC, Data Assimilation Test Center)也承担了相应集合—变分同化系统的测试。图 1.7 给出了 NCAR/DATC 的集合—变分同化系统(WRFVAR-ETKF-hybrid)的流程图。

WRF 模式的集合预报在计算集合平均和集合扰动后,由三维变分同化模块的集合—变分同化方案更新集合平均场。更新后的集合平均场可直接为 WRF 提供确定性预报,也可以在更新初、边界值后与 ETKF 更新的集合扰动一起,进入 WRF 集合预报的下一循环。WRF 模式的变分同化模块的质量控制等优势被充分利用,同时 ETKF 方法提供的流依赖的集合信息为改善背景误差协方差的流依赖特性也发挥了重要作用。

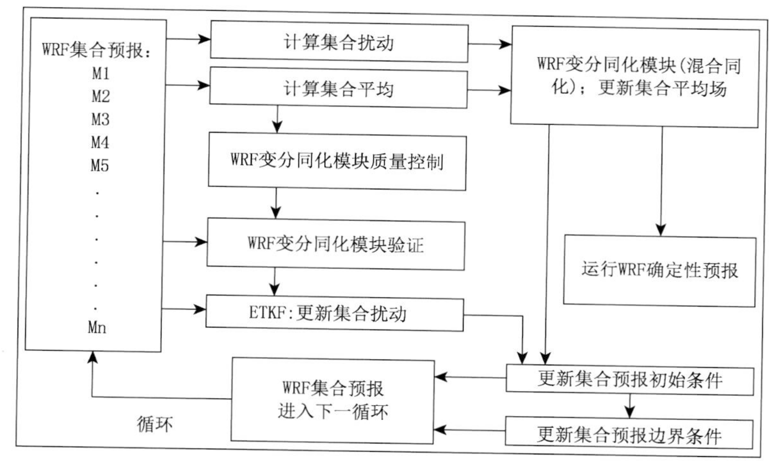

图1.7　美国国家大气研究中心资料同化测试中心的基于WRF三维变分同化模块的集合—变分同化系统(hybrid ETKF-3DVar)的流程图(Wang X et al.,2013)

英国和美国的集合—变分同化系统有一定的传承性,虽不尽相同,但原理一致。2012年美国国家环境预报中心(NCEP)和英国气象局(UKMO)的混合变分同化系统的业务应用取得了显著的效果。2011年欧洲中期天气预报中心(ECMWF)发展了集合四维变分方法,并将该技术应用于预报系统中,实现同化框架技术的二次飞跃。此外,加拿大气象中心(CMC)也正在发展该技术,日本气象厅(JMA)已将该技术列入其"超高分辨率中尺度天气预报"发展规划中。国内学者在混合资料同化方面做出了重要贡献,先后提出了基于集合的四维变分同化(En4DVar),基于奇异值分解技术的四维变分同化(SVD-En4DVar),基于降维投影技术的四维变分同化(DRP-En4DVar)以及基于本征正交分解的四维变分同化(POD-En4DVar)等。

集合—变分混合同化从最初尝试(1999年)到英国气象局的首次业务运行(2011年),历经12年,其技术逐渐发展成熟,集合—变分混合资料同化研究关心的主要问题包括:①集合预报扰动方案、集合成员数目和模式水平分辨率的选取;②背景误差协方差的实现方式;③协方差局地化方案的改进;④最优协方差权重的确定;⑤最优协方差局地化尺度的确定;⑥全球和有限区域的集合—变分同化方案;⑦卫星辐射率资料的直接使用。

受到集合变分混合同化的启发,国内外学者纷纷开始研究其他混合方法,本书主要关注粒子滤波与集合卡尔曼滤波、变分的混合方法。为了缓解粒子滤波的退化问题以及解决集合卡尔曼滤波方法对非线性/非高斯系统的不适用问题,很自然的想法是将二者进行混合。粒子滤波方法和集合卡尔曼滤波方法都是基于贝叶斯定理的随机采样方法,由于具有类似的理论基础,二者的混合方式也具有多样性。Papadakis等(2010)采用EnKF作为提议密度,提出了加权集合卡尔曼滤波方法(Weighted Ensemble Kalman Filter,WEnKF)。虽然这种方法有可能结合PF和EnKF的优点,但Van Leeuwen(2009)指出,他们在计算权重的公式中犯了一个错误。然而,在错误被纠正之后,这种滤波方法在高维系统中仍然会出现滤波退化问题(Van Leeuwen et al., 2015)。Chen等(2020a,2020b)对WEnKF方法进行改进,通过引入局地化,提出了局地加权集合卡尔曼滤波方法(Localized Weighted Ensemble Kalman Filter, LWEnKF)。该方法能够克服滤波退化问题,并能结合PF和EnKF各自的优势,在线性/非线性、高斯/非高斯系统中都能保证较好的同化效率,并成功应用于区域海洋模式(Regional Ocean Modeling System, ROMS)。

与 WEnKF 的思想不同, Frei 等(2013)提出的集合卡尔曼粒子滤波方法(Ensemble Kalman Particle Filter,EnKPF)把同化分为两个占有不同比例的阶段。这两个阶段分别采用 EnKF 和 PF,并通过一个可调参数控制二者的比例。EnKPF 建立了一个能同化非高斯误差的高斯混合模型,能够结合 EnKF 和 PF 的优点,随后 Shen 等(2015) 对该方法进行了改进。通过引入局地化,局地 EnKPF(Local Ensemble Kalman Particle Filter,LEnKPF)已应用于一个对流尺度的数值天气预报模式 COSMO(Consortium for Small-scale Modeling),并同化了实际观测(Robert et al., 2017a, 2017b)。数值实验表明,在强非线性系统中,LEnKPF 可以提高 EnKF 的精度。结合转换映射和正则化扰动,LEnKPF 的数值结果也表明,在线性系统中,它的同化效果能够与 LETKF 相当,详情请见文献 (Farchi et al., 2018)。然而,该方法的自适应选取比例系数的计算代价相对较大。类似 EnKPF 的基本思想,混合 LETPF-LETKF (Chustagulprom et al., 2016)方法也将同化分为两个占有不同比例的阶段,不同的是,该方法先进行 PF,然后再进行 EnKF。然而,如何更精细地选取各个阶段的比例仍然需要制定标准。

二阶精确滤波方法是一类粒子滤波与集合卡尔曼滤波的混合方法,这类方法能够确保后验等权重粒子的均值与协方差矩阵等于由粒子和权重计算得到的均值与协方差矩阵。非线性集合转换滤波方法(Nonlinear Ensemble Transform Filter, NETF)(Tödter et al., 2015; Xiong et al., 2010)、非线性集合调整滤波方法(Nonlinear Ensemble Adjustment Filter, NEAF)(Lei et al., 2011) 以及二阶精确 ETPF(Wiljes et al., 2016)都是二阶精确滤波方法。其中局地化 NETF(Localized Nonlinear Ensemble Transform Filter,LNETF)方法已应用于 NEMO(Nucleus for European Modelling of the Ocean)模式,并且能够推广为光滑方法 (Kirchgessner et al., 2017)。

变分同化方法在目前的业务预报系统中具有不可替代的地位,近年来,粒子滤波与变分的混合方法也开始得到发展。以 4DVar 作为提议密度, Wang 等(2020)提出了一种 4DVar 和粒子滤波的混合方法——隐式等权变分粒子平滑方法,该方法能够得到等权重的分析粒子,不需要重采样和局地化,并在区域海洋模式 ROMS 中进行了试验,对同化和预报效果有显著的提升。另外,类似于混合变分集合资料同化方法的思想,德国气象局(DWD)发展了一种混合粒子变分同化(PFVar)方法,利用 LAPF 提供的粒子集合统计得到流依赖的协方差矩阵。目前 PFVar 已在 DWD 的准业务设置(不考虑高分辨率嵌套)下进行了试验,并且展示出较好的预报质量(Van Leeuwen et al., 2019),粒子滤波及其混合方法的业务化运行也许在不久的将来即可实现。

参考文献

陈妍, 朱孟斌, 张卫民, 等, 2018. 隐式等权重粒子滤波在高维准地转模式中特性研究 [J]. 气象学报, 76(2): 255-265.

宁津生, 姚宜斌, 张小红, 2013. 全球导航卫星系统发展综述 [J]. 导航定位学报, 1(1): 3-8.

薛纪善, 2009. 气象卫星资料同化的科学问题与前景 [J]. 气象学报, 67(6): 903-911.

邹晓蕾, 2009. 资料同化理论和应用(上册) [M]. 北京: 气象出版社.

ADES M, VAN LEEUWEN P J, 2013. An exploration of the equivalent weights particle filter [J]. Quarterly

Journal of the Royal Meteorological Society, 139(672): 820-840.

ADES M, VAN LEEUWEN P J, 2015. The effect of the equivalent-weights particle filter on dynamical balance in a primitive equation model [J]. Monthly Weather Review, 143(2): 581-596.

ANDERSON J L, 2001. An ensemble adjustment kalman filter for data assimilation [J]. Monthly Weather Review, 129(12): 2884-2903.

BARNES S L, 1964. A technique for maximizing details in numerical weather map analysis [J]. Journal of Applied Meteorology, 3(4): 396-409.

BENGTSSON T, SNYDER C, NYCHKA D, 2003. Toward a nonlinear ensemble filter for high-dimensional systems [J]. Journal of Geophysical Research: Atmospheres, 108(D24):8775.

BIBOV A, HAARIO H, SOLONEN A, 2015. Stabilized BFGS approximate Kalman filter [J]. Inverse Problems and Imaging, 9(4): 1003-1024.

BISHOP C H, ETHERTON B J, MAJUMDAR S J, 2001. Adaptive sampling with the ensemble transform Kalman filter. Part I: Theoretical aspects [J]. Monthly Weather Review, 129(3): 420-436.

BLONDIN C, 1991. Parameterization of Land-Surface Processes in Numerical Weather Prediction [M]. New York: Springer-Verlag.

BORMANN N, FOUILLOUX A, BELL W, 2012. Evaluation and assimilation of ATMS data in the ECMWF system [Z]. In: ECMWF Technical Memoranda. Reading: ECMWF. p. 15.

BUDGELL W P, 2005. Numerical simulation of ice-ocean variability in the Barents Sea region [J]. Ocean Dynamics, 55(3): 370-387.

CARDINALI C, ANDERSSON E, VITERBO P, et al, 1994. Use of conventional surface observations in three-dimensional variational assimilation [Z]. In: ECMWF Technical Memoranda. Reading: ECMWF. p. 31.

CHEN Y, ZHANG W, WANG P, 2020a. An application of the localized weighted ensemble Kalman filter for ocean data assimilation [J]. Quarterly Journal of the Royal Meteorological Society, 146 (732): 3029-3047.

CHEN Y, ZHANG W, ZHU M, 2020b. A localized weighted ensemble Kalman filter for high-dimensional systems [J]. Quarterly Journal of the Royal Meteorological Society, 146(726): 438-453.

CHORIN A J, MORZFELD M, TU X, 2010. Implicit particle filters for data assimilation [J]. Mathematics, 5(2): 221-240.

CHUSTAGULPROM N, REICH S, REINHARDT M, 2016. A hybrid ensemble transform particle filter for nonlinear and spatially extended dynamical systems [J]. Mathematics, 4(1): 592-608.

COURTIER P, Thépaut J N, Hollingsworth A, 1994. A strategy for operational implementation of 4D-Var, using an incremental approach [J]. Quarterly Journal of the Royal Meteorological Society, 120(519): 1367-1387.

CRESSMAN G P, 1959. An operational objective analysis system [J]. Monthly Weather Review, 87(10): 367-374.

DEE D P, UPPALA S M, SIMMONS A J, et al, 2011. The ERA-Interim reanalysis: configuration and performance of the data assimilation system [J]. Quarterly Journal of the Royal Meteorological Society, 137 (656): 553-597.

ENGLISH S J, MCNALLY A, BORMANN N, et al, 2013. Impact of satellite data [Z]. In: ECMWF Technical Memoranda. Reading: ECMWF. p. 46.

EVENSEN G, 1994. Sequential data assimilation with a nonlinear quasi-geostrophic model using Monte Carlo methods to forecast error statistics [J]. Journal of Geophysical Research, 99(5): 10143-10162.

EVENSEN G, 2003. The ensemble kalman Filter: theoretical formulation and practical implementation [J]. Ocean Dynamics, 53(4): 343-367.

EVENSEN G, Amezcua J, Bocquet M, et al, 2020. An international assessment of the COVID-19 pandemic using ensemble data assimilation [J].

FANDRY C B, LESLIE L M, 1984. A two-layer quasi-geostrophic model of summer trough formation in the Australian subtropical easterlies [J]. Journal of Atmospheric Sciences, 41(5): 807-818.

FARCHI A, BOCQUET M, 2018. Review article: Comparison of local particle filters and new implementations [J]. Nonlin Processes Geophys, 25: 765-807.

FISHER M, TRÉMOLET Y, AUVINEN H, et al, 2011. Weak-constraint and long-window 4D-Var [Z]. In: ECMWF Technical Memorandum. Reading: ECMWF. p. 47.

FLETCHER S J, 2010. Mixed Gaussian-lognormal four-dimensional data assimilation [J]. Tellus A, 62(3): 266-287.

FREI M, KÜNSCH H R, 2013. Bridging the ensemble Kalman and particle filters [J]. Biometrika, 100(4): 781-800.

GANDIN L S, 1965. Objective Analysis of Meteorological Fields [M]. Jerusalem: Israel program for scientific translations.

GEIR E, JAN VL P, 2000. An ensemble Kalman smoother for nonlinear dynamics [J]. Monthly Weather Review, 128(6): 1852-1867.

GELEYN J F, 1988. Interpolation of wind, temperature and humidity values from model levels to the height of measurement [J]. 40A(4): 347-351.

GORDON N J, SALMOND D J, Smith A F M, 1993. Novel approach to nonlinear/non-Gaussian Bayesian state estimation [J]. IEE Proceedings F - Radar and Signal Processing, 140(2): 107-113.

GRUBER N, FRENZEL H, DONEY S C, et al, 2006. Eddy-resolving simulation of plankton ecosystem dynamics in the California Current System [J]. Deep Sea Research Part I: Oceanographic Research Papers, 53(9): 1483-1516.

HAMMERSLEY J M, MORTON K W, 1954. Poor Man's Monte Carlo [J]. Journal of the Royal Statistical Society, 16(1): 23-38.

HUNT B R, KOSTELICH E J, SZUNYOGH I, 2007. Efficient data assimilation for spatiotemporal chaos: A local ensemble transform Kalman filter [J]. Physica D: Nonlinear Phenomena, 230(1): 112-126.

KIRCHGESSNER P, TOEDTER J, AHRENS B, et al, 2017. The smoother extension of the nonlinear ensemble transform filter [J]. Tellus A, 69(1): 1653-1658.

LEI J, BICKEL P, 2011. A moment matching ensemble filter for nonlinear non-Gaussian data assimilation [J]. Monthly Weather Review, 139(12): 3964-3973.

LEWIS J, LAKSHMIVARAHAN S, 2008. Sasaki's pivotal contribution: Calculus of variations applied to weather map Analysis [J]. Monthly Weather Review, 136(9): 3553-3567.

LORENC A C, 1986. Analysis methods for numerical weather prediction [J]. Quarterly Journal of the Royal Meteorological Society, 112(474): 1177-1194.

LORENZ E, 1995. Predictability: a problem partly solved[Z]. Seminar on Predictability.

LOUIS J F, 1979. A parametric model of vertical eddy fluxes in the atmosphere [J]. Boundary-Layer Meteorology, 17(2): 187-202.

LOUIS J F, TIEDTKE M, GELEYN J F, 1982. A short history of the PBL parameterization at ECMWF[Z]. Workshop on Planetary Boundary Layer parameterization.

MCWILLIAMS J C, RESTREPO J M, LANE E M, 2004. An asymptotic theory for the interaction of waves and currents in coastal waters [J]. Journal of Fluid Mechanics, 511: 135.

MELLOR G, 2003. The three-dimensional current and surface wave equations [J]. Journal of physical oceanography, 33(9): 1978-1989.

MORADKHANI H, HSU K L, GUPTA H, et al, 2005. Uncertainty assessment of hydrologic model states and parameters: Sequential data assimilation using the particle filter [J]. Water Resources Research, 41(5): 237-246.

MUSSA Z, AMOUR I, BIBOV A, et al, 2014. Data assimilation of two-dimensional geophysical flows with a Variational Ensemble Kalman Filter [J]. Nonlinear Processes in Geophysics Discussions, 1: 403-446.

PAPADAKIS N, MÉMIN E, CUZOL A, et al, 2010. Data assimilation with the weighted ensemble Kalman filter [J]. Tellus A: Dynamic Meteorology and Oceanography, 62(5): 673-697.

PEDLOSKY J, 1979. Geophysical Fluid Dynamics [M]. New York: Springer-Verlag.

PENG J, ZHAO J, ZHANG W M, et al, 2020. Towards a dry-mass conserving hydrostatic global spectral dynamical core in a general moist atmosphere[J]. Quarterly Journal of the Royal Meteorological Society, 146(732):3206-3324.

PENNY S G, MIYOSHI T, 2016. A local particle filter for high dimensional geophysical systems [J]. Nonlinear Processes in Geophysics, 2(6): 1631-1658.

POTERJOY J, 2016. A localized particle filter for high-dimensional nonlinear systems [J]. Monthly Weather Review, 144(1): 59-76.

POTTHAST R, WALTER A, RHODIN A, 2019. A localised adaptive particle filter within an operational NWP framework [J]. Monthly Weather Review, 147(1): 345-362.

PULIDO M, VANLEEUWEN P J, 2018. Kernel embedding of maps for sequential Bayesian inference: The variational mapping particle filter[C]. EGU General Assembly Conference Abstracts.

REICH S, 2013. A non-parametric ensemble transform method for Bayesian inference [J]. Siam Journal on Scientific Computing, 35(4): A2013-A2024.

REICHLE R H, MCLAUGHLIN D B, ENTEKHABI D, 2002. Hydrologic data assimilation with the ensemble Kalman filter [J]. Monthly Weather Review, 130(1): 103-114.

ROBERT S, KUNSCH H R, 2017a. Localizing the ensemble Kalman particle filter [J]. Tellus A:Dynamic Meteorology and Oceanography, 69(1): 1282016.

ROBERT S, LEUENBERGER D, KÜNSCH H R, 2017b. A local ensemble transform Kalman particle filter for convective scale data assimilation [J]. Quarterly Journal of the Royal Meteorological Society, 144(713): 1279-1296.

SASAKI Y, 1970. Numerical variational analysis with weak constraint and application to surface analysis of severe storm gust [J]. Month Weather Review, 98(12): 899-910.

SAUNDERS R, HOCKING J, TURNER E, et al, 2018. An update on the RTTOV fast radiative transfer model (currently at version 12) [J]. Geoscientific Model Development, 11(7): 2717-2737.

SHEN Z, TANG Y, 2015. A modified ensemble Kalman particle filter for non-Gaussian systems with nonlinear measurement functions [J]. Journal of Advances in Modeling Earth Systems, 7(1): 50-66.

SIMMONS A J, BURRIDGE D M, 1981. An energy and angular-momentum conserving vertical finite-difference scheme and hybrid vertical coordinates [J]. Monthly Weather Review, 109(4): 758-766.

TÖDTER J, AHRENS B, 2015. A second-order exact ensemble square root filter for nonlinear data assimilation [J]. Monthly Weather Review, 143(6): 1347-1367.

VAN LEEUWEN P J, 2003. Nonlinear Ensemble Data Assimilation for the Ocean [Z]. Reading, United Kingdom: ECMWF Seminar.

VAN LEEUWEN P J, 2009. Particle filtering in geophysical systems [J]. Monthly Weather Review, 137 (12): 4089-4114.

VAN LEEUWEN P J, 2010. Nonlinear data assimilation in geosciences: An extremely efficient particle filter [J]. Quarterly Journal of the Royal Meteorological Society, 136(653): 1991-1999.

VAN LEEUWEN P J, KUNSCH H R, NERGER L, et al, 2019. Particle filters for high-dimensional geoscience applications: A review [J]. Quarterly Journal of the Royal Meteorological Society, 145(723): 2335-2365.

VAN LEEUWEN P J, YUAN C, REICH S, 2015. Nonlinear Data Assimilation [M]. Switzerland: Springer International Publishing.

VERHOEF A, PORTABELLA M, STOFFELEN A, 2008. CMOD5. n-the CMOD5 GMF for neutral winds [J]. Ocean and Sea Ice SAF. 13.

WANG P, ZHU M, CHEN Y, et al, 2020. Implicit equal-weights variational particle smoother [J]. Atmosphere, 11(4): 338.

WANG X, PASSISH D, KLEIST D, et al, 2013. GSI. 3DVar-based ensemble-variational hybrid data assimilation for NCEP Global Forecast System: Single-Resolution Experiments [J]. Monthly Weather Review, 141(11): 4098-4117.

WARNER J C, DEFNE Z, HAAS K, et al, 2013. A wetting and drying scheme for ROMS [J]. Computers & Geosciences, 58: 54-61.

WARNER J C, SHERWOOD C R, SIGNELL R P, et al, 2008. Development of a three-dimensional, regional, coupled wave, current, and sediment-transport model [J]. Computers & Geosciences, 34(10): 1284-1306.

WENG F Z, YU X W, DUAN Y H, et al, 2020. Advanced Radiative Transfer Modeling System (ARMS): A new-generation satellite observation operator developed for numerical weather prediction and remote sensing applications. [J]. Advances in Atmospheric Sciences, 37(2): 131-136.

WILJES J D, ACEVEDO W, REICH S, 2016. A second-order accurate ensemble transform particle filter [J]. Siam Journal on Scientific Computing, 39(5): A1834-A1850.

XIONG X, NAVON I M, UZUNOGLU B, 2010. A note on the particle filter with posterior Gaussian resampling [J]. Tellus A:dynamic Meteorology & Oceanography, 58(4): 456-460.

ZHANG Z, MOORE J C, 2015. Mathematical and Physical Fundamentals of Climate Change [M]. 1st ed. Boston: Elsevier.

ZHU M, VAN LEEUWEN P J, Amezcua J, 2016. Implicit equal-weights particle filter [J]. Quarterly Journal of the Royal Meteorological Society, 142(698): 1904-1919.

第 2 章 经典资料同化到混合资料同化方法

经过半个多世纪的发展，资料同化已经形成了“枝繁叶茂的庞大家族”，有的方法因无法适应精细化模式发展和卫星遥感资料的同化需要而被淘汰，有的方法能够不断适应需求发展而历久弥新。本章首先对目前仍然在业务系统和研究中发挥作用的四维变分、集合 Kalman 滤波和粒子滤波三类方法进行介绍，然后介绍混合资料同化的目的和意义，最后对集合变分混合、集合粒子滤波混合、粒子滤波变分混合这三大类混合资料同化的设计思想和当前的发展情况进行介绍。

2.1　四维变分同化

资料同化的本质是将具有“真实性”的观测信息融合到遵循大气物理规律的模式背景场信息中以提供更准确的分析场。资料同化需要处理来自两个方面的信息：一是以前时刻的观测信息积累，通过预报模式时间积分到分析时刻而获得的分析时刻的背景场信息，其中包括背景场相对于真实大气的背景误差；二是同化窗口内的观测信息，其中包括观测值相对于真实大气的观测误差。四维变分同化是根据背景场信息、观测信息和各自的误差特征调整初始时刻模式控制变量，使得产生的预报轨迹在同化窗口与观测距离最小，即采用恰当的最优化算法求解目标函数最小化问题，从而获得使得预报效果可以最好地拟合整个同化窗口内观测的分析场。四维变分同化是目前为止对全球预报效果贡献最大的资料同化方法，美国舰队数值气象海洋中心(Fleet Numerical Meteorology and Oceanography Center, FNMOC)、法国气象局、英国气象局、加拿大气象中心(Canadian Meteorological Center, CMC)以及日本气象厅在内的多家业务中心都将四维变分同化纳入到了业务系统中，尤其是长期以来一直处于国际领先水平的 ECMWF，其四维变分在 1998 年投入业务系统使用之后一直在持续不断地发展和使用，四维变分同化是 ECMWF 在数值预报领域领先全球的最核心技术。

四维变分同化有着其他方法无可比拟的优势：四维变分能在不进行时间近似的条件下充分利用各种观测资料，利用数值天气模式短期预报提供的信息来补充常规观测系统难以覆盖到的海洋、高原以及沙漠等区域的状态信息，以弥补在这些地域观测资料不足的缺陷；同时它将模式项作为强约束添加到了目标泛函中，建立了动力模式与观测之间可靠联系；另外一个显著的优点是四维变分可以合理地使用多个时刻的观测资料信息。四维变分也有一些劣势：首先，四维变分在每个同化周期初始时刻，都需要使用一个满秩的、静态的背景误差协方差矩阵 $\boldsymbol{B}$，但在相邻的两个同化周期之间误差协方差是非流依赖的(flow-independent)，会损失不同时间窗口之间的流依赖性质；其次，误差协方差矩阵 $\boldsymbol{B}$ 的构造也存在缺陷，由于天气系统是一个高维混沌系统，因此 $\boldsymbol{B}$ 的元素往往会达到 $10^{12}\sim10^{16}$ 量级，在现有计算条件下对这样庞大的矩阵进行求逆操作无疑是非常困难的，因此，在实际构造 $\boldsymbol{B}$ 的过程中，为了减少计算量，往往需要假定 $\boldsymbol{B}$ 具有各项同性、静态且均匀等特点，这显然不符合实际天气系统的真实变化情况，也就意味着 $\boldsymbol{B}$ 必然存在误差，这种误差会直接影响一些中小尺度强对流天气区域的同化质量；再者，四维变分在求解目标泛函梯度时需要使用切线性伴随模式的后向积分，而对一些复杂的数值预报模式而言,其切线性伴随模式开发非常困难甚至无法获得,这也就成为限制四维变分方法更广泛使用的一个瓶颈。

2.1.1 四维变分目标函数推导

四维变分(4DVar)考虑同化窗区内任意时刻模式预报结果与实际观测值之间的距离,从而可以使用连续观测资料。四维变分目标函数定义中,以整个数值预报模式作为约束条件,要求模式是完美的,也就是假设没有模式误差,即所谓的“强约束”变分问题,因此四维变分也称为强约束四维变分。与之相对的“弱约束”变分问题是指数值模式以“准”观测形式出现在目标函数定义中,要求模式约束条件近似满足,因此称为弱约束四维变分,该部分内容将在2.1.3节中介绍。

在四维变分中要将非线性预报模式进行线性化,获得基于模式演变状态的“切线性模式”,并由伴随理论可以获得切线性模式的“伴随模式”。利用该伴随模式,可以求得目标函数对初值的梯度。目标函数及其梯度的计算是为了高效地利用最优化方法求解目标函数的最小值,来求使目标函数取极小值的模式初值,这种大规模的最优化问题一般都是迭代求解。为了减小计算量,一般采用增量四维变分方法,即高分辨率非线性模式积分只用来计算模式插值到观测位置的背景值与真实观测之差(即新息量),而最优化迭代中的切线性模式及其伴随模式的反复计算只在一组较低分辨率的网格中进行。在分析过程中,高分辨率非线性模式的迭代更新过程被称为外循环,低分辨率的切线性与伴随模式迭代循环被称为内循环。

前面提到,资料资料同化主要依靠观测信息和大气遵循的物理规律,四维变分资料同化则是利用完整的大气模式作为物理约束。四维变分资料同化的基本思想是调整初始场,使得由此产生的预报在同化窗口$[t_0,t_N)$内与观测距离最小。四维变分主要是针对包含时间维的四维状态变量X进行估计。根据Fisher等(2011)给出相应推导,首先把整个分析窗口$[t_0,t_N)$分成N个时间间隔子窗口,用x_k表示在时间间隔$[t_k,t_{k+1})$内的大气平均状态,那么四维状态变量$\boldsymbol{X}$表示为:

$$\boldsymbol{X}=\begin{pmatrix}\boldsymbol{x}_0\\\boldsymbol{x}_1\\\vdots\\\boldsymbol{x}_{N-1}\end{pmatrix}\tag{2.1}$$

用$\boldsymbol{x}_b$表示大气状态在初始时刻的先验估计,$\boldsymbol{y}_k$表示每个子窗口时刻对应的观测。在给定$\boldsymbol{x}_b$和$\boldsymbol{y}_k$后,4DVar的分析场则定义为使得条件概率$p(\boldsymbol{X}\mid\boldsymbol{x}_b,\boldsymbol{y}_0,\cdots,\boldsymbol{y}_{N-1})$最大时的大气状态$\boldsymbol{X}$。根据贝叶斯定理可知:

$$p(\boldsymbol{X}\mid\boldsymbol{x}_b,\boldsymbol{y}_0,\cdots,\boldsymbol{y}_{N-1})=\frac{p(\boldsymbol{x}_b,\boldsymbol{y}_0,\cdots,\boldsymbol{y}_{N-1}\mid\boldsymbol{X})p(\boldsymbol{X})}{p(\boldsymbol{x}_b,\boldsymbol{y}_0,\cdots,\boldsymbol{y}_{N-1})}\tag{2.2}$$

为了简化方程,我们假定先验估计$\boldsymbol{x}_b$和不同时刻观测$\boldsymbol{x}_k$的误差不相关。所以,条件概率$p(\boldsymbol{x}_b,\boldsymbol{y}_0,\cdots,\boldsymbol{y}_{N-1}\mid\boldsymbol{X})$可以写成各项概率的乘积。而且$\boldsymbol{x}_b$的条件概率只依赖于初始时刻$t_0$的三维状态,而与整个四维状态无关。同样,$\boldsymbol{y}_k$的条件概率也只依赖于$\boldsymbol{x}_k$。同时,$p(\boldsymbol{x}_b,\boldsymbol{y}_0,\cdots,\boldsymbol{y}_{N-1}\mid\boldsymbol{X})p(\boldsymbol{X})$与$\boldsymbol{X}$无关,所以有:

$$p(\boldsymbol{X} \mid \boldsymbol{x}_b, \boldsymbol{y}_0, \cdots, \boldsymbol{y}_{N-1}) \propto p(\boldsymbol{x}_b \mid \boldsymbol{x}_0)\left[\prod_{k=0}^{n-1} p(\boldsymbol{y}_k \mid \boldsymbol{x}_k)\right]p(\boldsymbol{X}) \tag{2.3}$$

对上式取负对数，可得 4DVar 的目标函数：

$$J(\boldsymbol{X}) = J_b + J_o + J_q + c \tag{2.4}$$

其中，c 为常数。

$$J_b = -\lg(p(\boldsymbol{x}_b \mid \boldsymbol{x}_0)) \tag{2.5}$$

$$J_o = -\sum_{k=0}^{N-1} \lg(p(\boldsymbol{y}_k \mid \boldsymbol{x}_k)) \tag{2.6}$$

$$J_q = -\lg(p(\boldsymbol{X})) \tag{2.7}$$

(2.4)式右边第一项 J_b 与先验估计 $\boldsymbol{x}_b$ 包含的误差相关。一般假定这些误差是高斯型且无偏的，此时变为：

$$J_b = \frac{1}{2}(\boldsymbol{x}_0 - \boldsymbol{x}_b)^{\mathrm{T}} \boldsymbol{B}^{-1}(\boldsymbol{x}_0 - \boldsymbol{x}_b) + c \tag{2.8}$$

其中，$\boldsymbol{B}$ 是 $\boldsymbol{x}_b$ 的误差协方差矩阵。

(2.4)式右边第二项与观测中包含的误差相关。为了便于处理，我们假定观测误差同样是高斯且无偏的（尽管两个假设都一般都不满足）。此时：

$$J_o = \frac{1}{2}\sum_{k=0}^{N-1}[\mathcal{H}_k(\boldsymbol{x}_k) - \boldsymbol{y}_k]^{\mathrm{T}} \boldsymbol{R}_k^{-1}[\mathcal{H}_k(\boldsymbol{x}_k) - \boldsymbol{y}_k] + c \tag{2.9}$$

其中，$\boldsymbol{R}$ 表示观测误差协方差矩阵；$\mathcal{H}$ 是将分析变量投影到观测变量的观测算子。观测算子可能包括空间插值、分析变量（如温度、比湿、涡度和散度）转换为观测变量（如辐射率或风场分量）。如果观测散布在时间间隔内，则 $\mathcal{H}_k$ 还必须判定到区间内大气的瞬时状态，而数值预报模式是决定大气瞬时状态的最精确的方法。所以，$\mathcal{H}_k$ 一般包括对预报模型进行积分。

在目标函数的最后一项 J_q 中，$p(\boldsymbol{X})$ 表示与 $\boldsymbol{x}_b$ 和观测不相关的四维状态变量 $\boldsymbol{X}$ 的概率。根据贝叶斯定理，我们可以得到如下递推公式：

$$p(\boldsymbol{X}) = p(\boldsymbol{x}_{N-1} \cap \boldsymbol{x}_{N-2} \cap \cdots \cap \boldsymbol{x}_0) = \left[\prod_{k=1}^{N-1} p(\boldsymbol{x}_k \mid \boldsymbol{x}_{k-1}, \cdots, \boldsymbol{x}_0)\right]p(\boldsymbol{x}_0) \tag{2.10}$$

对上式取负的对数，得到目标函数 J_q 的表达式为：

$$J_q = -\left[\sum \lg p(\boldsymbol{x}_k \mid \boldsymbol{x}_{k-1}, \cdots, \boldsymbol{x}_0)\right] - \lg p(\boldsymbol{x}_0) \tag{2.11}$$

在知道 $\boldsymbol{x}_b$ 和观测之前，必须对(2.11)式最后一项进行求解。在缺少其他信息条件下，我们假定所有状态几乎相等，所以该项可以当作为一个附加常数。同时假定状态序列构成一个 Markov 链，即：

$$p(\boldsymbol{x}_k \mid \boldsymbol{x}_{k-1}, \cdots, \boldsymbol{x}_0) = p(\boldsymbol{x}_k \mid \boldsymbol{x}_{k-1}) \quad k = 1, \cdots, N-1 \tag{2.12}$$

下面我们根据预报模式中包含的动力和物理系统来确定条件概率 $p(\boldsymbol{x}_k \mid \boldsymbol{x}_{k-1})$ 的值。令 $\mathcal{M}_k$ 表示预报模式从时间 t_{k-1} 到 t_k 的积分算子。给定 $\boldsymbol{x}_{k-1}$，然后利用算子 $\mathcal{M}_k$ 来预报 t_k 时刻的大气状态，同时跟 $\boldsymbol{x}_k$ 进行比较。用 q_k 来表示 $\boldsymbol{x}_k$ 和预报值之间的差别，即我们所说的“模式误差”。

$$q_k = \boldsymbol{x}_k - \mathcal{M}_k(\boldsymbol{x}_{k-1}) \tag{2.13}$$

根据上述定义，可知 $p(\boldsymbol{x}_k \mid \boldsymbol{x}_{k-1}) = p(q_k)$ 。如果模式误差满足协方差为 $\boldsymbol{Q}_k$ 和均值为 $\bar{q}$ 的 Gauss 型分布，则：

$$J_q = -\left[\sum_{k=1}^{N-1}\lg p(q_k)\right] - \lg p(x_0) = \frac{1}{2}\sum_{k=1}^{N-1}(q_k - \bar{q})^{\mathrm{T}}\boldsymbol{Q}_k^{-1}(q_k - \bar{q}) + c \tag{2.14}$$

从以上分析可知，一般形式四维变分同化目标函数可以写为：

$$J(X) = \frac{1}{2}(\boldsymbol{x}_0 - \boldsymbol{x}_b)^{\mathrm{T}}\boldsymbol{B}^{-1}(\boldsymbol{x}_0 - \boldsymbol{x}_b) + \frac{1}{2}\sum_{k=0}^{N-1}[\mathcal{H}_k(\boldsymbol{x}_k) - \boldsymbol{y}_k]^{\mathrm{T}}\boldsymbol{R}_k^{-1}[\mathcal{H}_k(\boldsymbol{x}_k) - \boldsymbol{y}_k] + \frac{1}{2}\sum_{k=1}^{N-1}(q_k - \bar{q})^{\mathrm{T}}\boldsymbol{Q}_k^{-1}(q_k - \bar{q}) \tag{2.15}$$

2.1.2 强约束四维变分

在假定同化窗口内预报模式是完美的条件下，一般形式四维变分同化就转化为强约束四维变分同化。这时候也就是假设模式误差 ϵ_k^m 为 0，这时，模式状态$\boldsymbol{x}_k$ 完成由 t_{k-1} 时刻模式状态 $\boldsymbol{x}_{k-1}$ 积分得到，即满足关系式 $\boldsymbol{x}_k = \mathcal{M}_k(\boldsymbol{x}_{k-1})$，由于没有模式误差，也就不需要考虑模式误差项 J_q，这时一般形式的四维变分目标函数转变为传统的强约束四维变分目标函数：

$$J(\boldsymbol{X}) = \frac{1}{2}(\boldsymbol{x}_0 - \boldsymbol{x}_b)^{\mathrm{T}}\boldsymbol{B}^{-1}(\boldsymbol{x}_0 - \boldsymbol{x}_b) + \frac{1}{2}\sum_{k=0}^{N-1}[\mathcal{H}_k(\boldsymbol{x}_k) - \boldsymbol{y}_k]^{\mathrm{T}}\boldsymbol{R}_k^{-1}[H_k(\boldsymbol{x}_k) - \boldsymbol{y}_k] \tag{2.16}$$

其中，状态 $\boldsymbol{x}_k$ 完成是由模式和初始状态 $\boldsymbol{x}_0$ 确定，将模式从t_0 时刻积分到t_k 时刻就得到了状态 $\boldsymbol{x}_k$，即满足 $\boldsymbol{x}_k = \mathcal{M}_{t_0,t_k}(\boldsymbol{x}_0)$，因此强约束四维变分目标函数可表示为：

$$J(\boldsymbol{X}) = \frac{1}{2}(\boldsymbol{x}_0 - \boldsymbol{x}_b)^{\mathrm{T}}\boldsymbol{B}^{-1}(\boldsymbol{x}_0 - \boldsymbol{x}_b) + \frac{1}{2}\sum_{k=0}^{N-1}\{\mathcal{H}_k[\mathcal{M}_{t_0,t_k}(\boldsymbol{x}_0)] - \boldsymbol{y}_k^o\}^{\mathrm{T}}\boldsymbol{R}_k^{-1}\{\mathcal{H}_k[\mathcal{M}_{t_0,t_k}(\boldsymbol{x}_0)] - \boldsymbol{y}_k^o\} \tag{2.17}$$

其中，$\boldsymbol{x}_0$ 是非线性预报模式的初始状态，也称为分析场；$\boldsymbol{y}_k^o$ 是位于第 k 个时间槽内的观测资料；而 $\mathcal{H}_k$ 是观测 $\boldsymbol{y}_k^o$ 所对应的观测算子；$\mathcal{M}_{t_0,t_k}$ 算子表示将非线性正模式从初始时刻 t_0 积分到 t_k 时刻，因此 $\boldsymbol{x}_k = \mathcal{M}_{t_0,t_k}(\boldsymbol{x}_0)$ 是由模式积分得到的 t_k 时刻模式状态。由于 t_k 时刻模式状态是从上一个时刻 t_{k-1} 到当前时刻的向前积分，一般的预报问题可表示为：$\boldsymbol{x}_k = \mathcal{M}_{t_{k-1},t_k}(\boldsymbol{x}_{k-1})$ 。表达式 $\boldsymbol{y}_k = \mathcal{H}_k[\mathcal{M}_{t_0,t_k}(\boldsymbol{x}_0)]$ 的含义是将 t_k 时刻的模式状态映射为观测空间中的值。

强约束四维变分资料同化就是一次同化考虑时间窗$[t_0, t_N]$内的观测资料($\boldsymbol{y}_k, k = 0, 1, 2, \cdots, N-1$)同时影响初始时刻的模式控制变量 $\boldsymbol{x}_0$，使得目标函数最小。$N-1=0$ 时，目标函数进一步简化为三维变分同化。

强约束四维变分的同化变量就是初始时刻模式控制变量 $\boldsymbol{x}_0$，对于以全球静力载水谱模式

YHGSM 为约束四维变分同化的分析变量直接定义为模式预报变量，即涡度 ζ、散度 η、温度和地面气压（T,P_{surf}）和比湿 q，其垂直分层与模式分层完全一致。强约束四维变分同化分析变量虽然比弱约束四维变分同化小，但目标函数最优解求解问题的规模仍然巨大，如要为全球 10 km 分辨率模式提供初始场，同化变量维数将达到 10^{10} 量级，如此巨大的目标函数没有办法直接求解，需要引入一系列方法，减少问题规模。采用基于控制变换的预处理和增量计算公式(Courtier et al.，1994)，基于控制变换的预处理，一方面使背景场误差协方差矩阵不需要显式表示，同时加快了目标函数极小化的收敛速度，增量计算公式使问题的计算规模可以大幅度降低。增量方法中各步骤的计算开销可以灵活调整，最高的分辨率用于计算模式轨迹以及观测和模式之间的残差，而低分辨率的模式（伴随和切线性模式）用来计算分析增量（Trémolet，2004），因为分析增量需要迭代计算，计算开销大。低分辨率的迭代（内循环）可以便捷地嵌入高分辨率的外循环迭代。除了分辨率因素外，内循环的计算开销也取决于内循环模式的复杂性，例如以更简单或者更完整的方式描述物理过程（Tompkins et al.，2004）。

2.1.2.1　多分辨率增量公式

为了有效地减少计算量，在四维变分资料同化中引入一般的多分辨率增量公式。多分辨率增量方法采用迭代过程，开始时将背景场作为迭代的起始值，即 $\boldsymbol{x}_0^0=\boldsymbol{x}_b$，而对于 n 次迭代的分析 $\boldsymbol{x}_0^n$ 则由上一次分析 $\boldsymbol{x}_0^{n-1}$ 加上这一步的分析增量更新所得，即：

$$\boldsymbol{x}_0^n=\boldsymbol{x}_0^{n-1}+\delta\boldsymbol{x}_0^n \tag{2.18}$$

将它代入四维变分同化目标函数中得到：

$$\begin{aligned}J(\delta\boldsymbol{x}_0^n)=&\frac{1}{2}[\delta\boldsymbol{x}_0^n+(\boldsymbol{x}_0^{n-1}-\boldsymbol{x}_b)]^{\mathrm{T}}\boldsymbol{B}^{-1}[\delta\boldsymbol{x}_0^n+(\boldsymbol{x}_0^{n-1}-\boldsymbol{x}_b)]+\\&\frac{1}{2}\sum_{k=0}^{N-1}\{\mathcal{H}_k[\mathcal{M}_{t_0,t_k}(\boldsymbol{x}_0^{n-1}+\delta\boldsymbol{x}_0^n)]-\boldsymbol{y}_k^o\}^{\mathrm{T}}\boldsymbol{R}_k^{-1}\{\mathcal{H}_k[\mathcal{M}_{t_0,t_k}(\boldsymbol{x}_0^{n-1}+\delta\boldsymbol{x}_0^n)]-\boldsymbol{y}_k^o\}\end{aligned} \tag{2.19}$$

将上式中的预报模式 $\mathcal{M}_{t_0,t_k}$ 在 $\boldsymbol{x}_0^{n-1}$ 处利用 Taylor 展开式得到：

$$\mathcal{M}_{t_0,t_k}(\boldsymbol{x}_0^{n-1}+\delta\boldsymbol{x}_0^n)=\mathcal{M}_{t_0,t_k}(\boldsymbol{x}_0^{n-1})+\boldsymbol{M}_{t_0,t_k}(\delta\boldsymbol{x}_0^n)+O(|\delta\boldsymbol{x}_0^n|^2) \tag{2.20}$$

忽略其中的二阶项，有：

$$\mathcal{M}_{t_0,t_k}(\boldsymbol{x}_0^{n-1}+\delta\boldsymbol{x}_0^n)\approx\mathcal{M}_{t_0,t_k}(\boldsymbol{x}_0^{n-1})+\boldsymbol{M}_{t_0,t_k}(\delta\boldsymbol{x}_0^n) \tag{2.21}$$

同样地将观测算子 $\mathcal{H}_k$ 在预报场 $\boldsymbol{x}_k^{n-1}=\mathcal{M}_{t_0,t_k}(\boldsymbol{x}_0^{n-1})$ 处线性化：

$$\mathcal{H}_k[\mathcal{M}_{t_0,t_k}(\boldsymbol{x}_0^{n-1}+\delta\boldsymbol{x}_0^n)]\approx\mathcal{H}_k[\mathcal{M}_{t_0,t_k}(\boldsymbol{x}_0^{n-1})]+\boldsymbol{H}_k\boldsymbol{M}_{t_0,t_k}(\delta\boldsymbol{x}_0^n) \tag{2.22}$$

从而可以得到如下增量形式的目标函数：

$$\begin{aligned}J(\delta\boldsymbol{x}_0^n)=&\frac{1}{2}[\delta\boldsymbol{x}_0^n+(\boldsymbol{x}_0^{n-1}-\boldsymbol{x}_b)]^{\mathrm{T}}\boldsymbol{B}^{-1}[\delta\boldsymbol{x}_0^n+(\boldsymbol{x}_0^{n-1}-\boldsymbol{x}_b)]+\\&\frac{1}{2}\sum_{k=0}^{N-1}\{\boldsymbol{H}_k[\boldsymbol{M}_{t_0,t_k}(\delta\boldsymbol{x}_0^n)]+\boldsymbol{d}_k^{n-1}\}^{\mathrm{T}}\boldsymbol{R}_k^{-1}\{\boldsymbol{H}_k[\boldsymbol{M}_{t_0,t_k}(\delta\boldsymbol{x}_0^n)]+\boldsymbol{d}_k^{n-1}\}\end{aligned} \tag{2.23}$$

其中，$\boldsymbol{H}_k$、$\boldsymbol{M}_{t_0,t_k}$ 分别为 $\mathcal{H}_k$ 和 $\mathcal{M}_{t_0,t_k}$ 的切线性算子，更新向量为：

$$\boldsymbol{d}_k^{n-1}=\mathcal{H}_k[\mathcal{M}_{t_0,t_k}(\boldsymbol{x}_0^{n-1})]-\boldsymbol{y}_k=\mathcal{H}_k(\boldsymbol{x}_k^{n-1})-\boldsymbol{y}_k \tag{2.24}$$

这样就引入了非线性模式 $\mathcal{M}_{t_0,t_k}$ 的切线性模式 M_{t_0,t_k}，其作用是由初始时刻 t_0 的扰动 $\delta\boldsymbol{x}_0^n$ 得到 t_k 时刻的扰动 $\delta\boldsymbol{x}_k^n$。非线性正模式的计算是利用确定的时间步长，从模式的初始场开始一步一步地向前积分，因此有：

$$\mathcal{M}_{t_0,t_k}(\boldsymbol{x}_0^n)=(\mathcal{M}_{t_{k-1},t_k}(\mathcal{M}_{t_{k-2},t_{k-1}}(\cdots(\mathcal{M}_{t_0,t_k}(\boldsymbol{x}_0^n))))) \tag{2.25}$$

其中，$\mathcal{M}_{t_{k-1},t_k}$ 表示利用 t_{k-1} 时刻预报场求 t_k 时刻预报场的一个积分步。

切线性模式 M_{t_0,t_k} 同样是表示由初始时刻 t_0 处的扰动一步一步向前积分得到的 t_k 时间的扰动，若记 M_{t_{k-1},t_k} 是由 t_{k-1} 时刻的扰动 $\delta \boldsymbol{x}_{k-1}^n$ 求出 t_k 时刻扰动 $\delta \boldsymbol{x}_k^n$ 的一个积分步，则显然有如下关系：

$$\begin{aligned}\boldsymbol{x}_k^n + \delta \boldsymbol{x}_k^n &= \mathcal{M}_{t_{k-1},t_k}(\boldsymbol{x}_{k-1}^n + \delta \boldsymbol{x}_{k-1}^n) \\ &= \mathcal{M}_{t_{k-1},t_k}(\boldsymbol{x}_{k-1}^n) + \boldsymbol{M}_{t_{k-1},t_k}\delta \boldsymbol{x}_{k-1}^n + O(|\delta \boldsymbol{x}_{k-1}^n|^2\end{aligned} \tag{2.26}$$

忽略上式中的二阶项，得到如下切线性方程：

$$\delta \boldsymbol{x}_k^n = \boldsymbol{M}_{t_{k-1},t_k}\delta \boldsymbol{x}_{k-1}^n \tag{2.27}$$

如果从时刻 t_0 到时刻 t_k 之间要计算多步，则扰动从 t_0 时刻前进到 t_k 时刻的切线性模式由每一步向前的切线性模式矩阵的乘积给出。即有如下关系：

$$\boldsymbol{M}_{t_0,t_k} = \prod_{j=k-1}^{0} \boldsymbol{M}_{t_j,t_{j+1}} = \boldsymbol{M}_{t_{k-1},t_k}\boldsymbol{M}_{t_{k-2},t_{k-1}}\cdots \boldsymbol{M}_{t_0,t_1} \tag{2.28}$$

采用共轭梯度、拟牛顿等最优化算法求解四维变分同化的最优分析解时，需要计算目标函数梯度。目标函数梯度是目标函数对初始状态的偏导数：

$$\begin{aligned}&\boldsymbol{\nabla}_{\delta x_0^n} J(\delta \boldsymbol{x}_0^n) = \boldsymbol{B}^{-1}[\delta \boldsymbol{x}_0^n - (\boldsymbol{x}_0^{n-1} - \boldsymbol{x}_b)] + \\ &\sum_{k=0}^{n} \boldsymbol{M}_{t_k,t_0}^{\mathrm{T}} \boldsymbol{H}_k^{\mathrm{T}} \boldsymbol{R}_k^{-1}\{\mathcal{H}_k[\mathcal{M}_{t_0,t_k}(\boldsymbol{x}_0^{n-1})] - \boldsymbol{y}_k^o\}\end{aligned} \tag{2.29}$$

其中，$\boldsymbol{M}_{t_k,t_0}^{\mathrm{T}}$ 表示切线性模式的伴随模式；$\boldsymbol{H}_k^{\mathrm{T}}$ 是观测算子的伴随。由于伴随模式是线性的，故可以写成各个时段伴随模式反向积分的乘积：

$$\boldsymbol{M}_{t_k,t_0}^{\mathrm{T}} = \prod_{j=0}^{k-1} \boldsymbol{M}_{t_{j+1},t_j}^{\mathrm{T}} \tag{2.30}$$

其中，$\boldsymbol{M}_{t_k,t_{k+1}} = \boldsymbol{M}_k$ 表示第 k 个时段的切线性模式，切线性模式 $\boldsymbol{M}_{t_{k-1},t_k}$ 的转置 $\boldsymbol{M}_{t_{k-1},t_k}^{\mathrm{T}}$ 称为伴随模式，其主要作用是求解目标函数的梯度。

将上面等式两边进行转置得到：

$$\boldsymbol{M}_{t_0,t_k}^{\mathrm{T}} = \prod_{j=0}^{k-1} \boldsymbol{M}_{t_j,t_{j+1}}^{\mathrm{T}} = \boldsymbol{M}_{t_0,t_1}^{\mathrm{T}} \boldsymbol{M}_{t_1,t_2}^{\mathrm{T}} \cdots \boldsymbol{M}_{t_{k-1},t_k}^{\mathrm{T}} \tag{2.31}$$

与切线性模式相反，伴随模式需要后向积分，为此表示如下：

$$\boldsymbol{M}_{t_k,t_0}^{\mathrm{T}} = \prod_{j=0}^{k-1} \boldsymbol{M}_{t_{j+1},t_j}^{\mathrm{T}} = \boldsymbol{M}_{t_1,t_0}^{\mathrm{T}} \boldsymbol{M}_{t_2,t_1}^{\mathrm{T}} \cdots \boldsymbol{M}_{t_k,t_{k-1}}^{\mathrm{T}} \tag{2.32}$$

增量方法能够节省计算量是由于可以在低分辨率下求解增量形式目标函数的极小值。在低分辨率下得到分析增量后，需要将它变换为高分辨率的分析增量，因此需要引入算子 S^{-1} 将低分辨率分析增量 $\delta \boldsymbol{x}_0^n$ 变换到高分辨率，即：

$$\boldsymbol{x}_0^n = \boldsymbol{x}_0^{n-1} + S^{-1}\delta \boldsymbol{x}_0^n \tag{2.33}$$

算子 S^{-1} 的逆算子 S 是将高分辨率的场转化为低分辨率的场。

引入算子 S^{-1} 和 S 后，低分辨率下的分析增量 $\delta \boldsymbol{x}_0^n$ 通过极小化如下目标函数得到：

$$\begin{aligned}J(\delta \boldsymbol{x}_0^n) &= \frac{1}{2}[\delta \boldsymbol{x}_0^n + S(\boldsymbol{x}_0^{n-1} - \boldsymbol{x}_b)]^{\mathrm{T}}\boldsymbol{B}^{-1}[\delta \boldsymbol{x}_0^n + S(\boldsymbol{x}_0^{n-1} - \boldsymbol{x}_b)] + \\ &\frac{1}{2}\sum_{k=0}^{N-1}\{\boldsymbol{H}_k[(\boldsymbol{M}_{t_0,t_k}(\delta \boldsymbol{x}_0^n)] + \boldsymbol{d}_k^{n-1}\}^{\mathrm{T}} \boldsymbol{R}_k^{-1}\{\boldsymbol{H}_k[(\boldsymbol{M}_{t_0,t_k}(\delta \boldsymbol{x}_0^n)] + \boldsymbol{d}_k^{n-1}\}\end{aligned} \tag{2.34}$$

相应的目标函数的梯度为：

$$\nabla_{\delta x_0^n} J(\delta x_0^n) = \boldsymbol{B}^{-1}[\delta \boldsymbol{x}_0^n + S(\boldsymbol{x}_0^{n-1} - \boldsymbol{x}_b)] + \sum_{k=0}^{N} \boldsymbol{M}_{t_0,t_k}^{\mathrm{T}} \boldsymbol{H}_k^{\mathrm{T}} \boldsymbol{R}_k^{-1} \{\boldsymbol{H}_k[\boldsymbol{M}_{t_0,t_k}(\delta \boldsymbol{x}_0^n)] + \boldsymbol{d}_k^{n-1}\} \tag{2.35}$$

目标函数的 Hessian 矩阵为：

$$\nabla_{\delta x_0^n}^2 J(\delta \boldsymbol{x}_0^n) = \boldsymbol{B}^{-1} + \sum_{k=0}^{N} \boldsymbol{M}_{t_0,t_k}^{\mathrm{T}} \boldsymbol{H}_k^{\mathrm{T}} \boldsymbol{R}_k^{-1} \boldsymbol{H}_k \boldsymbol{M}_{t_0,t_k} \tag{2.36}$$

2.1.2.2 预条件算子和最优化算法

气象资料四维变分同化模块将采用预处理来加快极小化收敛速度，通过引入控制变换同时避免了背景场误差协方差矩阵的显式表达。预处理需要的目标函数的黑塞矩阵（Hessian 矩阵），二次导数不易求得，Lorenc（1988）建议采用背景场项 J_b 的黑塞矩阵，也即背景场误差协方差矩阵 $\boldsymbol{B}$。预处理可以通过在控制变量空间中度量的变换（即修正的内积），或是控制变量的变换来实现。因为极小化算法一般都需要计算多个内积，相比而言，变量变换更为有效。

在数学处理上需要引入变量 χ，使其满足：

$$J_b = \chi^{\mathrm{T}}\chi \tag{2.37}$$

其中，$\chi = \boldsymbol{B}^{-1/2}\delta \boldsymbol{x}$。预处理后控制变量就变成了 χ，这是真正需要求解的问题。通过预条件处理后的单个资料分析在一次迭代后即可收敛。

当 $\boldsymbol{B}$ 项（背景场项）比黑塞矩阵的观测项占优势时，基于 J_b 的预处理就足够了。但是随着观测信息的增多，如果局地观测资料较密集，则目标函数（及其二阶导数）中，观测项就可能比背景项占优势。结合兰佐斯（Lanczos）共轭梯度方法可以在求解分析值时同时计算出黑塞矩阵的主特征向量和主特征值，不用增加额外的计算量，该方法用于所有的内循环迭代。在低分辨率得到的黑塞矩阵特征向量的信息可以用于在接下来的高分辨率内循环中作为预处理。在较高分辨率的内循环中，该方法对减小迭代次数非常有效。

由于控制变量的自由度达到 10^7，四维变分同化极小化过程是一个大规模计算问题。对于一个纯粹的二次型目标函数，最有效的最优化算法是共轭梯度法。引入了增量方法后，内循环的目标函数可以严格限制为二次型，因此最优化方法采用共轭梯度方法。

选择共轭梯度算法的初始估计 $\nu_0 = 0$，初始梯度 $g_0 = \nabla J(\nu_0)$，初始搜索方向 $d_0 = -g_0$，算法的每一次迭代用下面公式更新的优化步长、分析向量、共轭方向和搜索方向：

$$\boldsymbol{\alpha}_k = \boldsymbol{g}_k^{\mathrm{T}} \boldsymbol{g}_k / (\boldsymbol{d}_k^{\mathrm{T}} \boldsymbol{A}\, \boldsymbol{d}_k) \tag{2.38}$$

$$\boldsymbol{v}_{k+1} = \boldsymbol{v}_k + \boldsymbol{\alpha}_k \boldsymbol{d}_k \tag{2.39}$$

$$\boldsymbol{g}_{k+1} = \boldsymbol{g}_k + \boldsymbol{\alpha}_k \boldsymbol{A}\boldsymbol{d}_k \tag{2.40}$$

$$\boldsymbol{d}_{k+1} = -\boldsymbol{g}_{k+1} + z\boldsymbol{\beta}_k \boldsymbol{d}_k \text{，其中，} \boldsymbol{\beta}_k = \boldsymbol{g}_{k+1}^{\mathrm{T}} \boldsymbol{g}_{k+1} / (\boldsymbol{g}_k^{\mathrm{T}} \boldsymbol{g}_k) \tag{2.41}$$

算法中的矩阵 $\boldsymbol{A}$ 是目标函数 $J(\nu)$ 的黑塞矩阵，即 $\boldsymbol{A} = \nabla_v^2 J(\nu)$，利用前面关于控制变量目标函数的黑塞矩阵得到：

$$\boldsymbol{A}\boldsymbol{d}_k = \nabla_v^2 J(\nu)\boldsymbol{d}_k = \boldsymbol{d}_k + \sum_{i=0}^{N} \boldsymbol{U}^{\mathrm{T}} \boldsymbol{M}_{t_0,t_i}^{\mathrm{T}} \boldsymbol{H}_i^{\mathrm{T}} \boldsymbol{O}_i^{-1} \boldsymbol{H}_k \boldsymbol{M}_{t_0,t_i} \boldsymbol{U}\boldsymbol{d}_k \tag{2.42}$$

其计算与目标函数的梯度计算基本相同。将搜索方向 $\boldsymbol{d}_k$ 从控制空间转化到观测空间，然后计算观测减背景场轨迹偏差（O-B）向量，最后将 O-B 向量转换到控制空间中并与搜索方向 $\boldsymbol{d}_k$ 相加就得到了 $\boldsymbol{A}\boldsymbol{d}_k$。

2.1.2.3 背景误差协方差矩阵

四维变分资料同化结果对矩阵背景误差协方差 $\boldsymbol{B}$ 的依赖很大，$\boldsymbol{B}$ 矩阵是一个维数很高的矩阵，求逆实际上是不可能的。为了 $\boldsymbol{B}$ 矩阵求逆，首先是希望分析变量之间(从而它们的误差)相互独立，这可以使背景误差协方差矩阵成为块对角矩阵。通常做法是取模式变量的非平衡部分作为分析变量，它们互不相关，这样做还容易控制非平衡模态的增长。

背景误差协方差 $\boldsymbol{B}$ 可通过下式进行估计(Fisher，2003)：

$$\boldsymbol{B} = \boldsymbol{L}^{-1}\sum\nolimits_b^{1/2}\boldsymbol{C}\sum\nolimits_b^{1/2}\boldsymbol{L}^{-\mathrm{T}} \tag{2.43}$$

其中，$\boldsymbol{C}$ 是小波空间相关性算子；$\sum\nolimits_b^{1/2}$ 表示背景误差标准差；$\boldsymbol{L}^{-\mathrm{T}}$ 表示变量间平衡关系。

以 ECMWF 四维变分同化为例，具体可参考 ECMWF 手册，选择涡度 ζ(省略了表示增量的 δ，下同)作为第一独立分析变量，然后依次将散度 η、温度和地面气压 $(\boldsymbol{T},\boldsymbol{p}_s)$、湿度 q 等分析变量投影到已选择的平衡模态上去，将剩余部分作为独立分析变量。引入平衡算子 $\boldsymbol{K}$，实现将变量划分为平衡和非平衡部分。

$$\boldsymbol{L} = \boldsymbol{K}\boldsymbol{L}_u \tag{2.44}$$

其中，$\boldsymbol{K}$ 是将非平衡变量转换到模式变量的平衡算子。

对于非平衡部分，$\boldsymbol{B}_u = \boldsymbol{L}_u\boldsymbol{L}_u^{\mathrm{T}}$，$\boldsymbol{L}_u$ 是包含 $\boldsymbol{L}_\zeta$，$\boldsymbol{L}_{\eta_u}$，$\boldsymbol{L}_{(T,p_{\mathrm{surf}})_u}$，$\boldsymbol{L}_{q_u}$，$\boldsymbol{L}_{\mathrm{O_3}}$ 等块对角矩阵的类似块对角矩阵。背景误差协方差矩阵的表达式可以写为块对角矩阵：

$$\boldsymbol{B}_u = \begin{bmatrix} \boldsymbol{C}_\zeta & 0 & 0 & 0 & 0 & 0 \\ 0 & \boldsymbol{C}_{\eta_u} & 0 & 0 & 0 & 0 \\ 0 & 0 & \boldsymbol{C}_{(T,p_{\mathrm{surf}})_u} & 0 & 0 & 0 \\ 0 & 0 & 0 & \boldsymbol{C}_{q_u} & 0 & 0 \\ 0 & 0 & 0 & 0 & \boldsymbol{C}_{\mathrm{O_3}} & 0 \\ 0 & 0 & 0 & 0 & 0 & \ddots \end{bmatrix} \tag{2.45}$$

对于平衡部分，主要是统计映射 $\boldsymbol{K}$ 的系数。

(1)线性平衡

$\boldsymbol{K}$ 的矩阵表达式为：

$$\boldsymbol{L} = \boldsymbol{K}\boldsymbol{L}_u \Leftrightarrow \begin{pmatrix} \boldsymbol{\zeta} \\ \boldsymbol{\eta} \\ (\boldsymbol{T},\boldsymbol{p}_s) \\ \boldsymbol{q} \end{pmatrix} = \underbrace{\begin{pmatrix} \boldsymbol{I} & 0 & 0 & 0 \\ \boldsymbol{M} & \boldsymbol{I} & 0 & 0 \\ \boldsymbol{N} & \boldsymbol{P} & \boldsymbol{I} & 0 \\ 0 & 0 & 0 & \boldsymbol{I} \end{pmatrix}}_{\boldsymbol{K}} \begin{pmatrix} \boldsymbol{\zeta} \\ \boldsymbol{\eta}_u \\ (\boldsymbol{T},\boldsymbol{p}_s)_u \\ \boldsymbol{q} \end{pmatrix} \tag{2.46}$$

于是有：

$$\begin{cases} \boldsymbol{\zeta} = \boldsymbol{\zeta} \\ \boldsymbol{\eta} = \boldsymbol{M}\boldsymbol{\zeta} + \boldsymbol{\eta}_u \\ (\boldsymbol{T},\boldsymbol{p}_s) = \boldsymbol{N}\boldsymbol{\zeta} + \boldsymbol{P}\boldsymbol{\eta}_u + (\boldsymbol{T},\boldsymbol{p}_s)_u \\ \boldsymbol{q} = \boldsymbol{q} \end{cases} \tag{2.47}$$

其中，下标 u 表示非平衡部分。$\boldsymbol{M}$、$\boldsymbol{N}$ 均定义为水平算子 $\mathcal{H}$ 和垂直算子 (M,N) 的乘积。

$$\begin{aligned} \boldsymbol{M} &= \mathcal{M}\mathcal{H} \\ \boldsymbol{N} &= \mathcal{N}\mathcal{H} \end{aligned} \tag{2.48}$$

水平算子 $\mathcal{H}$ 为线性平衡方程的解析解：

$$\frac{1}{\rho}\nabla p=-f\vec{k}\times\vec{V}=f\nabla\psi \tag{2.49}$$

线性平衡方程也是地转运动中，最简单的风场和水平气压场的平衡（水平气压梯度力和科里奥利力相平衡的地转平衡）。在气压坐标系下增量方程的表达形式为：

$$\nabla\delta\Phi=f\nabla\delta\psi \tag{2.50}$$

（2）非线性平衡

在控制变量乘以背景误差标准差后，因动力平衡约束关系，控制变量大小发生改变，增量在谱空间中具体形式为：

$$\begin{aligned}(\boldsymbol{T},\boldsymbol{p}_s)&=\boldsymbol{N}\boldsymbol{\zeta}+\boldsymbol{P}\boldsymbol{\eta}_u+(\boldsymbol{T},\boldsymbol{p}_s)_u\\ \boldsymbol{\eta}&=(\boldsymbol{M}+\boldsymbol{Q}_2)\boldsymbol{\zeta}+\boldsymbol{\eta}_u+\boldsymbol{Q}_1(\boldsymbol{T},\boldsymbol{p}_s)\end{aligned} \tag{2.51}$$

矩阵表达式为：

$$\boldsymbol{L}=\boldsymbol{K}\boldsymbol{L}_u\Leftrightarrow\begin{pmatrix}\boldsymbol{\zeta}\\ \boldsymbol{\eta}\\ (\boldsymbol{T},\boldsymbol{p}_s)\\ \boldsymbol{q}\end{pmatrix}=\underbrace{\begin{pmatrix}\boldsymbol{I}&0&0&0\\ \boldsymbol{M}+\boldsymbol{Q}_2&\boldsymbol{I}&0&\boldsymbol{Q}_1\\ \boldsymbol{N}&\boldsymbol{P}&\boldsymbol{I}&0\\ 0&0&0&\boldsymbol{I}\end{pmatrix}}_{\boldsymbol{K}}\begin{pmatrix}\boldsymbol{\zeta}\\ \boldsymbol{\eta}_u\\ (\boldsymbol{T},\boldsymbol{p}_s)_u\\ \boldsymbol{q}\end{pmatrix} \tag{2.52}$$

其中，$\boldsymbol{M}$ 和 $\boldsymbol{N}$ 和 $\boldsymbol{P}$ 算子与线性平衡中一样。相对于线性化平衡算子，非线性项引入了新的矩阵 $\boldsymbol{Q}_1$ 和 $\boldsymbol{Q}_2$，并解析地定义为准地转 omega 方程的简化和线性形式：

$$\left(\delta\nabla^2+f_0^2\frac{\partial^2}{\partial\boldsymbol{P}^2}\right)\omega'=-2\nabla\cdot\boldsymbol{Q} \tag{2.53}$$

其中，$\boldsymbol{Q}$ 是关于温度和旋转风函数的霍斯金斯 $\boldsymbol{Q}$ 向量。水平平衡算子 $\boldsymbol{H}$ 为块对角阵，其将每层上涡度的谱系数独立地转换成线性化的质量场 $\boldsymbol{P}_b$。由此水平算子定义不再是涡度与位势的线性回归，而是为非线性方程的线性化解：

$$\nabla^2\boldsymbol{P}_b=(f+\zeta)\times v_\psi+\frac{1}{2}\nabla(v_\psi\times v_\psi) \tag{2.54}$$

其中，$v_\psi=\boldsymbol{k}\times\nabla_\psi$ 是旋转风。在实现中已将模式层视为气压层来简化该方程，并对背景态进行线性化处理，以提供 $\boldsymbol{P}_b$ 中增量的线性方程作为涡度增量函数。这些方程组可以被非迭代求解以给出散度增量作为涡度和温度增量的线性函数。

在格点空间中，温度对湿度的贡献体现为：

$$\delta\tilde{q}=\delta\tilde{q}_u+Q_{qT}\frac{q^b}{q_s(T^b)}\frac{L}{R_v(T^b)^2}\delta T \tag{2.55}$$

其中，$\delta\tilde{q}=\delta q/q_s(T^b)$ 是经过高斯化处理后的湿度量；$q_s(T^b)$ 是在背景温度 T^b 下的饱和比湿；L 是混合相潜热；R_v 是水汽的气体常数。湿度和温度变化之间的关系由克劳修斯一克拉珀龙（Clausius-Clapeyron）方程导出，反映云层中水汽相变潜热导致的温度变化。系数 Q_{qT} 可由统计回归决定，统计回归是作为背景相对湿度 rh^b 和模式层的函数。在无云网格盒中从 0 开始，在低于 80％相对湿度时作为 rh^b 来估计，当 rh^b 接近 1 时进入一致。回归系数 Q_{qT} 与简化的云量统计模式相似。在过饱和（有关混合相）区域和平流层（由背景场诊断出的对流层顶决定），湿度一温度平衡被降为零。

2.1.2.4 正演模式和切线性伴随模式

用下标表示时间步，上标表示循环迭代循环标志，四维变分同化步骤可简述为：

(1)模式初始状态 $\boldsymbol{x}_0^0$；

(2)将模式从 t_0 时刻积分到 t_n 时刻，得到模式状态 $\boldsymbol{x}_0^n$；

(3)计算所有有效观测的模式观测相当量以及与实际观测值的差，即 d_k；

(4)从同化时间窗的终点时刻 t_n 开始，反向积分伴随模式，并在每个观测时间增加相应的观测资料的贡献，直至同化时间窗的起点 t_0；

(5)计算目标函数 J 及其梯度；

(6)返回到(1)，开始下一轮的优化循环，直至达到预期的精度。

令增量形式目标函数(2.23)梯度为 0，得到：

$$\nabla_{\delta x_0} J = \boldsymbol{B}^{-1}(\delta \boldsymbol{x}_0) - \sum_{k=1}^{N} \boldsymbol{H}_k^{\mathrm{T}} \boldsymbol{M}_{0,k}^{\mathrm{T}} \boldsymbol{R}_k^{-1} \boldsymbol{d}_k \tag{2.56}$$

4DVar 的梯度计算和敏感性分析都需要伴随技术，对于随着时间向前演变的大气模式 $\mathcal{M}$，伴随模式则是反向的随时间演变。伴随模式需要切线性模式，切线性模式就需要大气模式 $\mathcal{M}$ 的线性化处理和轨迹处理。

切线性模式 $\boldsymbol{M}$ 是大气模式 $\mathcal{M}$ 的一阶线性近似 $\boldsymbol{M} = \dfrac{\partial M(\boldsymbol{x})}{\partial \boldsymbol{x}}$。切线性算子 $\boldsymbol{M}$ 的伴随算子 $\boldsymbol{M}^{\mathrm{T}}$ 可通过内积方式定义：

$$\langle \boldsymbol{M}(\boldsymbol{x}),(\boldsymbol{y})\rangle = \langle \boldsymbol{x},\boldsymbol{M}^{\mathrm{T}}(\boldsymbol{y})\rangle \tag{2.57}$$

伴随模式是从时间终点反向积分到初始时刻，得到初始时刻的梯度和敏感性，用来计算 4DVar 目标函数的梯度。

2.1.2.5 更新向量计算

更新向量的计算公式为 $\boldsymbol{d}_k^{n-1} = \mathcal{H}_k[\mathcal{M}_{t_0,t_k}(\boldsymbol{x}_0^{n-1})] - \boldsymbol{y}_k$，需要在高分辨率下完成，计算过程分为两步：首先将 $\boldsymbol{x}_0^{n-1}$ 作为初始场正向积分非线性模式，得到了同化窗口内各个时间槽 t_k 处的模式场 $\boldsymbol{x}_k^{n-1}$；然后利用观测算子计算模式场的观测等价量 $\mathcal{H}_k(\boldsymbol{x}_k^{n-1})$，与观测量相减得到更新向量 $\boldsymbol{d}_k^{n-1} = \mathcal{H}_k(\boldsymbol{x}_k^{n-1}) - \boldsymbol{y}_k$。整个计算过程如图 2.1 所示。

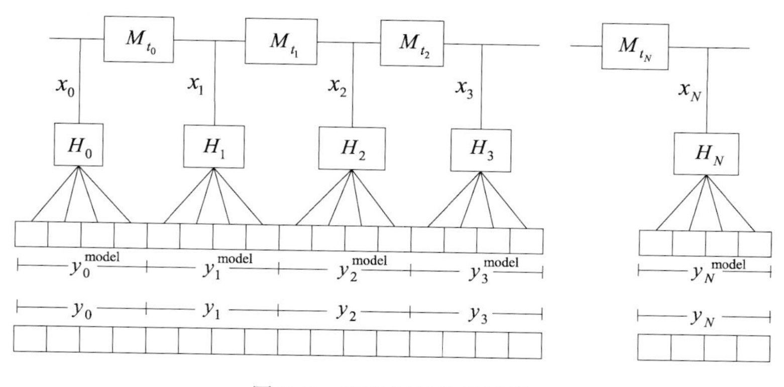

图 2.1 更新向量计算流程

为了实现上的方便，非线性模式直接采用预报模式，设置成半小时输出一次结果，积分时间为同化窗口的大小，这样得到的各时间槽模式场 x_k^n 被存入文件中。更新向量 $\boldsymbol{d}_k^{n-1} = \mathcal{H}_k(\boldsymbol{x}_k^{n-1}) - \boldsymbol{y}_k$ 由独立的程序实现计算，结果同样被存入文件中，显然更新向量是定义在观测空间中。

由于引入了增量公式，模式预报场必须从高分辨率转化为低分辨率才能引入切线性和伴随模式中使用。假设非线性模式是全球谱模式，则从高分辨率到低分辨率的转换算子 S 采用谱截断方法。

2.1.3 弱约束四维变分

四维变分理论公式是要估计同化时间窗口内的大气四维状态。假设模型完美的强约束四维变分将控制变量减小为同化窗口开始时初始条件，并依靠模式积分得到窗口内的其他时间点上的模式状态，这个假设使得强约束四维变分在 20 世纪 90 年代后期实现了业务化。随着系统其他方面的进展，模式误差变得日益重要，如在集合预报和集合同化中(Leutbecher et al.，2017)。区别在于一般模式误差补偿处理方式，弱约束四维变分是目前唯一可以估计受观测直接约束的模式误差的同化算法，它提供了同化循环中模式的不确定性信息。

由 2.1.1 节一般形式的目标函数在去掉模式完美假设下进行最优化问题的求解就是弱约束四维变分同化，也就是同化窗口内的模式误差不能忽略的，这时的目标函数就是弱约束四维变分代价泛函，式(2.15)是一个关于四维状态变量 X 的函数，也称为“4D-状态公式”。基于模式不完美，我们可以写出：

$$\boldsymbol{x}_k = \mathcal{M}_k(\boldsymbol{x}_{k-1}) + \eta_k \tag{2.58}$$

其中，$\mathcal{M}_k$ 表示模式从时间 t_0 积分到 t_k；η_k 表示 t_k 时间步三维状态的模式误差。此种表示方法，当知道 x_0 和 $\eta = \{\eta_k\}_{k=0,1,\cdots,N}$ 时，可求得 $\{x_k\}_{k=0,1,\cdots,N}$，反之亦然。模式误差也可以是针对一个给定得初始场，完美模式的迹和同化窗口时间步状态量下的差异，用 β_k ($k=0,\cdots,N$) 表示，表达式为：

$$\boldsymbol{x}_k = \mathcal{M}_{0,k}(\boldsymbol{x}_0) + \beta_k \tag{2.59}$$

其中，$\mathcal{M}_{0,k}$ 的定义和前述一致表示模式从时间 t_0 积分到 t_k。根据模式误差的定义，Trémolet(2006)定义了三种模式误差控制变量：模式偏差控制变量、模式误差强迫控制变量和模式状态强迫控制变量。

2.1.3.1 模式偏差控制

(1)控制变量定义

根据模式误差式(2.59)的定义，选择控制变量 $\boldsymbol{x}_0$ 和 β 作为控制变量，模式误差相关约束为：

$$F_k(\boldsymbol{x}_k) = \boldsymbol{x}_k - \mathcal{M}_{0,k}(\boldsymbol{x}_0) \tag{2.60}$$

然而如 Trémolet(2006)指出，数值模式有 10^9 个变量，因此模式误差的误差矩阵将有 10^{18} 个元素，而且还要每个时间步都要对模式误差矩阵进行估计。为了简化，假设整个同化窗口的模式误差固定不变，因此此时弱约束 4DVar_β 的目标函数为

$$J(\boldsymbol{x}_0,\boldsymbol{\beta})=\frac{1}{2}(\boldsymbol{x}_0-\boldsymbol{x}_b)^{\mathrm{T}}\boldsymbol{B}^{-1}(\boldsymbol{x}_0-\boldsymbol{x}_b)+\frac{1}{2}\boldsymbol{\beta}^{T}\boldsymbol{Q}^{-1}\boldsymbol{\beta}+$$
$$\frac{1}{2}\sum_{k=0}^{N}[\mathcal{H}_k[\mathcal{M}_{0,k}(\boldsymbol{x}_0)+\boldsymbol{\beta}]-\boldsymbol{y}_k]^{\mathrm{T}}\boldsymbol{R}_k^{-1}[\mathcal{H}_k[\mathcal{M}_{0,k}(\boldsymbol{x}_0)+\boldsymbol{\beta}]-\boldsymbol{y}_k] \tag{2.61}$$

其中，$\boldsymbol{\beta}$ 是模式误差；$\boldsymbol{Q}$ 是模式误差协方差矩阵。$\boldsymbol{Q}$ 和背景误差协方差矩阵 $\boldsymbol{B}$、观测误差协方差矩阵 $\boldsymbol{R}$ 一样，它们相互独立且观测误差与时间没有相关性。

(2)模式误差协方差矩阵

由于缺乏真实信息，弱约束4DVar$_\beta$方法中的模式误差协方差矩阵 $\boldsymbol{Q}$ 很难估计，这成为弱约束业务化的巨大障碍。Trémolet(2007)给出了两种计算模式误差协方差 $\boldsymbol{Q}$ 的方法。

第一种是直接假设模式误差协方差矩阵是背景误差协方差矩阵的一个比例倍数 $\boldsymbol{Q}=\alpha\boldsymbol{B}$ 。此种方法的弊端是把初始增量 $\delta\boldsymbol{x}_0$ 和模式误差增量 $\delta\boldsymbol{\beta}$ 限制在了同一个方向，即模式误差增量限制在了初始误差增量子空间，唯一区别就是相对幅度大小不同。

第二种是基于模式倾向。具体做法是基于集合 4DVar，通过扰动模式参数化方案实现预报差异，并统计模式误差协方差矩阵。Laloyaux 等(2020)提出了用第二种方法构建 $\boldsymbol{Q}$ 的具体实现，他们的具体做法是用扰动初始场的集合方法构建背景场误差协方差非常类似，只是用随机物理代替扰动初始场，由于用随机物理过程的集合方法能够反映模式误差的信息。假设同化窗口设置为 12 h，采用初始场固定、通过 SPPT (Stochastically Perturbed Parametrisation Tendency) 或 SKEB (Stochastic Kinetic Energy Backscatter)等随机物理过程，得到一组扰动模式，通过 12 h 预报差异统计 $\boldsymbol{Q}$ 。

但是上述方案实现的模式误差协方差矩阵和背景误差协方差矩阵没有将误差归因于正确的来源。随后 Laloyaux 等(2020)提出基于弱约束四维变分方法估计的气候学模式误差向量来重新估计模式误差协方差矩阵。

$$\boldsymbol{Q}_f=\frac{1}{N-1}\sum_{i=1}^{N}(f_i^{12}-f_{i+1}^{12})(f_i^{12}-f_{i+1}^{12})^{\mathrm{T}}$$
$$\boldsymbol{Q}_\beta=\frac{1}{N-1}\sum_{k=1}^{N}(\beta_k)(\beta_k)^{\mathrm{T}} \tag{2.62}$$

其中，N 表示样本总数，f_i^{12} 表示 12 h 预报。

Laloyaux 等(2020)对得到的模式误差协方差矩阵进行尺度分离和局地化，最后对平流层温度的模拟误差降低达 50%。从长远来看，由于弱约束四维变分是估计模式误差估计的唯一方法，因此可能需要研究使用集合弱约束四维变分方法在线估计模式误差协方差。

(3)增量算法

根据 2.1.2.1 小节，初始状态的增量表达式 $\delta\boldsymbol{x}_0^n=\boldsymbol{x}_0^n-\boldsymbol{x}_0^{n-1}$ ，现在在初始场上引入一个固定模式偏差，用 $\boldsymbol{\beta}^b$ 表达，然后根据初始状态的增量定义针对固定模式偏差增量 $\delta\boldsymbol{\beta}^n=\boldsymbol{\beta}^n-\boldsymbol{\beta}^{n-1}$，定义变量 $\delta\boldsymbol{z}^n\equiv\begin{pmatrix}\delta\boldsymbol{x}_0^n\\ \delta\boldsymbol{\beta}^n\end{pmatrix}$ ，定义对角矩阵 $\boldsymbol{A}=\begin{pmatrix}\boldsymbol{B} & 0\\ 0 & \boldsymbol{Q}\end{pmatrix}$ ，将强约束增量目标函数扩展到模式偏差控制变量上，于是根据强约束增量目标函数(2.23)可以写出弱约束 4DVar$_\beta$的增量目标函数为：

$$J(\delta\boldsymbol{z}^n)=\frac{1}{2}(\delta\boldsymbol{z}^n+\widehat{\boldsymbol{b}^n})^{\mathrm{T}}\boldsymbol{A}^{-1}(\delta\boldsymbol{z}^n+\widehat{\boldsymbol{b}^n})+$$
$$\frac{1}{2}\sum_{k=1}^{N}(\widehat{\boldsymbol{d}}_k^{n-1}+\widehat{\boldsymbol{H}}_k\widehat{\boldsymbol{M}}_{0,k}\delta\boldsymbol{z}^n)^{\mathrm{T}}\widehat{\boldsymbol{R}}_k^{-1}(\widehat{\boldsymbol{d}}_k^{n-1}+\widehat{\boldsymbol{H}}_k\widehat{\boldsymbol{M}}_{0,k}\delta\boldsymbol{z}^n) \tag{2.63}$$

其中，$\widehat{\boldsymbol{b}}^n \equiv \begin{pmatrix} \boldsymbol{b}^n \\ \boldsymbol{\beta}^{n-1} \end{pmatrix}$，$\widehat{\boldsymbol{H}}_k \equiv (\boldsymbol{H}_k \quad \boldsymbol{H}_k)$，$\widehat{\boldsymbol{M}}_{0,k} \equiv \begin{pmatrix} \boldsymbol{M}_{0,k} & 0 \\ 0 & \boldsymbol{I} \end{pmatrix}$，$\widehat{\boldsymbol{R}}_k \equiv \begin{pmatrix} \boldsymbol{R}_k & 0 \\ 0 & \boldsymbol{R}_k \end{pmatrix}$，$\widehat{\boldsymbol{d}}_k^{n-1} \equiv \begin{pmatrix} \widetilde{\boldsymbol{d}}_k^{n-1} \\ \widetilde{\boldsymbol{d}}_k^{n-1} \end{pmatrix}$，

且有$\boldsymbol{b}^n \equiv \boldsymbol{x}_0^{n-1} - \boldsymbol{x}_b$，$\widetilde{\boldsymbol{d}}_k^{n-1} \equiv \mathcal{H}_k[\mathcal{M}_{0,k}(\boldsymbol{x}_0^{n-1} + \boldsymbol{\beta}^{n-1})] - \boldsymbol{y}_k$。$\boldsymbol{M}_{0,k}$ 也同上述 $\boldsymbol{M}_{t_0,t_k}$ 一样表示切线性模式从时间 t_0 积分到 t_k。

目标函数相对于初始条件和固定的模式偏差增量的二次逼近的梯度目标函数为：

$$\nabla J(\delta \boldsymbol{z}^n) = \boldsymbol{A}^{-1}(\delta \boldsymbol{z}^n + \widehat{\boldsymbol{b}}^n) + \sum_{k=1}^{N} \widehat{\boldsymbol{M}}_{0,k}^{\mathrm{T}} \widehat{\boldsymbol{H}}_k^{\mathrm{T}} \widehat{\boldsymbol{R}}_k^{-1} (\widehat{\boldsymbol{d}}_k^{n-1} + \widehat{\boldsymbol{H}}_k \widehat{\boldsymbol{M}}_{0,k} \delta \boldsymbol{z}^n) \tag{2.64}$$

若乘以矩阵向量，可得到两个二次逼近的梯度目标函数：

$$\nabla J(\delta \boldsymbol{x}_0^n) = \boldsymbol{B}^{-1}(\delta \boldsymbol{x}_0^n + \boldsymbol{b}^n) + \sum_{k=1}^{N} \boldsymbol{M}_{0,k}^{\mathrm{T}} \boldsymbol{H}_k^{\mathrm{T}} \boldsymbol{R}_k^{-1} (\widetilde{\boldsymbol{d}}_k^{n-1} + \boldsymbol{H}_k \boldsymbol{M}_{0,k} \delta \boldsymbol{x}_0^n) \tag{2.65}$$

$$\nabla J(\delta \boldsymbol{\beta}^n) = \boldsymbol{Q}^{-1}(\delta \boldsymbol{\beta}^n + \boldsymbol{\beta}^{n-1}) + \sum_{k=1}^{N} \boldsymbol{H}_k^{\mathrm{T}} \boldsymbol{R}_k^{-1} (\widetilde{\boldsymbol{d}}_k^{n-1} + \boldsymbol{H}_k \delta \boldsymbol{\beta}^n) \tag{2.66}$$

式(2.65)和式(2.66)相比，唯一不同的是模式误差项没有切线性模式的伴随；在初始场的梯度目标函数(2.64)中，与强弱约束相比，增量进入观测算子前先加入 $\delta \boldsymbol{\beta}^n$。此优化问题的特征与强约束 4DVar 的特征非常相似。初始条件和观测值之间的信息通过切线型和伴随模式传播。模式偏差问题是在优化问题中通过一个加项表示，而非进入模式方程式中，类似于估计观测偏差校正参数的情况。

2.1.3.2 模式误差强迫控制

(1)控制变量定义

上述控制变量是初始状态和模式误差，现在的问题是如何定义得到模式误差。Zupanski(1993)定义的模式误差是 $\eta_k = \lambda_k \Phi$，其中，Φ 是求极小过程关于控制变量三维场的空间函数，λ_k 是预先定义的用于模式误差随时间演变的函数，λ_k 是一个在同化周期起止时刻都为 0 且中间时刻值最大的抛物线。Zupanski(1997)是根据 Daley(1992)将模式误差定义为一阶马尔可夫变量：

$$\boldsymbol{\eta}_k = \frac{\mu \boldsymbol{\eta}_{k-1}}{\mu - (1-\mu^2)^{1/2}} + \frac{(1-\mu^2)\boldsymbol{r}_N}{\mu - (1-\mu^2)^{1/2}} \tag{2.67}$$

其中，$\boldsymbol{r}$ 是假设在较粗时间尺度上的随机部分，指数 N 表示较粗时间步，μ 是 $[0,1]$ 之间的一个常数。此种定义的模式偏差在任意一个时刻均为初始模式偏差的函数：

$$\langle \boldsymbol{\eta}_k \rangle = \alpha \langle \boldsymbol{\eta}_{k-1} \rangle = \cdots = \alpha^k \langle \boldsymbol{\eta}_0 \rangle \tag{2.68}$$

其中，$\alpha = \dfrac{\mu}{\mu - (1-\mu^2)^{1/2}}$。Griffith 等(2000)建议用模式误差的谱表达式：

$$\eta_k = \gamma_0 + \gamma_1 \sin \frac{k\Delta t}{\tau} + \gamma_2 \cos \frac{k\Delta t}{\tau} \tag{2.69}$$

其中，$\gamma_0, \gamma_1, \gamma_2$ 是三维变量，Δt 是模式时间步，τ 是人为确定的模式误差变化的时间范围常数。

Trémolet(2006)选择的另一种相对简单的方法是认为模式误差间隔恒定，即模式误差在同一个时间间隔恒定，可以与下一个时刻的不同。时间间隔可以是整个时间窗，也可以是模式时间步，这是一个完整的四维问题，此种情况下弱约束 $4\mathrm{DVar}_\eta$的目标函数为：

$$J(\boldsymbol{x}_0,\boldsymbol{\eta}) = \frac{1}{2}(\boldsymbol{x}_0-\boldsymbol{x}_b)^{\mathrm{T}}\boldsymbol{B}^{-1}(\boldsymbol{x}_0-\boldsymbol{x}_b)+ \frac{1}{2}\sum_{k=1}^{N}\boldsymbol{\eta}_k^{\mathrm{T}}\boldsymbol{Q}_k^{-1}\boldsymbol{\eta}_k+\frac{1}{2}\sum_{k=0}^{N}[\mathcal{H}_k(\boldsymbol{x}_k)-\boldsymbol{y}_k]^{\mathrm{T}}\boldsymbol{R}_k^{-1}[\mathcal{H}_k(\boldsymbol{x}_k)-\boldsymbol{y}_k] \tag{2.70}$$

其中，$\boldsymbol{R}_k$ 为观测误差协方差，假设观测误差和模式误差在时间上不相关，且 $\boldsymbol{x}_k=M_k(\boldsymbol{x}_{k-1})+\boldsymbol{\eta}_k$ 是强迫模式解决方案。

(2)增量形式

参照 2.1.2.1 节多分辨率增量公式初始场变量的增量定义部分，定义相对于初始模式误差用 $\boldsymbol{\eta}^b$ 表达的模式误差增量 $\delta\boldsymbol{\eta}_k$，由 t_{k-1} 时刻的扰动 $\delta\boldsymbol{x}_{k-1}^n$ 和 $\delta\boldsymbol{\eta}_k^n$ 求出 t_k 时刻扰动 $\delta\boldsymbol{x}_k^n$，有如下关系：

$$\begin{aligned}\boldsymbol{x}_k^n+\delta\boldsymbol{x}_k^n &= \mathcal{M}_{k-1,k}(\boldsymbol{x}_{k-1}^n+\delta\boldsymbol{x}_{k-1}^n)+\boldsymbol{\eta}_k^n+\delta\boldsymbol{\eta}_k^n\\ &= \mathcal{M}_{k-1,k}(\boldsymbol{x}_{k-1}^n)+\boldsymbol{\eta}_k^n+\boldsymbol{M}_{k-1,k}\delta\boldsymbol{x}_{k-1}^n+\delta\boldsymbol{\eta}_k^n+O(|\delta\boldsymbol{x}_{k-1}^n|^2)\end{aligned} \tag{2.71}$$

忽略上式中的二阶项，得到如下切线性方程：

$$\delta\boldsymbol{x}_k^n=\boldsymbol{M}_{k-1,k}\delta\boldsymbol{x}_{k-1}^n+\delta\boldsymbol{\eta}_k^n\equiv\boldsymbol{M}_{0,k}\delta\boldsymbol{x}_0^n+\sum_{j=1}^{k}\boldsymbol{M}_{j,k}\delta\boldsymbol{\eta}_j^n \tag{2.72}$$

我们定义 $\delta\boldsymbol{p}$ 如下：

$$\delta\boldsymbol{p}=\begin{pmatrix}\delta\boldsymbol{x}_0^n\\ \delta\boldsymbol{\eta}_1^n\\ \vdots\\ \delta\boldsymbol{\eta}_k^n\end{pmatrix} \tag{2.73}$$

定义 $\delta\boldsymbol{x}$ 如下：

$$\delta\boldsymbol{x}=\begin{pmatrix}\delta\boldsymbol{x}_0^n\\ \delta\boldsymbol{x}_1^n\\ \vdots\\ \delta\boldsymbol{x}_k^n\end{pmatrix} \tag{2.74}$$

建立 $\delta\boldsymbol{p}=\boldsymbol{L}\delta\boldsymbol{x}$，其中，$\boldsymbol{L}$ 矩阵为：

$$\boldsymbol{L}=\begin{pmatrix}\boldsymbol{I} & & & & \\ -\boldsymbol{M}_1 & \boldsymbol{I} & & & \\ & -\boldsymbol{M}_2 & \boldsymbol{I} & & \\ & & \ddots & \ddots & \\ & & & -\boldsymbol{M}_k & \boldsymbol{I}\end{pmatrix} \tag{2.75}$$

$\boldsymbol{c}_k^{(n)}=\bar{\boldsymbol{q}}-\boldsymbol{q}_k^{(n)}$ 同时引入如下矩阵和向量：

$$\boldsymbol{R}=\begin{pmatrix}\boldsymbol{R}_0 & & & \\ & \boldsymbol{R}_1 & & \\ & & \ddots & \\ & & & \boldsymbol{R}_k\end{pmatrix},$$

$$\boldsymbol{D}=\begin{pmatrix}\boldsymbol{B} & & & \\ & \boldsymbol{Q}_1 & & \\ & & \ddots & \\ & & & \boldsymbol{Q}_k\end{pmatrix},\quad \boldsymbol{H}=\begin{pmatrix}\boldsymbol{H}_0 & & & \\ & \boldsymbol{H}_1 & & \\ & & \ddots & \\ & & & \boldsymbol{H}_k\end{pmatrix},\tag{2.76}$$

$$\boldsymbol{b}=\begin{pmatrix}\boldsymbol{b}^n \\ \boldsymbol{\eta}_1^b \\ \vdots \\ \boldsymbol{\eta}_k^b\end{pmatrix},\boldsymbol{d}=\begin{pmatrix}\boldsymbol{d}_0^{n-1} \\ \boldsymbol{d}_1^{n-1} \\ \vdots \\ \boldsymbol{d}_k^{n-1}\end{pmatrix}\tag{2.77}$$

其中，$\boldsymbol{\eta}_k^n=\boldsymbol{\eta}_k^b+\delta\boldsymbol{\eta}_k^n$，$\boldsymbol{b}^n\equiv\boldsymbol{x}_0^{n-1}-\boldsymbol{x}_b$，$\boldsymbol{d}_k^{n-1}=\mathcal{H}_k(\boldsymbol{x}_k^{n-1})-\boldsymbol{y}_k$。根据上述定义，我们将目标函数的增量表达式可写为如下：

$$J(\delta\boldsymbol{x})=(\boldsymbol{L}\delta\boldsymbol{x}+\boldsymbol{b})^{\mathrm{T}}\boldsymbol{D}^{-1}(\boldsymbol{L}_k^n\delta\boldsymbol{x}+\boldsymbol{b})+(\boldsymbol{H}\delta\boldsymbol{x}+\boldsymbol{d})^{\mathrm{T}}\boldsymbol{R}^{-1}(\boldsymbol{H}\delta\boldsymbol{x}+\boldsymbol{d})\tag{2.78}$$

代入矩阵有：

$$J=\left(\begin{pmatrix}\delta\boldsymbol{x}_0^n \\ \delta\boldsymbol{\eta}_1^n \\ \vdots \\ \delta\boldsymbol{\eta}_k^n\end{pmatrix}-\begin{pmatrix}\boldsymbol{b}^n \\ \boldsymbol{\eta}_1^b \\ \vdots \\ \boldsymbol{\eta}_k^b\end{pmatrix}\right)^{\mathrm{T}}\begin{pmatrix}\boldsymbol{B} & & & \\ & \boldsymbol{Q}_1 & & \\ & & \ddots & \\ & & & \boldsymbol{Q}_k\end{pmatrix}^{-1}\left(\begin{pmatrix}\delta\boldsymbol{x}_0^n \\ \delta\boldsymbol{\eta}_1^n \\ \vdots \\ \delta\boldsymbol{\eta}_k^n\end{pmatrix}-\begin{pmatrix}\boldsymbol{b}^n \\ \boldsymbol{\eta}_1^b \\ \vdots \\ \boldsymbol{\eta}_k^b\end{pmatrix}\right)+$$
$$\left(\boldsymbol{H}\begin{pmatrix}\delta\boldsymbol{x}_0^n \\ \delta\boldsymbol{x}_1^n \\ \vdots \\ \delta\boldsymbol{x}_k^n\end{pmatrix}-\begin{pmatrix}\boldsymbol{d}_0^n \\ \boldsymbol{d}_1^n \\ \vdots \\ \boldsymbol{d}_k^n\end{pmatrix}\right)^{\mathrm{T}}\begin{pmatrix}\boldsymbol{R}_0 & & & \\ & \boldsymbol{R}_1 & & \\ & & \ddots & \\ & & & \boldsymbol{R}_k\end{pmatrix}^{-1}\left(\boldsymbol{H}\begin{pmatrix}\delta\boldsymbol{x}_0^n \\ \delta\boldsymbol{x}_1^n \\ \vdots \\ \delta\boldsymbol{x}_k^n\end{pmatrix}-\begin{pmatrix}\boldsymbol{d}_0^n \\ \boldsymbol{d}_1^n \\ \vdots \\ \boldsymbol{d}_k^n\end{pmatrix}\right)\tag{2.79}$$

展开得到目标函数增量表达式：

$$J(\delta\boldsymbol{x}_0^n)=\frac{1}{2}(\delta\boldsymbol{x}_0^n+\boldsymbol{b}^n)^{\mathrm{T}}\boldsymbol{B}^{-1}(\delta\boldsymbol{x}_0^n+\boldsymbol{b}^n)+$$
$$\frac{1}{2}\sum_{k=1}^{N}(\delta\boldsymbol{\eta}_k^n+\boldsymbol{\eta}_k^b)^{\mathrm{T}}\boldsymbol{Q}_k^{-1}(\delta\boldsymbol{\eta}_k^n+\boldsymbol{\eta}_k^b)+$$
$$\frac{1}{2}\sum_{k=0}^{N}\left[\boldsymbol{H}_k\left(\boldsymbol{M}_{0,k}\delta\boldsymbol{x}_0^n+\sum_{j=1}^{k}\boldsymbol{M}_{j,k}\delta\boldsymbol{\eta}_j^n\right)+\boldsymbol{d}_k^{n-1}\right]^{\mathrm{T}}\boldsymbol{R}_k^{-1}\left[\boldsymbol{H}_k\left(\boldsymbol{M}_{0,k}\delta\boldsymbol{x}_0^n+\sum_{j=1}^{k}\boldsymbol{M}_{j,k}\delta\boldsymbol{\eta}_j^n\right)+\boldsymbol{d}_k^{n-1}\right]\tag{2.80}$$

对于初始条件增量 $\delta\boldsymbol{x}_0^n$ 和 $\delta\boldsymbol{\eta}_k^n$ 在时间 t_k 处的目标函数的二次逼近梯度分别为：

$$\nabla J_{\delta\boldsymbol{x}_0^n}=\boldsymbol{B}^{-1}(\delta\boldsymbol{x}_0^n+\boldsymbol{b}^n)+\sum_{k=0}^{N}\boldsymbol{M}_{0,k}^{\mathrm{T}}\boldsymbol{H}_k^{\mathrm{T}}\boldsymbol{R}_k^{-1}(\boldsymbol{H}_k\boldsymbol{M}_{0,k}\delta\boldsymbol{x}_0^n+\boldsymbol{d}_k^{n-1})\tag{2.81}$$

$$\nabla J_{\delta\boldsymbol{\eta}_k^n}=\boldsymbol{Q}_k^{-1}(\delta\boldsymbol{\eta}_k^n+\boldsymbol{\eta}_k^b)+\sum_{j=1}^{k}\boldsymbol{M}_{j,k}^{\mathrm{T}}\boldsymbol{H}_k^{\mathrm{T}}\boldsymbol{R}_k^{-1}(\boldsymbol{H}_k\boldsymbol{M}_{j,k}\delta\boldsymbol{\eta}_j^n+\boldsymbol{d}_k^{n-1})\tag{2.82}$$

此种方案与模式偏差控制变量的常数相比，增量 $\delta\boldsymbol{x}_k^n$ 也是 $\delta\boldsymbol{\eta}_j^n$ 的函数，最主要的区别是强迫项直接由模式状态向前积分直接更新，直接导致梯度函数中出现 $\delta\boldsymbol{\eta}_j^n$。

2.1.3.3 模式状态控制

(1)控制变量定义

目标函数中模式误差可以选择四维模式变量作为控制变量 x，意味着控制变量 x 是时间函数，用 4DVar$_x$ 表示弱约束 4DVar。此时 4DVar$_x$ 目标函数为：

$$J(\boldsymbol{x}) = \frac{1}{2}(\boldsymbol{x}_0 - \boldsymbol{x}_b)^{\mathrm{T}} \boldsymbol{B}_0^{-1}(\boldsymbol{x}_0 - \boldsymbol{x}_b) + \frac{1}{2}\sum_{k=0}^{N}[\mathcal{H}_k(\boldsymbol{x}_k) - \boldsymbol{y}_k]^{\mathrm{T}} \boldsymbol{R}_k^{-1}[\mathcal{H}_k(\boldsymbol{x}_k) - \boldsymbol{y}_k] + \frac{1}{2}\sum_{k=1}^{N}(\boldsymbol{x}_k - \mathcal{M}_k(\boldsymbol{x}_{k-1}))^{\mathrm{T}} \boldsymbol{Q}_k^{-1}(\boldsymbol{x}_k - \mathcal{M}_k(\boldsymbol{x}_{k-1})) \tag{2.83}$$

此目标函数模式未在观测项中出现，只在模式误差约束项中出现，但是此种方案的计算代价比较大，Trémolet(2006)建议将同化窗口分割成多个时间间隔，每一个时间间隔的初始状态作为控制变量。假设除了初始时刻还有 m 个规则的时间间隔，且在这些间隔中各包含始于 $\{k_i = i \times p\}_{i=0,\cdots,m}$ 的 p 时间步，目标函数为：

$$J(\boldsymbol{x}) = \frac{1}{2}(\boldsymbol{x}_0 - \boldsymbol{x}_b)^{\mathrm{T}} \boldsymbol{B}_0^{-1}(\boldsymbol{x}_0 - \boldsymbol{x}_b) + \frac{1}{2}\sum_{i=0}^{m}\sum_{j=0}^{p-1}[\mathcal{H}_{k_i+j}(\mathcal{M}_{k_i}^{j}\,\boldsymbol{x}_{k_i}) - \boldsymbol{y}_{k_i+j}]^{\mathrm{T}} \boldsymbol{R}_{k_i+j}^{-1}[\mathcal{H}_{k_i+j}(\mathcal{M}_{k_i}^{j}\,\boldsymbol{x}_{k_i}) - \boldsymbol{y}_{k_i+j}] + \frac{1}{2}\sum_{i=1}^{m}[\boldsymbol{x}_{k_i} - \mathcal{M}_{k_i}^{p}(\boldsymbol{x}_{k_i-1})]^{\mathrm{T}} \boldsymbol{Q}_{k_i}^{-1}[\boldsymbol{x}_{k_i} - \mathcal{M}_{k_i}^{p}(\boldsymbol{x}_{k_i-1})] \tag{2.84}$$

其中，$\mathcal{M}_i^j$ 表示非线性模式从时间 t_i 积分 j 步。假如 $m=0$，$p=N+1$，此时为强约束 4DVar。假如每一步($m=N$，$p=1$)都定义控制变量，此时为全弱约束目标函数，即式(2.83)。

(2)增量形式

考虑在子间隔时间步 k_i，目标函数关于控制变量的增量表达式为：

$$J(\delta\boldsymbol{x}_0^n, \delta\boldsymbol{x}_{k_i}^n) = \frac{1}{2}(\delta\boldsymbol{x}_0^n + \boldsymbol{b})^{\mathrm{T}} \boldsymbol{B}_0^{-1}(\delta\boldsymbol{x}_0^n + \boldsymbol{b}) + \frac{1}{2}\sum_{i=0}^{m}\sum_{j=0}^{p-1}(\boldsymbol{H}_{k_i+j}\boldsymbol{M}_{k_i}^{j}\delta\boldsymbol{x}_{k_i}^n + \boldsymbol{d}_{k_i+j}^{n-1})^{\mathrm{T}} \boldsymbol{R}_{k_i+j}^{-1}(\boldsymbol{H}_{k_i+j}\boldsymbol{M}_{k_i}^{j}\delta\boldsymbol{x}_{k_i}^n + \boldsymbol{d}_{k_i+j}^{n-1}) + \frac{1}{2}\sum_{i=1}^{m}(\delta\boldsymbol{x}_{k_i}^n - \boldsymbol{M}_{k_i}^{p}\delta\boldsymbol{x}_{k_{i-1}}^n + \boldsymbol{q}_{k_i}^{p})^{\mathrm{T}} \boldsymbol{Q}_{k_i}^{-1}(\delta\boldsymbol{x}_{k_i}^n - \boldsymbol{M}_{k_i}^{p}\,\boldsymbol{x}_{k_{i-1}}^n + \boldsymbol{q}_{k_i}^{p}) \tag{2.85}$$

关于控制变量在 $1 \leqslant i \leqslant m-1$ 某一子空间的初始时间 t_{k_i} 处的目标函数的二次逼近梯度是：

$$\nabla J_{\delta x_{k_i}^n} = \sum_{j=0}^{p-1}(\boldsymbol{M}_{k_i}^{j})^{\mathrm{T}}\boldsymbol{H}_{k_i+j}^{\mathrm{T}}\boldsymbol{R}_{k_i+j}^{-1}(\boldsymbol{d}_{k_i+j}^{n-1} + \boldsymbol{H}_{k_i+j}\boldsymbol{M}_{k_i}^{j}\delta\boldsymbol{x}_{k_i}^n) + \boldsymbol{Q}_{k_i}^{-1}(\delta\boldsymbol{x}_{k_i}^n - \boldsymbol{M}_{k_i}^{p}\delta\boldsymbol{x}_{k_{i-1}}^n + \boldsymbol{q}_{k_i}^{p}) - (\boldsymbol{M}_{k_{i+1}}^{p})^{\mathrm{T}}\boldsymbol{Q}_{k_{i+1}}^{-1}(\delta\boldsymbol{x}_{k_{i+1}}^n - \boldsymbol{M}_{k_{i+1}}^{p}\delta\boldsymbol{x}_{k_i}^n + \boldsymbol{q}_{k_{i+1}}^{p}) \tag{2.86}$$

其中，$\boldsymbol{q}_{k_i}^{p} = \boldsymbol{x}_{k_i}^{b} - \mathcal{M}_{k_i}^{p}(\boldsymbol{x}_{k_i-1}^{b})$，$\boldsymbol{M}_i^j$ 表示线性模式从时间 t_i 积分 j 步。关于控制变量在初始时间 t_0 处的目标函数的二次逼近梯度是：

$$\nabla J_{\delta x_0^n} = \boldsymbol{B}_0^{-1}(\delta\boldsymbol{x}_0^n + \boldsymbol{b}) + \sum_{j=0}^{p-1}(\boldsymbol{M}_0^{j})^{\mathrm{T}}\boldsymbol{H}_j^{\mathrm{T}}\boldsymbol{R}_j^{-1}(\boldsymbol{d}_j^{n-1} + \boldsymbol{H}_j\boldsymbol{M}_0^{j}\delta\boldsymbol{x}_0^n) \tag{2.87}$$

在 t_m 处的目标函数的二次逼近梯度是：

$$\nabla J_{\delta x_{k_m}^n} = \sum_{j=0}^{p-1}(\boldsymbol{M}_{k_m}^{j})^{\mathrm{T}}\boldsymbol{H}_{k_m+j}^{\mathrm{T}}\boldsymbol{R}_{k_m+j}^{-1}(\boldsymbol{d}_{k_m+j}^{n-1} + \boldsymbol{H}_{k_m+j}\boldsymbol{M}_{k_m}^{j}\delta\boldsymbol{x}_{k_m}^n) + \boldsymbol{Q}_{k_m}^{-1}(\delta\boldsymbol{x}_{k_m}^n - \boldsymbol{M}_{k_m}^{p}\delta\boldsymbol{x}_{k_{m-1}}^n + \boldsymbol{q}_{k_m}^{p}) \tag{2.88}$$

与弱约束 $4DVar_\eta$ 相比，$4DVar_\eta$ 的强迫项是被增加到演变的增量中，而在弱约束 $4DVar_x$ 中增量替代了演变状态量，且向前积分的增量不依赖于前一个间隔的增量，子空间的向前积分可以相互独立运行。

弱约束 $4DVar_x$ 可以看成是多个强约束 4Dvar 耦合在一个单一优化的问题，因为切线性模式和伴随模式都是始于相互独立的初始状态，切线性近似只需要在每个子窗口内有效，而强约束 4DVar 和基于模式误差的弱约束 4DVar 的切线性模式和伴随模式必须在整个同化窗口有效，因此 $4DVar_x$ 的约束性较小。基于这种可并行性和宽松的线性假设，弱约束 $4DVar_x$ 可允许使用更长的同化窗口和包含更多非线性现象的高分辨率模式。

2.2 集合卡尔曼滤波

Evensen 创新性地将卡尔曼方法(Kalman Filter, KF)理论和蒙特卡洛方法相结合，用集合统计的方法来估计卡尔曼滤波过程中的分析误差协方差，提出了集合卡尔曼滤波(Ensemble Kalman Filter, EnKF)方法并应用于海洋预报。EnKF 不仅继承了 KF 的优势，同时也基本解决了 KF 方法中计算量大及非线性近似等问题。它的主要思想是在某一时刻抽取 m 个集合成员，让这些集合成员同时进行模式积分，利用这 m 个成员的模式积分结果估计预报误差协方差矩阵，完成观测资料的同化后，采用集合平均值作为最后的同化分析结果。这种算法原理简单、易于实现，且与 4DVar 相比不需要求解切线性伴随模式，也无需对预报误差协方差的演化进行线性化，其集合成员还能为集合预报提供良好的初始扰动。从计算开销方面考虑，由于各个成员之间的模式积分是完全独立的，因此它具有很高的并行性，从而可以便捷地使用更多的计算资源。这些优势使其一经产生就吸引了众多学者研究的目光，并很快成为与变分方法并驾齐驱的主流同化方法。虽然 EnKF 方法存在很多优势，但是它依然存在许多问题，包括：由于受计算条件限制，EnKF 的集合样本往往远小于系统的维度，从而产生样本误差，引起虚假相关、低秩等问题；另外，对其他一些已知或未知来源的误差估计不足会引起集合方差被低估而导致滤波发散问题。目前，局地化、协方差膨胀等优化方法被广泛应用于 EnKF，以此来解决这些问题，但这些方法本身的模型确定和参数化问题同样是一个不小的挑战，同时引入这些方法可能会引起其他问题，如同化结果不稳定、破坏模式动力平衡等。另外，对复杂非线性观测算子的适用性问题及区域同化中的多层嵌套网格之间边界一致性问题也是 EnKF 需要解决的问题，这些都等待学者们去寻求答案。

2.2.1 Kalman 滤波

1960 年，由 Kalman 首先提出卡尔曼滤波方法，该方法是按照逐时次的序贯更新方式进行分析更新(Kalman, 1960)。它在假设系统(包括预报模式和观测算子)是线性的，先验背景场和观测的误差分布是高斯型的条件下，进行模式状态的预报和观测数据的同化，以分析误差的最小方差为标准得到模式状态的最优估计。

设 k 时刻真实的状态变量为 $\boldsymbol{x}_k$，预报模式为 $\boldsymbol{M}$，从 $k-1$ 到 k 时刻的模式误差为 $\boldsymbol{\epsilon}_{k-1}$，那么 k 时刻真实状态变量可表示为 $\boldsymbol{x}_k = \boldsymbol{M}\boldsymbol{x}_{k-1} + \boldsymbol{\epsilon}_{k-1}$；$k$ 时刻观测变量为 $\boldsymbol{y}_k$，观测算子为 $\boldsymbol{H}$，观测误差为 $\boldsymbol{\eta}_k$，则 $\boldsymbol{y}_k = \boldsymbol{H}\boldsymbol{x}_k^f + \boldsymbol{\eta}_k$。卡尔曼滤波的基本流程是：首先进行模式状态的预报，然后引入预报时刻的观测资料对模式状态进行分析。其中，显示地计算下一时刻所需要的模式状态的预报和误差协方差的过程为“预报步”，随后的同化观测资料的过程称为“分析步”，如此按照逐时次的序贯方式构成了模式预报和分析更新的循环。卡尔曼滤波方法的具体计算分为两步：

预报步：

$$\boldsymbol{x}_k^f = \boldsymbol{M}\boldsymbol{x}_{k-1}^a \tag{2.89}$$

$$\boldsymbol{P}_k^f = \boldsymbol{M}\boldsymbol{P}_{k-1}^a\boldsymbol{M}^{\mathrm{T}} + \boldsymbol{Q}_{k-1} \tag{2.90}$$

分析步：

$$\boldsymbol{K}_k = \boldsymbol{P}_k^f\boldsymbol{H}^{\mathrm{T}}(\boldsymbol{H}\boldsymbol{P}_k^f\boldsymbol{H}^{\mathrm{T}} + \boldsymbol{R}_k)^{-1} \tag{2.91}$$

$$\boldsymbol{x}_k^a = \boldsymbol{x}_k^f + \boldsymbol{K}(\boldsymbol{y}_k^o - \boldsymbol{H}\boldsymbol{x}_k^f) \tag{2.92}$$

$$\boldsymbol{P}_k^a = (\boldsymbol{I} - \boldsymbol{K}_k\boldsymbol{H})\boldsymbol{P}_k^f \tag{2.93}$$

卡尔曼滤波不仅能够得到模式状态的估计，还可以得到该估计的误差协方差，使得背景场误差协方差随天气形势而动态演变，具备流依赖（flow-dependence）特性。而且，相比较变分方法，卡尔曼滤波不需要编写模式系统的伴随模式，这对于模式计算和程序维护都有极大的改善。但是，卡尔曼滤波方法是建立在假设系统是线性的基础上，而真实大气、海洋模式都是非线性的，而且非常规观测资料也经常是非线性观测算子，所以需要将卡尔曼滤波进行改进以适应非线性系统，非线性模式为 $\mathcal{M}(\cdot)$，非线性观测算子为 $\mathcal{H}(\cdot)$，这种改进后的方法称为扩展卡尔曼滤波（Extended Kalman Filter，EKF）。扩展卡尔曼滤波也分为“预报步”和“分析步”，具体公式为：

预报步：

$$\boldsymbol{x}_k^f = \mathcal{M}(\boldsymbol{x}_{k-1}^a) \tag{2.94}$$

$$\boldsymbol{P}_k^f = \boldsymbol{M}\boldsymbol{P}_{k-1}^a\boldsymbol{M}^{\mathrm{T}} \tag{2.95}$$

分析步：

$$\boldsymbol{K}_k = \boldsymbol{P}_k^f\boldsymbol{H}_k^{\mathrm{T}}(\boldsymbol{H}_k\boldsymbol{P}_k^f\boldsymbol{H}_k^{\mathrm{T}} + \boldsymbol{R}_k)^{-1} \tag{2.96}$$

$$\boldsymbol{x}_k^a = \boldsymbol{x}_k^f + \boldsymbol{K}(\boldsymbol{y}_k^o - \mathcal{H}(\boldsymbol{x}_k^f)) \tag{2.97}$$

$$\boldsymbol{P}_k^a = (\boldsymbol{I} - \boldsymbol{K}_k\boldsymbol{H}_k)\boldsymbol{P}_k^f \tag{2.98}$$

可以看出，扩展卡尔曼滤波在对误差协方差的预报（式 2.95）、计算增益矩阵（式 2.96）和对分析变量的误差分析（式 2.98）中，分别对预报模式 $\mathcal{M}(\cdot)$ 和观测算子 $\mathcal{H}(\cdot)$ 做了切线性近似。

若不考虑模式误差，且观测与模式都是线性的，假设四维变分初始时刻的背景误差协方差是正确的，那么由 $\boldsymbol{P}_k^f\boldsymbol{H}^{\mathrm{T}}(\boldsymbol{R}_k + \boldsymbol{H}\boldsymbol{P}_k^f\boldsymbol{H}^{\mathrm{T}})^{-1} = ((\boldsymbol{P}_k^f)^{-1} + \boldsymbol{H}^{\mathrm{T}}\boldsymbol{R}_k^{-1}\boldsymbol{H})^{-1}\boldsymbol{H}^{\mathrm{T}}\boldsymbol{R}_k^{-1}$，可以得到：

$$(\boldsymbol{I} + \boldsymbol{M}\boldsymbol{P}_k^f\boldsymbol{M}^{\mathrm{T}}\boldsymbol{H}^{\mathrm{T}}\boldsymbol{R}_k^{-1}\boldsymbol{H})\boldsymbol{M}(\boldsymbol{x}_k^a - \boldsymbol{x}_k^f) = \boldsymbol{M}\boldsymbol{P}_k^f\boldsymbol{M}^{\mathrm{T}}\boldsymbol{H}^{\mathrm{T}}\boldsymbol{R}_k^{-1}(\boldsymbol{y}_k^o - \boldsymbol{H}x_k^f) \tag{2.99}$$

四维变分方法所有的背景误差协方差都是以 $\boldsymbol{M}\boldsymbol{P}_k^f\boldsymbol{M}^{\mathrm{T}}$ 的形势出现，表明四维变分方法中的背景协方差信息可以传递到下一时刻，也就是说四维变分方法与扩展卡尔曼滤波方法是具有等价性（Kalnay，2002）。若考虑模式误差，那么卡尔曼滤波对于弱约束的四维变分仍然具有等价性，但是计算量将会有巨大增加。虽然卡尔曼滤波和四维变分在理论上具有等价性，但是在实际业务实现中，二者都有一些各自形式的变换，所以这两种方法应用中仍有较大区别。

2.2.2 随机扰动集合 Kalman 滤波

理论上，扩展卡尔曼滤波可能需要一星期左右的初始过渡阶段，之后就可以提供大气状态及其误差协方差的最佳线性无偏估计。但是，如果系统高度非线性，观测也很稀疏，那么扩展卡尔曼滤波也会偏离真解(Miller et al.，1994)。而且，对于高维的状态向量和复杂的系统模式，卡尔曼和扩展卡尔曼滤波中的背景误差协方差矩阵的数据存储量和计算量都是十分巨大，在当前计算水平很难实现。众所周知，大气、海洋预报模式通常是高维的非线性系统，要将扩展卡尔曼滤波直接应用到大气、海洋的资料同化中是非常困难的。集合卡尔曼滤波采用蒙特卡洛的思想来避免模式线性化和直接计算预报误差协方差的困难，通过背景场和观测值的特征误差分布来对背景场和观测值加以一系列的扰动，得到集合成员的分析场，然后对这组分析场作短期预报，并将集合成员的预报差异作为背景误差的统计样本来进行背景误差协方差的估计，之后再结合观测资料对模式状态进行分析更新，实现集合成员的模式预报和分析更新的循环。

构造合理的初值扰动场来得到集合成员对于集合卡尔曼滤波非常重要，一般扰动场的特征要求与实际分析资料中可能的误差分布一致，以保证每个初始场都可能代表大气的实际状态，而且每个初始扰动在模式中的演变方向要尽可能大的发散，以保证预报集合最大可能地包含实际大气所能出现的状况(Houtekamer，1995；Houtekamer et al.，1996)。初值扰动的生成方法有两类，第一类是模拟分析误差的概率分布，如蒙特卡罗随机扰动法(Houtekamer et al.，1995)；第二类是从数值预报误差分析中产生的，考虑相空间误差增长方向形成初始扰动。从理论上说，沿着预报系统相空间中最不稳定的方向扰动初始条件可以描述对预报的不确定性有最明显贡献的初始扰动，NCEP 和 ECMWF 相继应用增长模繁殖法(Toth et al.，1993，1997；Tracton et al.，1993)和奇异向量法(Buizza et al.，2005)形成初始扰动。集合 Kalman 滤波也分为“预报步”和“分析步”，具体公式为：

预报步：

$$\boldsymbol{x}_k^f = \mathcal{M}(\boldsymbol{x}_{k-1}^a) \tag{2.100}$$

分析步：

$$\boldsymbol{P}_k^f \mathcal{H}_k^{\mathrm{T}} \approx \frac{1}{N-1}\sum_{i=1}^{N}(\boldsymbol{x}_i^f - \bar{\boldsymbol{x}}^f)(\mathcal{H}_k \boldsymbol{x}_i^f - \overline{\mathcal{H}_k \boldsymbol{x}^f})^{\mathrm{T}} \tag{2.101}$$

$$\mathcal{H}_k \boldsymbol{P}_k^f \mathcal{H}_k^{\mathrm{T}} \approx \frac{1}{N-1}\sum_{i=1}^{N}(\mathcal{H}_k \boldsymbol{x}_i^f - \overline{\mathcal{H}_k \boldsymbol{x}^f})(\mathcal{H}_k \boldsymbol{x}_i^f - \overline{\mathcal{H}_k \boldsymbol{x}^f})^{\mathrm{T}} \tag{2.102}$$

$$\boldsymbol{K}_k = \boldsymbol{P}_k^f \mathcal{H}_k^{\mathrm{T}}(\mathcal{H}_k \boldsymbol{P}_k^f \mathcal{H}_k^{\mathrm{T}} + \boldsymbol{R}_k)^{-1} \tag{2.103}$$

$$\boldsymbol{x}_k^a = \boldsymbol{x}_k^f + \boldsymbol{K}(\boldsymbol{y}_k^o - \mathcal{H}_k(\boldsymbol{x}_k^f) + \varepsilon_k) \tag{2.104}$$

其中，ε_k 表示第 k 个观测扰动。在实际应用中，由于预报误差协方差往往维度很大，通常使用集合成员分开计算 $\boldsymbol{P}_k^f \mathcal{H}_k^{\mathrm{T}}$ 和 $\mathcal{H}_k P_k^f \mathcal{H}_k^{\mathrm{T}}$，来求得卡尔曼增益矩阵 $\boldsymbol{K}$。比较集合卡尔曼和扩展卡尔曼滤波计算流程，可以看到，集合卡尔曼滤波不需要显示计算和存储误差协方差，而是通过模式集合预报后，对集合成员统计得到，避免了扩展卡尔曼滤波中协方差矩阵的存储和巨大计算量以及需要伴随矩阵的问题。同时，集合卡尔曼滤波通过积分完整的非线性模式来进行预报，避免了对预报模式做切线性近似的误差。

集合卡尔曼滤波方法很好地融合了集合思想和卡尔曼滤波的优点，但是它在实际应用中也存在着一些问题。采用集合采样的方式来获得对误差协方差的估计，这使得在计算过程中造成背景误差协方差以及相关矩阵的不满秩问题，而且随着日益增多的非常规观测数据，观测空间的维度也会不断增加，将进一步加剧不满秩问题；同时，有限样本引入的噪声信息在不断同化循环过程中会导致分析场越来越靠近背景场，最终造成对观测数据的完全排斥，出现滤波发散问题，而且在观测数据中增加扰动信息也会引起滤波发散；目前集合卡尔曼滤波中的多变量分析是通过统计变量间相关信息来实现的，这种实现方式在理论上无法保证分析变量在动力学上的平衡，会在模式积分过程中产生虚假的动力不平衡。

2.2.3 确定性集合卡尔曼滤波

在集合卡尔曼滤波中，将观测资料视作变量的一部分，并且需要在进行同化观测之前先对观测扰动，以保证集合卡尔曼滤波保持一定的离散度。如果不对观测进行扰动，会使得在后续的同化过程中持续性地低估分析场的误差协方差，可能导致滤波发散。因为对观测数据进行随机扰动的这一过程，所以这种类型的集合卡尔曼滤波被称为随机 EnKF(Stochastic EnKF)(Burgers et al., 1998)。随着对随机 EnKF 方案研究的不断深入，研究人员发现有限的集合样本数引入的样本误差会直接影响分析误差的正确性。随机观测扰动的增加无疑又引入了新的误差源，因此该方案会大概率因为新误差源间接低估分析误差协方差。为解决这个问题，一些确定性滤波方法 (Definite Filter) 被陆续提出。确定性滤波方法的思想来源于平方根滤波理论(Bierman, 2006; Maybeck, 1982)，它基于预报误差协方差的平方根生成分析样本，由于此分解的结果不唯一，生成分析样本集合的方式也不同，因而派生出许多种不同的集合卡尔曼滤波方法的实现，这一类型的集合卡尔曼滤波变体被称为确定性 EnKF (Deterministic EnKF)，如集合均方根滤波(Tippett et al., 2003)(Ensemble Square Root Filter, EnSRF)、集合调整卡尔曼滤波(Anderson, 2001)(Ensemble Adjustment Kalman Filter, EAKF)和集合变换卡尔曼滤波(Bishop et al., 2001)(Ensemble Transform Kalman Filter, ETKF)。除此之外，按照观测数据的同化方法是否为一次性求解一片观测对部分模式区域的影响的区域同化方法，集合卡尔曼滤波的变体还可以分为区域集合卡尔曼滤波 (Local Ensemble Kalman Filter, LEKF) 和区域集合变换卡尔曼滤波 (Local Ensemble Transform Kalman Filter, LETKF) (Houtekamer et al., 2016; Hunt et al., 2007; Meng et al., 2011; Ott et al., 2004)。本节将详细介绍两个比较重要的确定性集合卡尔曼滤波方法，集合平方根滤波(EnSRF)和集合转换卡尔曼滤波(ETKF)。

2.2.3.1 集合平方根滤波 (EnSRF)

集合平方根滤波(Ensemble square root filter, EnSRF)首先定义一个权重矩阵 $\widetilde{\boldsymbol{K}}$，假定观测不加随机扰动且分析集合误差协方差满足式(2.98)，得到：

$$(\boldsymbol{I}-\widetilde{\boldsymbol{K}}\boldsymbol{H})\boldsymbol{P}^f(\boldsymbol{I}-\widetilde{\boldsymbol{K}}\boldsymbol{H})^{\mathrm{T}}=(\boldsymbol{I}-\widetilde{\boldsymbol{K}}\boldsymbol{H})\boldsymbol{P}^f \tag{2.105}$$

对上式进行求解，得到：

$$\widetilde{\boldsymbol{K}} = \boldsymbol{P}^f \boldsymbol{H}^{\mathrm{T}} \left[\left(\sqrt{\boldsymbol{H}\boldsymbol{P}^f \boldsymbol{H}^{\mathrm{T}} + \boldsymbol{R}} \right)^{-1} \right]^{\mathrm{T}} \times \left[\sqrt{(\boldsymbol{H}\boldsymbol{P}^f \boldsymbol{H}^{\mathrm{T}} + \boldsymbol{R})} + \sqrt{\boldsymbol{R}} \right]^{-1} \tag{2.106}$$

特别地，如果只有一个观测，$HP^f H^{\mathrm{T}}$ 和 R 就变成了一个标量，则上式可以简化为：

$$\frac{\boldsymbol{H}\boldsymbol{P}^f \boldsymbol{H}^{\mathrm{T}}}{\boldsymbol{H}\boldsymbol{P}^f \boldsymbol{H}^{\mathrm{T}} + \boldsymbol{R}} \widetilde{\boldsymbol{K}} \widetilde{\boldsymbol{K}}^{\mathrm{T}} - \boldsymbol{K} \widetilde{\boldsymbol{K}}^{\mathrm{T}} - \widetilde{\boldsymbol{K}} \boldsymbol{K}^{\mathrm{T}} + \boldsymbol{K}\boldsymbol{K}^{\mathrm{T}} = 0 \tag{2.107}$$

假定存在一个常数 β，使得 $\widetilde{\boldsymbol{K}} = \beta \boldsymbol{K}$，则可以将 $\boldsymbol{K}\boldsymbol{K}^{\mathrm{T}}$ 作为公因式提取出来，从而得到一个以 β 为变量的二次方程：

$$\frac{\boldsymbol{H}\boldsymbol{P}^f \boldsymbol{H}^{\mathrm{T}}}{\boldsymbol{H}\boldsymbol{P}^f \boldsymbol{H}^{\mathrm{T}} + \boldsymbol{R}} \beta^2 - 2\beta + 1 = 0 \tag{2.108}$$

求解上述方程，得到：

$$\beta = \left(1 + \sqrt{\frac{\boldsymbol{R}}{\boldsymbol{H}\boldsymbol{P}^f \boldsymbol{H}^{\mathrm{T}} + \boldsymbol{R}}} \right)^{-1} \tag{2.109}$$

由此可见，EnSRF 实际上是一种基于顺序观测处理方式完成集合更新的集合滤波方法，如果分析时刻的观测向量维度为 m，则需要进行 m 次分析过程，第 k 次分析可由以下公式完成：

$$\bar{\boldsymbol{x}}_k^a = \bar{\boldsymbol{x}}_k^f + \boldsymbol{K}(\boldsymbol{y}_k^o - \mathcal{H}(\bar{\boldsymbol{x}}_k^f)) \tag{2.110}$$

$$\boldsymbol{K}_k = \boldsymbol{P}_k^f \boldsymbol{H}_k^{\mathrm{T}} (\boldsymbol{H}_k \boldsymbol{P}_k^f \boldsymbol{H}_k^{\mathrm{T}} + \boldsymbol{R}_k)^{-1} \tag{2.111}$$

$$\boldsymbol{X}_k^a = \boldsymbol{X}_k^f - \widetilde{\boldsymbol{K}_k} \boldsymbol{H}_k \boldsymbol{X}_k^f \tag{2.112}$$

$$\widetilde{\boldsymbol{K}_k} = \left(1 + \sqrt{\frac{\boldsymbol{R}_k}{\boldsymbol{H}_k \boldsymbol{P}_k^f \boldsymbol{H}_k^{\mathrm{T}} + \boldsymbol{R}_k}} \right)^{-1} \boldsymbol{K}_k \tag{2.113}$$

EnSRF 在不需要增加观测扰动的情况下，采用不同的权重函数来分别更新分析集合均值和分析集合扰动，在一定程度上弥补了随机扰动集合卡尔曼滤波中分析误差协方差被低估的问题。同时，它一次只同化一个观测，将集合更新从需要大量的矩阵计算中解脱出来，有利于控制计算规模。但是，这种单个观测的处理方式也存在着问题，由于后一个观测同化的背景场即为前一个观测的分析场，因此多次同化之间相互依赖，这为并行优化设置了障碍。

2.2.3.2 集合转换卡尔曼滤波(ETKF)

集合转换卡尔曼滤波(Ensemble Transform Kalman filter，ETKF)思想来源于 Bishop 等(1999)在 1999 年提出的一种基于集合变换思想的适应性观测方法。它给出了一个基本的理论框架来衡量观测对预报误差协方差的影响，并引入集合变换和标准化观测算子使其能快速地得到目标观测的预报误差协方差矩阵，因此它不仅能对集合预报误差协方差进行分析修正，同时还能作为一种快速评估目标观测配置对预报误差协方差影响的有力工具(Bishop et al.，1999,2001；Gilmour et al. 2001，Majumdar et al. 2002)。

假定预报误差协方差和观测误差协方差的维度分别为 $m \times m$ 和 $p \times p$，集合成员个数为 N。根据预报误差协方差及分析误差协方差的定义，可以对两者分别进行平方根分解得到维度为 $m \times N$ 的预报误差平方根矩阵和分析误差平方根矩阵(Tippett et al.，2003)：

$$\boldsymbol{P}^f = \boldsymbol{Z}^f \, (\boldsymbol{Z}^f)^{\mathrm{T}} \tag{2.114}$$

$$\boldsymbol{P}^a = \boldsymbol{Z}^a \, (\boldsymbol{Z}^a)^{\mathrm{T}} \tag{2.115}$$

其中，

$$\boldsymbol{Z}^f = \frac{1}{\sqrt{N-1}}[\boldsymbol{z}_1^f, \boldsymbol{z}_2^f, \cdots, \boldsymbol{z}_N^f] \tag{2.116}$$

$$\boldsymbol{Z}^a = \frac{1}{\sqrt{N-1}}[\boldsymbol{z}_1^a, \boldsymbol{z}_2^a, \cdots, \boldsymbol{z}_N^a] \tag{2.117}$$

通过构建一个转换矩阵 $\boldsymbol{T}$,得到:

$$\boldsymbol{Z}^a = \boldsymbol{Z}^f\boldsymbol{T} \tag{2.118}$$

$$\boldsymbol{T} = \boldsymbol{C}(\boldsymbol{\Gamma}+\boldsymbol{I})^{-1/2} \tag{2.119}$$

将上式代入(2.118),于是可以重新得到 ETKF 的分析更新公式:

$$\boldsymbol{Z}^a = \boldsymbol{Z}^f\boldsymbol{C}(\boldsymbol{\Gamma}+\boldsymbol{I})^{-1/2} \tag{2.120}$$

其中,$\boldsymbol{C}$ 和 $\boldsymbol{\Gamma}$ 分别为 $(\boldsymbol{H}\boldsymbol{Z}^f)^{\mathrm{T}}\boldsymbol{R}^{-1}(\boldsymbol{H}\boldsymbol{Z}^f)$ 的特征向量矩阵和特征值对角矩阵。ETKF 通过集合扰动来计算误差协方差,在集合扰动空间进行特征值分解并计算相关的变换矩阵,不需要显式求解预报误差协方差矩阵。由于整个计算过程中都在集合扰动空间进行,在实际问题中集合扰动空间的维度远远小于模式维度空间,因此计算开销得到了极大地减少,在实际问题中更具有实用性。

2.2.4 局地化方法(Localization)

作为一种应用广泛的资料同化方法,集合卡尔曼滤波方法有其独特的优势,但它的缺点也非常明显。有限的集合成员数目是集合卡尔曼滤波存在的本质性问题,当前大气、海洋模式的状态空间维度远远大于实际集合卡尔曼滤波采用的集合成员数目,因此需要足够多的集合成员才能够进行有效的信息统计,但这将会产生巨大的计算代价。实际应用中,选用的集合成员数远远小于状态变量维度,这就造成了信息的欠采样问题,并会在同化过程中产生伪相关、协方差低估和滤波发散等一系列问题。

在采用集合成员统计误差协方差信息时,由于欠采样问题会产生远距离的伪相关问题,即在空间距离较远的状态变量之间统计出较大相关系数或者在不存在物理上相关性的状态变量之间统计出较大相关系数。同时,欠采样问题会在资料同化的过程中逐渐造成背景误差协方差的系统性低估,使得卡尔曼增益矩阵分配给观测数据的权重逐渐变小,从而造成观测信息逐渐被忽视,最终导致滤波发散。

为了有效解决小集合的欠采样造成的一系列问题,集合同化中常使用的是局地化思想。一般情况下,认为两变量的空间距离越近则相关性越大,随着空间距离的增大,变量之间的相关性也会逐渐减弱。因此产生了人为限制变量影响范围的想法,用以减少或消除两个空间距离较远的变量之间的相关性。局地化方法主要分为协方差局地化和局地化分析两类,前者是对预报误差协方差实施局地化算子,后者则是将同化区域分割成子区域再进行分析,对观测误差协方差进行局地化操作。两种方法各有优劣,选择采用何种局地化方式依赖于实际采用的集合同化方案(Holland et al., 2013; Sakov et al., 2011)。

2.2.4.1 协方差局地化

协方差局地化(Covariance Localization)(Houtekamer et al., 2001),即对估计的背景误差协方差乘以一个随距离增加而减小的局地化函数,该函数在距离为 0 时函数值为 1,随着距离增加逐渐减小。当距离增大到一定距离(局地化半径)时,认为已经不存在相关性了,此时函数值降低至0，通过局地化半径截断背景误差协方差矩阵中远距离的伪相关信息。应用中常采用局地化函数 ρ 与协方差进行 Schur 乘积的方式来实现局地化，从而改变原来的卡尔曼增益矩阵：

$$\boldsymbol{K}_k = (\rho \circ \boldsymbol{P}_k^f)\boldsymbol{H}^{\mathrm{T}}[\boldsymbol{H}(\rho \circ \boldsymbol{P}_k^f)\boldsymbol{H}^{\mathrm{T}} + \boldsymbol{R}_k]^{-1} \tag{2.121}$$

显然，局地化函数 ρ 的维度与模式维度相同。由于模式空间维度较高，在实际应用中往往会在观测空间完成局地化操作，以减少计算代价：

$$\boldsymbol{K}_k = \rho_1 \circ (\boldsymbol{P}_k^f \boldsymbol{H}^{\mathrm{T}})[\rho_2 \circ (\boldsymbol{H}\boldsymbol{P}_k^f \boldsymbol{H}^{\mathrm{T}}) + \boldsymbol{R}_k]^{-1} \tag{2.122}$$

其中，ρ_1、ρ_2 为观测空间的局地化矩阵算子。ρ_1 为 $N_x \times N_y$ 矩阵，矩阵的每一列代表每个观测相对于不同模式变量的局地化系数；ρ_2 为 $N_y \times N_y$ 矩阵，矩阵的每一列代表每一个观测相对于不同观测的局地化系数。

局地化函数 ρ 一般是特定形状的权重函数，常采用 Gaspari 等(1999)提出的五阶分段有理函数(下文简称为 GC 函数)，这个函数是三角函数的改进，各相同性且依赖于一个长度尺度参数，随距离单调下降，如下所示：

$$\rho = \begin{cases} -\frac{1}{4}(|r|/c)^5 + \frac{1}{2}(|r|/c)^4 + \frac{5}{8}(|r|/c)^3 - \\ \quad \frac{5}{3}(|r|/c)^2 + 1, 0 \leqslant |r| < c \\ \frac{r}{12}(|r|/c)^5 - \frac{1}{2}(|r|/c)^4 + \frac{5}{8}(|r|/c)^3 + \\ \frac{5}{3}(|r|/c)^2 - 5(|r|/c) + 4 - \frac{2}{3}c/(|r|), c \leqslant |r| < 2c \\ 0, |r| \geqslant 2c \end{cases} \tag{2.123}$$

其中，r 表示任意两点之间的欧式距离，c 表示长度尺度，它在数学意义上等于两个变量的相关函数值取零时距离的一半，也称为半宽，而 $2c$ 通常称为局地半径。GC 函数图像类似于高斯函数，两者依赖于一个长度尺度 c，随着变量之间物理距离不断增大，两个变量的相关系数值最终降低为0。当参数 c 确定后，给定两个变量的位置即可计算出两者的相关系数，进而构造出局地化算子。

2.2.4.2 局地化分析

虽然协方差局地化方法应用广泛，但它并不适用于所有的集合方案，只有当预报方差矩阵或其在观测上的投影矩阵可以被显示地计算出来时，它才能有效实施。因此它适用于 EnKF、EnSRF 等集合方法，但不适用于 ETKF 算法。因此，与之相对的局地化分析就应运而生了。局地化分析(Local Analysis)是另一种常见的局地化方法(Anderson, 2003; Evensen, 2003; Sakov et al., 2011)。局地化分析方法通过对待更新的状态变量建立局地化窗口，并设置在分析过程中只有在这个窗口中的观测才会被纳入同化中，使得分析可以按每个局地化窗口依次进行，从而得到状态变量背景误差协方差的局部近似值。该方法与协方差局地化方法不同的地方在于，它适用于任何独立的集合同化方法，常用于集合转换卡尔曼滤波。

局地分析方法的主要过程为：

(1)给定局地化尺度 L，对当前同化格点设置局地化尺度为 L 的空间窗口，那么与当前同化格点的距离小于 L 的观测会被纳入同化系统中；

(2)将相关系数矩阵(一般采用 GC 函数)施加到误差协方差 P 上；

(3)进行集合同化,仅更新空间窗口内的模式变量,即当前同化格点与空间窗口外的模式变量相关系数为 0;

(4)根据步骤 1～3 对其他同化格点进行循环操作。

最初的局地分析方法中并不会修改局地化窗口中的观测值和集合成员,但是,这种处理方式会使得分析从一个窗口过渡到另一个窗口时导致边界观测值会出现不连续现象,为了解决这个问题,Hunt 等(2007)人为地将窗口边缘的观测值的误差协方差增大从而达到弱化这些观测值权重的效果,从而减少因边缘观测值带来的不连续性,其中提出的局地集合转换卡尔曼滤波(Local Ensemble Transform Kalman Filter, LETKF)即采用了局地分析方法,下面对 LETKF 方法的原理进行简要阐述。

在 LETKF 实现中,集合均值及分析误差协方差更新分别由下式得到:

$$\bar{\boldsymbol{x}}^a = \bar{\boldsymbol{x}}^f + \boldsymbol{X}^f \bar{\boldsymbol{w}}^a \tag{2.124}$$

$$\boldsymbol{P}^a = \boldsymbol{X}^f \widetilde{\boldsymbol{P}}^a (\boldsymbol{X}^f)^{\mathrm{T}} \tag{2.125}$$

其中,

$$\bar{\boldsymbol{w}}^a = \widetilde{\boldsymbol{P}}^a (\boldsymbol{Y}^f)^{\mathrm{T}} \boldsymbol{R}^{-1} (\boldsymbol{y}^o - \bar{\boldsymbol{y}}^f) \tag{2.126}$$

$$\widetilde{\boldsymbol{P}}^a = [(N-1)\boldsymbol{I} + (\boldsymbol{Y}^f)^{\mathrm{T}} \boldsymbol{R}^{-1} \boldsymbol{Y}^f]^{-1} \tag{2.127}$$

其中,$\boldsymbol{Y}^f$ 为观测集合扰动,$\boldsymbol{I}$ 为 $m \times m$ 维单位矩阵,m 为模式维度,N 为集合成员数。

与其他方法不同的是,LETKF 在更新时采用的是局部更新的方法,对每个格点的模式变量,只同化该格点附近某一范围内的观测,其基本过程如下:

(1)将观测算子作用到模式变量 $\boldsymbol{x}_g^f$,生成先验的全局观测场集合 $\boldsymbol{y}_g^f$,求出先验观测场集合均值 $\bar{\boldsymbol{y}}_g^f$,进而求出观测场的集合扰动 $\boldsymbol{Y}_g^f$;

(2)计算预报集合均值 $\bar{\boldsymbol{x}}_g^f$ 和集合扰动 $\boldsymbol{X}_g^f$;

(3)划分计算网格区域,对于特定的格点从 $\bar{\boldsymbol{x}}_g^f$、$\boldsymbol{X}_g^f$、$\boldsymbol{y}_g^f$、$\bar{\boldsymbol{y}}_g^f$ 及 $\boldsymbol{Y}_g^f$ 中选择生成与区域相应的 $\bar{\boldsymbol{x}}_l^f$、$\boldsymbol{X}_l^f$、$\boldsymbol{y}_l^f$、$\bar{\boldsymbol{y}}_l^f$ 和$\boldsymbol{Y}_l^f$,并确定需要同化的观测部分观测向量$\boldsymbol{y}_l^o$ 和观测误差协方差矩阵$\boldsymbol{R}_l$;

(4)计算矩阵 $\boldsymbol{C}_l = (\boldsymbol{Y}_l^f)^{\mathrm{T}} \boldsymbol{R}_l^{-1}$,转化为求解 $\boldsymbol{R}_l \boldsymbol{C}_l^{\mathrm{T}} = \boldsymbol{Y}_l^f$;

(5)计算矩阵 $\widetilde{\boldsymbol{P}}_l^a = [(m-1)\boldsymbol{I}/\rho + \boldsymbol{C}_l \boldsymbol{Y}_l^f]^{-1}$,其中 ρ 为方差膨胀因子;

(6)计算矩阵 $\boldsymbol{W}_l^a = [(m-1)\widetilde{\boldsymbol{P}}_l^a]^{1/2}$;

(7)计算向量 $\bar{\boldsymbol{w}}_l^a = \widetilde{\boldsymbol{P}}_l^a \boldsymbol{C}_l (\boldsymbol{y}_l^o - \bar{\boldsymbol{y}}_l^f)$,将其与 X_l^a 的各列进行相加,得到集合 $\{\boldsymbol{w}_l^{a(i)}\}$;

(8)计算 $\boldsymbol{x}_l^{a(i)} = \boldsymbol{X}_l^b \boldsymbol{w}_l^{a(i)} + \bar{\boldsymbol{x}}_l^f$,更新分析场集合;

(9)根据以上步骤生成的局部分析结果生成全局的分析集合 $\{\boldsymbol{x}_g^{a(i)}\}$。

局地集合转换卡尔曼滤波将空间局地化的思想引入 ETKF,在实际分析时,每个格点独立计算,更有利于并行。但是值得注意的是,这种处理方式可能会使得同一观测会被多次处理,如果一个观测被 n 个分析区域所使用,则会造成观测 n 倍的观测处理冗余(Hunt et al., 2007)。

2.2.4.3 自适应局地化

协方差局地化和局部分析法是两类不同的局地化方法,在处理集合同化的伪相关问题上有着不错的效果。但是二者都存在着一个共同的问题,就是需要人工调节已确定局地化作用的范围,在协方差局地化中需要调节长度尺度 c,在局地化分析中需要调节局地化窗口的范围。然而，当局地化半径或者窗口选择过大时，将不能很好地控制伪相关，引起同化质量的下降；但是半径选择过小时，会消弱真实的相关性，导致同化效率下降，并且容易加剧变量不平衡问题。最优局地化半径或窗口与许多因素有关，在水平和垂直方向上有着不同的要求，不同尺度的天气系统、不同密度、不同位置和变量的观测资料、不同分辨率的模式设置通常都需要采用不同的范围值。

由于局地化对于消除伪相关至关重要，而采用调试得到的最优局地化半径一方面具有经验性，不具备长久发展，另一方面对于气象或者海洋模式来说，每次调试过程都会十分耗费计算机资源。所以，研究自适应局地化方法成为协方差局地化研究中的一大热点。

Anderson 提出了一种分层集合滤波方法（Hierarchical Ensemble Filter，HEF）来检测和纠正集合同化过程中的采样误差（Anderson，2007）。该方法将集合分成多个小组，形成一系列的回归系数来寻找使状态变量的集合期望平均值和均方根误差最小的回归置信因子，不需要先验的距离概念，但是该方法计算量十分庞大，很难应用在实际的业务系统中。随后，Anderson 利用离线蒙特卡罗技术制作集合数以及样本相关系数有关的查找表对该方法进行了优化，提出该方法（SEC）减少了对固定局地化半宽的同化的敏感度（Anderson，2012）。但是，采样误差订正方法对采样误差做了很强的假设，认为在回归系数的计算中，所有采样误差来自于相关系数。

Bishop 等（2007）将局地化函数计算为平滑集合的样本相关性的幂（SENCORP），以此构建不依赖距离的自适应局地化函数，当真实的误差相关函数在时空变化相对剧烈时，这种自适应函数会得到比参数化局地化函数得到更好的同化效果。但是，该方法对局地化函数做了很强的假设，即假设局地化函数可以作为背景误差相关函数的幂。Bishop 和 Hodyss（2009a，2009b）提出将集合相关性提升至幂构建局地化函数（ECO-RAP），此局地化函数随真实的误差相关性移动，并适应真实误差相关的宽度，ECO-RAP 计算量比 SENCORP 小的多，而且在真实误差传播或误差相关长度尺度变化的情况下，ECO-RAP 局地化优于非自适应局地化。但是该局地化需要在 EnKF 框架中实现，在该框架中协方差是从模型和观测空间之间中计算的，并且顺序地同化观测资料，并不是适用于类似 EnVar 的方案。Anderson 等（2013）提出了一种从集合观测系统模拟实验（OSSE）的输出来生成经验局地化的算法，该算法应用于低阶模型以从 OSSE 的输出产生局地化，然后将计算的局地化用于新的 OSSE 中。在大多数情况下，经验计算的局地化在新的 OSSE 中会产生最低的均方根误差。Gasperoni 等（2015）利用蒙特卡洛“滤波组”的技巧通过引入回归置信因子来限制抽样误差所带来的噪声，从而获得与模式、观测变量关系相匹配的局地化函数。Wu 等（2014）提出了一种基于观测残差信息参数化局地化方法的补偿算法 EnKF-MSA，该方法采用多尺度的分析技巧，利用观测残差提取到观测信息的多尺度信息对集合均值调整，能获得更准确的集合均值信息。为进一步提高算法的计算效率，Wu 等（2015）又提出了一种基于多重网格分析（MGA）自适应的补偿算法 EnKF-MGA，算法自适应地应用多网格分析网来提取观测残差中的多尺度信息，相对于标准的 EnKF 算法来说能获得更小的误差。

此外，基于小波（Desroziers et al.，2005；Pannekoucke et al.，2007）、递归滤波（Purser et al.，2003a，2003b）、扩散方程（Pannekoucke et al.，2008）等方法均在优化局地化函数的空间表征能力上进行了尝试。2015 年，Benjamin 提出基于中心矩阵估计和最优线性理论的自适应局地化滤波方法，局地化函数的输入信息全部来自集合的统计信息，包括集合的方差、协方差、四阶距(Ménétrier et al.，2015a，2015b)。而且适用于 EnKF 和 EnVar 类的集合同化方法，只要采用集合信息进行流依赖背景误差协方差的估计，那么就可以利用该自适应方法进行协方差的局地化操作。自适应局地化方法相比较传统参数化局地化方法，能更加灵活地调节局地化影响半径，同时对许多基于距离方法不合适的领域是具有很好的应用价值。

2.2.5 协方差膨胀和松弛方法(Covariance Inflation and Relaxing)

集合卡尔曼滤波中选用的集合成员数是远远小于状态变量维度的另一个影响是集合样本的离散度会系统性地低于实际概率分布的离散度。根据卡尔曼滤波方程，$P_k^a=(I-K_kH)P_k^f$，式中 P^a 和 P^f 分别是分析场和背景场的误差协方差矩阵，因为 $(I-K_kH)$ 中所有元素都一定不大于 1，因此 P^a 中所有元素一定不大于 P^f。这意味着在集合卡尔曼滤波方法中，每次同化步骤之后，都会使得集合离散度变小。当离散度过低时，会造成同化的观测资料只能起到微弱作用，导致观测资料无法有效地改进背景场，分析场偏向背景场，最终造成滤波发散。为了避免因为集合采样少造成的离散度不合理的问题，应用实践中常采用协方差膨胀和松弛方法来适当增加集合离散度。

增加集合离散度的最直接方案是协方差膨胀，主要做法就是在集合扰动（集合成员相对集合平均的偏离）乘以一个略大于 1 的系数 ρ，以此调节集合的离散度，而集合平均没有发生变化。具体公式如下：

$$\boldsymbol{x}_k^f=\rho(\boldsymbol{x}_k^f-\bar{\boldsymbol{x}}^f)+\bar{\boldsymbol{x}}_k^f \tag{2.128}$$

膨胀系数在循环同化的时间上和模式区域的空间上是一个调整参数，自适应最佳估计时可以得到最优的参数信息。因此，Anderson(2009b)提出了随时间和空间变化的适应性协方差膨胀方案，这一方案利用集合离散度、观测误差和背景场相对观测的均方根误差计算每个格点应使用的膨胀系数，以此在不同的观测分布和时间间隔的情况下均能获得质量较好、误差较小的分析场。Sacher 等(2008)提出一个依赖于卡尔曼增益、分析方差和实现集合数目的最优协方差膨胀方法。

当离散度过大时，会造成卡尔曼增益矩阵中观测的权重偏大，导致分析场偏向观测信息，协方差松弛的方案可以避免协方差的过度膨胀(Zhang et al.，2004)。这一方法将背景场的集合扰动和分析场的集合扰动按照量值在 0～1 之间的权重 ρ 进行混合，这样既能够保持分析平均不发生变化，又可以引入背景扰动信息，调节集合离散度。具体公式如下：

$$\boldsymbol{x}_k^a=(1-\rho)(\boldsymbol{x}_k^a-\bar{\boldsymbol{x}}^a)+\rho(\boldsymbol{x}_k^f-\bar{\boldsymbol{x}}^f) \tag{2.129}$$

除了对集合扰动进行混合（被称为“背景扰动松弛”，relaxation-to-prior-perturbation，RTPP）之外，Whitaker 等(2012)还提出了“背景离散度松弛”（relaxation-to-prior-spread，RTPS）的方案，Ying 等(2015)又在 RTPS 方案的基础上提出了“自适应协方差松弛”（adaptive covariance relaxation，ACR）方案。

2.3 粒子滤波

EnKF 和 PF 都是基于统计理论的资料同化方法。与 PF 相比，EnKF 及其派生算法在资料同化领域得到了更广泛的应用和研究，但 EnKF 采用的一些假设实际上限制了分析值的准确性。EnKF 隐式地假定数值模式是线性的，预报误差和观测误差都是高斯分布的，这在大多数真实的地球物理系统中是不可能满足的。相比之下，PF 不受线性模式和高斯误差的约束，适用于任何非线性非高斯动力系统。此外，它采用蒙特卡罗抽样方法来近似模式变量的完整后验概率分布，因此可以更好地表示非高斯信息。

PF 在资料同化中具有独特的优势，但也有缺点。作为对集合思想的推广，PF 对每个粒子(集合成员)附加权重，以表明各个粒子在表示 PDF 中的重要程度。重采样是一种通过复制高权重粒子，同时放弃权重很低的粒子，从而使各个粒子权重相等的技术。简单重采样粒子滤波(SIR-PF，Simple Importance Resampling-Particle Filter) 算法本身不改变粒子的数值，只改变粒子的权重值。而粒子权重与似然函数值成正比，由粒子与观测的相近程度决定。当独立观测的维数很大时，很容易由于粒子与观测的差别太大而无法获取有意义的权重。在一个具有大量独立观测的高维系统中进行资料同化时，随着同化过程的推进，少数粒子的权重将越来越大，大多数粒子的权重将非常小，小到几乎接近(或等于)零。这种情况甚至有可能发生在简单模式中 (Farchi et al.，2018)。此时，只有少量的粒子(可能只有一个粒子)有助于描述 PDF，而大多数是无用的。这就是所谓的滤波退化，它将直接导致有效样本率的降低。从而，后验估计的准确性将大大降低，这显然不能提高预测效果，也就无法达到资料同化的主要目的。

Snyder 等(2008)证明，为了防止滤波退化，粒子的数量必须随着独立观测的维数呈指数增长，这就是所谓的“维数灾难”。一般来说，即使对于状态空间的维数巨大的数值模式，集合卡尔曼滤波使用 10～100 个的集合成员就能保证较好的同化效果(Anderson，2009a)。而相比较而言，简单重采样粒子滤波方法需要非常大的集合来防止发生退化。更糟的是，在 SIR-P 中这个数目还会随着问题维数的增长而增长。Farchi 等(2018)和 Nakano 等(2007)使用了 Lorenz 63(L63)模式(Lorenz，1963)和 Lorenz 96(L96)模式对这两种方法进行了一系列的比较。结果表明，对于只有 3 维的 L63 模式，SIR-PF 需要 200 个左右的集合成员来使得同化结果的均方根误差 (RMSE，root mean square error) 明显小于 EnKF；而对于 10 维 和 40 维的 L96 模式，则分别需要 10000 和 30000 以上的集合成员数才能确保 SIR-PF 的优势。Snyder 等(2008)认为，重采样无法完全克服维数灾难，这显然阻碍了 PF 在高维地球物理系统中的应用。

目前发展了几种技术来改善 PF，以避免实际应用中的滤波退化(Van Leeuwen et al.，2019)。

一种方法是引入提议密度，该提议密度取决于过去的模式变量和当前的观测值。从提议密度而不是原来的转移密度采样粒子。提议密度的选取只需要满足一个非常松散的条件即可:其支撑集包含原始转移密度的支撑集。理论上,有许多不同的提议密度的选取方式。考虑这样一类提议密度,对于每个粒子,它的值只取决于前一时刻的粒子值和当前时刻的观测值。基于这一类的提议密度的不同选取,发展出了一系列粒子滤波方法。Doucet 等(2001)描述了所谓的最优提议密度,采用此提议密度,能够使粒子权重的方差达到最优。隐式粒子滤波方法(IPF,Implicit particle filter)由 Chorin 等(2009)提出,并由 Morzfeld 等(2012)、Miller 等(2014)进一步发展和应用。通过允许提议密度依赖于前一时刻的所有粒子,等权重粒子滤波(EWPF,Equivalent Weight Particle Filter)(Ades et al., 2013, 2014)能够确保大多数具有相同的权重,该方法已应用于一个海气耦合环流模式 HadCM3(Browne et al., 2015)。

另一种消除滤波退化的技术是采用转换过程,以确定性的方式将先验粒子移动为后验粒子。集合变换粒子滤波 (ETPF,Ensemble Transform Particle Filter)(Reich,2013) 采用一步转换步骤,该方法在高维系统设置下失败,但它允许局地化。类似地,Moselhy 等(2012)也提出了一种一步转换粒子滤波,但采用了显式的变换映射,该方法在低纬系统中的应用见文献(Spantini et al., 2018)。有关转换粒子滤波的更多信息可以参见文献(Van Leeuwen et al., 2019)。

缓解滤波退化的第三种方法是局地化。局地计算粒子权重的想法首先由 Bengtsson 等(2003)和 Van Leeuwen(2003)提出,随后的详细讨论请参考文献(Van Leeuwen, 2009)。Farchi 等(2018)将 PF 的局地化方法分为两类:模式状态块区域局地化和顺序观测局地化。模式状态块区域局地化的思想类似于 LETKF 的局地化思想。对于每个模式格点,只同化其周围的观测值,显式地实现局地化,但不可避免地导致相邻格点之间的不连续性。Farchi 等(2018)总结并提出了一些缓解不连续性的方法。Penny 等(2016)提出的模式状态块区域局地粒子滤波(BLPF)算法采用了权重平滑来减少不连续性。

顺序观测局地化方法依次对单个观测进行处理,只更新观测附近的模式格点。算法难以并行化,但可以减少不连续性。Poterjoy(2016)提出了顺序观测局地化粒子滤波方法(SLPF)。SLPF 将每个粒子的标量权重扩展为一个矢量,这样每个模式变量都附有一个权重。对于每个观测,SLPF 仅更新观测附近的模式变量的权重,然后使用合并步骤,仅修改接近观测的模式变量,而远离观测的模式变量仍然保持其先验信息,不做改变。最新的研究已经将该方法应用于天气研究和预报模式(WRF,Weather Research and Forecasting),并同化了人为虚构的雷达径向速度和反射率观测(Poterjoy et al., 2017)。最新的研究改进了 SLPF 的局地权重的计算公式,且给出了更合理的观测膨胀的自适应参数设置方案(Poterjoy et al., 2019)

2.3.1 基本概念及假设

大气或海洋的运动遵循一组物理定律,这些物理定律的数学表达式则构成了描述大气或海洋运动的基本方程组。在给定的初始条件和边界条件下,通过积分这些基本方程组,就可以根据已知的初始时刻的大气或海洋状态来预报未来的状态。这些基本方程组是一组非线性方程组,现有的科学水平无法得到解析解,只能通过离散方法求得其数值近似解。简单来说,数值预报模式即为基本方程组及其适定条件和数值求解的数学计算方案。假设模式状态为 N_x 维向量,若已知 $n-1$ 时刻的初始状态为 $\boldsymbol{x}^{n-1}$,确定性数值预报模式为 $\mathcal{M}(\cdot)$,则可得到 n 时刻的预报状态：

$$\boldsymbol{x}^{n,f} = \mathcal{M}(\boldsymbol{x}^{n-1}) \tag{2.130}$$

其中，上标 f 表示预报值。基本方程组无法准确描述地球物理系统、无法计算精确的解析解、初始状态存在误差等原因导致预报状态不是真实状态，存在模式误差。假设 $\boldsymbol{\beta}$ 为无偏的模式误差，满足均值为零，协方差矩阵为 $\boldsymbol{Q}$ 的高斯分布。则真实状态为：

$$\begin{gathered}\boldsymbol{x}^{n,t} = \mathcal{M}(\boldsymbol{x}^{n-1}) + \boldsymbol{\beta}^n \\ \boldsymbol{\beta}^n \sim N(0,\boldsymbol{Q})\end{gathered} \tag{2.131}$$

其中，上标 t 表示真值。对于预报模式，资料同化领域中广泛采用一阶马尔可夫假设，即在已知之前所有时刻的模式状态的前提下，当前时刻的模式状态的条件分布只与前一时刻有关，即：

$$p(\boldsymbol{x}^n \mid \boldsymbol{x}^{1:n-1}) = p(\boldsymbol{x}^n \mid \boldsymbol{x}^{n-1}) \tag{2.132}$$

通过观测手段可以对模式状态进行间接或直接测定，得到观测值 $\boldsymbol{y}$ 。观测值 $\boldsymbol{y}$ 的维数 N_y 一般远小于模式状态的维数 N_x ，且观测的时间和空间分布都是不规则的。为了将观测值与模式状态相比较，观测算子 $\mathcal{H}$ 将模式状态从模式空间映射到观测空间。实际上，观测算子一般由两部分组成，一部分是模式变量到观测变量的物理变换，另一部分是时间、空间插值。由于测量仪器的误差、变换方程无法准确描述物理过程、数值计算导致的计算误差、插值导致的代表性误差等，观测误差的存在也是不可避免的。假设观测误差无偏且服从高斯分布，则

$$\begin{gathered}\boldsymbol{y}^n = \mathcal{H}(\boldsymbol{x}^{n,t}) + \boldsymbol{\epsilon}^n \\ \boldsymbol{\epsilon}^n \sim N(0,\boldsymbol{R})\end{gathered} \tag{2.133}$$

其中，$\boldsymbol{R}$ 为观测误差协方差矩阵。

资料同化的基本思想是结合当前的模式状态与当前的观测，得到融合后的模式状态。当前的模式状态（也就是同化之前的模式状态）称为先验估计或背景估计，由 $\boldsymbol{x}^b$ 表示，在循环同化中，它一般即为预报状态。融合后的模式状态（也就是同化得到的模式状态）称为后验状态或分析状态，用 $\boldsymbol{x}^a$ 表示。为了便于研究资料同化的质量，定义观测与背景估计的差为更新值 $\delta \boldsymbol{y}^b = \boldsymbol{y} - \mathcal{H}(\boldsymbol{x}^b)$ ，而观测与分析状态的差为分析残差 $\delta \boldsymbol{y}^a = \boldsymbol{y} - \mathcal{H}(\boldsymbol{x}^a)$ 。

2.3.2 采样方法

在许多问题中，描述或估计概率分布相对简单，但无法直接得到概率分布的解析解，或无法计算某些统计量（如：期望、方差、协方差等）。这可能是由于许多原因造成的，例如该问题的随机性质或随机变量的高维数等。此时，可以从概率分布中随机采样，并用于估计统计量。这一类从概率分布中进行随机采样的技术称为蒙特卡洛方法。它通过从一个（可能与目标分布不同的）分布中生成样本，来对目标分布及其统计特性进行估计，它也可以被视为通过 Dirac 测度的和来对目标测度进行估计。

本节描述的所有采样方法均是从马尔可夫链中进行采样，所以新的状态向量的生成基于前一状态向量轨迹样本。虽然这是一个探索前一时刻好的样本逻辑策略，但是这种方法会导致后续的样本均不是独立的，放缓了探索整个状态空间的进程。其实，我们也知道，即使相对低维的系统都需要上千个采样样本，如果想要得到一个马尔可夫链的好的起始点，其实还需要更多的样本。同时，大多数算法会拒绝掉大多数产生的样本，以保证算法收敛到正确的后验概率密度函数。因此，本章介绍的采样方法的效率都会比较低，本章介绍这些采样方法是为了和

粒子滤波进行对比，所以也只是侧重于方法本身而非证明，同时粒子滤波中的某些步骤可以与本章中的采样方法进行结合，构造出新的粒子滤波的粒子。

2.3.2.1 Gibbs 采样

Gibbs 采样不直接从完整的后验概率密度函数中进行采样，而是对边缘样本进行采样，然后所有的边缘样本联合起来趋近于一个联合概率分布。边缘分布是指多变量分布中的某一个变量的分布。由于每一个边缘样本都是1维的，因此每一次采样的计算量很小。资料同化中的后验概率密度函数都是很复杂的联合概率密度函数，从中进行采样是一件比较复杂的事情。我们假设联合密度函数可以写为 $p(x^{(1)},\cdots,x^{(N_x)}\mid y)$，其中，上标表示空间坐标。那么，Gibbs 采样的工作过程如下所示，

(1)从某个初始的密度函数 p_0 中选择一个样本 $x_0=(x_0^{(1)},x_0^{(2)},\cdots,x_0^{N_x})^T$；

(2)从前一时刻的状态向量 x_{n-1} 中通过采样得到一个新的样本 x_n：

$$
\begin{aligned}
x_n^{(1)} &\sim p(x_n^{(1)}\mid x_{n-1}^{(2)},\cdots,x_{n-1}^{(N_x)}\mid y)\\
x_n^{(2)} &\sim p(x_n^{(2)}\mid x_{n-1}^{(1)},x_{n-1}^{(3)},\cdots,x_{n-1}^{(N_x)}\mid y)\\
&\cdots\\
x_n^{(d)} &\sim p(x_n^{(d)}\mid x_{n-1}^{(1)},\cdots,x_{n-1}^{(N_x-1)}\mid y)
\end{aligned}
\tag{2.134}
$$

(3)将 n 转换成 $n+1$，并且返回执行第(2)步直到收敛。

在第(2)步中，每一个新的元素 $x_n^{(i)}$ 立即被用来采样下一个元素 $x_n^{(i+1)}$。收敛是指整个迭代过程达到了一个稳定的联合分布 $p(x^{(1)},\cdots,x^{(N_x)})$，并产生一个样本。产生样本使其收敛的过程中，样本本身不能用来推断后验概率密度函数的性质，使得这个方法吸引力大打折扣。当产生一个样本之后，我们既可以重新从 p_0 开始产生一个新的样本，也可以从已产生的这个样本继续。但是如果从已产生的这个样本继续的话，新产生的样本将会和前一样本是相关的，这就表示我们需要运行很多次这个采样过程之后，才有可能产生两个相互独立的样例。至于需要运行多少次，这个取决于该马尔可夫链的自相关结构。

最重要的是，Gibbs 采样器只会在边缘分布比较容易采样的时候起作用。Gibbs 采样器在下面两种情况下效率比较高：

(1)当系统的维数比较小，并且条件概率密度函数已知，采样只是在这种低维的概率密度函数中进行；

(2)当给出的条件概率是参数形式，并且样本可以很轻易地从条件概率密度函数中产生。

但是，当我们考虑到地球物理系统的极高的维度，比如说数值天气预报，那么上面的两种情况就都不符合。鉴于此种情况，我们经常会采用一些特殊的策略，让我们可以在高维系统中使用 Gibbs 采样的一些变形。

(1)使用不同的起点产生 n 个链，每一个链都经过了 m 次迭代达到稳定分布，得到 n 个独立样本的计算开销是 mn；

(2)产生一个单独的长链，并利用 m 次迭代达到稳定分布。在 m 次迭代后，只在每第 k 个值的地方采样。这样 n 个独立样本的计算开销是 $m+kn$，如果 k 足够大以保证独立样本。这里的“足够大”是由链的自相关性决定的；

(3)综合第(1)条和第(2)条，总共产生 l 条链，一般情况下 $l<10$，保留 m 个迭代之后的每一个间隔为 k 的样本。这样的话，对于 n 个独立样本的计算开销是 $lm+kn/l$，其中，k 要足够

大。

这三种策略的优劣，在高维系统中很容易就可以体现出来。如果我们想提高整个方法的收敛速度，我们可以直接对状态向量的一个子集进行采样，以替代每次只采样其中一个元素，这种方式在高维系统中元素之间高度相关的情况下非常有效，被称作块采样。

在高维系统中，比如说数值天气预报系统中，我们想的是，在采集第一个样本的时候避免多次迭代的过程，直接在稳定分布上进行采样。其中的一个解决方法是，首先产生一个四维变分同化的解，然后从这个解出发进行 Gibbs 采样过程。不过，四维变分同化的解可能会是一个局部最优解。

2.3.2.2 Metropolis-Hastings 采样

Metropolis-Hastings(MH)采样器会产生一个样本，然后在给定的一些接受条件的约束下决定是否接受这个样本。MH 采样器的采样过程如下，

(1)从某个初始概率密度函数 p_0 采样起始点 $\boldsymbol{x}_0$ 。

(2)将这个链移动到一个新的值 $\boldsymbol{z}$ ，这个新值采样自某个提议密度 $q(\boldsymbol{z} \mid \boldsymbol{x}_{n-1}, \boldsymbol{y})$ 。

(3)评估这个移动步骤 $\alpha(\boldsymbol{x}_{n-1}, \boldsymbol{z})$ 的可接受概率，其公式为：

$$\alpha(\boldsymbol{x}_{n-1}, \boldsymbol{z}) = \min\left\{1, \frac{p(\boldsymbol{y} \mid \boldsymbol{z})p(\boldsymbol{z})}{p(\boldsymbol{y} \mid \boldsymbol{x}_{n-1})p(\boldsymbol{x}_{n-1})} \frac{q(\boldsymbol{x}_{n-1} \mid \boldsymbol{z}, \boldsymbol{y})}{q(\boldsymbol{z} \mid \boldsymbol{x}_{n-1}, \boldsymbol{y})}\right\} \tag{2.135}$$

(4)从二项分布 $U(0,1)$ 中产生一个随机数 u ，判断是否接受这一步移动，例如，当 $u < \alpha$ 时，$\boldsymbol{x}_n = \boldsymbol{z}$ ，反之，则拒绝掉这步移动，$\boldsymbol{x}_n = \boldsymbol{x}_{n-1}$ 。

(5)接着从 n 变换到 $n+1$ ，然后继续从第(2)步开始，直到收敛。

提议密度是 MH 采样中产生新的样本的非常重要的一个概念。大多数采用的提议密度是(多变量)高斯和柯西密度函数，以链上的当前值(此处为 $\boldsymbol{x}_{n-1}$)为中心，协方差或者说是这些分布的宽度决定这状态空间中每一步的步长，并且是和这个链的接受率是自适应的。很明显，在接受率不是很低的情况下，这个方法是比较高效的。提高接受率的一种方式就是只进行小的移动，这样的话，α 就会接近于 1。但是这样也会导致协方差或者提议密度的宽度较小，收敛会变慢。所以，我们就需要构建移动步，使得其步长够大可以高效探索状态空间，同时接受率可以保持比较高的状态。前一节中讨论的一条单独的长链或者多条短链，在这里也都是适用的，同样收敛条件也可以直接在这里使用，因此这个方法需要数量非常大的模式运行次数，尤其是在新的可用样本产生的过程中大多数模式运行时都不会被接受，导致新可用样本还是位于前一样本的位置上，没有任何移动。我们现在讨论一些在 MH 算法中使用的特定的提议密度。

(1)如果提议密度 q 是对称的，比如，$q(\boldsymbol{x} \mid \boldsymbol{z}, \boldsymbol{y}) = q(\boldsymbol{z} \mid \boldsymbol{x}, \boldsymbol{y})$，这时的接受率 α 就简化成了 $\alpha = \min\{1, p(\boldsymbol{y} \mid \boldsymbol{z})p(\boldsymbol{z})/(p(\boldsymbol{y} \mid \boldsymbol{x}_{n-1})p(\boldsymbol{x}_{n-1}))\}$，这个提议密度可以通过选择 q 为 $|\boldsymbol{z}-\boldsymbol{x}|$ 的函数来获得。

(2)经常使用的一个提议密度就是随机漫步，比如，$\boldsymbol{z} = \boldsymbol{x}_{n-1} + \boldsymbol{\xi}_n$ ，其中，$\boldsymbol{\xi}_n$ 是一个分布独立于已经在链上得到的样本分布的随机量。比较流行的 q 的选择就是正态分布和学生 T 分布。q 的宽度决定了每一步的平均步长，这里我们通常选择在 (0.5,3) 区间的一个常数乘以链的协方差。

(3)提议密度同样可以选择不依赖于前一个状态向量 $\boldsymbol{x}_{n-1}$ ，实际的转换密度 $p(\boldsymbol{z} \mid \boldsymbol{x})$ 也不依赖于 $\boldsymbol{x}_{n-1}$ ，所以这个链仍是马尔可夫链。比较流行的选择就是先验密度，比如，我们在引入

新的观测之前对于密度的最好的猜值估计。在这种情况下，接受率就变成了通过贝叶斯定理推导出的似然值的比例。这个方法的主要优点就是 α 比较容易计算。然而，当先验和似然不统一的时候，先验样本将不会被放在描述后验概率的合适位置。

(4)取代一次更新全部状态向量的全局 MH 采样器，我们可以采用一次更新某个单独的元素，或者一组状态向量的元素，称作局地 MH 采样器。

(5)Gibbs 采样可以被看作是 MH 采样的特殊情况，其中提议密度是给定其他元素的值的前提下某个元素的条件密度。

2.3.2.3 Hamiltonian 蒙特卡洛采样

按照上节所说，如果我们采用 MH 算法中的随机漫步变形，那么在状态空间中探索的距离是随着步数的平方而增加的，效率就会比较低，增大步长将会导致接受率降低，也不会解决这个问题。使用动力学系统中的某些思想，我们可以将这个方法变得更加高效。Hamiltonian 动力学与 MH 采样法的结合产生的新方法，探索了概率密度函数中的梯度信息，或者更具体一点就是 $-\lg p(\boldsymbol{x} \mid \boldsymbol{y})$。混合方法组合了变分方法以找到概率密度函数的峰值，就像三维变分和四维变分一样。其实，我们采用这些采样方法的初心并不是找到概率密度函数的峰值，而是通过一个样本集合来表示整个的完全后验概率密度函数。混合方法中的随机成分保证了这个方法不只是收敛到峰值。

首先，我们需要介绍 Hamiltonian 动力学，它是用来描述理想分子系统的状态分布的。第一步就是要利用概率分布定义一个 Hamiltonian 方程，我们可以从方程中进行采样。Hamiltonian 动力学在描述理想分子系统状态时采用了在时刻 t 时的两个量，一个是位置变量 $\boldsymbol{x}$，另一个是速度变量 $\boldsymbol{v}$（或者称作是动量变量），两者通过物理学定律 $\boldsymbol{v}^{(i)} = \mathrm{d}\boldsymbol{x}^{(i)}/\mathrm{d}t$ 联系起来，这两个变量是相互独立的高斯分布，这两个变量构成的空间就被称作相位空间。Hamiltonian 蒙特卡洛方法简单来说，就是利用 Metropolis 更新来对这些动量变量进行简单更新，因此通过 Hamiltonian 动力学计算新的轨迹来更新状态量，这个 Hamiltonian 动力学方程一般采用蛙跳(leapfrog)方法。这种方法提出来的状态，可以远离现在的状态，但是却有着非常高的概率相似性。

我们首先从简单的物理学角度来理解 Hamiltonian 动力学。在 2 维世界，我们可以将 Hamiltonian 动力学看作是一个球在一个高度变化的平面运动。这个系统的状态由两部分组成，一个就是这个球的位置 $\boldsymbol{x}$，这是一个二维变量，另外一个就是这个球的动量 $\boldsymbol{p}$（实际上是质量乘以速度，$\boldsymbol{p} = mv$），这个也是二维变量。与这个球的位置相关的势能，正比于这个球现在位置距离标准面的高度，我们用 $E(\boldsymbol{x})$ 表示势能；这我们用 $K(\boldsymbol{p})$ 表示个球的动能，正比于 $|\boldsymbol{p}|^2/(2m)$ 或 $m|\boldsymbol{v}|^2/2$。那么整个系统的总能量我们用 $H(\boldsymbol{x},\boldsymbol{v})$ 来表示，即 $H(\boldsymbol{x},\boldsymbol{v}) = E(\boldsymbol{x}) + K(\boldsymbol{v})$，其中，$H$ 就被称作系统的 Hamiltonian 量。根据简单的中学物理知识，我们可以知道，在没有外力作用下，小球的动能和势能随着运动的延续会进行相互转换，但是总能量不会发生任何变化。如果不从物理学角度理解 Hamiltonian 动力学，那么位置变量使我们感兴趣的量，势能就是这些量先取对数再取负值，我们将会为每一个位置变量引入一个动量。

那么，这个系统的概率密度函数就可以写成：

$$p(\boldsymbol{x} \mid \boldsymbol{y}) = \frac{1}{Z_p} \exp[-E(\boldsymbol{x})] \tag{2.136}$$

假设 Hamiltonian 动力学中的位置向量 x 和动量向量 $\boldsymbol{p}$ 均是 n 维，那么整个状态空间就

是 $2n$ 维。我们用 $H(\boldsymbol{x},\boldsymbol{v})$ 表示 Hamiltonian 方程，其偏微分决定了变量 $\boldsymbol{x}$ 和 $\boldsymbol{p}$ 如何随着时间 t 变化。

$$\frac{\mathrm{d}\boldsymbol{x}_i}{\mathrm{d}t}=\frac{\partial H}{\partial \boldsymbol{p}_i}=\frac{\partial H}{\partial \boldsymbol{v}_i}=\boldsymbol{v}_i,$$

$$\frac{\mathrm{d}\boldsymbol{p}_i}{\mathrm{d}t}=-\frac{\mathrm{d}\boldsymbol{v}_i}{\mathrm{d}t}=-\frac{\partial H}{\partial \boldsymbol{x}_i}=-\frac{\partial E(\boldsymbol{x})}{\partial \boldsymbol{x}} \tag{2.137}$$

这里，对于 $i=1,\cdots,n$，对于任意间隔的时间段 s，这两个方程定义了一个从时间 t 的状态到时间 $t+s$ 的一一对应 T_s，在没有外力加持的情况下，在这里 H 和 T_s 均和时间无关。

$$\begin{aligned}\frac{\mathrm{d}H}{\mathrm{d}t}&=\sum_i \frac{\partial H}{\partial \boldsymbol{x}_i}\frac{\mathrm{d}\boldsymbol{x}_i}{\mathrm{d}t}+\frac{\partial H}{\partial \boldsymbol{v}_i}\frac{\mathrm{d}\boldsymbol{v}_i}{\mathrm{d}t}\\&=\sum_i \frac{\partial H}{\partial \boldsymbol{x}_i}\frac{\partial H}{\partial \boldsymbol{v}_i}-\frac{\partial H}{\partial \boldsymbol{v}_i}\frac{\partial H}{\partial \boldsymbol{x}_i}=0\end{aligned} \tag{2.138}$$

Hamiltonian 系统另外一个重要的性质就是，在相位空间它可以保持体积不变，即 Liouville 定理。这个性质可以通过在相位空间计算流场的散度得到，流场定义为 $V=(\mathrm{d}\boldsymbol{x}/\mathrm{d}t,\mathrm{d}\boldsymbol{v}/\mathrm{d}t)$，那流场的散度为：

$$\begin{aligned}\mathrm{div}V&=\sum_i \frac{\partial}{\partial \boldsymbol{x}_i}\frac{\mathrm{d}\boldsymbol{x}_i}{\mathrm{d}t}+\frac{\partial}{\partial \boldsymbol{v}_i}\frac{\mathrm{d}\boldsymbol{v}_i}{\mathrm{d}t}\\&=\sum_i -\frac{\partial}{\partial \boldsymbol{x}_i}\frac{\partial H}{\partial \boldsymbol{v}_i}+\frac{\partial}{\partial \boldsymbol{v}_i}\frac{\partial H}{\partial \boldsymbol{x}_i}=0\end{aligned} \tag{2.139}$$

我们定义位置和速度的联合概率密度函数分布为：

$$p(\boldsymbol{x},\boldsymbol{v}\mid \boldsymbol{y})=\frac{1}{Z_H}\exp\left[-H(\boldsymbol{x},\boldsymbol{v})\right] \tag{2.140}$$

由于 H 和体积在相位空间都是不变的，那么 Hamiltonian 动力学中，$p(\boldsymbol{x},\boldsymbol{v})$ 是不变的。那么和采样相关的就是，$\boldsymbol{x}$ 和 $\boldsymbol{v}$ 会发生变化，$\boldsymbol{v}$ 越大，$\boldsymbol{x}$ 发生的变化也越大，避免了随机漫步中的步长和收敛速度之间的矛盾。

如果想探索 Hamiltonian 方法，我们就需要将 Hamiltonian 方程数值离散化，我们会尽量减小离散化导致的数值误差。对于 Hamiltonian 蒙特卡洛采样来说，存在数值误差的情况下保持 Liouville 定理正确性非常重要。如果我们采用蛙跳(leapfrog)格式对其进行离散化，可以得到：

$$\begin{aligned}\boldsymbol{v}(t+\epsilon/2)&=\boldsymbol{v}(t)-\frac{\epsilon}{2}\frac{\partial E}{\partial \boldsymbol{x}}(\boldsymbol{x}(t))\\\boldsymbol{x}(t+\epsilon)&=\boldsymbol{x}(t)+\epsilon\boldsymbol{v}(t+\epsilon/2)\\\boldsymbol{v}(t+\epsilon)&=\boldsymbol{v}(t+\epsilon/2)-\frac{\epsilon}{2}\frac{\partial E}{\partial \boldsymbol{x}}(\boldsymbol{x}(t+\epsilon))\end{aligned} \tag{2.141}$$

由于第一步通过一个只与 $\boldsymbol{x}$ 相关的量改变了所有的 $\boldsymbol{v}$，因此这个数值框架仍然遵循 Liouville 定理。蛙跳方法也很好保持了体系的不变，因为这三个离散化公式是切变。这三个公式同时也是可逆的，只需要简单地对 $\boldsymbol{v}$ 取负值就行。更新量变化一定的数值，这个数值只与另外一个量相关。MH 采样和 Hamiltonian 蒙特卡洛采样最主要的不同是后者用到了概率密度函数的梯度信息，或者说是对数密度。

离散化 Hamiltonian 方程带来的误差在步长 ϵ 的限制下会不断趋近于零。对于离散化方法，当 ϵ 趋近于 0，那么其误差也会趋近于 0，因此误差的上限也就是状态量微分方程的上限。

局地误差是第一步从时间 t 到时间 $t+\epsilon$ 之后的误差，全局误差是在仿真运行了一段固定时间 s 之后的误差，需要 s/t 步。如果局地误差是 $O(\epsilon^p)$，那么全局误差将会是 $O(\epsilon^{p-1})$。阶数为 $O(\epsilon^p)$ 的局地误差经过 s/t 时间步的积累之后给出的误差阶数为 $O(\epsilon^{p-1})$。对于离散化的 Hamiltonian 方程来说，蛙跳方法的局地误差阶数为 $O(\epsilon^3)$，并且其全局误差的阶数为 $O(\epsilon^2)$。

Hamiltonian 蒙特卡洛方法步骤如下：

(1)从 $p(\boldsymbol{v} \mid \boldsymbol{x})$ 中采样一个随机变量加到速度变量 $\boldsymbol{v}$ 上，由于这个密度函数是高斯密度函数，因此相对简单；

(2)更新蛙跳格式框架中的位置变量，位置变量是在目标概率密度函数中的真正需要的变量，对于 ϵ 以对半的概率选择一个正的或者负的值，运行 L 步蛙跳步；

(3)使用概率 α 接受这些新的状态 $(\boldsymbol{x}^*, \boldsymbol{v}^*)$：

$$\alpha = \min\{1, \exp[H(\boldsymbol{x}, \boldsymbol{v}) - H(\boldsymbol{x}^*, \boldsymbol{v}^*)]\} \tag{2.142}$$

(4)返回第(1)步。

需要注意的是一个蛙跳步的话，会使得整个框架接近于随机漫步，这是我们极力想避免的。这就是我们运行 L 步蛙跳步的原因，其中，L 的值并不是很小。同样注意的是，随机的第一步是必须的，以便改变整个系统的总能量，如果 H 保持为常数，整个链将不会遍历整个空间。

非常重要的问题是如何选取时间步 ϵ。有论文指出，蛙跳框架的时间步长的阶数应该是 $N_x^{1/4}$，这样可以得到的接受率为 0.651。这样取值是因为要在产生一个随着 L 增长而减小的提议密度和为了得到更高的接受率而需要的提议密度数量(随着 L 增长而增长)之间取得一个平衡。

2.3.3 粒子滤波基本原理

与集合卡尔曼滤波方法不同，粒子滤波方法在集合的基础上，为每个粒子(即集合成员)附加一个权重，使用这些粒子及权重来表示 pdf。粒子滤波是两个理论的结合：贝叶斯定理和蒙特卡洛方法。贝叶斯定理表明后验 pdf 可以通过先验 pdf 和似然函数的乘积来表示：

$$p(\boldsymbol{x} \mid \boldsymbol{y}) = \frac{p(\boldsymbol{y} \mid \boldsymbol{x})p(\boldsymbol{x})}{p(\boldsymbol{y})} \tag{2.143}$$

蒙特卡洛方法是指一个 pdf 可以通过一组随机采样点也就是一个粒子集合来模拟，这些随机采样点或者粒子可以通过 Delta 函数来表示。若将先验 pdf 用采样粒子来表示：

$$p(\boldsymbol{x}) = \sum_{i=1}^{N} \frac{1}{N}\delta(\boldsymbol{x} - \boldsymbol{x}_i) \tag{2.144}$$

那么结合贝叶斯定理，令权重：

$$w_i = \frac{p(\boldsymbol{y} \mid \boldsymbol{x}_i)}{p(\boldsymbol{y})} \tag{2.145}$$

则可得后验 pdf 为：

$$p(\boldsymbol{x} \mid \boldsymbol{y}) = \sum_{i=1}^{N} w_i\delta(\boldsymbol{x} - \boldsymbol{x}_i) \tag{2.146}$$

那么，可以取粒子的加权平均值作为同化分析场：

$$\boldsymbol{x}^a = \sum_{i=1}^{N} w_i \boldsymbol{x}_i \tag{2.147}$$

如图 2.2 所示，粒子滤波方法进行循环同化的基本步骤为：

(1)从模式的初始 pdf $p(\boldsymbol{x}^0)$ 中采样 N 个粒子。其中上标 0 表示时间步；

(2)利用数值模式将所有粒子积分直到同化时间步；

(3)计算每个粒子的权重并标准化，使得所有粒子的权重之和为 1；

(4)重复(2)、(3)步，直到同化完所有观测。

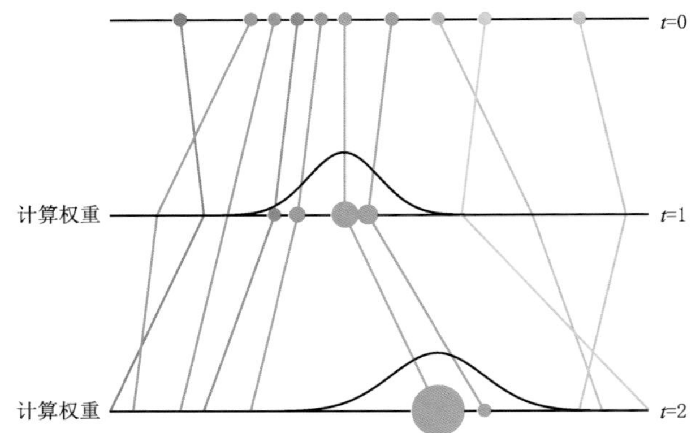

图 2.2　粒子滤波方法示意图

圆的位置代表粒子的取值，圆的大小代表粒子权重的大小

粒子滤波与集合卡尔曼滤波的基础理论有类似的方面，如以贝叶斯定理为基础、粒子(即集合成员)的产生基于 Monte-Carlo 采样、粒子都采用数值模式进行时间演进，这两种方法也存在很大区别，具体体现在以下几个方面：

(1)假设前提不同：集合卡尔曼滤波假设模式为线性，先验和后验 pdf 均为高斯分布；粒子滤波适用于任何线性/非线性模式，对 pdf 也无要求。

(2)观测同化方式不同：集合卡尔曼滤波直接同化观测，根据更新值以及不同变量间的协方差直接更新模式状态；粒子滤波对观测进行间接同化，也就是没有根据观测改变模式状态，而是利用观测计算了每个粒子(集合成员)附加的权重(粒子的相对重要性)，从而构建后验 pdf，因此在同化分析过程不会破坏数值模式中的动力平衡和物理平衡。

(3)统计信息不同：集合卡尔曼滤波计算得到的统计信息是高斯分布的均值和方差；粒子滤波未对分布做任何假设，除均值和方差外，还能够估计任意高阶矩的统计信息。

(4)最佳估计不同：集合卡尔曼滤波的最佳估计是集合的均值；粒子滤波的最佳估计是粒子的加权平均值。

在高维系统中，随着同化的进行，权重之间的差别会变得越来越大，最终导致只有一个粒子得到了几乎所有权重，而其他粒子的权重都接近于零。这就意味着这组粒子无法给出 pdf 的任何有意义的信息。这种现象称为“滤波退化”。下面将分别介绍几种缓解滤波退化的方法：重采样技术、提议密度技术、转换技术、局地化技术和混合技术。

2.3.4　简单重采样粒子滤波

舍弃权重小的粒子，保留权重大的粒子，这是重采样的主要思想。而为了确保粒子的总数目不变，需要复制权重大的粒子。粒子的权重越大，被复制的次数也越多。最终得到等权重的粒子集合。如图 2.3 所示，简单重采样粒子滤波方法与粒子滤波方法的区别在于，在计算权重之后需要进行重采样：

(1)从模式的初始 pdf $p(\boldsymbol{x}^0)$ 中采样 N 个粒子。其中上标 0 表示时间步。

(2)利用数值模式将所有粒子积分直到同化时间步。

(3)计算每个粒子的权重 并标准化，使得所有粒子的权重之和为 1。

(4)重采样以得到等权重粒子集合。

(5)重复(2)、(3)、(4)，直到同化完所有观测。

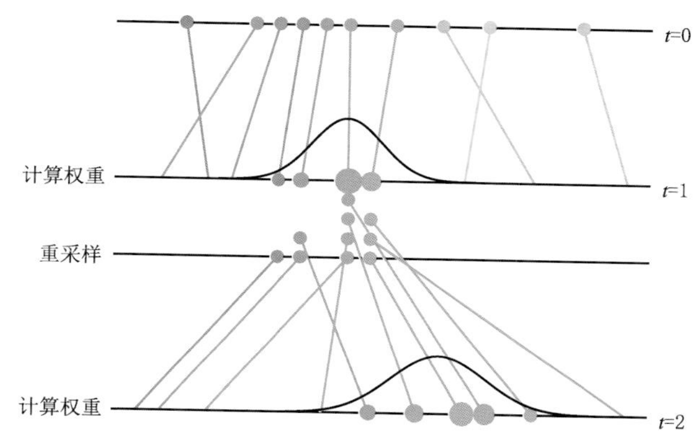

图 2.3　简单重采样粒子滤波方法示意图
圆的位置代表粒子的取值，圆的大小代表粒子权重的大小

重采样有多种实现方式，下面介绍一种常用的重采样：随机遍历(stochastic universal, SU)重采样。此方法首先将权重按顺序排列在区间 [0,1] 上，然后在区间 [0,1/N] 中采样一个随机数 r ，再以 1/N 为长度将区间 [0,1] 划分，划分点落在哪个权重区间，则采样该权重区间对应的粒子。如图 2.4 所示，假设粒子总数为 $N=4$ ，那么 SU 重采样保留了粒子 1 和粒子 2 ，舍弃了粒子 4 ，并将粒子 3 复制为两份，最终仍然得到 4 个粒子。

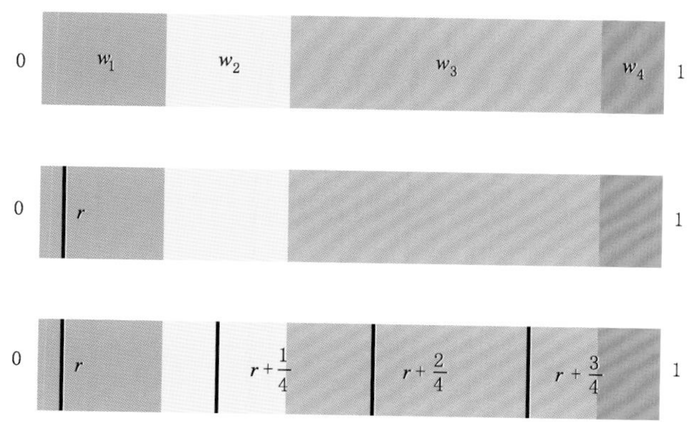

图 2.4　随机遍历重采样示意图。①将权重按顺序排列在区间 [0, 1] 上；②在区间 [0, 1/N]中采样一个随机数 r；③以 1/N 为长度将区间 [0, 1] 划分，以划分点采样对应的粒子

已经证明重采样不足以避免滤波退化。事实上，滤波退化与独立观测的维数有关。当独立观测的维数很大时，似然函数在观测空间的大部分区域中取值接近于零，从而导致滤波退化。这也就是所谓的“维数灾难”。为了说明这一现象，下面给出一个简单例子。假设先验分布为 $N(0,1)$，观测分布为 $N(0,1)$。粒子的个数为 $N=100$，图 2.5 显示了不同观测维数下后验粒子的权重。可以见到，当观测数 $N_y=100$ 时(图 2.5,(3))，权重明显集中在极少数粒子上。

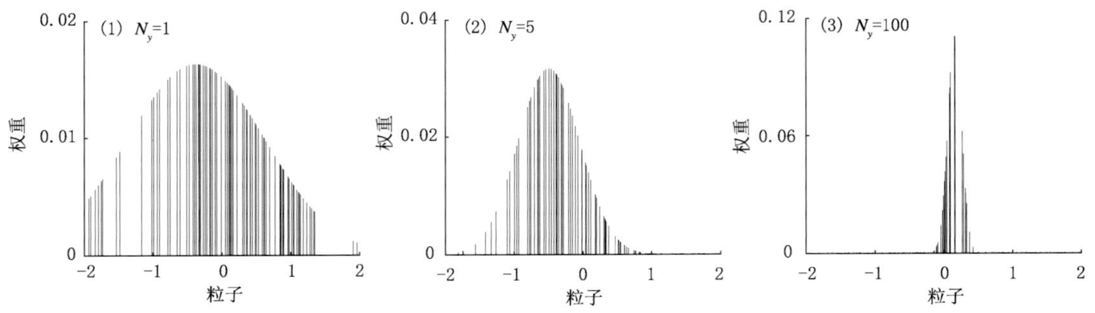

图 2.5　维数灾难现象。N_y 为观测数目

2.3.5　提议密度(Proposal Density)粒子滤波

重采样无法避免“维数灾难”，也就无法彻底克服滤波退化。需要其他方法来解决滤波退化问题。本小节先简单介绍提议密度的概念，再介绍两种采用了提议密度的粒子滤波方法。

根据贝叶斯定理，给定从初始时刻 1 到时刻 n 的观测，则模式状态的条件概率为：

$$p(\boldsymbol{x}^{1:n} \mid \boldsymbol{y}^{1:n}) = \frac{p(\boldsymbol{y}^n \mid \boldsymbol{x}^n)p(\boldsymbol{x}^n \mid \boldsymbol{x}^{n-1})}{p(\boldsymbol{y}^n)}p(\boldsymbol{x}^{1:n-1} \mid \boldsymbol{y}^{1:n-1}) \tag{2.148}$$

本节关注的是滤波方法而不是光滑方法，所以考虑 $p(\boldsymbol{x}^n \mid \boldsymbol{y}^{1:n})$，将式(2.148)对 $\boldsymbol{x}^{1:n-1}$ 积分可得：

$$p(\boldsymbol{x}^n \mid \boldsymbol{y}^{1:n}) = \frac{p(\boldsymbol{y}^n \mid \boldsymbol{x}^n)}{p(\boldsymbol{y}^n)}\int p(\boldsymbol{x}^n \mid \boldsymbol{x}^{n-1})p(\boldsymbol{x}^{n-1} \mid \boldsymbol{y}^{1:n-1})\mathrm{d}\,\boldsymbol{x}^{n-1} \tag{2.149}$$

提议密度（proposal density）$q(\boldsymbol{x}^n \mid \boldsymbol{x}^{n-1},\boldsymbol{y}^n)$ 的选取只需要满足其支集等于或包含 $p(\boldsymbol{x}^n \mid \boldsymbol{x}^{n-1})$ 的支集即可，这也就确保了当 $p(\boldsymbol{x}^n \mid \boldsymbol{x}^{n-1}) \neq 0$ 时一定有 $q(\boldsymbol{x}^n \mid \boldsymbol{x}^{n-1},\boldsymbol{y}^n) \neq 0$，因而式(2.149)的右端乘以且除以提议密度之后，仍然成立：

$$p(\boldsymbol{x}^n \mid \boldsymbol{y}^{1:n}) = \frac{p(\boldsymbol{y}^n \mid \boldsymbol{x}^n)}{p(\boldsymbol{y}^n)}\int \frac{p(\boldsymbol{x}^n \mid \boldsymbol{x}^{n-1})}{q(\boldsymbol{x}^n \mid \boldsymbol{x}^{n-1},\boldsymbol{y}^n)}q(\boldsymbol{x}^n \mid \boldsymbol{x}^{n-1},\boldsymbol{y}^n)p(\boldsymbol{x}^{n-1} \mid \boldsymbol{y}^{1:n-1})\mathrm{d}\,\boldsymbol{x}^{n-1} \tag{2.150}$$

从提议密度 $q(\boldsymbol{x}^n \mid \boldsymbol{x}^{n-1},\boldsymbol{y}^n)$ 中采样 $\boldsymbol{x}^n$，而不是从原始转移密度 $p(\boldsymbol{x}^n \mid \boldsymbol{x}^{n-1})$ 中采样，那么：

$$\begin{aligned} p(\boldsymbol{x}^n \mid \boldsymbol{y}^{1:n}) &= \frac{1}{N}\sum_{i=1}^{N}\frac{p(\boldsymbol{y}^n \mid \boldsymbol{x}_i^n)}{p(\boldsymbol{y}^n)}\frac{p(\boldsymbol{x}_i^n \mid \boldsymbol{x}_i^{n-1})}{q(\boldsymbol{x}_i^n \mid \boldsymbol{x}^{n-1},\boldsymbol{y}^n)}\delta(\boldsymbol{x}^n-\boldsymbol{x}_i^n) \\ &= \sum_{i=1}^{N} w_i\delta(\boldsymbol{x}^n-\boldsymbol{x}_i^n) \end{aligned} \tag{2.151}$$

$\boldsymbol{x}_i$ 决定了模式空间中每个粒子的值，权重 w_i 表示该粒子在表示后验信息中的相对重要性。因为只需要权重的相对值，所以在上式的右侧，可以忽略每个粒子权重中具有相同值的项；那么，权重可写为：

$$w_i \propto p(\boldsymbol{y}^n \mid \boldsymbol{x}_i^n) \frac{p(\boldsymbol{x}_i^n \mid \boldsymbol{x}_i^{n-1})}{q(\boldsymbol{x}_i^n \mid \boldsymbol{x}^{n-1}, \boldsymbol{y}^n)} \tag{2.152}$$

在粒子滤波方法中，粒子的权重和位置决定了后验 pdf。当表示后验 pdf 时，权重反映每个粒子的相对重要性，而位置显示粒子从后验 pdf 的哪些区域被采样。粒子的权重与它们的位置相关。因此，为了避免滤波退化，理想的情况是所有粒子具有相似的权重，并且粒子从后验 pdf 的高概率区域采样。

总权重可分为两部分，w_i^o 和 w_i^* 分别表示似然权重和提议权重。

$$w_i^o = p(\boldsymbol{y}^n \mid \boldsymbol{x}_i^n)$$
$$w_i^* = \frac{p(\boldsymbol{x}_i^n \mid \boldsymbol{x}_i^{n-1})}{q(\boldsymbol{x}_i^n \mid \boldsymbol{x}^{n-1}, \boldsymbol{y}^n)} \tag{2.153}$$

似然权重代表已知模式变量时，观测的概率。提议权重是一种比例，它与利用提议密度而不是原始转移密度采样粒子有关，因此，它与提议密度的选取以及预报模式有关。那么，总权重为：

$$w_i = w_i^o \cdot w_i^* \tag{2.154}$$

2.3.5.1 最优提议密度（Optimal Proposal Density）

在高维系统中，粒子滤波采用一个有限大小粒子集合来模拟后验概率分布，这将导致“滤波退化”问题。若粒子权重本身构成的集合的方差取最小值，此时粒子权重在权重均值周围的波动最小，权重之间的差异也就最小，这就是最优提议密度的思想来源。

Doucet 等(2000)给出的最优提议密度为 $q(\boldsymbol{x}_i^n \mid \boldsymbol{x}_i^{n-1}, \boldsymbol{y}^n) = p(\boldsymbol{x}_i^n \mid \boldsymbol{x}_i^{n-1}, \boldsymbol{y}^n)$，根据贝叶斯理论和马尔可夫链系统假设，可推导出如下表达式：

$$p(\boldsymbol{x}_i^n \mid \boldsymbol{x}_i^{n-1}, \boldsymbol{y}^n) p(\boldsymbol{y}^n \mid \boldsymbol{x}_i^{n-1}) = p(\boldsymbol{y}^n \mid \boldsymbol{x}_i^n) p(\boldsymbol{x}_i^n \mid \boldsymbol{x}_i^{n-1}) \tag{2.155}$$

将式(2.155)代入式(2.152)，可以得到粒子权重正比于给定 $n-1$ 时刻粒子状态后观测的概率，即：

$$w_i \propto p(\boldsymbol{y}^n \mid \boldsymbol{x}_i^{n-1}) \tag{2.156}$$

之所以被称为最优提议密度，是因为针对一个固定的 $\boldsymbol{x}_i^{n-1}$，从 $p(\boldsymbol{x}_i^n \mid \boldsymbol{x}_i^{n-1}, \boldsymbol{y}^n)$ 中采样得到的粒子权重的方差为 0。但是对于一个粒子集合，其中的每个粒子的 $\boldsymbol{x}_i^{n-1}$ 的值是不相同的，所以方差为 0 的权重是不相等的。很容易证明在线性观测算子前提下，假设模式误差和观测误差均为高斯分布，那么最优提议密度的权重的对数的方差是会随着观测数目的增大而增加(Ades et al.，2013)。即使这是提议密度的最优选择，在大型的地球物理系统中，最优提议密度方法仍然会产生巨大的粒子权重方差，也会出现明显的粒子衰退现象。因此，最优提议密度也无法避免“滤波退化”。

2.3.5.2 隐式粒子滤波(Implicit Particle Filter)

隐式粒子滤波理论建立在隐式采样(implicit sampling)和提议密度的基础上。隐式采样的目的是在通常的条件下构建一个“优秀”的提议密度函数进行采样。隐式采样会选择一个状态变量的对照变量，此处记为 $\boldsymbol{\xi}$，该变量有以下几个性质：① $\boldsymbol{\xi}$ 易于采样；② $\boldsymbol{\xi}$ 的概率密度函数 $g(\boldsymbol{\xi})$ 在 $\boldsymbol{\xi}=0$ 时取得最大值；③ $g(\boldsymbol{\xi})$ 的对数函数是凸函数；④对照变量 $\boldsymbol{\xi}$ 和状态变量 $\boldsymbol{x}$ 可以建立显式对应关系(此处采用随机对应方法)。隐式采样的基本思想在于，首先定位后验概率密度函数的高概率区域，这个过程相当于对于每个粒子集合成员进行一个弱约束 4DVar 的过程；然后对 $\boldsymbol{\xi}$ 进行采样，得到在高概率区域的样本 $\boldsymbol{\xi}_i$，求解 $g(\boldsymbol{\xi})$ 与后验概率密度函数的对数等式方程，便得到一个和 $\boldsymbol{\xi}_i$ 相对应的状态向量的值。最简单的情况是取 $\boldsymbol{\xi}_i$ 是一个单位高斯分布。

对于每一个粒子成员，定义一个函数 F_i：

$$F_i(\boldsymbol{x}_i^n) = -\lg(p(\boldsymbol{x}_i^n \mid \boldsymbol{x}_i^{n-1})p(\boldsymbol{y}^n \mid \boldsymbol{x}_i^n)) \tag{2.157}$$

首先求取 F_i 的极小值，记为 $\phi_i = \min F_i(\boldsymbol{x}_i^n)$，这个过程是一个求取弱约束 4DVar 的过程。若取 $\boldsymbol{\xi}_i$ 是一个单位高斯分布变量，$\boldsymbol{\xi}_i \sim N(0,\boldsymbol{I})$，然后求解方程 $F_i(x_i^n) - \phi_i = \frac{1}{2}\boldsymbol{\xi}_i^{\mathrm{T}}\boldsymbol{\xi}_i$，得到 $\boldsymbol{x}_i^n$ 关于 $\boldsymbol{\xi}_i$ 的表达式。由此，可以得到提议密度的表达式：

$$\begin{aligned} p_p(\boldsymbol{x}_i^n) &= \frac{p(\boldsymbol{\xi}_i)}{J} \propto \frac{\exp(-0.5\,\boldsymbol{\xi}_i^{\mathrm{T}}\boldsymbol{\xi}_i)}{J} = \frac{\exp[\phi_i - F_i(\boldsymbol{x}_i^{n-1})]}{J} \\ &= \frac{\exp(\phi_i)}{J} p(\boldsymbol{x}_i^n \mid \boldsymbol{x}_i^{n-1})p(\boldsymbol{y}^n \mid \boldsymbol{x}_i^n) \end{aligned} \tag{2.158}$$

其中，$J = |\det(\partial \boldsymbol{x}_i^n / \partial \boldsymbol{\xi}_i)|$。那么，每个粒子的权重就变为：

$$w_i^n \propto w_i^{n-1} \cdot \frac{p(\boldsymbol{x}_i^n \mid \boldsymbol{x}_i^{n-1})p(\boldsymbol{y}^n \mid \boldsymbol{x}_i^n)}{p_p(\boldsymbol{x}_i^n)} = w_i^{n-1}\exp(-\phi_i)J \tag{2.159}$$

Chorin 等(2009)、Ades 等(2013)、Morzfeld 等(2012)已经证明在每一个时间步都存在观测以及模式随机误差状态独立的情况下，隐式粒子滤波和最优提议密度是等价的，即此时的提议密度 $p_p(\boldsymbol{x}_i^n) = p(\boldsymbol{x}_i^n \mid \boldsymbol{x}_i^{n-1}, \boldsymbol{y}^n)$。那么，此时隐式粒子滤波的粒子权重方差会随着独立观测数量的增加而增大。此时，可以得到：

$$\begin{aligned} & p(\boldsymbol{y}^n \mid \boldsymbol{x}^n)p(\boldsymbol{x}^n \mid \boldsymbol{x}^{n-1}) \\ = & \frac{1}{A}\exp[-\frac{1}{2}(\boldsymbol{y}^n - H(\boldsymbol{x}^n))^{\mathrm{T}}\boldsymbol{R}^{-1}(\boldsymbol{y}^n - H(\boldsymbol{x}^n)) - \frac{1}{2}(\boldsymbol{x}^n - f(\boldsymbol{x}_i^{n-1}))^{\mathrm{T}}\boldsymbol{Q}^{-1}(\boldsymbol{x}^n - f(\boldsymbol{x}_i^{n-1}))] \\ = & \frac{1}{A}\exp[-\frac{1}{2}(\boldsymbol{x}^n - \hat{\boldsymbol{x}}_i^n)^{\mathrm{T}}\boldsymbol{P}^{-1}(\boldsymbol{x}^n - \hat{\boldsymbol{x}}_i^n)]\exp(-\phi_i) \\ = & p(\boldsymbol{x}_i^n \mid \boldsymbol{x}_i^{n-1}, \boldsymbol{y}^n)p(\boldsymbol{y}^n \mid \boldsymbol{x}_i^{n-1}) \end{aligned} \tag{2.160}$$

其中，

$$\begin{aligned} \boldsymbol{P}^{-1} &= \boldsymbol{H}^{\mathrm{T}}\boldsymbol{R}^{-1}\boldsymbol{H} + \boldsymbol{Q}^{-1} \\ \hat{\boldsymbol{x}}_i^n &= f(\boldsymbol{x}_i^{n-1}) + \boldsymbol{Q}\boldsymbol{H}^{\mathrm{T}}(\boldsymbol{HQ}\boldsymbol{H}^{\mathrm{T}} + \boldsymbol{R})^{-1}(\boldsymbol{y}^n - H(f(\boldsymbol{x}_i^{n-1}))) \\ \phi_i &= \frac{1}{2}(\boldsymbol{y}^n - H(f(\boldsymbol{x}_i^{n-1})))^{\mathrm{T}}(\boldsymbol{HQ}\boldsymbol{H}^{\mathrm{T}} + \boldsymbol{R})^{-1}(\boldsymbol{y}^n - H(f(\boldsymbol{x}_i^{n-1}))) \end{aligned} \tag{2.161}$$

公式中预报模式 f 为非线性预报模式，而没有线性化的前提假设。当提议密度为 $p_p(\boldsymbol{x}_i^n) = p(\boldsymbol{x}_i^n \mid \boldsymbol{x}_i^{n-1}, \boldsymbol{y}^n)$ 时，从单位高斯分布中采样得到 N_x 维的随机向量 $\boldsymbol{\xi}_i^n$，然后通过公式 $\boldsymbol{x}_i^n = \boldsymbol{P}^{\frac{1}{2}}\boldsymbol{\xi}_i^n + \hat{\boldsymbol{x}}_i^n$ 得到 $\boldsymbol{x}_i^n$。此时，粒子权重可以简化为：$w_i^n \propto p(\boldsymbol{y}^n \mid \boldsymbol{x}_i^{n-1}) = \exp(-\phi_i)$，在每一个时间步都存在观测并且模式随机误差状态独立的情况下，隐式粒子滤波和最优提议密度是等价的。因此，和最优提议密度一样，在高维地球模式系统中，随着观测数量的增加，粒子权重的方差也不断增大，进而出现粒子衰退现象，可见隐式粒子滤波也无法避免“滤波退化”问题。

2.3.5.3 等权重粒子滤波 (EWPF)

等权重粒子滤波利用提议密度引导粒子成员演进到后验概率密度函数的高概率区域。但是，仅仅引导粒子成员分布于高概率区域是不够的，当独立观测数据数量增大时，粒子的相对权重的变化也会非常大，进而引起粒子衰退的问题。等权重粒子滤波同时利用提议密度保证大部分粒子的相对权重是相近的。由此，粒子衰退的问题就可以避免，同时等权重粒子滤波可以表示和描述一个多峰值的后验概率分布。

在公式(2.152)中引入来自前一时刻的粒子权重，由于系统状态是马尔可夫链(Markovian)，那么可以得到粒子在时刻 n 的权重为：

$$w_i^n = \frac{p(\boldsymbol{y}^n \mid \boldsymbol{x}_i^n)}{p(\boldsymbol{y}^n)} \cdot \frac{p(\boldsymbol{x}_i^n \mid \boldsymbol{x}_i^{n-1})}{q(\boldsymbol{x}_i^n \mid \boldsymbol{x}_i^{n-1}, \boldsymbol{y}^n)} \cdot w_i^{n-1} \tag{2.162}$$

如果设定使得大多数甚至是全部的粒子得到非常接近的权重，那么可以设定一个目标权重 w_{target}^n，使得 $w_i^n \approx w_{\text{target}}^n$，使用提议密度 $q(\boldsymbol{x}_i^n \mid \boldsymbol{x}_i^{n-1}, \boldsymbol{y}^n)$ 可以使粒子权重达到设定的目标权重。而新的问题是，设定的目标权重应该取什么值？由于粒子权重有效定义了该粒子在后验概率密度函数中的重要性，理想情况下，每个粒子应该是得到最大可能的权重。这就等同于对于每个粒子都有一个不同的目标权重，$w_i^{\text{target}} = w_i^{\max}$。然后也很容易证明，即使不包含前一时刻的粒子权重，当独立观测数量很大的时候 $w_i^{\max}$ 也将会因为变化很大而引起粒子退化(Ades et al., 2013)。而等权重粒子滤波的目的是保证大多数的粒子可以得到几乎相等的权重。因此等权重粒子滤波选择了一个等于或者接近等于 $w_i^{\max}$ 的 w^{target} 的普通值，使得一定百分比的粒子的公式(2.162)可以有解，而剩下的无解的粒子将会被忽略，采用重采样方法(Kitagawa, 1996)填补空缺。

等权重粒子滤波中的等权重提议密度使得等权重粒子的模式状态分析量的表达式为：

$$\boldsymbol{x}_i^n = f(\boldsymbol{x}_i^{n-1}) + \alpha_i \boldsymbol{K}(\boldsymbol{y}^n - \boldsymbol{H}f(\boldsymbol{x}_i^{n-1})) + \boldsymbol{Q}^{1/2}\,\boldsymbol{\xi}_i^n \tag{2.163}$$

其中，f 为非线性预报模式，H 是非线性观测算子，$\boldsymbol{K} = \boldsymbol{Q}\boldsymbol{H}^{\mathrm{T}}(\boldsymbol{H}\boldsymbol{Q}\boldsymbol{H}^{\mathrm{T}} + \boldsymbol{R})^{-1}$，并且 α_i 的表达式由 Ades 等(2013)给出了详细推导：

$$\begin{aligned}
\alpha_i &= 1 + \sqrt{1 - b_i / a_i} \\
b_i &= 0.5\,\boldsymbol{d}_i^{\mathrm{T}} \boldsymbol{R}^{-1} \boldsymbol{d}_i - \lg(w^{\text{target}}) - \lg(w_i^{n-1}) \\
a_i &= 0.5\,\boldsymbol{d}_i^{\mathrm{T}} \boldsymbol{R}^{-1} HK\,\boldsymbol{d}_i \\
\boldsymbol{d}_i &= \boldsymbol{y}^n - Hf(\boldsymbol{x}_i^{n-1})
\end{aligned} \tag{2.164}$$

而不能够正确求解等权重方程的粒子则简单地进行模式演进，然后这些粒子的权重会发生衰退现象，而在重采样阶段被忽略不计。此时简单的模式演进方程为：

$$\boldsymbol{x}_i^n = f(\boldsymbol{x}_i^{n-1}) + Q^{1/2}\,\boldsymbol{\xi}_i^n \tag{2.165}$$

公式(2.163)和(2.165)中的 $\boldsymbol{\xi}_i^n$ 来自于一个混合概率密度分布，$\boldsymbol{\xi}_i^n \sim (1-\epsilon)\widetilde{U}_k(0,\gamma_U) + \epsilon \boldsymbol{N}(0,\gamma_N \boldsymbol{I})$，其中，$\epsilon = 0.001/N$，$\gamma_U = \gamma_N = 10^{-5}$。那么此处的提议密度可以表示为：

$$q(\boldsymbol{x}_i^n \mid \boldsymbol{x}_i^{n-1}, \boldsymbol{y}^n) = \frac{1}{|\boldsymbol{Q}^{1/2}|}\begin{cases} \dfrac{1-\epsilon}{(2\gamma_U)^k} + \dfrac{\epsilon}{(2\pi)^{k/2}\gamma_N}\exp\left[-\dfrac{1}{2}\boldsymbol{\xi}_i^{n\mathrm{T}}(\gamma_N^2 \boldsymbol{I})^{-1}\right], & \text{若}\ \boldsymbol{\xi}_{i,j}^n \in [-\gamma_U, \gamma_U], j = 1,\cdots,k \\ \dfrac{\epsilon}{(2\pi)^{k/2}\gamma_N}\exp\left[-\dfrac{1}{2}\boldsymbol{\xi}_i^{n\mathrm{T}}(\gamma_N^2 \boldsymbol{I})^{-1}\right], & \text{其他} \end{cases} \tag{2.166}$$

2.3.6 转换粒子滤波

在重采样粒子滤波方法中，首先对先验粒子进行加权以表示后验粒子，然后简单地通过复制高权重粒子并舍弃低权重粒子，将加权先验粒子转换为等权重后验粒子。转换粒子滤波方法试图找到一种变换，以确定性的方式将先验粒子移动为后验粒子。

集合转换粒子滤波(Ensemble Transform Particle Filter，ETPF)是一种一步转换粒子滤波方法，仅采用一个转换步骤将先验粒子转换为后验粒子。后验粒子是先验粒子的线性组合：

$$\boldsymbol{X}^a = \boldsymbol{X}^f \boldsymbol{D} \tag{2.167}$$

其中，矩阵 $\boldsymbol{X}^f = [\boldsymbol{x}_1^f, \cdots, \boldsymbol{x}_N^f]$，$\boldsymbol{X}^a = [\boldsymbol{x}_1^a, \cdots, \boldsymbol{x}_N^a]$。$\boldsymbol{D}$ 为变换矩阵，需满足 $d_{ij} \geqslant 0$，$\sum_i d_{ij} = 1$ 且 $\sum_j d_{ij} = w_i N$。满足这三个条件的 $\boldsymbol{D}$ 的选取方式有很多种，一种方案为：粒子从先验转换为后验时，在状态空间中的整体移动距离最小。这导致了一个最优运输问题，通常通过极小化代价函数来求解。

当权重退化时，这种方案并不起作用，因为所有粒子将移动到权重接近于 1 的先验粒子附近，导致解的退化。然而，这种方案的优点在于能够很方便地进行局地化，使矩阵 $\boldsymbol{D}$ 与空间相关。

ETPF 提供了一个从先验粒子到后验粒子的映射，但没有构造显式的变换矩阵。其基本算法如下：

(1)从模式的初始 pdf $p(\boldsymbol{x}^0)$ 中采样 N 个粒子。

(2)利用数值模式将所有粒子积分直到同化时间步，得到先验粒子 $\boldsymbol{x}_i^f$。

(3)计算每个粒子的权重 $w_i = p(\boldsymbol{y} \mid \boldsymbol{x}_i^f)$。

(4)构造代价函数：

$$J(\boldsymbol{T}) = \sum_{i,j=1}^{N} t_{ij} \| \boldsymbol{x}_i^f - \boldsymbol{x}_j^f \|^2 \tag{2.168}$$

求解极值问题

$$\min_T J(\boldsymbol{T})$$
$$t_{ij} \geqslant 0, \quad \sum_{i=1}^{N} t_{ij} = \frac{1}{N}, \sum_{j=1}^{N} t_{ij} = w_i \tag{2.169}$$

(5)计算分析粒子

$$\boldsymbol{x}_j^a = N \sum_{i=1}^{N} \boldsymbol{x}_i^f t_{ij}^* \tag{2.170}$$

2.3.7 粒子滤波局地化

假设资料同化系统的空间结构是适定的，即满足：①每个模式变量依附于一个空间位置，这个空间位置称为格点；②每个观测依附于一个空间位置，这个观测位置称为观测点(即观测是局地的)；③空间位置之间存在距离函数(即定义“观测点与格点间的距离”“两个格点间的距离”“一组格点的中心距离”等)。

在适定的空间结构的前提下，下文将讨论局地粒子滤波方法。粒子滤波方法的局地化可分为两类，一类称为“顺序观测局地化”，一类称为“模式块局地化”。

顺序观测局地化方案在每个观测点进行分析。当同化某个观测点的观测数据时，状态空间格点被分为两部分：处于距离该观测点较近格点上的模式变量被更新，而处于距离该观测点较远格点上的模式变量则不被更新。在此方案中，观测将单个(或多个)地按一定顺序被同化，这将导致算法难以并行，但可以缓解不平衡问题。

模式块局地化方案在单个(或多个)格点独立进行分析，这些格点只被附近的观测影响，所以算法易于实现和并行，但独立进行分析的状态变量之间没有直接的相互影响，可能出现不平衡问题。

2.3.7.1 顺序观测局地粒子滤波方法

在顺序观测局地化方案中，单个(或多个)观测被顺序同化，仅更新观测附近的模式状态量。如图2.6所示，U表示直接被观测影响的模式变量，V表示不被观测直接影响但被U中模式变量所更新的模式变量，W表示其余不被观测和其他模式变量所影响的模式变量。

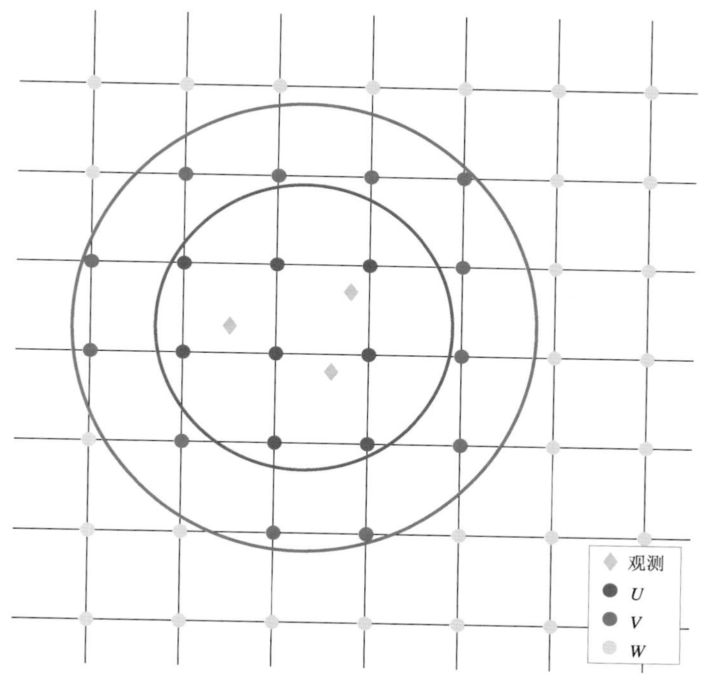

图2.6 顺序观测局地化方案示意图

基于顺序观测局地化方案，Poterjoy(2016)提出了一种顺序观测局地粒子滤波方法(SLPF)。该方法顺序地同化单个观测，并且将每个粒子的标量权重扩展为一个矢量，那么每个模式变量都附有一个权重。对于每个观测，SLPF仅更新该观测空间位置附近的模式变量的权重，然后使用合并方案，修改接近观测的模式变量，而远离观测的模式变量仍然保持其先验信息不变。

考虑Gaspri-Cohn(GC)函数作为局地化函数，其广泛应用于EnKF和PF的局地化方案中。局地化函数$l_{j,k}^{c}$的值取决于观测y_j和模式变量$x_{k,i}$的空间位置以及截止系数c的选取。GC函数具有紧支集，其衰减到0的半径为$2c$。SLPF的具体步骤如下：

(1)从模式的初始pdf $p(\boldsymbol{x}^0)$中采样N个粒子。

(2)利用数值模式将所有粒子积分直到同化时间步。

(3)对于当前时刻的每个标量观测$y_j, j=1,2,\cdots,N_y$，同化过程如下(为了表述简便，忽

略时间上标 n)：

①对于 $i=1,2,\cdots,N$,计算标量权重：

$$w_i \propto \exp\left\{-\frac{[y_j-\mathcal{H}_j(\boldsymbol{x}_i)]^2}{2\sigma_j^2}\right\} \tag{2.171}$$

②对权重 $\{w_i \mid i=1,2,\cdots,N\}$ 进行重采样,得到重采样指标 $s_1,s_2,\cdots,s_N$。

③更新局地权重 $\omega_{k,i}$：

$$\begin{aligned}\widetilde{w}_{k,i}^j &= p(y_j \mid \boldsymbol{x}_i)\cdot l_{j,k}^c+(1-l_{j,k}^c)\\ \omega_{k,i}^j &= \omega_{k,i}^{j-1}\cdot\widetilde{\omega}_{k,i}^j\end{aligned} \tag{2.172}$$

并计算标准化因子 $\Omega_k^j=\sum_{i=1}^N \omega_{k,i}^j$。

④对于 $k=1,2,\cdots,N_x$,以及 $i=1,2,\cdots,N$,采用合并方案更新模式变量：

$$x_{k,i}^j=\overline{x}_k^j+r_{1,k}[x_{k,s_i}^{j-1}-\overline{x}_k^j]+r_{2,k}[x_{k,i}^{j-1}-\overline{x}_k^j] \tag{2.173}$$

其中,提议粒子的加权平均值为 $\overline{x}_k^j=\sum_{i=1}^N \frac{\omega_{k,i}^j}{\Omega_k^j}x_{k,i}^{j-1}$。参数 $r_{1,k}$ 和 $r_{2,k}$ 提供了重采样粒子和先验粒子的线性组合；见公式(2.174)：

$$\begin{aligned}d_k &= \frac{N(1-l_{j,k}^c)}{\Omega_k^j\, l_{j,k}^c}\\ (\sigma_k^j)^2 &= \sum_{i=1}^N \frac{\omega_{k,i}^j}{\Omega_k^j}[x_{k,i}^{j-1}-\overline{x}_k^j]^2\\ r_{1,k} &= \sqrt{\frac{(\sigma_k^j)^2}{\frac{1}{N-1}\sum_{i=1}^N\{x_{k,s_i}^{j-1}-\overline{x}_k^j+d_k[x_{k,i}^{j-1}-\overline{x}_k^j]\}^2}}\\ r_{2,k} &= d_k\, r_{1,k}\end{aligned} \tag{2.174}$$

(4)重复(2)、(3)步,直到同化完所有观测。

另外，Poterjoy(2016)采用参数 $0<\alpha<1$ 来调整标量权重。实际上,这种调整设定了权重的下限,这可以减少滤波退化的发生。通常，α 的取值略小于 1。

2.3.7.2 模式块局地粒子滤波方法

如图 2.7 所示，以模式变量 x_k 的空间位置为中心,半径为 $2c^B$ 的圆形(或球形)区域称为局地块(block),用 B 表示;具有相同的中心位置,但半径为 $2c^D$ 的圆形(或球形)区域称为局地域(domain),用 D 表示。模式块局地化方案对模式变量 x_k 进行分析时,只考虑位于 D 中的观测,和位于 B 中的模式变量。

基于模式块局地化方案,Penny 等(2016)提出了模式块局地粒子滤波方法(BLPF)。

类似于 ETKF,PF 可以表达成转换的形式,也就是将 PF 理解为从背景集合到分析集合的转换：

$$\boldsymbol{X}^a=\boldsymbol{T}\boldsymbol{X}^b \tag{2.175}$$

其中，$\boldsymbol{X}^b$ 的每列为背景集合成员，$\boldsymbol{X}^a$ 的每列为分析集合成员。$\boldsymbol{T}$ 为转换函数。

令 $\boldsymbol{b}$ 为背景粒子的指标向量，$\boldsymbol{a}$ 为分析粒子的指标向量。

$$\begin{aligned}\boldsymbol{b} &\in \{\boldsymbol{z}\in\mathbb{Z}^k \mid \boldsymbol{z}=(1,2,3,\cdots,N)^{\mathrm{T}}\}\\ \boldsymbol{a} &\in \{\boldsymbol{z}\in\mathbb{Z}^k \mid \boldsymbol{z}=(a_1,a_2,a_3,\cdots,a_N)^{\mathrm{T}},a_i\in[1,N]\}\end{aligned} \tag{2.176}$$

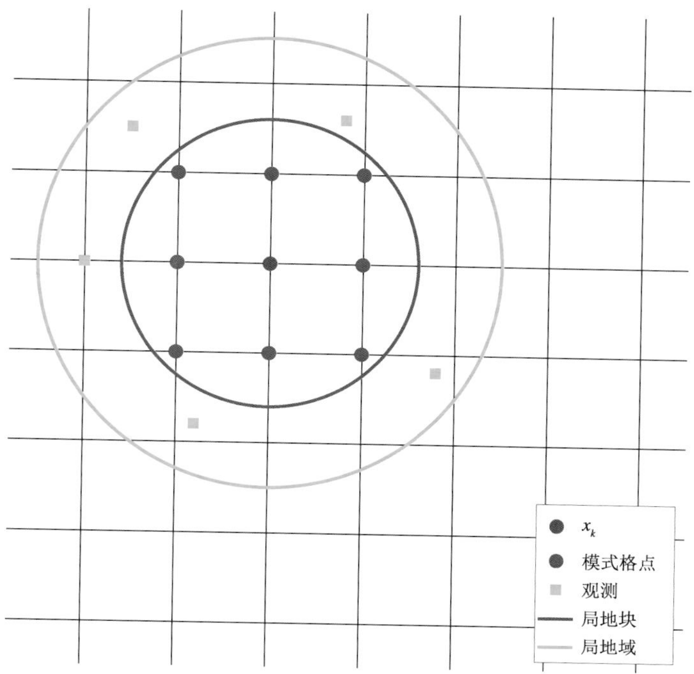

图 2.7　模式块局地化方案的示意图。红色圆点表示与提议权重 $w_{i,k}^{*}$ 对应的模式变量 $x_{i,k}^{n}$ 。蓝色圆点为模式变量，黄色正方形为观测。蓝色实线包围的部分表示局地块，黄色实线包围的区域表示局地域

其中，$\boldsymbol{b}$ 为从 1 到 N 的有序指标组成的向量集。而 $\boldsymbol{a}$ 为 $\boldsymbol{b}$ 的子元素组成的向量，没有特定的排序，且有可能存在重复的指标。可将 $\boldsymbol{a}$ 推广为随模式格点变化，例如，对于任意格点 k ，向量 $\boldsymbol{a}_p$ 代表格点 k 处的重采样指标，即：

$$\boldsymbol{X}_{(k,i)}^{a}=\boldsymbol{X}_{(k,a_{k,i})}^{b} \tag{2.177}$$

其中，括号中的参数分别表示矩阵 $\boldsymbol{X}$ 的行和列。

定义第 i 个元素为 1 、其他元素为 0 的向量为：

$$\boldsymbol{e}_i \in \{\boldsymbol{z}\in \mathbb{Z}^N \mid \boldsymbol{z}=(0,\cdots,0,1_i,0,\cdots,0)^T\} \tag{2.178}$$

那么可以定义：

$$\boldsymbol{E}_{N\times N}=[\boldsymbol{e}_{a_1},\boldsymbol{e}_{a_2},\cdots,\boldsymbol{e}_{a_N}] \tag{2.179}$$

对于简单重采样粒子滤波方法，指标矩阵 $\boldsymbol{E}_{N\times N}$ 由 N 个标准基向量 $\boldsymbol{e}_i$ 组成，其元素为 0 或 1 ，由重采样得到。那么，简单重采样粒子滤波方法的分析集合由下面的转换定义：

$$\boldsymbol{X}_{N_x\times N}^{a}=\boldsymbol{X}_{N_x\times N}^{b}\boldsymbol{E}_{N\times N} \tag{2.180}$$

为了表述方便，采用 Einstein 求和约定来表述分析矩阵的元素：

$$\boldsymbol{X}^a=\begin{bmatrix} x_{1,i}\,e_{i,1} & x_{1,i}\,e_{i,2} & \cdots & x_{1,i}\,e_{i,N} \\ x_{2,i}\,e_{i,1} & x_{2,i}\,e_{i,2} & \cdots & x_{2,i}\,e_{i,N} \\ \vdots & \vdots & \ddots & \vdots \\ x_{N_x,i}\,e_{i,1} & x_{N_x,i}\,e_{i,2} & \cdots & x_{N_x,i}\,e_{i,N} \end{bmatrix} \tag{2.181}$$

其中，$x_{1,i}\,e_{i,1}$ 表示关于指标 i 求和，即 $\boldsymbol{X}^b$ 的第一行与 $\boldsymbol{E}$ 的第一列的乘积。

对于给定的模式格点 k，利用该格点附近的观测可以计算得到相应的权重，根据这组权重，可进行随机遍历重采样，那么就可以得到指标矩阵，从而得到分析集合。但为了减少相邻格点间的不连续性，将局地转换矩阵与粒子指标相关联。这个想法来源于(BOWLER，2006)的权重插值，由 Yang 等(2009)应用于 LETKF 中。在某个格点处，存在 N 个背景信息片段。在简单重采样粒子滤波方法中，只有 1 个背景粒子能够被单个分析粒子所保留。而 BLPF 的单个分析粒子将保留 1 至 N 个背景粒子的信息。那么对于给定的模式格点 k，BLPF 的在该点处的分析粒子 i 为局地域 D 内的背景粒子的线性组合，即：

$$\boldsymbol{X}_{(k,i)}^{\mathrm{BLPF}} = \frac{1}{2}\boldsymbol{X}_{(k,i)}^{a} + \frac{1}{2N}\sum_{m\in B,m\neq k}\boldsymbol{X}_{(k,a_{m,i})}^{b} \tag{2.182}$$

综上所述，下面给出 BLPF 的计算步骤：

(1)从模式的初始 pdf $p(x^0)$ 中采样 N 个粒子；

(2)利用数值模式将所有粒子积分直到同化时间步；

(3)对于每个模式变量 $k=1,2,\cdots,N_x$：根据局地域 D 中的观测计算似然权重；根据似然权重进行随机遍历重采样，得到重采样指标 $a_{k,i}$。

(4)根据公式(2.182)，计算最终的后验粒子。

2.4 混合资料同化

前三节介绍的四维变分、集合卡尔曼滤波和粒子滤波已成为三类经典资料同化方法，从前面的分析可以看出三类方法有各自的优缺点。四维变分同化中的背景场误差协方差通常都是基于时空均匀和各向同性的假设，从而可以通过气候统计方法得到，但这种得到的背景场误差协方差通常是静态的，不能合理地估计随形势变化的信息，尽管通过切线性和伴随模式约束隐式包含了背景误差随天气变化的流依赖属性，但是受到变分系统中的诸多线性假设条件和固定的背景误差协方差等方面的限制。集合卡尔曼滤波中，背景误差协方差由一组短期集合预报扰动估计获得，这样就可以得到具有“流依赖”属性的背景误差协方差，避免了四维变分同化使用静态背景误差协方差的缺陷。但为了避免更新循环中大矩阵的求逆，各种形式的集合卡尔曼滤波均需要顺序同化观测资料，导致计算代价随观测数量的增加而线性增长，而在变分同化方法中，随着观测资料数量的增加，计算代价变化并不明显。粒子滤波能够处理非线性非高斯问题，但一直存在粒子退化等问题。那么是否可以结合这些方法的优势，克服各自的缺点，发展出具有杂交优势的混合方法在 21 世纪初进入了研究人员的视野，首先尝试的是结合变分方法和集合卡尔曼滤波方法的优势，发展出变分框架下具有流依赖属性的误差协方差集合估计的新资料同化方法，即集合变分资料同化。本书作者将这种混合思想拓展到了粒子滤波与集合卡尔曼滤波和变分同化优势结合上，在集合卡尔曼滤波与粒子滤波混合、粒子滤波与变分混合方法两个方面做了开创性工作，本节先集中综述这三大类混合资料同化方法的基本思想和发展状况，后续的三章对相关内容进行更深入的探讨。

2.4.1 集合变分混合方法

如何利用观测资料对分析场进行有效更新，依赖于背景场能否对不均匀的观测信息在空间上尽可能合理的传播，这种信息传递是否好，既依赖于数值预报模式的质量，更取决于对背景误差协方差的统计描述，因此背景误差协方差估计是变分同化中的一个核心内容。

目前的集合变分混合方法都是将变分同化中引入的满秩、准静态、粗略的 $\boldsymbol{B}_0$ 与流依赖、欠秩的集合 $\boldsymbol{P}^b_{(N)}$ 进行组合，形成更优的背景场误差协方差（表示为 $\boldsymbol{B}_h$）统计方法，Bannister 等(2017)讨论了组合 $\boldsymbol{B}_0$ 与 $\boldsymbol{P}^b_{(N)}$ 矩阵的六种方法，本书将集合变分混合方法分为如下三类：

(1)集合变分同化方法，基本思想是利用一组变分同化统计得到的流背景场误差参数信息，然后重新校正或替换变分同化中的背景场误差协方差矩阵 $\boldsymbol{B}_0$，从而实现了 $\boldsymbol{B}_0$ 的流依赖，这一种方法通常也被称为集合变分同化，最典型的是 ECMWF 实现的集合资料同化 EDA。

(2)背景误差协方差矩阵显式混合，即将静态或气候态的背景场误差协方差矩阵 $\boldsymbol{B}_0$ 和流依赖 $\boldsymbol{P}^b_{(N)}$ 显式组合在一起，形成显式平均，这种方法也被称为 α 变量方法。

(3)背景误差协方差矩阵隐式混合，典型的是增益矩阵混合，利用分析步中得到的增益矩阵，而不是将对背景协方差矩阵进行混合，这一类成为增益矩阵混合方法，另一种是局地化集合变分方法。

多个中心的业务化同化系统已采用集合变分混合方法，这三种方法我们在下面的三个小节中做进一步介绍。

2.4.1.1 集合变分同化方法

变分方法由于使用了固定的或气候态的误差协方差矩阵而不是最优的，而 EnKF 方法由于欠采样也不是最优的，因此自然就提出了是否能结合变分方法和 EnKF 方法优点的混合资料同化方法，这种结合本质上就是统计得到的气候背景误差协方差和 EnKF 得到的流依赖背景误差信息的结合。集合变分同化是以变分资料同化框架为基础，利用集合预报或变分集合的扰动场信息，构造具有流依赖属性的背景误差协方差，从而克服变分同化中固定、均匀及各项同性的背景误差协方差的缺陷，改善分析和预报的质量。

顾名思义，集合变分同化方法是一组变分同化的集合。基本思想就是使用一组变分同化来连续更新或校正背景场误差协方差矩阵 $\boldsymbol{B}_0$，这实际上是一种将背景场误差协方差矩阵的集合信息和气候信息进行混合的方法，集合变分同化方法可总结为图 2.8。

集合变分同化方法包含了集合和变分两个系统，分别用于提供 $\boldsymbol{P}^b_{(N)}$ 和生成数值预报模式所需分析场，集合系统即可以是一组扰动变分同化集合，也可以是短时集合预报集合，用来提供流依赖的背景误差协方差，为了节省计算量，集合系统往往在低分辨率下实现，即用单个成员计算量相对较小的演化或积分集合估计出流依赖背景误差协方差。而变分系统在高分辨率下将集合系统生成的低分辨率流依赖背景场误差协方差信息结合到系统中，而为了避免变分系统出现耗散，集合系统为变分系统提供初始时刻所需的分析场。集合系统可采用多种演化或积分方式，如集合卡曼滤波 EnKF、集合平方根滤波 EnSRF、集合转置卡曼滤波 ETKF、集合调整卡曼滤波 EAKF、三/四维变分资料同化等。这些系统通过显示（如集合卡曼滤波，集合资料同化）或隐式扰动方式（如集合调整卡曼滤波）构造统计流依赖背景误差协方差所需的样本。

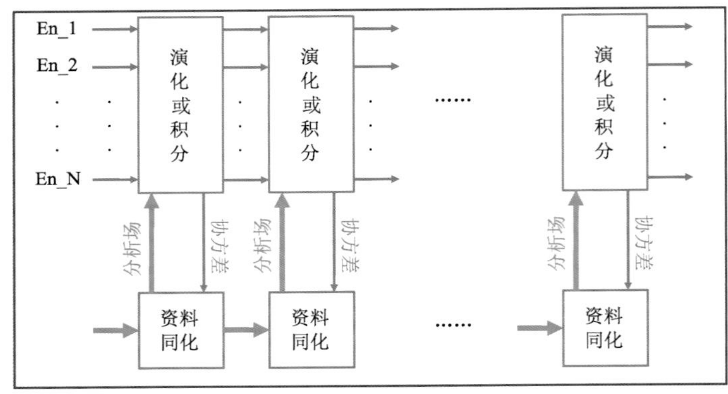

图 2.8　混合资料同化方法的基本思想

混合的基本过程可归结为用单个成员计算量相对较小的“集合系统”估计出 $P^b_{(N)}$，代替或与“同化系统”中 $\boldsymbol{B}_0$ 进行加权组合，同时为了避免“集合系统”出现耗散，“同化系统”为“集合系统”提供初始时刻所需的分析场(Bannister，2017)。如法国气象局采用低分辨率的集合四维变分资料同化(En4DVar)作为“集合系统”，为高分辨率的四维变分资料同化系统提供 $\boldsymbol{P}^b_{(N)}$，而加拿大环境预报中心则通过集合卡曼滤波估计 $\boldsymbol{P}^b_{(N)}$，两种混合方式的最大区别在于同化系统中是否采用了切线性伴随模式。

法国气象局和 ECMWF 正在业务上使用的集合变分同化 EDA(Bonavita et al.，2012，2010；Raynaud et al.，2012)是这一类方法的典型代表。

由于集合方法存在抽样误差，尤其是出于计算量考虑，普遍采用小样本，如 ECMWF 在业务上使用的 EDA 样本数早期为 10 个，后面增加到 25 个。因此为了消除小样本引起的噪声，需要引入滤波方法，因此滤波是集合变分中重要的组成部分。另外由于集合方法往往是低估离散度，因此需要引入膨胀。集合变分同化方法是建立在传统变分同化框架上，因此包含了变分同化相同的物理约束和模式动力过程，从而使得分析更加协调，也便于应用各种复杂观测算子，同时又有效结合了集合卡尔曼滤波中背景误差协方差随流型变化优点。

表 2.1 简要地列举了全球七个数值预报中心中的混合资料同化的业务配置方案。可以看出，这七个中心都应该采用了集合变分同化方法，在集合系统中采用了集合四维变分同化 En4DVar(ECMWF、Meteo-France)、集合卡尔曼滤波(DWD、NCEP)和集合预报(Met Office)，而同化系统都是使用变分同化。此处的 En4DVar 是指集合四维变分资料同化，即是一组四维变分资料同化集合，而 4DEnVar 是指四维集合变分资料同化。

表 2.1　全球七大数值中心的混合资料同化系统

数值预报业务中心	集合系统	同化系统	集合成员数
ECMWF(Bonavita et al.，2016；Massart，2018)	En4DVar	4DVar	51
DWD (Zängl et al.，2015)	LETKF	3DVar	40
Meteo-France(Berre et al.，2015；Ménétrier et al.，2015a)	En4DVar	4DVar	25
Met Office(Bowler et al.，2017；Ménétrier et al.，2015a)	MOGREPS-G	4DEnVar	23
NRL(Bishop et al.，2011)	3DEnVar	4DVar	80
NCEP(Wang et al.，2014)	EnKF	4DEnVar	80
EC (Buehner et al.，2015)	EnKF	4DVar	38

(1)集合四维变分资料同化 En4DVar

2.1 节的四维变分目标函数,引入新的控制变量 $\delta_{\chi\,\mathrm{var}}$, $\delta\boldsymbol{x} = \boldsymbol{L}\delta_{\chi\,\mathrm{var}}$ 。其中,$\boldsymbol{L}$ 称为控制变量转换算子,满足 $\boldsymbol{L}^T \boldsymbol{B}_0^{-1}\boldsymbol{L} = \boldsymbol{I}$,增量形式的目标函数可以写为:

$$J_{\mathrm{inc}}(\delta_{\chi\,\mathrm{Var}}) = \frac{1}{2}(\delta_{\chi\,\mathrm{Var}})^{\mathrm{T}}(\delta_{\chi\,\mathrm{Var}}) + \frac{1}{2}\sum_{t=0}^{T}(\delta\boldsymbol{d}_t)^{\mathrm{T}} R_t^{-1}(\delta\boldsymbol{d}_t) \tag{2.183}$$

$$\delta\boldsymbol{d}_t = \boldsymbol{d}_t - \boldsymbol{H}_t\boldsymbol{M}_{0,t}\boldsymbol{L}\delta_{\chi\,\mathrm{Var}} \tag{2.184}$$

En4DVar 中的控制变量用 $\boldsymbol{\chi}_{\mathrm{ens}}$ 表示,目标泛函形式为:

$$J^{\mathrm{En4DVar}}(\boldsymbol{\chi}_{\mathrm{ens}}) = \frac{1}{2}(\boldsymbol{\chi}_{\mathrm{ens}})^{\mathrm{T}}(\boldsymbol{\chi}_{\mathrm{ens}}) + \frac{1}{2}\sum_{t=0}^{T}(\boldsymbol{d}_t - \boldsymbol{H}_t\boldsymbol{M}_{0,t}\boldsymbol{W}^b\boldsymbol{\chi}_{\mathrm{ens}})^{\mathrm{T}}\boldsymbol{R}_t^{-1}(\boldsymbol{d}_t - \boldsymbol{H}_t\boldsymbol{M}_{0,t}\boldsymbol{W}^b\boldsymbol{\chi}_{\mathrm{ens}}) \tag{2.185}$$

$$\underline{\boldsymbol{d}} = \underline{\boldsymbol{y}}^o - \underline{\mathcal{H}}_M(\boldsymbol{x}^b), \boldsymbol{d}_t = \boldsymbol{y}_t^o - \mathcal{H}_t(\boldsymbol{x}^b(t)) \tag{2.186}$$

下划线表示$[0,T_1,\cdots,T]$,共 T+1 个时间序列。$\underline{\boldsymbol{H}}_M$ 表示 $T+1$ 个时间序列的线性化观测算子与切线性模式的乘积。En4DVar 目标泛函与 4DVar 的主要区别是:采用了从集合中统计得到的 $\boldsymbol{W}^b$ 代替 $\boldsymbol{L}$ 的预处理角色 $\delta\boldsymbol{x} = \boldsymbol{W}^b\boldsymbol{\chi}_{\mathrm{ens}}$, $\boldsymbol{x}^a = \boldsymbol{x}^b + \boldsymbol{W}^b\boldsymbol{\chi}_{\mathrm{ens}}\,\underline{\boldsymbol{H}}_M\boldsymbol{W}^b\boldsymbol{\chi}_{\mathrm{ens}}$ 。进一步可导出 En4DVar 目标泛函梯度为:

$$\begin{aligned}\nabla_{\chi_{\mathrm{ens}}} J^{\mathrm{En4DVar}} &= \boldsymbol{\chi}_{\mathrm{ens}} - \boldsymbol{W}^b\sum_{t=0}^{T}\boldsymbol{M}_{0,t}^{\mathrm{T}}\boldsymbol{H}_t^{\mathrm{T}}\boldsymbol{R}_t^{-1}(\boldsymbol{d}_t - \boldsymbol{H}_t\boldsymbol{M}_{0,t}\boldsymbol{W}^b\boldsymbol{\chi}_{\mathrm{ens}})\\ &= \boldsymbol{\chi}_{\mathrm{ens}} - \boldsymbol{W}^{bT}\underline{\boldsymbol{H}}_M^{\mathrm{T}}\underline{\boldsymbol{R}}^{-1}(\boldsymbol{d}_t - \underline{\boldsymbol{H}}_M\boldsymbol{W}^b\boldsymbol{\chi}_{\mathrm{ens}})\end{aligned} \tag{2.187}$$

可以看出,在 En4DVar 中需要引用模式的切线性算子 $\boldsymbol{M}_{0,t}$ 和伴随算子 $\boldsymbol{M}_{0,t}^{\mathrm{T}}$,因此 En4DVar 的计算量非常庞大。

(2)四维集合变分资料同化 4DEnVar

4DEnVar 采用与 EnKF 和 EnKS 类似的处理方法(Liu et al., 2008, 2009, 2013),即对于 t 时刻的观测 p_t ,通过非线性算子 $\mathcal{H}_t$ 和 $\mathcal{M}_{0,t}$ 把等式(2.185)中的 $\boldsymbol{H}_t\boldsymbol{M}_{0,t}\boldsymbol{W}^b$ 转化为 $p_t \times N$ 元矩阵 $\boldsymbol{Y}_t^x$:

$$\boldsymbol{Y}_t^x = \boldsymbol{H}_t\boldsymbol{M}_{0,t}\boldsymbol{W}^b \approx \frac{1}{\sqrt{N-1}}(\mathcal{H}_t(\mathcal{M}_{0,t}(\boldsymbol{x}_{(1)}^b)) - \overline{\boldsymbol{y}_t^x}, \cdots, \mathcal{H}_t(\mathcal{M}_{0,t}(\boldsymbol{x}_{(N)}^b)) - \overline{\boldsymbol{y}_t^x}) \tag{2.188}$$

引入 $\overline{\boldsymbol{y}_t^x} = \mathcal{H}_t(\mathcal{M}_{0,T}(\overline{\boldsymbol{x}^b}))$, $\underline{\boldsymbol{Y}}^x = \begin{pmatrix}\boldsymbol{Y}_0^x\\ \vdots \\ \boldsymbol{Y}_T^x\end{pmatrix} = \underline{\boldsymbol{H}}_M\boldsymbol{W}^b$,得到关于 4DEnVar 的目标泛函为:

$$\boldsymbol{J}^{\mathrm{4DEnVar}}(\boldsymbol{\chi}_{\mathrm{ens}}) = \frac{1}{2}(\boldsymbol{\chi}_{\mathrm{ens}})^{\mathrm{T}}\boldsymbol{I}(\boldsymbol{\chi}_{\mathrm{ens}}) + \frac{1}{2}(\underline{\boldsymbol{d}} - \underline{\boldsymbol{Y}}^x\boldsymbol{\chi}_{\mathrm{ens}})^{\mathrm{T}}\boldsymbol{R}_t^{-1}(\underline{\boldsymbol{d}} - \underline{\boldsymbol{Y}}^x\boldsymbol{\chi}_{\mathrm{ens}}) \tag{2.189}$$

梯度为:

$$\nabla_{\chi_{\mathrm{ens}}}\boldsymbol{J}^{\mathrm{4DEnVar}} = \boldsymbol{\chi}_{\mathrm{ens}} - \underline{\boldsymbol{Y}}^{x\,\mathrm{T}}\underline{\boldsymbol{R}}^{-1}(\boldsymbol{d}_t - \underline{\boldsymbol{Y}}^x\boldsymbol{\chi}_{\mathrm{ens}}) \tag{2.190}$$

可以看出,在 4DEnVar 中不再需要引用模式的切线性算子 $\boldsymbol{M}_{0,t}$ 和伴随算子 $\boldsymbol{M}_{0,t}^{\mathrm{T}}$, $\boldsymbol{W}^b(t)$ 用 $\mathcal{H}_t(\mathcal{M}_{0,t}(\boldsymbol{x}_{(1)}^b)) - \overline{\boldsymbol{y}_t^x}$ 近似,而在 En4DVar 中,即需要利用线性模式对 $\boldsymbol{W}^b$ 进行演变 $\boldsymbol{W}^b(t) = \boldsymbol{M}_{0,t}\boldsymbol{W}^b(0)$ 。

相对于 En4DVar,4DEnVar 不需要显示定义背景误差协方差矩阵、不需要发展和维护切线性/伴随模式,有利于业务系统的升级改造,且并行度好易扩展。但由于 $\boldsymbol{\chi}_{\mathrm{ens}}$ 的样本维数远小于模式维数，即 $N \ll n$，将维数为 n 的问题缩小到维数为 N 的子空间中表述，会降低精度。因此，目前尚未见有关实现 4DEnVar 业务化的相关报道。而 En4DVar 在欧洲中期数值预报中心和法国气象局实现了业务化，其业务实现对四维变分系统的水平提升起到了非常重要的作用。

2.4.1.2 背景误差协方差矩阵显式混合

背景误差协方差显式混合就是将气候态的 $\boldsymbol{B}_0$ 和基于集合生成的流依赖 $\boldsymbol{P}^b_{(N)}$ 混合的方法，Hamill 等(2000)定义了经典的 hybrid 背景误差协方差矩阵 $\boldsymbol{B}_h$，即为 $\boldsymbol{B}_0$ 和 $\boldsymbol{P}^b_{(N)}$ 的加权平均值：

$$\boldsymbol{B}_h = (1-\beta)\,\boldsymbol{B}_0 + \beta\boldsymbol{P}^b_{(N)} \tag{2.191}$$

其中，β ($0 \leqslant \beta \leqslant 1$)是控制静态和流依赖协方差的权重的可调参数。对于大型系统来说，使用显式矩阵是不切实际的，因此下面介绍使用隐式 $\boldsymbol{B}_h$ 的方法。

ECMWF 迄今为止都是利用这种混合方法是对背景误差协方差矩阵进行建模。然后将该模型用于背景误差采样，这取决于当天的气象情况并由 EDA 系统产生。适应日变化样本拟合 B 的一种替代方案是将固定气候项和从背景扰动集合产生的流依赖分量进行组合。在这种情况下，模式空间中的分析增量可以表示为气候态 $\boldsymbol{B}_0$ 张成的子空间增量与集合预报扰动样本的线性组合(采用系数 α)之和(该方法通常称为 α 控制变量或扩展控制变量(Lorenc, 2003))，这相当于气候态和流依赖误差协方差矩阵的线性组合(Wang et al.，2007)。

在实践中，由于集合大小有限，其贡献是局地化的。这是通过系数 α 在地理上缓慢变化来实现的。在代价函数中引入附加约束项 $J = 1/2\,\alpha^T \boldsymbol{C}^{-1}_{\mathrm{loc}}\alpha$ 控制变量 α，其中，$\boldsymbol{C}_{\mathrm{loc}}$ 矩阵是用于控制变量 α 的空间变化的经验协方差矩阵，因而控制集合扰动的局地化，这种类型的混合同化方案已经在 WRF(Wang et al.，2008)中实施，目前也在英国气象局业务运行(Clayton et al.，2013)。通过将四维变分分析与 EnKF 分析结果进行平均，得到了正效果，但存在一些与初始化和 spin-up 相关的缺点。

α 控制变量方法结合了四维变分的全局和满秩、集合同化的局地化和流依赖两方面的组件，以一致方式一起优化，从而原则上避免了上述缺点。因为它是在四维变分环境中执行，所以这种组合分析也能从 Jc-DFI 之类的代价函数附加项中受益。ECMWF 的四维变分的 α 控制变量扩展已实现在 OOPS 框架中。然而为了与 IFS 一起使用，它需要模式空间的局地化矩阵。在法国气象局 4DEnVar 环境下开发的局地化方法可以用于此。虽然概念上有很大不同，但是从与模式空间局地化理解相关的技术角度和科学观点来看，4DEnVar 和四维变分中的 α 控制变量之间存在协同作用。研发将继续在同一框架内进行，并尽可能建立协同效应。

2.4.1.3 背景误差协方差矩阵隐式混合

该方法结合前文中的控制变量转换，隐式地表示了 $\boldsymbol{B}_0$ 和 $\boldsymbol{P}^b_{(N)}$。在将四维变分与 En4Dvar hybrid 的情况下展现出来：

$$\delta\boldsymbol{x} = U\delta\boldsymbol{\chi}_{\mathrm{var}} \tag{2.192}$$

其中，$\boldsymbol{\chi}_{\mathrm{var}}$ 为“控制变量”；$\delta\boldsymbol{x}$ 为模式空间变量；$\boldsymbol{U}$ 为控制变量变换(control variable transform，CVT)。控制变量转换是表示 $\boldsymbol{B}_0$ 的一个“技巧”，而不需要明确地知道它的值。有许多关键研究描述了用于气象资料同化的控制变量的选择(Berre，2000；Derber et al.，1999；Parrish et al.，1992)，和用于海洋资料同化的控制变量设置(Weaver et al.，2005)，以及一般的控制变

量变换(Bannister，2008；Ménétrier et al.，2015b)。

在混合集合四维变分(HEn4DVar)代价函数中，用控制变量来代替模式空间变量，且将 B_0 和 $P^b_{(N)}$ 混合：

$$J^{\mathrm{HEn4DVar}}(\delta\boldsymbol{\chi}_{\mathrm{var}},\boldsymbol{\chi}_{\mathrm{ens}})=\frac{1}{2}\|\delta\boldsymbol{\chi}_{\mathrm{var}}\|^2_{\boldsymbol{I}}+\frac{1}{2}\|\boldsymbol{\chi}_{\mathrm{ens}}\|^2_{\boldsymbol{I}}+\frac{1}{2}\sum_{t=0}^{T}\|\delta\boldsymbol{d}_t\|^2_{\boldsymbol{R}_t^{-1}}$$

$$\delta\boldsymbol{d}_t=\boldsymbol{d}_t-\boldsymbol{H}_t\boldsymbol{M}_{0,t}\sqrt{1-\beta}\boldsymbol{U}\delta\boldsymbol{\chi}_{\mathrm{var}}+\sqrt{\beta}\boldsymbol{X}^b\boldsymbol{\chi}_{\mathrm{ens}}$$

$$\boldsymbol{d}_t=\boldsymbol{y}^o_t-\mathcal{H}_t\{M_{0,t}(\boldsymbol{x}^b)\} \tag{2.193}$$

其中，n 表示模式状态的维数，N 为集合成员数。控制向量 $(\delta\boldsymbol{\chi}_{\mathrm{var}},\boldsymbol{\chi}_{\mathrm{ens}})$ 具有 $(n+N)$ 个元素，其中，$\delta\boldsymbol{\chi}_{\mathrm{var}}$ 与 $\boldsymbol{B}_0$ 相关联，$\boldsymbol{\chi}_{\mathrm{ens}}$ 与 $\boldsymbol{P}^b_{(N)}$ 相关联。$\boldsymbol{U}$ 是 $n\times n$ 的控制变量变换。$\boldsymbol{X}^b$ 为 $(n\times N)$ 矩阵，它的每一列由集合扰动 $(\boldsymbol{x}^b_{(i)}-\overline{\boldsymbol{x}^b})/\sqrt{N-1}$ 组成。

HEn4DVar 的代价函数可简写为：

$$J^{\mathrm{HEn4DVar}}(\boldsymbol{\chi}_h)=\frac{1}{2}\|\boldsymbol{\chi}_h\|^2_{I}+\frac{1}{2}\sum_{t=0}^{T}\|\delta\boldsymbol{d}_t\|^2_{\boldsymbol{R}_t^{-1}}$$

$$\boldsymbol{\chi}_h=\begin{pmatrix}\delta\boldsymbol{\chi}_{\mathrm{var}}\\ \boldsymbol{\chi}_{\mathrm{ens}}\end{pmatrix} \tag{2.194}$$

CVT 在 $t=0$ 时将 $\delta\boldsymbol{\chi}_{\mathrm{var}}$ 和 $\boldsymbol{\chi}_{\mathrm{ens}}$ 与 $\delta\boldsymbol{x}$ 相关联：

$$\begin{aligned}\delta\boldsymbol{x}&=\sqrt{1-\beta}\boldsymbol{U}\delta\boldsymbol{\chi}_{\mathrm{var}}+\sqrt{\beta}\boldsymbol{X}^b\boldsymbol{\chi}_{\mathrm{ens}}\\&=\boldsymbol{U}_h\boldsymbol{\chi}_h\\&=(\sqrt{1-\beta}\boldsymbol{U}\ \sqrt{\beta}\boldsymbol{X}^b)\boldsymbol{\chi}^h\end{aligned} \tag{2.195}$$

混合 CVT 结合 $\boldsymbol{U}$ 和 $\boldsymbol{X}^b$ 得到 $n\times(n+N)$ 矩阵 $\boldsymbol{U}_h=(\sqrt{1-\beta}\boldsymbol{U}\ \sqrt{\beta}\boldsymbol{X}^b)$。由 $\boldsymbol{\chi}^h$ 表示的背景误差协方差为 $(\boldsymbol{\chi}^h\boldsymbol{\chi}^{h^{\mathrm{T}}})_b=\boldsymbol{I}$，这意味着由模式空间变量 $\delta\boldsymbol{x}$ 表示的误差协方差为以下形式：

$$\begin{aligned}\boldsymbol{B}_h&=\langle\delta\boldsymbol{x}\delta\boldsymbol{x}^{\mathrm{T}}\rangle_b=(\sqrt{1-\beta}\boldsymbol{U}\ \sqrt{\beta}\boldsymbol{X}^b)(\boldsymbol{\chi}^h\boldsymbol{\chi}^{h\mathrm{T}})_b\begin{pmatrix}\sqrt{1-\beta}\boldsymbol{U}^{\mathrm{T}}\\ \sqrt{\beta}\boldsymbol{X}^{b\mathrm{T}}\end{pmatrix}\\&=(1-\beta)\boldsymbol{U}\boldsymbol{U}^{\mathrm{T}}+\beta\boldsymbol{X}^b\boldsymbol{X}^{b\mathrm{T}}=(1-\beta)\boldsymbol{B}_o+\beta\boldsymbol{P}^b_{(N)}\end{aligned} \tag{2.196}$$

$<\cdot>_b$ 表示对背景样本求期望值。等式和是相同的，这表明以下二者是等价的：

对 $\boldsymbol{\chi}^h$ 的代价函数进行最小化(采用 CVT)，然后将得到的控制变量增量用公式转换到模式空间；

将强约束 4DVar 代价函数中 $\boldsymbol{B}_0$ 替换为 $\boldsymbol{B}_h$，再进行最小化。

公式(2.196)避免了使用超大矩阵，虽然这种表示背景误差协方差矩阵的混合方法已经应用于强约束 4DVar，但也可以用于弱约束公式。当 $\beta=1$ ($\beta=0$)时，该系统与纯 En4DVar(纯 Var)相同。

(1)增益矩阵混合

采用 $\boldsymbol{B}_0$ 与 $\boldsymbol{P}^b_{(N)}$ 的加权平均作为背景误差协方差矩阵是最常见的混合方案类型，另一种混合方案则是通过融合 Var 和 EnKF 的增益矩阵作为分析卡尔曼增益 $\boldsymbol{K}^h$。对于三维情形，混合方案可以表示为：

$$\boldsymbol{K}^h=\beta_1\boldsymbol{K}^{\mathrm{ens}}+\beta_2\boldsymbol{K}^{\mathrm{ens}}+\beta_3\boldsymbol{K}^{\mathrm{var}}\boldsymbol{H}\boldsymbol{K}^{\mathrm{ens}}$$

$$\boldsymbol{K}^{\mathrm{ens}}=\boldsymbol{P}^b_{(N)}\boldsymbol{H}^{\mathrm{T}}(\boldsymbol{H}\boldsymbol{P}^b_{(N)}\boldsymbol{H}^{\mathrm{T}}+\boldsymbol{R})^{-1}$$

$$\boldsymbol{K}^{\mathrm{var}}=\boldsymbol{B}_0\boldsymbol{H}^{\mathrm{T}}(\boldsymbol{H}\boldsymbol{B}_0\boldsymbol{H}^{\mathrm{T}}+\boldsymbol{R})^{-1} \tag{2.197}$$

其中，β_i 为标量。$\boldsymbol{K}^{\text{ens}}$ 和$\boldsymbol{K}^{\text{var}}$ 分别代表纯 Var 和纯 EnKF 的卡尔曼增益，在高维系统中不能显式计算得到。

将该混合方案应用于 Lorenz 96 模式的 3DVar 和 LETKF 中，并将参数分别设置为 $\beta_1 = 1$、$\beta_2 = \alpha$ 和$\beta_3 = -\alpha$ 。那么混合增益为：

$$\boldsymbol{K}^h = \boldsymbol{K}^{\text{ens}} + \alpha \boldsymbol{K}^{\text{var}}(\boldsymbol{I} - \boldsymbol{H}\boldsymbol{K}^{\text{ens}}) \tag{2.198}$$

则混合分析值 $\boldsymbol{x}^a = \boldsymbol{x}^b + \boldsymbol{K}^h(\boldsymbol{y}^o - \boldsymbol{H}\boldsymbol{x}^b)$ 。相当于首先运行 EnKF 得到集合均值 $\boldsymbol{x}^a_{\text{ens}}$ ，然后用该均值作为背景场运行 Var 得到 $\boldsymbol{x}^a_{\text{var}}$ ，最后进行加权平均得到混合分析值：$\boldsymbol{x}^a_h = \boldsymbol{x}^a_{\text{ens}} + \alpha \boldsymbol{x}^a_{\text{var}}$ 。发现，这种混合方案能够改进单一纯方案得到的分析值，能充分利用现有 EnKF 和 Var 方案而无需额外开发。

Penny(2014)发现，这种 hybrid 方案改进了这些纯方案单独运行得到的分析值。这种 hybrid 方案对现有 EnKF 和 Var 方案几乎不需要额外的编程。

ECMWF 提出了混合增益集合资料同化(HG EnDA)系统，HG EnDA 原理图如图 2.9 所示。该方面本质上也是这类方法，HG EnDA 理论上能够获得具有与 EnKF 平方根版本(EnSR)相同计算效率，但又能避免 EnKF 的采样误差和局地化局限性。

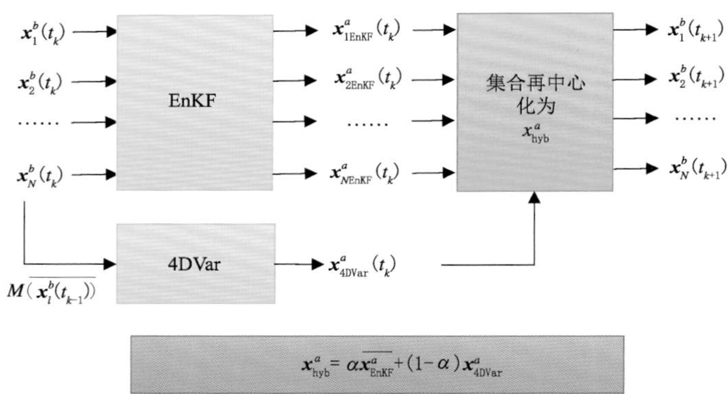

图 2.9 混合增益集合资料同化(HG EnDA)的原理图

从该图可以看出，除了标准的 EnKF 分析更新之外，还执行了增量 4DVar 分析。四维变分分析与 EnKF 分析紧密耦合：它使用来自前一个集合平均分析的短时预报作为同化窗口起始时的背景场，并且作为初猜线性化轨迹。EnKF 和四维变分分析在同化窗口中间有效(即在实验中使用的 6 h 循环设置 00,06,12,18UTC)然后线性组合以产生控制分析，分析集合以此为中心。注意 EnKF 和四维变分使用相同背景场，中心化步骤有效地组合了两个分析增量。区别于资料同化系统标准的混合 B 方式，即集合的 B 和静态 B 的线性组合，在 HG EnDA 中，计算基于集合的卡尔曼增益和气候卡尔曼增益矩阵并线性组合。每个分析增量的贡献权重参数(表示为 α)是可调的，大小反映了 EnKF 和四维变分分析的预期准确度。

Bonavita 等(2016)提出，HG EnDA 控制分析和预报比其 EDA 或 TL399 分辨率 EnKF 更准确。目前业务分辨率 EDA(TCo639)的最新实验证实，基于 HG EnDA 控制分析预报可以得到与当前业务高分辨率四维变分分析(IFS41r2；TCo1279)相似的评分。此结果还意味着高分辨率分析还有提升空间，如高分辨率同化采用紧耦合的集合 DA 组件以及更直接地使用集合信息。

(2)一致性局地化集合变分方法

EnVar 与 EnKF 是两套独立分析方法,采用的假设及表征的不缺性特征不尽相同,在多数情况下 EnVar 系统使用单独的 EnKF 系统为每个同化窗口生成 $\boldsymbol{X}^b$,会存在不协调不一致性的情况,使得混合后的分析场为次优结果。针对此问题,Auligné 等(2016)提出了一致性局地化集合变分方法(Ensemble Variational Integrated Localized [or Lanzos],EVIL)。与一般 Var 方法估计单个分析值不同,EVIL 采用 Var 最小化迭代的 Ritz 对信息来估计分析集合。

EVIL 的思想是在共轭梯度(conjugate gradient,CG)最小化算法与 Lanczos 方法密切相关的基础上提出的。概括来说,CG 算法 q 次迭代的梯度下降向量形成了一个 Krylov 子空间,该子空间中代价函数的 Hessian 矩阵为 $q \times q$ 的三对角矩阵。通常 $q \sim O(50)$,所以这样的 Hessian 矩阵可以很容易地对角化。控制空间中的 Hessian 矩阵特征向量(存储在 $Z_q \in \mathbb{R}^{n\times q}$ 中),和特征值(存储在 $q \times q$ 对角线矩阵 $\boldsymbol{\Theta}$ 中),称为 Ritz 对。通常,在二次系统中,分析误差协方差矩阵 $\boldsymbol{A}$ 是 Hessian 矩阵的倒数。那么,三维方案中的分析集合 $\boldsymbol{X}^a \in \mathbb{R}^{n\times q}$ 有以下近似:

$$\begin{aligned}\boldsymbol{X}^a &= \boldsymbol{X}^b + \boldsymbol{A}\boldsymbol{H}^{\mathrm{T}}\boldsymbol{R}^{-1}(\boldsymbol{Y}^o - \boldsymbol{H}\boldsymbol{X}^b) \\ &\approx \boldsymbol{X}^b + \boldsymbol{U}_h\boldsymbol{Z}_q\boldsymbol{\Theta}_q^{-1}\boldsymbol{Z}_q^{\mathrm{T}}\boldsymbol{U}_q^{\mathrm{T}}\boldsymbol{H}^{\mathrm{T}}\boldsymbol{R}^{-1}(\boldsymbol{Y}^o - \boldsymbol{H}\boldsymbol{X}^b)\end{aligned} \tag{2.199}$$

其中,$\boldsymbol{Z}_q\boldsymbol{\Theta}_q^{-1}\boldsymbol{Z}_q^{\mathrm{T}}$ 是 CG/Lanczos 过程中的分析误差协方差矩阵(在控制空间中);$\boldsymbol{Y}^o$ 是由随机扰动观测组成的 $p \times q$ 矩阵;$\boldsymbol{Y}^o\boldsymbol{U}_h$ 是混合 CVT 。首先通过 EnVar 最小化过程得到 Ritz 对的信息,然后计算分析集合,最后通过模式演进可得下一个预报集合。

公式(2.199)称为随机 EVIL(S-EVIL),是 EVIL 的一种实现方案。其他实现方案还有:采用 Ritz 对来计算分析误差协方差矩阵平方根的确定性 EVIL(D-EVIL),和能够提供额外集合成员的重采样 EVIL(R-EVIL)。EVIL 也给出 Ritz 对的对偶表示,从而能够应用于双共轭梯度算法。

为了合理表示 $\boldsymbol{A}$ 的特征谱,可能需要相对较高的迭代次数 q 。表明,在一个简化(垂向为单层)系统中,迭代次数 q 可能需要几百次。目前的计算机还无法负担这种量级的计算量,也许 EVIL 可以作为未来系统的选择。$\boldsymbol{Z}_q\boldsymbol{\Theta}_q^{-1}\boldsymbol{Z}_q^{\mathrm{T}}$ 表示分析误差协方差矩阵的能力需要进一步的验证。在非线性算子的情况下,EVIL 方法的性能也需要进一步检验,因为 Hessian 矩阵与分析误差协方差矩阵的关系不再有效。

2.4.2 集合 Kalman 与粒子滤波混合

EnKF 隐式地假定数值模式是线性的,预报误差和观测误差都是高斯分布的,这在大多数真实的地球物理系统中是不可能满足的。粒子滤波采用蒙特卡罗抽样方法来近似模式变量的完整后验概率分布,没有线性模式和高斯误差的约束,适用于任何非线性非高斯动力系统,但一直面临"维数灾难"问题而不能在实际上得到应用。将粒子滤波和集合卡尔曼滤波的优势结合,实现比各自独立更有优势的集合卡尔曼与粒子滤波混合方法是近年来的追求,主要有两种将集合卡尔曼方法与粒子滤波方法进行混合的思路:一种是将集合方法作为提议密度引入到粒子滤波框架中,在集合方法的基础上计算各个集合成员(即粒子)的权重;另一种是利用渐进校正原理将分析分为两个阶段,各个阶段分别采用集合方法和粒子滤波方法进行同化。下面详细介绍这两种思路的典型方法。

2.4.2.1 加权集合卡尔曼滤波方法

这是一种将集合方法作为提议密度引入到粒子滤波框架中混合方法。考虑随机扰动 EnKF (Houtekamer et al.,2005)作为提议密度,Papadakis 等(2010)提出了加权集合卡尔曼滤波方法(Weighted Ensemble Kalman Filter,WEnKF)。但 Papadakis 等(2010)和 Beyou 等(2013)错误地认为提议密度大约等于原始转移密度,而忽略了总权重中的提议权重。因此,总权重的方差减小了,从而在一定程度上缓解了滤波退化问题。然而,由于权重的计算不正确,每个粒子的重要性被错误地估计,也就无法获得正确的后验 pdf。

下面给出正确的总权重的计算公式。考虑到模式误差相对于模式变量较小,那么可以近似:

$$\begin{aligned}\mathcal{H}(\boldsymbol{x}_i^{n,f}) &= \mathcal{H}(\mathcal{M}(\boldsymbol{x}_i^{n-1})+\boldsymbol{\beta}_i^n)\\ &\approx \mathcal{H}(\mathcal{M}(\boldsymbol{x}_i^{n-1}))+\boldsymbol{H}\boldsymbol{\beta}_i^n\end{aligned} \tag{2.200}$$

其中,$\boldsymbol{H}$ 为 $\mathcal{H}$ 的切线性观测算子。那么,分析场可以分为两部分,其中确定性部分为:

$$\boldsymbol{\mu}_i^n = \mathcal{M}(\boldsymbol{x}_i^{n-1})+\boldsymbol{K}_e[\boldsymbol{y}-\mathcal{H}(\mathcal{M}(\boldsymbol{x}_i^{n-1}))] \tag{2.201}$$

余下的为随机部分。若假设模式误差与观测误差无关,则随机部分的协方差矩阵为:

$$\boldsymbol{\Sigma} = (\boldsymbol{I}-\boldsymbol{K}_e\boldsymbol{H})\boldsymbol{Q}(\boldsymbol{I}-\boldsymbol{K}_e\boldsymbol{H})^{\mathrm{T}}+\boldsymbol{K}_e\boldsymbol{R}\boldsymbol{K}_e^{\mathrm{T}} \tag{2.202}$$

那么提议权重的分母为:

$$q(\boldsymbol{x}_i^n \mid \boldsymbol{x}^{n-1},\boldsymbol{y}^n) \propto \exp\left[-\frac{1}{2}(\boldsymbol{x}_i^n-\boldsymbol{\mu}_i^n)^{\mathrm{T}}\boldsymbol{\Sigma}^{-1}(\boldsymbol{x}_i^n-\boldsymbol{\mu}_i^n)\right] \tag{2.203}$$

最后,推导出转移密度,也就是提议权重的分子为:

$$p(\boldsymbol{x}_i^n \mid \boldsymbol{x}_i^{n-1}) \propto \exp\left[-\frac{1}{2}(\boldsymbol{x}_i^n-\mathcal{M}(\boldsymbol{x}_i^{n-1}))^{\mathrm{T}}\boldsymbol{Q}^{-1}(\boldsymbol{x}_i^n-\mathcal{M}(\boldsymbol{x}_i^{n-1}))\right] \tag{2.204}$$

WEnKF 的主要思想为首先引入随机扰动 EnKF 作为提议密度,然后计算总权重,最后根据总权重进行重采样,其主要步骤为:

(1)从模式的初始 pdf $p(\boldsymbol{x}^0)$ 中采样 N 个粒子。

(2)利用数值模式将所有粒子积分直到同化时间步,得到先验粒子。

(3)对先验粒子执行随机扰动 EnKF ,得到提议粒子。

(4)利用提议粒子的值,计算每个粒子的似然权重。

(5)利用提议粒子的值,计算每个粒子的提议权重。

(6)计算每个粒子的总权重并标准化,使得所有粒子的权重之和为 1。

(7)重采样以得到等权重的后验粒子集合。

(8)重复(2)~(7)步,直到同化完所有观测。

WEnKF 中的 EnKF 步骤仅使粒子更接近观测值,但不能确保粒子的权重相等。从目前的结论来看,使用局地化的 EnKF 作为提议密度在高维系统中仍然无法阻止滤波退化(Morzfeld et al.,2017)。

2.4.2.2 顺序局地集合卡尔曼粒子滤波方法

与采用 EnKF 作为提议密度的 WEnKF 方法不同,集合卡尔曼粒子滤波方法(Frei et al.,2013)引入了一个标量参数 $\gamma\in[0,1]$,从而将 EnKF 与 PF 作为两个阶段结合起来并控制二者的比例。它的核心思想是根据 Musso 等(2001)的渐进校正原理将分析分为两个阶段。第一阶段,利用一部分似然 $p(\boldsymbol{y}\mid\boldsymbol{x})^{\gamma}$ 通过 EnKF 分析将集合成员“拉”向观测值;第二阶段,针对似然的其余部分 $p(\boldsymbol{y}\mid\boldsymbol{x})^{1-\gamma}$ 利用 PF 更新粒子。通过这种方式,EnKPF 可以通过重采样捕获某些非高斯分布特征，同时保持粒子的多样性。对于任何固定的 $\gamma > 0$，当背景误差不满足高斯分布时，随着粒子数目趋于无穷大，EnKPF 不会收敛到真实的后验分布。对于非高斯背景分布，EnKPF 以较小的偏差为代价减小了 PF 的权重的方差，可以看出这是一种典型的混合方法。

Robert 等(2017)对 EnKPF 中的 PF 阶段进行了顺序局地化，提出了局地集合卡尔曼粒子滤波(LEnKPF)。在 PF 阶段，将观测分到 B 个块中，再进行顺序同化。LEnKPF 采用顺序观测局地化的思想，如图 2.6 所示，U 表示直接影响观测块的模式变量，V 表示不影响观测块但与 U 中模式变量有关的模式变量，W 表示其余的模式变量。下面以同化观测块 $\boldsymbol{y}_1$ 为例，说明 LEnKPF 的主要计算步骤。

(1)进行第一阶段的 EnKF 分析。

(2)进行第二阶段的 PF 分析：

①利用混合高斯分布表示 EnKF 的后验分布：

$$\pi^{\gamma} = \frac{1}{N}\sum_{i=1}^{N} N(\boldsymbol{v}_{i,U}^{n}, \boldsymbol{A}_{UU}) \tag{2.205}$$

其中，

$$\begin{aligned} \boldsymbol{v}_{i,U}^{n} &= \boldsymbol{x}_{i,U}^{n,f} + \boldsymbol{K}_e(\gamma \boldsymbol{P}_{UU})[\boldsymbol{y}_1 - \mathcal{H}_1(\boldsymbol{x}_{i,U}^{n,f})] \\ \boldsymbol{A}_{UU} &= \frac{1}{\gamma}\boldsymbol{K}_e(\gamma \boldsymbol{P}_{UU})\boldsymbol{R}_1 \boldsymbol{K}_e^{\mathrm{T}}(\gamma \boldsymbol{P}_{UU}) \end{aligned} \tag{2.206}$$

$\boldsymbol{K}_e(\gamma \boldsymbol{P}_{UU})$ 表示采用协方差矩阵 $\gamma \boldsymbol{P}_{UU}$ 计算得到的卡尔曼增益矩阵。

②根据贝叶斯定理，将 π^{γ} 作为先验 pdf，$p(\boldsymbol{y}_1 \mid \boldsymbol{x})^{1-\gamma}$ 作为似然，从而得到后验的混合高斯分布为：

$$\pi^{a} = \sum_{i=1}^{N} w_i N(\boldsymbol{\mu}_{i,U}^{n}, \boldsymbol{P}_{UU}^{a}) \tag{2.207}$$

其中，

$$\begin{gathered} \boldsymbol{\mu}_{i,U}^{n} = \boldsymbol{v}_{i,U}^{n} + \boldsymbol{K}_e((1-\gamma)\boldsymbol{A}_{UU})[\boldsymbol{y}_1 - \mathcal{H}_1(\boldsymbol{v}_i, U^n)] \\ \boldsymbol{P}_{UU}^{a} = [\boldsymbol{I} - \boldsymbol{K}_e((1-\gamma)\boldsymbol{A}_{UU}H]\boldsymbol{A}_{UU} \\ w_i \propto \exp\{-[\boldsymbol{y}_1 - \mathcal{H}_1(\boldsymbol{\mu}_{i,U}^{n})](\boldsymbol{H}\boldsymbol{A}_{UU}\boldsymbol{H}^{\mathrm{T}} + \boldsymbol{R}_1/(1-\gamma))^{-1}[\boldsymbol{y}_1 - H_1(\boldsymbol{\mu}_{i,U}^{n})]^{\mathrm{T}}\} \end{gathered} \tag{2.208}$$

③根据权重 w_i 进行重采样，得到重采样指标 I。

(3)对每一个粒子 $i = 1,2,\cdots,N$，随机采样 $\boldsymbol{\epsilon}_i^{a} \sim N(0, \boldsymbol{P}_{UU}^{a})$，然后更新模式变量：

$$\begin{gathered} \boldsymbol{x}_{i,U}^{a} = \boldsymbol{\mu}_{I(i),U}^{n} + \boldsymbol{\epsilon}_i^{a} \\ \boldsymbol{x}_{i,V}^{a} = \boldsymbol{x}_{i,V}^{n,f} + \boldsymbol{P}_{VU}(\boldsymbol{P}_{UU})^{-1}(\boldsymbol{x}_{i,U}^{a} - \boldsymbol{x}_{i,U}^{n,f}) \\ \boldsymbol{x}_{i,W}^{a} = \boldsymbol{x}_{i,W}^{n,f} \end{gathered} \tag{2.209}$$

Farchi 等(2018)利用一个二维正压涡度模式，以 RMSE 为指标对比了不同的局地粒子滤波方法以及 LETKF。试验结果表明，在可承受的计算代价内，LEnKPF 的同化效果远优于其他的局地粒子滤波方法。若观测算子为线性时，LEnKPF 的同化效果略差于 LETKF，而观测算子为非线性时，LEnKPF 的同化效果远优于 LETKF。

2.4.3 粒子滤波与变分混合方法

4DVar 相比其他方法，具有能够保持模式动力平衡性、模式演进和观测算子可以存在弱非线性、能够进行全局同化而避免局地化引起的动力不平衡、允许在代价函数中添加其他条件，如变分偏差订正(Dee, 2004)、数字滤波(Gauthier et al., 2001)以及弱约束项等。但4DVar同样不能处理非高斯后验概率密度分布，而粒子滤波具有模拟非高斯后验概率密度分布的能力，能适应于强非线性系统。所以，以弱约束四维变分作为提议密度，应用隐式等权重方法的基本思想，构建四维空间(三维空间加一维时间)下的隐式等权重粒子平滑方法，实现粒子滤波与四维变分同化之间的混合，将4DVar的优点引入粒子滤波中。

2.4.3.1 以4DVar作为提议密度

在2.3.5.2节的隐式粒子滤波中，我们可以看到 $\phi_i = \min F_i(\boldsymbol{x}_i^n)$ 和 $\boldsymbol{x}_i^a = \operatorname{argmin} F_i(\boldsymbol{x}_i^n)$ 都可以通过极小化过程得到，这与变分方法的极小化过程是一致的，因此，我们可以通过隐式采样建立粒子滤波和4DVar的联系。

如果考虑时间维，给定时间窗口 $[0:n]$，根据贝叶斯定理，后验概率密度分布可以表示为：

$$p(\boldsymbol{x}^{0:n} \mid \boldsymbol{y}^{1:n}) = \frac{p(\boldsymbol{y}^{1:n} \mid \boldsymbol{x}^{0:n})p(\boldsymbol{x}^{0:n})}{p(\boldsymbol{y}^{1:n})} \tag{2.210}$$

如果将目标概率密度分布选为上面的条件概率密度，那么隐式采样的目标函数可以写为：

$$F(\boldsymbol{x}_i^{0:n}) = -\lg p(\boldsymbol{x}^{0:n} \mid \boldsymbol{y}^{1:n}) \tag{2.211}$$

假设观测似然分布和模式误差服从高斯分布、观测误差时间上不相关，模式演进过程为一阶马尔可夫链过程(在已知之前所有时刻的模式状态的前提下，k 时刻的模式状态只与 $k-1$ 时刻的模式状态有关)，目标函数可以写为：

$$F(\boldsymbol{x}_i^{0:n}) = -\lg p(\boldsymbol{x}_i^0) + \frac{1}{2}\sum_{k=1}^{n} \| \boldsymbol{y}^k - \mathcal{H}^k(\boldsymbol{x}_i^k) \|_{R_k^{-1}}^2 + \frac{1}{2}\sum_{k=1}^{n} \| \boldsymbol{x}_i^k - \mathcal{M}^k(\boldsymbol{x}_i^{k-1}) \|_{Q_k^{-1}}^2 \tag{2.212}$$

其中，$\mathcal{H}$ 和 $\mathcal{M}$ 是非线性的模式和观测算子，$\boldsymbol{R}$ 和 $\boldsymbol{Q}$ 是观测误差、模式误差协方差矩阵。利用随机投影关系，式(2.156)结合隐式采样，D形式下的 $\boldsymbol{x}$ 和 ξ 的一一对应关系可以通过求解下面的公式(2.134)得到。根据Doucet等(2001)的定义，利用观测来估计过去和现在状态的粒子滤波称为粒子平滑器，那么以式(2.212)作为目标函数构建的隐式粒子滤波就称为隐式粒子平滑器。

如果先验分布也是高斯分布，那么式(2.212)和弱约束4DVar的代价函数(2.80)是一致的，此时 $\boldsymbol{x}_i^{a,0:n} = \operatorname{argmin}F(\boldsymbol{x}_i^{0:n})$ 和 $\phi_i = \min F(\boldsymbol{x}_i^{0:n})$ 都可以通过弱约束4DVar的极小化过程得到。如果不考虑模式误差，那么 F 可以取为强约束4DVar的代价函数。

注意在隐式粒子平滑方法中，$p(\boldsymbol{x}_i^0)$ 可以是非高斯分布的。隐式粒子平滑器和4DVar的区别在于隐式粒子平滑器近似于条件均值，从而使均方误差最小，而4DVar只计算了条件概率密度的模，通常这是一个有偏状态估计。此外，隐式粒子平滑器可以估计状态分布的不确定性，可以用于模拟多模态分布的后验概率密度分布。对于多模拟分布的后验概率密度分布，目标函数存在多个极小值，4DVar只能得到其中一个极小值，并且得到该处的模式状态，隐式粒子滤波理论上可以得到后验概率密度分布的所有模。

2.4.3.2 粒子滤波—集合变分混合方法

德国气象局的业务化集合变分(EnVAR)同化方法是基于混合 $\boldsymbol{B}$ 矩阵的方法，即流依赖的集合协方差 $\boldsymbol{B}_{\text{enkf}}$ 和静态的协方差 $\boldsymbol{B}_{\text{nmc}}$ 的加权组合。分析增量为：

$$\delta\boldsymbol{x} = \boldsymbol{\beta}_{\text{nmc}}^{1/2} \boldsymbol{B}_{\text{nmc}}^{1/2} \boldsymbol{\xi}_{\text{nmc}} + \boldsymbol{\beta}_{\text{enkf}}^{1/2} \boldsymbol{B}_{\text{enkf}}^{1/2} \boldsymbol{\xi}_{\text{enkf}} \tag{2.213}$$

式中，ξ_{nmc} 和 ξ_{enkf} 分别是 $\boldsymbol{B}_{\text{nmc}}$ 和 $\boldsymbol{B}_{\text{enkf}}$ 对应的控制向量。完整的控制向量 $\xi=[\xi_{\text{nmc}}\ \xi_{\text{enkf}}]^{\text{T}}$ 通过一个预条件处理的代价函数获取：

$$J(\xi)=\frac{1}{2}\xi^{\text{T}}\xi+\frac{1}{2}\|H(\boldsymbol{x}^b)+H\delta\boldsymbol{x}(\xi)-\boldsymbol{y}\|_{R^{-1}}^2 \tag{2.214}$$

在德国气象局的业务化系统中，集合是由 LETKF 提供的，正在研发的粒子滤波一集合变分混合方法的思想是将通过 LETKF 获取的集合替换为通过局地自适应粒子滤波 LAPF(localized adaptive particle filter)获取的集合。可以预见通过 LAPF 获得的集合包含了非高斯的信息。目前该混合方法仅仅是一个弱混合方法，即没有考虑将集合均值替换为变分分析值。在准业务化系统中，该混合方法预报质量与基于 LETKF 的集合变分方法相当。

参考文献

ADES M, VAN LEEUWEN P J, 2013. An exploration of the equivalent weights particle filter [J]. Quarterly Journal of the Royal Meteorological Society, 139(672): 820-840.

ADES M, VAN LEEUWEN P J, 2014. The equivalent weights particle filter in a high dimensional system [J]. Quarterly Journal of the Royal Meteorological Society, 141(687): 484-503.

ANDERSON J, LEI L, 2013. Empirical localization of observation impact in ensemble Kalman filters [J]. Monthly Weather Review, 141(11): 4140-4153.

ANDERSON J L, 2001. An ensemble adjustment Kalman filter for data assimilation [J]. Monthly Weather Review, 129(12): 2884-2903.

ANDERSON J L, 2003. A local least squares framework for ensemble filtering [J]. Monthly Weather Review, 131(4): 634-642.

ANDERSON J L, 2007. Exploring the need for localization in ensemble data assimilation using a hierarchical ensemble filter [J]. Physica D: Nonlinear Phenomena, 230(12): 99-111.

ANDERSON J L, 2009. Spatially and temporally varying adaptive covariance inflation for ensemble filters [J]. Tellus A, 61(1): 72-83.

ANDERSON J L, 2012. Localization and sampling error correction in ensemble Kalman filter data assimilation [J]. Monthly Weather Review, 140(7): 2359-2371.

AULIGNÉ T, MÉNÉTRIER B, LORENC A C, et al., 2016. Ensemble-variational integrated localized data assimilation [J]. Monthly Weather Review, 144(10): 3677-3696.

BANNISTER R N, 2008. A review of forecast error covariance statistics in atmospheric variational data assimilation. II: Modelling the forecast error covariance statistics [J]. Quarterly Journal of the Royal Meteorological Society, 134(637): 1971-1996.

BANNISTER R N, 2017. A review of operational methods of variational and ensemble-variational data assimilation [J]. Quarterly Journal of the Royal Meteorological Society, 143(703): 607-633.

BENGTSSON T, SNYDER C, NYCHKA D, 2003. Toward a nonlinear ensemble filter for high-dimensional systems [J]. Journal of Geophysical Research: Atmospheres, 108(D24).

BERRE L, 2000. Estimation of synoptic and mesoscale forecast error covariances in a limited-area model [J]. Monthly Weather Review, 128(3): 644-667.

BERRE L, VARELLA H, DESROZIERS G, 2015. Modelling of flow-dependent ensemble-based background-error correlations using a wavelet formulation in 4D-Var at Météo-France [J]. Quarterly Journal of the Royal Meteorological Society, 141(692): 2803-2812.

BEYOU S, CUZOL A, GORTHI S S, et al, 2013. Weighted ensemble transform Kalman filter for image assimilation [J]. Tellus, 65(1): 86-106.

BIERMAN G J, 2006. Factorization Methods for Discrete Sequential Estimation [M]. New York: Elsevier.

BISHOP C H, ETHERTON B J, MAJUMDAR S J, 2001. Adaptive sampling with the ensemble transform Kalman filter. Part I: Theoretical aspects [J]. Monthly Weather Review, 129(3): 420-436.

BISHOP C H, HODYSS D, 2007. Flow-adaptive moderation of spurious ensemble correlations and its use in ensemble-based data assimilation [J]. Quarterly Journal of the Royal Meteorological Society, 133(629): 2029-2044.

BISHOP C H, HODYSS D, 2009a. Ensemble covariances adaptively localized with ECO-RAP. Part 1: tests on simple error models [J]. Tellus A, 61(1): 84-96.

BISHOP C H, HODYSS D, 2009b. Ensemble covariances adaptively localized with ECO-RAP. Part 2: a strategy for the atmosphere [J]. Tellus A, 61(1): 97-111.

BISHOP C H, HODYSS D, 2011. Adaptive ensemble covariance localization in ensemble 4D-VAR State estimation [J]. Monthly Weather Review, 139(4): 1241-1255.

BISHOP C H, TOTH Z, 1999. Ensemble transformation and adaptive observations [J]. Journal of the Atmospheric Sciences, 56: 1748-1765.

BONAVITA M, HÓLM E, ISAKSEN L, et al, 2016. The evolution of the ECMWF hybrid data assimilation system [J]. Quarterly Journal of the Royal Meteorological Society, 142(694): 287-303.

BONAVITA M, ISAKSEN L, HÓLM E, 2012. On the use of EDA background error variances in the ECMWF 4D-Var [J]. Quarterly Journal of the Royal Meteorological Society, 138(667): 1540-1559.

BONAVITA M, RAYNAUD L, ISAKSEN L, 2010. Estimating background-error variances with the ECMWF ensemble of data assimilations system: the effect of ensemble size and day-to-day variability [Z]. In: ECMWF Technical Memorandum. Reading: ECMWF. p. 24.

BOWLER N E, 2006. Comparison of error breeding, singular vectors, random perturbations and ensemble Kalman filter perturbation strategies on a simple model [J]. Tellus A, 58(5): 538-548.

BOWLER N E, CLAYTON A M, JARDAK M, et al, 2017. Inflation and localisation tests in the development of an ensemble of 4D-ensemble variational assimilations: Development of an ensemble of 4D-ensemble variational assimilations [J]. Quarterly Journal of the Royal Meteorological Society, 143(704): 1280-1302.

BROWNE P A, VAN LEEUWEN P J, 2015. Twin experiments with the equivalent weights particle filter and HadCM3 [J]. Quarterly Journal of the Royal Meteorological Society, 141(693): 3399-3414.

BUEHNER M, MCTAGGART-COWAN R, BEAULNE A, et al, 2015. Implementation of deterministic weather forecasting systems based on ensemble-variational data assimilation at environment Canada. Part I: The Global System [J]. Monthly Weather Review, 143(7): 2560-2580.

BUIZZA R, HOUTEKAMER P L, TOTH Z, et al, 2005. A comparison of the ECMWF, MSC, and NCEP global ensemble prediction systems [J]. Monthly Weather Review, 133(5): 1076-1097.

BURGERS G, VAN LEEUWEN P J, EVENSEN G, 1998. Analysis scheme in the ensemble Kalman filter [J]. Monthly Weather Review, 126(6): 1719-1724.

CHORIN A J, TU X, 2009. Implicit sampling for particle filters [J]. Proceedings of the National Academy of Sciences, 106(41): 17249-17254.

CLAYTON A M, LORENC A C, BARKER D M, 2013. Operational implementation of a hybrid ensemble/4D-Var global data assimilation system at the Met-Office [J]. Quarterly Journal of the Royal Meteorological Society, 139(675): 1445-1461.

COURTIER P, THÉPAUT J-N, HOLLINGSWORTH A, 1994. A strategy for operational implementation of 4D-Var, using an incremental approach [J]. Quarterly Journal of the Royal Meteorological Society, 120(519): 1367-1387.

DALEY R, 1992. The effect of serially correlated observation and model error on atmospheric data assimilation [J]. Monthly Weather Review, 120: 164-177.

DEE D P, 2004. Variational bias correction of radiance data in the ECMWF system[C]. Proceedings of the ECMWF workshop on assimilation of high spectral resolution sounders in NWP, Reading, UK.

DERBER J, BOUTTIER F, 1999. A reformulation of the background error covariance in the ECMWF global data assimilation system [J]. Tellus A, 51(2): 195-221.

DESROZIERS G, BERRE L, CHAPNIK B, et al, 2005. Diagnosis of observation, background and analysis-error statistics in observation space [J]. Quarterly Journal of the Royal Meteorological Society, 131 (613): 3385-3396.

DOUCET A, DE FREITAS N, GORDON N, 2001. Sequential Monte Carlo Methods in Practice [M]. New York: Springer.

DOUCET A, GODSILL S, ANDRIEU C, 2000. On sequential Monte Carlo sampling methods for Bayesian filtering [J]. Statistics and Computing, 10: 197-208.

EVENSEN G, 2003. The ensemble Kalman filter: theoretical formulation and practical implementation [J]. Ocean Dynamics, 53(4): 343-367.

FARCHI A, BOCQUET M, 2018. Review article: Comparison of local particle filters and new implementations [J]. Nonlinear Processes in Geophysics, 25(4): 765-807.

FISHER M, TRÉMOLET Y, AUVINEN H, et al, 2011. Weak-Constraint and Long-Window 4D-Var [Z]. In: ECMWF Technical Memorandum. Reading: ECMWF. p. 47.

FREI M, KÜNSCH H R, 2013. Bridging the ensemble Kalman and particle filters [J]. Biometrika, 100(4): 781-800.

GASPARI G, COHN S E, 1999. Construction of correlation functions in two and three dimensions [J]. Quarterly Journal of the Royal Meteorological Society, 125(554): 723-757.

GASPERONI N A, WANG X, 2015. Adaptive localization for the ensemble-based observation impact estimate using regression confidence factors [J]. Monthly Weather Review, 143(6): 1981-2000.

GAUTHIER P, THÉPAUT J N, 2001. Impact of the digital filter as a weak constraint in the preoperational 4DVar assimilation system of météo-France [J]. Monthly Weather Review, 129(8): 2089-2102.

GILMOUR I, SMITH L A, BUIZZA K, 2001. Linear regime duration: Is 24 hours a long time in synoptic weather forecasting? [J]. Journal of the atmospheric sciences, 58(22): 3525-3539.

GRIFFITH A K, NICHOLS N K, 2000. Adjoint methods in data assimilation for estimating model error [J]. Flow, Turbulence and Combustion, 65(4): 469-488.

HAMILL T M, SNYDER C, 2000. A hybrid ensemble Kalman filter-3D variational analysis scheme [J]. Month Weather Review, 128(8): 2905-2919.

HOLLAND B, WANG X, 2013. Effects of sequential or simultaneous assimilation of observations and localization methods on the performance of the ensemble Kalman filter [J]. Quarterly Journal of the Royal Meteorological Society, 139(672): 758-770.

HOUTEKAMER P, MITCHELL H, 2005. Ensemble Kalman filtering [J]. Quarterly Journal of the Royal Meteorological Society, 131(613): 3269-3289.

HOUTEKAMER P L, 1995. The construction of optimal perturbations [J]. Monthly Weather Review, 123 (9): 2888-2898.

HOUTEKAMER P L, Derome J, 1995. Methods for ensemble prediction [J]. Monthly Weather Review, 123

(7): 2181-2196.

HOUTEKAMER P L, LEFAIVRE L, DEROME J, et al, 1996. A system simulation approach to ensemble prediction [J]. Monthly Weather Review, 124(6): 1225-1242.

HOUTEKAMER P L, MITCHELL H L, 2001. A sequential ensemble Kalman filter for atmospheric data assimilation [J]. Monthly Weather Review, 129(1): 123-137.

HOUTEKAMER P L, ZHANG F, 2016. Review of the ensemble Kalman filter for atmospheric data assimilation [J]. Monthly Weather Review, 144(12): 4489-4532.

HUNT B R, KOSTELICH E J, SZUNYOGH I, 2007. Efficient data assimilation for spatiotemporal chaos: A local ensemble transform Kalman filter [J]. Physica D: Nonlinear Phenomena, 230(1): 112-126.

KALMAN R E, 1960. A new approach to linear filtering and prediction problems [J]. Journal of Basic Engineering, 82(1): 35-45.

KALNAY E, 2002. Atmospheric Modeling, Data Assimilation and Predictability [M]. Cambridge, United Kingdom Cambridge University Press.

KITAGAWA G, 1996. Monte Carlo filter and smoother for non-gaussian nonlinear state space models [J]. Journal of Computational and Graphical Statistics, 5(1): 1-25.

LALOYAUX P, BONAVITA M, DAHOUI M, et al, 2020. Towards an unbiased stratospheric analysis [J]. Quarterly Journal of the Royal Meteorological Society, 146(730): 2392-2409.

LEUTBECHER M, LOCK S J, OLLINAHO P, et al, 2017. Stochastic representations of model uncertainties at ECMWF: state of the art and future vision [J]. Quarterly Journal of the Royal Meteorological Society, 143(707): 2315-2339.

LIU C, XIAO Q, WANG B, 2008. An ensemble-based Four-Dimensional Variational Data Assimilation Scheme. Part I: technical formulation and preliminary test [J]. Monthly Weather Review, 136(9): 3363-3373.

LIU C, XIAO Q, WANG B, 2009. An ensemble-based Four-Dimensional Variational Data Assimilation Scheme. Part II: Observing system simulation experiments with advanced research WRF (ARW) [J]. Monthly Weather Review, 137(5): 1687-1704.

LIU C, XIAO Q, WANG B, 2013. An ensemble-based Four-Dimensional Variational Data Assimilation Scheme. Part III: Antarctic applications with advanced research WRF using real data [J]. Monthly Weather Review, 141(8): 2721-2739.

LALOYAUX P, et al, 2020. Exploring the potential and limitations of weak-constraint 4D-Var [J]. Quarterly Journal of the Royal Meteorological Society, 146(733): 4067-4082.

LORENC A C, 1988. Optimal nonlinear objective analysis [J]. Quarterly Journal of the Royal Meteorological Society, 114(479): 205-240.

LORENC A C, 2003. Modelling of error covariances by 4D-Var data assimilation [J]. Quarterly Journal of the Royal Meteorological Society, 129(595): 3167-3182.

LORENZ E N, 1963. Deterministic nonperiodic flow [J]. Journal of Atmospheric Sciences, 20(2): 130-141.

MAJUMDAR S J, BISHOP C H, BUIZZAR, et al, 2002. A comparison of ensemble-transform kalman-filter targeting guidance with ECMWF and NRL total-energy singular-vector guidance[J]. Quarterly Journal of the Royal Meteorological Society: A journal of the atmospheric sciences, applied meteorology and physical oceanography, 128(585): 2527-2549.

MASSART S, 2018. A New Hybrid Formulation for the Background Error Covariance in the IFS: Implementation Aspects [Z]. In: ECMWF Technical Memorandum. Reading: ECMWF.

MAYBECK P S, 1982. Stochastic Models, Estimation, and Control [M]. New York: Academic press.

MÉNÉTRIER B, MONTMERLE T, MICHEL Y, et al, 2015a. Linear filtering of sample covariances for ensemble-based data assimilation. Part I: Optimality criteria and application to variance filtering and covariance localization [J]. Monthly Weather Review, 143(5): 1622-1643.

MÉNÉTRIER B, MONTMERLE T, MICHEL Y, et al, 2015b. Linear filtering of sample covariances for ensemble-based data assimilation. Part II: Application to a Convective-scale NWP model [J]. Monthly Weather Review, 143(5): 1644-1664.

MENG Z, ZHANG F, 2011. Limited-area ensemble-based data assimilation [J]. Monthly Weather Review, 139(7): 2025-2045.

MILLER R N, EHRET L L, 2014. Application of the implicit particle filter to a model of nearshore circulation [J]. Journal of Geophysical Research Oceans, 119(4): 2363-2385.

MILLER R N, GHIL M, GAUTHIEZ F, 1994. Advanced data assimilation in strongly nonlinear dynamical systems [J]. Journal of the Atmospheric Sciences, 51(8): 1037-1056.

MORZFELD M, HODYSS D, SNYDER C, 2017. What the collapse of the ensemble Kalman filter tells us about particle filters [J]. Tellus A: Dynamic Meteorology and Oceanography, 69(1): 1283809.

MORZFELD M, TU X, ATKINS E, et al, 2012. A random map implementation of implicit filters [J]. Journal of Computational Physics, 231(4): 2049-2066.

MOSELHY T A E, MARZOUK Y M, 2012. Bayesian inference with optimal maps [J]. Journal of Computational Physics, 231(23): 7815-7850.

MUSSO C, OUDJANE N, GLAND F L, 2001. Improving Regularised Particle Filters [M]. In: Sequential Monte Carlo Methods in Practice. New York: Springer. p. 247-271.

NAKANO S, UENO G, HIGUCHI T, 2007. Merging particle filter for sequential data assimilation [J]. Nonlinear Processes in Geophysics, 14(4): 222-227.

OTT E, HUNT B R, SZUNYOGH I, et al, 2004. A local ensemble Kalman filter for atmospheric data assimilation [J]. Tellus A, 56(5): 415-428.

PANNEKOUCKE O, BERRE L, DESROZIERS G, 2007. Filtering properties of wavelets for local background-error correlations [J]. Quarterly Journal of the Royal Meteorological Society, 133 (623): 363-379.

PANNEKOUCKE O, BERRE L, DESROZIERS G, 2008. Background-error correlation length-scale estimates and their sampling statistics [J]. Quarterly Journal of the Royal Meteorological Society, 134 (631): 497-508.

PAPADAKIS N, MÉMIN E, CUZOL A, et al, 2010. Data assimilation with the weighted ensemble Kalman filter [J]. Tellus A: Dynamic Meteorology and Oceanography, 62(5): 673-697.

PARRISH D F, DERBER J C, 1992. The national meteorological center's spectral statistical-interpolation analysis system [J]. Monthly Weather Review, 120(8): 1747-1763.

PENNY S G, 2014. The hybrid local ensemble transform Kalman filter [J]. Monthly Weather Review, 142 (6): 2139-2149.

PENNY S G, MIYOSHI T, 2016. A local particle filter for high dimensional geophysical systems [J]. Nonlinear Processes in Geophysics, 2(6): 1631-1658.

POTERJOY J, 2016. A localized particle filter for high-dimensional nonlinear systems [J]. Monthly Weather Review, 144(1): 59-76.

POTERJOY J, SOBASH R, ANDERSON J L, 2017. Convective-scale data assimilation for the Weather Research and Forecasting model using the local particle filter [J]. Monthly Weather Review, 145(5): 1897-1918.

POTERJOY J, WICKER L, BUEHNER M, 2019. Progress toward the application of a localized particle filter for numerical weather prediction [J]. Monthly Weather Review, 147(4): 1107-1126.

PURSER R J, WU W S, PARRISH D F, et al, 2003a. Numerical aspects of the application of recursive filters to variational statistical analysis. Part II: Spatially inhomogeneous and anisotropic General covariances [J]. Month Weather Review, 131(8).

PURSER R J, WU W S, PARRISH D F, et al, 2003b. Numerical aspects of the application of recursive filters to variational statistical analysis. Part I: Spatially homogeneous and isotropic Gaussian covariances [J]. Month Weather Review, 131(8).

RAYNAUD L, BERRE L, DESROZIERS G, 2012. Accounting for model error in the Météo-France ensemble data assimilation system [J]. Quarterly Journal of the Royal Meteorological Society, 138(662): 249-262.

REICH S, 2013. A non-parametric ensemble transform method for Bayesian inference [J]. Siam Journal on Scientific Computing, 35(4): A2013-A2024.

ROBERT S, KUNSCH H R, 2017. Localizing the ensemble Kalman particle filter [J]. Tellus Series a-Dynamic Meteorology and Oceanography, 69(1): 1282016.

SACHER W, BARTELLO P, 2008. Sampling errors in ensemble Kalman filtering. Part I: Theory [J]. Monthly Weather Review, 136(8): 3035-3049.

SAKOV P, BERTINO L, 2011. Relation between two common localisation methods for the EnKF [J]. Computational Geosciences, 15: 225-237.

SNYDER C, BENGTSSON T, BICKEL P, et al, 2008. Obstacles to high-dimensional particle filtering [J]. Monthly Weather Review, 136(12): 4629-4640.

SPANTINI A, BIGONI D, MARZOUK Y, 2018. Inference via low-dimensional couplings [J]. Journal of machine learning research, 19: 1-17.

TIPPETT M K, ANDERSON J L, BISHOP C H, et al, 2003. Ensemble square root filters [J]. Monthly Weather Review, 131(7): 1485-1490.

TOMPKINS A M, JANISKOVÁ M, 2004. A cloud scheme for data assimilation: Description and initial tests [J]. Quarterly Journal of the Royal Meteorological Society, 130(602): 2495-2517.

TOTH Z, KALNAY E, 1993. Ensemble forecasting at NMC: The generation of perturbations [J]. Bulletin of the American Meteorological Society, 74(12): 2317-2330.

TOTH Z, KALNAY E, 1997. Ensemble forecasting at NCEP and the breeding method [J]. Monthly Weather Review, 125(12): 3297-3319.

TRACTON M S, KALNAY E, 1993. Operational ensemble prediction at the national meteorological center: Practical aspects [J]. Weather and Forecasting, 8(3): 379-398.

TRÉMOLET Y, 2004. Diagnostics of linear and incremental approximations in 4D-Var [J]. Quarterly Journal of the Royal Meteorological Society, 130(601): 2233-2251.

TRÉMOLET Y, 2006. Accounting for an imperfect model in 4D-Var [J]. Quarterly Journal of the Royal Meteorological Society, 132: 2483-2504.

TRÉMOLET Y, 2007. Model error estimation in 4D-Var [Z]. In: ECMWF Technical Memoranda. Reading: ECMWF.

VAN LEEUWEN P J, 2003. Nonlinear ensemble data assimilation for the ocean[C]. Seminar on Recent developments in data assimilation for atmosphere and ocean.

VAN LEEUWEN P J, 2009. Particle filtering in geophysical systems [J]. Monthly Weather Review, 137(12): 4089-4114.

VAN LEEUWEN P J, KUNSCH H R, NERGER L, et al, 2019. Particle filters for high-dimensional geoscience applications: A review [J]. Quarterly Journal of the Royal Meteorological Society, 145(723): 2335-2365.

WANG X, BARKER D M, SNYDER C, et al, 2008. A hybrid ETKF-3DVAR data assimilation scheme for the WRF Model. Part I: Observing system simulation experiment [J]. Month Weather Review, 136 (12): 5116-5131.

WANG X, LEI T, 2014. GSI-Based Four-Dimensional Ensemble-Variational (4DEnsVar) data assimilation: Formulation and single-resolution experiments with real data for NCEP global forecast system [J]. Monthly Weather Review, 142(9): 3303-3325.

WANG X, SNYDER C, HAMILL T M, 2007. On the theoretical equivalence of differently proposed ensemble 3DVAR hybrid analysis schemes [J]. Month Weather Review, 135(1): 222-227.

WEAVER A T, DELTEL C, MACHU E, et al, 2005. A multivariate balance operator for variational ocean data assimilation [J]. Quarterly Journal of the Royal Meteorological Society, 131(613): 3605-3625.

WHITAKER J S, HAMILL T M, 2012. Evaluating methods to account for system errors in ensemble data assimilation [J]. Monthly Weather Review, 140(9): 3078-3089.

WU X, LI W, HAN G, et al, 2014. A compensatory approach of the fixed localization in EnKF [J]. Monthly Weather Review, 142(10): 3713-3733.

WU X, LI W, HAN G, et al, 2015. An adaptive compensatory approach of the fixed localization in the EnKF [J]. Monthly Weather Review, 143(11): 4714-4735.

YANG S C, KALNAY E, HUNT B, et al, 2009. Weight interpolation for efficient data assimilation with the local ensemble transform Kalman filter [J]. Quarterly Journal of the Royal Meteorological Society, 135 (638): 251-262.

YING Y, ZHANG F, 2015. An adaptive covariance relaxation method for ensemble data assimilation [J]. Quarterly Journal of the Royal Meteorological Society, 141(692): 2898-2906.

ZÄNGL G, REINERT D, RÍPODAS P, et al, 2015. The ICON (ICOsahedral Nonhydrostatic) modelling framework of DWD and MPI-M: Description of the nonhydrostatic dynamical core [J]. Q J R Meteorol Soc, 141(687): 563-579.

ZHANG F, SNYDER C, SUN J, 2004. Impacts of initial estimate and observation availability on convective-scale data assimilation with an ensemble Kalman filter [J]. Month Weather Review, 132(5): 1238-1253.

ZUPANSKI D, 1997. A general weak constraint applicable to operational 4DVAR data assimilation systems [J]. Monthly Weather Review, 125(9): 2274-2292.

ZUPANSKI M, 1993. Regional four-dimensional variational data assimilation in a quasi-operational forecasting environment [J]. Monthly Weather Review, 121: 2396-2408.

第 3 章
集合四维变分资料同化

第 2 章系统总结了集合变分混合资料同化方法的几种典型实现方式，其中的集合四维变分资料同化 En4DVar 已经在 ECMWF 和 Meteo-France 实现了业务化，并对提升这两个中心的数值预报业务能力做出了巨大贡献。本章将着重介绍 En4DVar 的基本原理及其在我们自己的四维变分资料同化系统（YH4DVar）中的实现情况，内容涉及不确定样本生成，流依赖球面小波背景误差协方差模型、方差滤波和方差校正、相关系数统计、平衡关系及其平衡系数统计，以及流依赖误差协方差在 YH4DVar 中的应用效果。

3.1 设计思想和基本原理

在第 2 章中已经介绍过，集合四维变分资料同化（En4DVar）的目的是统计得到流依赖背景场误差协方差，其基本思想是基于扰动理论，通过在观测和模式积分中叠加能表征同化—预报循环系统中不确定性的扰动，从而估计分析场的不确定性，具体实现过程是通过扰动观测资料、SST（海面温度）等下垫面边界条件，并在生成下一时刻背景场的模式预报中引入随机物理过程，从而得到一组扰动的分析场。图 3.1 为 En4DVar 的扰动分析—预报系统示意图，相对于控制系统，扰动系统采用相同的资料同化模块，但是通过扰动预报模式的随机物理过程来隐式地扰动背景场，而对观测资料和侧边界的扰动则是直接进行。理论上可以证明基于这组分析场能近似得到流依赖背景场误差协方差。

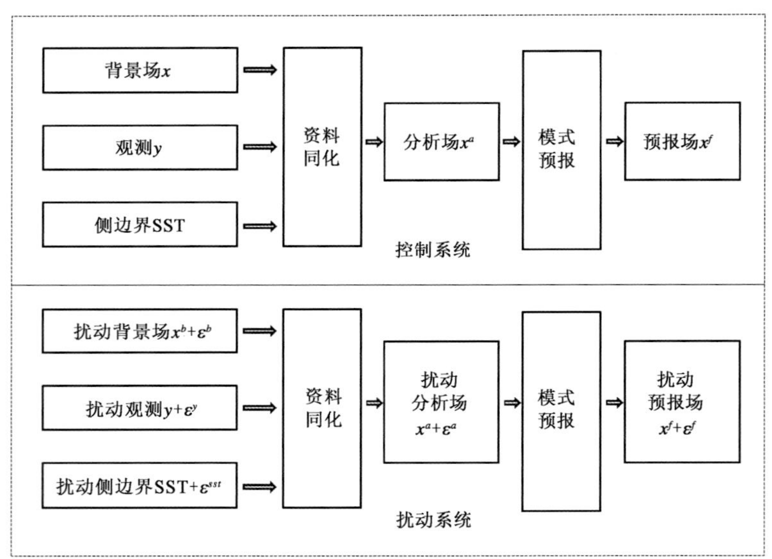

图 3.1 En4DVar 的扰动分析—预报系统

En4DVar 适用于线性系统和弱非线性系统，而对于强非线性系统则存在较大缺陷以下给出 ECMWF 关于 En4DVar 的理论推导过程。不失一般性，对于一个分析—预报系统可用下式表示：

$$\begin{aligned} \boldsymbol{x}_a^k &= \boldsymbol{x}_b^k + \boldsymbol{K}_k(\boldsymbol{y}^k - \boldsymbol{H}_k\boldsymbol{x}_b^k) \\ \boldsymbol{x}_b^{k+1} &= \boldsymbol{M}_k(\boldsymbol{x}_a^k) \end{aligned} \tag{3.1}$$

其中，k 表示分析循环步；$\boldsymbol{y}^k$ 是观测矢量；$\boldsymbol{x}_a^k$ 表示分析态；$\boldsymbol{x}_b^k$ 是背景场。$\boldsymbol{K}_k$ 和 $\boldsymbol{M}_k$ 为矩阵；不做任何假设的情况下，$\boldsymbol{K}_k$ 表示一般增益矩阵。假定分析和预报模式 $\boldsymbol{M}_k$ 都是弱非线性函数，则扰动的分析场和背景场可从下面的扰动系统中得到：

$$\begin{aligned} \tilde{\boldsymbol{x}}_a^k &= \tilde{\boldsymbol{x}}_b^k + \boldsymbol{K}_k(\boldsymbol{y}^k + \boldsymbol{\eta}^k - \boldsymbol{H}_k\tilde{\boldsymbol{x}}_b^k) \\ \tilde{\boldsymbol{x}}_b^{k+1} &= \boldsymbol{M}_k(\tilde{\boldsymbol{x}}_a^k) + \boldsymbol{\xi}^k \end{aligned} \tag{3.2}$$

其中，$\boldsymbol{\eta}^k$ 是从观测误差的概率密度函数 pdf 中得到的扰动，$\boldsymbol{\xi}^k$ 是模式误差的 pdf 中得到扰动。

假定背景场误差、观测误差和模式误差之间相互独立，协方差矩阵可变化为：

$$\begin{aligned} \boldsymbol{P}_k^a &= (\boldsymbol{I} - \boldsymbol{K}_k\boldsymbol{H}_k)\boldsymbol{P}_k^b(\boldsymbol{I} - \boldsymbol{K}_k\boldsymbol{H}_i)^{\mathrm{T}} + \boldsymbol{K}_k\boldsymbol{R}_k\boldsymbol{K}_k^{\mathrm{T}} \\ \boldsymbol{P}_{k+1}^b &= \boldsymbol{M}_k\boldsymbol{P}_k^b\boldsymbol{M}_k^{\mathrm{T}} + \boldsymbol{Q}_k \end{aligned} \tag{3.3}$$

这里 $\boldsymbol{R}_k$ 为观测误差协方差矩阵，$\boldsymbol{Q}_k$ 为模式误差协方差矩阵。扰动和非扰动系统的区别为：

$$\begin{aligned} \boldsymbol{\varepsilon}_a^k &= \tilde{\boldsymbol{x}}_a^k - \boldsymbol{x}_a^k \\ \boldsymbol{\varepsilon}_b^k &= \tilde{\boldsymbol{x}}_b^k - \boldsymbol{x}_b^k \end{aligned} \tag{3.4}$$

式(3.1)和式(3.2)相减可得到扰动项为：

$$\begin{aligned} \boldsymbol{\varepsilon}_a^k &= \boldsymbol{\varepsilon}_b^k + \boldsymbol{K}_k(\boldsymbol{\eta}^k - \boldsymbol{H}_k\boldsymbol{\varepsilon}_b^k) \\ \boldsymbol{\varepsilon}_b^{k+1} &= \boldsymbol{M}_k\boldsymbol{\varepsilon}_a^k + \boldsymbol{\zeta}^k \end{aligned} \tag{3.5}$$

假定 $\boldsymbol{\eta}^k$ 和 $\boldsymbol{\zeta}^k$ 的协方差矩阵分别为 $\boldsymbol{R}_k$ 和 $\boldsymbol{Q}_k$，写成协方差矩阵的形式：

$$\begin{aligned} \overline{\boldsymbol{\varepsilon}_a^k(\boldsymbol{\varepsilon}_a^k)^{\mathrm{T}}} &= (\boldsymbol{I} - \boldsymbol{K}_k\boldsymbol{H}_k)\overline{\boldsymbol{\varepsilon}_b^k(\boldsymbol{\varepsilon}_b^k)^{\mathrm{T}}}(\boldsymbol{I} - \boldsymbol{K}_k\boldsymbol{H}_k)^{\mathrm{T}} + \boldsymbol{K}_k\boldsymbol{R}_k\boldsymbol{K}_k^{\mathrm{T}} \\ \overline{\boldsymbol{\varepsilon}_b^{k+1}(\boldsymbol{\varepsilon}_b^{k+1})^{\mathrm{T}}} &= \boldsymbol{M}_k\overline{\boldsymbol{\varepsilon}_a^k(\boldsymbol{\varepsilon}_a^k)^{\mathrm{T}}}\boldsymbol{M}_k^{\mathrm{T}} + \boldsymbol{Q}^k \end{aligned} \tag{3.6}$$

如果对于分析步 k 满足 $\overline{\boldsymbol{\varepsilon}_b^k(\boldsymbol{\varepsilon}_b^k)^{\mathrm{T}}} = \boldsymbol{P}_k^p$，则对于所有的 $m \geqslant k$ 都有：

$$\overline{\boldsymbol{\varepsilon}_a^m(\boldsymbol{\varepsilon}_a^m)^{\mathrm{T}}} = \boldsymbol{P}_m^a, \overline{\boldsymbol{\varepsilon}_b^m(\boldsymbol{\varepsilon}_b^m)^{\mathrm{T}}} = \boldsymbol{P}_m^b \tag{3.7}$$

也就是说，对于后续的分析步，分析场和背景场扰动的协方差与分析场和背景场协方差是相等的。

En4DVar 的初始扰动 $\boldsymbol{\varepsilon}_b^0$ 可以不服从背景场误差的概率密度分布 pdf，而是某一个定值如 $\boldsymbol{\varepsilon}_b^0 = 0$，即所谓的冷启动。但可以证明对于任何初始扰动，$\boldsymbol{\varepsilon}_b^k$ 的协方差矩阵收敛于 $\boldsymbol{P}_k^b$。现在考虑两个扰动系统，其观测和模式误差扰动都相同，初始扰动 $\boldsymbol{\varepsilon}_b^0$ 不同，其中一个按照(3.2)式进行演化，另外一个则按照以下公式进行演化：

$$\begin{aligned} \tilde{\boldsymbol{x}}_a^k &= \hat{\boldsymbol{x}}_b^k + \boldsymbol{K}_k(\boldsymbol{y}^k + \boldsymbol{\eta}^k - \boldsymbol{H}_k\hat{\boldsymbol{x}}_b^k) \\ \tilde{\boldsymbol{x}}_b^{k+1} &= \boldsymbol{M}_k\hat{\boldsymbol{x}}_a^k + \boldsymbol{\xi}^k \end{aligned} \tag{3.8}$$

两式相减得到：

$$\begin{aligned} \boldsymbol{\delta}_a^k &= (1 - \boldsymbol{K}_k\boldsymbol{H}_k)\boldsymbol{\delta}_b^k, \quad \boldsymbol{\delta}_a^k = \hat{\boldsymbol{x}}_a^k - \tilde{\boldsymbol{x}}_a^k \\ \boldsymbol{\delta}_b^{k+1} &= \boldsymbol{M}_k\boldsymbol{\delta}_a^k, \quad \boldsymbol{\delta}_b^k = \hat{\boldsymbol{x}}_b^k - \tilde{\boldsymbol{x}}_b^k \end{aligned} \tag{3.9}$$

两个非扰动系统，按照(3.1)式进行演化，但初始态 x_b^k 不同，两个非扰动系统的方程差与(3.11)式相同。因此可以得出：如果从不同初值演化的扰动的分析—预报系统，在 $k \to \infty$时，都收敛到同样的解，解为相同扰动系统的收敛解，这个推论是由模式误差和动力学不确定性造成的。假定扰动系统中一个演化的初始扰动协方差矩阵为 $\boldsymbol{p}_b^k$，给定正确的观测和模式误差扰动，对于每一个连续的分析步都会得到正确的背景场和分析场扰动。即(对所有的 $m \geqslant k$，都

有 $\overline{\boldsymbol{\varepsilon}_a^m(\boldsymbol{\varepsilon}_a^m)^{\mathrm{T}}}=\boldsymbol{P}_m^a$ 和 $\overline{\boldsymbol{\varepsilon}_b^m(\boldsymbol{\varepsilon}_b^m)^{\mathrm{T}}}=\boldsymbol{P}_m^b$）。

图 3.2 给出了 En4DVar 冷启动的渐进性收敛情况，500 hPa 高度上温度场的全球集合离散度经过一个周的时间达到稳定，即假定观测和模式扰动是从其真实的误差协方差中得到，则经过一周后的集合离散度可正确的表征分析和背景误差的方差，这与 Fisher(2003)等的试验结论相似。

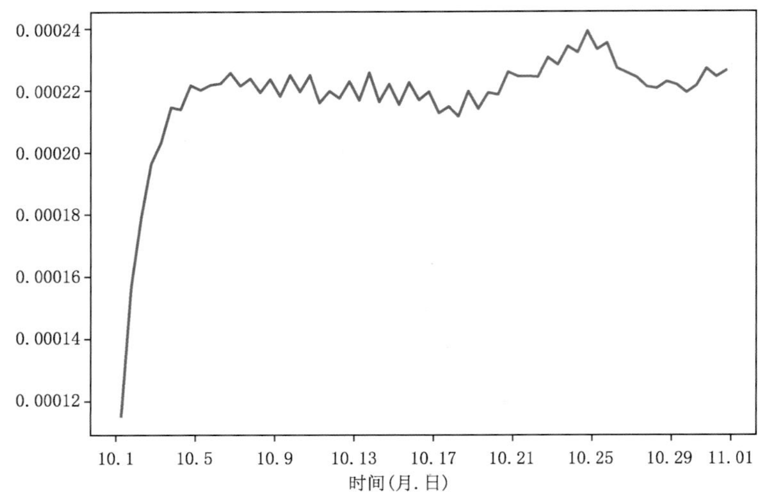

图 3.2　500 hPa 温度集合标准差的全球平均随时间变化(2020 年)

上述理论表明，如果叠加在观测和模式上的扰动分别是从真实的观测误差、模式协方差中独立取样得到，则基于扰动构造的分析一预报集合，可以统计出流依赖的背景误差协方差。ECMWF 于 2010 年 6 月在 Cy36r2 版本的集成预报系统(IFS)中正式实现了集合四维变分同化 En4DVar(ECMWF 称为 EDA)，一方面为业务高分辨率 4DVar 系统提供流依赖的背景误差协方差的估计值，另一方面结合奇异向量技术为集合预报系统提供高质量的扰动初值。业务运行的 En4DVar 包含了 10 个扰动的成员和 1 个控制成员，主要流程如下：

(1)在控制基础上叠加观测、SST 扰动和背景场扰动，构造出 10 组扰动输入。其中背景场扰动是通过在数值模式中引入随机物理过程扰动隐式实现的。

(2)采用 T399L91 分辨率的低分辨率四维变分资料同化系统对 10 组扰动信息进行同化处理得到 10 个扰动分析场和 1 个控制场(未加扰动的同化分析)。

(3)利用低分辨率数值预报模式对分析场进行 12 h 模式积分，得到一组短时扰动预报场集合。预报场的集合方差即为流依赖背景误差方差的集合估计值。

(4)对集合估计值进行校正，消除估计值的系统偏差。由于 SST 扰动和模式误差参数化中的任何缺陷或近似，以及其他未知的不确定项(如陆表过程)都会引起 En4DVar 的集合估计值为真值次最优估计。这种类型的估计误差无法通过增加集合成员个数方法来消减，且转化为估计值和真实分析/预报误差的系统系统性误差，需要通过校正的方式消除。

(5)对校正方差进行滤波消除集合估计值中包含的大量采样噪声。

(6)将校正和滤波后的方差代替高分辨业务四维变分资料同化的静态方差。

此外，为了避免垂直插值引入额外误差，ECMWF 将 EDA 的分辨率设为 T399L91，在 T399/T95/T159 的三重嵌套的最小化循环迭代的框架设计下，总计算量与 T1279 分辨率的业务确定性四维变分资料同化系统持平。EDA 每天运行两次，扰动和控制选用相同的时间窗口与观测资料集，模式的不确定性表征采用了集合预报系统中的随机扰动参数化倾向方案。EDA 分析步使用与高分辨率 4DVar 相同的观测资料。控制成员不需要扰动观测资料，而其他 EDA 成员则需要对观测资料叠加一个随机方法抽样得到的满足均值为零，标准偏差等于观测误差的高斯分布扰动。

3.2 En4DVar 在 YH4DVar 上的实现

我国对混合资料同化方法的研究起步较晚，加上 En4DVar 需要开发切线性和伴随模式，所需计算量非常庞大，能够真正业务化运行的 En4DVar 系统比 ECMWF 晚了 10 年以上。本书作者借鉴了 ECMWF 的成功经验，基于 YH4DVar 实现了 En4DVar 系统，并根据 YH4DVar 特点对部分方法及实现进行了优化调整，该系统于 2020 年 10 月开始业务试运行。中国气象局也已在 GRAPES_4DVar 基础上开发 En4DVar 系统并取得了重大进展。本节将重点介绍 En4DVar 在 YH4DVar 上的应用情况。

YH4DVar 是一套已经业务化的四维变分资料同化系统。系统采用 Tremolet 等(2007)等提出的多增量方法，通过迭代逐次得到更准确的增量形式目标函数。采用了黑名单、质量控制和变分偏差订正等手段实现 SYNOP、AIREP、TEMP、PILOT、ATOVS 等类型资料的直接同化。为了克服传统谱方法定义背景场误差空间相关性的缺陷，YH4DVar 引入球面小波背景误差协方差模型。其中方差通过使用非线性平衡算子的线性版本得到；水平相关和垂直相关参数则是采用 NMC 方法从 3 个月的样本中统计得到。YH4DVar 采用的模式为全球中期数值预报模式(YHGSM)，模式的预报变量定义为水平风、温度、比湿和地面气压对数，控制方程采用动量方程、热力学方程、连续方程、状态方程和水汽方程；垂直方向选用随地形变化的混合坐标，采用高精度有限元方法进行离散；水平方向采用三角截断的球谐谱离散，格点分布采用线性精简高斯格点方案；时间积分格式采用两时间层半隐式半拉格朗日方案。根据 En4DVar 的基本原理和 ECMWF 的实现经验，采用图 3.3 的框架设计。

依照此框架，En4DVar 系统设计的首要工作是合理表征 YH4DVar 系统中的不确定性。即根据系数所引入的观测资料种类合理表征观测中的不确定性，根据其数值模式选用合理的物理过程扰动方案。同时由于该系统采用了 NOAA 的 SST 产品、在表征边界不确定性时，需要考虑 SST 伪观测产品制作方法及 SST 产品属性构造合理的扰动方式。

3.2.1 观测资料的不确定性表征

为了正确表征观测资料引入的不确定性信息，将进入到 YH4DVar 同化系统的观测划分为无相关或弱相关观测、空间相关观测、时间相关观测和通道相关观测。无相关或弱相关观测包含了大部分常规资料和卫星观测资料。其叠加的随机扰动服从均值为 0，标准差为观测误

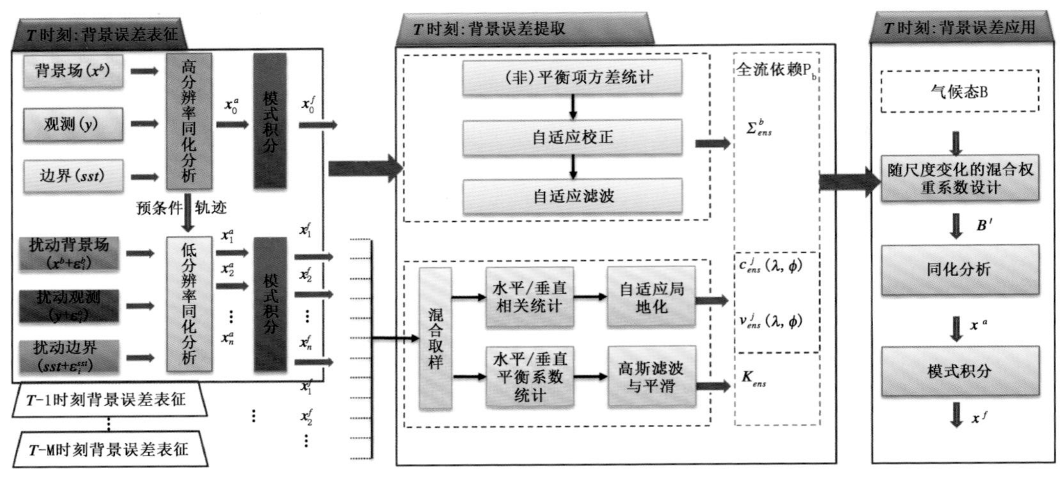

图 3.3 En4DVar 在 YH4DVar 系统上的设计框架图

差协方差的高斯分布。对于具有相关性观测资料需要先对观测误差协方差进行 cholesky 分解，然后与均值为 0，标准差为观测误差协方差的随机矢量相乘构造满足相关性约束的随机扰动。特别是对于空间相关扰动，需要预先定义出顶层气压、底层气压、水平相关长度，并将扰动插值到指定模式层上。时间上的相关性则采用长度为 1 的 Markov 链处理。值得注意的是当观测误差过大时，需要调整扰动幅度。如对于 QuickSCAT 或 oceanSAT 资料其扰动幅度可设为 2.5。为了确保稳定性，只针对已经过质量控制的观测进行扰动。

受高度指定、相似云结构追踪、质量控制过程等因素影响，同步卫星的云导风观测具有很强的时间、空间相关性，目前大部分风产品的分辨率在 160 km 或更高，因此只能诊断该分辨率以下的相关性，而很难表征出更细的相关特征。本节基于一年的云导风 AMV 无线电探空数据集，在假定探空仪观测误差不相关的条件下，利用密集的探空观测网络研究了 AMV 随机误差的空间相关性。其结果表明云导风的显著相关距离约为 800 km，且相关距离对于不同卫星、不同通道和垂直层相关距离变化不大。其中热带地区的相关性大于其他地区，相关性具有各向异性。北半球高空的风分量误差年平均为 3.7～3.5 m/s，冬季的误差最大。分别采用各向同性(利用站点距离分组)或各向异性(利用 N-S 和 E-W 分离进行分组)相关函数将相关的数据以一种统计的方式外插到 0 来估计空间相关的 AMV 误差大小，外插的相关函数在 0 点位置将资料方差划分为空间相关和空间不相关部分。相关部分对应 AMV 的观测误差，而空间不相关部分则由不相关的 AMV 误差、探空观测误差、探空(单点测值)与 AMV(区域平均)之间的失配误差构成。其中各向同性的相关函数可采用以下形式：

$$
\begin{aligned}
R(r) &= R_0\left(1+\frac{r}{L}\right)\mathrm{e}^{-\frac{r}{L}} \\
L^2 &= -\left.\frac{2R(r)}{\nabla^2 R(r)}\right|_{r=0}
\end{aligned}
\tag{3.10}
$$

其中，L 表示 R 的长度尺度。

以下通过一组 En4DVar 对比试验来验证观测资料扰动技术的合理性。编号为“FULL_OBS”的控制试验采用了常规、AMSUA、GPS 掩星等多种类型、带有空间相关或通道相关特征的观测资料；编号为“SUBS_OBS”的则只采用了常规资料。两组试验均采用 10 个扰动成员，在没有引入 SPPT 和海表温度扰动、即忽略模式和 SST 不确定性的情况下，研究上述观测资料扰动对不确定的表征刻画能力。图 3.4 给出了约 200 hPa 高度上的涡度场集合离散度的全球分布特征。可以看出“FULL_OBS” 中离散度较大的地方主要集中在赤道周边和洋面上，这些区域的观测资料较为稀疏或天气系统过于复杂。相对于控制试验，“SUBS_OBS”中离散度的极值区范围仍主要位于洋面上，但范围有了大幅增加。其主要原因是“SUBS_OBS”试验只同化了常规观测资料，缺乏洋面的相关观测。值得注意的是“FULL_OBS”中极值区在“SUBS_OBS”中均有体现。在此区域中，两组试验的集合离散度大小及分布特征相似，这表明应用上述观测资料扰动技术确实能表征出观测中不确性。

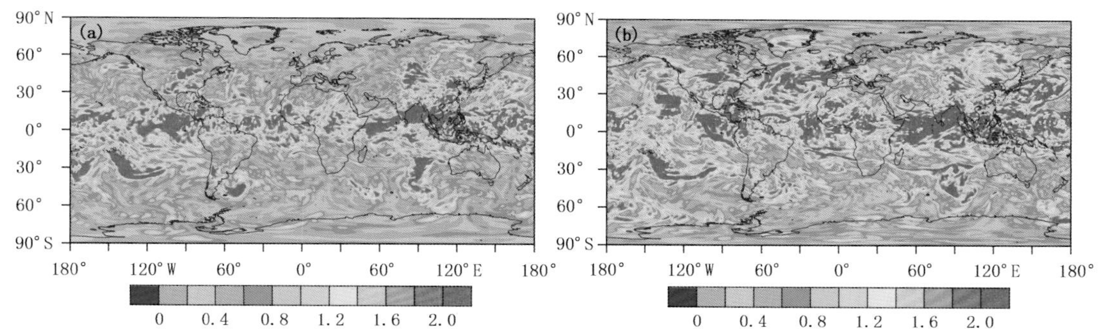

图 3.4　200 hPa 高度上涡度场集合离散度

(a)“FULL_OBS”；(b)“SUBS_OBS”

下垫面边界主要以海洋为主，而海洋具有多种天气气候意义的特性，它在地—气系统热量平衡及水分平衡中具有重要作用。其中海表温度(SST)不仅是海洋表面物理状态的重要参数，还是影响大气环流及长期天气变化的重要因素。在 YH4DVar 中 SST 作为下边界输入信息，其精度或者误差分布对同化效果影响较大，同时 SST 又具有遥相关特性，因此在对 SST 扰动的过程也必须考虑其相关性。目前可引入集合预报中 SST 的扰动方案(Vialard J. 2005)。需要考虑 SST 产品在构造过程中的两类误差来源。第一种定义为“P1”的扰动量表征了 SST 产品中的典型误差分布，可以通过最优插值方法、二维变分两种方法分别得到 SST 分析场周平均在一段时间的统计量来构造；考虑到了 NOAA 的 SST 是周平均产品，第二种定义为“P2”的扰动量则可利用二维变分 SST 分析场与其一周均值的差来构造。这两种扰动通过随机取样的方式获取并叠加到原 SST 分析场上。

为了确保扰动幅度在合理的范围内，需要根据“P1”和“P2”的量级来确定合适的权重系数。图 3.5 在全球范围内选取了一些具有代表意义的点(除陆地外)，分析“P1”和“P2”的扰动量级随时间变化情况。

从图 3.6 可以看出，“P1”和“P2”误差绝对值基本在 2°之内，即“P1”和“P2”组合在 4°以内。为了控制 SST 扰动小于 0.5°我们将 P1、P2 的权重设为 0.35，且当总扰动大于 0.5 时，将重新选择随机与同化时间相同月、日的扰动场，叠加到到原有的 SST 上。在此基础上，扰动幅度再乘上小于 1 的随纬度变化的权重系数。该系数为纬度的分段函数，其大小随纬度变化情况如图 3.7 所示。在 50°S 至 50°N 的权重系数为 1，60°至极点的权重系数为 0.33，50°～60°的区域为线性过渡区。在垂直方向上的处理方式为：将海表的扰动幅度线性衰减到 40 m 深处。权重系数由 1 线性下降至 0.33。

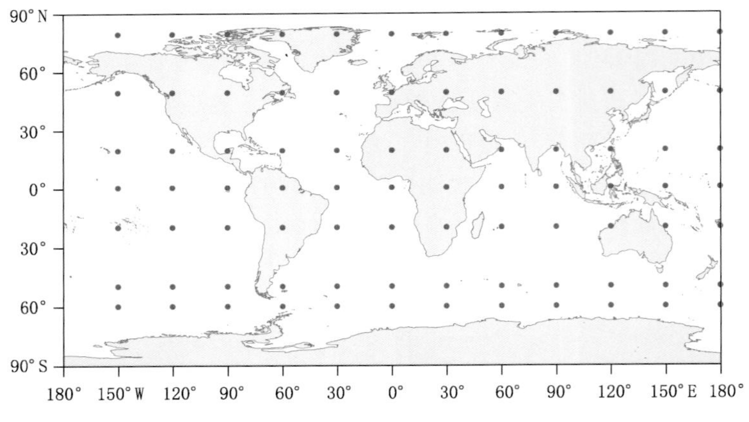

图 3.5 分析选取的位置分布(位于陆地的除外)

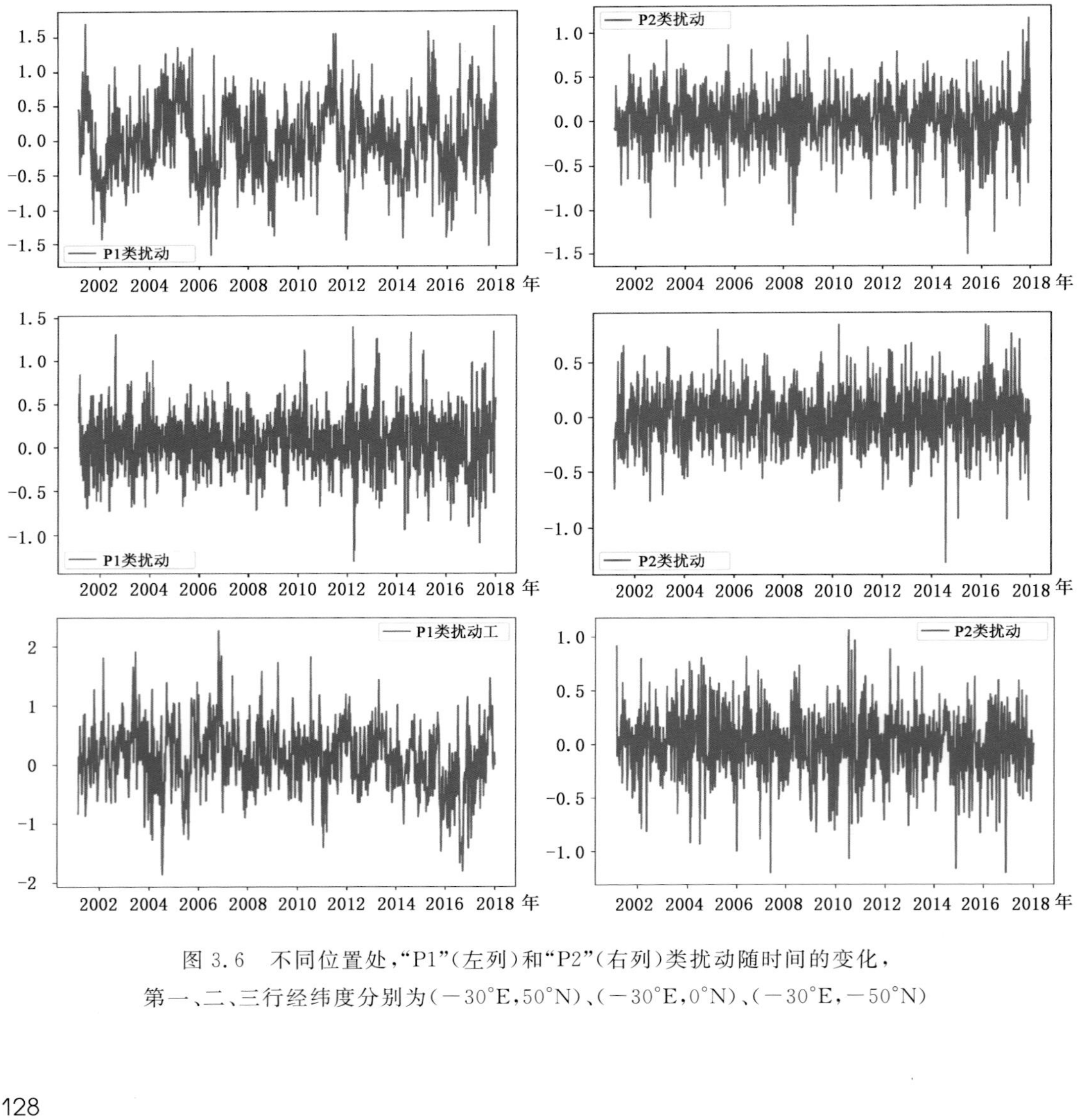

图 3.6 不同位置处,"P1"(左列)和"P2"(右列)类扰动随时间的变化,
第一、二、三行经纬度分别为(−30°E,50°N)、(−30°E,0°N)、(−30°E,−50°N)

图3.8给出了2017年06月22日00 UTC时的叠加到SST上的扰动分布，以及扰动前后的分析场对比。

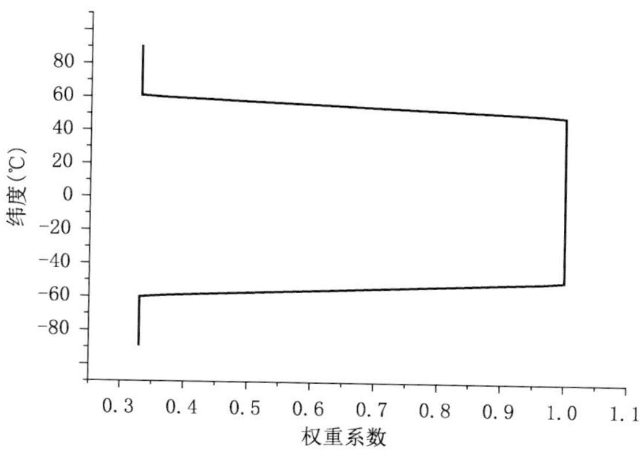

图3.7 SST扰动的权重系数随纬度分布特征

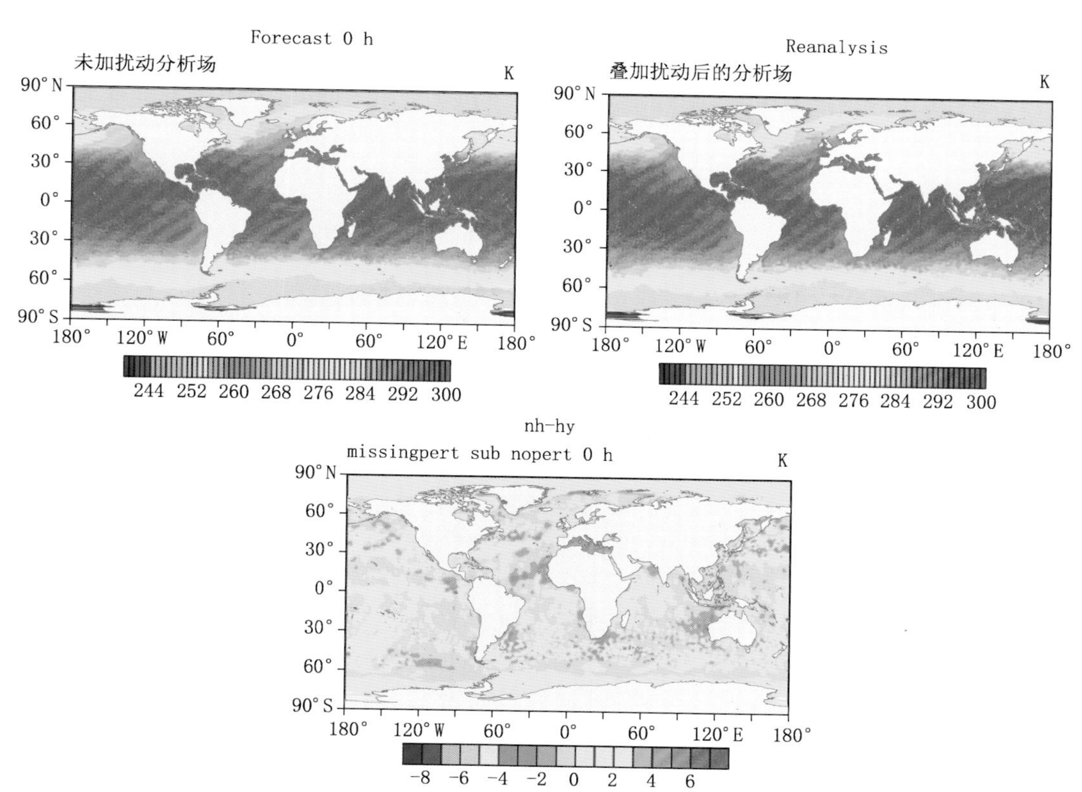

图3.8 SST扰动及扰动前后的SST分析

3.2.2 模式不确定性表征

YH4DVar 采用的预报模式也并非真正的“完美模式”，而是用到了很多次网格参数化过程和随机方法，因此需要引入模式扰动方案表征模式中的误差特征。模式误差来源之一是参数化方案中缺少对次网格物理过程变率的描述。对于数值模式中各物理过程的参数化方案，它的整体作用表现为在控制方程中采用某一倾向项描述次网格物理过程的贡献，该描述是一确定性的结果并且依赖于网格尺度的物理量，因此忽略了物理量通量具有统计意义的振荡特性以及网格尺度运动与次网格尺度运动之间的相互作用。模式误差的另一个来源则是参数化方案及模式积分方案本身的原理导致了系统性的动能缺失，从而使得模式大气的动能谱与实际大气不符。例如，模式积分中为保证计算稳定性而采用半拉格朗日平流方案并引入水平耗散项，这往往导致过强的能量耗散；在深对流参数化方案中，没有合理描述出对流产生的动能向平衡流场传输并激发重力波生成这一物理过程。所以，这一模式误差来源的主要影响在于没有描述大气动能的升尺度传播特性，导致系统性的动能谱偏差。ECMWF 的 En4DVar 系统同时引用了集合预报中的两套扰动方案：参数化倾向随机扰动法(SPPT)表征已有参数化方案中存在的不确定性；随机后向散射法(SKEB)表征模式中未被参数化方案描述而缺失的物理过程。

YH4DVar 中的预报采用了 Buizza、Miller 和 Palmer 提出来的 BMP 方案表征数值模式已有物理过程参数化方案中存在不确定性(Buizza et al., 1999)。对于模式中的预报量 $\boldsymbol{x}$，$\boldsymbol{x}\{u,v,t,q\}$，其预报方程如下：

$$\frac{\partial \boldsymbol{x}}{\partial t}=\boldsymbol{A}(\boldsymbol{x},t)+\boldsymbol{P}(\boldsymbol{x},t) \tag{3.11}$$

其中，$\boldsymbol{A}$ 表示模式网格尺度运动(非参数化部分)对预报量倾向的贡献。这里的 $\boldsymbol{P}$ 表示次网格物理过程参数化对预报量倾向的贡献，为描述这一倾向分量的不确定性，在等式右边叠加与 $\boldsymbol{P}$ 有关的随机强迫项，故上式可改写成：

$$\begin{aligned}\frac{\partial \boldsymbol{x}}{\partial t}&=\boldsymbol{A}(\boldsymbol{x},t)+\boldsymbol{P}(\boldsymbol{x},t)+\boldsymbol{P}'(\boldsymbol{x},t)\\ \boldsymbol{P}'(\boldsymbol{x},t)&=\langle r(\lambda,\varphi,t)\rangle_{D,T}\boldsymbol{P}(\boldsymbol{x},t)\end{aligned} \tag{3.12}$$

其中，λ 和 φ 分别对应经度、纬度，r 为某一区域内均匀分布的随机数，通常取(−0.5, 0.5)。$\langle\cdots\rangle_{D,T}$ 是用于调整 $\boldsymbol{P}'(x,t)$ 时空自相关性的参数，表示将整个模式积分区域划分成 $D\times D$ 格距的子区域，每个子区域中各模式层所有格点均采用相同的随机数 r，且 r 每隔 t 小时更新一次。

在 BMP 方案中，扰动是多变量的，即不同的随机数 r_u，r_v，r_T，r_q 用于不同的变量。为了增加空间相关性，在 10°×10°的经纬度网格柱上采用相同的随机数。时间相关性则是通过在 6 个连续的模式积分时步上采用相同的随机数实现。BMP 方案采用了一些预判断保证扰动的合理性，如果由于扰动而导致超过临界饱和湿度，则不采用温度和湿度的扰动。当温度超过 250 K 时，临界湿度设为饱和值。对于更低的温度而言，临界湿度允许某些程度的过饱和以解决均匀核化问题。为便于实现，BMP 方案使用了空间和时间的分段随机数，但是这种随机数生成的扰动存在时空不连续性缺点，不符合物理实际。

针对这一问题，我们在模式中引入了 SPPT 方案。SPPT 的原理与 BMP 方法一致，区别在于对随机数 r 的处理。该方案使用的扰动与扰动的倾向在同一直线上。对于所有的变量 $X \in \{u,v,T,q\}$，扰动的倾向是通过同一随机数 r 得到，设 $\boldsymbol{X}_c$ 和 $\boldsymbol{X}_p$ 分别为扰动前后的倾向，则：

$$\boldsymbol{X}_p = (1 + r\mu)\boldsymbol{X}_c \tag{3.13}$$

随机数 r 接近于 Gaussian 分布。因子 $\mu \in [0,1]$ 是用来减小地表和平流层附近的扰动振幅。用单变量分布来替换 BMP 方案中的多变量分布 (r_u, r_v, r_T, r_q)，其目的是使扰动与模式物理过程更加一致。如果模式状态倾向于保持在某一吸引子附近，那么 BMP 方案的多变量分布就会频繁的将模式状态拉离其吸引子。相反，只要扰动振幅和吸引子的曲率不是特别大时，改进方案的单变量扰动能够维持扰动状态足够接近于模式吸引子。另外，BMP 是直接在经纬网格上对参数化倾向叠加随机扰动，而 SPPT 方法是在谱空间中利用谱系数构造随机扰动。

图 3.9 给出了在模式中应用 SPPT 方案模式积分 1 h(左)和 2 h(右)后格点空间随机数的全球分布情况。其中随机数标准偏差取为 0.5，为确保积分稳定性对随机数添加了±3 倍标准偏差的约束，即随机数取值被限制在±1.5 范围内，方案中时间相关尺度为 6 h，水平相关长度取为 500 km。由图 3.9 可见，随模式向前积分，随机数的全球随机分布形态得到了很好的维持。这与 SPPT 方案理论上对随机数统计分布的要求是一致的。

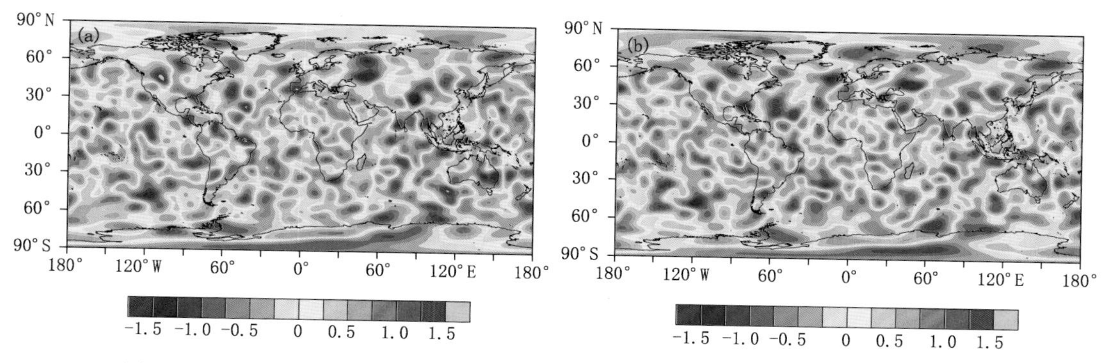

图 3.9　采用 SPPT 方案模式积分 1 h(a)和 2 h(b)格点空间随机数的全球分布情况

在垂直方向上，方案通过引入垂直权重因子来考虑高度层对随机数的影响。图 3.10 为随机数垂直权重因子 μ 在垂直方向上的分布，其中左侧图对应理论上 μ 的垂直分布，右侧图为模式中实现的以气压为纵坐标时 μ 的垂直分布。将随机数的水平分布与垂直分布相结合，就得到了一个三维空间依赖的随机数分布。

为了检验上式 SPPT 方案的合理性，以集合离散度作为评价标准，对三种方案(BMP 方案、SP1M 方案和 SP1L 方案)进行了评估。SP1M 方案中随机数标准偏差取为 0.5，且对随机数取值添加了±3 倍标准偏差的约束，即随机数取值被限制在±1.5 范围内；而 SP1L 的随机数标准偏差取为 0.75，采用±2 倍标准偏差约束，即随机数取值也被限制在±1.5 范围内。试验中采用了相同的初值以避免初值对积分的影响。

图 3.11 和图 3.12 分别给出了 850 hPa 等压面上温度场 T、纬向风 U 在热带(30°S～30°N)、北半球(30°～90°N)、南半球中高纬度地区(30°～90°S)以及全球范围的集合离散度随预报时间变化。由图可以明显看出，同 BMP 方案相比，两种 SPPT 方案均可提高预报的集合离散

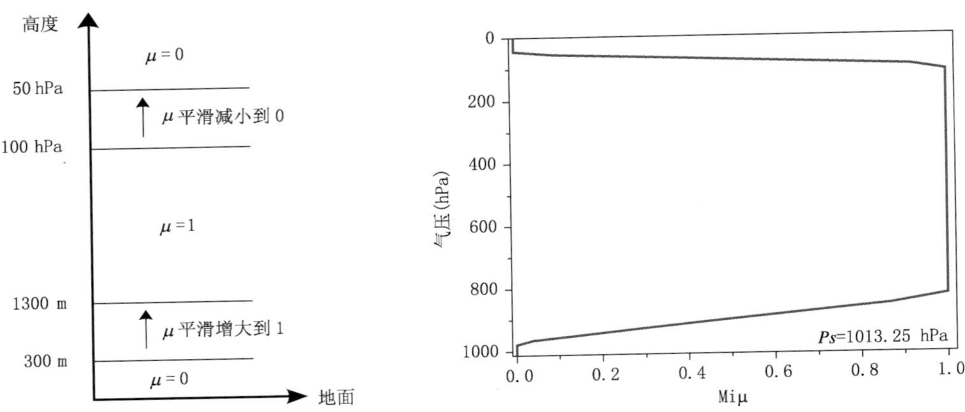

图 3.10　随机数垂直权重因子在垂直方向上的分布

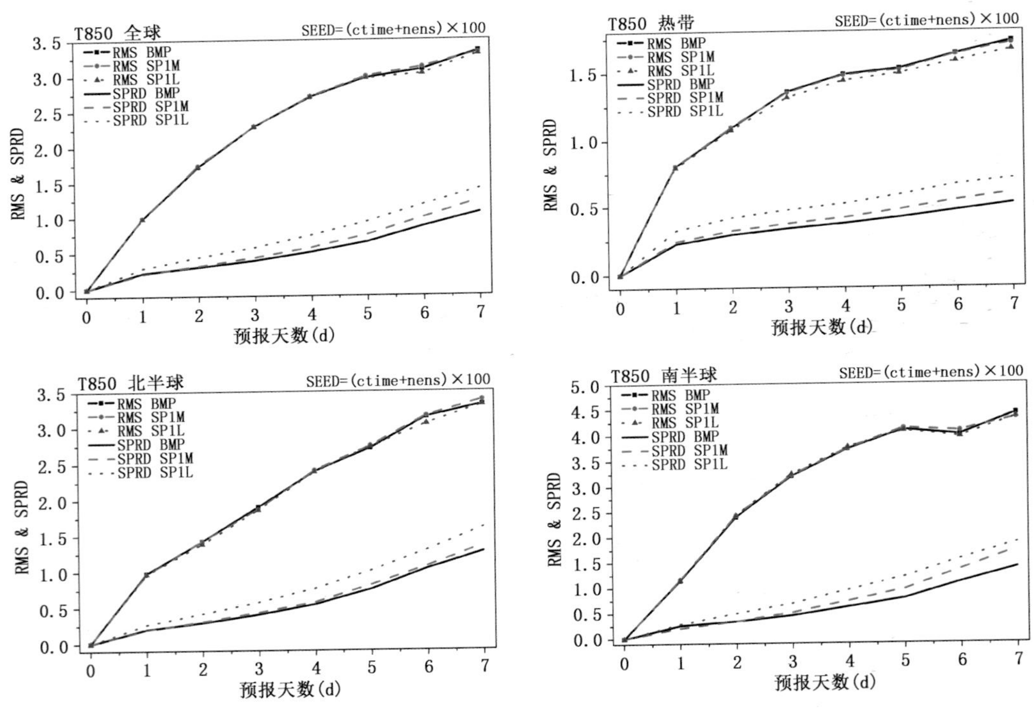

图 3.11　850 hPa 温度集合离散度随模式积分时间变化

度，并适当降低 RMS 误差。SP1L 方案对集合离散度的提高和对 RMS 误差的减小效果均最为明显。此外，我们还对 200 hPa 等压面上纬向风 U 和 500 hPa 位势高度场 GH 做了统计和比较，结论类似。

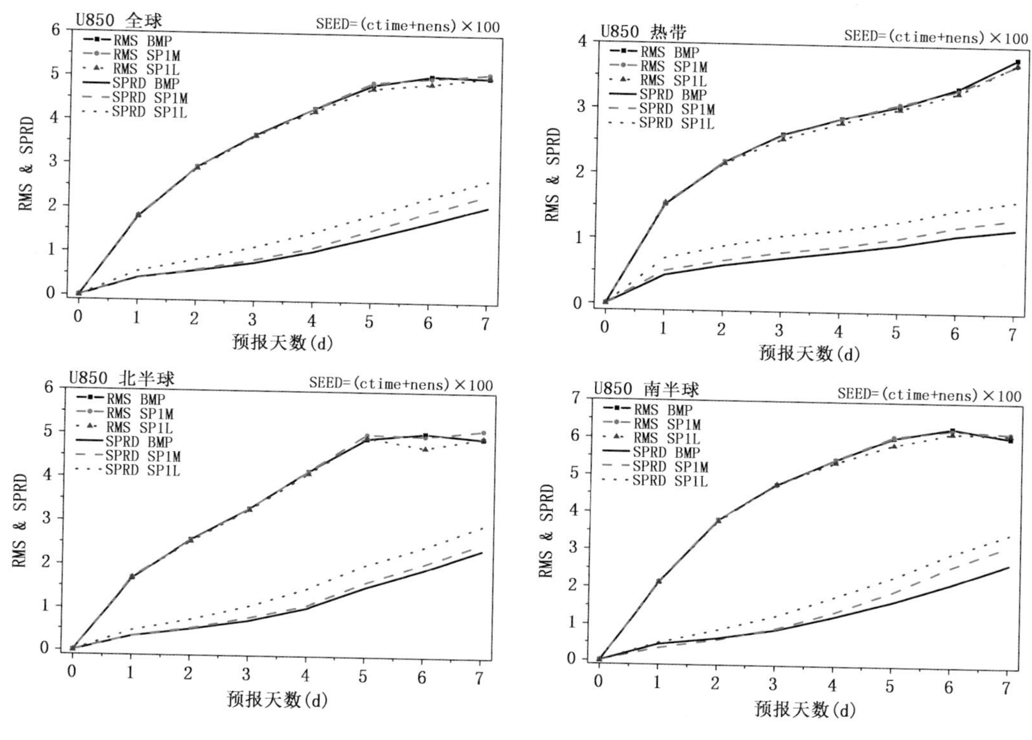

图 3.12　850 hPa 纬向风集合离散度随模式积分时间变化

3.2.3　集合大小和成员分辨率

利用扰动的观测资料、SST 和背景场就可以构造多个集合成员。假定扰动是合理的，则这些集合成员就能够反映出当前时刻分析和预报中的误差分布特征，基于这些集合成员可以统计出具有流依赖特征的背景误差协方差。理论上成员个数越多、分辨率越高，统计结果越精确，但实际业务中需要考虑实效性。一方面需要足够多的样本反映出背景误差的中小尺度变化信息，另一方面又必须考虑现有的计算资源和业务的实效性限制。因此如何合理配置合适的集合大小和分辨率是设计 En4DVar 系统所需要解决的第二个重大问题。其设计过程中需要考虑所需背景误差精度、现有计算能力及业务时间等因素。

为了分析集合成员个数对总标准偏差的影响，图 3.13 分别给出了 10、20、30、40 和 50 个 En4DVar 成员的统计结果。从图中可以得出相对于 10 个样本，每个模式层上的总标准偏差随集合样本个数的变化并不明显，最大约 7%，且随着样本个数的增加，增幅逐渐减小，样本增加对总标准偏差的改进作用越来越小。因此认为 10 个成员已经足以表征出误差概率密度函数的主要特征。

从水平结构来看(图 3.14)，不同样本得到的标准偏差空间结构比较相似，但是当样本个数由 10 个增加到 50 个时，标准偏差所含的小尺度随机噪声显著减少，500 hPa 高度上温度标准差的平均皮尔森相关系数为 80.21%，表明说明 10 个成员的标准偏差场具有较高的可信度。但是两者也存在一些不可忽视的差异，如在(180°，－70°N)附近，10 个成员的统计结果中没有出现的局部较大值在 20～50 个成员中均有所体现。因此在有充裕的计算资源下，可以通过增加集合样本个数的方法提高背景误差方差的估计精度，进而提升同化和预报效果，否则则需要引入一些滤波和校正的后处理手段，提高背景误差方差的估计精度。

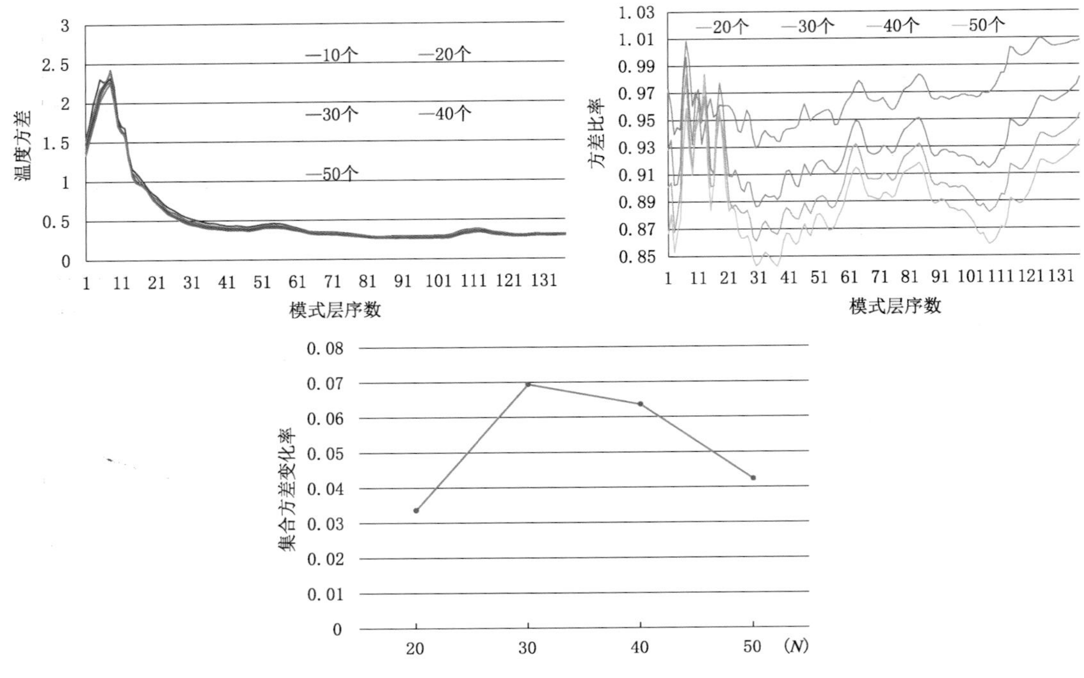

图 3.13　850 hPa 纬向风集合离散度随模式积分时间变化（N 为个数）

En4DVar 的另一项重要参数是集合成员的分辨率。显然分辨率越高，所能表征的小尺度细节信息就越精确。但是，集合成员个数和分辨率是一个有机整体，在扰动方法等因素不变的情况下，集合成员个数决定了估计值中的噪声量级和尺度。即使采用高分辨率集合成员能够刻画出一些细节信息，但是这些信息会因样本过少而掩盖在随机误差中。因此统计得到的背景误差的有效分辨率往往低于设定的成员分辨率(Bonavita et al.，2010)。在对比不同成员个数的方差能量谱时发现，对于波数小于 40 的能量谱是相同的，随着波数增加，能量谱的差距逐渐变大。样本噪声对总方差谱的贡献随成员数增加而减小，使得滤波器保持原有信号的正确尺度。ECMWF 的相关试验结果表明对于 10 成员集合的有效空间分辨率为 T70，20 个成员为 T90，50 个成员则大于 159。值得注意的是，对于 20 个成员集合，集合样本噪声估计的有效的空间分辨率远小于原预报集合分辨率 T399。需要 50 个成员集合才能在整个谱空间得到一个相对无噪声信号(T159)。这意味着在 En4DVar 框架中，增加集合分辨率的最有效的方法是增加集合成员个数。而大集合成员的潜在优势是能够表征出更为精细的背景误差场。前面 20 个集合成员的结果表明，将集合成员从 10 个增加到 20 个，对北半球，尤其是南半球的预报平均有正的影响，在热带并不显著。

En4DVar 的主要功能是为分析系统提供具有流依赖特性的背景误差协方差统计值，这些统计值包括方差、水平相关系数、垂直相关系数等，具体要根据分析系统的背景误差协方差模型来确定。因此下一节将介绍背景误差协方差模型，以及模型中需要统计的流依赖参量。

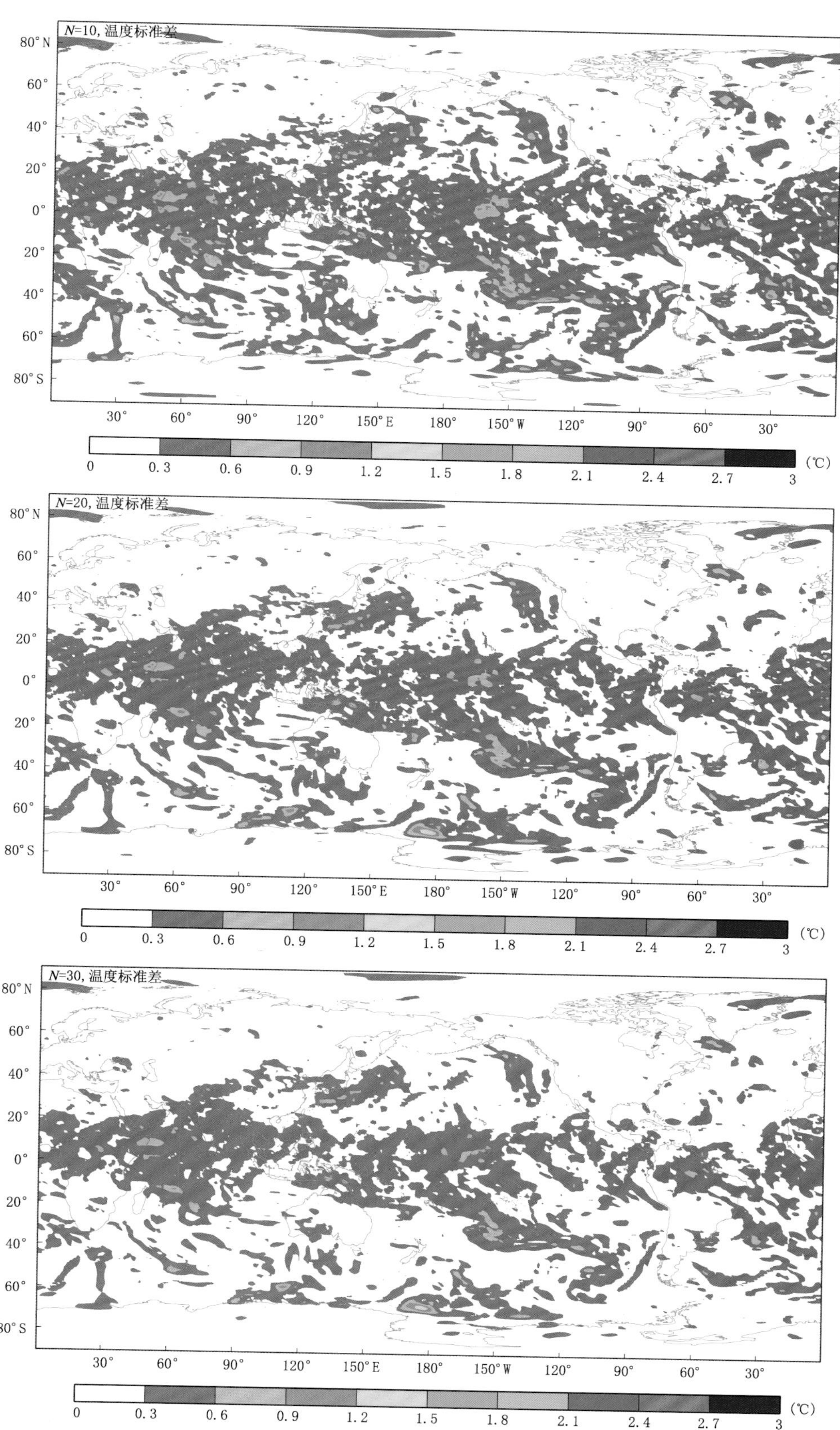
N=10, 温度标准差
80°N
60°
40°
20°
0°
20°
40°
60°
80°S
30°
60°
90°
120°
150°E
180°
150°W
120°
90°
60°
30°
0
0.3
0.6
0.9
1.2
1.5
1.8
2.1
2.4
2.7
3
(℃)
N=20, 温度标准差
N=30, 温度标准差

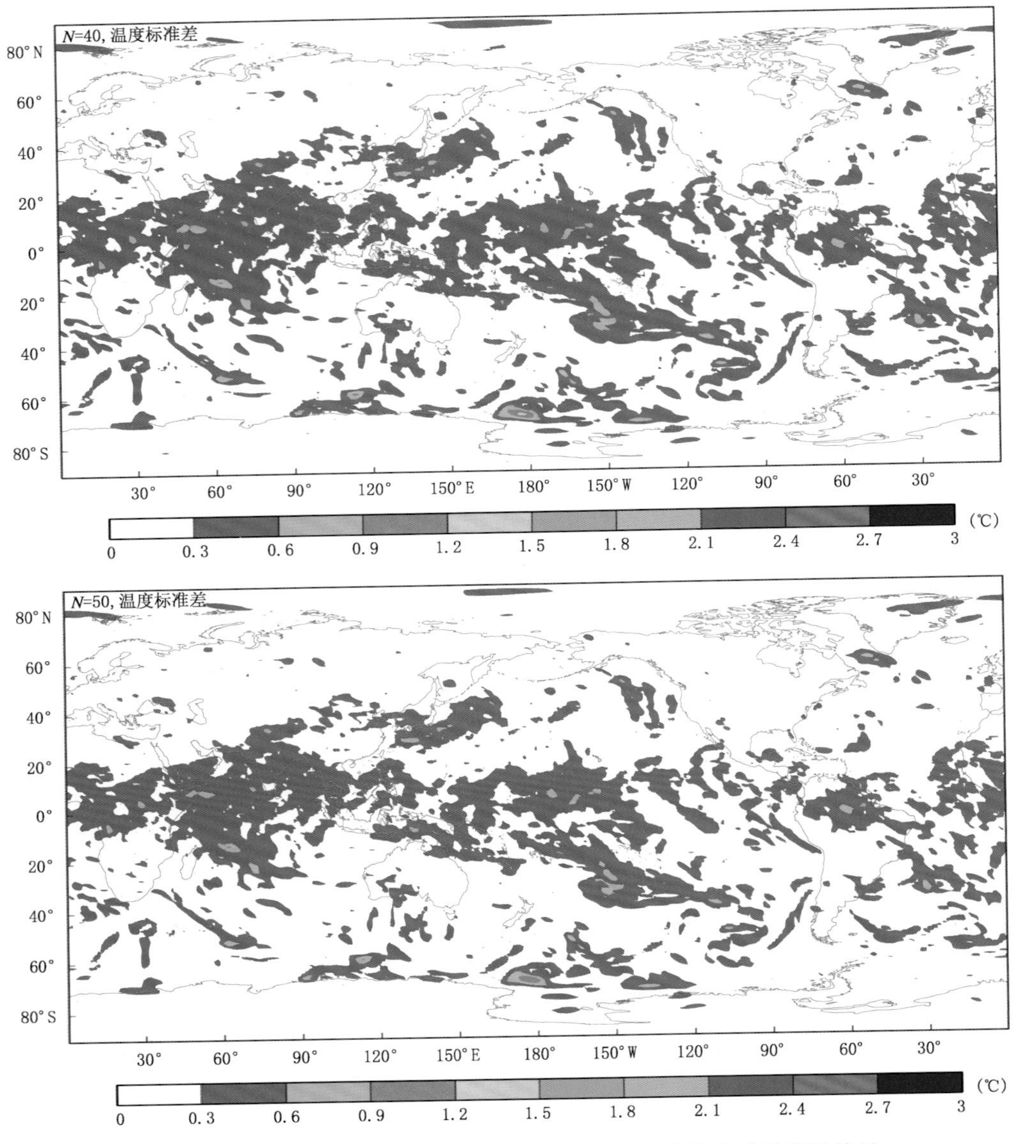

图 3.14 500 hPa 温度标准差的 10、20、30、40、50 个集合成员统计结果

3.3 球面小波背景误差协方差矩阵模型及统计方法

背景误差协方差矩阵(以下简称 **B** 矩阵)是气象资料同化中的一个重要部分。ECMWF 研究表明(Cardinali et al.,2004):其同化系统所得分析场中只有 15%的信息量是由被同化的观测资料贡献的,其余 85%的信息量来自于背景场。背景场是前一个同化窗口的分析量通过预报模式短期预报而获得的大气状态,其作用是把以前同化循环中的观测资料信息融合到当

前分析场中来，最终使得生成的任何一个分析场都被表示成5～10天时段内的观测资料信息的合成。如何把观测信息及时带入并对当前的分析场进行有效更新，既依赖于预报模式的质量，同时更依赖于通过背景场把观测信息从一个分析循环传递到下一个分析循环的方式。传递成功的关键是对背景误差协方差矩阵的统计描述，因此在现代气象和海洋变分同化理论和技术的研究中都是将 **B** 矩阵的模拟作为核心问题之一，在业务应用中同化效果的提高尤其依赖于背景误差协方差模拟方法的改进(Fand Kelly，2001；Bouttier，1997；Fisher et al.，1995，2003，2004；Courtier et al.，1998)。目前对 **B** 的统计大致可分为三种方法。

更新向量法是统计 **B** 的第一种方法。更新向量法(Innovation Vector 方法，简称 IV 方法)的核心思路是先求取观测与背景初猜值间的偏差量，而该偏差量等价于观测误差与背景误差之差，然后分离观测误差与背景误差。由 $r_{ij} \neq 0$ 的点可以拟合出背景误差协方差函数曲线，外推拟合曲线在 $r=0$ 时的值被看作是背景误差的方差，同时由 IV 值方差减去背景方差就得到观测误差的方差。

第二种方法是 NMC 方法。由于更新向量法受观测资料数量的限制，在观测资料缺乏的地区很难用此方法得到背景误差的信息。Parrish 和 Derber(1992)提出了另一种方法，这种方法用同一时刻不同预报时效的两个模式预报场之间的差值作为预报误差的代替量。主要优点是可以提供全球多变量相关。然而，即使这种方法可提供解决统计信息缺少的问题，矩阵处理的实际问题还存在，如存储和计算开销等。而且，这种方法假定的合理性需要理论上的进一步验证。Dee 和 Gaspari(1996)用这种方法验证了在热带地区位势高度背景误差的水平特征尺度较大。NMC 方法需要累积足够的样本，统计出背景场误差协方差，在统计出的误差协方差中可以很好的保持模式的动力约束和平衡关系，不受观测资料分布密度的限制，在业务中比较容易实现。美国的国家环境预报中心、欧洲中期气象预报中心(Rabier et al. 1998)、法国气象局(Desroziers et a1. 1995)、英国气象局(Ingleby et al. 1996)和加拿大气象中心(P. Gauthier 1997，私人通讯)等业务三维变分同化系统先后应用 NMC 方法估计了需要的背景误差统计量文件。但是 NMC 方法还存在一些问题，如方差的估计存在偏差。

第三中方法是集合方法，与 NMC 方法类似，但是统计所需样本来源于最新时刻。由于样本来自最新的，包含了对当前大气状态的变化信息，因此集合方法能够得到具有流依赖特征的背景误差协方差，是解决目前静态 **B** 假设的一种有效途径，后面将着重介绍此类方法。

3.3.1 YH4DVAR 的目标函数

YH4DVAR 采用以下增量形式的目标函数：

$$J_{\text{inc}}(\delta\boldsymbol{x}) = \frac{1}{2}(\delta\boldsymbol{x})^{\mathrm{T}}\boldsymbol{B}_0^{-1}(\delta\boldsymbol{x}) + \frac{1}{2}\sum_{t=0}^{T}(\delta\boldsymbol{d}_t)^{\mathrm{T}}\boldsymbol{R}_t^{-1}(\delta\boldsymbol{d}_t)$$
$$\delta\boldsymbol{d}_t = \boldsymbol{d}_t - \boldsymbol{H}_t(\boldsymbol{M}_{0,t}\delta\boldsymbol{x}),\ \boldsymbol{d}_t = \boldsymbol{y}_t^o - \mathcal{H}_t(\boldsymbol{x}^b(t)) \tag{3.14}$$

通常为了加快极小化迭代方法的收敛速度，需要引入预条件减少目标函数 Hessian 矩阵的预条件数。最佳的预条件是使 Hessian 矩阵为单位矩阵，但由于上面 Hessian 矩阵的观测相关项太复杂，在实际使用中一般根据 $\boldsymbol{B}^{-1}$ 来确定预条件子，为此引入控制变换 $\delta\boldsymbol{x} = \boldsymbol{L}\boldsymbol{\chi}$，使得 $\boldsymbol{L}^T\boldsymbol{B}^{-1}\boldsymbol{L} = \boldsymbol{I}$，即变换矩阵 **L** 为背景场误差协方差矩阵 **B** 的 Cholesky 分解。代入(3.14)式得到关于控制变量 $\boldsymbol{\chi}$ 的目标函数：$\boldsymbol{L}^T\boldsymbol{B}_0^{-1}\boldsymbol{L} = \boldsymbol{I}$

$$J_{inc}(\delta\boldsymbol{\chi}) = J_b + J_o = \frac{1}{2}(\delta\boldsymbol{\chi})^{\mathrm{T}}\boldsymbol{I}(\delta\boldsymbol{\chi}) + \frac{1}{2}\sum_{t=0}^{T}(\delta\boldsymbol{d}_t)^{\mathrm{T}}\boldsymbol{R}_t^{-1}(\delta\boldsymbol{d}_t)$$
$$\delta\boldsymbol{d}_t = \boldsymbol{d}_t - \boldsymbol{H}_t(\boldsymbol{M}_{0,t}\boldsymbol{L}\delta\boldsymbol{\chi}_{var}) \tag{3.15}$$

梯度为：

$$\nabla_{\delta x} J_{inc} = \boldsymbol{U}^{\mathrm{T}}\boldsymbol{B}_0^{-1}\delta\boldsymbol{x} + \boldsymbol{U}^{\mathrm{T}}\sum_{\tau=0}^{t}\boldsymbol{M}_{0,\tau}^{\mathrm{T}}\boldsymbol{H}_\tau^{\mathrm{T}}\boldsymbol{R}_\tau^{-1}\delta\boldsymbol{d}_\tau$$
$$= \boldsymbol{\chi}_{ens} - \boldsymbol{U}^{\mathrm{T}}\underline{\boldsymbol{H}}_M^{\mathrm{T}}\underline{\boldsymbol{R}}^{-1}(\boldsymbol{d}_t - \underline{\boldsymbol{H}}_M\boldsymbol{U}^{\mathrm{T}}\boldsymbol{\chi}_{ens}) \tag{3.16}$$

引入预条件处理后的关于控制变量的目标函数(3.18)式不仅减少了条件数，而且避免了求解背景场协方差矩阵的逆。

3.3.2 基于球面小波的背景误差协方差

$\boldsymbol{L}$ 的定义或具体形式与控制变量的选择以及假设密切相关。为了说明这一点，我们回归到 $\boldsymbol{B}$ 的原始定义即：

$$\boldsymbol{B} = \overline{(\delta x_b)(\delta x_b)^{\mathrm{T}}} \tag{3.17}$$

其中，δx_b 表示背景场与分析场之间的差异，$\overline{(\cdot)}$ 表示数学期望。当假定 δx_b 或者所选控制变量之间的相关性仅与距离有关，此时可将 $\boldsymbol{B}$ 表示成：

$$\boldsymbol{B} = \boldsymbol{K}^{\mathrm{T}}\boldsymbol{S}^{\mathrm{T}}\boldsymbol{\Sigma}\boldsymbol{S}\boldsymbol{K}$$
$$\boldsymbol{L} = \boldsymbol{K}\boldsymbol{S}\boldsymbol{\Sigma}^{\frac{1}{2}} \tag{3.18}$$

其中，$\boldsymbol{K}$ 为平衡算子，定义和空间变量之间的约束关系，$\boldsymbol{S}$ 为格点到谱空间的转换算子，$\boldsymbol{\Sigma}$ 为格点方差。由于所选控制变量之间的相关性仅与距离有关，在谱空间中可以用简单的对角阵表示，因此 $\boldsymbol{B}$ 矩阵模型的最终形式变得非常简单。但是该模型无法反映出误差相关性随空间位置的变化，即无法体现出误差的各向异性。为了同时表征空间位置与尺度的局地特征，YH4DVar 采用了 Fisher(2003)提出的球面小波的 $\boldsymbol{B}$ 矩阵模型，首先将控制变量转化到小波空间，其次在每个小波尺度、每个格点上定义出不同的相关系数来表征背景误差特征量在格点空间和尺度上的变化，此时可将 $\boldsymbol{B}$ 表示成：

$$\boldsymbol{B} = \boldsymbol{L}_w(\boldsymbol{L}_w)^{\mathrm{T}}$$
$$\boldsymbol{L}_w = \boldsymbol{K}(\boldsymbol{\Sigma})^{1/2}\sum_{j=1}^{J}W_j \otimes [(\boldsymbol{V}_j(\lambda,\phi))^{1/2}] \tag{3.19}$$

其中，$\otimes$为 Hadamard 乘积。W_j 和 $\boldsymbol{V}_j(\lambda,\phi)$ 分别是小波尺度 j 上的小波系数和经纬度为 (λ,ϕ) 上的垂直相关系数。

要构造等式(3.19)的球面小波模型，首先需要选用合适的小波基。Schroder 和 Sweldens (1995)基于基本三角系在球面上定义小波。Schaffrin(2002)采用了纬向分辨率是变化的经纬网格。这两种方法能得到完全正交的球面基。但是这些正交基不能定义出特定格点的有限截断。也就是说给定一个用有限非零系数定义的函数，不能用相同的有限基来表示函数在球面上任意旋转。这意味着，采用这些基函数构造的场将在一些点上不连续。Fisher(2003)提出的球面小波变换 W_j 是信号与一组径向基函数 $\psi_j(r)$，$j=1,\cdots,k$ 的卷积，径向基函数选择受谱带限制。

利用小波变换 W_j 将控制变量进一步转换到小波空间上，即定义小波控制向量 $v^{kT} =$

$(v_1^k, v_2^k \cdots v_j^k, \cdots, v_J^k)^T$，$j$ 标识不同尺度的小波，其中

$$v_j^k(\lambda,\varphi) = (\boldsymbol{V}_j^k(\lambda,\varphi))^{-1/2}\left[\boldsymbol{W}_j \otimes \left(\sum\nolimits_b^k\right)^{-1/2} (\boldsymbol{K}^k)^{-1}\delta x\right] \tag{3.20}$$

这里的 $\boldsymbol{K}^k$ 表示不同气象变量之间的物理变换，由它定义平衡约束关系，$\sum_b^k$ 表示格点空间的背景场误差方差。$\boldsymbol{V}_j^k(\lambda,\varphi)$ 表示在 j 尺度小波空间水平位置 (λ,φ) 上的垂直协方差矩阵。原则上需要为每个网格点定义垂直协方差矩阵 $W_j \otimes \left(\sum_b^k\right)^{-1/2} (\boldsymbol{K}^k)^{-1}\delta \boldsymbol{x}$ 。而在实际计算中，为了减少 $\boldsymbol{B}$ 矩阵的存储空间，将一组相邻的格点使用同一个垂直协方差矩阵。

从上面所定义的新控制向量和方程可以导出基于球面小波的流依赖控制变量转换关系式：

$$\delta x^k = \boldsymbol{L}_w^k v^k = \boldsymbol{K}^k \left(\sum\nolimits_b^k\right)^{1/2} \sum_{j=1}^{J} W_j \otimes \left[(\boldsymbol{V}_j^k(\lambda,\varphi))^{1/2} v_j(\lambda,\varphi)\right] \tag{3.21}$$

从方程可以很明显地看出，在给定格点上的分析增量由函数 $[(\boldsymbol{V}_j^k(\lambda,\varphi))^{1/2} v_j(\lambda,\varphi)]$ 和小波函数 W_j 的卷积($\otimes$)之和($\sum_j$)来决定。因为小波函数在格点空间上是局部化的，所以每个卷积对应于附近格点上值的局地平均。因此只有给定位置附近格点上的垂直协方差矩阵 $\boldsymbol{V}_j^k(\lambda,\varphi)$ 对背景偏差才有贡献。因为垂直协方差矩阵是随纬度和经度变化的，所以获得的协方差矩阵 $\boldsymbol{B}_k$ 在格点空间上也是变化的。

球面小波背景误差协方差模型需要定义的模型参数包括平衡系数(如物理变换 K 中需要用到的统计回归系数：速度势和流函数之间的回归系数、温度和流函数之间的回归系数、地面气压和流函数之间的回归系数)、背景场误差方差 $\sum_b^k$，以及依赖于小波尺度和水平位置的局地垂直相关协方差 $v_j^k(\lambda,\varphi)$ 的均方根矩阵及其伴随矩阵。由于这部分统计参数需要巨大的资料存储量。在引入 En4DVar 之前，YH4DVar 对此处理方法是利用历史积累的多个时次的集合样本进行统计，统计出来后，将之作为定常量看待，直至下一次更新。引入 En4DVar 后，即可利用计算得到样本实时更新上述统计量。

3.4 背景场误差方差统计及滤波

En4DVar 样本的集合方差可作为背景误差方差的近似估计值，但从图 3.13 可以得出，10 个样本的方差估计值中包含了大量噪声，影响了估计值精度，在应用到实际同化系统之前需要进行滤波和校正处理。理论上，可将集合方差的估计误差分解成为随机误差项和系统误差项两部分：

$$\boldsymbol{X}_{ij} - \boldsymbol{S}_{ij} = [\boldsymbol{X}_{ij} - E(\boldsymbol{X}_{ij})] + [E(\boldsymbol{X}_{ij}) - \boldsymbol{S}_{ij}] \tag{3.22}$$

其中，$\boldsymbol{X}_{ij}$ 是格点 i 和 j 之间的背景误差协方差统计值；$\boldsymbol{S}_{ij}$ 代表真值；$E(\boldsymbol{X}_{ij}) - \boldsymbol{S}_{ij}$ 为系统误差项，是由扰动方法和模式的不完美性引起的(Isaksen et al.，2006；Fisher，2007)，可通过基于区域划分或球面小波的多尺度方法进行校正。$\boldsymbol{X}_{ij} - E(\boldsymbol{X}_{ij})$ 为随机误差项，其中 $E(\boldsymbol{X}_{ij})$ 为 $\boldsymbol{B}$

矩阵的集合样本的数学期望。如果成员个数趋近于无穷，$\boldsymbol{X}_{ij}$ 无限趋近 $\boldsymbol{S}_{ij}$，则随机噪声为零。在这一节将给出几种有效的滤波和校正方法。

3.4.1 噪声的尺度特征

滤波的目的是在尽量不影响方差信号的基础上减少无用噪声。为了达到这一目的，首先需要分析噪声与信号的分布规律，寻找能区分噪声和信号特征物理量；其次构建合适的滤波器或滤波函数。本节将通过简单的一维简单模型研究随机噪声的空间结构及尺度特征。

以赤道作为研究区域，将其等分为 $n=201$ 个格点（首尾同点）。格点上的背景误差方差 $\boldsymbol{S}$，大小随格点空间缓慢变化，方差函数为：

$$\boldsymbol{S} = 8\cos\left(\frac{2i\pi}{n}\right) + 17 \tag{3.23}$$

其中，i 为格点序数，$n=201$，常数 17 是为了确保方差值为正。格点采用简化了的均一、各相同性高斯相关系数：

$$c(i, i+r) = \exp\left(-\frac{r^2}{2L_p^2}\right) \tag{3.24}$$

式中，r 是距离，相关性长度尺度 L_p 设为 200 km。

为了研究集合背景误差方差估计值中随机噪声的空间结构特性，采用的随机方法（Fisher et al.，1995）从背景误差协方差 $\boldsymbol{B}$ 中进行 N_e 次采样，即用 $\boldsymbol{B}$ 乘上一个高斯分布的随机向量 η。

$$\begin{cases} \eta_i \sim \mathbb{N}(0,1) \\ \varepsilon_i^b = \boldsymbol{B}^{1/2}\alpha_i,\ i = 1,\cdots,n \end{cases} \tag{3.25}$$

则背景误差方差估计值 $\boldsymbol{X}$ 由这些采样统计得到：

$$\begin{cases} \boldsymbol{X}_i = \dfrac{1}{N_e - 1}\displaystyle\sum_{k=1}^{N_e}(\varepsilon_{k,i}^b - \overline{\varepsilon_i^b})^2 \\ \overline{\varepsilon_i^b} = \dfrac{1}{N_e}\displaystyle\sum_{k=1}^{N_e}\varepsilon_{k,i}^b \end{cases} \tag{3.26}$$

则随机噪声则定义为：

$$\boldsymbol{W} = \boldsymbol{X} - \boldsymbol{S} \tag{3.27}$$

图 3.15 给出设定的方差真值，集合成员估计值（N 分别取 10、50、100、1000、5000 和 10000）随格点的变化。从图中可以看出，随机方法估计的背景误差方差，会不可避免地引入因取样不足导致的随机噪声，表现为方差估计值大尺度特征与真值一致，而随机噪声在大尺度信号附近上下波动。随集合成员 N 增大，噪声量级减少，估计值越趋近于真值（图 3.15f）。因此增加集合成员个数 N 是提高背景误差方差乃至协方差的最为直接的版本，但对于实际系统而言，这种方法的效率过低，成本较大。

可定义 RMS：

$$\mathrm{RMS}(\boldsymbol{X}) = \sqrt{\frac{1}{n}\sum_{i=1}^{n=200}(\boldsymbol{X}_i - \boldsymbol{S}_i)^2} \tag{3.28}$$

来量化估计值与真值之间的差别。从图 3.16 可以看出集合方差估计值的 RMS 是以 N 的开方速率下降的，这种收敛速率使通过增加集合成员个数提高集合估计值质量的方法效率非常低。

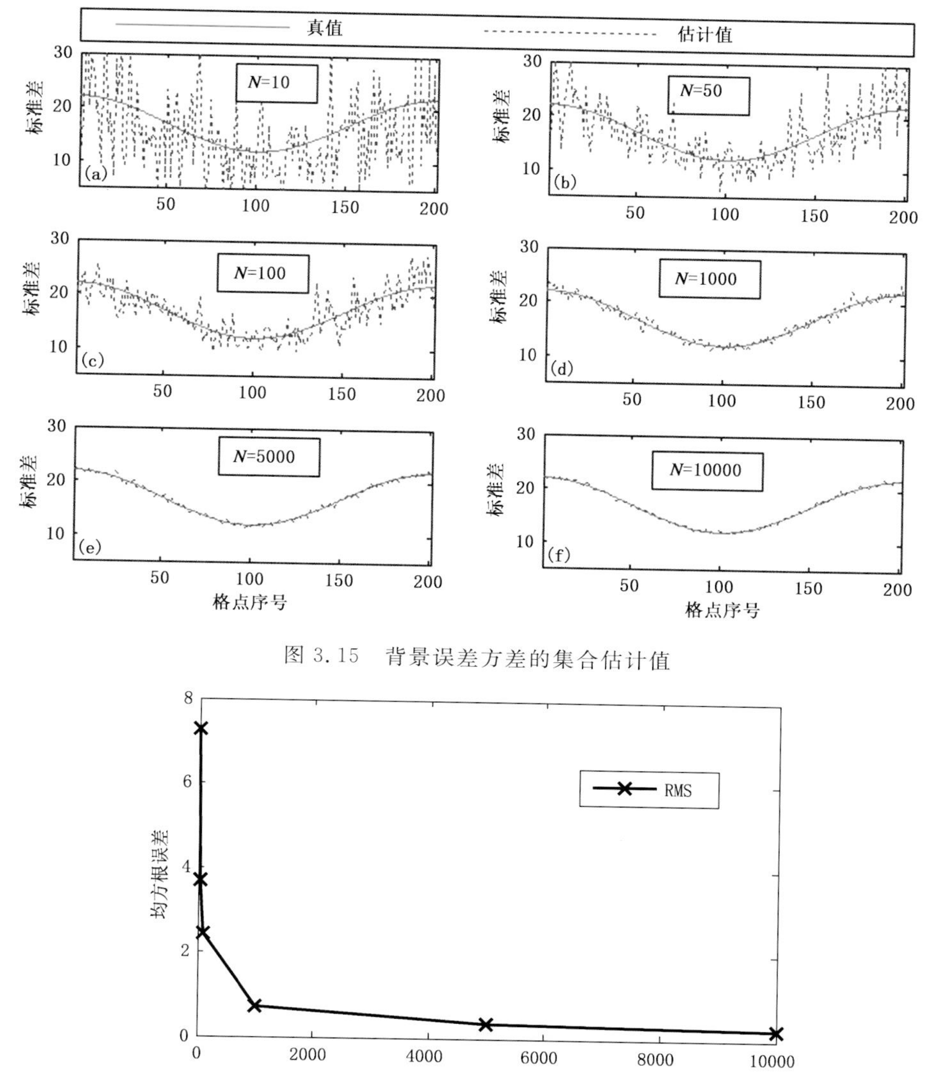

图 3.15 背景误差方差的集合估计值

图 3.16 背景误差方差的集合估计值 RMS

3.4.2 随机噪声的能量谱特征

能量谱是研究变量空间结构的有效手段。通过傅里叶或勒让德变换可将一维或二维格点场转换到谱空间。谱空间的波数对应了格点空间场的尺度，大尺度场意味着谱空间中小波数的能量大于大波数能量，反之小尺度场意味着谱空间中大波数的能量大于小波数能量。这样通过分析谱空间中的能量随波数的变化就可以得出格点空间场的尺度特征。

图 3.17b 为随机噪声的能量谱，可以看出，不同波数对应的能量几乎相等，随机噪声近似为高斯白噪声。与随机噪声的空间结构不同的是，信号的能量则主要集中在波数 1 上(这里未给出)。这种结构上的差别是空间滤波方法主要依据。

随机噪声与信号的能量谱分布既存在差别，又存在很大的关联，研究表明随机噪声为背景

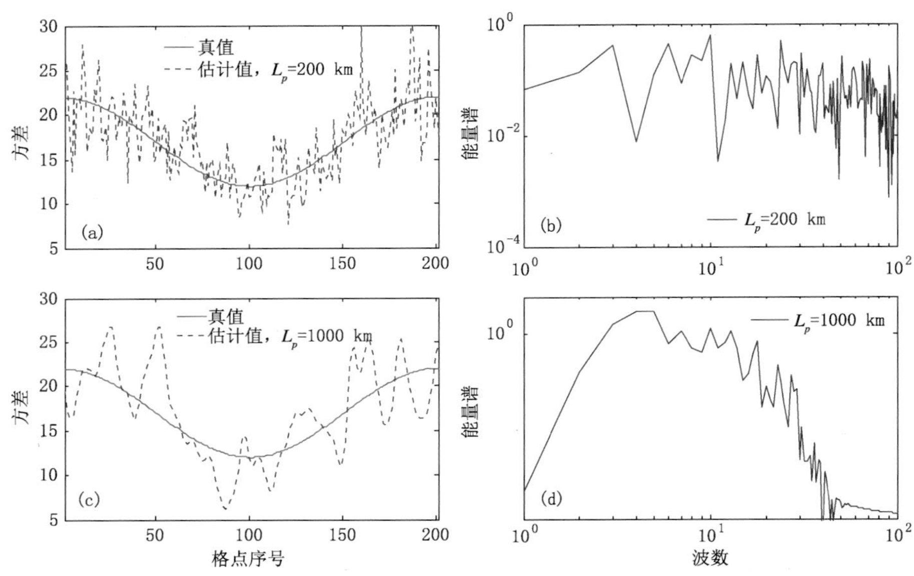

图 3.17 随机噪声及其能量谱

误差场的函数。如图 3.17，背景误差长度尺度 L_p 分别取 200 km 和 1000 km，所对应的随机噪声能量谱有了很大变化。L_p =1000 km 时，随机噪声的尺度大于 L_p =200 km，能量集中在 20～120 波数带，而 L_p 分别取 200 km 时能量分散在各个尺度，其中又以大波数（小尺度）居多。这表明当背景误差场相关性尺度增大时，其采样噪声的相关性尺度长度也会增大。

3.4.3 随机噪声与信号之间的近似关系

本节将从理论上导出随机噪声的长度尺度与信号之间的量化关系，然后基于这一关系设计合理的滤波器。

对于一组相互独立且服从高斯分布的 N 个成员扰动的背景场，$\tilde{x}_k^b = x^b + \varepsilon_k^b$ 。背景误差协方差的集合估计值为：

$$\boldsymbol{X} = \widetilde{\boldsymbol{B}} = \frac{1}{N-1}\sum_{k=1}^{N}(\tilde{\boldsymbol{x}}_k^b - \overline{\tilde{\boldsymbol{x}}^b})(\tilde{\boldsymbol{x}}_k^b - \overline{\tilde{\boldsymbol{x}}^b})^{\mathrm{T}}$$
$$\overline{\tilde{\boldsymbol{x}}^b} = \frac{1}{N}\sum_{l=1}^{N}\tilde{\boldsymbol{x}}_l^b \tag{3.29}$$

对于格点 i，其局地方差为：

$$\boldsymbol{X}_{ii} = \frac{1}{N-1}\sum_{k=1}^{N}\boldsymbol{X}_{ii,k}$$
$$\boldsymbol{X}_{ii,k} = (\boldsymbol{\varepsilon}_{k,i}^b - \overline{\boldsymbol{\varepsilon}_i^b})^2 \tag{3.30}$$

由于 $E[\boldsymbol{S}_{ii}] = E[E[\boldsymbol{X}_{ii}]] = E[\boldsymbol{X}_{ii}] = \boldsymbol{S}_{ii}$ ，样本噪声协方差矩阵的一般形式为：

$$\begin{aligned} E[(\boldsymbol{X}_{ii} - \boldsymbol{S}_{ii})(\boldsymbol{X}_{jj} - \boldsymbol{S}_{jj})] &= E[(\boldsymbol{X}_{ii} - \boldsymbol{S}_{ii})(\boldsymbol{X}_{jj} - \boldsymbol{S}_{jj})] \\ &= E[\boldsymbol{X}_{ii}\boldsymbol{X}_{jj} - \boldsymbol{X}_{ii}\boldsymbol{S}_{jj} - \boldsymbol{S}_{ii}\boldsymbol{X}_{jj} + \boldsymbol{S}_{ii}\boldsymbol{S}_{jj}] \\ &= E[\boldsymbol{X}_{ii}\boldsymbol{X}_{jj}] - \boldsymbol{S}_{ii}\boldsymbol{S}_{jj} \end{aligned} \tag{3.31}$$

其中，E[ ]表示数字期望，结合得到：

$$E[X_{ii}X_{jj}] = \frac{2}{(N-1)^2}\sum_{k,l=1}^{N} E[(\varepsilon_{k,i}^{b} - \overline{\varepsilon_i^b})^2(\varepsilon_{l,j}^{b} - \overline{\varepsilon_j^b})^2] \tag{3.32}$$

上式也可以写成：

$$E[X_{ii}X_{jj}] = S_{ii}S_{jj} + \frac{2}{N-1}S_{ij}^2 \tag{3.33}$$

将 $W = X - S$ 代入上式，得到：

$$\begin{cases} E[\boldsymbol{W}_i\boldsymbol{W}_j] = \dfrac{2}{N-1}(E[X_{ij}])^2 \\ W_i = (X_{ii} - E(X_{ii})) \end{cases} \tag{3.34}$$

写成矩阵形式为：

$$E[\boldsymbol{W}\boldsymbol{W}^{\mathrm{T}}] = \frac{2}{N-1}\boldsymbol{S} \otimes \boldsymbol{S} \tag{3.35}$$

上式表明样本噪声协方差矩阵是背景误差协方差集合平均的简单函数。由此计算得到噪声与背景误差之间的 Daley 长度尺度关系(Daley，1993)满足：

$$L_{\mathrm{W}}(i) = \frac{L_{\varepsilon^b}(i)}{\sqrt{2}} \tag{3.36}$$

$L_{\mathrm{W}}(i)$、$L_{\varepsilon^b}(i)$ 分别为格点 i 上噪声和背景误差长度尺度。上式表明随机采样噪声的相关长度尺度总小于背景误差方差的长度尺度，相对噪声而言信号具有更大的尺度特征，这是应用谱滤波方法消除背景误差集合估计值中随机噪声的基本理论依据。

3.4.4 气候态谱滤波方法

式(3.35)建立了噪声能量谱与真值 $\boldsymbol{S}$ 之间的简单函数关系，但由于现实中无法得到真值 $\boldsymbol{S}$，因此气候态谱滤波方法采用多个估计值平均作为真值的一种近似估计，即 $\boldsymbol{S} = E[X] \approx \frac{1}{N_p}\sum_{p=1}^{N_p} X(p) \approx \frac{1}{N_t}\sum_{t=1}^{N_t} X(p)$。在业务实现中可采用气候态 $\boldsymbol{B}$ 作为 $\boldsymbol{S}$ 的近似值，滤波过程如图 3.18 所示。

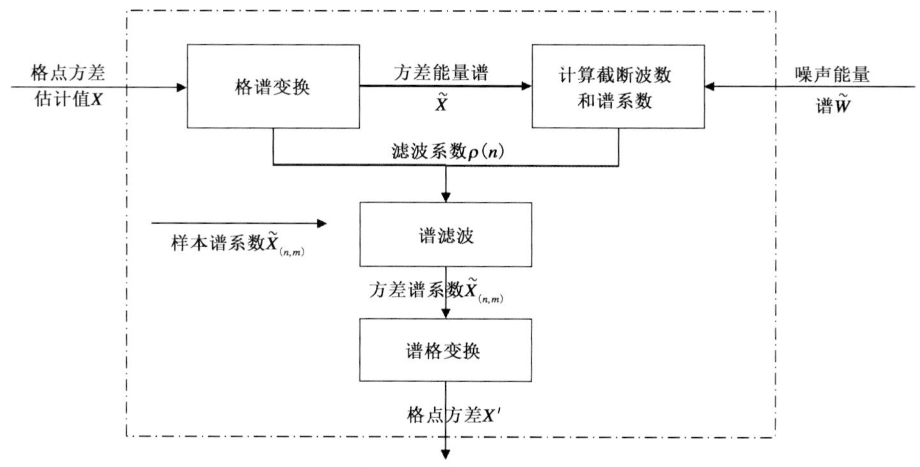

图 3.18 气候态谱滤波方法的计算流程

球面上方差能量谱计算方法如下：对于球面 Σ 的标量场 $\delta\boldsymbol{x}$，其球谐谱形式为：$\delta\boldsymbol{x}=\sum_{n}\sum_{m=-n}^{n}\delta\boldsymbol{x}_n^m Y_n^m$，其中 $\delta\boldsymbol{x}_n^m$ 为谱系数，具有性质：$\delta\boldsymbol{x}_n^m=\delta\boldsymbol{x}_n^{-m*}=\delta\boldsymbol{x}_{n_r}^m+\mathrm{i}\delta\boldsymbol{x}_{n_i}^m$。* 表示共轭，i 和 r 表示复数的虚部和实部。归一化条件：

$$\frac{1}{4\pi}\int_{\Sigma}Y_n^m Y_n^{m*}\,\mathrm{d}\Sigma=1$$

ξ 是均值为零的无偏随机场，协方差张量 $\boldsymbol{T}=\langle\xi\xi^T\rangle$，场 x 和 y 的协方差表示为：$T=\langle x,y\rangle$，球面 Σ 上的两点 p 与 q 的协方差表示为：$\boldsymbol{T}(\delta_p,\delta_Q)$，其中 δ_p 表示 P 点的狄拉克分布函数。$\boldsymbol{T}(\delta_p,\delta_P)$ 表示随机场 ξ 在 P 点的方差。假设是 $\boldsymbol{T}$ 是各项同性的，$\boldsymbol{T}$ 的球谐谱系数是正交的，即两个谱系数场 Y_n^m 和 $Y_{n'}^{m*}$ 只在满足下式时存在相关：

$$\boldsymbol{T}(Y_n^m,Y_{n'}^{m'*})=\delta_{n-n'}\delta_{m-m'}b_n$$

其中，$b_n=\sqrt{\frac{2n+1}{2}}$ 是 model 方差，只与 n 有关，与 m 无关。T 是各项同性的，球面 Σ 上的两点 p 与 q 的协方差只与两者的夹角 θ 有关，即：$\boldsymbol{T}(\delta_p,\delta_Q)=f(\theta)$，而 $f(\theta)$ 在谱空间中可表示为：

$$f(\theta)=\sum_{n}f_n P_n^0(\cos\theta)$$

P_n^0 是连带勒让德函数，根据归一化条件，有 $\frac{1}{2}\int_0^{\pi}P_n^0(\cos\theta)^2\mathrm{d}\cos\theta=1$，当两者夹角为 0 时，协方差蜕变为方差，此时有 $P_n^0(\cos\theta)=P_n^0(1)=\sqrt{2n+1}$。根据 Boer(1983)的理论，有 $f_n=b_n\sqrt{2n+1}$，$b_n=\sqrt{\frac{2n+1}{2}}$，因此 P 点的方差为：

$$T(\delta_p,\delta_p)=f(0)=\sum_{n}f_n P_n^0(1)=\sum_{n}f_n\sqrt{2n+1}=\sum_{n}b_n(2n+1)$$

把 $T(\delta_p,\delta_p)$ 看成一个方差算子，其表达式为：$T(\delta_p,\delta_p)=\sum_{n}b_n(2n+1)$。

将方差算子 $T(\delta_p,\delta_p)$ 作用到球面标量 $\delta\boldsymbol{x}$ 上，则有：

$$\begin{aligned}T(\delta\boldsymbol{x},\delta\boldsymbol{x})&=\sum_{n}b_n(2n+1)\sum_{m=-n}^{n}\delta\boldsymbol{x}_n^m\delta\boldsymbol{x}_n^{m*}\\&=\sum_{n}b_n(2n+1)\sum_{m=-n}^{n}(\delta\boldsymbol{x}_{nr}^m+\mathrm{i}\delta\boldsymbol{x}_{ni}^m)\cdot(\delta\boldsymbol{x}_{nr}^m-\mathrm{i}\delta\boldsymbol{x}_{ni}^m)\\&=\sum_{n}b_n(2n+1)\left\{\delta\boldsymbol{x}_0^{m2}+2\sum_{m=1}^{n}(\delta\boldsymbol{x}_{nr}^{m2}+\delta\boldsymbol{x}_{ni}^{m2})\right\}\end{aligned}$$

上式即为方差能量谱的计算公式。图 3.19 给出了 2020 年 6 月 11 日 12 UTC 约 500 hPa 高度上涡度和温度背景误差标准差的集合估计值能量谱及相应的气候态噪声能量谱。

根据方差与噪声能量谱的分布关系，可采用对照表方法来确定滤波中一个十分重要的参量——截断波数(N_{trunc})，且认为大于该波数的小尺度信息为噪声或者以噪声为主，而小于截断波数的大尺度信息则基本以信号为主，因此通过构造一个简单的低通滤波器即可消除原始信号中的随机采样噪声。

$$\begin{cases}\tilde{\boldsymbol{S}}\sim\rho\tilde{\boldsymbol{X}}\\ \rho=\dfrac{\operatorname{cov}(\tilde{\boldsymbol{S}},\tilde{\boldsymbol{X}})}{\boldsymbol{V}(\tilde{\boldsymbol{S}})}=\dfrac{1}{1+\boldsymbol{P}(\tilde{\boldsymbol{W}})/\boldsymbol{P}(\tilde{\boldsymbol{S}})}\end{cases}\tag{3.37}$$

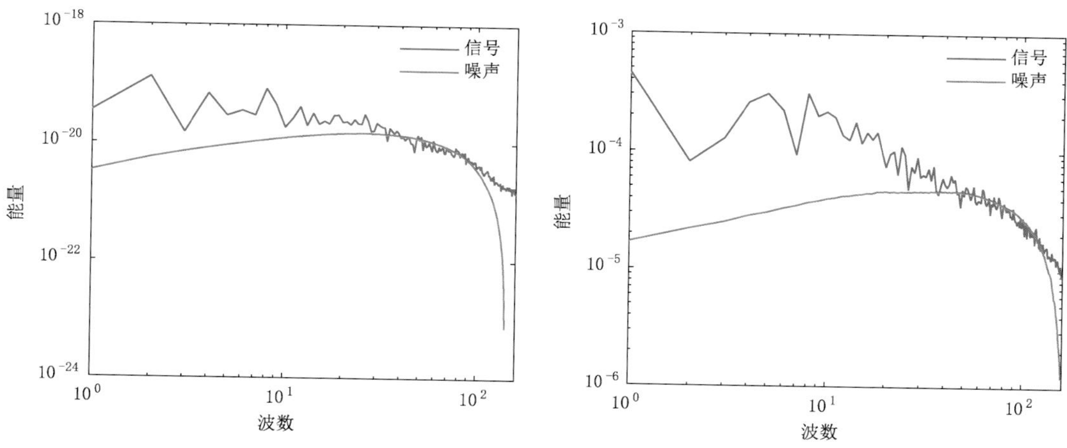

图 3.19　2020 年 6 月 11 日 12 UTC 涡度和温度背景误差标准差的集合估计值能量谱及气候态噪声能量谱

其中，$P(\widetilde{\boldsymbol{W}})$ 是随机采样噪声能量谱，$P(\widetilde{\boldsymbol{S}})=P(\widetilde{\boldsymbol{X}})-P(\widetilde{\boldsymbol{W}})$ 为无噪声方差能量谱，ρ 为滤波系数，大小在[0,1]变化，反映了总能量中信号与噪声的所占比重。$\rho=1$ 表明此波数上的方差估计值不包含噪声，$\rho=0$ 则表示方差估计值全部为噪声。等式(3.37)定义的滤波器称为原滤波器，其特点是滤波系数的大小完全由信号和噪声的能量决定，滤波系数随波数变化剧烈。

另一种经验形式的滤波器为(Raynaud L,2009)：

$$\rho(n)=\left[\cos\left\{0.5\pi\frac{\min(n,N_{\text{trunc}})}{N_{\text{trunc}}}\right\}\right]^2 \tag{3.38}$$

其中，n 代表波数，N_{trunc} 为截断波数，即 $P(\widetilde{\boldsymbol{W}})$ 与 $P(\widetilde{\boldsymbol{S}})$ 大小相当时所对应的波数。这种滤波器称为平滑滤波器。两种滤波器的滤波过程是相同的，都是在计算出滤波系数后，将其作用到原估计值的能量谱上即可消除随机采样噪声。但是因滤波系数的定义不同，滤波效果有所区别。

图 3.20 给出了两者在实际系统中应用结果。与原背景误差估计值相比，平滑滤波与原滤波在滤除小尺度噪声的同时，保留了原背景误差中有用信号，误差结构清晰度均好于 30 个样本估计值。所不同的是平滑滤波将 $n>N_{\text{trunc}}$ 的滤波系数全部置零，从而使得 $n>N_{\text{trunc}}$ 上的原

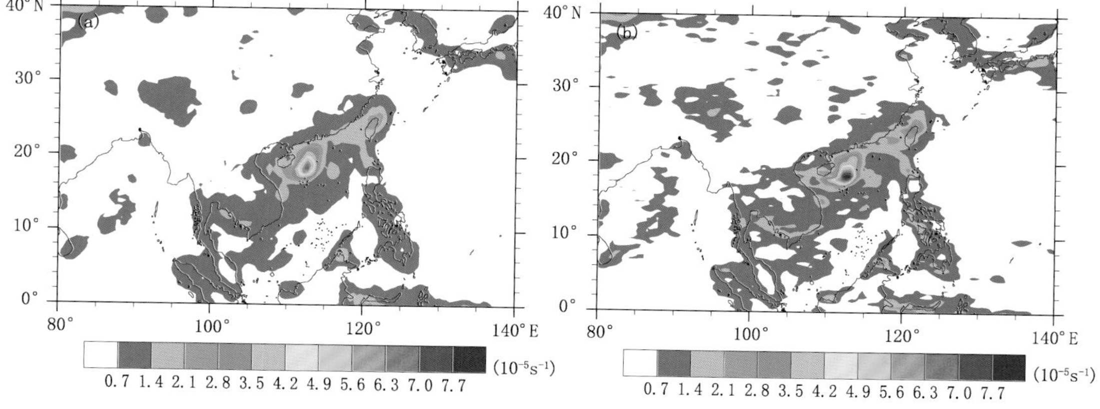

图 3.20　2013 年 8 月 2 日 0900 UTC 第 91 模式层上涡度场背景误差滤波结果，处理对象为 10 样本背景误差估计值，(a)为平滑滤波；(b)原滤波

始信号都一并当做噪声处理。这种处理方式的优点是以损失小部分信号为代价滤除绝大部分噪声，提高了滤波效率。而原滤波器的滤波系数在 $n>N_{\mathrm{trunc}}$ 时并不为零，在保留这些小尺度信号的同时也带入了大量的噪声，其滤波效果反而变差。另一方面，尽管平滑滤波是一种经验方法，但由于原滤波系数随波数变化较为剧烈，因此得到的背景误差的平滑性低于平滑滤波。

3.4.5 自适应谱滤波方法研究

气候态谱滤波的关键参数是确定截断波数 N_{trunc}，它决定了每个波数上滤波系数的大小，也就划分那些信息被当作噪声处理。因此 N_{trunc} 直接决定了谱滤波的滤波效能。气候态谱滤波方法利用气候态 $\boldsymbol{B}$ 估计噪声的特征尺度，该方法存在以下局限：①它是基于样本估计的误差协方差矩阵，而真实的误差协方差矩阵是未知的；②不能反映出噪声的时变特性；③不适用于处理 En4DVar 方差能量谱的小变化。本节介绍的自适应谱滤波方法能够利用了两个独立集合间的差异，计算出随信号、时间变化的噪声能量谱，是气候态谱滤波方法的一种改进。

假定我们有 N_{ens} 个独立分布的 En4DVar 系统，每个系统有 N 个成员。信号为 En4DVar 分析或背景场预报的标准偏差。可将误差分为无误差项和一个未校正的样本误差：

$$X_j = S + W_j \quad j = 1,2,\cdots,N \tag{3.39}$$

任意一对 En4DVar 标准偏差的相关系数为：

$$r(S_i,S_j) = \frac{\mathrm{cov}(X_i,X_j)}{\sqrt{\mathrm{Var}(X_i)\mathrm{Var}(X_j)}} = \frac{\mathrm{Var}(S)}{\mathrm{Var}(S)+\mathrm{Var}(W)} \quad j = 1,2,\cdots,N \tag{3.40}$$

假定噪声和信号不相关，即：

$$\begin{cases}\mathrm{cov}(S,W_i) = \mathrm{cov}(S,W_j) = \mathrm{cov}(W_i,W_j) = 0 \\ j \neq i\end{cases} \tag{3.41}$$

根据 Hsu(1997)的理论，对于任意给定 En4DVar 事件 i，S 的最优线性平方估计 $\dot{X}_i$ 为样本统计 S_i 和相关系数的积：

$$\dot{X} = r(S,X_j)X_i = \frac{\mathrm{cov}(S,X_i)}{\sqrt{\mathrm{Var}(S)\mathrm{Var}(X_i)}}X_i = \frac{\mathrm{Var}(S)}{\mathrm{Var}(X)+\mathrm{Var}(W)}X_i = r(X_i,X_j)X_i \tag{3.42}$$

为了减少在估算相关系数的样本误差，可将信号和噪声方差看作为总波数的唯一函数，相关系数谱可写为：

$$\rho_n(S,X_j)X_i = \frac{P_n(S)}{P_n(S)+P_n(W)} = \frac{P_n(X_i)-P_n(W)}{P_n(X_i)} = 1-\frac{P_n(W)}{P_n(X_i)} \tag{3.43}$$

对噪声的方差进行类似处理：

$$\begin{gathered}\mathrm{Var}(W) = 0.5\mathrm{Var}(X_i - X_j) \\ \mathrm{Var}(W_i - W_j) = \mathrm{Var}(W_i)+\mathrm{Var}(W_j) = 2\mathrm{Var}(W)\end{gathered} \tag{3.44}$$

En4DVar 背景误差标准偏差的噪声能量谱可直接以从同一个 En4DVar 系统中不同事件计算：

$$P_n(W) = 0.5(P_n(X_i - X_j)) \qquad i \neq j = 1,2,\cdots,N \tag{3.45}$$

由于 En4DVar 的计算量非常大，很难保障同时运行两个集合来统计噪声能量谱。一种折衷的处理方法是利用不同时间点来估计噪声能量谱。如图 3.21 所示，假定成员数 $N=50$ 的

En4DVar，每天 00 时、12 时各运行 1 次，则用于统计 10 样本集合估计值中的噪声能量谱的样本个数为 2×10=20 个，如果运行 90 d，则统计噪声能量谱的样本总数可达到 20×90=1800 个。

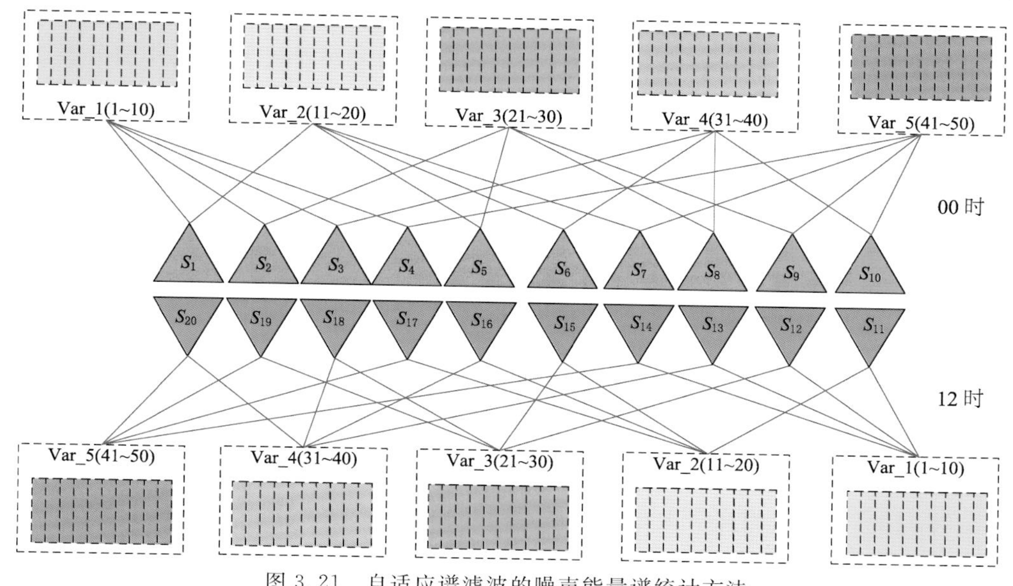

图 3.21　自适应谱滤波的噪声能量谱统计方法

图 3.22 为自适应谱滤波方法计算得到的 500 hPa 高度上温度方差的截断波数随时间变化。由于 En4DVar 的计算代价十分昂贵，在计算噪声能量谱时仅采用了 10 个集合成员，并以 5 个成员作为一个独立集合。结果表明，自适应方法得到的截断波数较气候态方法的变化幅度大，其主要原因是用于计算噪声能量谱的两个集合也是随时间变化的。两种方法的优劣性还需要通过大量批量试验进行验证。

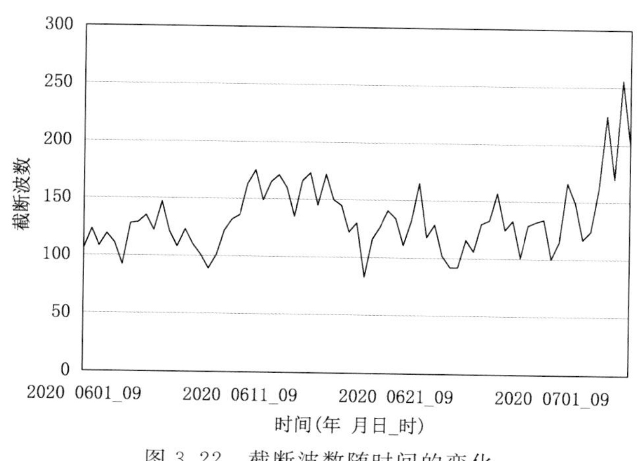

图 3.22　截断波数随时间的变化

3.4.6　小波阈值去噪方法

大气是一个多尺度场，具有不同的空间和时间尺度特征。多尺度分析是研究天气系统在不同尺度下的运动特征有效方法。多尺度分析的主要思想是将原信息空间分解为一系列具有不同尺度(分辨率)的子空间,然后在每个不同分辨率的子空间进行函数逼近,从而可以分析不同分辨率子空间上的性态和特征。小波变换具有多分辨率、多尺度特性,非平稳信号的小波变换定义与 Fourier 变换相似,即信号在小波函数上进行分解,通过移动、压缩小波基函数实现对信号的多分辨率分析。小波多尺度分析已广泛应用于图像处理域,如利用小波分解,分离图像的高频部分和低频部分,从而达到去噪目的。气象领域也利用小波分析的多尺度分解实现复杂地貌形态的表达功能。

本节针对谱滤波方法不能反映信号局地变化的局限性,引入了具有谱和空间局地化特性的小波阈值去噪方法(NGWT)消除集合背景误差方差中随机噪声(Donoho et al., 1994)。小波根据信号特征,通过迭代算法得到阈值,避免了谱滤波方法中噪声能量谱的近似处理和静态假设。在此基础上,根据集合背景误差方差中采样噪声具有的空间和尺度相关特征,设计了一种能自动修正阈值的改进算法,可减少因部分尺度上噪声能级过大导致的残差,进而改进滤波效果。最后在一维理想模型和实际的集合资料同化系统中测试该方法的鲁棒性。

多尺度小波变换把信息分解到更低尺度水平上,这一级的信息是由低频部分信息和原信息在水平、垂直和对角线方向上的高频细节部分信息组成,每一次分解都均使得信息的尺度变为原信息的 1/2。经过二维多尺度小波变换,原信息可逐级分离成具有不同尺度的子信息部分,其中,低频部分保留了原信息的大部分信息;高频部分均包含了边缘、区域等细节信息,此时还可以对低频子信息部分继续进行分解。其基本原理可表述为:

$$f(x,y)=A_jf(x,y)+\sum_{k=1}^{3}D_j^kf(x,y)=A_{j+1}f(x,y)+\sum_{k=1}^{3}D_{j+1}^kf(x,y) \tag{3.46}$$

其中,A 代表低频系数(逼近,代表大尺度信息);D 代表高频系数(细节,代表小尺度信息);j 代表尺度;k 代表水平、垂直和对角方向的高频系数。

以五阶小波变换为例,等式(3.46)可写为:

$$f(x,y)=A_5f(x,y)+\sum_{m=1}^{5}\sum_{k=1}^{3}D_m^kf(x,y) \tag{3.47}$$

上式可表述为图 3.23 中的流程:

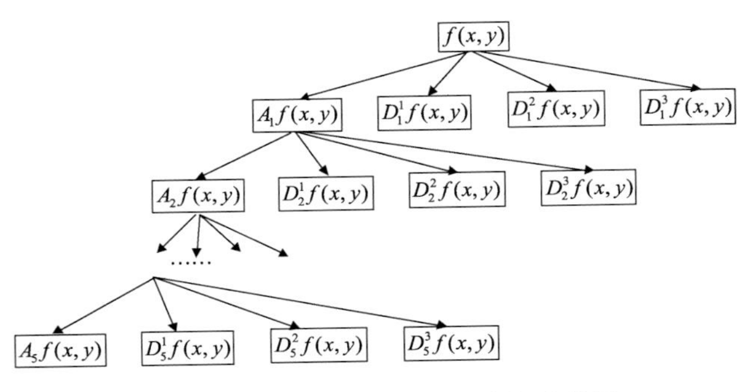

图 3.23　二维多尺度小波的分解流程图

小波去噪是建立在小波变换多分辨分析基础上的一种新兴算法,其基本思想是根据噪声与信号的小波系数在不同频域上的分布特点,去除各频域上与噪声对应的小波系数,同时保留原始信号的小波系数,并基于处理后的系数进行信号重构,得到无噪声信号。在处理低信噪比、时变信号和突变信号时,小波去噪具有其他以往去噪方法无法比拟的优势。同时小波去噪还具有低熵性、多分辨率、去相关性和多种基底函数等优点,可针对不同的应用环境,选取不同的小波基底函数，使去噪效果达到最优。

本节将小波去噪方法引入背景误差方差中，在小波空间中，较大尺度的方差信号能量主要集中在频率较低、系数模较大的小波系数上，噪声的小波系数分析较为均匀，但模较小。因此，可采用计算量小、便于实现的小波阈值去噪法，通过剔除系数模较小的小波系数达到滤除相对高频噪声的目的。小波阈值去噪方法的基本步骤如图 3.24 所示。

(1)多尺度小波分解，选择合适的小波和恰当的分解层次(记为 N_L)，然后对二维图像信号 X 进行 N_L层分解计算。

(2)对分解后的高频系数进行阈值量化。对于分解的每一层，选择一个恰当的阈值，并对该层高频系数进行阈值量化处理。

(3)二维小波的重构图像信号，根据小波分解后的第 N_L层近似(低频系数)和经过阈值量化处理后的各层细节(高频系数)，来计算二维信号的小波重构。

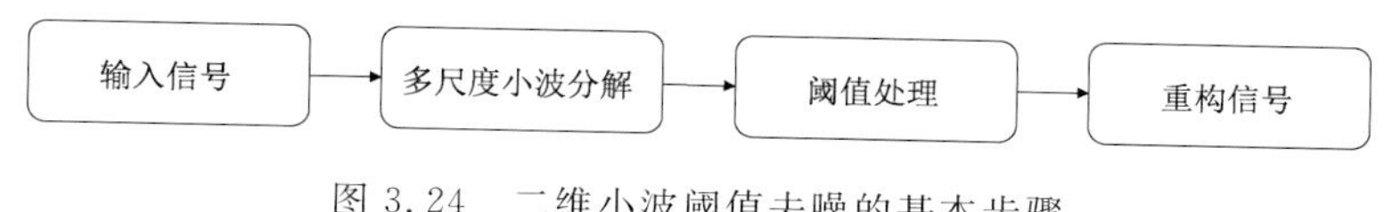

图 3.24　二维小波阈值去噪的基本步骤

3.4.6.1　阈值的迭代计算方法

在小波阈值去噪中，阈值的作用相当于谱滤波中的截断波数，其选择非常关键，直接影响去噪效果。目前已有很多有关阈值选择的研究报道。Donoho 等(1997)针对多维独立正态变量联合分布，选用 $T = \sigma_n \sqrt{2\ln(n)}$ 作为最小、最大估计限制下的全局最优阈值，即认为在维数趋于无穷时大于该阈值的系数含有噪声信号的概率趋于零。其中 σ_n 为噪声标准偏差，n 是信号维度。该阈值作为全局阈值应用到各个尺度上，阈值大小随 n 增加而增大。当 n 较大时，阈值趋向于将所有小波系数置零，使重建信号模糊，误差增大，降低去噪效果。SureShrink(Donoho et al.,1995)阈值方法基于 Stein 无偏拟然估计，在不同尺度上应用了不同的阈值，但是当小波系数数量较少时会引入较大误差。BayesShrink 阈值方法假定小波系数服从广义高斯分布，在此基础上通过最小化贝叶斯平均风险函数定位出各个频域中高频部分小波系数。其数学定义为 $T_b = \sigma_n^2/\sigma_S$，其中 σ_S 为信号标准偏差。

和上述阈值估计算法不同，小波阈值根据余量通过最优迭代算法得到最优阈值。迭代算法的思想如图 3.25 所示，各个方向的白噪声相互正交于圆内。圆对应最大的噪声模，即阈值。由于迭代开始时噪声方差非常大，大部分小波系数都囊括在圆内。经第一次去噪后，排除了那些模大于阈值 T_0的系数，余下的系数则构成新的噪声，用于计算下一个阈值 T_1。

假定原始信号 X 中包含了 $N = 2^j$ 的离散信号 S 和掺杂了均值为 0、方差为 σ_w^2 的高斯白噪声 W。X 经 N 次采样后得到 $X_k = S_k + W_k,\ k = 0,1,\cdots,\ N-1$，其中 X_k、W_k 分别表示 N 次采用的原始信号和噪声。

首先将原始信号 X 分解到正交小波基底构成的小波空间：

$$X_k = \sum_{\lambda \in \Gamma^J} \widetilde{X}_\lambda \psi_\lambda \tag{3.48}$$

其中，下标 $\lambda = (j,i)$ 表示小波的尺度 j 和位置 i。相应的下标集 Γ^J 定义为：

$$\Gamma^J = \{\lambda = (j,i), j = 0,\cdots,J-1, i = 0,\cdots,2^j - 1\} \tag{3.49}$$

小波阈值截断的去噪过程是对系数 $\widetilde{X}_\lambda$ 截断，形成新的小波系数集 ψ_λ，并利用新的小波系

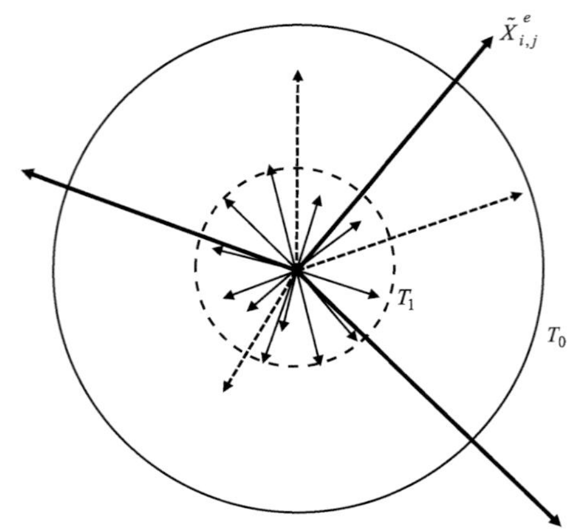

图 3.25 噪声方差和阈值迭代算法示意图
（粗实线圆代表 T_0，虚线代表 T_1，箭头表示小波系数）

数重构出去噪后的信号。定义非线性算子 F_T：

$$F_T : X \triangleq F_T(x) = \sum_{\lambda} \rho_T(\tilde{X}_\lambda)\psi_\lambda \tag{3.50}$$

和阈值截断函数 $\rho_T(a)$：

$$\rho_T(a) = \begin{cases} a & |a| > T \\ 0 & |a| \leqslant T \end{cases} \tag{3.51}$$

其中，T 表示阈值，经阈值函数 $\rho_T(a)$ 筛选得到的系数空间用 $\Gamma^T = \{\lambda \in \Gamma^J, |\tilde{X}_\lambda| > T\} \subset \Gamma^J$ 表示，Donobo 和 John-stone (1994)研究表明信号 S 和其估计值 $F_T(x)$ 的二次相对误差：

$$\varepsilon(T_D) = \frac{\| S - F_T(X) \|^2}{\| S \|^2} \tag{3.52}$$

具有下界，并对所有信号 $S \in \boldsymbol{H}$，其中 $\boldsymbol{H}$ 属于一般函数空间，如 Holder 和 Besov 空间，误差 $\varepsilon(T_D)$ 接近 $\varepsilon(T)$ 的最小值，其中 T_D 的表达式为：

$$T_D = \sigma_w (2\ln n)^{1/2} \tag{3.53}$$

可以看出该模型中 T_D 仅与噪声方差有关，但是在很多实际应用中噪声方差 σ_w 是未知的，需要从原始信号 X 中估计。$F_T(x)$ 中的余量 $F_{T_D}^C(x)$ 为：

$$F_{T_D}^C(X) = (I_d - F_T)(X) = X - F_T(X) = \sum_{\lambda \in \Gamma^J} \rho_T^C(\tilde{X}_\lambda)\psi_\lambda = \sum_{\lambda \in \Gamma_T^c} \tilde{X}_\lambda \psi_\lambda \tag{3.54}$$

其中，I_d 表示单位矩阵算子，它不会改变作用对象。补全算子 F_T^C 采用补全阈值截断函数 $\rho_T^C = Id - \rho_T$，并定义下标补集 $\Gamma_T^c = \Gamma^J / \Gamma^T$。余量 $F_{T_D}^C(x)$ 是高斯白噪声 W 的准最优估计，相对误差为：

$$\varepsilon'(T) = \frac{\| X - F_T(X) - W \|^2}{\| W \|^2} = \frac{\| S + W - F_T(X) - W \|^2}{\| W \|^2} = \frac{\| S \|^2}{\| W \|^2}\varepsilon(T) \tag{3.55}$$

3.4.6.2 小波阈值迭代算法

式(3.52)表明：给定阈值 T_n，由 $F_{T_D}^C(x)$ 估计的噪声方差能生成一个新的阈值 T_{n+1}，且比 T_n 更靠近 T_D。以下给出基于这一定理的递归算法伪代码和定理证明。

算法程序实现的伪代码如图 3.26 所示，该算法可以估计出一组阈值和相应的噪声方差序列。其收敛速度与初值和迭代函数有关：

```
// Step1:  Initialization
  Initial（Xk）;                          // Xk初始化， k=0,1,..., N-1
    n=0;
    X_lamda=wavedec(Xk);                  // 将X进行小波变换得到 X̃_λ
    Nw=Card()=N;                          // 将x系数全部当做噪声
// Step 2 : main loop
    while ( n++< NMAX && d> EPS ){        // 在允许最大迭代步数内循环，
                                          // 并满足精度要求
            Nwnew=Nw;
            Nw=Card();
            Var_noise=Cal_var(X_lamda)    // 计算新的方差  σ²_{n+1} = (1/N) Σ_{λ∈Γ^J} |ρ_T^C(X̃_λ)|²
            T_trunc= trunc(Var_noise);    // 计算新的阈值  T_{n+1} = σ_{n+1}(2 ln n)^{1/2}
            d=abs(Nw- Nwnew) ;
    }
    if (d> EPS)  exit(1);
    X_filter=waverec(X_lamda);            // 用新的小波系数进行信号重构
```

图 3.26 小波阈值的递归计算算法

$$I_{X,N}:\Re^{+}\mapsto\Re^{+}\ \text{使得}\ T_{n+1}=I_{X,N}(T_{n}) \tag{3.56}$$

其中，迭代函数 $I_{X,N}(T)$：

$$I_{X,N}(T)=\left(\frac{2\ln N}{N}\sum_{\lambda\in\Gamma^{J}}|\rho_{T}^{c}(\widetilde{X}_{\lambda})|^{2}\right)^{1/2}=\left(\frac{2\ln N}{N}\sum_{\lambda\in\Gamma_{T_D}^{c}}|(\widetilde{X}_{\lambda})|^{2}\right)^{1/2} \tag{3.57}$$

3.4.6.3 迭代函数的性质

运用 delta 函数，将等式(3.55)改写成以下连续积分形式：

$$(I_{X,N}(T))^{2}=\frac{2\ln N}{N}\int_{t=0}^{T}\sum_{\lambda\in\Gamma^{J}}\delta(|\widetilde{X}_{\lambda}|-t)\,\mathrm{d}t \tag{3.58}$$

迭代函数 $I_{X,N}(T)$ 在积分区间是单调递增函数，且有小于 N 个不连续点。

$$I_{X,N}(T)\leqslant I_{X,N}(T+\triangle T),\ \forall\, T,T\in\Re^{+} \tag{3.59}$$

3.4.6.4 迭代函数收敛性

以下给出 Azzalini 关于递归函数 $I_{X,N}(T)$的收敛性证明(Azzalini，2005)。

定理 1. 给定区间 $[T_a,T_b]\in\Re$，满足 $I_{X,N}(T_a)\geqslant T_a$ 和 $I_{X,N}(T_b)\leqslant T_b$，如果存在迭代步 n_0，使得 $T_{n_0}\in[T_a,T_b]$，则 $T_n\in I_{X,N}(T_{n-1})$ 收敛到一个有限的子区间 $T_l\subset[T_a,T_b]$，满足 $T_l\subset I_{X,N}(T_l)$，迭代步数 n_1小于 N。

证明：假定 $I_{X,N}(T_{n_0})<T_{n_0}$，有 $I_{X,N}\circ I_{X,N}(T_{n_0})<I_{X,N}(T_{n_0})$，因此：

$$T_{n_0+2}=I_{X,N}(T_{n_0+1})\leqslant T_{n_0+1}=I_{X,N}(T_{n_0})<T_{n_0} \tag{3.60}$$

迭代序列 $\{T_n\}_{n\geqslant n_0}$ 单调递减。如果 $T_a<T_{n_0}$，则有 $I_{X,N}(T_a)\leqslant I_{X,N}(T_{n_0})$。假定 $T_a\leqslant I_{X,N}(T_a)$，则 $T_a\leqslant T_{n_0+1}$ 对所有 $n\geqslant n_0$，$T_a\leqslant T_n$。因此 $\{T_n\}_{n\geqslant n_0}$ 是以 T_a 为下界的单调递减序列，并收敛于 T_a 和 T_{n_0} 之间的 $T_l=\inf_{n\geqslant n_0}(T_n)$。又因为迭代函数 $I_{X,N}$ 是分段常数，有有限个不连续点。因此，存在一个 n_l使得 $T_{nl}=T_{nl}=\inf_{n\geqslant n_0}(T_n)$。$\{T_n\}_{n\geqslant n_0}$ 是单调递减序列。

如果 $I_{X,N}(T_a) > T_{n_0}$，可以类似的得出 $\{T_n\}_{n \geqslant n_0}$ 也是递增序列，上边界为 T_b，收敛于在 T_{n0} 和 Tb 之间。

推论 1. 如果 $\sup_{T \in \Re^+} I_{X,N}(T) = T_0 = \sigma_0 \sqrt{2\ln(n)}$，且 $I_{X,N}(0) = 0$，则序列 $\{T_n\}_{n \in \mathbb{N}}$ 收敛到有限区间 $T_l \subset [0, T_0]$。

证明：当阈值 $T=0$，余项 $F^{C}_{T=0}(x) = 0$，则 $I_{X,N}(0) = 0$。一方面迭代函数下边界大于或等于 T_0。最大值 $T_{\max} = \sup_{\lambda \in \Re^J} |\widetilde{X}_\lambda|$。因此定理 1 对所选 T_b，都满足 $T_b \geqslant \max(T_0, T_{\max})$，$T_a=0, T_{n0}=T_0$。序列 $\{T_n\}_{n \in \mathbb{N}}$ 收敛到有限区间 $T_l \subset [0, T_b]$，当 $I_{X,N}(T_b) = T_0$，区间为 $[0, T_0]$。

另一个关键点是递归算法的稳定性和自身一致性。以下将通过证明推论 2 来表明对已经去噪的信号，递归算法将不再改变结果。

推论 2. 令 $\mathscr{A}: X \mapsto F_{T_l(X)}(X)$ 为上述回归算子，则有

$$\mathscr{A} \circ \mathscr{A}(X) = \mathscr{A}(X), \ \forall X \in \mathscr{H} \tag{3.61}$$

证明：将上式改写成以下形式：$I_{\mathscr{A}(x)}, N(T) = \left(\frac{2\ln N}{N} \sum_{\lambda \in \Re^J} |\rho^c_T(\rho_{T_l}(\widetilde{X}_\lambda))|^2 \right)^{1/2}$

其中，$T_l > 0$ 是从一次递归计算中得到的阈值。$I_{X,N}(T)$ 的部分项之和，就有 $I_{\mathscr{A}(x)}, N(T) < I_{X,N}(T) \ \forall T \in \Re^+$，定理 1 表明对所有 $T > T_l$ 有 $I_{X,N}(T) < T$。因此，区间 $[T_l, \infty]$ 不存在不动点。且 $\rho^c_T \circ \rho_{T_l} = 0 \ \forall T < T_l$ 可推出，$I_{\mathscr{A}(x)}, N(T) = 0 \forall T < T_l$。这意味着对于 $I_{\mathscr{A}(x)}, N(T)$，仅存在 $T=0$ 一个可能的不动点。

3.4.6.5 高斯去噪的收敛性

对噪声 $F^c_{T_n}(x)$ 的连续估计会收敛到最优估计 $F^c_{T_{\min}}(x)$，该结论同样适用于高斯白噪声。以下将通过对高斯噪声 W 应用该递归算法来论证这个观点。对于 $\{\psi_\lambda\}_{\lambda \in \Re^J}$，$\{\widetilde{W}_\lambda\}_{\lambda \in \Re^J}$ 是高斯白噪声，其小波系数 PDF 的解析表达式未知。Berman (1989)研究表明 N 个高斯白噪声最大模处在区间 $[T_D - \sigma_W \ln(\ln N)/\ln N,\ T_D]$ 的概率为：

$$P(N) = p(\max_\lambda(|\widetilde{W}_\lambda|) \in [T_D - \sigma_W \ln(\ln N)/\ln N,\ T_D]) \tag{3.62}$$

当 N 变大时趋于 1。这一结果表明 N 足够大，T_D 的值就是噪声最大模的一个很好的估计值。在算法的第一次迭代中，可以令 $T_0 = T_D = (2\ln N)^{1/2}\sigma_W = (2\ln N)^2\sigma_0$，得到：

$$I_{W,N}(T_0) = I_{W,N}(T_D) = \left(\frac{2\ln N}{N} \sum_{\lambda \in \Re^J} |\rho_{T_D}(\widetilde{W}_\lambda)|^2 \right)^{1/2} \approx \left(\frac{2\ln N}{N} \sum_{\lambda \in \Re^J} |\widetilde{W}_\lambda|^2 \right)^{1/2} = T_0 = T_D \tag{3.63}$$

上式表示，算法的第一次迭代的阈值 T_0 就在迭代函数 $I_{W,N}$ 的不动点附近。此外，通过采用高斯分布噪声的解析表达式可以看出迭代函数在 T_D 附近的倒数几乎为零。这使得阈值 T_l 靠近 T_D，算法在第一步就已接近收敛。

根据上述理论，非线性小波去噪的基本步骤如下所示：

(1)将原始信号 X 转换到小波空间 $\widetilde{\boldsymbol{X}}$，并划分为噪声 $\widetilde{\boldsymbol{X}}^e$ 和信号 $\widetilde{\boldsymbol{X}}^*$ 两部分，在循环迭代开始时置 $\widetilde{\boldsymbol{X}}^e = \widetilde{\boldsymbol{X}}$，即将所有信号当成噪声。

(2)计算第 k 步的噪声方差 $\sigma^2_{W,k} = \frac{1}{n}\sum_{i,j} |\widetilde{X}^e_{i,j}|^2$ 和阈值 $T_k = \sigma_{W,k}\sqrt{2\ln(n)}$，$n$ 表示信号

长度，$\widetilde{X}^e_{i,j}$ 表示尺度 j 上第 i 个噪声小波系数。

(3)进行小波阈值截断：$\widetilde{X}^*_{i,j}=\rho_T(\widetilde{X}^e_{i,j})=\begin{cases}\widetilde{X}^e_{i,j}, & |\widetilde{X}^e_{i,j}|>T\\ 0, & |\widetilde{X}^e_{i,j}|\leqslant T\end{cases}$，并计算出新的噪声 $\widetilde{X}^e_{i,j}=(1-\rho_T)(\widetilde{X}^e_{i,j})$。

(4)重复2、3步直到满足条件：$|\sigma^2_{W,k}-\sigma^2_{W,k+1}|\leqslant\Delta$，其中 Δ 表示既定的精度，如 $\Delta=10^{-5}$。

采用上述迭代方法能快速收敛得到噪声方差 $\sigma^2_W=\sum_{i,j}|\widetilde{X}^e_{i,j}|^2$ 和阈值 $T_A=\sigma_W\sqrt{2\ln(n)}$，滤波后可通过 $X'=\sum_{i,j}\widetilde{X}^*_{i,j}\psi_{i,j}$ 重构得到物理空间信号。

将以上递归算法在一维信号中进行测试，如图3.27所示。将一个均值为0、方差为1的高斯白噪声 W 叠加到信号 S 上，得到原始的包含噪声的输入信号 X，S 采用 $\left(\frac{1}{N}\sum_k|S_k|^2\right)^{1/2}=10$ 进行归一化。N 取8192。为对比分析，先后在真实信号 S、噪声 W 以及原始信号 X 上分别应用递归算法，分析相应的迭代函数 $I_{S,N}$，$I_{W,N}$ 和 $I_{X,N}$ 的影响。对比递归算法得到的阈值 T_1，已知噪声方差为1的均一阈值 T_D，和采用MAD方法计算得到阈值 T_m。其中计算 T_m 所需的 σ_w 估计值来自原始信号在最小尺度下的小波系数中值。MAD阈值计算方法为(Mallat et al.,1998)：

$$T_m=\frac{(2\ln N)^{1/2}}{0.6745}\underset{\lambda=(j,i)\in\{(j,i),j=J\}}{\text{med}}(|\widetilde{X}_\lambda|)\tag{3.64}$$

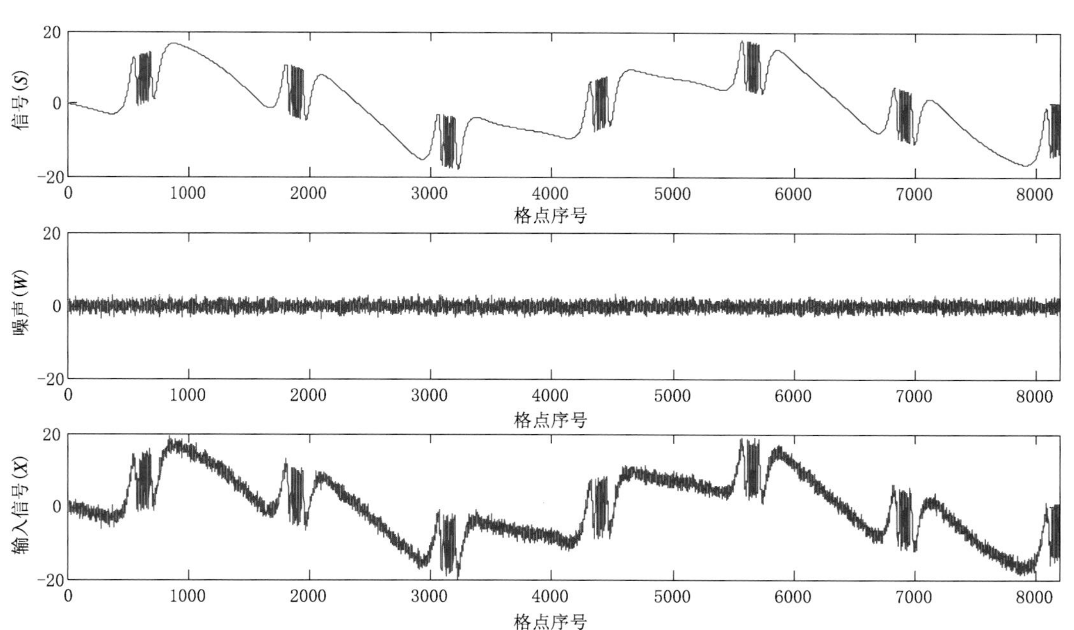

图3.27 一维输入信号 X 为在真实信号 S 上叠加高斯白噪声 W

采用上述迭代算法和计算流程得到了图3.28的去噪结果，可以看出小波阈值方法能消除大量随机噪声，有效提高信噪比。但是信号的局地变化会影响去噪效果，当信息振荡频率接近噪声频率时滤波效率会下降很多。小波阈值方法等价于用一个适合输入信号局地变化特征的

滤波器来估计真实信号。其事实依据是,函数 f 在尺度 j 和位置 $x_j(i)$ 的小波转换,度量了函数 f 在 $x_j(i)$ 附近的变率,$x_j(i)$ 的尺度与 j 成正比。快速变化的信号能使小尺度上的小波系数变大。小波阈值方法通过将小于阈值 T 的系数置 0,构造一个依赖于小波系数的自适应滤波器。较大的系数 $|\widetilde{X}_{i,j}|>T$ 表明函数 f 在小尺度范围内的变化剧烈,这部分系数予以保留避免平滑掉。而满足 $|\widetilde{X}_{i,j}|\leqslant T$ 的系数则示 f 变化较为平缓,通过置 0 后滤除。

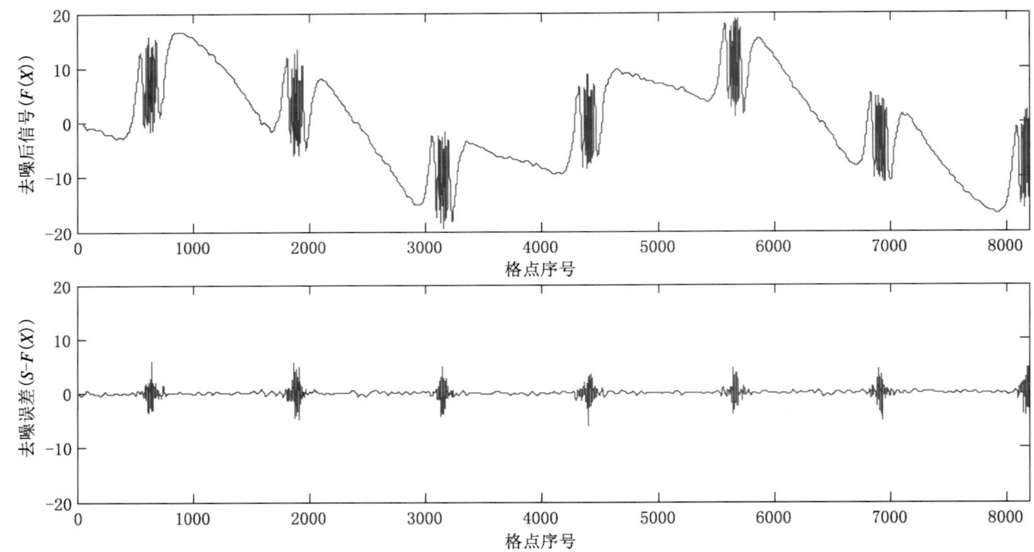

图 3.28　采用小波阈值方法去噪后的信号和去噪后的误差

在图 3.29 中我们给出了 X,S 和 W 的小波系数的概率分布图。表征信号 S 的小波个数较为稀疏,因此大部分系数的概率密度接近 0。噪声系数集中在$[-T_D,\ T_D]$范围,当 $T<T_D$,

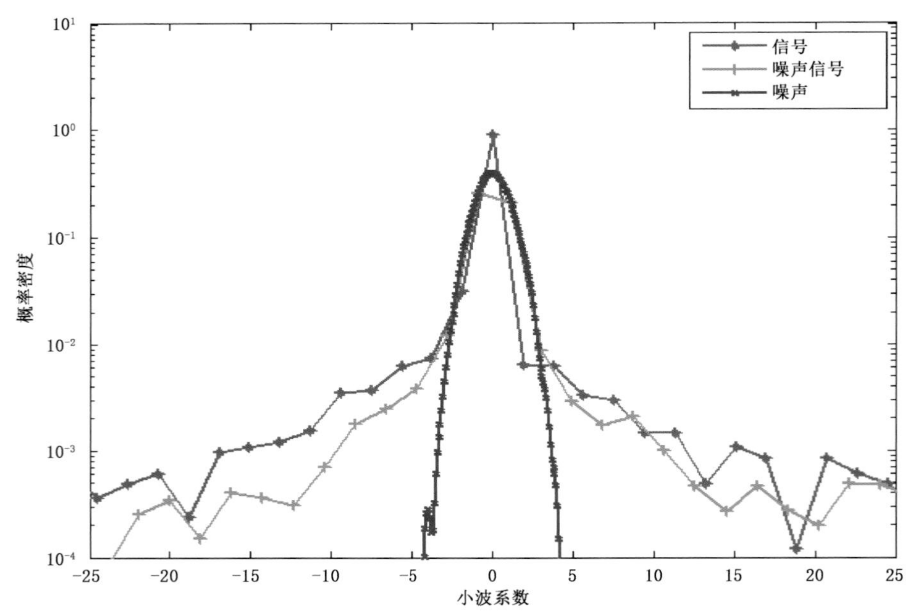

图 3.29　小波系数的概率密度图

X 中主要为噪声 W,对 X 和噪声 W 分别应用递归算法得到的 T_l 是非常接近的。在本试验中,递归算法 $T_l=4.59$,接近 $T_D=4.29$,相应的误差 $\varepsilon(T_m)$、$\varepsilon(T_l)$ 和 $\varepsilon(T_m)$ 如表 3.1 所列。可以看出,阈值 T_D 得到的均方根误差大于 T_m 和 T_l。此外,迭代次数 n_l 随信噪比增加而增加,如对于噪声,其迭代次数 $n_l=1$,而对原始信号 X 而言,迭代次数增加到 9,对无噪声信号 S 其迭代次数达到了 35 次。

表 3.1　不同方法得到的阈值及相应的均方根误差

信号	n_l	T_l	T_m	T_D	$\varepsilon(T_l)$	$\varepsilon(T_m)$	$\varepsilon(T_D)$
X	9	4.59	5.97	4.29	0.18×10^{-2}	0.27×10^{-2}	0.15×10^{-2}
W	1	4.23	3.94	4.23	—	—	—

递归算法的计算代价是 $n_l\times N$,上述例子中为 $4N$,在每步迭代中需要 N 个乘运算和加运算。MAD 算法需要对小波系数平方进行快速分类,需要花销 $N\lg N+N$ 个乘积运算。两种方法都还需要一个小波变换及其逆变换运算,其计算复杂度为 N。

3.4.6.6　小波阈值去噪方法(NGWT)

背景误差方差的集合估计值中的噪声具有空间和尺度相关性,不能简单地当作高斯白噪声处理。谱空间中信噪比随波数的变化可以用简单的正弦函数表示(冷洪泽 等,2012),基于此构造低通滤波器可以有效地减少采样噪声在各个尺度上的绝对量。在小波空间中为了滤除具有相关性的噪声,一种处理方法是对每个尺度使用不同的阈值(曹小群 等,2013):

$$T_N(j)=\sigma(j)\sqrt{2\ln(n_j)} \tag{3.65}$$

其中,$\sigma(j)$ 表示尺度 j 上的标准偏差;$n_j=2^j$ 为尺度 j 上小波系数个数。由于个别尺度对应的 n_j 过小,统计得到的 $\sigma(j)$ 具有较大的误差。另一种处理方法是采用新的全局阈值,如对迭代阈值 T_A 进行调整:

$$T_P=\alpha\times\sigma_w\sqrt{2\ln(n)},\alpha\geqslant1 \tag{3.66}$$

通过改变 α 值,使满足 $\sigma(j)>\sigma_w$ 上的部分过大的噪声小波系数也能被阈值 T_P 置 0。Pannekoucke 等(2014)给出了初步试验结果验证了该方法的有效性,但由于噪声具有非高斯性,理论建模和推导都十分复杂,目前没有很好的方法估算 α。

阈值 T_P 在调整过程中,需要综合考虑对立因素:既要保证部分能级较大的噪声能被阈值置 0,这要求 T_P 要足够大;同时 T_P 又不能无限大,确保信号的小波系数不受 T_P 的影响。如图 3.30 所示,小圆表示高斯白噪声,椭圆表示具有空间和尺度相关的非高斯噪声,在某些尺度上噪声能级大于平均能级,表现为椭圆的两端溢出了小圆范围。大圆则是以最大噪声能级为半径。如果简单地将背景误差方差中的采样噪声当作高斯白噪声处理,采用 $\sigma=\sigma_w$ 计算得到的阈值将明显偏弱(小圆只包含了椭圆的一部分),大量噪声仍未被滤除;但如果采用 $\sigma=\max(\sigma(j))$,则滤波偏强,部分信号被滤除,导致失真。

一种可行的处理方式如下:

首先,将噪声 $\widetilde{\boldsymbol{X}}^e$ 划分为高斯 $\widetilde{\boldsymbol{X}}^{\mathrm{Ge}}$ 和非高斯项 $\widetilde{\boldsymbol{X}}^{\mathrm{NGe}}$:

$$\widetilde{\boldsymbol{X}}^e=\widetilde{\boldsymbol{X}}^{\mathrm{Ge}}+\widetilde{\boldsymbol{X}}^{\mathrm{NGe}} \tag{3.67}$$

小波变换后,由于非高斯噪声 $\widetilde{\boldsymbol{X}}^{\mathrm{NGe}}$ 的小波系数个数远小于高斯噪声 $\widetilde{\boldsymbol{X}}^{\mathrm{Ge}}$ 的小波系数。因此 $\widetilde{\boldsymbol{X}}^{\mathrm{Ge}}$ 的噪声统计特征如标准差 $\sigma(\widetilde{\boldsymbol{X}}^{\mathrm{Ge}}_{i,j})$ 可作为 $\sigma(\widetilde{\boldsymbol{X}}^{e}_{i,j})$ 的一种近似值;其次,仍采用上述迭代

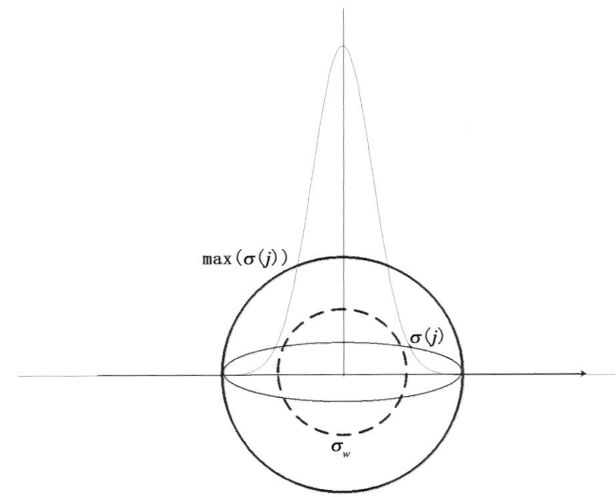

图 3.30 高斯白噪声和具有空间和尺度相关噪声的示意图

方法计算初步的阈值，记为 T_A 。截断余项满足 $\widetilde{R}_{i,j} \in \| \boldsymbol{X}_{i,j} \| \leqslant T_A$ ，该项包含了少数的信号小波系数 $\| \boldsymbol{X}^*_{i,j} \| \leqslant T_A$ 、非高斯项噪声 $\widetilde{X}^{\mathrm{NGe}}$ 的小波系数 $\| \widetilde{\boldsymbol{X}}^{\mathrm{NGe}}_{i,j} \| \leqslant T_A$ 和绝大部分高斯噪声 $\widetilde{X}^{\mathrm{Ge}}$ 的小波系数 $\| \widetilde{\boldsymbol{X}}^{\mathrm{Ge}}_{i,j} \| \leqslant T_A$ ；然后，将截断余项 $\widetilde{\boldsymbol{R}}$ 的标准差 $\sigma_{w'}$ 作为 σ_w 的初猜值，则位于区间 $\left[-\sigma_{w'}\sqrt{2\ln n}, \sigma_{w'}\sqrt{2\ln n}\right]$ 的部分非高斯项噪声小波系数 $\| \widetilde{\boldsymbol{X}}^{\mathrm{NGe}}_{i,j} \| > T_A$ 看成是服从截断余项分布的小概率事件；最后，为了能将少数系数 $\| \widetilde{\boldsymbol{X}}^{\mathrm{NGe}}_{i,j} \| > T_A$ 包含进来，在修正阈值 T_A 时采用了以下公式：

$$\begin{aligned} T_s &= \sigma_s \sqrt{2\ln(n)} \\ \sigma_s &= \max(2\sigma_{w'}, \mathrm{Median}(\sigma_j)) \end{aligned} \tag{3.68}$$

其中，Median (σ_j) 为 σ_j 序列的中位数，截断余项的标准差 $\sigma_{w'}$ 计算方法为：

$$\sigma_{w'} = \sqrt{\frac{1}{n-1}\sum_{i=1}^{n}(\boldsymbol{X}_{i,j} - \bar{\boldsymbol{X}}_{i,j})^2} \qquad \| \boldsymbol{X}_{i,j} \| \leqslant T_A \tag{3.69}$$

其中，$\bar{\boldsymbol{X}}_{i,j}$ 为 $\boldsymbol{X}_{i,j}$ 的数学期望。根据概率理论，等式(3.69)形成的区间 $[-2\sigma_{w'}\sqrt{2\ln n}, 2\sigma_{w'}\sqrt{2\ln n}]$ 能使约 95%的噪声系数落入此区间。一方面尽可能多的把非高斯项噪声小波系数包含进来，另一方面也避免 T_s 过大将过多的信号小波系数被置 0 导致信号失真。以下将通过一维集合资料同化系统模型来验证该方法的合理性。

3.4.6.7 一维去噪试验

将赤道纬圈展开为一维等距的 $n=401$ 个格点，构造一个简单的 $\boldsymbol{B}$ 矩阵，其方差 V^* 随空间缓慢变化，并采用均一、各向同性的高斯函数作为相关函数：

$$c(i, i+r) = \exp\left(-\frac{r^2}{2L_{\varepsilon^b}^2}\right) \tag{3.70}$$

其中，i 为纬圈上的格点序数，r 是格点间距，相关长度尺度 L_{ε^b} 设为 300 km。集合样本数 N 取 50 个。为能真实模拟采样噪声的特征，这里采用与实际系统相同的随机方法估计背景误差标准偏差。首先随机生成50个服从 $\mathscr{N}(0,\boldsymbol{I})$ 的随机矢量 $\alpha_k, k=1,\cdots,N$，其次将 $\boldsymbol{B}^{1/2}$ 与每个矢量 $\boldsymbol{\alpha}_k$ 相乘得到样本 $\boldsymbol{\varepsilon}_k^b$，此时 ε_k^b 满足 $\mathcal{N}(0,\boldsymbol{B}^{1/2})$ 分布，最后计算出 ε_k^b 的方差 $\mathbf{V}$，即为背景误差方差的集合估计值，方差计算方法如下：

$$\begin{cases}\boldsymbol{\alpha}_k \sim \mathscr{N}(0,\boldsymbol{I}) \\ \boldsymbol{\varepsilon}_k^b = \boldsymbol{B}^{1/2} \cdot \boldsymbol{\alpha}_k,\ k=1,\cdots,N\end{cases} \tag{3.71}$$

$$\begin{cases}V_i = \dfrac{1}{N-1}\displaystyle\sum_{k=1}^{N}(\varepsilon_{k,i}^b - \overline{\varepsilon_i^b})^2 \\ \overline{\varepsilon_i^b} = \dfrac{1}{N}\displaystyle\sum_{k=1}^{N}\varepsilon_{k,i}^b\end{cases} \tag{3.72}$$

因 Coif5 具有良好的正交和双正交特性，且在时域和频域都具有良好的紧支撑和消失矩，试验中选用 matlab 自带的 Coif5 正交小波模块，实现信号分解和重构。

图 3.31 给出了的预定义的背景误差方差真值，即 $\boldsymbol{B}$ 的对角元素，以及 50 个样本的方差估计值。在大部分区域，预定义的方差真值变化较为平缓，而在第 150、250 个格点附近出现了陡峭变化。这种变化可表征风暴、深对流和台风等剧烈天气事件的背景误差。从图 3.31 可以看出，尽管集合平均能清晰反映出真实方差的大尺度特征，但是存在以信号为中心上下波动的小尺度采样噪声。在方差偏大的格点附近，采样噪声明显偏大。

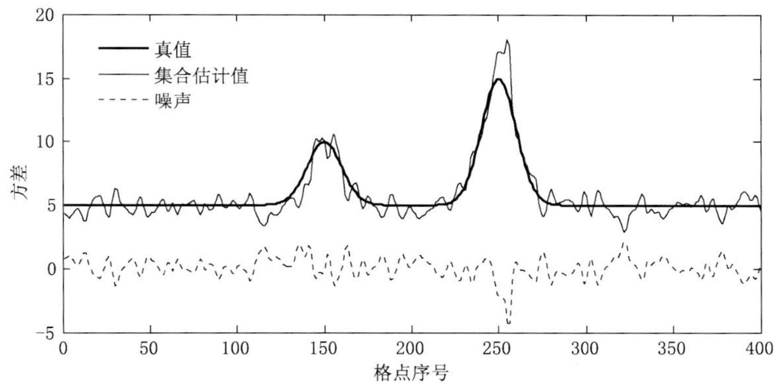

图 3.31　背景误差方差真值(粗线)，集合估计值(细线)以及噪声(点线)随格点的变化

采用上述方法对集合估计值进行去噪，得到图 3.32 中的结果。对比可以看出，谱滤波(绿线)结果最为平滑，但两个特征信号同时也被大幅度削弱。其原因在于谱滤波本质上属于一种空间加权平均滤波，平滑范围由噪声和信号的特征尺度决定。权重系数是一个全局量，不能随空间位置变化，因此谱滤波无法刻画出信号的局地特征。当特征信号的尺度与噪声相当时，信号被当作噪声处理，导致信号失真。未经修正的小波去噪结果，如图 3.32 蓝线所示，与真值之间的 RMSE(0.77)小于谱方法(1.44)，但是去噪后信号波动最为剧烈。从某种意义上说，这是去噪强度偏弱的一种表象，即迭代方法得到的阈值 $T_A = 1.42$ 偏小。主要原因在于尺度 $j = 2,3$ 上的噪声标准偏差 $\sigma_{j=2} = 6.33$，$\sigma_{j=3} = 2.95$ 均大于 $\sigma_w = 0.41$，部分噪声的小波系数并没有被置 0。采用等式(4.28)对阈值进行修正得到 $T_s = 2.65$，图中红线即为改进后的去噪结果。可以看出，去噪后信号的平滑性有了较大的提高，RMSE 也由原来的 0.77 减至 0.65，接近最优滤波的 0.57。最优滤波为图 3.32 中点划线，是通过手动调整阈值使 RMSE 达到最小得到的。最优滤波代表了这种去噪方法的最佳效果。图 3.33 给出了不同阈值对应的 RMSE 值。

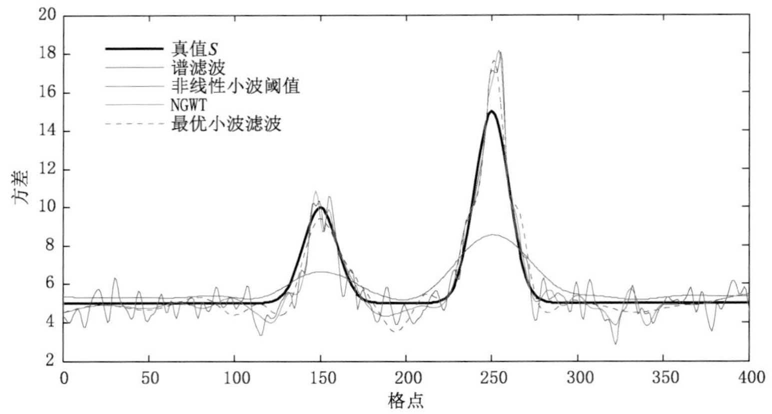

图 3.32 谱滤波(绿线),小波滤波(蓝线),改进后的小波滤波(红线)以及最优阈值小波滤波(点短线)结果的比较,黑粗线为真值

谱滤波方法也可以通过调整截断波数达到最优化,结果如图 3.34 所示。可以看出,调整截断波数能够减少谱滤波的误差,但是 RMSE 值均在 1.25 以上,总大于小波去噪结果。这也进一步说明在背景误差方差滤波中,小波去噪方法要整体优于谱方法。需要指出的是,背景误差方差的集合估计值在进入到同化系统之前还需要进行降分辨率处理,如 ECMWF 的业务化集合资料同化系统,需要将 T399 分辨率的方差估计值进行谱截断,得到 T65 分辨率的方差。这种谱截断处理,会消除小波滤波结果中存在的高频小尺度振荡信息,而保留大尺度特性,使滤波结果更加平滑。

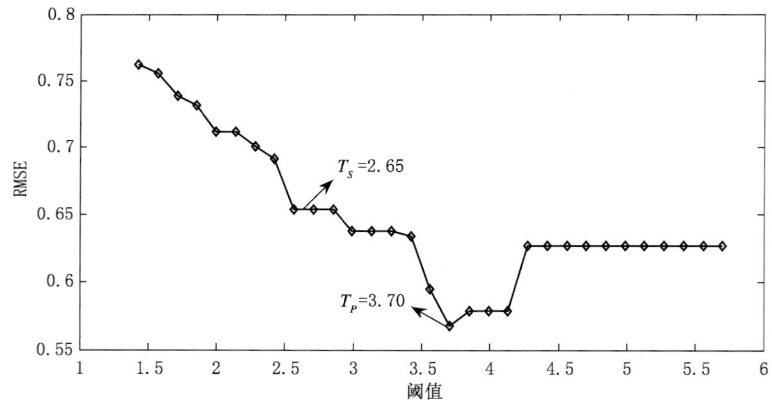

图 3.33 RMSE 随截断波数的变化

($T_P=3.7$ 为最优阈值,滤波后的 RMSE 最小为 0.57;$T_S=2.65$ 为修正后的阈值,对应 RMSE 为 0.65)

图 3.35 给出了小波空间中方差集合估计值 $\widetilde{\boldsymbol{X}}$,噪声 $\widetilde{\boldsymbol{X}}^e$ 和信号 $\widetilde{\boldsymbol{X}}^*$ 在区间[-5,5]的概率分布情况。可以看出,噪声系数 $\widetilde{\boldsymbol{X}}^e_{i,j}$ 主要集中在以 0 为中心的临域,且近似为一高斯分布。小波阈值去噪方法采用迭代方法计算出截断阈值 T_A ,然后将落入区间 $[-T_A, T_A]$ 的小波系数置 0。对于非相关的高斯白噪声,大部分小波系数会落入到该区间, T_A 的取值是恰当的(Donoho et al.,1994)。但是,对于非均匀、具有相关性的非高斯噪声,仍有 13%的噪声小波系数

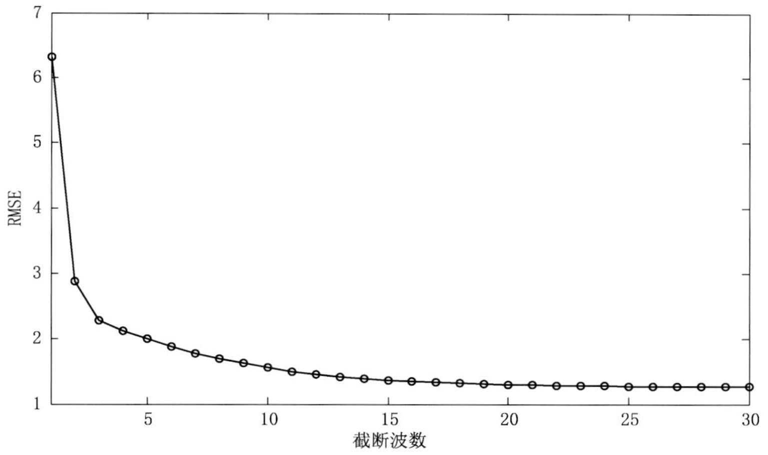

图 3.34　谱滤波 RMSE 随截断波数的变化

分布在区间 $[-T_A, T_A]$ 外，导致部分噪声仍未被滤除，因此需要修正和放大 T_A。图中绿线为截断余项 $\widetilde{R}_{i,j} \in \| X_{i,j} \| \leqslant T_A$ 的分布情况，可以看出即使对于非均匀、具有相关性的非高斯噪声，其小于 $[-T_A, T_A]$ 的噪声小波系数仍可近似为高斯分布。由高斯分布的性质可知，$[-2\sigma, 2\sigma]$ 区间的概率为 95%，由此计算得到的 $T_s = 2.65$ 包含了 90% 的噪声小波系数。因此其滤波效率高于原有方法。

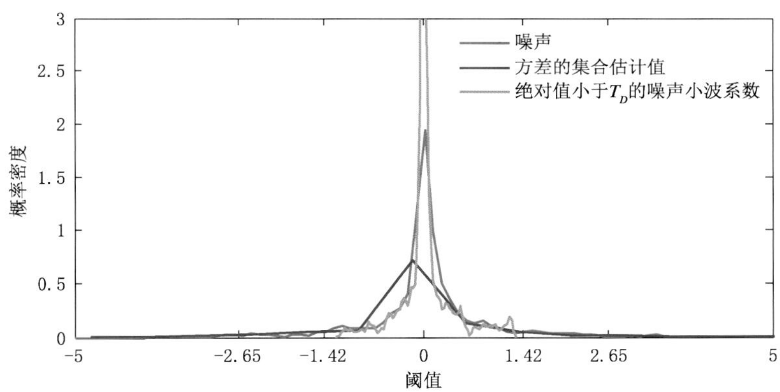

图 3.35　小波系数的概率密度分布

为进一步测试该方法的鲁棒性，图 3.36 对比了不同信噪比情况下，阈值修正前后的滤波效果。方差集合估计值的精度（黑线）正比于集合成员个数的开方。当集合成员数增加，背景误差方差估计值中的信噪比也将增加。但是这种收敛性非常缓慢，通过增加样本个数来提高估计值精度的代价是十分昂贵的，这也凸显了去噪方法的重要性。可以看出，在不同信噪比的条件下，阈值修正后都能显著减少 RMSE。当集合成员数 N 取 40 和 100 时，改进幅度已经接近或达到极限值（绿色星形线）。由这 10 组试验统计得出，改进滤波方法后 RMSE 由原来的 1.11 减少为 0.92，相对于集合估计值 $\boldsymbol{X}$ 的 RMSE(1.40)，滤波效率提升了 13.28%。

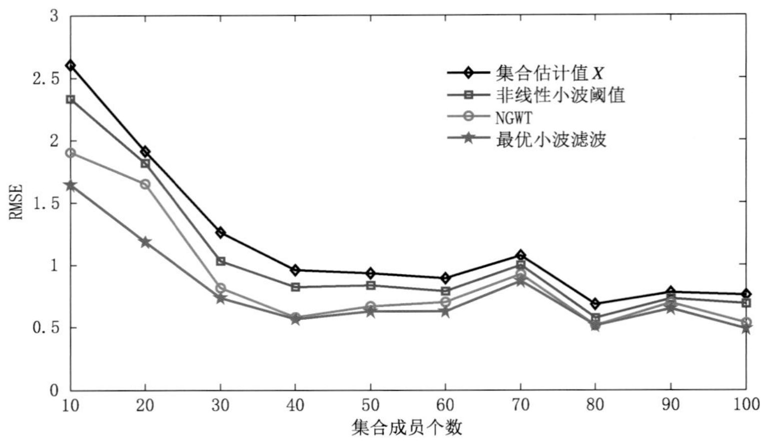

图 3.36 原集合方差估计值(黑色菱形线)和改进前后滤波 RMSE 随集合成员的变化
(蓝色方框线为改进前的小波滤波结果,红色圆圈线为改进后的小波滤波结果,
绿色星形线为最优滤波结果)

3.4.6.8 在实际系统中的初步应用

采用相同的试验平台和设置,选择 2013 年 8 月 2 日 21:00 UTC(世界时)第 91 个模式层上的涡度的 10 个样本估计值作为去噪对象。此时 2013 年第九号台风“飞燕”位于海南省文昌市的东南部,台风涡旋导致涡度背景误差方差出现局部最大值。由于实际系统缺乏真值,图 3.37 仅给出了原集合估计值、谱滤波和改进前后小波滤波的结果。可以看出谱滤波和小波阈值方法都能有效滤除集合估计值中的小尺度噪声,但是与 30 个样本估计值(这里未给出结果)相比,谱滤波严重弱化了台风中心涡度方差的极值(由原来的 8.31×10^{-5} 变为 6.20×10^{-5}),且中心位置出现小幅度的漂移,效果低于小波阈值方法,与一维理想试验的结论相同。小波阈值 1.87×10^{-5} 经修正后变为 2.62×10^{-5},去噪后台风中心极值分别为 7.65×10^{-5} 和 7.30×10^{-5},两者整体结构相似。阈值修正后滤除了部分小尺度信息,形状更加平滑,去噪强度有所增强。由于缺乏真值和可信的参考值,该方法的有效性及对系统的影响还有待进一步分析,如修正阈值后对预报和分析场的贡献。

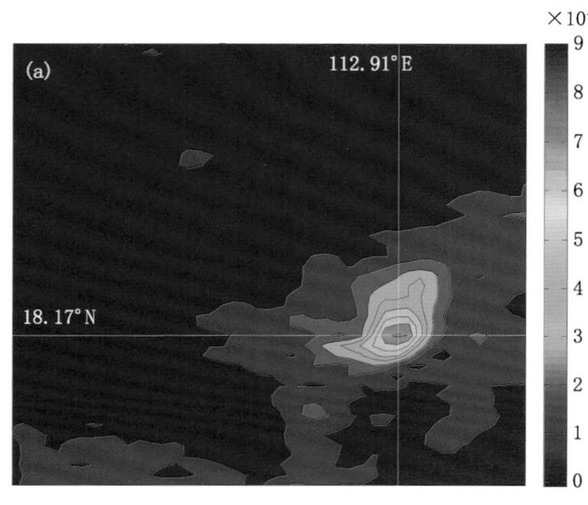

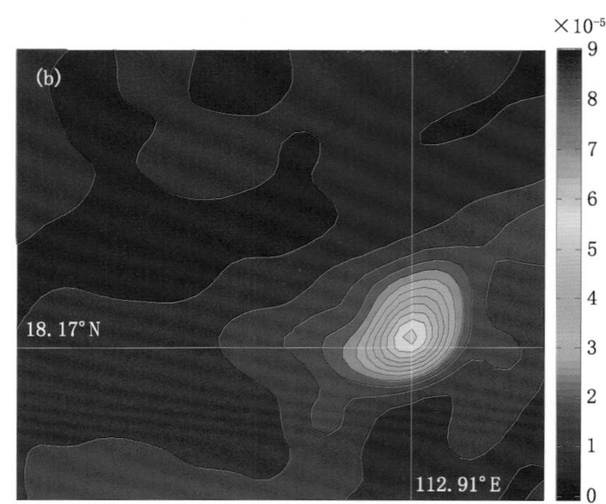

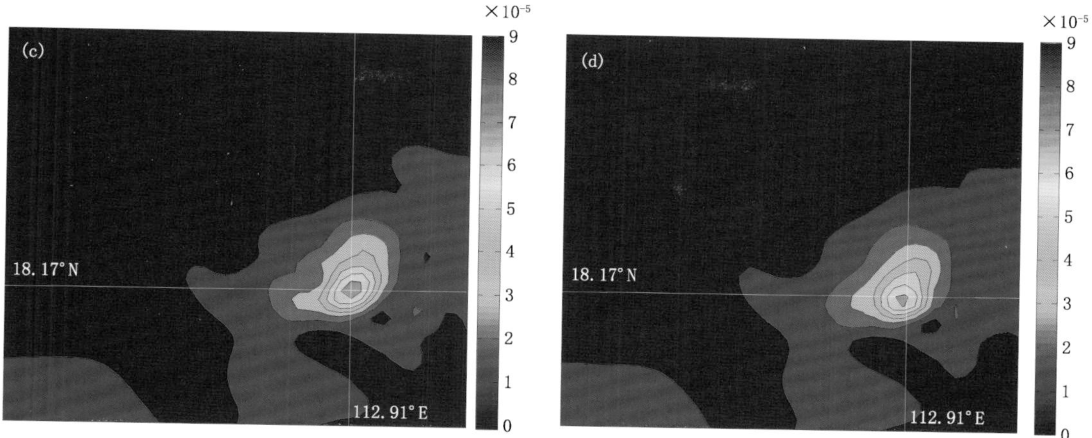

图 3.37 第 91 个模式层上涡度标准偏差,时间对应 2013 年 8 月 2 日 21:00 UTC
((a)、(b)、(c)、(d)分别对应 10 个集合样本的估计值、谱滤波结果、阈值未修正时小波阈值去噪结果和阈值修正后的去噪结果)

3.4.7 带约束的小波阈值去噪方法(CWTDNM)

3.4.7.1 基本原理

考虑到实际系统中方差的噪声分布在每个尺度上,并呈现出非高斯分布特征,为了进一步约束不同尺度上的噪声,结合谱滤波的思想,通过在 NGWT 方法基础上进一步引入可调参数 β,调节大于阈值 T 的小波系数,从而减少每个尺度上的噪声。

采用等式(3.68)的阈值 T 能够消除 90%以上的噪声。用于重构信号的小波系数 $\widetilde{X}^{*}_{i,j}$ 中并没有改变满足 $|\widetilde{X}^{e}_{i,j}|>T$ 的小波系数,而只是将 $|\widetilde{X}^{e}_{i,j}|\leqslant T$ 的系数置零。受谱滤波思想的启发,本节在此基础上引入一个缓变的阈值函数,用于约束或减少 $|\widetilde{X}^{e}_{i,j}|>T$ 中的噪声,即采用如下小波系数进行信号重构:

$$\widetilde{X}^{*}_{i,j}=\begin{cases}\widetilde{X}_{i,j}-\beta\dfrac{T^{2}}{\widetilde{X}_{i,j}} & |\widetilde{X}_{i,j}|\geqslant T \quad 0\leqslant\beta\leqslant 1\\ 0 & |\widetilde{X}_{i,j}|<T\end{cases}\tag{3.73}$$

其中,β 是可调参数。本节将讨论和对比谱滤波、小波阈值、NGWT 和采用等式(3.39)四种方法的滤波效果。并分别标号为 Exp1_spec, Exp1_NL,Exp1_NG 和 Exp1_CW。

3.4.7.2 试验结果

以二维正压涡度方程作为试验平台,以 Rossby-Haurwitz 第四波为状态初值,通过叠加随机扰动来构造样本初值,向前积分 24 h,时间步长设为 2 h。以未扰动态作为真值,如图 3.38a 所示。将 10 个随机的高斯扰动叠加到初值上,并采用相同的积分设置得到 10 个扰动成员。扰动成员的集合平均(图 3.38b)作为滤波对象。

(1)分层和小波基的选择

小波分析的首要工作是选择合适的小波集和分层。不同小波基往往具有不同的时频特

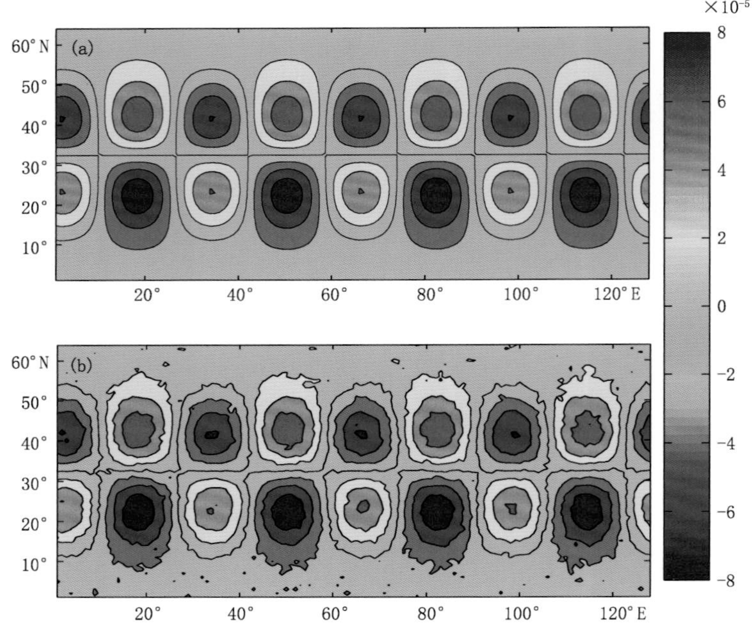

图 3.38　背景误差方差“真值”及 10 样本集合估计值

征，能够有效的表示一个信号的不同部分或不同特征。小波基的选取一般考虑下列因素：①小波具有线性相位或至少具有广义线性相位，避免小波分解和重构时的信号失真；②利用展现局部化特性和降低计算复杂度的紧支性和衰减性；③子空间的正交性，做多尺度分解，可得一正交的镜像滤波器，使子带数据相关性减少；④分解层次一般 2～5 层均可，要视具体应用而定，需要进行多次试验，还要考虑计算量和去噪效果。

采用三种小波阈值方法和不同分层来处理相同的输入信号，通过对比去噪信号与真值之间的 RMSE，来确定最优的分层方案。表 3.2 列出了不同分层的 RMSE，可以看出 Exp_NG 和 Exp_CW 采用 5 阶分层能得到最小的 RMSE，且这两种方法均优于 Exp_NL，即一般的小波阈值方法。

表 3.2　不同小波分层对去噪效能的影响

滤波方法	3	4	5	6	7
Exp_NL	1.02×10^{-6}	8.93×10^{-7}	9.26×10^{-7}	1.01×10^{-6}	9.25×10^{-7}
Exp_NG	8.61×10^{-7}	8.70×10^{-7}	8.55×10^{-7}	9.00×10^{-7}	9.27×10^{-7}
Exp_CW	8.55×10^{-7}	8.69×10^{-7}	8.42×10^{-7}	8.91×10^{-7}	9.22×10^{-7}

小波基函数对 RMSE 的影响如表 3.3 所示，Coif5 和 DB11 得到 RMSE 比 Bior6.8 和 Sym8 小波基少了一个量级。本文选用 Coif5 小波基函。

表 3.3　三种不同滤波方法和阈值函数对应的 RMSE

滤波方法	Bior6.8	Coif5	Sym8	DB11
Exp_NL	1.03×10^{-6}	9.49×10^{-7}	1.01×10^{-6}	9.26×10^{-7}
Exp_NG	1.14×10^{-6}	8.96×10^{-7}	1.07×10^{-6}	8.55×10^{-7}
Exp_CW	1.14×10^{-6}	8.77×10^{-7}	1.07×10^{-6}	8.42×10^{-7}

(2)β参数选取

在引入的阈值函数(式 3.77)中,β是一个关键量。其大小决定了大于阈值 T 部分的小波系数的萎缩速度。图 3.39 给出了不同β取值对信号重构的小波系数影响。硬阈值函数得到的小波系数会在阈值附近出现突变。而小波系数 $\widetilde{X}_{i,j}^{*}$ 会慢慢的向 $\widetilde{X}_{i,j}$ 靠近,随着 $\widetilde{X}_{i,j}$ 的增大,$\widetilde{X}_{i,j}^{*}$ 与 $\widetilde{X}_{i,j}$ 之间的偏差逐渐减少。这与谱滤波方法中滤波系数随波数呈余弦函数变化特性相似,即在大尺度上的滤波系数小于小尺度上的滤波系数。这种萎缩处理方式有利于减少大尺度上的噪声量,从信号的角度来看会减轻重构后图像的振铃现象和平滑现象,可以获得更好的去噪效果。

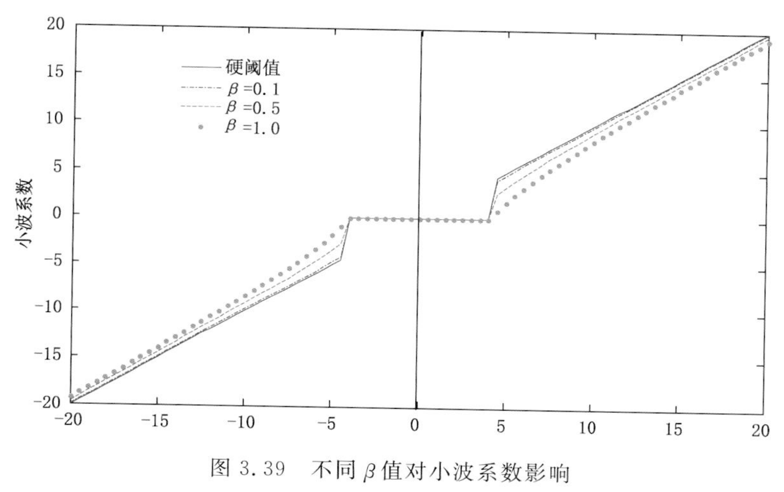

图 3.39　不同β值对小波系数影响

这里选用峰值信噪比(PSNR)和 RMSE 两个指标,通过迭代的方式确定β值。PSNR 一般是用于衡量经过处理后的影像品质,它是原图像与被处理图像之间的均方误差相对于$(2^n-1)^2$的对数值(信号最大值的平方,n是每个采样值的比特数),它的单位是 dB,PSNR 的数学定义为(Huynh-Thu et al., 2008):

$$\mathrm{PSNR} = 10 \times \lg\left(\frac{(2^n-1)^2}{\mathrm{RMSE}}\right) \tag{3.74}$$

图 3.40 给出了不同β值对应的 RMSE 和 PSNR,其最小和最大点对应的β为 0.21。

(3) 滤波结果

图 3.41 对比给出了 10 个样本估计值的滤波结果,其中 Exp_CW 中$\beta=0.21$。得到的相对误差如图 3.42 所示,可以看出四种方法均能在保留有效信号的基础去除估计值中的随机噪声,提高估计值质量。小波方法要明显优于谱方法,Exp_NG 和 Exp_CW 效果较为接近,尽管 Exp_NL 在大部分区域的误差较 Exp_NG 和 Exp_CW 小,但在少数区域或格点上会出现较大的误差极值。

图 3.43 给出了非线性小波去噪、NGWT 和 CWTDNM 方法的逻辑关系图。小波阈值方法设计和实现了一种能计算最优阈值的迭代算法。该方法利用截断余项计算新的阈值,当噪声为白噪声时,能获得比以往更好的去噪效果。NGWT 方法主要考虑了背景误差方差噪声的非高斯特性,在小波阈值的基础上,考虑了噪声因尺度、空间相关导致的非高斯特性对阈值的影响,并结合截断余项和尺度偏差中值对阈值进行了进一步修正。为了考虑其他尺度上的噪

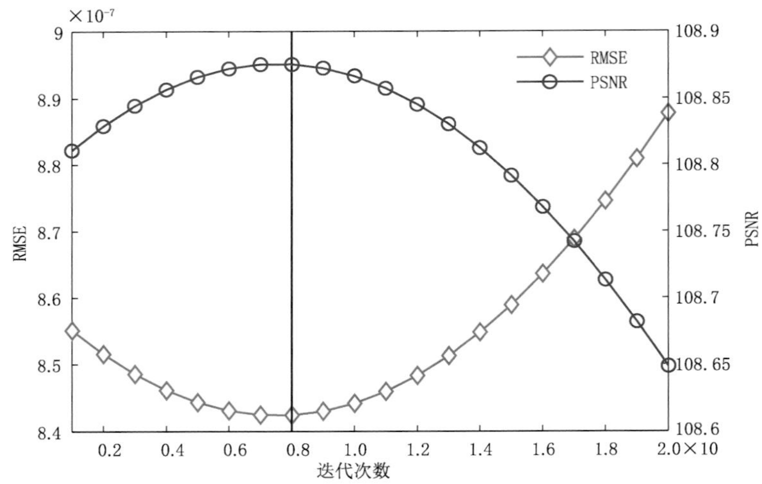

图 3.40　采用不同 β 值去噪后得到的 RMSE 和 PSNR

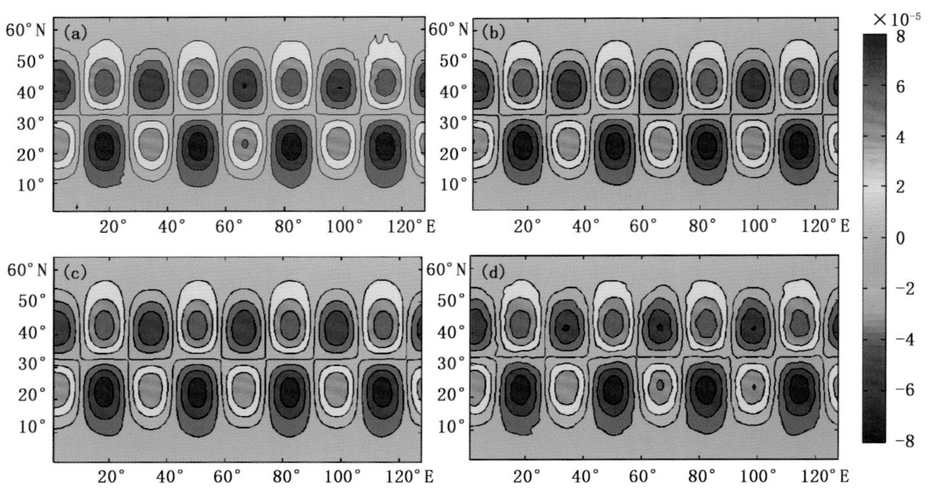

图 3.41　10 个样本估计值分别应用

(a)Exp1_NL;(b)Exp1_NG;(c)Exp1_CW 和(d)Exp1_spec 四种去噪方法后的图像

声,CWTDNM 引入了参数 β 约束大于 T 部分的小波系数,减少各个尺度上的噪声含量。

当随机噪声为均匀的高斯白噪声时,通过迭代方法计算得到的小波阈值能够消除大部分噪声的小波系数。但是,集合资料同化中随机噪声具有尺度相关,非均匀,非高斯等特性,个别尺度上的噪声能级过高,导致迭代得到的小波阈值偏小。对此,本节根据截断余项的分布特征,对阈值的计算方法进行了修正和改进。一维理想试验结果表明,改进后的小波阈值能进一步减少噪声比重,提升背景误差方差估计值的精度。10 组试验的统计结果表明,采用改进的小波阈值方法,能使背景误差方差的 RMSE 值减少 13.28%,同时该方法具有很好的鲁棒性。

将 NGWT 方法应用在了实际的业务系统中,以台风中心的涡度背景误差方差的集合估计值作为试验对象,对比了三种去噪方法的效果。初步结果表明,小波阈值方法的去噪效果优

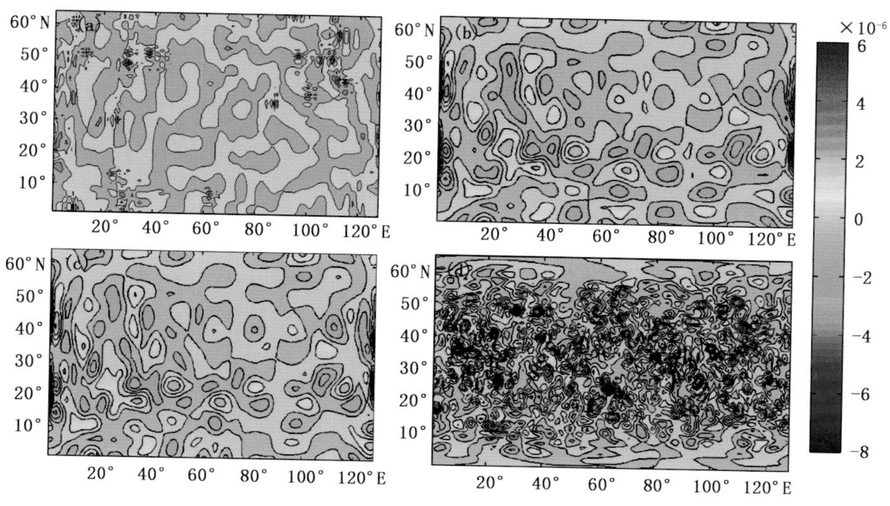

图 3.42 采用(a)Exp1_NL,(b)Exp1_NG,(c)Exp1_CW 和(d)Exp1_spec 四种方法对10个样本估计值进行去噪后的相对误差

于谱方法。虽然阈值修正前后的去噪结果相似,但修正后能减少更多的小尺度信息。

为了减少大尺度上存在的噪声,本节结合谱滤波的思想引入了一个新的阈值函数。该函数能够使得大于阈值的小波系数以缓变的形式萎缩,一方面能够消除和减少硬阈值导致重构图像时的振铃现象和平滑现象,另一方面也可以避免软阈值引入系统偏差。

在理想试验中该方法能体现出很好优越性,但其主要缺点是需要选择合适的β参数。对于一个实际系统而言,由于真实的信号是未知的,很难通过迭代方法得到准确的β值。如何计算得到β的近似值将是限制该方法实际应用关键。

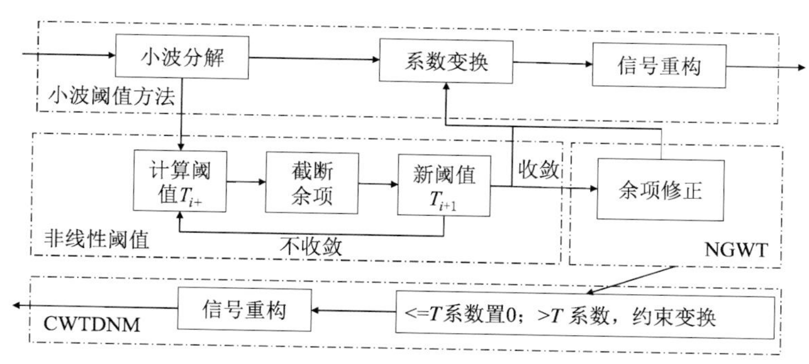

图 3.43 非线性小波去噪、NGWT 和 CWTDNM 方法的逻辑关系

3.4.8 多尺度球面小波滤波方法研究

多尺度球面小波滤波方法以球面小波框架作为基函数,将球面上的背景误差方差信号分解到球面小波空间,并在每个尺度、每个网格上与滤波系数$\rho_j(\lambda,\varphi)$卷积,实现滤波功能,这里将多尺度球面小波滤波后的信号定义为:

$$S^{\text{filt}} = \sum_{j=1}^{J} \rho_j(\lambda, \varphi) \otimes S_j^{\text{raw}}(\lambda, \varphi) \tag{3.75}$$

其中，滤波系数 $\rho_j(\lambda,\varphi)$为集合成员间在该尺度下相关系数的简单函数。

图 3.44 给出了尺度 $j=15$ 和 $j=17$ 的滤波系数。可以看出滤波系数在 0～1 之间变化，均值分别为 0.91 和 0.88，较大值位于热带及南极洲和格陵兰岛附近，这里意味着较弱的滤波强度。

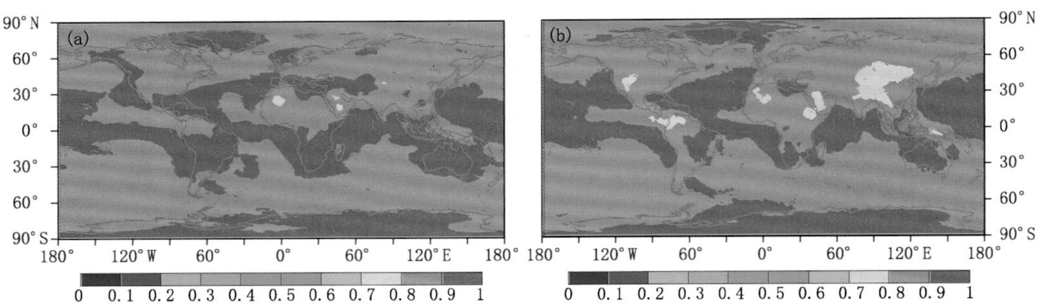

图 3.44　850 hPa 高度上涡度场滤波系数的全球分布

(a)$j=15$；(b)$j=17$

多尺度球面小波滤波的计算过程如图 3.45 所示，首先通过小波变换，将原信号分解到不同的尺度上；其次对每个尺度上的信号与滤波系数进行卷积操作，得到该尺度上的滤波后的信号；最后利用小波逆变换，将每个尺度上滤波后的信号转换到原格点空间，形成滤波后的信号。

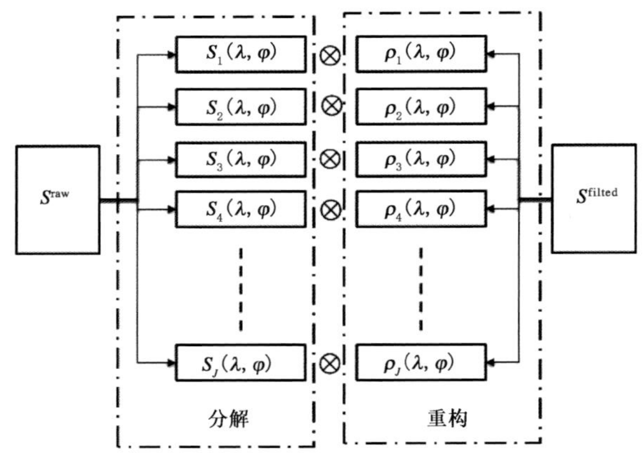

图 3.45　多尺度球面小波滤波算法设计流程

图 3.46 给出了 850 hPa 涡度背景误差方差的集合估计值，其极值主要集中在中高纬度西风急流区。可明显看出，集合估计值夹杂了大量小尺度随机噪声，经过谱滤波处理后，这些随机噪声被滤除，较大尺度的涡度方差信息被保留，滤波后的方差十分平滑(图 3.47)，但是极值也被削弱了很多，这是因为谱滤波方法实质上属于一种空间局地加权平均方法。在计算时，当前格点上的滤波值是周边区域格点的加权平均。而多尺度球面小波滤波对极值点的影响较小，同时具有一定的平滑度，结果如图 3.48 所示。

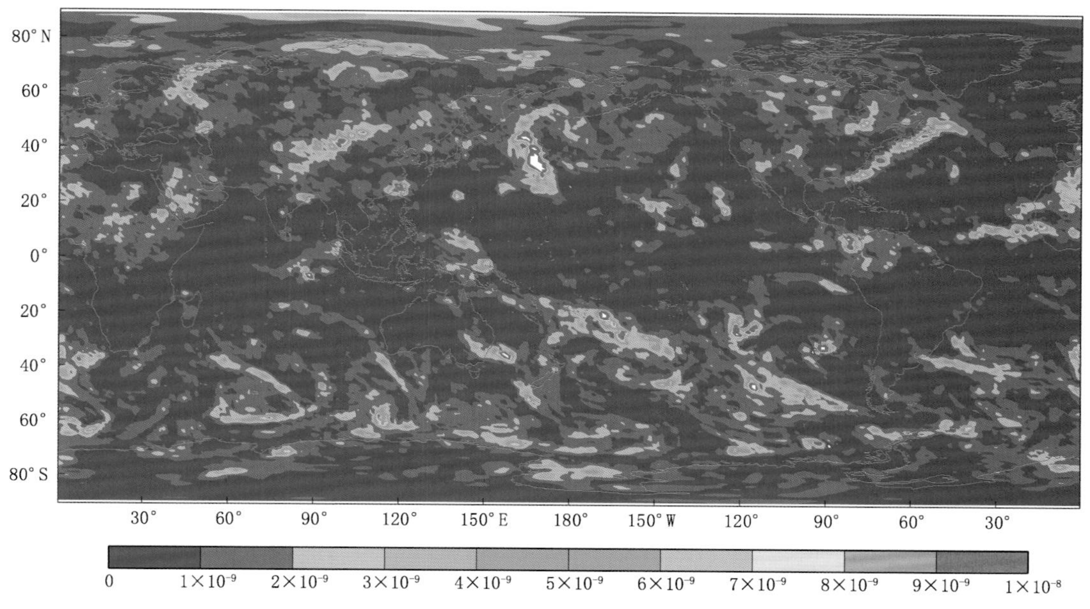

图 3.46 850 hPa 涡度方差集合估计值

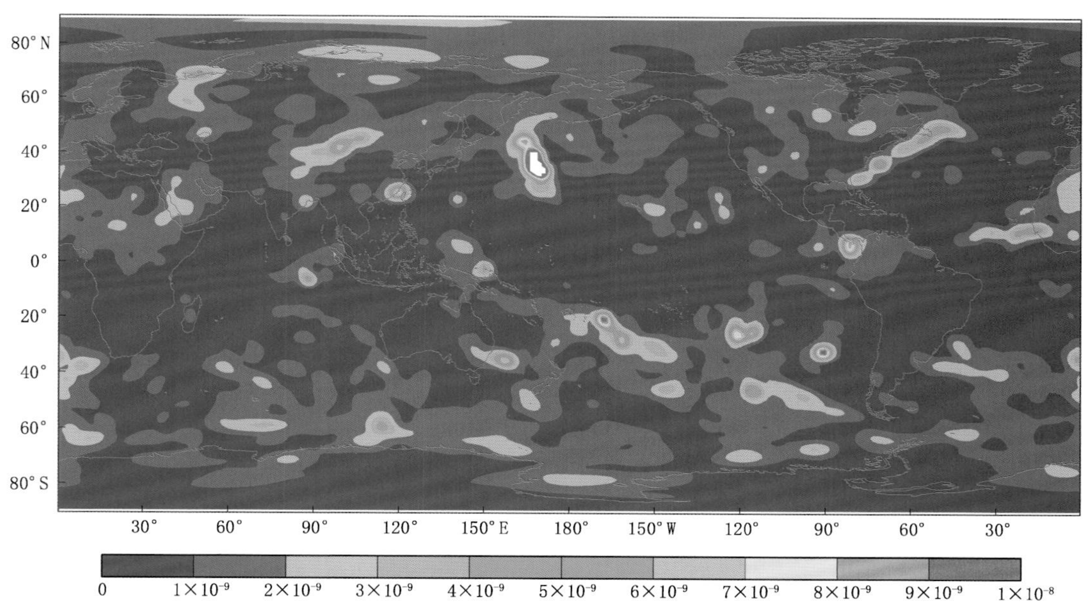

图 3.47 850 hPa 谱滤波后的涡度方差

相对于气候态谱滤波方法，多尺度球面小波滤波方法无需利用气候态 $\boldsymbol{B}$ 矩阵估计控制变量的噪声能量谱和截断波数，因此该方法能够处理任意变量；同时无需借助任何经验化的滤波器。由于球面小波框架并不是真正的正交基，因此分解—重构会引用误差，导致方差在滤波处理后，在部分区域会出现方差小于 0 的现象，必须进一步对滤波后的值做进一步的校正处理。此外多尺度球面小波滤波方法需要在每个小波尺度上进行操作，引入了大量的谱格变换及逆变换过程，因此复杂度及计算量都有所增加。

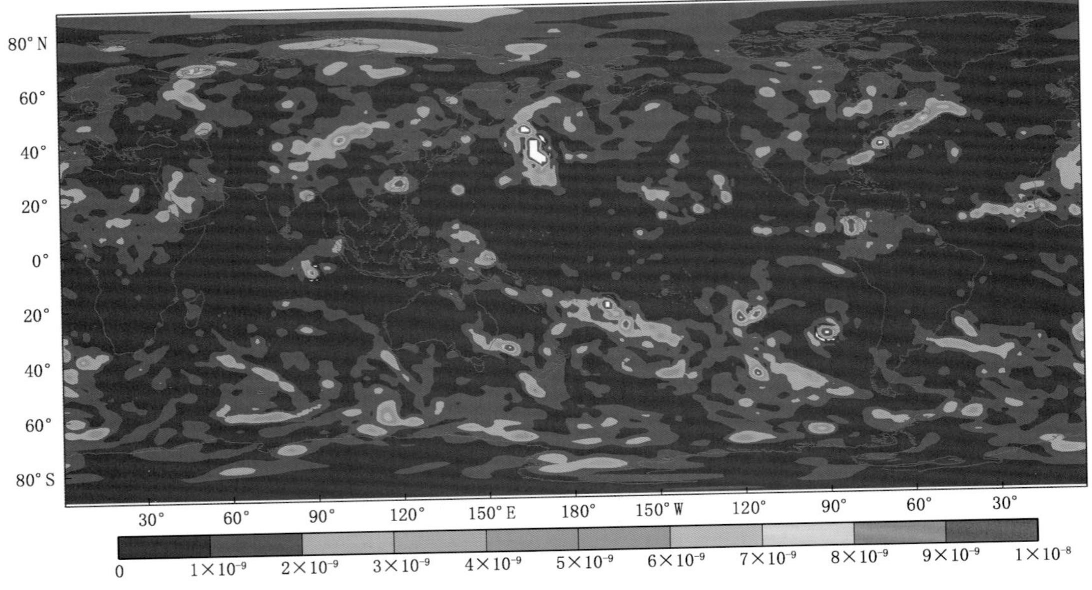

图 3.48 在图 3.46 基础上进行多尺度球面小波滤波后的结果

3.5 方差校正

式(3.22)中，$E(X_{ij})-S_{ij}$ 为系统误差项，是由扰动方法和模式的不完美性引起的(Isaksen et al.,2006；Fisher,2007)。可通过基于区域划分或球面小波的多尺度方法进行校正。基于区域划分的系统偏差校正的基本前提和依据是方差的系统误差具有相对简单的时空分布特征，在此基础上可以将离散度划分为若干个区域，并在不同的区域上利用离散度和误差之间的诊断关系计算校正系数。

对于一个理想的 En4DVar 系统，离散度—误差曲线应当位于对角线位置，即：

$$\frac{N}{N-1}E\left[\frac{1}{N}\sum_{j=1}^{N}\left(x_j-\frac{1}{N}\sum_{j=1}^{N}x_i\right)^2\right]=\frac{N}{N-1}E\left[\frac{1}{N}\sum_{j=1}^{N}x_j-y\right]^2 \tag{3.76}$$

其中，N 是集合成员个数，y 是真实值。等式左边表示集合方差，右边为集合误差方差(RMSE)。而实际系统并不满足上式，即离散度—误差曲线斜率并不为 1，曲线与对角线位置的反应了集合的偏低/偏高的离散特性，其斜率反应了集合离散度的条件偏离程度。诊断曲线与对角线之间的斜率关系表明，需要在样本集合的离散度上乘以不同的诊断校正系数 α。

图 3.49、图 3.50 分别给出了 10 hPa、200 hPa、500 hPa、800 hPa 高度上温度场的集合离散度与 RMSE 之间差异的 40 d 平均，时间范围为 2020 年 6 月 1 日 00 时至 7 月 10 日 00 时，其中用于计算 RMSE 的真实值采用了对应时刻的高分辨率分析场。可以看出系统误差是无法忽略的，集合离散度与集合误差之间的差异在不同层上存在明显区别，但整体呈带状分布。如在 10 hPa 高度附近，北半球和热带的温度场系统偏差较小，但在南半球，离散度则明显小于

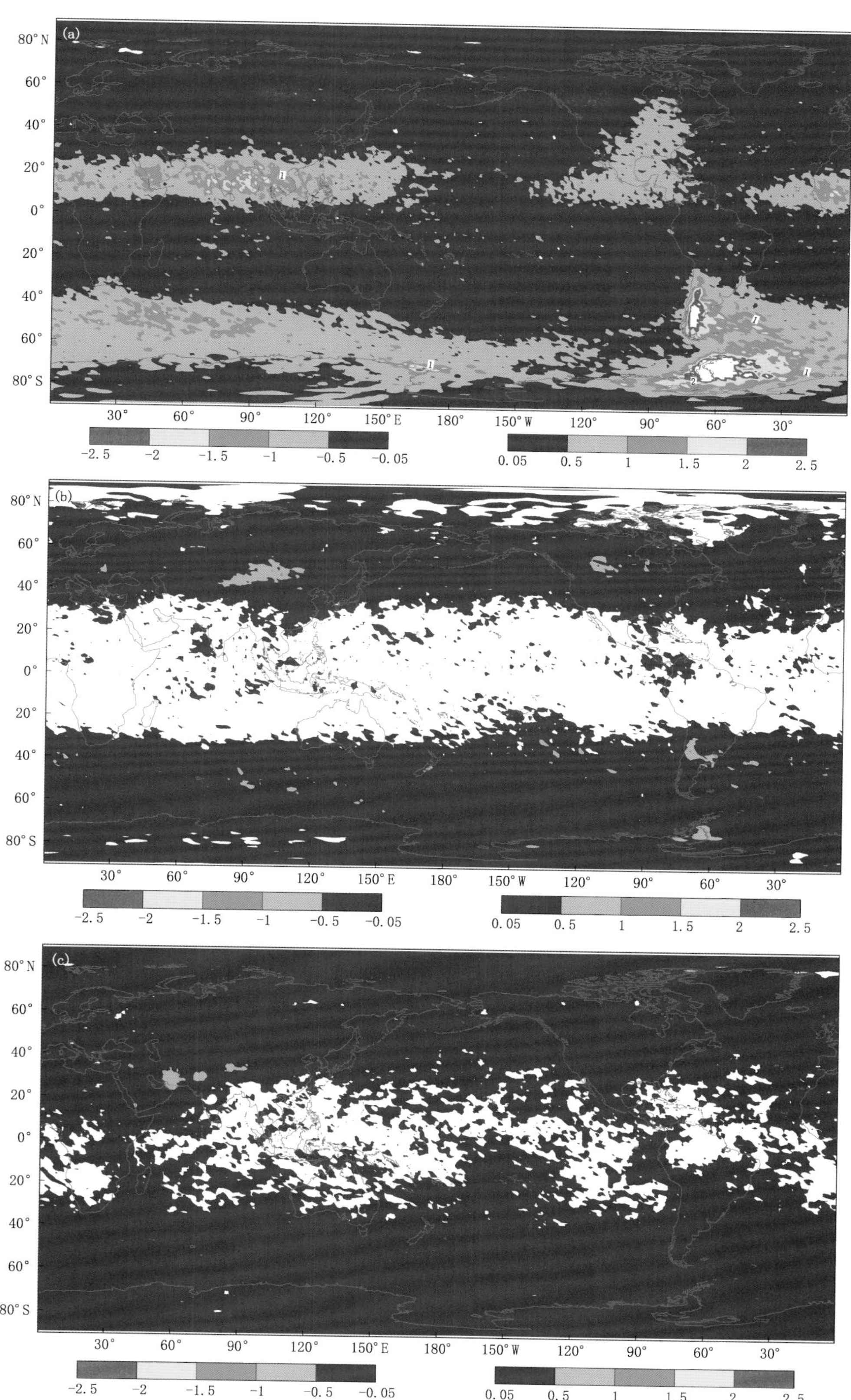
(a)
80° N
60°
40°
20°
0°
20°
40°
60°
80° S
30°
60°
90°
120°
150° E
180°
150° W
120°
90°
60°
30°
−2.5
−2
−1.5
−1
−0.5
−0.05
0.05
0.5
1
1.5
2
2.5
(b)
(c)

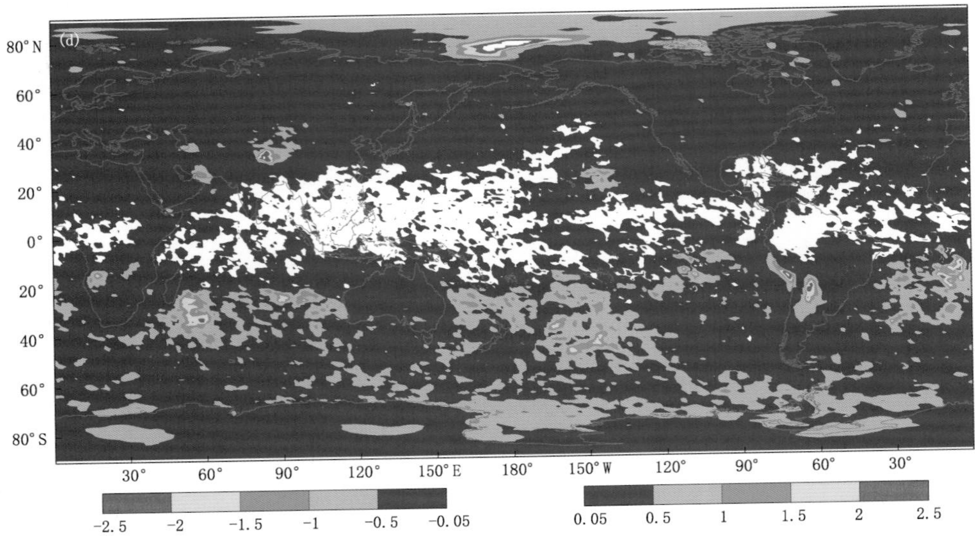

图 3.49 (a)10 hPa、(b)200 hPa、(c)500 hPa、(d)800 hPa 高度上温度场的集合离散度与集合误差之间差异的40 d 平均，范围为 2020 年 6 月 1 日至 7 月 10 日(10～30 hPa,74～200 hPa,95～500 hPa,111～800 hPa)

RMSE(差为正值)，即 RMSE 被低估。对照涡度场可以分析得出其可能原因是极点涡旋在冬半球十分活跃。另一方面，在模式层 500 hPa 高度上，温度集合离散度在副热带地区偏小，在热带地区则与 RMSE 相当，这可能归因于所采用的模式误差参数化方案。

基于离散度—误差差别的带状分布特征，一种较为简便的处理方法将全球划分为 N(30°N～90°N)，S(30°S～90°S)，T(30°S～30°N)三个区域，对每个区域应用不同的校正系数。首先按照从小到大的顺序将将区域内的 RMSE 等分为 10 个区间；其次计算每个区间的 RMSE 和 spread 均值，利用该 10 组均值组合成一条曲线，并拟合得出该曲线的斜率；最后根据

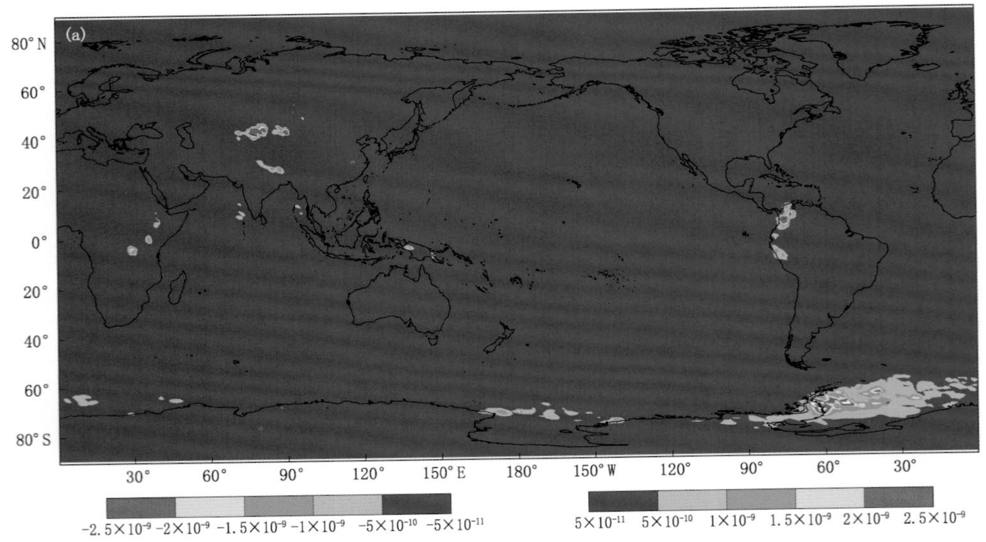

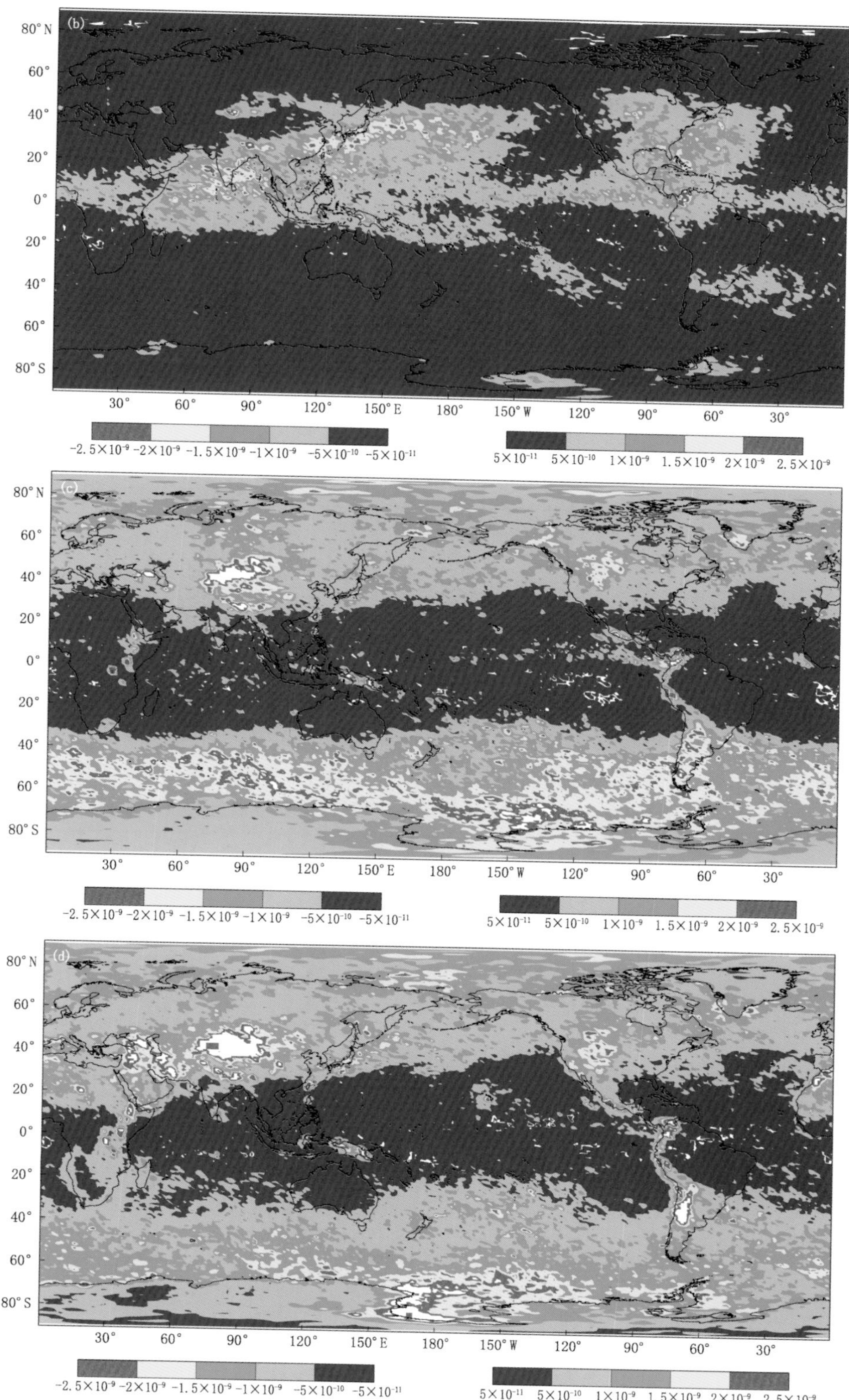

图 3.50 不同高度涡度场的集合离散度与集合误差之间差异的 40 d 平均

(a)ml=30，约 10 hPa；(b)ml=74，约 200 hPa；(c)ml=95，约 500 hPa；(d)ml=111，约 800 hPa

离散度—误差曲线关系，该曲线的斜率倒数即为所求的校正系数 α。图 3.51 给出了 500 hPa 高度上温度场的校正系数 α 在 2020 年 6 月 1 日 00 UTC 至 7 月 10 日 12 UTC 期间的变化，可以看出，NE 和 SE 区域的校正系数在此期间波动幅度不大，并存在一个较弱的为期一周的周期性变化。为了使得校正系数在时间上更平滑，在应用校正系数之前可以与最近 5 d 的系数进行时间平均，同时在设计和实现时可进一步采用离线的计算方式以减少任务编排时间，提高时效性。

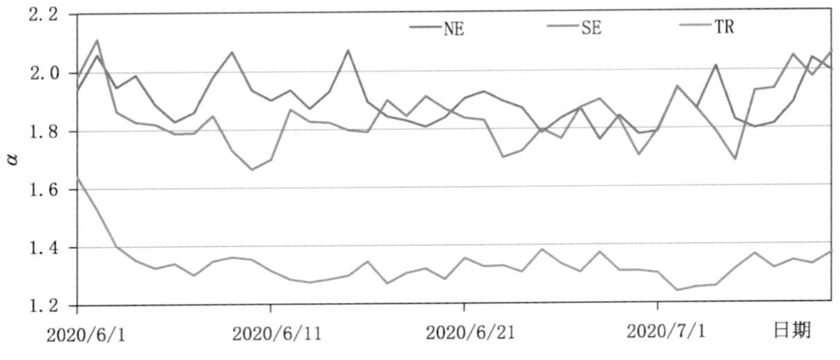

图 3.51　500hPa 高度上温度场的校正系数 α 随时间变化

（范围为 2020 年 6 月 1 日 00 UTC 至 7 月 10 日 12 UTC）

图 3.52 给出了 2020 年 6 月 11 日 12 UTC、500 hPa 等压面上温度和涡度的离散度与 RMSE 关系曲线。其中温度校正系数均小于 2，小于接近传统的误差校正方法（全球校正系数为 2），而涡度场的校正系数则在 NE 区域达到了 3.06，大于 TR 的 1.81，进一步表明系统偏差在不同的区域存在很大的差异，传统的校正方法会在某些区域存在偏弱或偏强的现象（表 3.4）。

表 3.4　2020 年 6 月 11 日 12 UTC 三个区域温度标准偏差的校正系数

	NE	SE	TR
T	1.92	1.86	1.34
VO	3.06	2.96	1.81

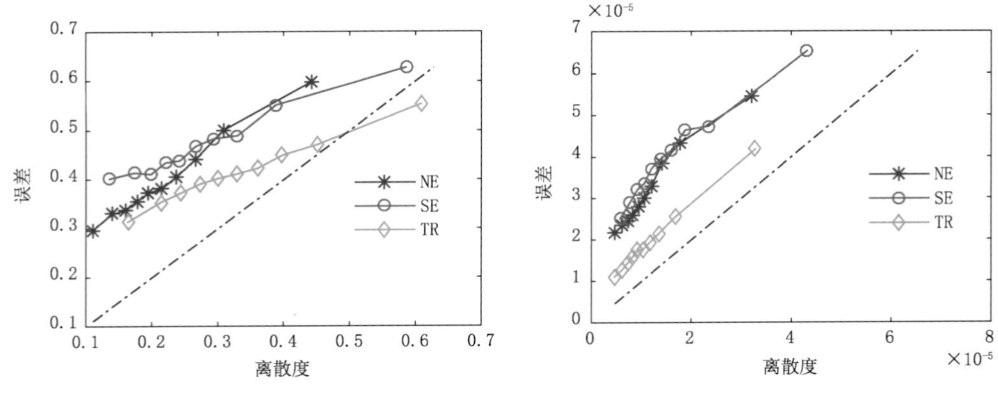

图 3.52　2020 年 6 月 11 日 12 UTC 第 95 模式层约 500 hPa 上温度和涡度的离散度—误差曲线

图 3.53 给出了 2020 年 6 月 30 日 00 UTC 对应的离散度—误差曲线，其分布规律与 6 月 11 日 12 UTC 相似。结合表 3.5 可以得出，除了 NE 区域的校正系数减小了 0.2 以外，其他变

化均在 10^{-2} 量级。

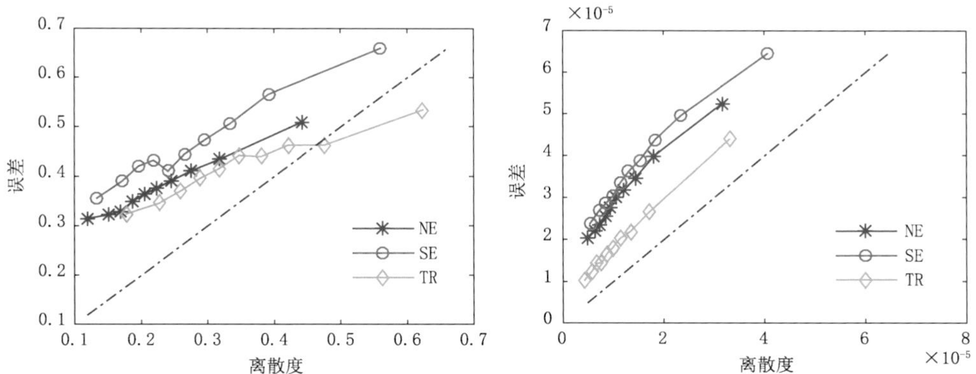

图 3.53　2020 年 6 月 30 日 00 UTC 第 95 模式层约 500 hPa 上温度和涡度的离散度—误差曲线

表 3.5　2020 年 6 月 30 日 00 UTC 三个区域温度标准偏差的校正系数

	NE	SE	TR
T	1.77	1.82	1.26
VO	2.86	2.90	1.86

图 3.54 为 2020 年 6 月 11 日 12 UTC 对应的温度、涡度标准偏差校正系数随模式层的变化。相对于涡度，温度校正系数随模式层的变化较为平缓，基本维持在 2.0 左右，但是在模式层顶附近，校正系数激增至 4.0，其可能原因在于模式上边界的处理上还存在较大误差。此外，涡度校正系数整体大于温度，且变化幅度较大，整体表现为底层大于上层。图 3.55 出了 2020 年 6 月 11 日 12 UTC 的结果，可以看出校正系数随时间变化不大。

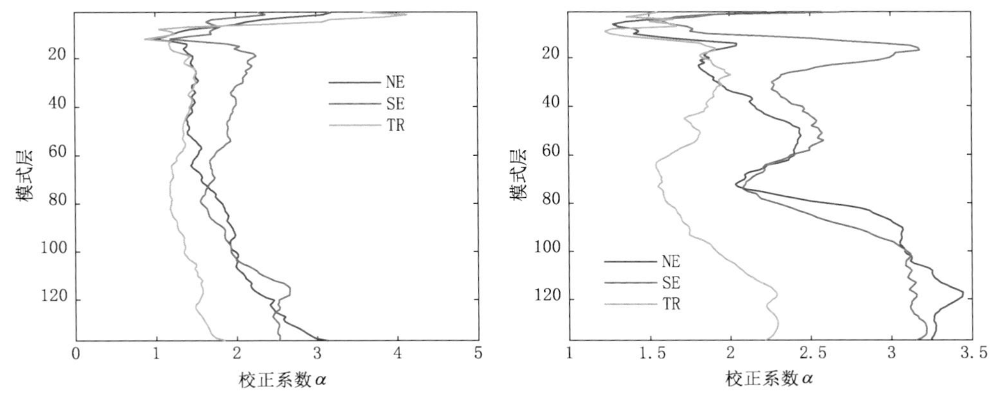

图 3.54　2020 年 6 月 11 日 12 UTC 温度、涡度标准偏差校正系数 α 随模式层的变化

相对于传统的采用单一校正系数方法相比，基于区域划分的系统偏差校正方法考虑了变量、模式层高度以及区域对校正系数的影响，因此在处理上更加合理。该方法采用了固定的区域划分方式，形式简单，易于实现，目前已应用在 ECMWF 的业务系统中，且由于校正系数随时间变化不大，因此可以采用离线计算的方式，所增加的计算量对业务时效的影响可以忽略。

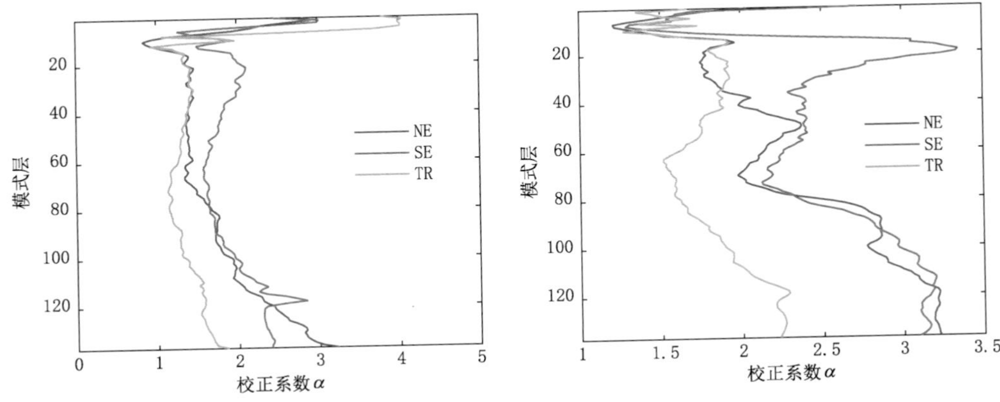

图 3.55　2020 年 6 月 11 日 12 UTC 温度、涡度标准偏差校正系数随模式层的变化

但是基于区域划分的系统偏差校正方法也存在一定的问题，由于集合离散度与集合 RMSE 差异的分布并不是严格的呈纬带分布，同一区域内的变化也较为剧烈。因此该方法采用的固定式区域划分在某些高度和变量上并不适用，且应用在不同区域上的校正系数不同，在区域边界也可能会引起变量在空间上的不连续。

3.6　流依赖非平衡项方差统计

由等式(2.46)和(2.47)可知，目标函数在引入平衡算子后，将分析变量划分为平衡项和非平衡项两部分。在 YH4DVar 的背景误差协方差模型中，实际上方差也同样被平衡算子划分为平衡项和非平衡项两部分，其中平衡项方差是指以涡度作为主变量，并通过平衡算子影响到散度、温度、地表气压对数变量的部分，而非平衡项方差则由扰动的非平衡项部分统计得到。

非平衡项方差的重要性是随着分辨率的提升而增加的。图 3.56 给出了 ECMWF 的同化系统在不同时期、不同分辨率下，散度、温度解释方差所占总方差比重随高度层的变化，可以看出在 1997 年 Cycle16R2 版本中，温度解释方差的比重可以达到 50%左右，随着分辨率的提升，在 Cycle 37R2 中，200 hPa 高度以下的比重下降到了 20%左右。这意味着不受动力平衡关系约束的非平衡项方差开始占据主导地位，对总方差的贡献最大。此外，试验发现在高影响、强对流、快速发展的天气系统中，非平衡项方差的比重会出现大量提升现象。图 3.57 对比给出了有台风经过时温度方差的变化，可以看出当区域出现台风时(图 3.57a 中黑框)，温度非平衡项方差的比重显著大于无台风时刻(图 3.57b 中黑框)。

图 3.58 给出了 2017 年 07 月 20 日 12 UTC，温度的非平衡项方差及总方差的全球平均廓线。可以看出在 70 层以下的温度非平衡项方与总方差差非常接近，表明此高度下的非平衡项方差占主导地位。随着高度不断升高，平衡项方差的比重逐渐提高，但基本维持在 50%左右，进一步凸显了非平衡项方差的重要性。

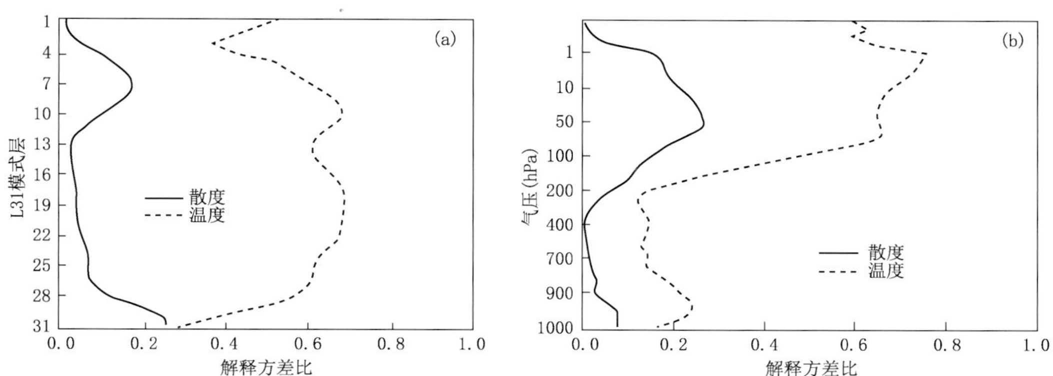

图 3.56 解释方差比重的垂直分布

(a)ECMWF cycle 16r2 (1997);(b)Cycle 37R2 May 2011

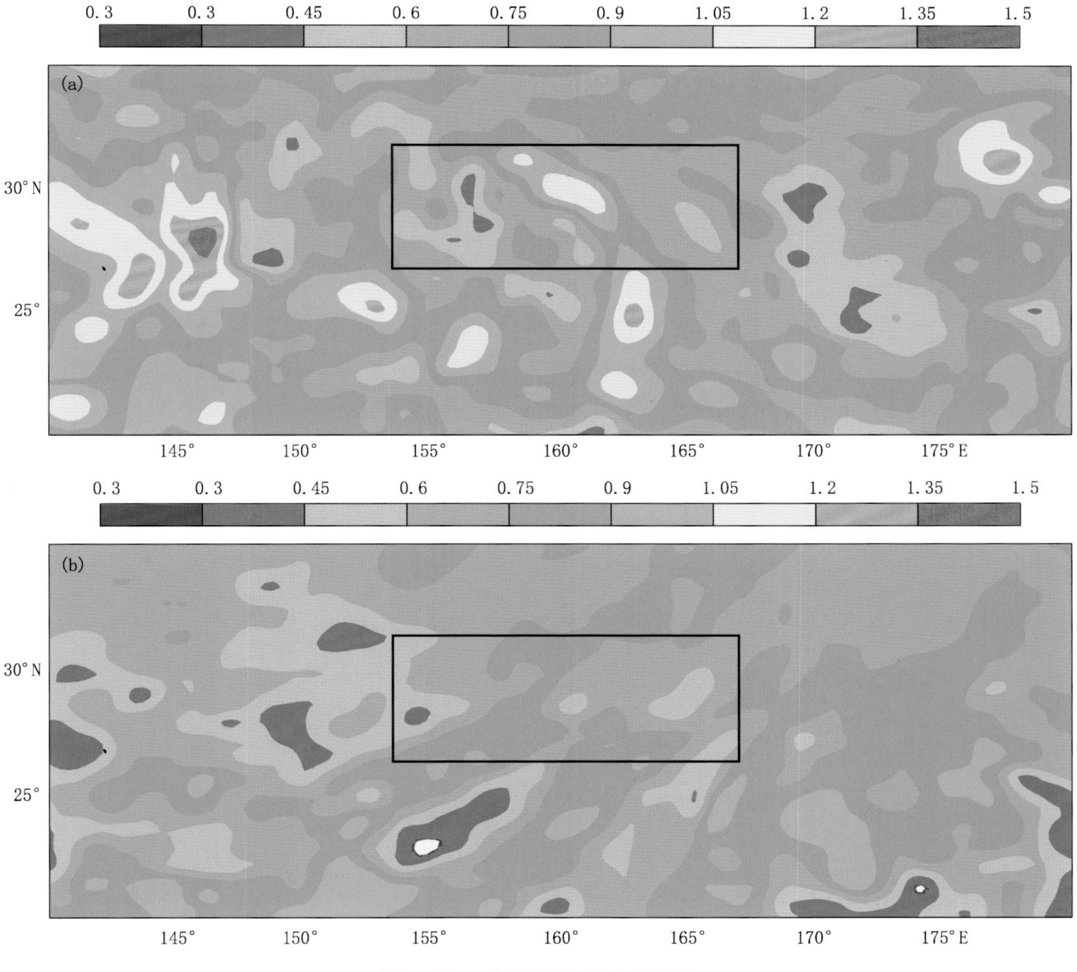

图 3.57 非平衡温度方差分布

(a)2017 年 7 月 20 日 12 UTC;(b)2017 年 7 月 4 日 00 UTC

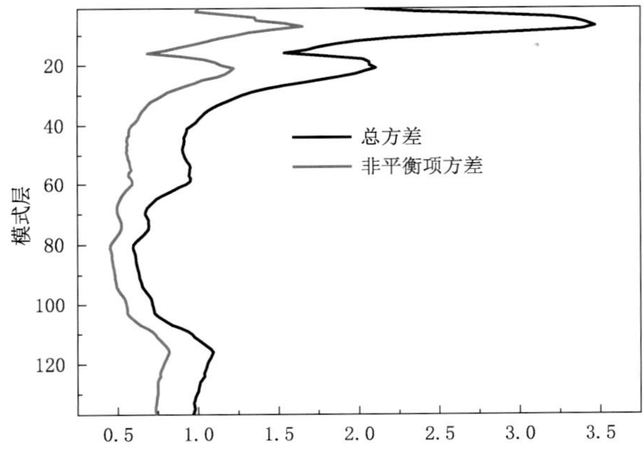

图 3.58 温度非平衡项方差与总方差的全球平均廓线

图 3.59 给出了 850 hPa 上的全球温度流依赖总方差的水平分布，从图中分析方差分布特征可以看出，温度总方差的大值区域主要分布在海洋、沙漠、高原等观测稀少的区域，而东亚、西太平洋、北美等探空和飞机报观测丰富的区域，方差值较小。另外，温度总方差呈现团状分布。总结方差的分布规律发现，方差主要集中于纬度为 30°～80°S、70°～80°N 的区域，其原因可能在于中高纬度地区存在一个西风带，大气运动较为剧烈局地非线性特征较强，使洋面上的观测资料较小，结合成员之间差异偏小。非平衡项方差（经过滤波处理后），与总方差的分布非常相似，但是其量级要小于总方差。

为了进一步量化非平衡项对同化预报的影响，进行了为期一个月统计对比试验，试验配置如表 3.6 所示，其中“T1279_fbal”只采用了涡度项流依赖方差，“T1279_fstd”在“T1279_fbal”的基础上引入非平衡项方差，这些方差都经过了校正和滤波处理，统计试验为 2020 年 6 月 1 日至 2020 年 6 月 30 日，采用中国气象局的评分卡模块对结果进行评估，结果如图 3.60 所示。其中红色表示“T1279_fstd”优于“T1279_fbal”、绿色则相反，灰色表示不显著。结果表明引入非平衡项方差后能显著改进南半球的预报效果，北半球及热带则不显著。

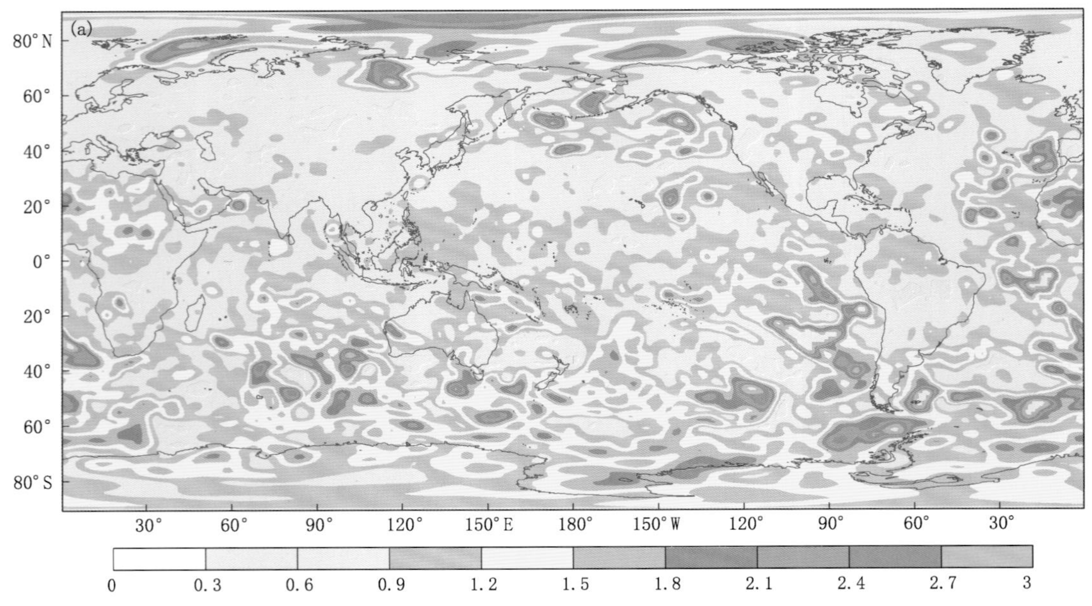

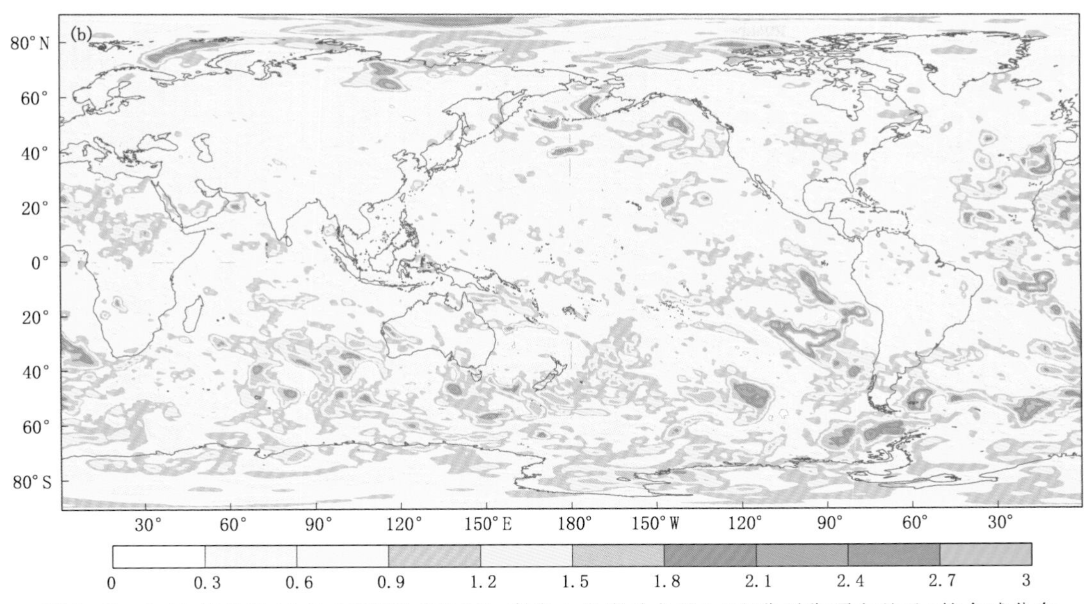

图 3.59　2017 年 7 月 12 日 12UTC，850 hPa 高度上温度总方差(a)和非平衡项方差(b)的全球分布

表 3.6　流依赖非平衡项方差试验配置

试验名称	是否有流依赖平衡项方差	是否有流依赖非平衡项方差	观测资料	统计时间
T1279_fbal	是	否	常规、amsua、mhs、gpsro	2020 年 6 月 1—30 日
T1279_fstd	是	是	常规、amsua、mhs、gpsro	

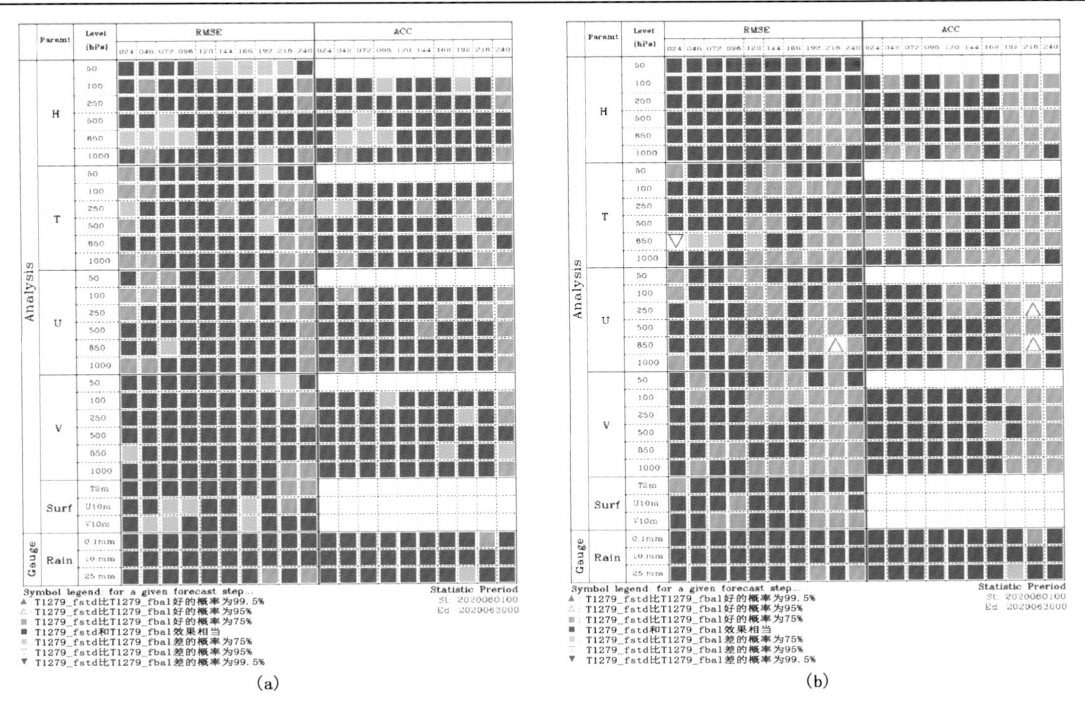

图 3.60　北(a)、南(b)半球系统评分对比

3.7 流依赖相关系数统计

相关系数是协方差中另一个十分重要的量，它定义了控制变量内部在水平和垂直方向上的相关特性。在引入小波框架后，控制变量首先经小波变换转换到小波空间，即：

$$v^{kT} = (v_1^k, v_2^k, \cdots, v_j^k)^T \tag{3.77}$$

$j = 1,2,\cdots,j$ 代表了不同尺度的小波。在 YH4DVar 中小波尺度与谱分辨率及后续定义的垂直协方差个数的对应关系如表 3.7 所示。

表 3.7 不同小波尺度对应的垂直相关矩阵个数

小波尺度	17	16	15	14	13	12	11	10	9
分辨率	255	215	159	127	95	63	47	31	21
垂直协方差矩阵数	5186	5186	5186	5186	5186	5186	1288	1288	1288
小波尺度	8	7	6	5	4	3	2	1	
分辨率	15	10	7	5	3	2	1	0	
垂直协方差矩阵数	1288	78	78	20	1	1	1	1	

基于新定义的控制向量，可以导出基于球面小波的流依赖控制变量转换关系式(3.21)，在给定格点上的分析增量由函数 $[(\mathbf{V}_j^k(\lambda,\phi))^{1/2} v_j(\lambda,\phi)]$ 和小波函数 W_j 的卷积（$\otimes$）之和来决定。

局地垂直相关矩阵 $\mathbf{V}_j^k(\lambda,\phi)$ 的统计计算需要一定数量的误差样本，一般要求样本数不能少于模式垂直层，ECMWF 认为，91 层分析系统的样本数超过 600 且流依赖背景场误差统计要求这些样本都是同一时刻的，在实际应用时几乎是不可能得到这么大的集合资料同化样本，为了使局地垂直相关矩阵有足够的信息容量，可利用集合样本的不同预报时间步构造足够多的集合样本进行统计，构造方法如图 3.61 所示。

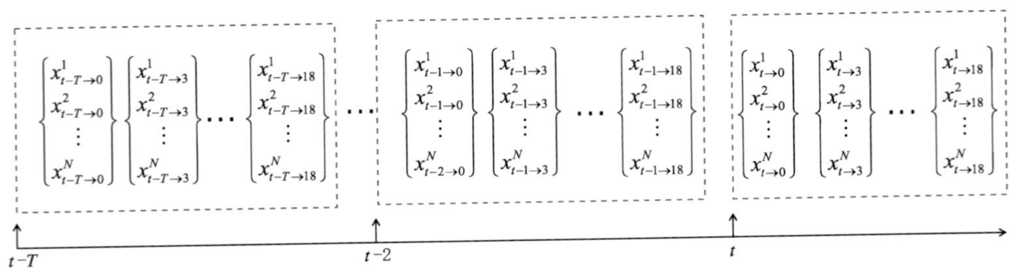

图 3.61 协方差统计的混合取样示意图

$\mathbf{V}_j^k(\lambda,\phi)$ 的统计计算过程如图 3.62 所示：

(1)首先利用方差将背景场误差样本正规化，然后实施平衡变换 K 将所有正规化的背景场误差样本转换为中间控制向量，表示成矢量 $\boldsymbol{v}_p$；

(2)对所有样本进行小波函数 W_j 和矢量 $\mathbf{v}_p$ 之间的卷积运算 $W_j \otimes \mathbf{v}_p$。具体方法是将误差样本中的每个变量转换到谱空间中,并和$\hat{W}_j(n)$进行乘积运算,然后进行逆球谐变换转换到格点空间中,就得到同时依赖于小波尺度和水平位置的新背景误差样本 $v_{pj}(\lambda,\phi,k,t)$;

(3)对所有样本 $v_{pj}(\lambda,\phi,k,t)$,应用内积 $\hat{v}_{pj}(\lambda,\phi,\kappa,\tau)=P(\lambda,\phi,k,t)\cdot v_{pj}(\lambda,\phi,k,t)$,$P(i,j,k,t)$是权重,它实际上就是小波系数;

(4)由公式 $V_j(\lambda,\phi,k,k')=\sum_t \hat{v}_{pj}(\lambda,\phi,k,t)\hat{v}_{pj}(\lambda,\phi,k',t)/T$ 计算误差样本空间上局地垂直协方差矩阵元素的平均值,其中 T 是误差样本个数。分别对 k 和 k'进行循环,得到(λ,ϕ)处的局地垂直协方差矩阵 $\mathbf{V}_{\text{ens}}^j(\lambda,\phi)$;

(5)重复第(1)~(4)步骤,计算不同小波尺度 j 和水平位置(λ,ϕ)的 $V_j(\lambda,\phi)$,得到所有的局地垂直协方差矩阵 $\mathbf{V}_{\text{ens}}^j$;

(6)统计完成后,采用水平空间平均操作以减少计算量,提高统计结果的可靠性。即相同高度上的临近格点采用相同的局地垂直协方差矩阵 $\mathbf{V}_{\text{ens}}^j(\lambda,\phi)$。

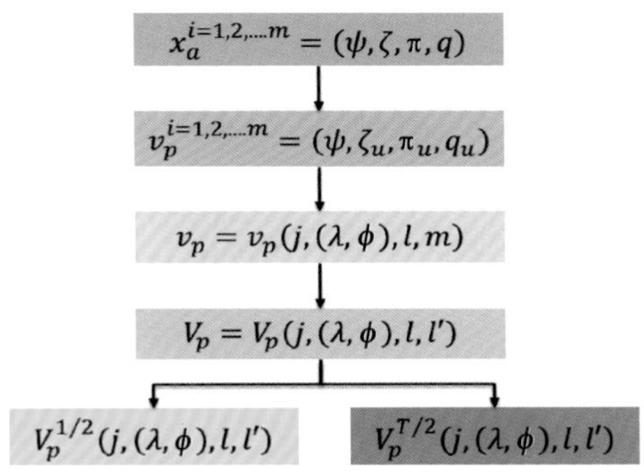

图 3.62 垂直协方差统计流程图

图 3.63 给出了涡度(上)、非平衡项散度(中)、非平衡项温度(下)的垂直相关随高度变化。左列为固定总波数为 50 的情况下不同模式层之间的垂直相关系数;右列为选取参考层 ML=50 的情况下,其他层与参考层之间的垂直相关系数随总波数的变化。

3.8 平衡系数统计

在控制变量乘以背景误差标准差后,因动力平衡约束关系,控制变量大小发生改变,增量在谱空间中具体形式为:

$$\begin{aligned}\delta(T,p_{\text{surf}}) &= \mathbf{N}\delta\zeta + P\delta\eta_u + \delta(T,p_{\text{surf}})_u \\ \delta\eta &= (\boldsymbol{M}+\boldsymbol{Q}_2)\delta\zeta + \delta\eta_u + \boldsymbol{Q}_1\delta(T,p_{\text{surf}})\end{aligned} \tag{3.78}$$

其中,$\delta(T,p_{\text{surf}})$ 为温度表面气压增量;$\delta\zeta$ 、$\delta\eta$ 分别为涡度、散度增量;下标 u 表示非平衡部分。相对于线性化平衡算子,非线性项引入了新的矩阵 $\boldsymbol{Q}_1$ 和 $\boldsymbol{Q}_2$,并解析地定义为,准地转欧

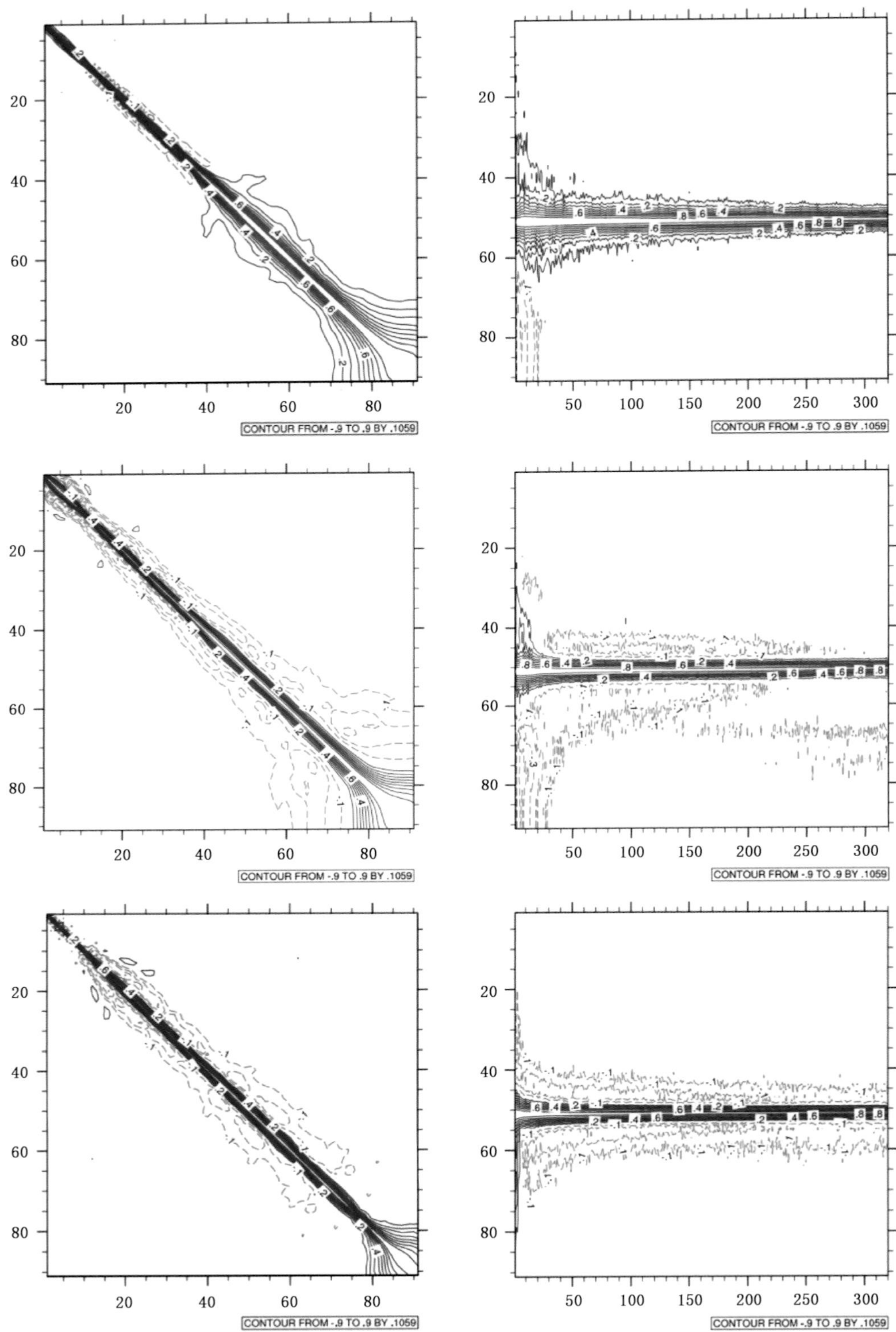

图 3.63　基于扰动样本统计得到的流依赖垂直相关矩阵

米茄方程的简化和线性形式(式 2.53)。

在式(2.52)中,矩阵块 $\boldsymbol{M}$,$\boldsymbol{N}$,$\boldsymbol{P}$,$\boldsymbol{Q}_1$ 和 $\boldsymbol{Q}_2$ 一般是不可逆的,但平衡算子 $\boldsymbol{K}$ 可逆。用来定义平衡的 $\boldsymbol{M}$,$\boldsymbol{N}$ 和 $\boldsymbol{P}$ 算子具有限定的代数结构。$\boldsymbol{M}$ 和 $\boldsymbol{N}$ 是水平平衡算子 $\mathcal{H}$ 和垂直平衡算子 $\mathcal{M}$,$\mathcal{N}$ 的乘积:$\boldsymbol{M}=\mathcal{M}\mathcal{H}$;$\boldsymbol{N}=\mathcal{N}\mathcal{H}$。

水平平衡算子 $\mathcal{H}$ 仅与总波数 n 有关,具有解析解和统计解。通过 $\mathcal{H}$ 将每层上涡度转换成一个线性化总质量 P_b,与速度场的关系见式(2.54)。

在实现中可将模式层视为气压层来简化该方程,并对背景态进行线性化处理,以提供 P_b 中增量的线性方程作为涡度增量函数。这些方程组可以被非迭代求解以给出散度增量作为涡度和温度增量的线性函数。

利用岭回归方法计算线性平衡算子。谱空间中可采用下列等式计算表征谱空间质量场 P_b 和散度 η 的平衡算子 $\mathcal{M}$、温度和质量场垂直平衡算子 $\mathcal{N}$ 和 $\mathcal{P}$ 。

$$\mathcal{M}_n=\frac{\boldsymbol{C}_n(\eta,\boldsymbol{P}_b)}{\mathrm{Var}_n(P_b)}$$

$$\mathcal{N}_n=\frac{\boldsymbol{C}_n((T,P_s),\boldsymbol{P}_b)}{\mathrm{Var}_n(\boldsymbol{P}_b)}$$

$$\mathcal{P}_n=\frac{\boldsymbol{C}_n([(T,P_s)-N_n\boldsymbol{P}_b],\eta_u)}{\mathrm{Var}_n(\eta_u)} \tag{3.79}$$

在上述求解步骤中会遇到矩阵的求逆计算,由于系数矩阵存在多重共线性导致直接求解会引入大量误差,需要采用岭回归方法进行处理。岭回归方法(Ridge-estimate)是由 Hoerl 和 Kennard 于 1970 年提出,用于解决具有多重共线性或病态矩阵求逆问题,与最优线性无偏估计(BLUE)方法的最小二乘估计相比,其估计值是有偏的。对 Gauss-Markov 模型的多元线性回归问题:$y=Ax+B$, $E(\varepsilon)=0$, $\mathrm{Var}(\varepsilon)=\sigma^2 I$,岭回归方法将问题转化为:

$$\hat{A}=(x^{\mathrm{T}}x+KI)^{-1}X^{\mathrm{T}}Y,\ K=r\sum_{i=1}^{N}\lambda_i \tag{3.80}$$

岭系数 r 是待定系数,在岭回归方法中是个关键量,需要根据实际问题优化选择。为了得到合理的 r 值,课题组选择了不同的 r 值,通过查看其收敛性选择合适的大小。

图 3.64 给出了平衡算子 $\mathcal{M}$、$\mathcal{N}$ 在模式层 ml 为 50 和 70 处的回归系数随岭系数 r 的变化,可以看出,岭系数取 0.01 时已经达到收敛,可以应用到 $\mathcal{M}$、$\mathcal{N}$ 和 P 算子的统计中,统计结果如图 3.65 所示。

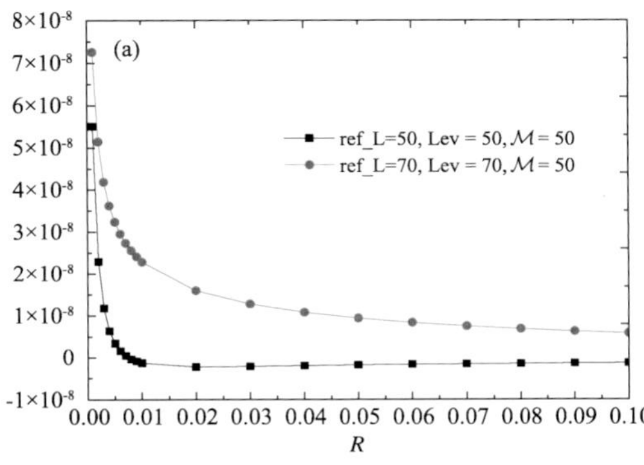

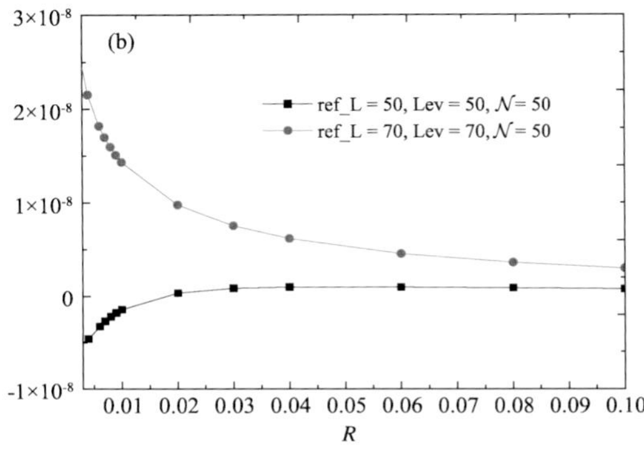

图 3.64 回归系数 $\mathcal{M}$ 和 $\mathcal{N}$ 随 R 的变化

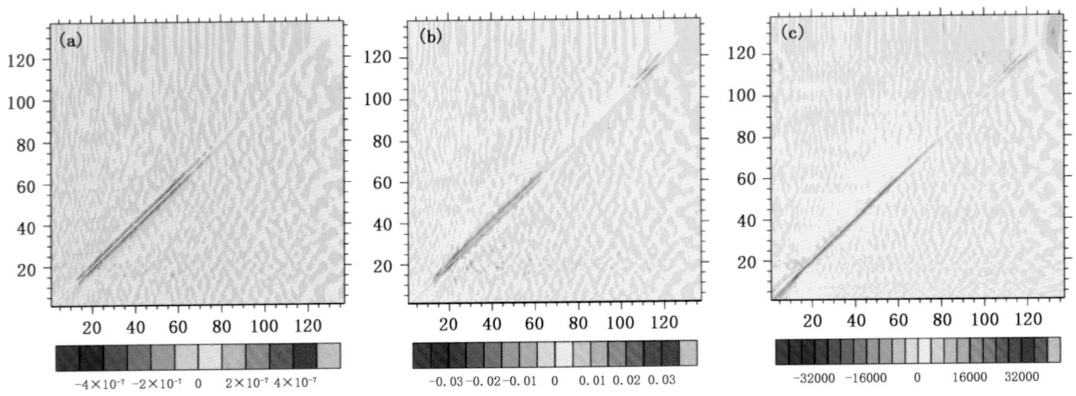

图 3.65 波数 N 取 50 时 M、N、P 算子随模式层变化

为了验证谱空间平衡系数估计的合理性，进行了一个月的同化预报对比试验，其中控制试验(amsua-old)采用原有的谱空间平衡系数，而对照试验(ridge)则采用了上述方法得到的谱空间平衡系数。如图 3.66～3.69 所示，新的谱空间平衡系数能提升系统的整体预报水平。

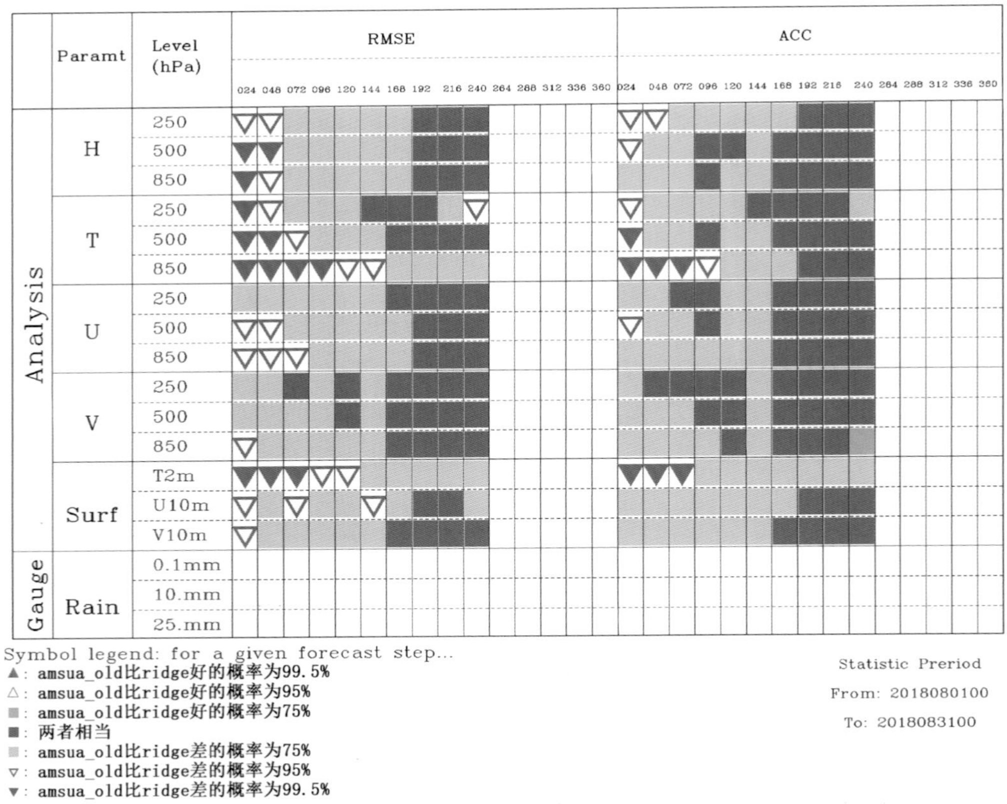

Paramt | Level (hPa) | RMSE | ACC

024 048 072 096 120 144 168 192 216 240 264 288 312 336 360

Analysis: H (250, 500, 850); T (250, 500, 850); U (250, 500, 850); V (250, 500, 850); Surf (T2m, U10m, V10m)

Gauge: Rain (0.1mm, 10.mm, 25.mm)

Symbol legend: for a given forecast step...
▲: amsua_old比ridge好的概率为99.5%
△: amsua_old比ridge好的概率为95%
■: amsua_old比ridge好的概率为75%
■: 两者相当
■: amsua_old比ridge差的概率为75%
▽: amsua_old比ridge差的概率为95%
▼: amsua_old比ridge差的概率为99.5%

Statistic Preriod
From: 2018080100
To: 2018083100

图 3.66 南半球地区预报评分卡

(绿色表示正效果，灰色表示不显著，红色表示负效果)

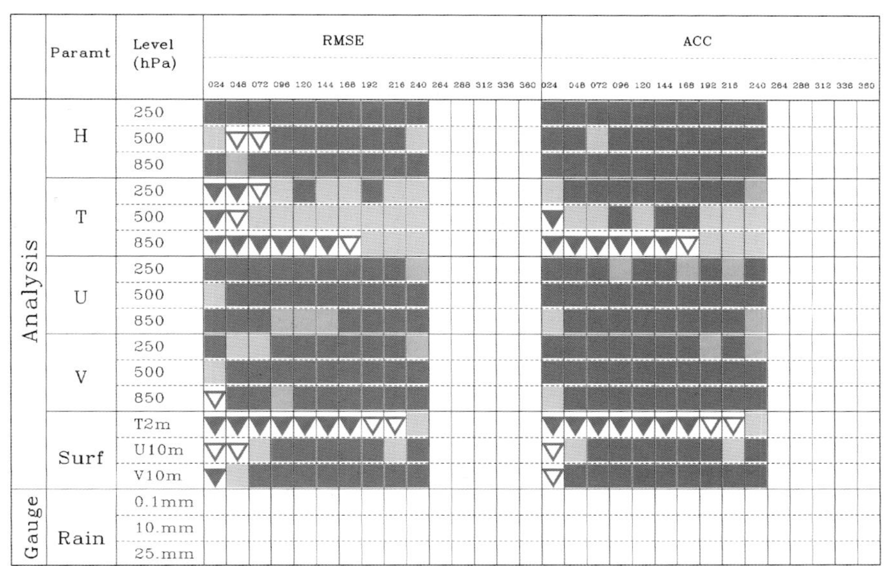

Symbol legend: for a given forecast step...
▲: amsua_old比ridge好的概率为99.5%
△: amsua_old比ridge好的概率为95%
■: amsua_old比ridge好的概率为75%
■: 两者相当
■: amsua_old比ridge差的概率为75%
▽: amsua_old比ridge差的概率为95%
▼: amsua_old比ridge差的概率为99.5%

Statistic Preriod
From: 2018080100
To: 2018083100

图 3.67　热带地区预报评分卡
（绿色表示正效果，灰色表示不显著，红色表示负效果）

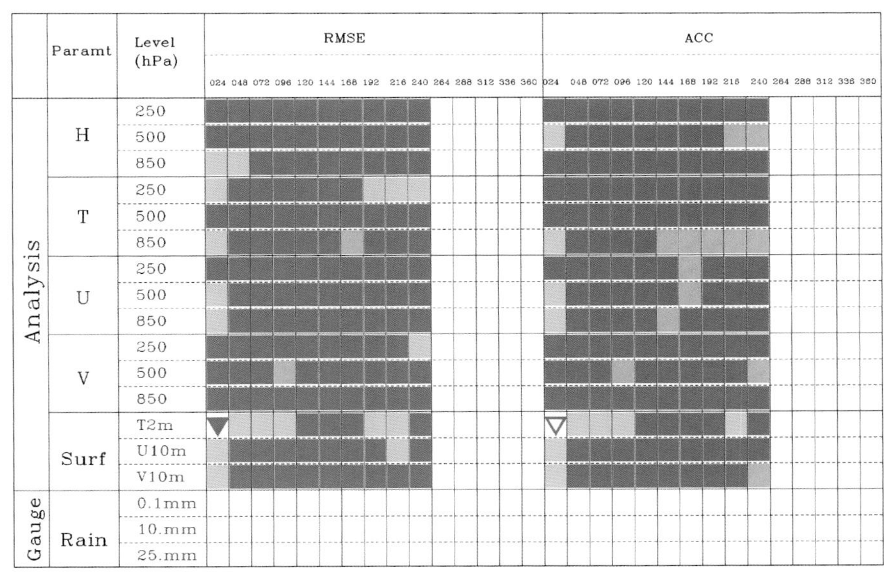

Symbol legend: for a given forecast step...
▲: amsua_old比ridge好的概率为99.5%
△: amsua_old比ridge好的概率为95%
■: amsua_old比ridge好的概率为75%
■: 两者相当
■: amsua_old比ridge差的概率为75%
▽: amsua_old比ridge差的概率为95%
▼: amsua_old比ridge差的概率为99.5%

Statistic Preriod
From: 2018080100
To: 2018083100

图 3.68　东亚地区预报评分卡
（绿色表示正效果，灰色表示不显著，红色表示负效果）

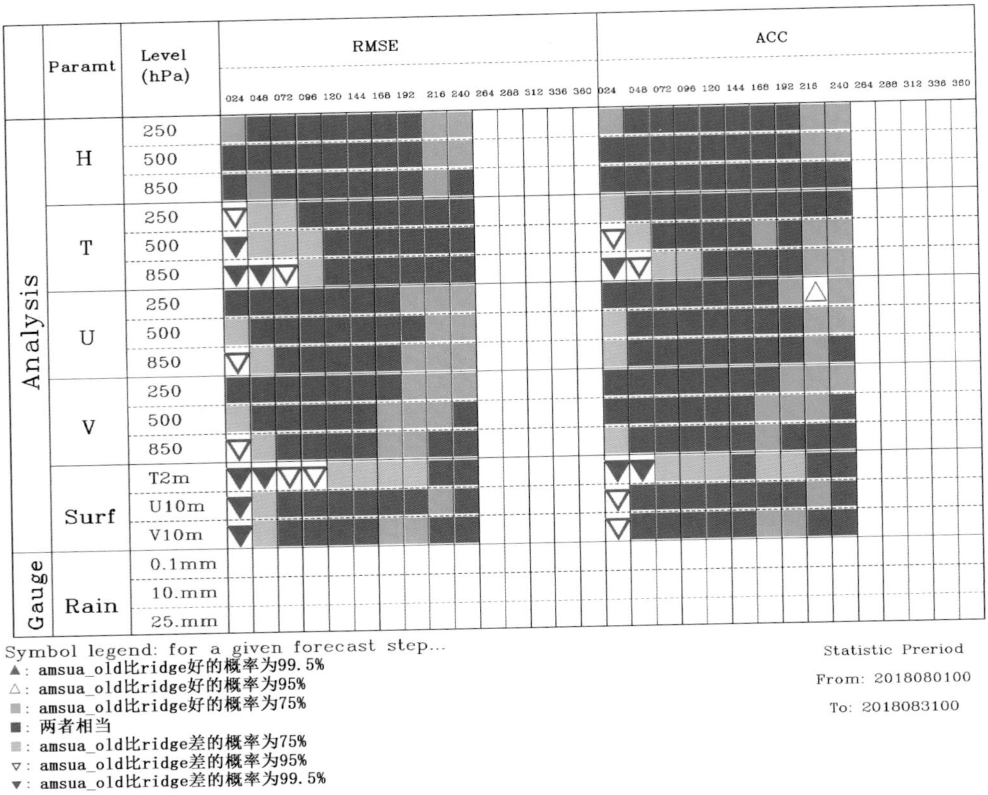

Symbol legend: for a given forecast step...

▲: amsua_old比ridge好的概率为99.5%
△: amsua_old比ridge好的概率为95%
■: amsua_old比ridge好的概率为75%
■: 两者相当
■: amsua_old比ridge差的概率为75%
▽: amsua_old比ridge差的概率为95%
▼: amsua_old比ridge差的概率为99.5%

Statistic Preriod
From: 2018080100
To: 2018083100

图 3.69 北半球地区预报评分卡
（绿色表示正效果，灰色表示不显著，红色表示负效果）

3.9 En4DVar 的准业务化应用

2020 年 10 月 En4DVar 在 YH4DVar 上进行了准业务运行。为了表示 YH4DVar 中的不确定性，En4DVar 采用了与 YH4DVar 相似的配置：

(1)采用 T95L137、T159L137 两层内循环，外循环为 T399L137；

(2)通过扰动海表温度、观测资料、模式物理过程构造 10 个集合样本；

(3)采用气候态谱滤波方法和基于区域划分的偏差校正方法；

(4)每个时次更新背景误差方差；

(5)每个月为 YH4DVar 提供相关系数；

(6)平衡系数通过 2017 年共 14000 个样本统计得到。

以下从天气个例和统计检验评分两方面评估其影响。

3.9.1 “奥鹿”台风个例分析

奥鹿起源于威克岛西北方，于 2017 年 7 月 21 日 01 时被日本气象厅归类为热带风暴，并命名为“奥鹿”，25 日前后，“奥鹿”与北侧的台风“玫瑰”发生藤原效应，由于其强度胜于“玫瑰”，随后将“玫瑰”吸收。此前，欧洲天气预报中心基于 7 月 20 日 12 时起报给出的意见是“奥鹿”和“玫瑰”产生双台风互旋的效果，21 日 00 时起报的集合分析结果显示“玫瑰”路径稳定并主导“奥鹿”“玫瑰”藤原，最终“奥鹿”被“玫瑰”吞并；NCEP-GFS 基于 7 月 20 日 18 时起报给出的结果是“奥鹿”吞并“玫瑰”。从卫星云图也可看到“奥鹿”的东西方向大约 1600 km 各有一个热带系统在活动，“奥鹿”的移动路径和强度将受这两个系统影响，动向难判，NCEP-GFS 和 EC 两个全球模式当时对“奥鹿”移动路径预测存在分歧。

针对当前实现的高分辨率 T1279L137 同化流程，选择此次典型双台风过程，开展流依赖背景误差协方差效果检验，并与应用气候态背景误差协方差的同化系统进行对比分析。采用高分辨率的 YH4DVar 作为同化分析系统，其中外循环分辨率为 T1279L137，三次内循环为 T159/T255/T255，引入的观测资料包括飞机报、探空仪、船舶报等常规观测资料、AMSUA、MHS、GPSRO 等卫星探测资料。其中“BAL”试验中的涡度流依赖方差以及“ALL”试验中散度、温度、地表气压等非平衡项方差是通过集合四维变分资料同化系统的 10 个集合样本，按照本章的统计方式获取得到。“CN”试验中的方差则是通过 Fisher 等(1995)随机方法计算得到。试验中均采用 T1279L137 分辨率的 YHGSM 模式，同化和起报时间选择为 2017 年 7 月 21 日 00 时。

从台风路径图(图 3.70)上可以看出，在台风的环形路径部分，三者 5 d 预报结果均能复现台风回旋路径，但是 T1279_ALL 的路径滞后性明显小于其他试验结果，这表明引入流依赖背景误差协方差后能够减少同化系统对台风事件的反应时间；此外引入流依赖背景误差协方差也能提高台风强度的模拟精度。

3.9.2 “鹦鹉”台风个例分析

台风“鹦鹉”是 2020 年登陆我国广东地区的 2 号台风，属于弱台风。“鹦鹉”的登陆给干旱的雷州半岛、海南、广西沿海带来了强度远小于江南梅雨的中到大雨、局部暴雨的雨量。以“鹦鹉”作为分析个例，开展流依赖平衡项方差和非平衡项方差天气效果检验评估，并与应用气候态背景误差协方差的同化系统进行对比分析。引入的观测资料包括飞机报、探空仪、船舶报等常规观测资料、AMSUA、MHS、GPSRO 等卫星探测资料。其中“BAL”采用了流依赖涡度方差，流依赖信息通过约束平衡关系影响到其他变量上；“BAL+UNBAL”是在“BAL”的基础上引入了散度、温度、地表气压等非平衡项方差，获取方式是通过集合四维变分资料同化系统的 10 个集合样本，按照本章的统计方式获取得到。试验中均采用相同的预报模式，试验设计如表 3.8 所示。

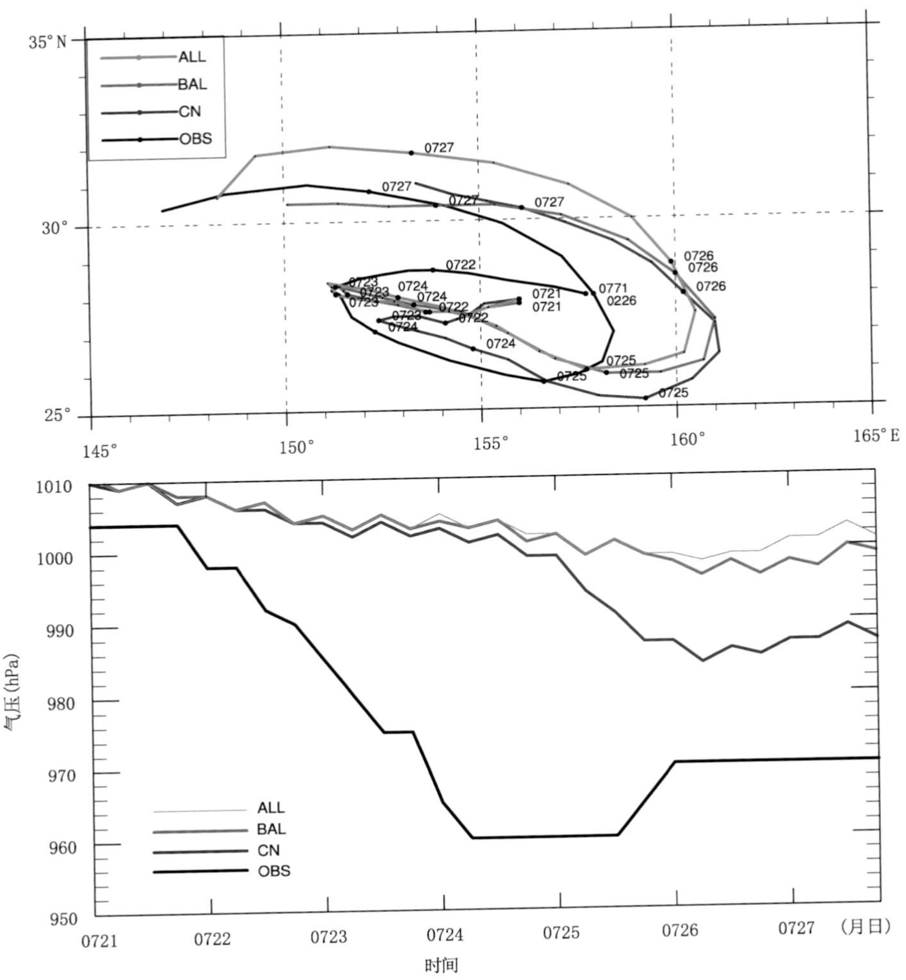

图 3.70　台风中心路径强度预报图

表 3.8　试验设计

试验名称	是否有流依赖平衡项方差	是否有流依赖非平衡项方差	观测资料	起报时间
CTL	否	否	常规、amsua、mhs、gpsro	2020-06-11-00
BAL	是	否	常规、amsua、mhs、gpsro	2020-06-11-00
BAL+UNBAL	是	是	常规、amsua、mhs、gpsro	2020-06-11-00

从“鹦鹉”台风路径图(图 3.71)可以看出，CTL、BAL、BAL+UNBAL 三组试验均能够成功再现台风路径。相比于 CTL 试验，BAL 试验初始时刻、整体路径误差和登陆地点与观测更接近，表明引入流依赖平衡项方差后能够提高系统对台风路径精度预报；但是 BAL+UNBAL 路径初期误差为 1.17、1.86、1.22 个经纬度，比 BAL 的误差 0.64、0.6、0.31 个经纬度超出 80%(图 3.72)，说明此次台风个例引入流依赖非平衡项方差后未够提高系统对台风路径精度的预报。

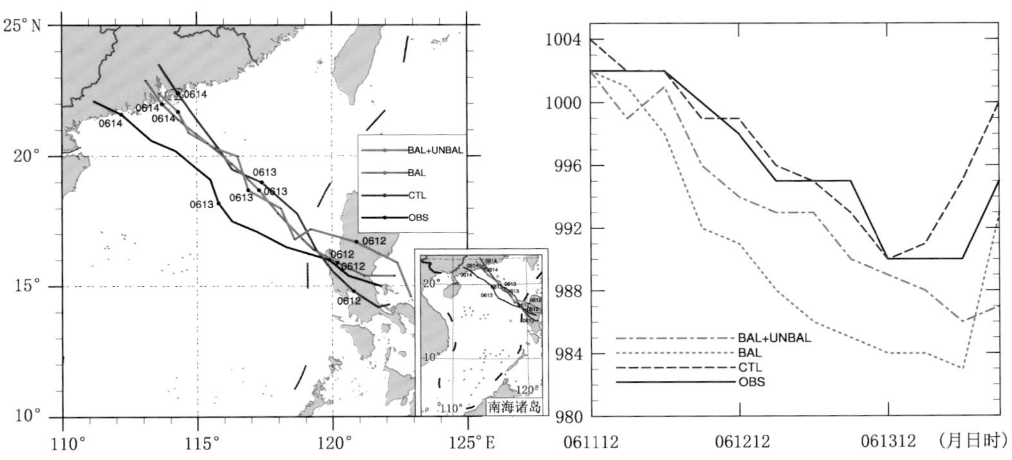

图 3.71 “鹦鹉”台风路径和强度(黑色:观测,观测数据来自中央气象台台风网)

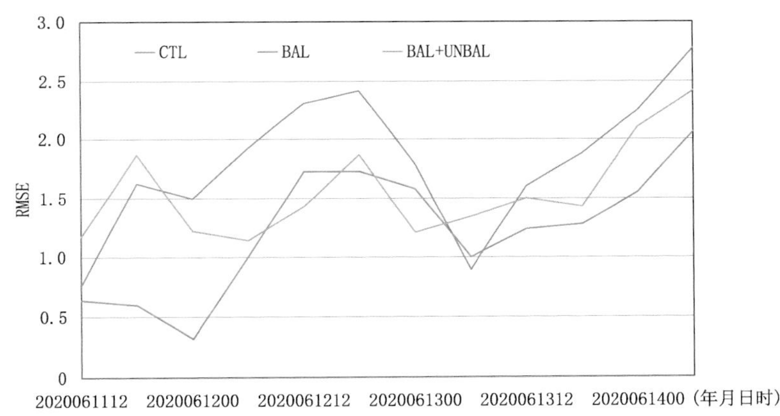

图 3.72 三组试验预报“鹦鹉”台风中心经纬度与观测位置均方根误差随时间(UTC)变化

从台风强度预报来看,此外引入平衡项和非平衡项方差后,台风强度增强,但是降低了台风强度的模拟精度。图 3.73 给出的是三组试验和 ERA5 再分析场在 2020 年 6 月 11 日 00 时、12 日 00 时和 14 日 00 时 500 hPa 高度场。从图中可以看出三组试验台风“鹦鹉”于 6 月 11 日 00 时在菲律宾群岛成功初现台风结构,但是三组试验副热带高压中心强度相对 ERA5 再分析场偏弱一点。12 h 后,台风“鹦鹉”强度增强,CTL 中心强度最接近 ERA5 再分析场,BAL 和 BAL+UNBAL 强度偏强 3 hPa。在副高西南气流引导下,台风向西南移动发展,并于 14 日 00 时左右登陆我国华南地区,但三组试验登陆地点较 ERA5 再分析场偏北,原因可能是三组试验副热带高压西伸脊点偏东、强度也较 ERA5 再分析场弱。此外,CTL 试验强度和 ERA5 再分析场强度最接近,BAL 和 BAL+UNBAL 强度偏强。

为了查找 BAL 和 BAL+UNBAL 试验中强度偏强原因,图 3.74 给出的是 850 hPa 相对涡度场。从水平涡度来看,BAL 和 BAL+UNBAL 试验比 CTL 试验涡度场的分布区域差异不大,但强度稍明显强于 CTL 试验。当正涡度中心与强辐合中心叠加,产生的次级环流和上升运动会有利于该处暴雨的维持,如 14 日 00 时“鹦鹉”台风中心附近,BAL 试验有比 CTL 和 BAL+UNBAL 较强的负散度中心(图 3.75),与正涡度叠加,导致 BAL 有更强的辐合上升运

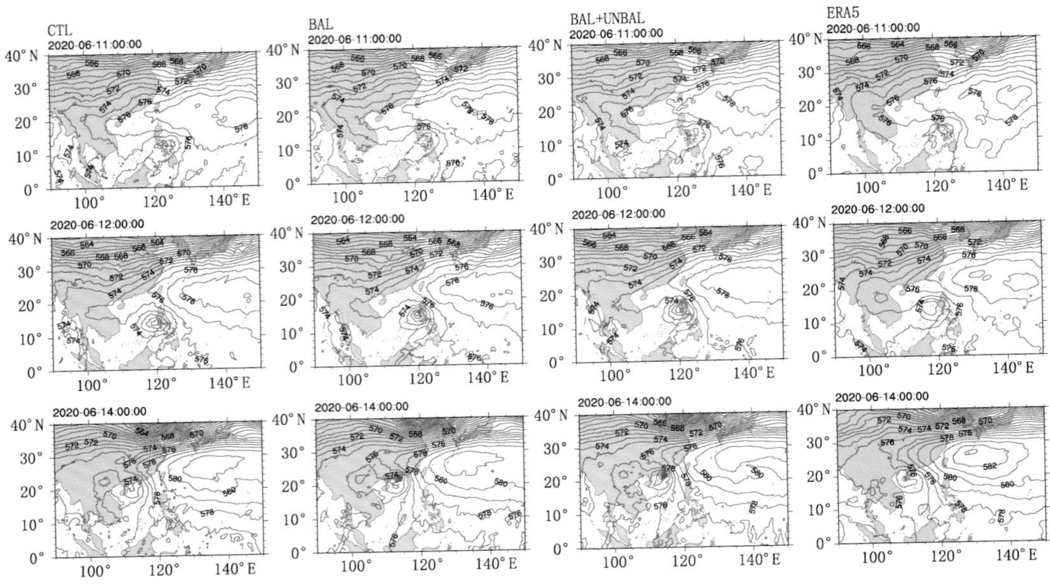

图 3.73　三组试验和 ERA5 再分析场的 500 hPa 高度场分布

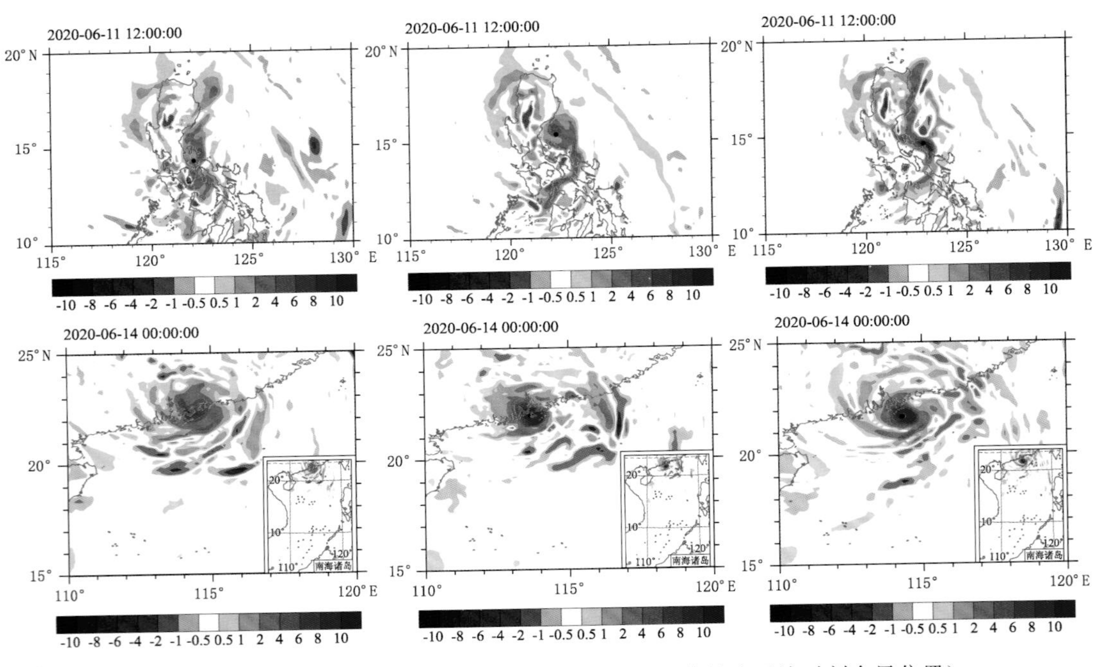

图 3.74　850 hPa 相对涡度场(单位：10^{-4} s^{-1}，台风符号表示该时刻台风位置)

(左列：CTL，中间列：BAL，右列：BAL＋UNBAL)

动，于是 BAL 台风强度最强，CTL 最弱。

综上分析可知，加入流依赖平衡项方差可提高台风路径模拟，但是加入非平衡项方差并未有效提高台风路径的模拟。加入平衡项方差和非平衡项方差可使台风辐散辐合增强，从而使得对台风强度模拟加强。此外，由于此次台风登陆前后都是热带风暴强度，属于弱台风，且是一个个例，加入流依赖平衡项方差和非平衡项方差对台风的影响还需更多个例验证。

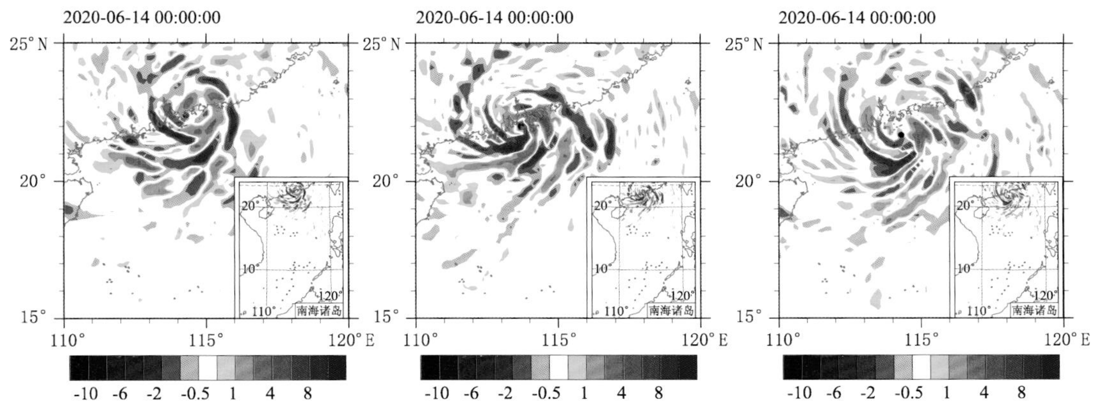

图 3.75 850 hPa 相对散度场(单位:10^{-4} s^{-1},台风符号表示该时刻台风位置)
(左列:CTL,中间列:BAL,右列:BAL+UNBAL)

3.9.3 统计评分

为了进一步验证 En4DVar 对同化和预报的影响,采用以下配置进行了 2020 年 10 月 1 日至 2020 年 11 月 30 日批量试验(表 3.9),通过对比不同区域 500 hPa 位势高度场的异常相关和 RMSE 来评估预报技巧。

表 3.9 En4DVar 批量试验配置

实验名称	方差	平衡系数	协方差	观测资料
cotr	随机方法得到气候态方差	气候态平衡系数	气候态相关系数	amsua、mwhs、atms、mhs
fbal	流依赖涡度方差	新型平衡系数	气候态相关系数	amsua、mwhs、atms、mhs
fstd	流依赖方差(所有变量)	新型平衡系数	气候态相关系数	amsua、mwhs、atms、mhs
fall	流依赖方差(所有变量)	新型平衡系数	基于 10 月样本统计得到	amsua、mwhs、atms、mhs

图 3.76～3.77 分别给出了 10 月、11 月北半球、南半球 500 hPa 位势高度场 1～10 d 预报的 ACC,对比可以看出:

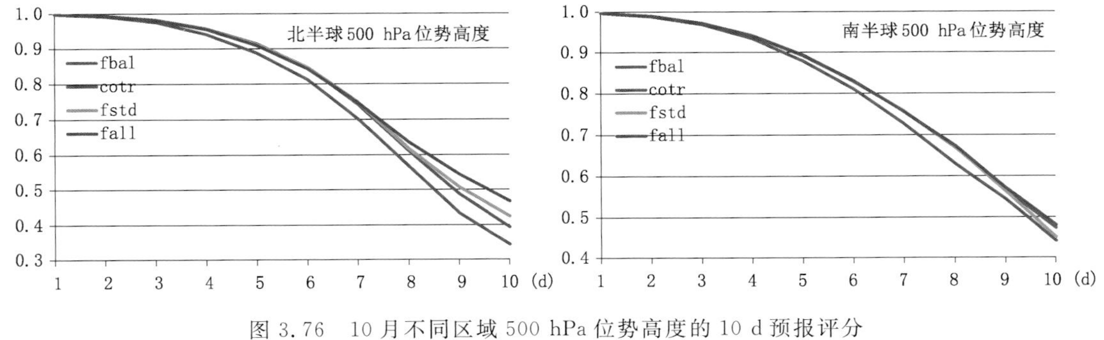

图 3.76 10 月不同区域 500 hPa 位势高度的 10 d 预报评分

(1)采用了所有流依赖方差、新型平衡系数和相关系数后的“fall”试验的预报技巧高于“fstd”“fbal”和“cotr”。

(2)10 月份的预报评分由高至低的顺序依次为:"fall""fstd""fbal"和"cotr";因此当计算资源非常充裕时可以考虑实时更新所有背景误差协方差分量。

(3)En4DVar 极大提升了系统在所有区域的预报评分,以北半球第八天的预报评分来说,10 月、11 月的 ACC 分别提高了 0.067 和 0.1071。

(4)YH4DVar 系统采用 En4DVar 提供的流依赖背景误差协方差后能够同化更多有效的观测(图 3.78),从而改进分析场(图 3.79)最终提升预报效果。

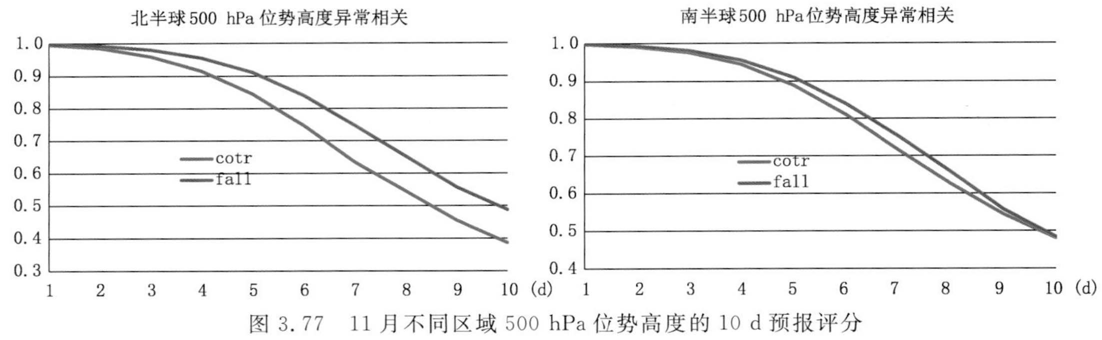

图 3.77　11 月不同区域 500 hPa 位势高度的 10 d 预报评分

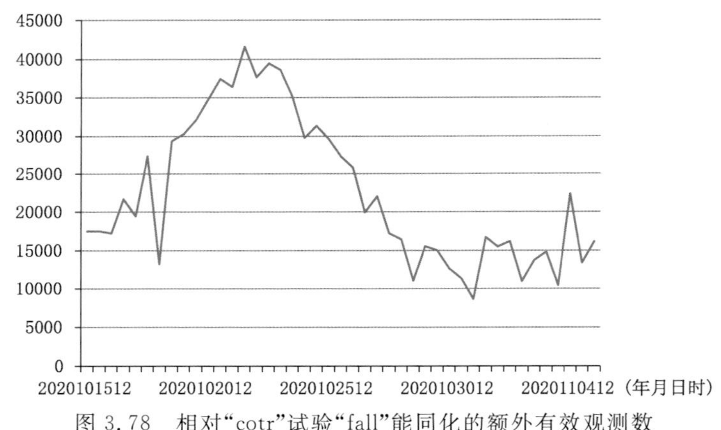

图 3.78　相对"cotr"试验"fall"能同化的额外有效观测数

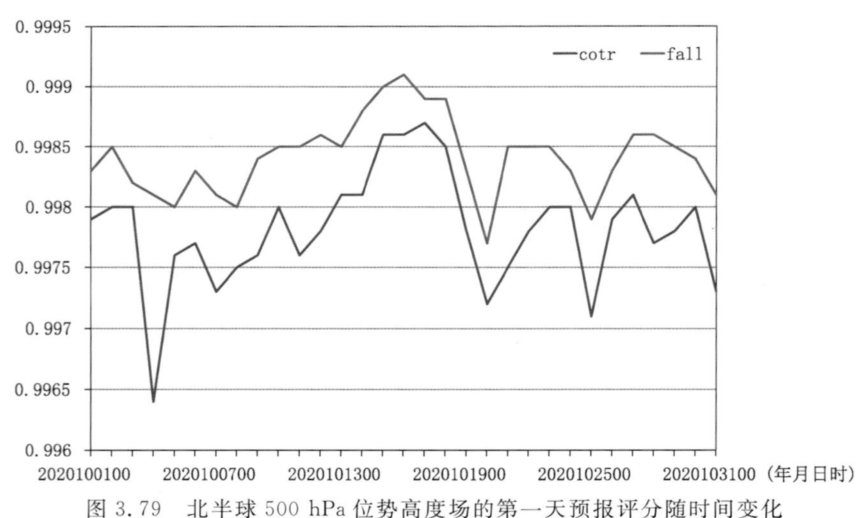

图 3.79　北半球 500 hPa 位势高度场的第一天预报评分随时间变化

参考文献

曹小群，宋君强，张卫民，等，2013. 一种基于复数域微分的资料同化新方法[J]. 物理学报，62(17)：170504.

冷洪泽，宋君强，曹小群，等，2012. 基于粒子滤波的一种改进的资料同化方法[J]. 物理学报，61(7)：70501.

AZZALINI A，FARGE M，SCHNEIDER K，2005. Nonlinear wealelet threshold：A resursive method to determine the optimal clenoising threshold[J]. Appl Comput Harmon Anal，18：9.

BANNISTER R N，2008. A review of forecast error covariance statistics in atmospheric variational data assimilation. I：Characteristics and measurements of forecast error covariances[J]. Q J R Meteorol Soc. 134 (637)：1951-1970.

BERMAN S M，1989. Sojourners and Extremes of Stochastic Processes[R]. Wadsworth. Reading，MA.

BONAVITA M，RAYNAUD L，ISAKSEN L，2010. Estimating Background-error Variances with the ECMWF Ensemble of Data Assimilations System：the Effect of Ensemble Size and Day-to-day Variability[J]. Q J R Meteorol Soc. 137：423-434.

BOUTTIER F，1997. The 1997 revision of the jb terim in 3D/4DVar[R]. ECMWF，238.

BOUTTIER F，KELLY G，2001. Observing-system experiments in the ECMWF 4-DVAR assimilation system [J]. Quart J Roy Meteor Soc. 127：1496-1488.

BUIZZA R，MILLEER M，PALMER T N，1999. Stochastic representation of model uncertainties in the ECMWF ensemble prediction system[J]. Quarterly Journal of The Royal Meteorological Society 125(560)：2887-2908.

COURTIER P，ANDERSSON E，HECKLEY W，et al，1998. The ECMWF implementation of three-dimensional variational assimilation (3D-Var). I：Formulation[J]. Q J R Meteorol Soc 124(550)：1783-1807.

DALEY R，1993. Atmospheric Data Analysis[M]. Cambridge University Press.

DAVID L DONOHO，LAIN M John-stone，1994. Ideal spotial adoptation wavelet shinkage Bimetrika，81(3)：425-455.

DEE D P，GSPARI G，1996. Developent of anisotropic correlation models for atmospheric data assimlation [C]. 11th Conference on Numerical Weather prediction. Norfolk，VA，American Meteorol Society，8：249-251.

DONOHO D L，JOHNSTONE I M，1994. Ideal spatial adaptation via wavelet shrinkage[J]. Biometrika，81：425-455.

DONOHO D L，JOHNSTONE I M，1995. Adapting to unknown smoothness via wavelet shrinkage[J]. Publications of the American Statistical Association，90(432)：1200-1224.

DONOHO D L，JOHNSTONE I M，KERKYACHARIAN G，et al，1997. Universal Near Minimaxity of Wavelet Shrinkage[M]. New York：Springer.

FISHER M，2003. Background error covariance modelling. seminar on recent development in data assimilation for atmosphere and ocean[R]. ECMWF：45-63.

FISHER M，2004. Generalized frames on the sphere，with application to the background-error covariance modelling[R]. Proc. ECMWF Seminar on Recent Developments in Numerical Methods for Atmospheric and Ocean Modelling.

FISHER M，COURTIER P，1995. Estimating the covariance matrices of analysis and forecast error in variational data assimilation[R]. ECMWF TM220.

FISHER，M，2007. The sensitivity of analysis errors to the specification of background error covariances[R]. Proceedings of ECMWF workshop on flow dependent aspects of data assimilation.

HUYNH-THU Q，GHANBARI M，2008. Scope of validity of PSNR in image/video quality assessment[J]. Electronics Letters 44(13): 800-801.

ISAKSEN L, FISHER M, BERNER J, 2006. Use of analysis ensembles in estimating flow-dependent background error variances[R]: ECMWF Tech. Memo. No. 492. (available from European Centre for Medium-Range Weather Forecasts, Shinfield Park, Reading, Berkshire RG2 9AX, UK).

JEROME VIALARD, FREDERIC VITART, MAGDALENA A, et al, 2005. An Ensemble Generation Method for Seasonal Forecasting with an Ocean-Atmosphere Coupled Model[J]. Mon Weather Rev, 133: 441-453.

MALLAT S, PAPANICOLAOU G, ZHANG Z F, 1998. Adaptive covariance estimation of locally stationary processes[J]. Annals of Statistics(26): 1-47.

PANNEKOUCKE O, RAYNAUDA L, FARGEB M, 2014. A wavelet-based filtering of ensemble background-error variances[J]. Quarterly Journal of The Royal Meteorological Society, 140: 316-327.

PARRISH D F, DERBER J C, 1992. The National Meteorological Center's spectral statistical-interpolation analysis system[J]. Month Weather Review, 120(8): 1747-1763.

RABIER F, THÉPAUT J N, COURTIER P, 1998. Extended assimilation and forecast experiments with a four-dimensional variational assimilation system[J]. Q J R Meteorol Soc, 124(550): 1861-1887.

RABIER, MCNALLY F, ANDERSSON A, et al, 1998. The ECMWF implementation of three dimensional variational assimilation. Part II: Structure functions[R]. ECMWF.

RAYNAUD L, BERRE L, DESROZIERS G, 2009. Objective filtering of ensemble-based background-error variances[J]. Guarterly Journal of the Royal Meteorological Society, 135(642): 1177-1199.

SCHAFFRIN B, H B IZ. 2002. BLIMPBE and its Geodetic Applications[M]. Berlin, Heidelberg: springer Bevlin Heidelberg.

SCHRÖDER P, SWELDENS W, 1995. Spherical wanfets: eflioientry representing fanctconson the sphere. 22nd annecal conference on Computergraphics and interactive techniques[J]. Association for Computing mochinery, 161-172.

TRÉMOLET Y, 2007. Incremental 4D-Var Convergence Study[J]. Tellus A, 59(5): 706-718.

VIALARD J, FRÉDÉRIC V T, MOGDALENA B, et al, 2005. An Ensemble Generation Method for seasonal Forecasting with an Ocan-Atmaphere Coupled model[J]. Month weather Rewea, 133: 441-453.

第 4 章
局地加权集合卡尔曼滤波

第 2 章已介绍了将粒子滤波与集合卡尔曼滤波进行混合的两种思路，其中一种思路是将随机扰动 EnKF 作为提议密度引入粒子滤波框架。本章首先将详细介绍基于此思路的局地加权集合卡尔曼滤波(LWEnKF)方法。本章与第 2 章介绍的 WEnKF 方法不同，LWEnKF 具有局地化方案，能够克服滤波退化问题，从而可以应用于真实的地球物理模式。其次，本章将基于 LWEnKF 设计并实现模块化的资料同化系统，能够提供与多种观测资料和多种模式的接口。最后针对简单的 L96 模式、较为复杂的 QG 模式和真实的 ROMS 模式进行一系列敏感性试验及同化效果评估，为未来的业务化应用提供参考。

4.1 适用于高维模式的 LWEnKF

加权集合卡尔曼滤波方法 (WEnKF)以粒子滤波为框架，采用随机扰动 EnKF 作为提议密度，先利用 EnKF 将粒子拉向观测，再计算每个粒子的权重，最后利用重采样得到最终的分析粒子。虽然 WEnKF 提供了一种 PF 和 EnKF 的混合思路，但使用局地化的 EnKF 作为提议密度在高维系统中仍然无法阻止滤波退化(Morzfeld et al.，2017)，该方法仍然不适用于高维问题，也就无法应用于真实地球物理系统的资料同化中。

本节将类似于顺序局地粒子滤波(LPF)的顺序局地化方法应用于 WEnKF，提出一种新方法——局地加权集合卡尔曼滤波方法(LWEnKF)，该方法是一种能够应用于高维系统的 PF 和 EnKF 混合方法。首先，类似于 WEnKF 的思想，采用随机扰动 EnKF 作为提议密度，从而得到提议粒子。其次，LWEnKF 的总权重被扩展为矢量形式，每个模式变量附有一个权重。总权重包含两部分：提议权重和似然权重。提议权重的局地化方案采用块局地化的思想，降低提议权重的维数，从而克服提议权重的退化。而似然权重的局地化方案采用顺序局地化的思想，限制观测对权重的空间影响范围，并采用自适应的观测膨胀技术以进一步克服似然权重的退化。然后，采用合并方案根据似然权重和提议权重的乘积——总权重来更新粒子。最后，可选地，通过概率映射方法调整粒子。

本节将详细介绍 LWEnKF 的局地化及各个相关方案，然后给出详细算法步骤。

4.1.1 LWEnKF 方法

本节将局地化方案引入 WEnKF 方法中，提出局地加权集合卡尔曼滤波(LWEnKF)方法。首先介绍 LWEnKF 中的提议密度局地化方案和似然权重局地化方案，然后介绍与重采样相关的合并方案和核密度分布映射，最后引入提高算法鲁棒性的自适应观测误差膨胀方案。

针对高维模式的实际资料同化应用，WEnKF 在计算提议权重和似然权重时都使用了完整的误差协方差矩阵，这将不可避免地导致滤波退化。具体地，Snyder 等(2008)证明了滤波退化与状态变量的维数有关，本节列举一个简单的例子来说明提议权重的高维退化现象，似然权重的高维退化现象也类似。

假设存在两个 N_x 维粒子，一个粒子的模式误差为 $0.1\sigma\boldsymbol{e}$，另一个粒子的模式误差为 $0.2\sigma\boldsymbol{e}$，其中 $\boldsymbol{e}$ 为所有元素都为1的 N_x 维向量。而模式误差协方差为对角阵 $\sigma^2\boldsymbol{I}$，其中 $\boldsymbol{I}$ 为 $N_x\times N_x$ 维单位矩阵。则这两个粒子的提议权重的分子分别为：

$$\begin{aligned} p(\boldsymbol{x}_1^n \mid \boldsymbol{x}_1^{n-1}) &\propto \exp[-\frac{1}{2}(x_1^n - M(x_1^{n-1}))^{\mathrm{T}}\boldsymbol{Q}^{-1}(x_1^n - M(x_1^{n-1}))] \\ &= \exp[-\frac{1}{2}(0.1\sigma\boldsymbol{e})^{\mathrm{T}}(\sigma^2\boldsymbol{I})^{-1}(0.1\sigma\boldsymbol{e})] \\ &= \exp(-0.005N_x) \end{aligned} \tag{4.1}$$

$$\begin{aligned} p(\boldsymbol{x}_2^n \mid \boldsymbol{x}_2^{n-1}) &\propto \exp[-\frac{1}{2}(x_2^n - M(x_2^{n-1}))^{\mathrm{T}}\boldsymbol{Q}^{-1}(x_2^n - M(x_2^{n-1}))] \\ &= \exp[-\frac{1}{2}(0.2\sigma\boldsymbol{e})^{\mathrm{T}}(\sigma^2\boldsymbol{I})^{-1}(0.2\sigma\boldsymbol{e})] \\ &= \exp(-0.02N_x) \end{aligned} \tag{4.2}$$

那么二者的比值为：

$$\frac{p(\boldsymbol{x}_1^n \mid \boldsymbol{x}_1^{n-1})}{p(\boldsymbol{x}_2^n \mid \boldsymbol{x}_2^{n-1})} = \exp(0.015N_x) \tag{4.3}$$

所以，当模式维数特别大时，如比较典型的海洋模式维数 $N_x=10^8$，则这一比值为 $\exp(0.015N_x)\approx 10^{6000000}$，也就是说两个模式误差相差仅2倍的粒子，其权重可能相差 $10^{6000000}$ 倍，这显然将导致权重的方差特别大。局地化正是通过降低权重计算中的维数，从而克服滤波退化问题。

4.1.1.1 提议权重局地化

WEnKF 的总权重计算分为两个部分：提议权重和似然权重。首先介绍提议权重的局地化方案。假设模式变量的维数为 N_x，在时间步 n 时的观测维数为 N_y，粒子数为 N。与似然权重相似，将标量的提议权重 w_i^* 推广到向量的局地提议权重 $w_{i,k}^*$，也就是为每个模式变量 $x_{i,k}^n$ 附加提议权重 $w_{i,k}^*$，其中 $i=1,2,\cdots,N,k=1,2,\cdots,N_x$。下面以 $w_{i,k}^*$ 为例，说明如何计算局地提议权重。

局地块和局地域如图2.7所示，采用 Farchi 等(2018)提到的状态空间局地化，以 $x_{i,k}^n$ 的空间位置为中心，半径为 $2c^B$ 的圆形(或球形)区域称为局地块(block)，用 B 表示；具有相同的中心位置，但半径为 $2c^D$ 的圆形(或球形)区域称为局地域(domain)，用 D 表示。在计算局地提议权重 $w_{i,k}^*$ 时，认为仅局地块 B 中的模式变量和局地域 D 中的观测值会对局地提议权重产生影响。

2.4.2.1节给出了计算原始完整提议权重的式(2.205)和(2.206)。在本节中，加性模式误差和观测误差均假定为高斯白噪声。考虑局地化，则局地提议权重为：

$$w_{i,k}^* = \frac{p(\boldsymbol{x}_{i,B}^n \mid \boldsymbol{x}_{i,B}^{n-1})}{q(\boldsymbol{x}_{i,B}^n \mid \boldsymbol{x}_{i,B}^{n-1},\boldsymbol{y}_D^n)} \tag{4.4}$$

然后，将提议权重的分母修改为：

$$q(\boldsymbol{x}_{i,B}^n \mid \boldsymbol{x}_{i,B}^{n-1},\boldsymbol{y}_D^n) \propto \exp\left[-\frac{1}{2}(\boldsymbol{x}_{i,B}^n - \boldsymbol{\mu}_{i,B}^n)^{\mathrm{T}}\Sigma_{B,D}^{-1}(\boldsymbol{x}_{i,B}^n - \boldsymbol{\mu}_{i,B}^n)\right] \tag{4.5}$$

其中，$\boldsymbol{x}_{i,B}^n$ 表示由位于局地块 B 中的模式变量 $\boldsymbol{x}_i^n$ 组成的向量；$\boldsymbol{y}_D^n$ 表示由局地域 D 中的观测 $\boldsymbol{y}^n$ 组成的向量。第2.4.2.1节中给出了计算 $\boldsymbol{\mu}_i^n$ 和 $\boldsymbol{\Sigma}$ 的式(2.203)和(2.204)，$\boldsymbol{\mu}_{i,B}^n$ 和 $\boldsymbol{\Sigma}_{B,D}$ 的计算

也遵循相同的公式，但公式中使用的矩阵被限制到了局地块或局地域中。同样，提议权重(4.4)的分子为：

$$p(\boldsymbol{x}_{i,B}^{n} \mid \boldsymbol{x}_{i,B}^{n-1}) \propto \exp\left\{-\frac{1}{2}(\boldsymbol{x}_{i,B}^{n} - [M(\boldsymbol{x}_{i}^{n-1})]_{B})^{\mathrm{T}} \boldsymbol{Q}_{B}^{-1}(\boldsymbol{x}_{i,B}^{n} - [M(\boldsymbol{x}_{i}^{n-1})]_{B})\right\} \tag{4.6}$$

此处，M 为确定性预测模式。向量 $\boldsymbol{x}_i^n$ 和 $\boldsymbol{M}(x_i^{n-1})$ 的下标 B 的含义与上文的向量 $\boldsymbol{x}_i^n$ 一致。$\boldsymbol{Q}$ 是模式误差的协方差矩阵，而 $\boldsymbol{Q}_B$ 是 $\boldsymbol{Q}$ 中相应的行和列组成的主子矩阵。

与 LPF 类似，LWEnKF 的提议权重也由参数 $0 < \alpha < 1$ 进行调整：

$$w_{i,k}^{*} = (w_{i,k}^{*} - 1)\alpha + 1 \tag{4.7}$$

在实际应用中，如果观测值异常或预测模式的偏差较大，则可能导致滤波退化，即极少数的粒子的权重特别大，大多数粒子的权重非常小，甚至可以忽略。因此，需要进行 α 调整以有效防止滤波退化并增强算法的鲁棒性。通常，α 的取值为略小于 1。

4.1.1.2 似然权重局地化

然后介绍似然权重的局地化方案，类似提议权重局地化，将似然权重推广为向量形式。如果观测误差是相互独立的，那么协方差矩阵 $\boldsymbol{R}$ 是对角矩阵，则：

$$w_i^o = p(\boldsymbol{y}^n \mid \boldsymbol{x}_i^n) = \prod_{j=1}^{N_y} p(y_j^n \mid \boldsymbol{x}_i^n) \tag{4.8}$$

其中，y_j 是观测向量 $\boldsymbol{y}$ 的第 j 个元素。在这种假设下，可以通过逐个计算似然权重来顺序地同化观测。因为当前考虑的是时间步 n 的观测，为简单起见，下文将忽略上标 n 。

将似然权重从标量扩展到长度为 N_x 的向量，为每个模式变量附加似然权重。该向量形式的似然权重应体现观测的局地化影响，也就是观测仅影响局地范围内的模式变量所附加的权重。对局地似然权重的构造，最初由 Poterjoy(2016)提出：

$$\omega_{k,i} \propto [p(y_j \mid x_{k,i}) - 1] l_{j,k}^{c} + 1 \tag{4.9}$$

其中，下标 $k = 1, \cdots, N_x$ 为模式变量的指标。局地化函数 $l_{j,k}^c$ 采用 Gaspri-Cohn(GC) 函数，其值取决于观测 y_j 和模式变量 $x_{k,i}$ 的空间位置，以及截止系数 c 。(4.9)式限制了观测对似然权重的作用范围，能够降低似然权重的维数，有效克服滤波退化问题。但 Shen 等(2017)认为(4.9)式采用了空间线性插值，实际上假定了相邻格点的权重是连续变化的，并构造了一种非线性的局地似然权重：

$$\omega_{i,k}^{j} \propto \exp\left\{-\frac{1}{2} l_{j,k}^{c} \frac{[y_j - h_j(x_i)]^2}{\sigma_{y_j}^2}\right\} \tag{4.10}$$

Poterjoy 等(2019)考虑到计算的稳定性和精确性，将局地似然权重(4.9)的计算改进为：

$$\omega_{i,k}^{j} \propto \frac{(N\widetilde{w}_i^j - 1) l_{j,k}^{c} + 1}{N} \tag{4.11}$$

其中，$\widetilde{w}_i^j = \dfrac{p(y_j \mid x_i)}{\sum_{i=1}^{N} p(y_j \mid x_i)}$ 为无局地化影响的归一化的似然权重，采用(4.11)式来构造局地似然权重。总权重即为提议权重和似然权重的乘积：

$$v_{i,k}^{j} = \omega_{i,k}^{j} \cdot w_{i,k}^{*}$$

4.1.1.3 合并方案

在将总权重推广到向量之后，还需要进行重采样，以得到等权重的后验粒子集合。Poterjoy等(2019)提出了一种合并方案,该方案重采样后的粒子集合能够保持采样前集合的均值和方差。本节将使用此方案并进行适当的更改以使其适用于LWEnKF。

对于每个观测 y_j,合并方案主要步骤为:

(1)根据上一步的总权重进行随机遍历重采样,以获得上一步重采样粒子 t_i。

(2)计算并归一化当前步所有粒子的总权重。根据总权重,执行随机遍历重采样以获得当前步重采样粒子 s_i。

(3)通过上一步重采样粒子和当前步重采样粒子的线性组合局地更新模式变量。此时,引入一个合并参数 $0<\gamma\leqslant 1$ 来调整合并系数 $r_{1,k}$ 和 $r_{2,k}$,从而在模式空间中的任何位置上都能结合当前重采样粒子和前一步重采样粒子,包括观测所处的空间位置。

在第三步中,需要构造粒子 i 的第 k 个模式变量的更新公式:

$$(x_{k,i}^{j})^{u}=\overline{x}_{k}^{j}+r_{1,k}\left[x_{k,s_i}^{j-1}-\overline{x}_{k}^{j}\right]+r_{2,k}\left[x_{k,t_i}^{j-1}-\overline{x}_{k}^{j}\right] \tag{4.12}$$

并要求更新集合的均值和方差近似等于提议粒子的加权均值和加权方差。那么令:

$$\begin{aligned}\overline{x}_{k}^{j}&=\overline{(x_{k,i}^{j})^{u}}\\&=\frac{1}{N}\sum_{i=1}^{N}\left\{\overline{x}_{k}^{j}+r_{1,k}\left[x_{k,s_i}^{j-1}-\overline{x}_{k}^{j}\right]+r_{2,k}\left[x_{k,t_i}^{j-1}-\overline{x}_{k}^{j}\right]\right\}\\&=\overline{x}_{k}^{j}+r_{1,k}\left[\frac{1}{N}\sum_{i=1}^{N}x_{k,s_i}^{j-1}-\overline{x}_{k}^{j}\right]+r_{2,k}\left[\sum_{i=1}^{N}x_{k,t_i}^{j-1}-\overline{x}_{k}^{j}\right]\\&\approx\overline{x}_{k}^{j}+r_{1,k}\left[\widetilde{\overline{x}}_{k}^{j}-\overline{x}_{k}^{j}\right]+r_{2,k}\left[\widehat{\overline{x}}_{k}^{j-1}-\overline{x}_{k}^{j}\right]\end{aligned} \tag{4.13}$$

在式(4.13)中,更新粒子的平均值通过采样前粒子的加权平均值来近似。$\widetilde{\overline{x}}_{k}^{j}$ 为总权重 $\upsilon_{k,i}^{j}$ 的粒子均值,$\widehat{\overline{x}}_{k}^{j-1}$ 表示总权重为 $\upsilon_{k,i}^{j-1}$ 的粒子的平均值:

$$\widetilde{\overline{x}}_{k}^{j}\approx\sum_{i=1}^{N}\frac{\widetilde{w}_{i}^{j}\,\upsilon_{k,i}^{j-1}}{\widetilde{\Omega}_{k}^{j}}x_{i,j}^{0} \tag{4.14}$$

$$\widehat{\overline{x}}_{k}^{j-1}\approx\sum_{i=1}^{N}\frac{\upsilon_{k,i}^{j-1}}{\Omega_{k}^{j-1}}x_{i,j}^{0} \tag{4.15}$$

其中,$\widetilde{\Omega}_{k}^{j}$ 为 $\widetilde{w}_{i}^{j}\,\upsilon_{k,i}^{j-1}$ 关于所有粒子的和,从而使权重之和为1,这称为归一化。类似地,Ω_{k}^{j-1} 对 $\upsilon_{k,i}^{j-1}$ 进行归一化。那么:

$$r_{2,k}=-\frac{\widetilde{\overline{x}}_{k}^{j}-\overline{x}_{k}^{j}}{\widehat{\overline{x}}_{k}^{j-1}-\overline{x}_{k}^{j}}r_{1,k}=d_{k}r_{1,k} \tag{4.16}$$

假设更新的模式变量的方差等于先验粒子的加权方差,即可得到:

$$\begin{aligned}(\sigma_{k}^{j})^{2}&=\mathrm{var}\left[(x_{k,i}^{j})^{u}\right]\\&=\frac{1}{N-1}\sum_{i=1}^{N}\left\{\overline{x}_{k}^{j}+r_{1,k}\left[x_{k,s_i}^{j-1}-\overline{x}_{k}^{j}\right]+r_{2,k}\left[x_{k,t_i}^{j-1}-\overline{x}_{k}^{j}\right]-\overline{x}_{k}^{j}\right\}^{2}\\&=\frac{r_{1,k}^{2}}{N-1}\sum_{i=1}^{N}\left\{x_{k,s_i}^{j-1}-\overline{x}_{k}^{j}+d_{k}\left[x_{k,t_i}^{j-1}-\overline{x}_{k}^{j}\right]\right\}^{2}\end{aligned} \tag{4.17}$$

那么,可以得到 $r_{1,k}$ 的正值解:

$$r_{1,k}=\sqrt{\frac{(\sigma_{k})_{y_j}^{2}(N-1)}{\sum_{i=1}^{N}\left\{x_{k,s_i}^{j-1}-\overline{x}_{k}^{j}+d_{k}\left[x_{k,t_i}^{j-1}-\overline{x}_{k}^{j}\right]\right\}^{2}}} \tag{4.18}$$

为了便于计算，可以简化 d_k 的表达式：

$$d_k = \frac{\overline{x}_k^j - \widetilde{\overline{x}}_k^j}{\widehat{\overline{x}}_k^{j-1} - \overline{x}_k^j} = \frac{\sum_{i=1}^{N} \frac{\upsilon_{k,i}^j}{\Omega_k^j} x_{i,j}^0 - \sum_{i=1}^{N} \frac{\widetilde{w}_i^j \upsilon_{k,i}^{j-1}}{\widetilde{\Omega}_k^j} x_{i,j}^0}{\sum_{i=1}^{N} \frac{\upsilon_{k,i}^{j-1}}{\Omega_k^{j-1}} x_{i,j}^0 - \sum_{i=1}^{N} \frac{\upsilon_{k,i}^j}{\Omega_k^j} x_{i,j}^0} = \frac{\sum_{i=1}^{N}\left[\frac{\upsilon_{k,i}^j}{\Omega_k^j} - \frac{\widetilde{w}_i^j \upsilon_{k,i}^{j-1}}{\widetilde{\Omega}_k^j}\right] x_{i,j}^0}{\sum_{i=1}^{N}\left[\frac{\upsilon_{k,i}^{j-1}}{\Omega_k^{j-1}} - \frac{\upsilon_{k,i}^j}{\Omega_k^j}\right] x_{i,j}^0} \tag{4.19}$$

若 $\left[\frac{\upsilon_{k,i}^j}{\Omega_k^j} - \frac{\widetilde{w}_i^j \upsilon_{k,i}^{j-1}}{\widetilde{\Omega}_k^j}\right]\left[\frac{\upsilon_{k,i}^{j-1}}{\Omega_k^{j-1}} - \frac{\upsilon_{k,i}^j}{\Omega_k^j}\right]^{-1}$ 对于所有粒子都为常数，那么 d_k 对所有 i 为常数。为了得到这个值，做替换 $\upsilon_{k,i}^j = \frac{(N\widetilde{w}_i^j - 1) l_{j,k}^c + 1}{N} \upsilon_{k,i}^{j-1}$，那么：

$$\frac{\frac{\upsilon_{k,i}^j}{\Omega_k^j} - \frac{\widetilde{w}_i^j \upsilon_{k,i}^{j-1}}{\widetilde{\Omega}_k^j}}{\frac{\upsilon_{k,i}^{j-1}}{\Omega_k^{j-1}} - \frac{\upsilon_{k,i}^j}{\Omega_k^j}} = \frac{\frac{\widetilde{\Omega}_k^j[(N\widetilde{w}_i^j - 1) l_{j,k}^c + 1] - N\Omega_k^j \widetilde{w}_i^j}{N\Omega_k^j \widetilde{\Omega}_k^j}}{\frac{N\Omega_k^j - \Omega_k^{j-1}[(N\widetilde{w}_i^j - 1) l_{j,k}^c + 1]}{N\Omega_k^{j-1}\Omega_k^j}}$$

$$= \frac{\Omega_k^{j-1}\{\widetilde{\Omega}_k^j[(N\widetilde{w}_i^j - 1) l_{j,k}^c + 1] - N\Omega_k^j \widetilde{w}_i^j\}}{\widetilde{\Omega}_k^j\{N\Omega_k^j - \Omega_k^{j-1}[(N\widetilde{w}_i^j - 1) l_{j,k}^c + 1]\}}$$

将 $\widetilde{\Omega}_k^j = \sum_{m=1}^{N} \widetilde{w}_m^j \upsilon_{k,m}^{j-1}$，$\Omega_k^j = \sum_{m=1}^{N} \upsilon_{k,m}^j = \sum_{m=1}^{N} \frac{(N\widetilde{w}_m^j - 1) l_{j,k}^c + 1}{N} \upsilon_{k,m}^{j-1}$ 代入，得：

$$= \frac{\Omega_k^{j-1}\left\{[(N\widetilde{w}_i^j - 1) l_{j,k}^c + 1]\sum_{m=1}^{N} \widetilde{w}_m^j \upsilon_{k,m}^{j-1} - N\widetilde{w}_i^j \sum_{m=1}^{N} \frac{(N\widetilde{w}_m^j - 1) l_{j,k}^c + 1}{N} \upsilon_{k,m}^{j-1}\right\}}{\widetilde{\Omega}_k^j\left\{N\sum_{m=1}^{N} \frac{(N\widetilde{w}_m^j - 1) l_{j,k}^c + 1}{N} \upsilon_{k,m}^{j-1} - [(N\widetilde{w}_i^j - 1) l_{j,k}^c + 1]\sum_{m=1}^{N} \upsilon_{k,m}^{j-1}\right\}}$$

$$= \frac{\Omega_k^{j-1}\sum_{m=1}^{N}\{[(N\widetilde{w}_i^j - 1) l_{j,k}^c + 1]\widetilde{w}_m^j - \widetilde{w}_i^j[(N\widetilde{w}_m^j - 1) l_{j,k}^c + 1]\}\upsilon_{k,m}^{j-1}}{\widetilde{\Omega}_k^j \sum_{m=1}^{N}\{[(N\widetilde{w}_m^j - 1) l_{j,k}^c + 1] - [(N\widetilde{w}_i^j - 1) l_{j,k}^c + 1]\}\upsilon_{k,m}^{j-1}}$$

$$= \frac{\Omega_k^{j-1}\sum_{m=1}^{N}[(l_{j,k}^c - 1)(\widetilde{w}_i^j - \widetilde{w}_m^j)]\upsilon_{k,m}^{j-1}}{\widetilde{\Omega}_k^j \sum_{m=1}^{N}[N l_{j,k}^c(\widetilde{w}_m^j - \widetilde{w}_i^j)]\upsilon_{k,m}^{j-1}}$$

$$= \frac{\Omega_k^{j-1}(1 - l_{j,k}^c)}{N\widetilde{\Omega}_k^j l_{j,k}^c} \tag{4.20}$$

所以，$d_k = \dfrac{\Omega_k^{j-1}(1 - l_{j,k}^c)}{N\widetilde{\Omega}_k^j l_{j,k}^c}$ 对于所有粒子都是常数，其值取决于局地化函数、粒子数目、Ω_k^{j-1} 和 $\widetilde{\Omega}_k^j$。

局地化函数 $l_{j,k}^c$ 的取值范围从 0 到 1 。当模式变量的空间位置接近观测时，局地化函数趋向于 1 ，$d_k \to 0$ ；从而：

$$\lim_{l_{j,k}^c \to 1} r_{1,k} = \sqrt{\frac{(\sigma_k^j)^2}{\dfrac{1}{N-1}\sum_{i=1}^{N}[x_{k,s_i}^{j-1} - \overline{x}_k^j]^2}} \approx 1 \tag{4.21}$$

公式中的约等于号是成立的，因为总权重重采样粒子的方差估计了提议粒子的总权重加权方差。同时，$\lim_{l_{j,k}^c \to 1} r_{2,k} = 0$ 。那么，对于位置非常接近观测的模型变量，更新的粒子几乎等于总权重重采样粒子。同样，当模式变量和观测之间的距离非常大（超过 $2c$ ）时，有 $l_{j,k}^c = 0$ 和 $d_k \to \infty$，这导致：

$$\lim_{l_{j,k}^c \to 0} r_{1,k} = 0 \tag{4.22}$$

$$\lim_{l_{j,k}^c \to 0} r_{2,k} = \sqrt{\frac{(\sigma_k^j)^2}{\dfrac{1}{N-1}\sum_{i=1}^{N}(x_{k,z_i}^{j-1} - \overline{x}_k^j)^2}} = 1 \tag{4.23}$$

当 $l_{j,k}^c \to 0$ 时，后验方差和均值分别等于基于提议权重的方差和均值。也就是说，当同化观测时，远离观测位置的模式变量由提议密度更新，而靠近观测位置的模式变量由 WEnKF 更新。

由于 LWEnKF 顺序地处理独立观测，每个独立观测都需要重采样步，对于空间距离很近的观测来说，依次重采样比一次重采样更容易导致滤波退化。一种解决方案是将空间距离相近的观测分为同一批次进行同化，该方案能够降低观测密集情况下的计算代价，并能够处理空间相关的观测误差。

Poterjoy (2016)提出了另一种解决方案—— α 膨胀，来解决顺序处理观测带来的滤波退化问题。对每个独立观测，该方案减少了合并粒子的部分更新增量，从而增加观测位置处的粒子离散度。Poterjoy 等(2019)进一步改进了这一方案，将合并参数作用于合并系数 $r_{1,k}$ 和 $r_{2,k}$ 上：

$$r_{1,k} \to \gamma r_{1,k}$$
$$r_{2,k} \to \gamma(r_{2,k} - 1) + 1 \tag{4.24}$$

其中，合并参数 $0 < \gamma \leqslant 1$。那么在模式空间中的所有位置上，包括观测位置上，合并方案得到的更新粒子都为前一步粒子和当前步粒子的组合，能够有效缓解滤波退化。另外，在利用 γ 进行合并更新后，还需对得到的粒子进行调整，使得更新粒子的均值和方差分别等于$\overline{x}_k^j$ 和$(\sigma_k^j)^2$，这样才能满足合并方案中保持先验粒子均值和方差的要求。当粒子数目 N 较小时，选取 $\gamma < 1$ 有利于缓解顺序观测同化中的采样误差。而对于较多的粒子数目，选取 $\gamma = 1$ 更加合理。

合并方案使后验粒子能够组合前一步粒子和当前步粒子，以避免滤波退化。它是一种调整后验均值和协方差的人工方法。但是，LWEnKF 和 LPF 仍然可以不使用合并方案，而是直接使用重采样。实际上，在这种情况下，观测可以同时被同化，这相当于 Farchi 等(2018)描述的模式状态块区域局地化。为了比较合并方案和最小调整随机遍历(stochastic universal，SU)采样，4.3.1.3 节中将给出对比试验。

4.1.1.4 核密度分布映射方案

由于合并方案仅确保了重采样后的均值和方差与重采样前一致，因此需要引入额外的机制来校正高阶矩信息。因而类似于 Poterjoy 等(2019)在时间步 n 的所有观测被顺序同化之后,采用称为核密度分布映射(kernel density distribution mapping,KDDM)(McGinnis et al.,2015)的非参数概率映射方法对更新粒子进行调整,补偿仅考虑前 2 阶矩的合并方案的不足,从而使后验粒子具有与提议粒子相同的分位数。KDDM 对每个模式变量独立进行,将合并方案得到的粒子映射到加权先验粒子的边缘概率分布上,再根据分位数计算最终的分析粒子。

一般的概率映射方法将输入 pdf $g(x)$ 的分位数与某个目标 pdf $q(x)$ 的分位数进行匹配。此处将合并方案产生的粒子作为输入。概率映射方法实际上是在输入累积概率函数(cdf) $G(x)$ 的粒子值处,计算目标 cdf $Q(x)$ 的逆:

$$\tilde{x}_i = Q^{-1}[G(x_i)] \tag{4.25}$$

在 LWEnKF 方法中,令 x_i 和 $\tilde{x}_i$ 分别表示输入和输出粒子,$g(x)$ 和 $q(x)$ 可由非参数方法表示:

$$\begin{aligned} g(x) &= \frac{1}{N}\sum_{i=1}^{N} K(x_i, b_i) \\ q(x) &= \frac{1}{N}\sum_{i=1}^{N} w_i K(\tilde{x}_i, b_i) \end{aligned} \tag{4.26}$$

其中,$K(x_i, b_i)$ 是以合并粒子 x_i 为中心的高斯核,其标准差(即带宽)为 b_i。而 $w_i K(\tilde{x}_i, b_i)$ 是以提议粒子 $\tilde{x}_i$ 为中心的加权高斯核。对 $g(x)$ 和 $q(x)$ 进行数值积分,从而估计 $G(x)$ 和 $Q(x)$ 的值:

$$\begin{aligned} G(x) &= \frac{1}{2N}\sum_{i=1}^{N}\left[1 + \mathrm{erf}\left(\frac{x - x_i}{\sqrt{2}\, b_i}\right)\right] \\ Q(x) &= \frac{1}{2}\sum_{i=1}^{N} w_i\left[1 + \mathrm{erf}\left(\frac{x - \tilde{x}_{ii}}{\sqrt{2}\, b_i}\right)\right] \end{aligned} \tag{4.27}$$

然后通过将 $Q(x)$ 插值到每个 $G(x_i)$,从而估计 (4.25)在每个分位数处的逆。

KDDM 是对每个模式状态独立执行的,但它保留了状态变量之间的关系。原因之一是,在映射过程中采用了空间平滑的权重来定义目标 cdf,从而能够传递多变量信息。另外,在 cdf 估计的所有高斯核中使用了统一的带宽值,从而能够保持这一性质。Poterjoy(2016)表明,当先验误差接近高斯分布时,KDDM 的作用不大,但当误差偏离高斯分布较大时,KDDM 能够大大改善同化滤波效果。

4.1.1.5 自适应观测误差膨胀方案

当粒子数目较少、动力模式中的误差被忽略或估计不精确时,蒙特卡洛滤波方法可能会严重低估不确定性。通过局地化方案能够缓解不确定性低估问题,但不能够彻底解决。例如,当集合低估了多个同化周期的平均 RMSE 时,EnKF 通常采用认为方法对先验/后验误差进行膨胀。膨胀有多种实现形式:将集合扰动乘以一个大于 1 的系数、将集合成员加上扰动、将后验集合成员的一部分松弛为先验集合成员等。在粒子滤波框架中,类似的膨胀方法不适用,因为粒子滤波没有对误差进行高斯根分布假设。当同化高分辨率的观测时,类似的膨胀方法也不能阻止滤波退化。

Poterjoy(2016)给出了一种简单的 α 膨胀方案,人为给似然权重设置一个下界,使权重不会出现接近 0 的情况,从而克服滤波退化。该方案将似然权重乘以一个参数 $0 \leqslant \alpha \leqslant 1$

$$w_i = [p(y \mid x_i) - 1]\alpha + 1 \tag{4.28}$$

这相当于将权重的下限设置为 $1-\alpha$，从而在粒子数目较少而不能完全阻止滤波退化时，提供一种保护机制。然而，当观测误差远小于先验误差时，α 膨胀方案将失效。此时，粒子权重大于的概率很小，将导致每个粒子的权重几乎相等。也就是说，当观测的准确性提高时，α 膨胀方案将忽略观测的影响(Lee et al., 2016)。针对这一缺陷，对膨胀方案进行了改进，形成了 β 膨胀方案，直接对观测误差进行膨胀，而不是对权重设置下限。基于有效样本数 $N_{\text{eff}}=\left(\sum w_i^2\right)^{-1}$，自适应地设置观测误差膨胀因 β 子。该方案只在有效样本数 N_{eff} 低于目标有效样本数 N_{eff}^t 才运行，要求计算参数 β，使得观测误差在高斯分布 $N(0,\beta\sigma_y^2)$ 中采样时，满足：

$$N_{\text{eff}}^t=\frac{\left(\sum_{i=1}^{N}\exp\left\{\frac{-[y-h(x_i)]^2}{2\beta\sigma_y^2}\right\}\right)^2}{\sum_{i=1}^{N}\exp\left\{\frac{-[y-h(x_i)]^2}{\beta\sigma_y^2}\right\}} \tag{4.29}$$

这种膨胀机制的效果与 α 膨胀相似，可以防止滤波退化为单个粒子。与 α 膨胀不同的是，当似然权重都很小时，β 膨胀并没有完全忽略观测的影响。

对于具有多模式变量和多观测类型的同化系统来说，同化一个或多个远处的观测，可能引起某个模式变量的权重退化。若有多个处于不同空间位置的观测，那么可以得到长度为 N_y 的 β 膨胀系数向量 b，由不同空间位置上的观测计算得到的似然权重都满足 $N_{\text{eff}}\geqslant N_{\text{eff}}^t$。若不同空间位置上的观测相关的模式变量是相互独立的，则 β 易于求解；否则，当相关的模式变量被观测时，则解不唯一。在后一种情况下，权重归一化和局地化方案的影响使得解析解变得复杂，因而需要采用数值方法对 β 求解，而精确求解的计算量很大，对于大型资料同化系统来说开销过大。一种替代方案为，对每个观测求解(4.29)式一次，从而得到 $(\tilde{\beta}_1,\cdots,\tilde{\beta}_{N_y})$，然后考虑空间依赖性：

$$\beta_k=1+\sum_{j=1}^{N_y}(\tilde{\beta}_j-1)l_{j,k}^c \tag{4.30}$$

其中，局地化函数 $l_{j,k}^c$ 决定了膨胀系数 $\tilde{\beta}_j$ 对 β_k 的影响。该方法采用附近的观测来构造膨胀系数，从而克服滤波退化，这在高分辨率精确观测的同化中是有效的。

4.1.2 LWEnKF 算法

4.1.1 节中详细介绍了 LWEnKF 方法的主要组成部分，该算法的主要步骤为：首先，采用 EnKF 作为提议密度，得到提议粒子；其次，计算局地化提议权重(4.1.1.1 节)；然后，利用自适应观测误差膨胀方案(4.1.1.5 节)得到膨胀系数后，计算局地化似然权重(4.1.1.2 节)并执行合并方案(4.1.1.3 节)；最后进行 KDDM 方案(4.1.1.4 节)。下面给出 LWEnKF 算法的详细步骤。附录 B 中列出了此处使用的符号。

(1)对每个粒子，利用预测模式运行到分析时间步以获取先验粒子 $\boldsymbol{x}_i^{n,f}=M(\boldsymbol{x}_i^{n-1})$。

(2)采用局地随机扰动 EnKF 作为提议密度来获得提议粒子 $\boldsymbol{x}_i^0$，$i=1,2,\cdots,N$。

(3)对每一个 $k=1,2,\cdots,N_x$，采用 $\boldsymbol{x}_i^0$ 代替公式(4.4)、(4.5)、(4.6)和(4.7)中的 $\boldsymbol{x}_i^n$ 来计算提议权重 $w_{i,k}^*$。公式中的 $\boldsymbol{\mu}_{i,B}^n$ 和 $\boldsymbol{\Sigma}_{B,D}$ 的计算如下：

$$\boldsymbol{\Sigma}_{B,D}=(\boldsymbol{I}-\boldsymbol{K}_{B,D}\boldsymbol{H}_B)\boldsymbol{Q}_B(\boldsymbol{I}-\boldsymbol{K}_{B,D}\boldsymbol{H}_B)^{\mathrm{T}}+\boldsymbol{K}_{B,D}\boldsymbol{R}_D\boldsymbol{K}_{B,D}^{\mathrm{T}} \tag{4.31}$$

$$\boldsymbol{\mu}_{i,B}^{n} = \boldsymbol{x}_{i,B}^{n,f} + \boldsymbol{K}_{B,D}[\boldsymbol{y}_D - h(\boldsymbol{x}_i^{n,f})_D] \tag{4.32}$$

(4)其中降维的卡尔曼增益矩阵 $\boldsymbol{K}_{B,D}$ 由先验集合计算得到：

$$\boldsymbol{K}_{B,D} = (\boldsymbol{P}h^{\mathrm{T}})_{B,D}[(h\boldsymbol{P}h^{\mathrm{T}})_D + R_D]^{-1} \tag{4.33}$$

$$(\boldsymbol{P}h^{T})_{B,D} = \frac{1}{N-1}\sum_{i=1}^{N}[\boldsymbol{x}_{i,B}^{n,f} - \overline{\boldsymbol{x}_{i,B}^{n,f}}]\{[h(\boldsymbol{x}_i^{n,f})]_D - \overline{[h(\boldsymbol{x}_i^{n,f})]_D}\}^{\mathrm{T}} \tag{4.34}$$

$$(h\boldsymbol{P}h^{T})_{D} = \frac{1}{N-1}\sum_{i=1}^{N}\{[h(\boldsymbol{x}_i^{n,f})]_D - \overline{[h(\boldsymbol{x}_i^{n,f})]_D}\}\{[h(\boldsymbol{x}_i^{n,f})]_D - \overline{[h(\boldsymbol{x}_i^{n,f})]_D}\}^{\mathrm{T}} \tag{4.35}$$

(5)对 $j = 1,2,\cdots,N_y$ 计算观测误差的膨胀系数。

①计算 $\hat{\beta}_i$ 以使似然权重达到目标有效样本规模 N_{eff} 。

$$\hat{\beta}_j = \mathrm{argmin}_{\beta}\left[N_{\mathrm{eff}} - \frac{\left(\sum_{i=1}^{N}\exp\left\{\frac{-[y_j - h_j(\boldsymbol{x}_i^0)]^2}{2\beta\sigma_{y_j}^2}\right\}\right)^2}{\sum_{i=1}^{N}\exp\left\{\frac{-[y_j - h_j(\boldsymbol{x}_i^0)]^2}{\beta\sigma_{y_j}^2}\right\}}\right] \tag{4.36}$$

②计算多变量的膨胀系数。

$$\beta_j = 1 + \sum_{m=1}^{N_y}(\hat{\beta}_m - 1)l_{j,m}^c \tag{4.37}$$

(6)在顺序同化单个观测前，令每个模式变量的初始总权重为 $w_{i,k}^0 = w_{i,k}^*$ 。那么，对每一个 $j = 1,2,\cdots,N_y$ ，顺序同化标量观测 y_j ：

①对 $i = 1,2,\cdots,N$ 计算似然权重并标准化。

$$w_i^{o,j} = \frac{\exp\left\{\frac{-[y_j - h_j(\boldsymbol{x}_i^{j-1})]}{2\beta_j\sigma_{y_j}^2}\right\}}{\sum_{i=1}^{N}\exp\left\{\frac{-[y_j - h_j(\boldsymbol{x}_i^{j-1})]}{2\beta_j\sigma_{y_j}^2}\right\}} \tag{4.38}$$

②对于 $k \in \{k \mid l_{j,k} > 0\}$ 计算总权重。

$$w_{i,k}^j = w_i^{o,j} \cdot w_{i,k}^{j-1} \tag{4.39}$$

③对 $k \in \{k \mid l_{j,k} > 0\}$ 及 $i \in \{1,2,\cdots,N\}$ ，更新局地似然权重，然后计算局地总权重及其标准化系数。

$$\widetilde{w}_i^j = \frac{\exp\left\{\frac{-[y_j - h_j(\boldsymbol{x}_i^0)]}{2\beta_j\sigma_{y_j}^2}\right\}}{\sum_{i=1}^{N}\exp\left\{\frac{-[y_j - h_j(\boldsymbol{x}_i^0)]}{2\beta_j\sigma_{y_j}^2}\right\}} \tag{4.40}$$

$$\omega_{i,k}^j \propto \prod_{1}^{j}\left\{\frac{(N\widetilde{w}_i^j - 1)l_{j,k}^c + 1}{N}\right\} \tag{4.41}$$

$$\upsilon_{i,k}^j = \omega_{i,k}^j \cdot w_{i,k}^* \tag{4.42}$$

$$\Omega_k^j = \sum_{i=1}^{N}\upsilon_{i,k}^j \tag{4.43}$$

④对每一个 $k \in \{k \mid l_{j,k} > 0\}$ 和 $i \in \{1,2,\cdots,N\}$ ，合并粒子。

$$x_{i,k}^j = \overline{x}_k^j + r_{1,k}[x_{k,s_i}^{j-1} - \overline{x}_k^j] + r_{2,k}[x_{k,t_i}^{j-1} - \overline{x}_k^j] \tag{4.44}$$

$$\overline{x}_k^j = \sum_{i=1}^{N} \frac{\upsilon_{i,k}^j}{\Omega_k^j} x_{i,k}^0 \tag{4.45}$$

$$(\sigma_k^j)^2 = \sum_{i=1}^{N} \frac{\upsilon_{i,k}^j}{\Omega_k^j} [x_{i,k}^0 - \overline{x}_k^j]^2 \tag{4.46}$$

$$r_{1,k} = \gamma \times \sqrt{\frac{(\sigma_k^j)^2}{\frac{1}{N-1}\sum_{i=1}^{N} \{x_{k,s_i}^{j-1} - \overline{x}_k^j + d_k[x_{k,t_i}^{j-1} - \overline{x}_k^j]\}^2}} \tag{4.47}$$

$$r_{2,k} = \gamma(d_k r_{1,k} - 1) + 1 \tag{4.48}$$

$$d_k = \frac{\Omega_k^{j-1}(1 - l_{j,k}^c)}{N \widetilde{\Omega}_k^j l_{j,k}^c} \tag{4.49}$$

$$\widetilde{\Omega}_k^j = \sum_{i=1}^{N} \widetilde{w}_i^j \upsilon_{i,k}^{j-1} \tag{4.50}$$

其中，s_i 和 t_i 分别是当前总权重 $w_{i,k}^j$ 和上一步总权重 $w_{i,k}^{j-1}$ 的重采样指标。

⑤对于 $k \in \{k \mid l_{j,k} > 0\}$ 和 $i \in \{1,2,\cdots,N\}$ $w_{i,k}^j = 1/N$ 更新总权重。

(7)对 $k = 1,2,\cdots,N_x$，利用 KDDM 调整模式变量：

①分别估计输入输出的累积概率分布函数。

$$P^{\text{in}}(x_k) = \frac{1}{2}\sum_{i=1}^{N}\left[1 + \text{erf}\left(\frac{x_k - x_{i,k}^{N_y}}{\sqrt{2}\,\sigma_k^{N_y}}\right)\right] \tag{4.51}$$

$$P^{\text{out}}(x_k) = \frac{1}{2}\sum_{i=1}^{N}\frac{\upsilon_{i,k}^{N_y}}{\Omega_k}\left[1 + \text{erf}\left(\frac{x_k - x_{i,k}^0}{\sqrt{2}\,\sigma_k^0}\right)\right] \tag{4.52}$$

②对 $i = 1,2,\cdots,N$，利用三次样条插值得到分析粒子。

$$p_{i,k} = P^{\text{in}}(x_{i,k}^{N_y}) \tag{4.53}$$

$$x_{i,k}^a = (P^{\text{out}})^{-1}(p_{i,k}) \tag{4.54}$$

注意，虽然 EnKF 具有线性/高斯假设，但在似然权重计算或合并方案中没有这样的假设。因此，这不妨碍 LWEnKF 成为非线性非高斯滤波方法。

4.2 LWEnKF 资料同化系统设计

本节基于资料同化研究平台 DART，设计实现了 LWEnKF 方法的资料同化系统，并针对 LWEnKF 算法的特性进行了初步的存储设计和并行算法设计。LWEnKF 资料同化系统能够适配多种模式，且能够处理多种类型的观测。

4.2.1 总体设计

一次资料同化的完整流程为：首先，对原始观测文件进行处理，得到满足格式要求的观测文件。其次，同化系统读取参数控制文件，根据先验粒子文件和观测文件，进行同化分析，得到后验粒子。最后，分析粒子可作为初始场提供给模式，进行预报；也可作为分析场输出，用于进行分析诊断。另外，模式预报场可作为先验粒子，提供给下一次资料同化循环。

根据资料同化的流程，本节设计了 LWEnKF 资料同化系统的四个模块，如图 4.1 所示。观测数据处理模块对原始的观测文件进行预处理，去除异常值，得到满足格式要求的观测文件。同化方法模块读取参数控制文件，根据先验粒子文件和观测文件，进行同化分析，得到后验粒子文件。模式模块包含 L96 模式、QG 模式和 ROMS 模式，将分析粒子文件作为初始场，进行海洋要素预报。数据分析诊断模块对输出文件进行统计分析和可视化，包括均方根误差分析、集合离散度分析、偏差分析等。

图 4.1 中红色虚线方框中的部分基于资料同化研究试验平台（DART，Data Assimilation Research Testbed，http://www.image.ucar.edu/DAReS/DART/）(Anderson，2009)实现。DART 是由美国大气研究中心(NCAR)的数据同化研究科(DAReS)开发和维护的集合资料同化研究平台。该平台集成了多种滤波资料同化方法，包括 EnKF、EAKF 和 LPF；提供了从简单模式到真实地球系统模式的同化方法接口；包含了多种类型的观测接口。鉴于 DART 平台具有强大而灵活的资料同化工具，能够快速高效地搭建资料同化系统，本文将基于此平台，在同化方法模块中实现 LWEnKF 同化方法。

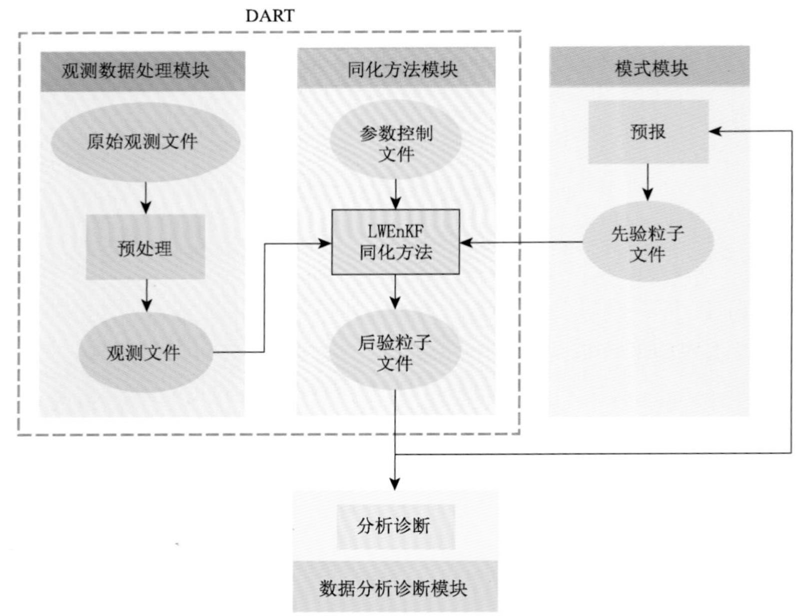

图 4.1　LWEnKF 海洋资料同化系统模块设计示意图

如图 4.2 所示，LWEnKF 同化方法的主要计算过程分为以下五个阶段：

(1)提议密度阶段。采用 EnKF 作为提议密度，结合先验粒子和观测的信息，得到提议粒子。

(2)观测映射阶段。首先，根据提议粒子，利用观测算子计算每个粒子在观测空间中的等价量。然后，根据先验粒子和提议粒子计算提议权重。

(3)自适应观测误差膨胀阶段。根据提议粒子和观测，计算满足目标有效样本规模的观测误差膨胀系数。

(4)顺序同化阶段。顺序地同化每个标量观测，在局地空间内计算似然权重，采用合并步更新粒子。

(5)KDDM 阶段。采用 KDDM 调整粒子集合的高阶矩。

这五个阶段内部的计算过程可以在不同的节点上完成,但每个阶段之间需要同步和通信等操作。DART 中关于 EnKF 的并行实现已有很详细的介绍,因此,对提议密度阶段的并行实现不再赘述,而将 EnKF 作为一个子程序进行调用。本节将对 LWEnKF 的观测映射阶段、自适应观测误差膨胀阶段、顺序同化阶段和 KDDM 阶段进行详细的数据分布式存储和并行计算设计,尽量均衡各节点的存储和计算负载,同时尽量减少节点间的通信和同步,从而尽量减少 LWEnKF 资料同化系统的总计算时间。

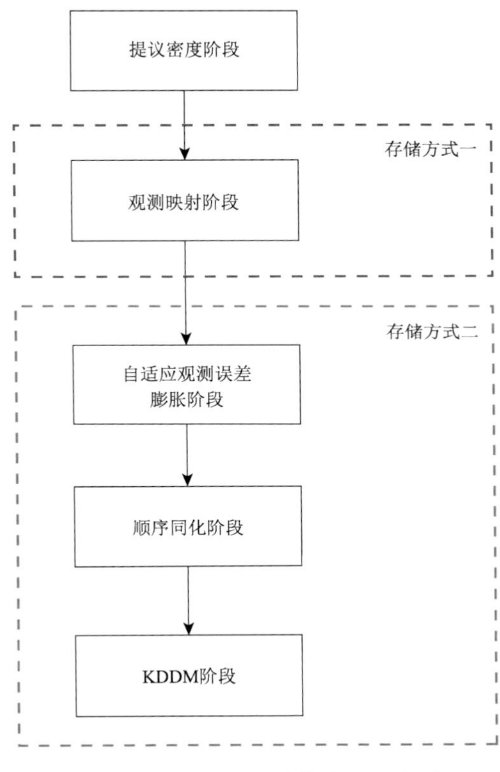

图 4.2　LWEnKF 计算阶段示意图

4.2.2　数据存储设计

LWEnKF 方法中主要的数据存储开销为 N 个粒子的数据,每个粒子数据由所有模式格点上的模式变量的数值组成。考虑到观测映射阶段的计算需要单个粒子的完整信息,而且主要在每个粒子内部独立进行;自适应观测误差膨胀阶段、顺序同化阶段和 KDDM 阶段需要多次重复计算和利用粒子集合的均值信息,不需要完整的单个粒子信息,而需要单个模式格点上的整个粒子集合的信息,因此分别采用两种不同的数据存储方式,以减少各节点间的通信。

为了叙述简便,不妨假设存在 N 个节点。数据存储方式一在每个节点上存储单个粒子的数据,如图 4.3 所示,粒子的不同颜色代表在不同节点上存储。此存储方式适合观测映射阶段采用。而数据存储方式二在每个节点上存储所有粒子的部分格点的数据,如图 4.4 所示,适合自适应观测误差膨胀阶段、顺序同化阶段和 KDDM 阶段采用。从存储方式一转换为存储方式二，采用单个节点发送、多个节点接收的形式实现数据传输。

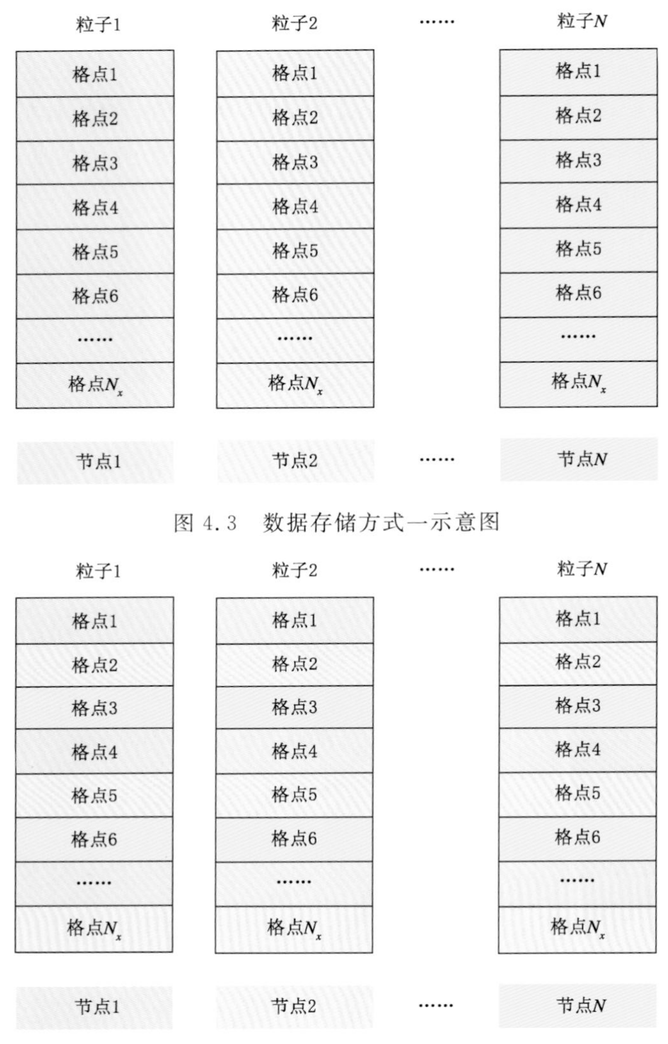

图 4.3　数据存储方式一示意图

图 4.4　数据存储方式二示意图

4.2.3　并行计算设计

下面对观测映射阶段、自适应观测误差膨胀阶段、顺序同化阶段和 KDDM 阶段的并行计算流程进行详细介绍。并行计算流程如图 4.5 所示，其中各个不同的阶段分别由红色、绿色、蓝色和黄色方框表示。

(1)观测映射阶段

①计算观测空间中的先验粒子和提议粒子。粒子采用数据存储方式一，每个节点独立计算 $h(\boldsymbol{x}_i^{n,f})$ 和 $h(\boldsymbol{x}_i^0)$。

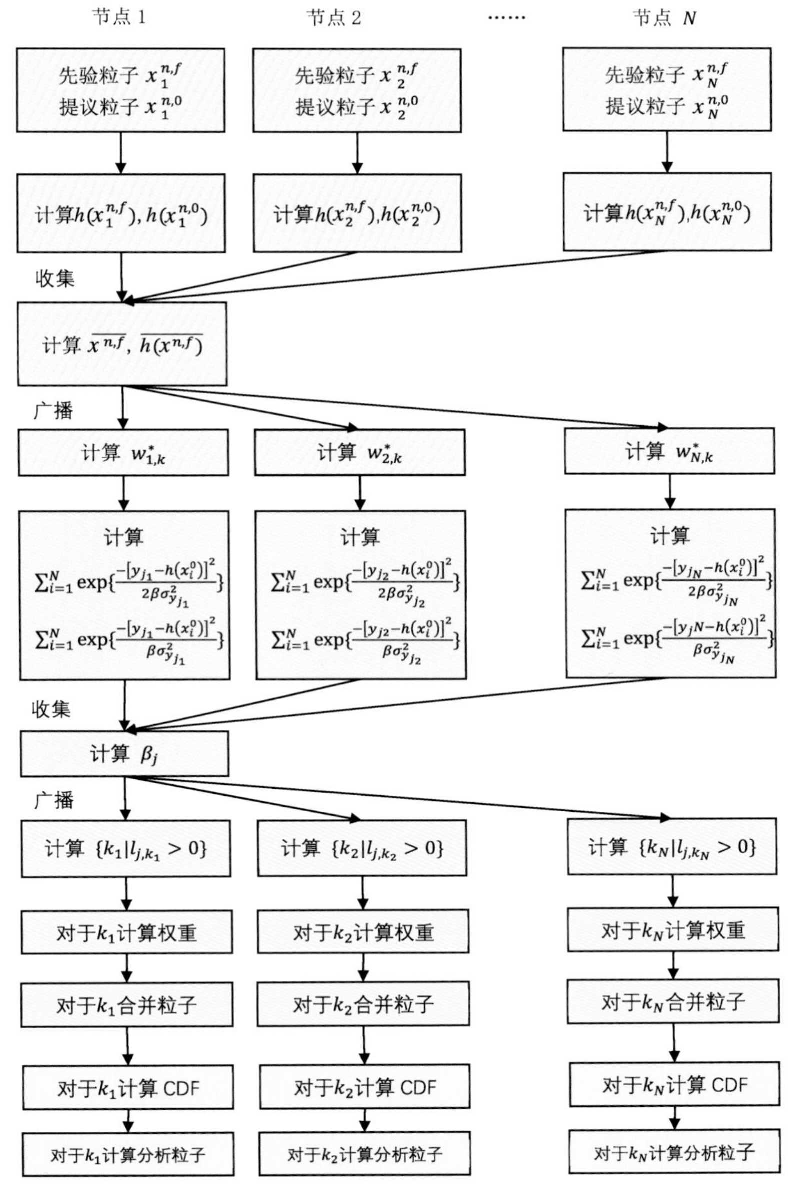

图 4.5 LWEnKF 并行计算流程图

②计算局地提议权重。主节点收集各节点的 $\mathcal{H}(\boldsymbol{x}_i^{n,f})$ 和 $\boldsymbol{x}_i^{n,f}$，计算均值 $\overline{\boldsymbol{x}^{n,f}}$ 和 $\overline{\mathcal{H}(\boldsymbol{x}^{n,f})}$，并将均值广播给各节点。每个节点独立计算$w_{i,k}^*$，见式（4.31）和（4.32）。

③转换粒子的存储方式。计算完成后，粒子数据由存储方式一转换为存储方式二。

（2）自适应观测误差膨胀阶段

计算观测误差膨胀系数。各节点计算 $\sum\limits_{i=1}^{N}\exp\left\{\frac{-[y_j-\mathcal{H}(\boldsymbol{x}_i^0)]^2}{2\beta\sigma_{y_j}^2}\right\}$ 和 $\sum\limits_{i=1}^{N}\exp\left\{\frac{-[y_j-\mathcal{H}(\boldsymbol{x}_i^0)]^2}{\beta\sigma_{y_j}^2}\right\}$，主节点收集各节点的计算结果，由式（4.36）和（4.37）计算得到 β_j，并将 β_j 广播给各节点。

(3)顺序同化阶段

该阶段在各节点上独立地循环同化单个观测，假设已经同化了标量观测 y_j，下一个循环中的计算过程如下：

①计算局地函数。根据观测位置和模式格点位置计算得到 $\{k \mid l_{j,k} > 0\}$。

②计算标量似然权重。计算标量似然权重 $w_i^{o,j}$，见式(4.38)。

③计算总权重。针对 $k \in \{k \mid l_{j,k} > 0\}$，根据上一循环的总权重 $w_{i,k}^{j-1}$ 进行重采样，得到上一循环的重采样指标 t_i；然后根据式(4.39)进行计算得到总权重 $w_{i,k}^{j}$，并进行重采样得到当前循环的重采样指标 s_i。

④计算局地总权重。根据 $w_{i,k}^{j}$、$w_{i,k}^{*}$、$x_{i,k}^{j-1}$、$x_{i,k}^{j-1}$，其中 $k \in \{k \mid l_{j,k} > 0\}$，以及 t_i 和 s_i，计算局地总权重 $\upsilon_{i,k}^{j}$ 及其标准化系数 Ω_k^j，见式(4.40)～(4.43)。

⑤合并粒子。针对 $k \in \{k \mid l_{j,k} > 0\}$，根据局地总权重 $\upsilon_{i,k}^{j}$ 和标准化系数 Ω_k^j，以及重采样指标 t_i 和 s_i，计算得到合并后的更新粒子 $x_{i,k}^{j}$，见式(4.44)。

(4)KDDM 阶段

①计算输入输出的累积概率分布函数。各节点独立运算，见式(4.51)和(4.52)。

②计算分析粒子。各节点根据三次样条插值计算最终的分析粒子，见式(4.53)和(4.54)。

4.3 数值试验

本节基于 LWEnKF 资料同化系统，进行 L96 模式、QG 模式和 ROMS 模式的资料同化数值试验，将 LWEnKF 混合方法与 EnKF 和 LPF 进行全面的比较和评估。

L96 模式和 QG 模式测试了 LWEnKF 方法的有效性。试验结果表明，局地化可以有效地解决滤波退化问题，并且在线性和非线性观测算子的设置下，新方法的表现与 LPF 或 EnKF 相当甚至更好。并且，QG 模式的试验表明了 LWEnKF 在实际高维系统应用中的潜力。

在简单模式的试验基础上，基于 ROMS 南海北部海区的资料同化试验，本节对 LWEnKF 海洋资料同化系统进行了验证与评估，首次将粒子滤波方法成功应用于真实观测的海洋资料同化中。试验同化了海表面温度(SST)、海表面高度(SSH)、沉浮式海洋观测浮标(Argo)剖面、温盐深仪(CTD)剖面等观测。SST，SSH 和 Argo 剖面的平均 RMSE 显示 LWEnKF 的性能比 EnKF 稍好一些，但并不显著。同时，两种方法的 SST 或 SSH 更新值也相差不大。但是，对于无观测的海表流场，LWEnKF 的预测比 EnKF 的预测更合理。对于观测变量，试验中的观测算子是线性的，因此 EnKF 足以估计后验状态，而 LWEnKF 不能有太多改进。对于无观测变量，EnKF 仅通过均值和协方差对其进行估计，而 LWEnKF 可以通过粒子及其附加权重来估计完整的 PDF，从而获得更准确的分析场。而 LPF 在该同化系统中的表现不佳。

4.3.1 Lorenz 96 模式试验

在本节中，为了比较 LWEnKF、LPF(见 2.3.7.1 节)、局地随机扰动观测 EnKF(见 2.2.2

节)和 LEnKPF(见 2.4.2.2 节)的分析结果,采用计算快速的 Lorenz96(L96)模式进行数值试验。为了表述简便,EnKF 用于表示局地随机扰动观测 EnKF。L96 模式的时间步长设定为 0.05(6 h)。理想模式的强迫项设置为 $F=8.0$,运行 10000 个时间步来生成真值和观测。模拟观测为真值加上从 $N(0,\boldsymbol{R})$ 中采样的随机误差,其中 $\boldsymbol{R}=\boldsymbol{I}$。

本节首先利用 40 维的 L96 模式将 LWEnKF 与 LPF、EnKF 和 LEnKPF 进行对比。为了提供全面且公平的比较,提供了两种试验设置:弱非线性设置和非线性/非高斯性设置。弱非线性设置对 EnKF 比较有利,而在非线性和非高斯性设置下,资料同化问题对于 EnKF 较为困难。然后,为了测试合并步对 LWEnKF 的作用,将合并步与重采样做了对比试验。最后,利用 100 维的 L96 模式,测试了 KDDM 对 LWEnKF 和 LPF 的改进。

LWEnKF、LPF、EnKF 和 LEnKPF 这四种滤波方法采用的都是顺序观测局地化,局地化函数设置为 GC 函数,局地化长度尺度由试验调参确定。如前文所述,在 LWEnKF 的提议密度中,采用膨胀系数对观测误差矩阵 $\boldsymbol{R}$ 进行乘性膨胀,该参数通过试验选取。LPF 和 LWEnKF 中的参数 α 在试验中的选取范围为 0.70~1.00。

L96 模式的试验采用 MATLAB 语言编程,其中 EnKF 和 LEnKPF 中背景误差协方差的乘性膨胀系数的测试范围为 $1.00\sim1.20$。为了消除随机初始集合对资料同化结果的影响,对于不同的初始集合,所有试验都重复进行了十次。

4.3.1.1 弱非线性设置

对于第一组试验,采用具有 40 个变量的 L96 模式,不考虑模式误差。在每个时间步,所有模式变量都被直接观测,这意味着观测算子为 $\mathcal{H}=\boldsymbol{I}$。这种设置为 EnKF 提供了优势,但对 PF 来说却具有挑战性。集合规模为 10,20,40,80,160,及 320 的设置下,对 LWEnKF、LPF、EnKF 和 LEnKPF 进行测试。

平均分析 RMSE 是在 10000 个模式时间步上进行平均得到的,用于评估这些同化方法的性能。所有同化方法的平均分析 RMSE 如图 4.6 所示。LWEnKF 总是明显优于 LPF。当粒子数相对较小($N=10,20$)时,LWEnKF 优于 LEnKPF,当粒子数目达到 320 时,LWEnKF 与 EnKF 相当。当集合规模超过 160 时,LEnKPF 得到的 RMSE 低于其他三种滤波方法的 RMSE。当粒子数目为 10 时,LEnKPF 的 RMSE 高于其他三种方法。

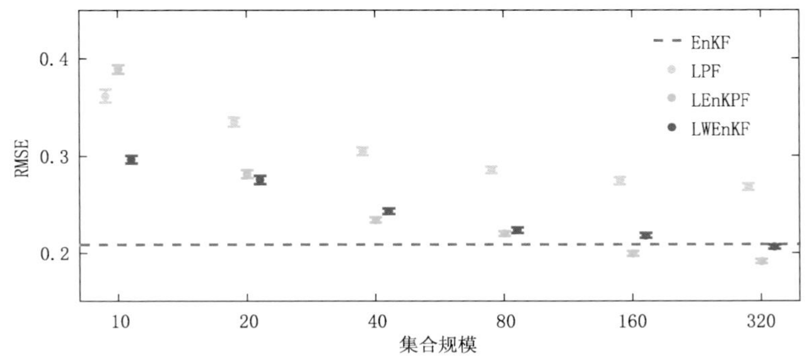

图 4.6　LWEnKF、LPF、EnKF 和 LEnKPF 方法的资料同化期间的平均分析 RMSE
(横坐标为集合规模,观测算子为 $\mathcal{H}(x)=x$)

4.3.1.2 非线性/非高斯设置

在本节的试验中，每 4 个时间步(即 24 h)提供一次观测，并且仅观测奇数位置的模式变量。资料同化试验中使用的预报模式具有 $F = 8.4$ 的强迫项，这引入了由不准确的模式参数引起的模式误差。模式误差协方差矩阵 $\boldsymbol{Q}$ 由模式误差的气候态样本统计计算得到。$\boldsymbol{Q}$ 乘以一个非可调常数以确保计算的稳定性。

为了测试 LWEnKF、LPF、EnKF 和 LEnKPF 对集合规模和观测类型的敏感性，采用具有 40 个变量的 L96 模式进行试验。针对 10，20，40，80，160 和 320 个粒子，测试这些同化方法。本节共进行了三组试验，其中唯一的区别是观测算子 h 的选取。第一组试验采用线性函数 $\mathcal{H}(x) = x$；而后两组试验采用非线性函数 $\mathcal{H}(x) = |x|$ 和 $\mathcal{H}(x) = \ln(|x|+1)$，其中后者比前者具有更强的非线性。

在本测试中，非线性和非高斯性用以下几种方式引入：时间和空间中的稀疏观测，非线性观测算子，以及非高斯模式误差。PF 比 EnKF 更适用于这些设置下的资料同化问题。

采用平均分析 RMSE 来评估四种同化方法的性能。RMSE 在 2500 个分析周期，即 10000 个模式时间步上进行平均得到。各种同化方法在三种不同观测类型设置下的平均 RMSE 如图 4.7 所示，平均 RMSE 的值随粒子数目而变化。一般来说，仅仅采用 10 个粒子，LWEnKF 即可得到有效的结果，即滤波方法在整个同化周期内不会退化，并且后验集合的 RMSE 小于先验集合的 RMSE。由于 WEnKF 无法得到这些结果，因此试验验证了局地化过程使得粒子滤波仅仅采用较少的粒子数目就可以阻止滤波退化。

图 4.7a 中，当观测算子为线性时，LWEnKF 的性能与 EnKF 相当。而对于本测试的集合规模，LPF 表现出相对较差的行为。这是由于 EnKF 本身采用了高斯/线性假设而更加适用于线性/弱非线性系统。在 40 及更多粒子的情况下，LEnKPF 优于其他三种方法。

当观测算子为模式变量的绝对值时，在图 4.7b 中，LWEnKF 优于 LPF，EnKF 和 LEnKPF。绝对值函数的非线性不符合 EnKF 的高斯/线性假设，但它不足以充分展示 PF 的优点；因此，当粒子数目小于 40 时，LPF 的性能比 EnKF 差。当对数函数作为观测算子时，如图 4.7c 所示，强非线性允许 LPF 使用少至 10 个粒子就能够优于 EnKF。而 LWEnKF 的结果类似于 LPF，这表明它能够同化非线性类型的观测。对于这两个非线性观测算子，LEnKPF 得到的 RMSE 高于 LWEnKF。

对于线性和非线性观测算子情况，当粒子数较小($N=10,20$)时，LWEnKF 对比其他三种滤波方法具有明显的优势。当粒子数目为 40 或更多时，对于线性观测算子，LEnKPF 略好于 LWEnKF；对于非线性观测算子，LEnKPF 比 LWEnKF 差。EnKF 和 LPF 分别在非线性和线性观测算子的情况下存在劣势，并且在所有三种观测算子情况下 LWEnKF 不比这两种方法差。从这个意义上讲，新提出的同化方法可以有效地结合 EnKF 和 LPF 的优势，在一定程度上避免了后两种滤波方法的缺点。

4.3.1.3 合并方案与重采样的比较

如前文所述，合并方案可以由重采样替代而不影响算法的合理性。LWEnKF-SU 和 LPF-SU 分别代表不采用合并方案，而采用最小调整 SU 采样的 LWEnKF 和 LPF。LWEnKF-SU 的步骤如下：

(1)执行 LWEnKF 步骤(见 4.1.2 节)中的(1)～(5)。

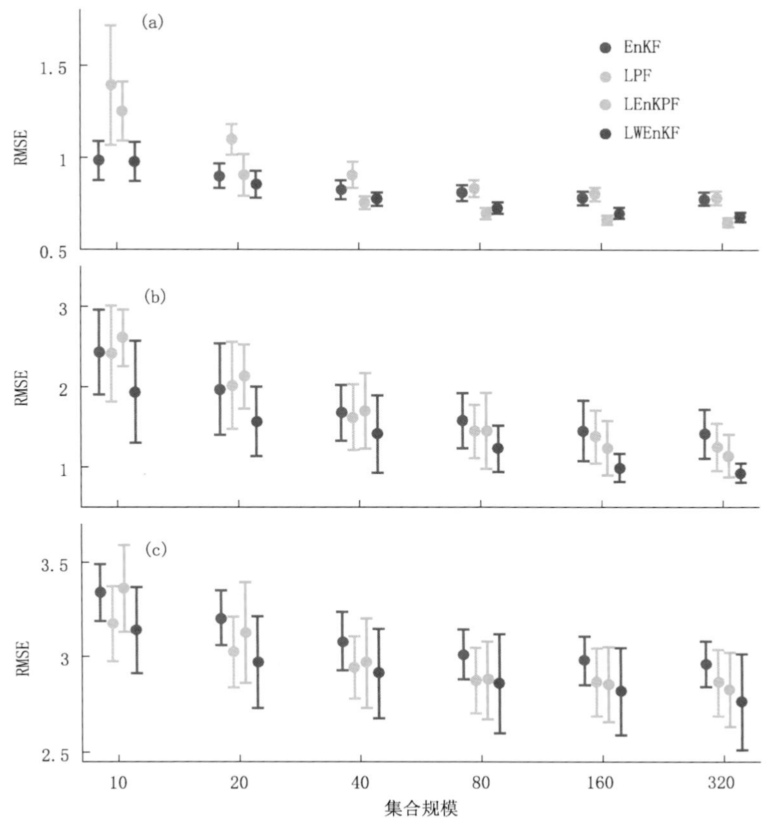

图 4.7 LWEnKF、LPF、EnKF 和 LEnKPF 方法的资料同化期间的平均后验 RMSE
（横坐标为集合规模，观测算子为(a) $\mathcal{H}(x)=x$；(b) $\mathcal{H}(x)=|x|$；(c) $\mathcal{H}(x)=\ln(|x|+1)$）

(2)对于每个标量观测值 y_j，执行 LWEnKF 步骤中的(6)，但步骤④替换如下：

④对于 $(1,2,\cdots,N_x)$ 中的每个模式变量 k，根据总权重 $\frac{\upsilon_{k,i}^j}{\Omega_k^j}$，$i=1,2,\cdots,N$ 执行最小调整 SU 采样。

(3)执行第 LWEnKF 步骤中的(7)。

考虑利用上一节中的试验设置来比较 LWEnKF、LPF 与 LWEnKF-SU、LPF-SU。对于每种观测类型，图 4.8 显示了四种同化方法的平均分析 RMSE。对于所有类型的观测和所有粒子规模，采用合并方案的结果优于采用最小调整 SU 采样方法的结果。然而，合并方案对与 LWEnKF 改进小于对 LPF 的改进。当粒子数量较小时，LPF 的 RMSE 明显低于 LPF-SU 的 RMSE。与非线性观测算子相比，在线性观测算子的情况下，合并方案对 LPF 的改进更为明显。

4.3.1.4 KDDM 的优势

为了测试概率映射方法对 LWEnKF 的影响，将 L96 模型的维数增加到相对较高的 100 维。本节采用 Poterjoy 等(2019)中的 KDDM 方法，采用 80 个粒子进行试验。与 4.3.1.2 节中的设置类似，每 4 个模式步观测奇数位置的模式变量，观测算子为 $\mathcal{H}(x)=|x|$。本节也考虑了强迫项 $F=8.4$ 导致的模式误差。

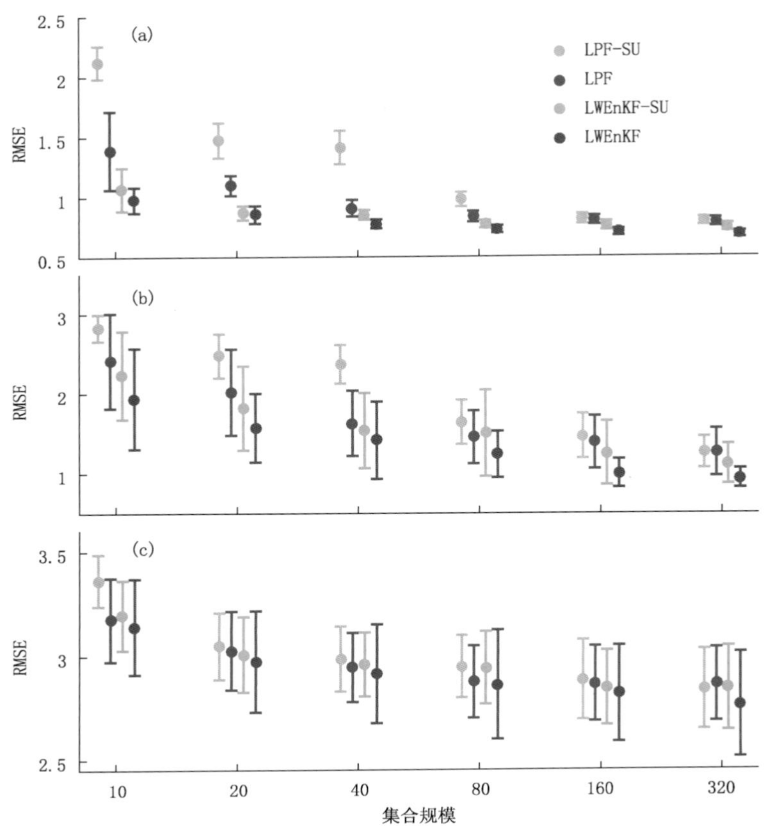

图 4.8　LWEnKF-SU、LPF-SU、LWEnKF 和 LPF 方法的资料同化期间的平均后验 RMSE
（横坐标为集合规模，观测算子为(a) $\mathcal{H}(x)=x$；(b) $\mathcal{H}(x)=|x|$；(c) $\mathcal{H}(x)=\ln(|x|+1)$）

图 4.9 表明，当采用 KDDM 时，LWEnKF 和 LPF 的 RMSE 低于不采用 KDDM 的同化方法。同时，不采用 KDDM 的 LWEnKF 比采用 KDDM 的 LPF 结果更优。图 4.10 中 RMSE 与离散度的比值表明 EnKF 的离散度太低。当没有使用 KDDM 时，LPF 和 LWEnKF 分别具有偏高和偏低的离散度。应用 KDDM 可以很好地调整 RMSE 与离散度之间的关系，这可以在图 4.10 中清楚地看到。

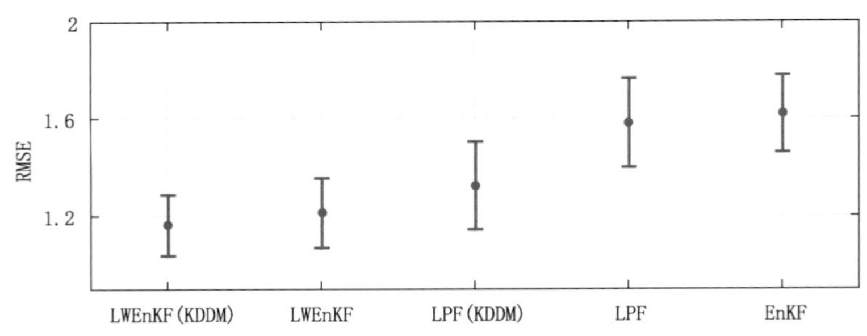

图 4.9　不同同化方法得到的在资料同化期间的平均后验 RMSE

作为进一步的比较，图 4.11 给出了 EnKF、LPF 和 LWEnKF 方法的排序直方图。这些图的横坐标是由按升序排序的后验粒子形成的离散区间，纵坐标为真实模式变量落入不同区间

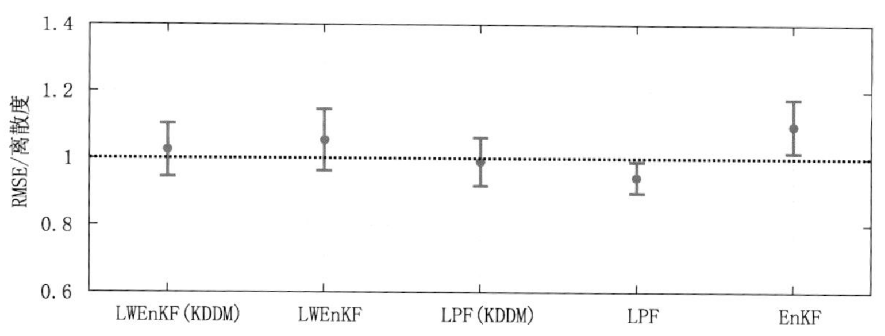

图 4.10　不同同化方法的平均后验 RMSE 与平均离散度的比值

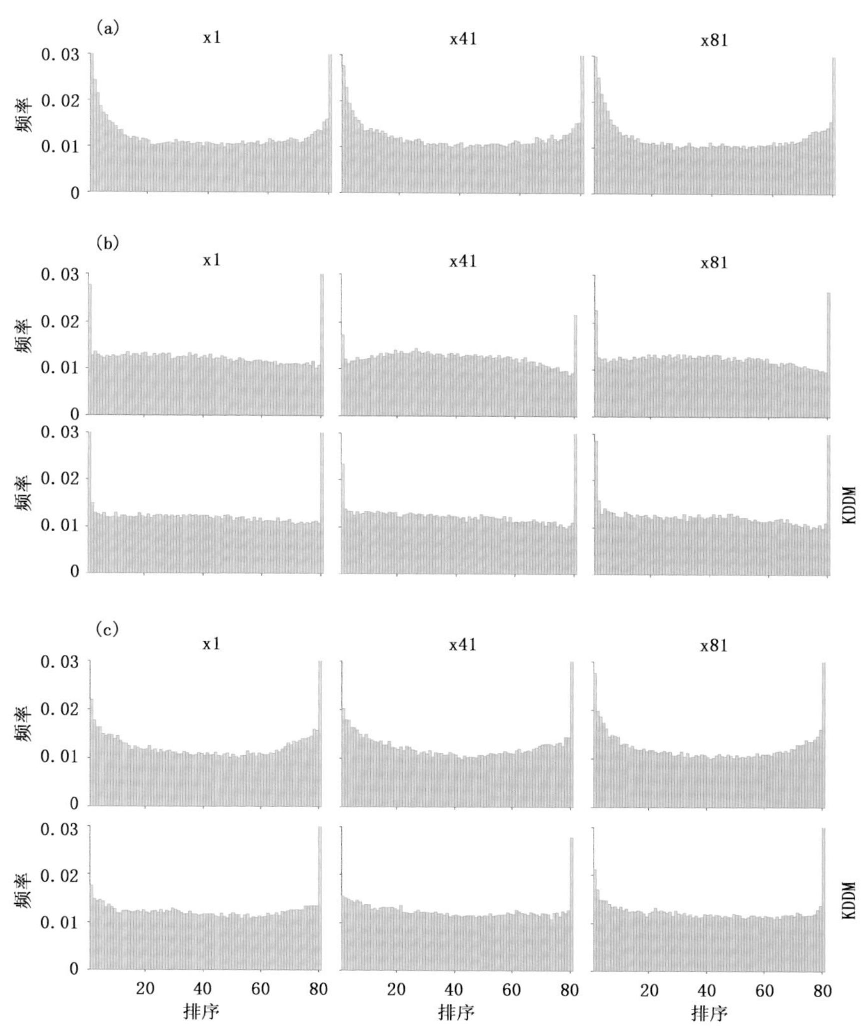

图 4.11　后验粒子排序直方图

由(a)EnKF、(b)LPF 未采用(第一行)或采用 KDDM(第二行)、(c)LWEnKF 未采用(第一行)或采用 KDDM(第二行)生成(图中三列分别表示第 1,41 和 81 个模式变量)

内的次数(Hamill,2000)。若每个区间的统计计数为均匀分布,则可反映出分析集合的离散度与 RMSE 相匹配,那么该集合是一个优质的集合(Zhu et al.,2016)。如图 4.11 所示,EnKF 的 U 形直方图表明强烈的欠离散。未使用 KDDM 的 LWEnKF 的直方图略微凹陷,通过 KDDM 调整后,欠离散的程度得到了缓解。LPF 的驼峰直方图显示其过离散,也可通过 KDDM 将其调整为相对较均匀的分布。某些直方图在两端都具有高值,这意味着真值落在后验粒子的范围之外。这种现象也发生在大多数 PF 中(Farchi et al.,2018)。请注意,由于模式误差的存在,所有直方图都会或多或少地向左堆叠,而 LWEnKF 的直方图似乎是最平衡的,这反映了新算法处理模式误差的能力。

同化时间段最后 1000 个时间步的所有变量的分析误差如图 4.12 所示。对于几乎所有时间中的几乎所有变量,采用 KDDM 的 LWEnKF 的分析误差远远小于其他同化方法,这表明在可接受的计算开销内——也就是采用较少的粒子,LWEnKF 能够显著优于 EnKF 和 LPF。此外,即使不采用 KDDM,LWEnKF 的分析误差似乎小于 EnKF 和采用 KDDM 的 LPF,这进一步表明新方法在一定程度上优于其他两种方法。

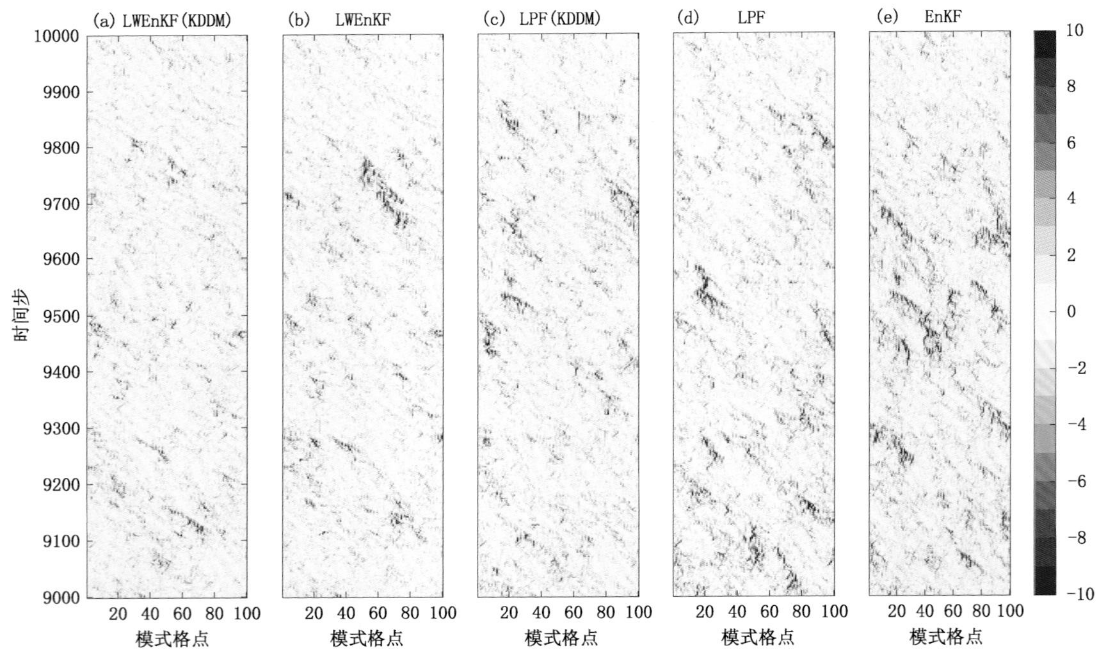

图 4.12 后验粒子在同化时间段最后 1000 个时间步的分析误差

4.3.2 两层准地转模式试验

上一节简单模式的试验结果表明,本节提出的新方法可以结合 EnKF 适用于线性观测和 LPF 适用于非线性观测的优点。为了测试新方法在复杂多变量模式中的有效性,本节进一步将 LWEnKF 应用于两层准地转(QG,quasi-geostrophic)模式,并与 EnKF 和 LPF 进行比较。

两层准地转模式的方程和参数设置见 1.4.1.2 节。该模式的时间步长为 1 h。本节采用

64×32 的矩形格点：64 个纬向格点和 32 个经向格点，以及两个垂直层。对于模拟真值的理想模式，将上层和下层深度分别设置为 $D_1 = 6000$ 和 $D_2 = 5000$ 。而资料同化中使用 $D_1 = 5500$ 和 $D_2 = 4500$ 的非理想模式。模式变量由流函数 $\boldsymbol{\psi}$（无量纲）和位势涡度 $\boldsymbol{q}$（无量纲）组成。纬向风 $\boldsymbol{u}$（m/s）和经向风 $\boldsymbol{v}$（m/s）采用二阶中心有限差分法从流函数计算得到。为了简化计算和编程，模式误差协方差矩阵简化为对角矩阵：

$$\boldsymbol{Q} = \begin{bmatrix} \sigma_u^2 \boldsymbol{I} & & & \\ & \sigma_v^2 I & & \\ & & \sigma_\psi^2 \boldsymbol{I} & \\ & & & \sigma_q^2 \boldsymbol{I} \end{bmatrix} \tag{4.55}$$

基于 50 d 的模式运行，本节采用气候态样本统计估计空间平均的模式误差标准差（σ_u，σ_v，σ_ψ 及 σ_q）。对于海洋或大气资料同化，需要更加精细的模式误差协方差构造。本试验使用了 EnKF 的自适应先验协方差膨胀（Anderson，2007），先验标准差设定为 0.6。

该模式运行 500 步进行适应性积分。为了生成初始粒子，模式变量被扰动并运行另外 200 时间步来调整模式的动力平衡。每 12 h 在每层 20 个随机生成的位置进行观测，仅观测风分量 $\boldsymbol{u}$ 和 $\boldsymbol{v}$ ，且观测误差为高斯误差 $N(0,0.25)$ 。观测在空间中分布稀疏，这是为了模拟真实的地球物理资料同化系统。循环资料同化试验进行 1000 d，并且前 50 d 作为滤波方法的调整期，不计入统计结果中。本节的试验仅采用相对较少的 20 个粒子。

参照 Poterjoy（2016）的设置，本文使用三组试验来测试 LWEnKF、EnKF 和 LPF。每组实验使用不同的观测算子：线性算子 $\mathcal{H}(x) = x$ 和非线性算子 $\mathcal{H}(x) = |x|$ ，$\mathcal{H}(x) = \ln(|x - \overline{x}|)$ ，其中 $\overline{x}$ 为理想模式变量的气候态平均值。

三种方法的分析粒子的 RMSE 和离散度如表 4.1 所示。表中的数据是 50～1000 d 的时间平均值。在采用对数观测算子的试验中，LPF 和 LWEnKF 的性能优于 EnKF，这显示了粒子滤波方法的优点。当采用线性和绝对值观测算子时，LWEnKF 得到的 RMSE 是最低的。当采用非线性算子 $\mathcal{H}(x) = |x|$ 时，LPF 的分析 RMSE 高于 EnKF 的分析 RMSE，这是由于粒子数量较少导致的，这也反映了 LPF 的缺点。而 LWEnKF 在某种程度上缓解了这种缺点。

试验中同化的观测是经向风和纬向风，而不是模式变量位势涡度和流函数。将观测到的模式变量的 RMSE 与表 4.1 中无观测的模式变量相比较，可以体现滤波方法估计多变量之间相关性的能力。对于位势涡度和流函数，LWEnKF 的分析结果与风分量的分析结果相当，这表明对于具有复杂关系的多变量模式，LWEnKF 可以在后验 PDF 的高概率区域中进行采样。

表 4.1　EnKF，LPF 和 LWEnKF 试验得到的分析集合的时间平均均方根误差（RMSE）和离散度（Spread）

RMSE，Spread	$\mathcal{H}(x) = x$	$\mathcal{H}(x) = \|x\|$	$\mathcal{H}(x) = \ln(\|x - \overline{x}\|)$
	流函数 $\boldsymbol{\psi}$（无量纲）		
EnKF	0.4069，0.3041	0.5772，0.5375	2.0611，0.4973
LPF	0.9015，0.7629	1.0565，0.8046	1.7954，1.5133
LWEnKF	0.3989，0.2942	0.4686，0.3443	1.6295，0.8137

续表

RMSE,Spread	$\mathcal{H}(x)=x$	$\mathcal{H}(x)=\|x\|$	$\mathcal{H}(x)=\ln(\|x-\overline{x}\|)$
		位势涡度 q（无量纲）	
EnKF	2.9881,1.5766	3.2899,2.2606	6.3760,2.3413
LPF	3.7592,2.3937	4.0428,2.4628	5.0439,3.4901
LWEnKF	2.9990,1.5664	3.2108,1.7760	5.3939,2.9349
		纬向风 u（m/s）	
EnKF	0.3979,0.3043	0.5096,0.4680	1.5996,0.4719
LPF	0.7366,0.5924	0.8388,0.6178	1.3094,1.0600
LWEnKF	0.3999,0.2985	0.4620,0.3413	1.2555,0.6539
		经向风 v（m/s）	
EnKF	0.3563,0.2619	0.4658,0.4138	1.3751,0.4089
LPF	0.6394,0.5161	0.7441,0.5491	1.0932,0.8771
LWEnKF	0.3530,0.2572	0.4127,0.2992	1.0752,0.5651

下面给出了使用非线性观测算子 $\mathcal{H}(x)=|x|$ 进行试验的一些结果。图 4.13 显示了 EnKF,LPF 和 LWEnKF 在每个分析时间步的 RMSE,其中 LWEnKF 的 RMSE 在大多数时间步中是最低的。此外,将观测到的风分量与无观测的位势涡度和流函数进行比较,其 RMSE 时间序列的趋势是相似的,这与表 4.1 中的时间平均 RMSE 一致。

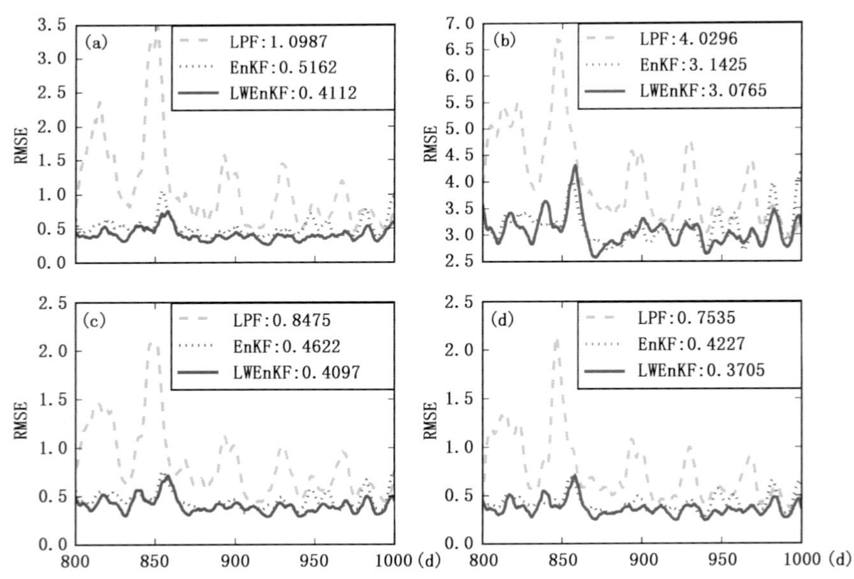

图 4.13　各分析步的分析 RMSE

（针对(a)流函数,(b)位势涡度,(c)纬向风和(d)经向风,EnKF(蓝线)、LPF(绿线)和 LWEnKF(红线)方法(各子图的左上角的值是三种方法的时间平均 RMSE)）

三种同化方法在同化试验第 1000 d 的位势涡度和流函数的分析场与真值的比较如图 4.14 所示。将图 4.14 中的分析场减去真值，即可得到图 4.15。在三种同化方法中，LWEnKF 的分析场在大部分空间位置上与真值最接近，特别是在模式的上层。

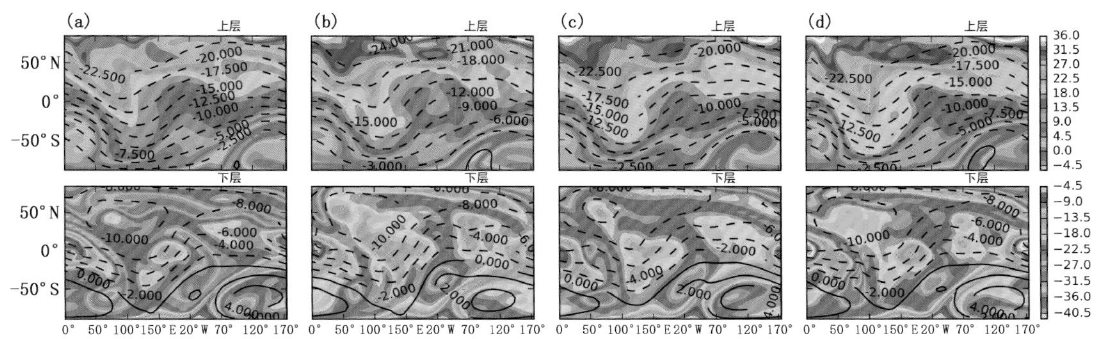

图 4.14　同化试验第 1000 d 的位势涡度(彩色部分)和流函数(曲线，正值为实线，负值为虚线)

(a)真值；(b)EnKF 分析场；(c)LPF 分析场；(d)LWEnKF 分析场

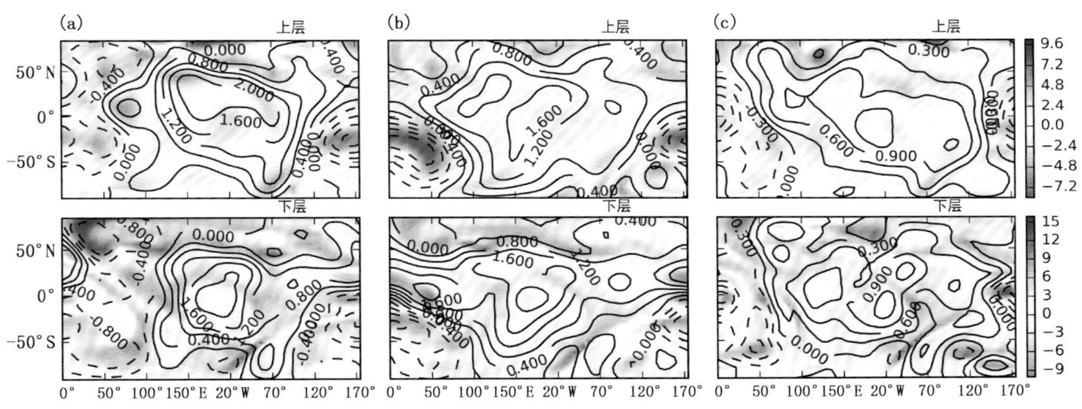

图 4.15　同化试验第 1000 d 的位势涡度(彩色部分)和流函数(曲线，正值为实线，负值为虚线)针对真值与(a)EnKF、(b)LPF、(c)LWEnKF 的分析场的差值

4.3.3 ROMS 海洋模式试验

南海北部资料同化试验采用的 ROMS 模式分辨率为 1/6°×1/6°水平分辨率及 32 层垂直分辨率。利用卫星 SST、SSH 资料进行的模式验证表明，模式能够较好地对南海北部海区进行模拟，得到合理的气候态场和变化趋势。敏感性试验测试了资料同化算法 LWEnKF、EnKF 和 LPF 对初始粒子、粒子数目及 KDDM 的敏感性，并确定了最优参数组合。

本章基于南海北部海区的资料同化试验结果，对 LWEnKF 海洋资料同化系统的同化效果进行了验证与评估，将 LWEnKF 与 EnKF、LPF 进行了全面的对比及分析。SST，SSH 和 Argo 剖面的平均 RMSE 显示 LWEnKF 的性能比 EnKF 稍好一些，但并不显著。同时，两种方法的 SST 或 SSH 更新值也相差不大。但是,对于无观测的海表流场,LWEnKF 的预测比 EnKF 的预测更合理。对于观测变量,试验中的观测算子是线性的,因此 EnKF 足以估计后验状态,而 LWEnKF 不能有太多改进。对于无观测变量,EnKF 仅通过均值和协方差对其进行估计,而 LWEnKF 可以通过粒子及其附加权重来估计完整的 PDF,从而获得更准确的分析场。而 LPF 在该同化系统中的表现不佳。

4.3.3.1 数据集简介及同化预处理

(1)观测数据集及同化预处理

LWEnKF 海洋资料同化系统采用 AVISO 海表高度异常数据、AVHRR 海表温度数据以及 EN4 温盐剖面数据作为观测资料。

法国国家空间研究中心卫星海洋学存档数据中心(Archiving Validation and Interpretation of Satellite Oceanographic data,AVISO)发布的全球海表面高度异常 (Sea Level Anomalies,SLA) 数据由 Topex/Poseidon, Jason-1 &-2, ERS-1 &2, Envisat, CryOsat-2 以及 SARAL/Altika 等卫星提供的卫星高度计资料反演融合得到。其空间分辨率为 1/4°×1/4°,为逐日格点数据。

最优插值海表温度(Optimum Interpolation Sea Surface Temperature,OISST) 由美国国家海洋和大气管理局发布,为 1/4°×1/4° 分辨率的逐日格点数据。该数据由卫星平台搭载的超高分辨率辐射计(Advanced Very High Resolution Radiometer,AVHRR)反演得到,合成了来自不同平台(船舶、浮标)的观测数据,并通过插值填补空缺 (Reynolds et al., 2007)。

EN4 资料(Good et al., 2013)提供经过质量控制的海洋次表层温度和盐度剖面,由英国气象局哈德利数据中心(Met Office Hadley Centre)发布, 包括沉浮式海洋观测浮标(Array for Real-time Geostrophic Oceanography,Argo)和温盐深剖面仪(Conductivity Temperature Depth,CTD)等测量的现场观测。

在进行资料同化之前,需要对原始观测数据进行简单的预处理,使之能够作为 LWEnKF 海洋资料同化系统的输入观测文件。首先,将 AVISO SLA 观测加上 ROMS 模式的平均动力高度(Mean Dynamic Topography,MDT),形成可接入同化系统的海表面高度(Sea Surface Height,SSH)数据。其中,ROMS 模式的 MDT 由模式长时间运行得到的气候态场统计得到。然后,针对 Argo 和 CTD 温盐剖面观测,根据模式层进行垂向稀疏化,将处于相邻两个模式层之间的观测取均值,并对其观测误差也进行相应处理,形成稀疏化后的超观测。最后,收集 AVHRR SST 观测数据、SSH 数据、Argo 和 CTD 超观测数据,以统一格式记录,形成最终输入 LWEnKF 海洋资料同化系统的观测文件。

(2)ROMS 模式输入数据集

本节采用 ETOPO2 数据、ERA-Interim 数据以及 HYCOM+NCODA 数据作为 ROMS 模式运行的输入数据。

ROMS 模式采用的地形数据来自全球地形数据集 ETOPO2(Global 2 Arc-minute Ocean Depth and Land Elevation from the US National Geophysical Data Center),其分辨率为 2′×2′,覆盖范围为 89°58′S~90°N,180°W~179°58′E。

ERA-Interim 数据(Dee et al., 2011)是由欧洲中尺度天气预报中心(European Centre for Medium-Range Weather Forecasts,ECMWF)发布的全球大气再分析产品,可以为 ROMS 模式提供 1/4°×1/4°分辨率、每天四个时次的强迫场数据。

HYCOM＋NCODA 数据（Metzger et al.，2014）作为美国全球海洋数据同化实验（Global Ocean Data Assimilation Experiment，GODAE）的一部分，是基于混合坐标大洋环流模式（HYbrid Coordinate Ocean Model，HYCOM）的美国海军耦合海洋数据同化（Navy Coupled Ocean Data Assimilation，NCODA）系统提供的再分析数据集。NCODA 系统将 24 h 模式预报作为三维变分方案中的第一猜值，同化卫星测高仪观测，卫星和现场海表温度观测以及 XBT、Argo 浮标、系泊浮标的温盐剖面观测。HYCOM＋NCODA 数据为 80.48°S～80.48°N 的全球格点数据，水平分辨率为 1/12°×1/12°，垂直分辨率为 40 层标准 Z 坐标层，提供了海表高度、海水温度、海水盐度、经向流速及纬向流速 5 个标准变量场的数据。本节采用 HYCOM＋NCODA 数据为 ROMS 模式提供初始场和边界场。

（3）验证数据集

用于验证预报效果的资料有：HYCOM＋NCODA 数据、AVISO 数据、AVHRR 数据、OSCAR 海表流场数据以及全球漂流浮标计划（Global Drifter Program，GDP）的海表流场数据。

OSCAR（Ocean Surface Current Analysis Real-time）数据提供了根据 SST、SSH 和风场计算出的海表 30 m 的 5 d 平均近实时全球洋流产品，其分辨率为 1/3°×1/3°。尽管缺少了更复杂的物理过程，但 OSCAR 以固定的时间间隔提供了格点化的卫星直接测量的海表流场（Dohan et al.，2010）。

另外，全球漂流浮标计划（Global Drifter Program，GDP）发布的海表面流场现场观测料资也用于提供独立验证。用于对资料同化进行独立验证的所有漂流浮标轨迹分布如图 4.16 所示，时间段为 2015 年 10 月 17 日—2016 年 02 月 02 日。

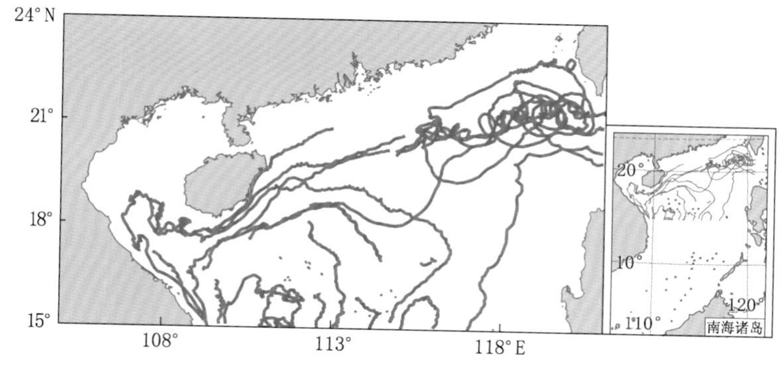

图 4.16　2015 年 10 月 17 日—2016 年 2 月 2 日南海北部海区漂流浮标轨迹

4.3.3.2　ROMS 模式设置及验证

（1）模式设置

本节研究南海北部海区的资料同化问题。南海北部地形变化剧烈、海洋动力过程活跃且多种时空尺度的现象同时存在，是中尺度涡多发的海区。一般依据来源可将中尺度涡分为两类：一类在南海内部生成，一类源于黑潮，沿陆架坡向西移动到南海北部海区。南海北部的中尺度涡是一种季节内周期的现象，一般持续 1～2 个月，自东向西移动，空间尺度一般为 10^1～10^2 km 量级。

ROMS 是具有地形跟随坐标（Shchepetkin et al.，2005，2009）的自由表面静水静力原始方程区域海洋模式，具有多个版本，本节采用的是由 Rutgers 大学发布的 ROMS-Rutgers 版本。ROMS已广泛用于各种研究和应用(Li et al., 2017; Mu et al., 2019)。模式区域的范围为105°~128°E,15°~24°N,涵盖南海北部和西北太平洋。模式区域的水平分辨率为1/6°×1/6°,垂直分辨率为24层。底部地形由ETOPO2数据提供,见图4.17。模式的强迫场由ERA-interim数据的3 h 0.75°×0.75°分辨率的再分析大气变量提供,包括表面风应力、表面净热通量、表面净淡水通量和太阳短波辐射通量。初始条件和边界条件由逐日的1/12°×1/12°HYCOM再分析数据插值到ROMS模式网格中提供。

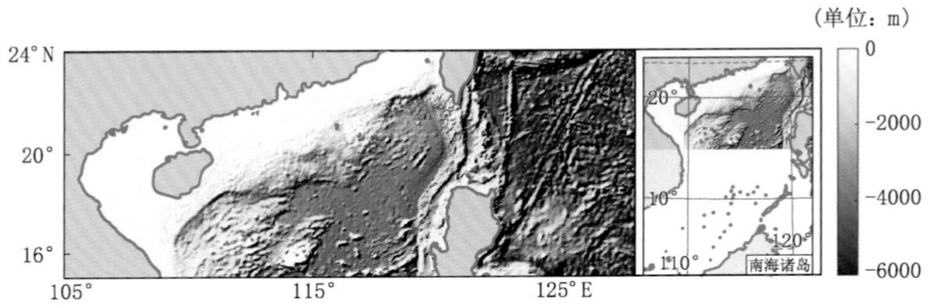

图4.17　南海北部海区地形

(2)模式验证

在进行真实海洋资料同化试验之前,需要一个能够产生合理的气候场的海洋模式。本节将模式模拟的海表面温度(SST)和海表面高度异常(SLA)与卫星产品进行对比。模式从2007年到2016年运行了10年,其中第一年作为起始调整期,以下的统计和比较都是基于2008年到2016年共9年的结果。

图4.18和图4.19展示了2008—2016年模式模拟的SST与AVHRR OISST数据、HYCOM再分析数据之间气候态均值与标准差的比较。模式模拟结果与观测数据和再分析数据的均值和标准差均符合得很好。该模式再现了南海北部沿岸偏低的SST,且南北梯度较为明显,这是该地区的一个主要特征。另外,该模式还捕捉到了南海北部沿岸SST的较大变化性。

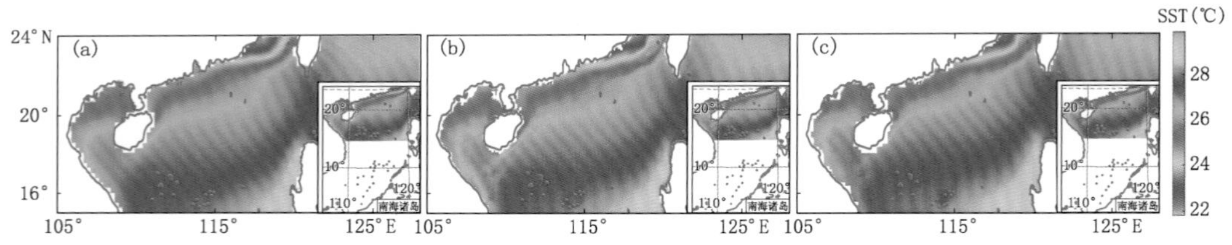

图4.18　2008—2016年SST的气候态年平均值

(a)AVHRR OISST观测数据;(b)HYCOM再分析数据;(c)ROMS模拟值

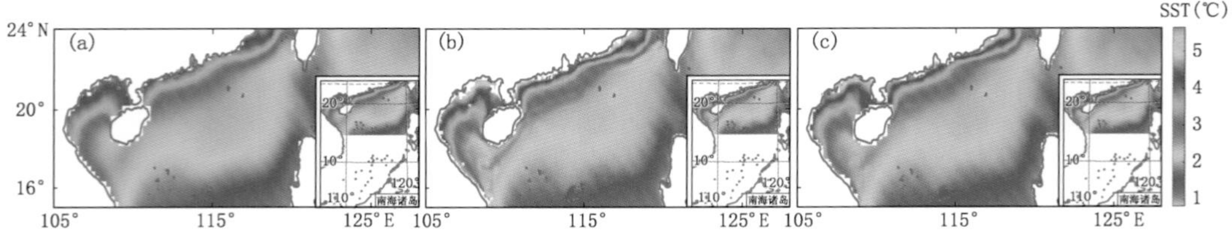

图4.19　2008—2016年SST的气候态标准差

(a)AVHRR OISST观测数据;(b)HYCOM再分析数据;(c)ROMS模拟值

图 4.20 对比了 AVISO 格点数据、HYCOM 数据与模式模拟的 SLA 的气候态标准差。与 AVISO 数据和 HYCOM 数据相比，ROMS 模式模拟的 SLA 在沿岸地区的变化性偏小，这主要是因为模式中没有考虑径流的输入，但这不影响后续的资料同化试验，因为本节主要关注的区域不包括沿岸地区。

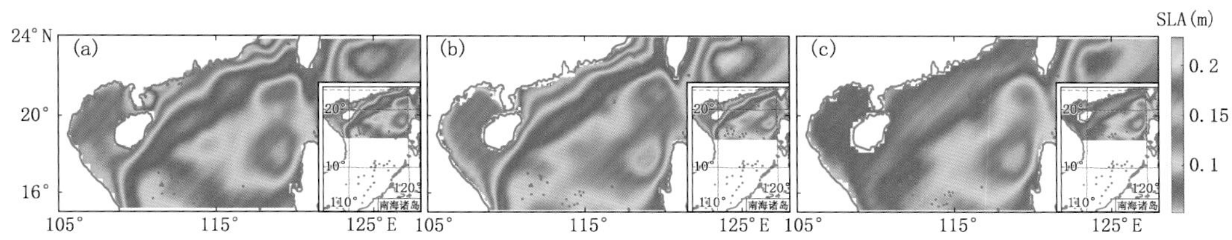

图 4.20　2008—2016 年 SLA 的气候态标准差
(a)AVISO 观测数据；(b)HYCOM 再分析数据；(c)ROMS 模拟值

EOF 分析也被用于提取 SST 和 SLA 的主要模态和变化特性。如图 4.21 所示，在 AVHRR 数据、HYCOM 数据和 ROMS 模拟中，前两个模态的累积方差贡献率都超过了 92%，可以代表原始场的主要特征。三种数据中，SST 的前两个模态的空间分布都是相似的。第一模态解释了 90%以上的总方差，其量值在整个海区中是同号的，这表明此模态中的增温、降温是同位相的；在沿岸海区，SST 振幅值较大，这可能是由于该海区存在入海河流导致陆地淡水和海水混合强烈。在 AVHRR 数据和 ROMS 模拟中，第二模态解释了略大于 2%的总方

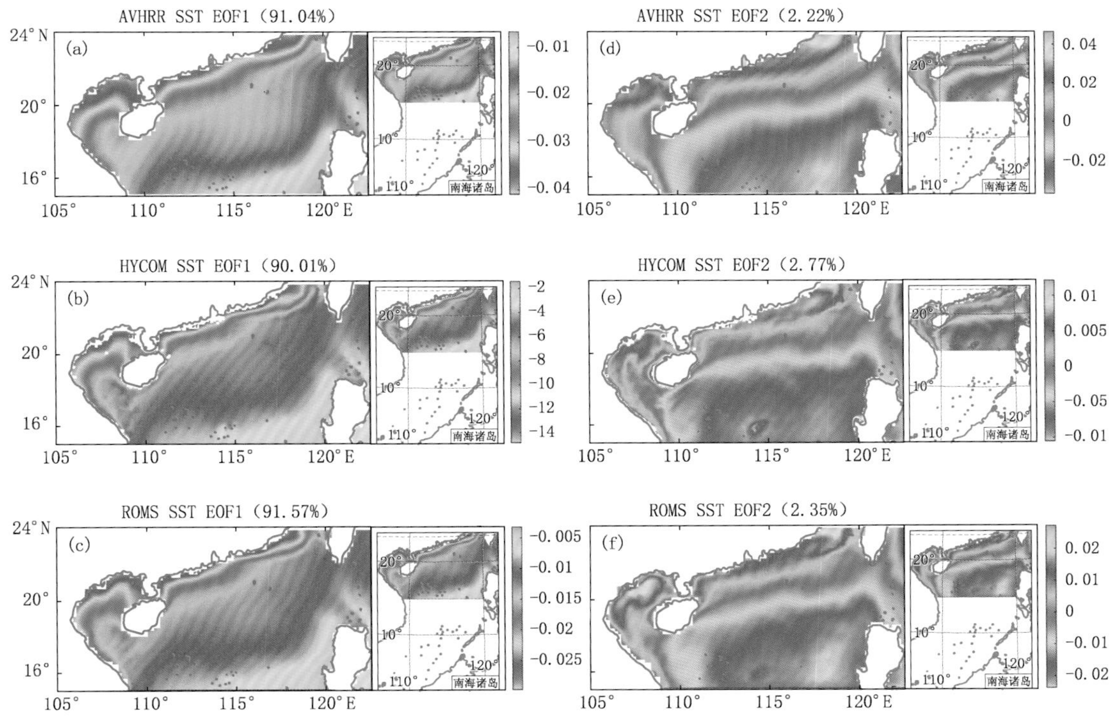

图 4.21　2008—2016 年 SST 的前两个模态的空间分布
(a),(d)AVHRR OISST 观测数据；(b),(e)HYCOM 再分析数据；(c),(f)ROMS 模拟值

差，而在 HYCOM 数据中，该占比是 2.77%。第二模态大致以 20°N 为界分为南北两个变异区，表现出北部升温(降温)则南部降温(升温)。AVHRR 数据、HYCOM 数据和 ROMS 模拟结果中分离出来的 SST 的前两个模态的时间演变也很相似(图 4.22)。第一模态表现了深海地区的强季节性循环，而第二模态表现了沿海岸地区的强季节性循环。总的来说，ROMS 模拟的 SST 显示出了与 AVHRR 数据、HYCOM 数据相似的空间分布和时间变化特征。

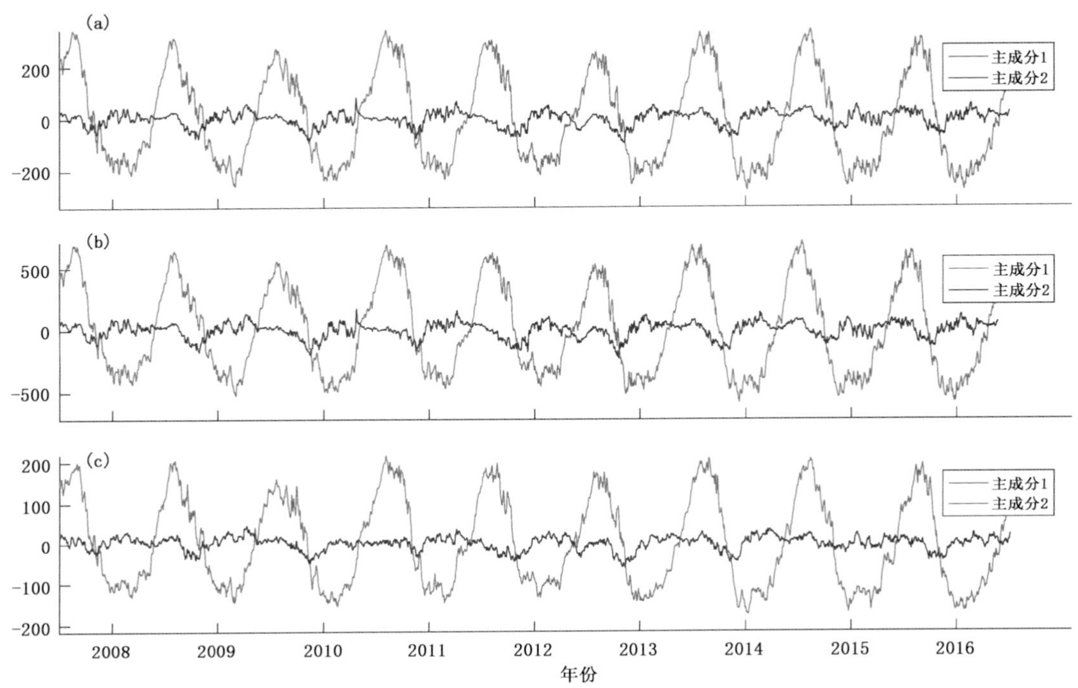

图 4.22 2008—2016 年 SST 的前两个模态的时间演变
(a)AVHRR OISST 观测数据；(b)HYCOM 再分析数据；(c)ROMS 模拟值

类似地，ROMS 模拟的 SLA 与 AVISO 数据、HYCOM 数据的 EOF 分析比较见图 4.23。三种数据的前两个模态的总方差贡献率都超过了 50%。从第一模态来看，北部沿陆架海区与深水区的 SLA 变化相反。在中南部，模式模拟的 SLA 较 AVISO 观测数据和 HYCOM 数据偏低，但模式能够捕捉 SLA 的主要空间分布特征。模式模拟 SLA 的第二模态与 AVISO 数据相似度较高，主要体现在沿岸及中部海区的强变化性和东南、西南部海区的弱变化性。图 4.24 中主成分分析表明，第一模态和第二模态都代表了年周期的变化，且第二模态滞后于第一模态，ROMS 模拟结果与 AVISO 数据、HYCOM 数据的变化特点都比较吻合。

4.3.3.3 参数优选敏感性试验

在本节中，将进行一系列的敏感性试验，从而考察初始粒子、粒子规模以及 KDDM 对资料同化方法 LWEnKF、EnKF 和 LPF 的影响，并确定使同化效果达到最优的最佳参数组合。

LWEnKF、EnKF 和 LPF 中局地化函数的截断系数 c(即局地化半径的一半)通过试验调整参数确定，其取值范围设置为 0.003～0.03，大约相当于水平局地化半径为 36～366 km。

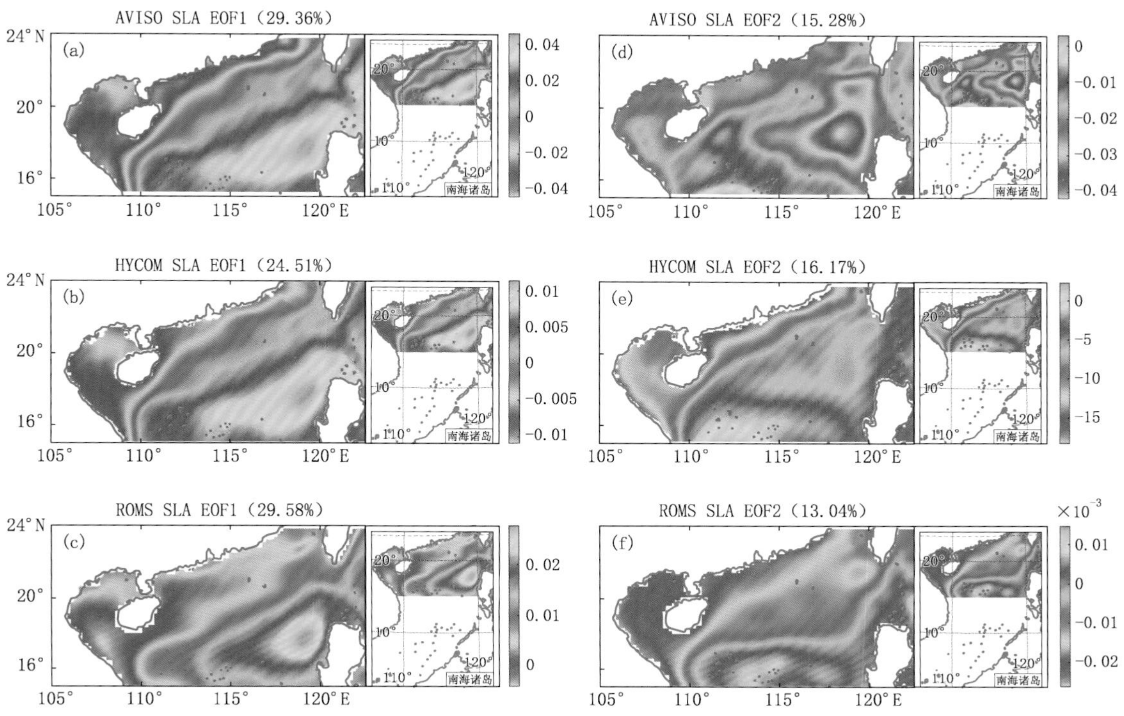

图 4.23　2008—2016 年 SLA 的前两个模态的空间分布

(a),(d)AVISO 观测数据;(b),(e)HYCOM 再分析数据;(c),(f)ROMS 模拟值

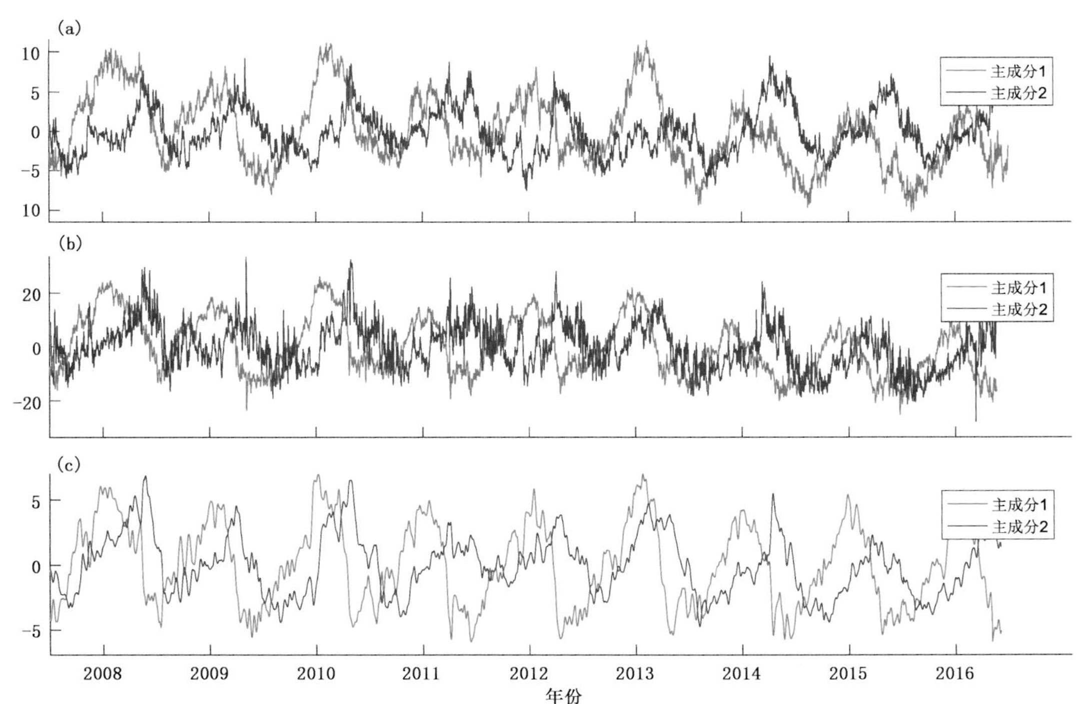

图 4.24　2008—2016 年 SLA 的前两个模态的时间演变

(a)AVISO 观测数据;(b)HYCOM 再分析数据;(c)ROMS 模拟值

EnKF 使用(Anderson,2007)中所述的自适应先验乘性膨胀。LPF 采用 Poterjoy 等(2019)提出的 β 膨胀、γ 系数和 KDDM。类似地,LWEnKF 也使用 β 膨胀、γ 系数和 KDDM,如 4.1.1 节所述。同时,参数 α 也用于调整 LWEnKF 中的提议权重。参数 α 和 γ 的取值范围均为 [0,1],且通常略小于 1 。为了减少调整参数的计算代价,在本节的 LWEnKF 试验中设置 $\alpha=\gamma$ 。LWEnKF 及 LPF 试验中,测试的目标有效规模及参数 γ 的取值范围为 0.70~0.99。LWEnKF 的局地化参数设置方案采用 $c^D=c$ 和 $c^B=0$ 。

另外,在计算 LWEnKF 的提议权重时,需要模式误差方差(4.1.1 节)。目前已有相关研究发展了几种估计模式误差协方差的方法(Todling, 2015a, 2015b; Zhu et al., 2018)。根据 Browne 等(2015),本节假设模式长时间运行得到的模式变量的方差与模式误差的方差有类似的结构。采用上一节中从 2008 年到 2016 年的模式运行结果,模式误差方差由 9 年运行的模式变量的逐日方差来近似。

同化中使用的观测数据集是 AVHRR 的 1/4°逐日 SST 格点数据、AVISO 的 1/4°逐日 SLA 格点数据,以及 EN4 数据集的海洋温度剖面和盐度剖面。由于卫星沿轨数据需要进行预处理(例如质量控制),而本节的目的是比较同化方法本身。为了不因观测质量而引入额外的误差或偏差,本节在同化试验中采用了格点数据。

同化窗口设置为 4 d,比 Kerry(2018)、Li 等(2017)使用的 5 d 稍短。这个选择主要是基于两个考虑:第一,同化窗口较短,以确保模式变量的变化较小,因此可以测试弱非线性系统中同化方法的性能;第二,在试验中采用了格点化的海表面观测数据,因此无需通过长窗口来获得足够的观测数据。试验中的所有观测都被认为在同化窗口的中间时刻可用。在一个同化窗口中,被同化的观测数据是:同化窗口中间时刻的 SST 和 SSH 观测,以及同化窗口内的所有温度剖面和盐度剖面。循环同化的总持续时间为 124 d(2015 年 10 月 1 日—2016 年 2 月 2 日)。

为了增加同化期间先验集合的离散度,对每个月的大气强迫变量以类似于 Li 等(2017)的方式进行扰动。

$$\boldsymbol{f}_i=\boldsymbol{f}+0.2\sqrt{N}\boldsymbol{L}^f\boldsymbol{r}_i^{\mathrm{T}} \tag{4.56}$$

其中,$\boldsymbol{L}$ 为矩阵,其列由 $N-1$ 个 EOF 组成。$\boldsymbol{r}_i$ 是 $N\times(N-1)$ 随机矩阵的第 i 行,随机矩阵的列是正交的,且列和为 0 。仅对表面风应力和表面净热通量进行了扰动,并假设二者的误差为 20%。矩阵 $\boldsymbol{L}^f$ 中的 EOF 从相应月份的 9 年 ERA-Interim 数据中提取。

由于本节主要关注南海北部,而不关注大陆沿岸,模式中未考虑径流。因此,在空间平均 RMSE 中,未考虑大陆沿岸水深小于 60 m 的海域。与 HYCOM 比较的 RMSE 是将 HYCOM 数据投影到 ROMS 模式空间,再与 50 个先验粒子的平均值计算得到的。与 AVHRR 或 AVISO 观测数据比较的 RMSE 是将 50 个先验粒子的平均值投影到观测空间计算得到的。

(1)对初始粒子的敏感性

集合资料同化中一个重要的方面是初始集合的指定。理想情况下,初始集合扰动应能表示模式状态的误差统计特征。在实际系统中,误差的统计特征是由误差协方差来度量的。通常,初始集合扰动需要反映误差协方差的结构。本节将考虑如下 4 种初始集合的生成方式并将测试这 4 组集合对 LWEnKF、EnKF 和 LPF 的同化效果的影响。

①精确二阶扰动方案。类似于 Hoteit 等(2013),由精确的二阶采样方案 (Pham, 2001) 生成初始集合。经验正交函数(empirical orthogonal function,EOF)分析用于从 9 年模式模拟

状态中找到模式变量的主要空间分布变化。然后，初始粒子由下式给出：

$$\boldsymbol{x}_i = \overline{\boldsymbol{x}} + \sqrt{N}\boldsymbol{L}\,\boldsymbol{r}_i^{\mathrm{T}}, i = 1,2,\cdots,N \tag{4.57}$$

其中，$\boldsymbol{L}$ 为$N_x \times (N-1)$ 矩阵，其列由 $N-1$ 个 EOF 组成。$\overline{\boldsymbol{x}}$ 是 9 年模式模拟状态的平均值。$\boldsymbol{r}_i$ 是 $N\times(N-1)$ 随机矩阵的第 i 行，矩阵的列是正交的，列和为 0。这样构造得到的初始集合的均值为 $\overline{\boldsymbol{x}}$，协方差为 $\boldsymbol{LL}^{\mathrm{T}}$，这是对 9 年模拟的模式状态不确定性的最佳估计（Hoteit et al.，2013）。

②单格点随机扰动方案。在缺乏产生平衡的小尺度扰动的公式的情况下，一些研究采用单格点随机扰动来提供在小尺度上具有不确定性的初始集合（Aksoy et al.，2009；Snyder et al.，2003）。类似地，考虑仅根据误差方差对模式变量进行扰动，而不考虑模式变量之间的相关性。

$$x_{i,k} = \overline{x}_{i,k} + \sigma_k \epsilon_{i,k} \tag{4.58}$$

其中，$i=1,2,\cdots,N$，$k=1,2,\cdots,N_x$。σ_k 为第k 个模式变量的气候态标准差，由 9 年模式模拟状态统计得到。$\epsilon_{i,k}$ 为从高斯标准分布中随机采样得到的扰动。

③静态背景误差协方差随机扰动方案。对于全球或大范围、长期性的区域大气 EnKF 资料同化系统，通常采用相应的变分同化系统提供的静态背景误差协方差，进行随机但平衡的扰动采样来构建初始条件的不确定性（Houtekamer，2005；Raynaud et al.，2016；Zhang et al.，2009）。假设平衡环流（如地转流）的状态变量是相关的，而非平衡剩余环流在很大程度上是不相关的，ROMS 模式四维变分系统的静态背景误差协方差的构造（Moore et al.，2011）为：

$$\boldsymbol{B} = \boldsymbol{K}_b \boldsymbol{B}_u \boldsymbol{K}_b^{\mathrm{T}} \tag{4.59}$$

其中，$\boldsymbol{B}_u$ 为非平衡分量的误差协方差。$\boldsymbol{K}_b$ 为平衡算子，以温度变量为基准（即温度的平衡分量为其自身，而非平衡分量为零），分别利用温盐平衡关系、静水平衡关系和地转平衡关系计算得到盐度、海表面高度以及流场的平衡分量（Moore et al.，2011）。

基于静态 $\boldsymbol{B}$ 的构造，在生成初始扰动时考虑平衡关系。首先，将 9 年模式模拟的气候态扰动利用平衡算子分解为平衡分量和非平衡分量：

$$\delta\boldsymbol{x} = \delta\boldsymbol{x}_b + \delta\boldsymbol{x}_u = \boldsymbol{K}_b \delta\boldsymbol{x}_u \tag{4.60}$$

其次，统计非平衡部分的气候态方差 $\boldsymbol{B}_u$ 。最后，进行随机扰动得到初始粒子：

$$\boldsymbol{x}_i = \overline{\boldsymbol{x}} + \boldsymbol{K}_b \boldsymbol{B}_u^{12} \boldsymbol{\epsilon}_i, i = 1,2,\cdots,N \tag{4.61}$$

其中，$\boldsymbol{\epsilon}_i$ 从高斯标准分布中随机采样。

④精确二阶平衡扰动方案。精确二阶扰动方案能够对气候态模式状态的不确定性进行最佳估计，而四维变分系统中的静态背景误差协方差能够模拟模式的不同物理变量之间的平衡关系，因而结合二者的特点，考虑精确二阶平衡扰动方案。首先，将 9 年模式模拟的温度变量的气候态异常由(4.60)式分解为平衡分量和非平衡分量。然后，利用式(4.57)得到温度的初始粒子扰动。最后，根据温度的初始粒子扰动以及平衡算子求得盐度、海表面高度以及流场的平衡扰动，初始粒子扰动由平衡扰动和非平衡分量求和得到。该方案实际上仅扰动了模式变量的平衡部分。

根据上述 4 种扰动方案，生成了 4 组初始粒子。本节利用这 4 组初始粒子测试了不同的初始粒子对 LWEnKF、EnKF 和 LPF 的同化效果的影响。在本节的余下部分中，同化方法名称的后缀代表了初始粒子的扰动方案。

图 4.25 对比了不同初始粒子对三种同化方法得到的 4 d 预报 SST 的影响。可以明显看

出，采用不同的初始粒子时，LPF 的 RMSE 时间序列区别较大。LPF 不直接改变粒子的值，而是根据似然函数计算每个粒子的权重，然后根据权重调整粒子的值。如果初始粒子与真实模式状态的偏离很大，则这些粒子在表示 PDF 时并不重要，那么这些粒子的真实可能性很小。但是，真正起作用的是标准化后粒子的相对重要性，因此不合适的初始粒子无法准确描述 PDF，从而导致 LPF 的同化较差。而不同的初始粒子对于 EnKF 和 LWEnKF 来说，主要的影响在于起始调整期。考虑了精确二阶扰动的方案 1 和方案 4 的起始调整期更短（10 月 5 日至 10 月 17 日，3 个同化循环），而扰动方案 2 和 3 的起始调整期更长（10 月 5 日至 11 月 10 日，9 个同化循环）。11 月 10 日之后，采用不同初始粒子的 EnKF 和 LWEnKF 的 RMSE 时间序列差别很小。这说明在足够的调整时期之后，不同的初始扰动对于 EnKF 和 LWEnKF 的整体性能来说影响不大，这也与（Houtekamer，2005）中关于 EnKF 的结论相吻合。

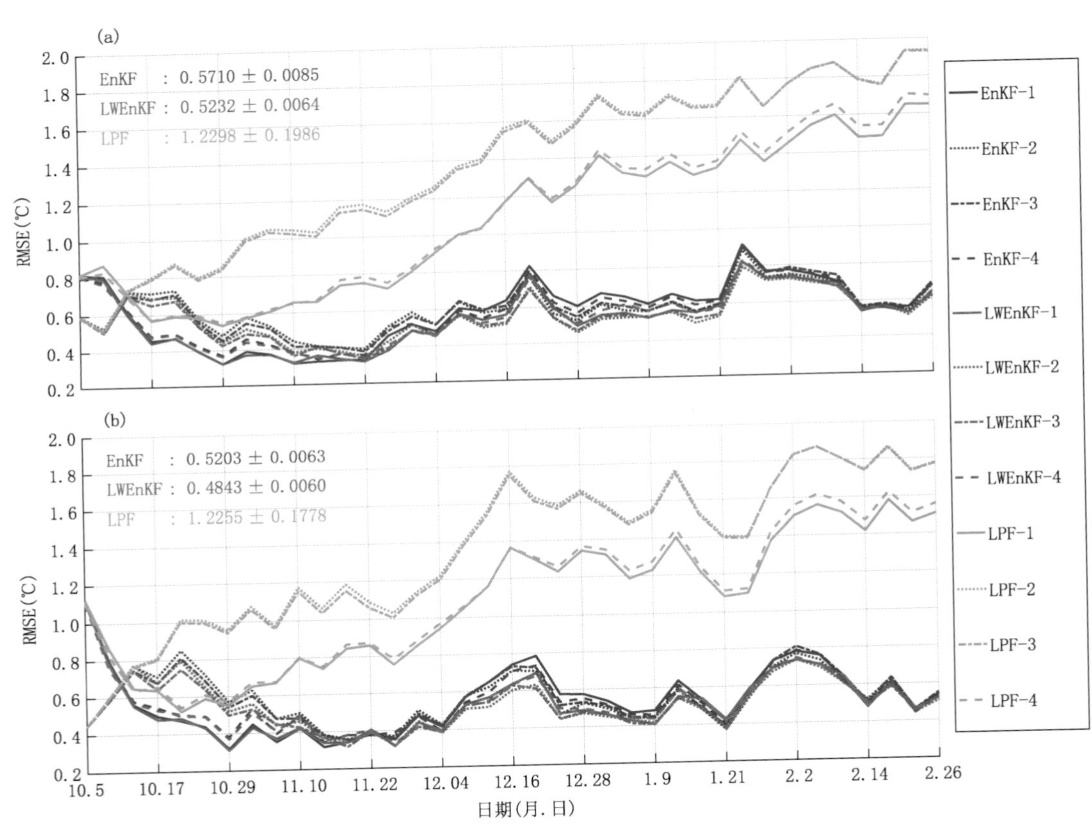

图 4.25 采用不同初始粒子的 LWEnKF、EnKF 和 LPF 在每个分析时间步的 SST 的 4 d 预测空间平均 RMSE，使用(a)HYCOM，(b)AVHRR 数据计算（左上角的值是三种方法的时间平均 RMSE，不包括起始调整期）

图 4.26 对比了不同初始粒子对 LWEnKF、EnKF 和 LPF 的 4 d 预报 SSH 的影响。第一个同化循环（10 月 5 日）的预报 RMSE 比较小，所以图中没有看到明显的初始调整期。在整个循环同化期间，采用不同初始粒子的三种同化方法的 SSH 的预报 RMSE 时间序列没有表现出明显的不同，这与 SST 的结果不同。

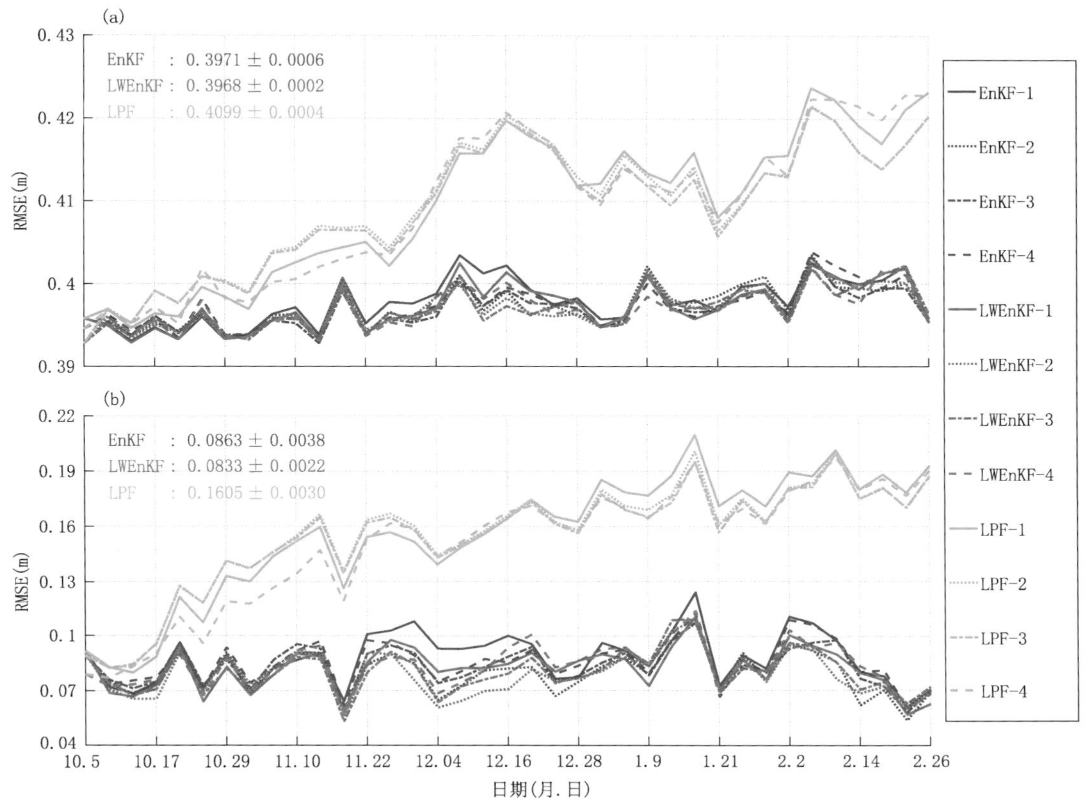

图 4.26　采用不同初始粒子的 LWEnKF、EnKF 和 LPF 在每个分析时间步的 SSH 的 4 d 预测的空间平均 RMSE，使用(a) HYCOM，(b) AVISO 数据计算（左上角的值是三种方法的时间平均 RMSE，不包括初始调整期）

考虑到采用方案 1 的 LPF 同化效果较好，且采用方案 1 的 LWEnKF 和 EnKF 的起始调整期更短，所以选取方案 1 精确二阶扰动方案作为初始粒子的扰动方案。

(2)对粒子规模的敏感性

通常，较大规模的粒子数目能够更准确地表示先验和后验 PDF，从而更利于集合卡尔曼滤波或粒子滤波资料同化系统。在实际的大气或海洋的集合卡尔曼滤波或粒子滤波资料同化系统中，粒子规模受到预报模式的计算代价的限制，一般为 $O(10) \sim O(100)$ 。

本节通过测试 3 种粒子规模（ $N = 20,50,80$ ）来检验 LWEnKF、EnKF 和 LPF 对粒子规模的敏感性。初始集合由精确二阶扰动方案生成。图 4.27 和图 4.28 分别为采用不同规模粒子的三种同化方法的预报 SST、SSH 的 RMSE 时间序列。在绝大多数时间步中，增加集合规模会降低三种方法的 SST 和 SSH 的 RMSE，这与预期相符。另外，采用 20 个粒子的 LWEnKF 和 EnKF 比采用 80 个粒子的 LPF 的同化效果更好，这说明 LPF 的同化效率远低于另外两种同化方法。

表 4.2 统计了时间平均的 RMSE，从中可知，当粒子规模为 50 和 80 时，三种方法的同化结果都明显优于 $N = 20$ 。$N = 80$ 相对于 $N = 50$ 的改进较小，但前者的计算代价几乎为后者的 1.6 倍。因此，综合考虑资料同化算法的最佳性能和计算代价，选取 $N = 50$ 的粒子规模。

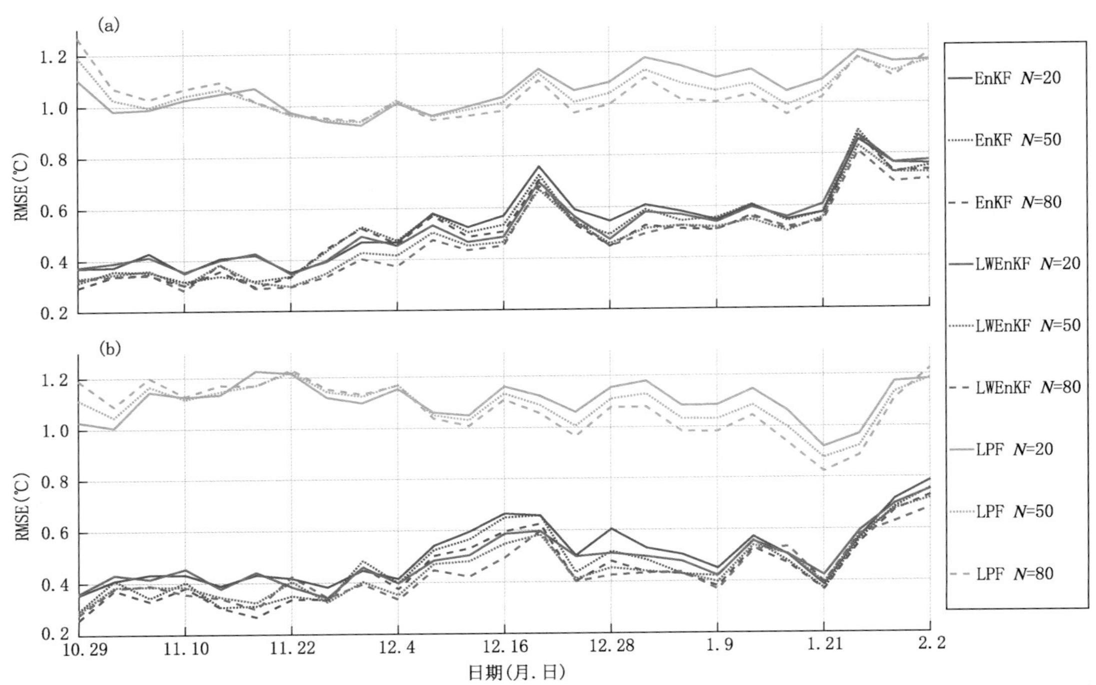

图 4.27 采用不同粒子数目的 LWEnKF、EnKF 和 LPF 在每个分析时间步的 SST 的 4 d 预测空间平均 RMSE,使用(a)HYCOM,(b)AVHRR 数据计算

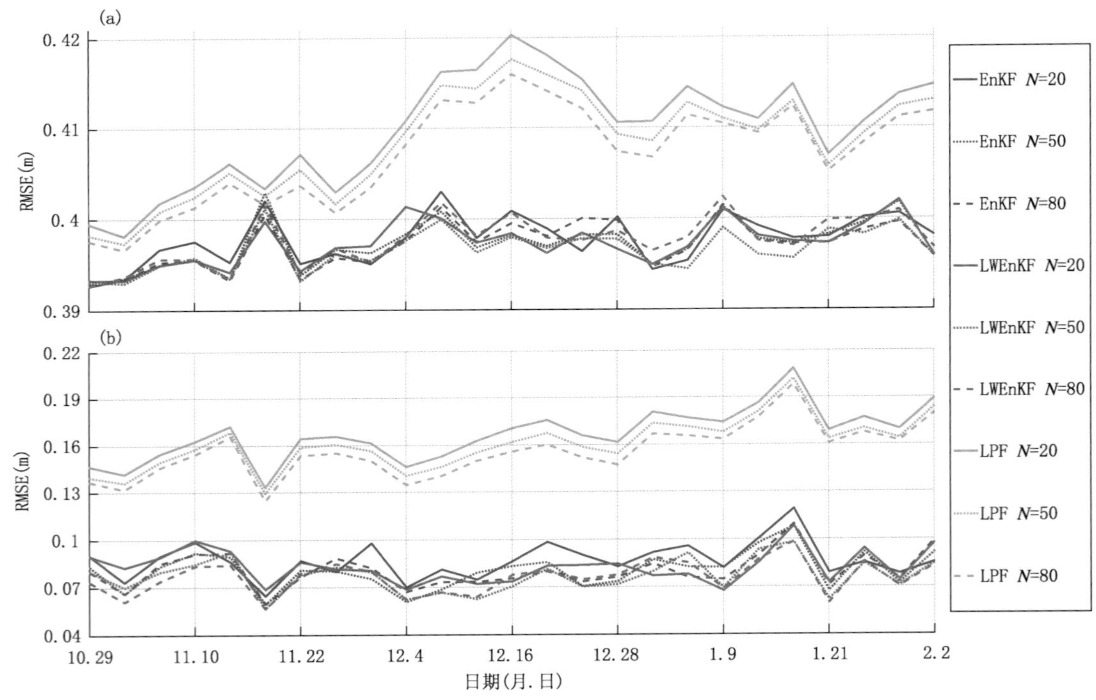

图 4.28 采用不同粒子数目的 LWEnKF、EnKF 和 LPF 在每个分析时间步的 SSH 的 4 d 预测的空间平均 RMSE,使用(a)HYCOM,(b)AVISO 数据计算

表 4.2 EnKF,LPF 和 LWEnKF 试验得到的预报集合的时间平均均方根误差(RMSE)

N	LWEnKF	EnKF	LPF
		SST	
20	0.4848	0.5028	1.1096
50	0.4447	0.4637	1.1058
80	0.4343	0.4385	1.1053
		SSH	
20	0.0827	0.0857	0.1616
50	0.0764	0.0798	0.1556
80	0.0758	0.0796	0.1512

(3)对 KDDM 的敏感性

核密度分布映射(KDDM)作为概率映射方法,能够补偿粒子滤波方法仅考虑前 2 阶矩的合并策略的不足。第 4.3.1.4 节的 L96 模式试验结果表明 KDDM 能够改善粒子集合的 RMSE 与离散度的关系。本节在 ROMS 模式中测试 KDDM 对 LWEnKF 和 LPF 的影响,采用精确二阶扰动方案生成 50 个初始粒子进行资料同化试验。

图 4.29 和图 4.30 分别为采用和不采用 KDDM 的 LWEnKF 和 LPF 得到的 SST、SSH 的

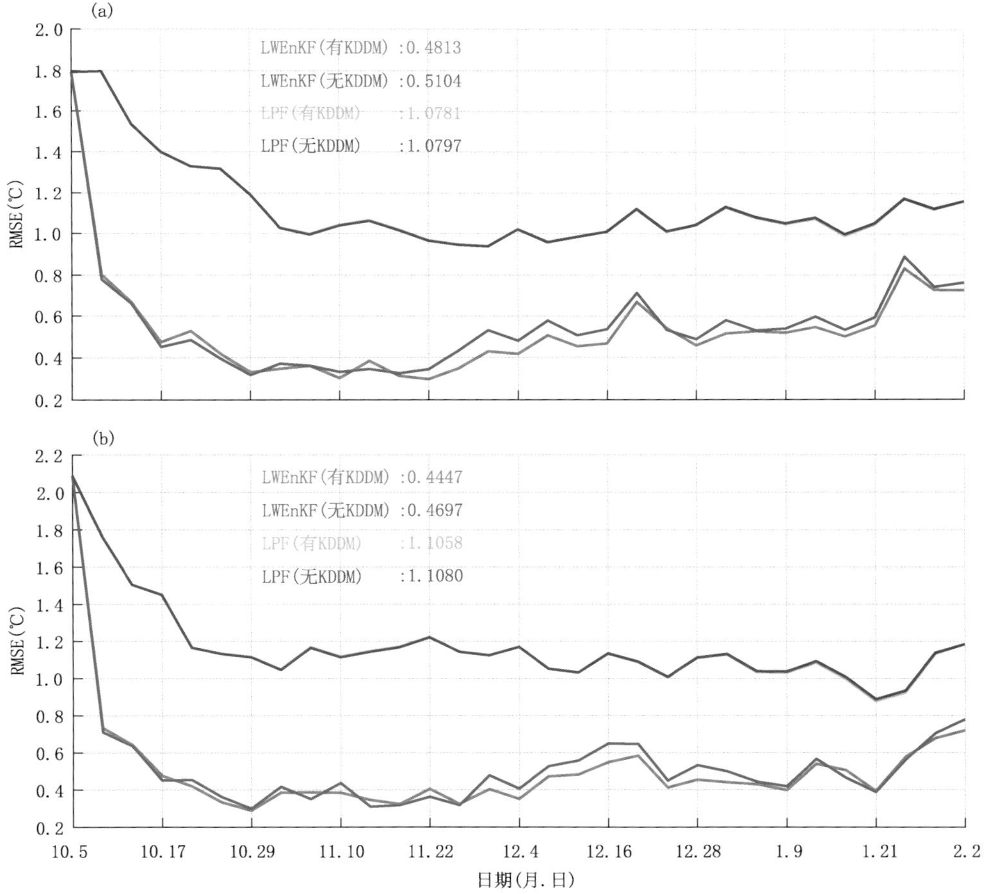

图 4.29 采用或不采用 KDDM 的 LWEnKF 和 LPF 在每个分析时间步的 SST 的 4 d 预测空间平均 RMSE,使用(a)HYCOM,(b)AVHRR 数据计算

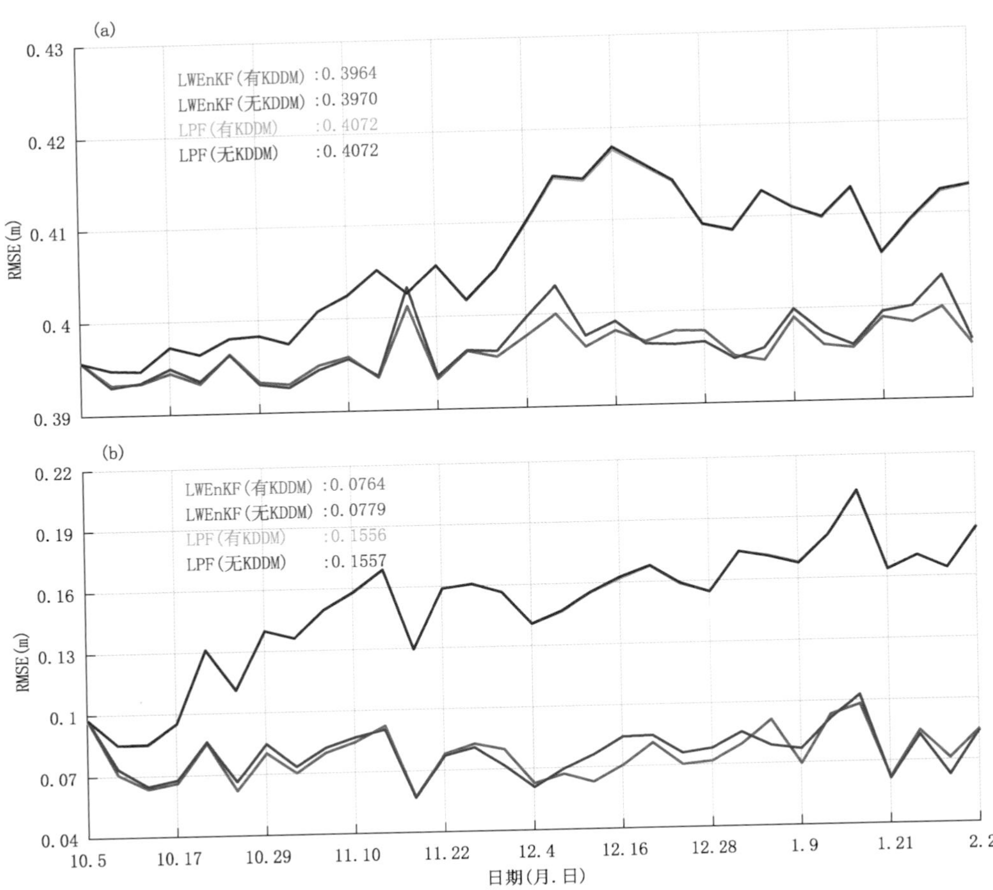

图 4.30 采用或不采用 KDDM 的 LWEnKF 和 LPF 在每个分析时间步的 SSH 的 4 d 预测的空间平均 RMSE，使用(a)HYCOM，(b)AVISO 数据计算

预报 RMSE 时间序列。采用 KDDM 对 LWEnKF 的 RMSE 有一定的改进作用，而 KDDM 对 LPF 的 RMSE 影响不大。另外，采用或不采用 KDDM 的 LWEnKF 都比 LPF 的结果更好。

图 4.31 给出了 SST、SSH 的 RMSE 与离散度的比值。可以看到，LWEnKF 和 LPF 得到的集合都欠离散，且 LPF 的集合欠离散程度很大。KDDM 对 LWEnKF 的集合离散度有较大改善，而对 LPF 的集合离散度也有一定程度的正向影响。因而在后续的资料同化试验中采用 KDDM 来改善 LWEnKF 和 LPF 的集合离散度。

4.3.3.4 同化效果验证与评估

本节将从 RMSE、离散度、海表状态场和计算代价等方面对 LWEnKF 海洋资料同化系统进行效果验证与评估，将 LWEnKF 与 EnKF 和 LPF 进行详细、全面的比较。本节中的初始粒子数目设置为 $N=50$，初始粒子由精确二阶扰动方案生成。LWEnKF 和 LPF 的试验中采用了 KDDM。

(1)RMSE 及离散度

为了定量地将 LWEnKF 与 EnKF 和 LPF 进行比较，本节采用同化期间的均方根误差(RMSE)和离散度(spread)来评价各同化方法得到的 4 d 预测场(即背景场)。

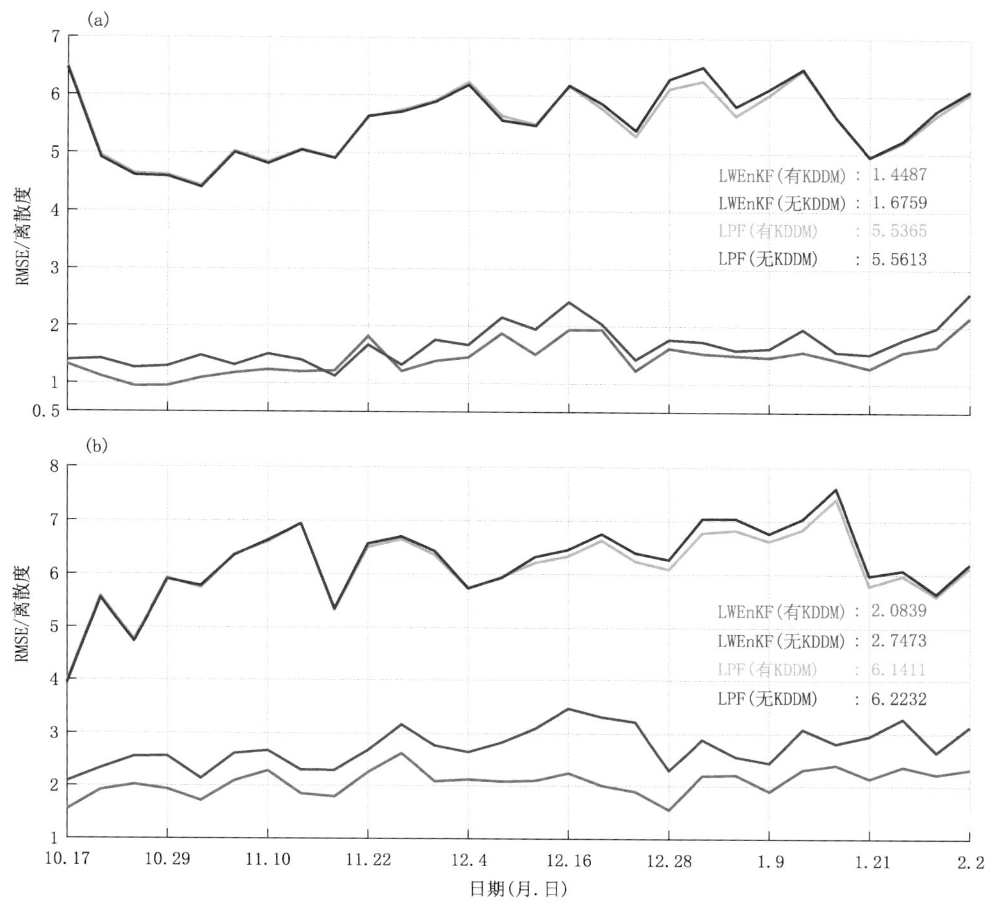

图 4.31 采用或不采用 KDDM 的 LWEnKF 和 LPF 在每个分析时间步的(a)SST 和(b)SSH 的 4 d 预测的空间平均 RMSE/离散度,分别使用(a)AVHRR 和(b)AVISO 数据计算

图 4.32 给出了每个分析步的 HYCOM 再分析数据或 AVHRR 观测数据与三种滤波方法获得的先验 SST 之间的空间平均 RMSE 时间序列,也相应给出了没有同化任何观测的控制试验的 RMSE。与再分析数据或观测数据相比,控制试验的 RMSE 随时间而增加。在同化周期开始时,三种滤波方法的 RMSE 大于控制试验,在随后的起始调整期,RMSE 显著减小,最后 RMSE 保持在相对稳定的水平。作为起始调整期,2015 年 10 月 17 日之前的结果已被去除,没有包含在图 4.32 左上角显示的时间平均 RMSE 中。三种滤波方法均在改善预测中发挥了作用,但是,LPF 明显比其他两种方法差。尽管 LWEnKF 的 RMSE 时间序列的总体趋势与 EnKF 没有太大差异,但从时间平均 RMSE 的角度来看,其与 EnKF 相比仍然有所改善。与 AVHRR 观测数据相比,LWEnKF 将 SST 的平均 RMSE 降低了 68.05%,而 EnKF 和 LPF 分别将 SST 的平均 RMSE 降低了 67.04%和 20.35%。

图 4.33 说明了三种同化方法的 SSH 预测与 HYCOM 或 AVISO 数据之间的空间平均 RMSE 的时间演变。由于初始粒子的平均值与观测或再分析数据相差不大,因此初始调整期并不明显。与 HYCOM 或 AVISO 数据相比,控制试验与 LPF 的 RMSE 时间序列非常一致,可以看出 LPF 在改善 SSH 方面的作用有限。LWEnKF 和 EnKF 的 RMSE 时间序列相似,并

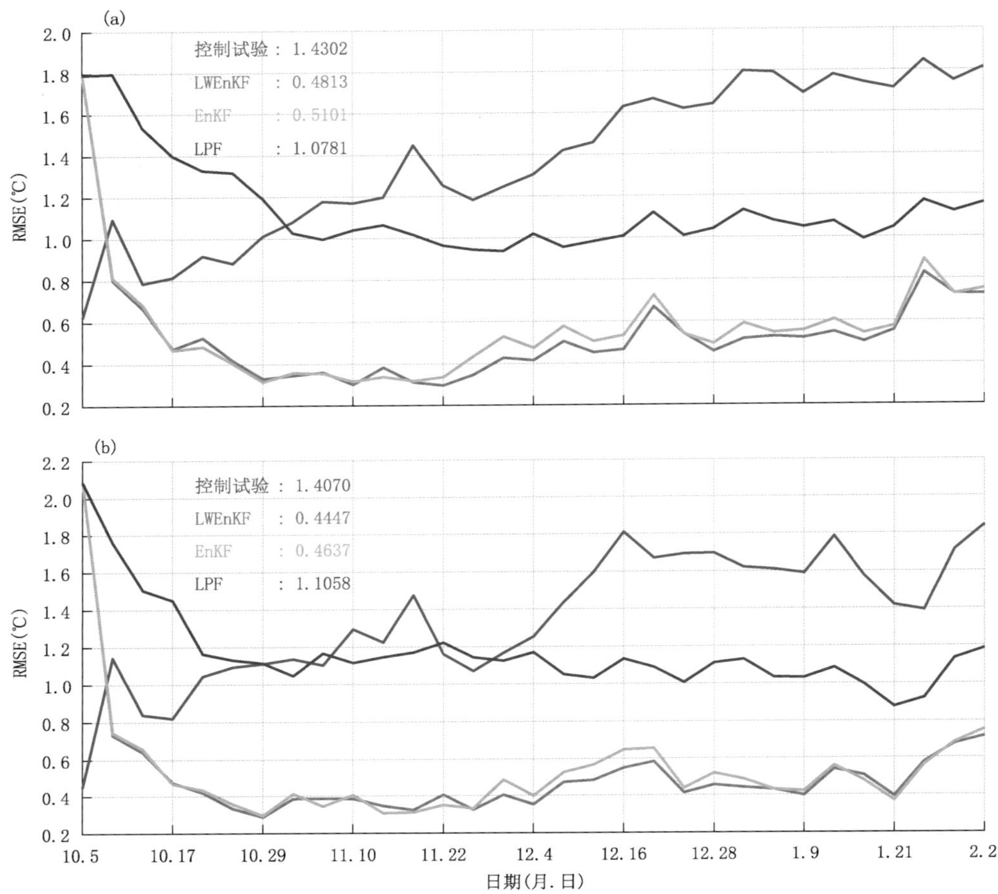

图 4.32　控制试验、LWEnKF、EnKF 和 LPF 在每个分析时间步的 SST 的 4 d 预测的空间平均 RMSE 使用(a)HYCOM,(b)AVHRR 数据计算(左上角的值是三种方法的时间平均 RMSE,不包括初始调整期)

且与控制试验相比有明显的改进。为了与 SST 的 RMSE 保持一致,图 4.33 左上角的时间平均 RMSE 中也未考虑初始调整期。与 AVISO 观测数据相比,误差从对照试验的 16.15 cm 减少到了 LWEnKF 的 7.64 cm,EnKF 的 7.98 cm 和 LPF 的 15.85,每组试验分别减少了 52.69%,50.59%和 1.86%。

为了更清楚地比较这三种同化方法,分别采用图 4.32b 和图 4.33b 中的 RMSE 时间序列绘制箱型图 4.34a 和图 4.34b。显然,LPF 得到的 RMSE 与其他两种方法有显著差异,因为其箱型图的凹口与 LWEnKF 和 EnKF 的凹口不重叠。LWEnKF 的 RMSE 的中位数略小于 EnKF 的中位数。但是,LWEnKF 和 EnKF 的箱形图中的凹口重叠,因此不确定这两者得到的 RMSE 时间序列的真实中位数是否不同。另外,LWEnKF 的框略短于 EnKF 的框,这表明 LWEnKF 获得的 RMSE 更稳定。

图 4.35a 和图 4.35b 分别展示了 SST 和 SSH 的 RMSE 与离散度的比值。LPF 的 RMSE 很大,导致比值也很大。LWEnKF 和 EnKF 都表现出一定程度的离散度不足,而 LWEnKF 是这三种滤波方法中欠离散程度最小的,这表明 LWEnKF 得到的集合质量最好。

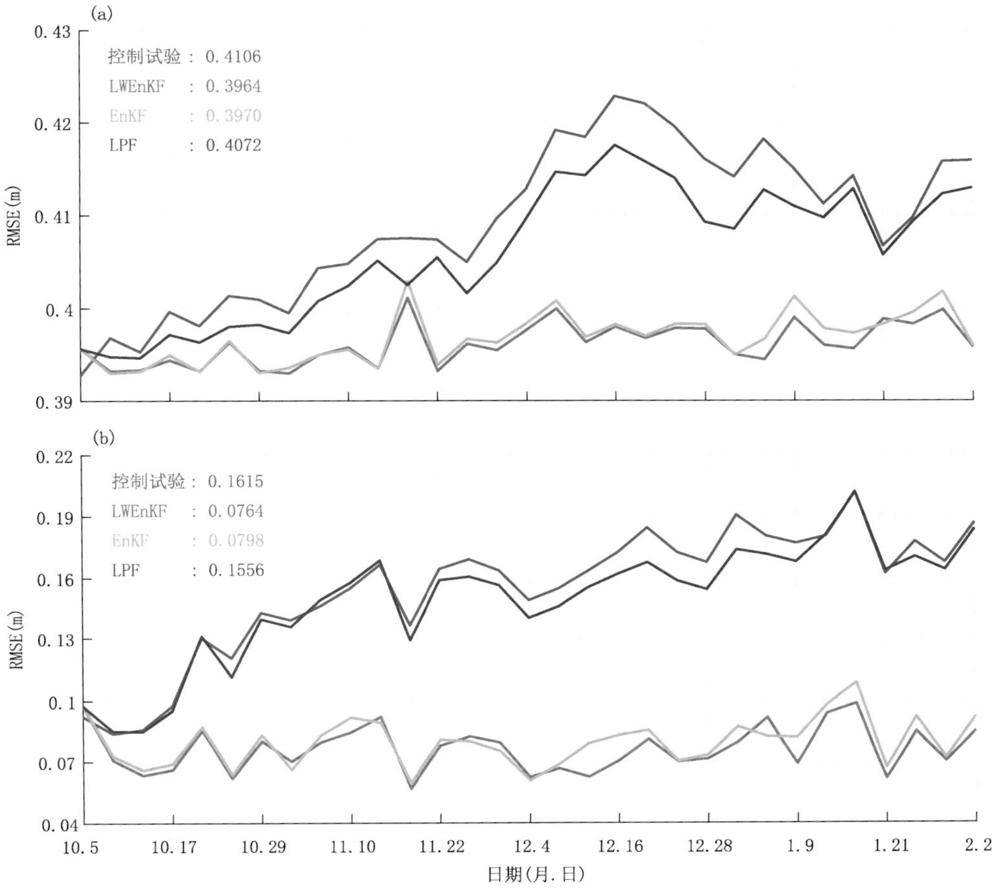

图 4.33 控制试验、LWEnKF、EnKF 和 LPF 在每个分析时间步的 SSH 的 4 d 预测的空间平均 RMSE 使用(a)HYCOM,(b)AVISO 数据计算(左上角的值是三种方法的时间平均 RMSE,不包括初始调整期)

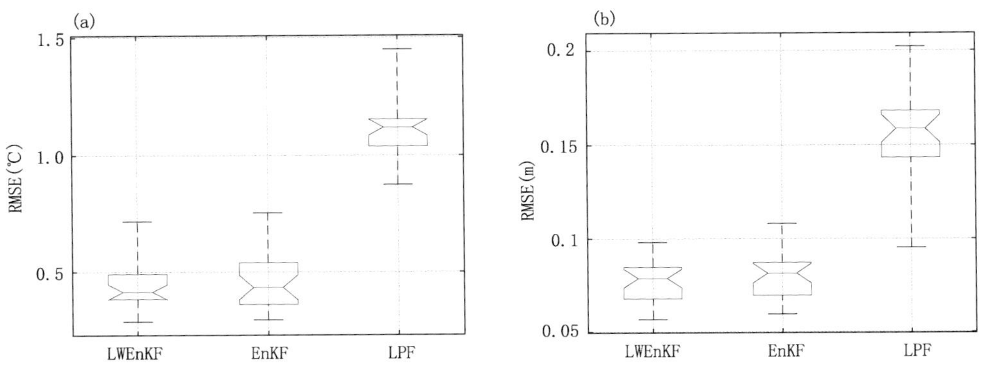

图 4.34 LWEnKF、EnKF 和 LPF 的(a)SST 和(b)SSH 的 RMSE 的箱型图,分别使用(a)AVHRR 和(b)AVISO 数据计算

2015 年 10 月 17 日至 2016 年 2 月 2 日期间,来自 GDP 数据的海表流场被用于提供独立观测的验证。表 4.3 统计了三种同化方法的预测海表流场与漂流浮标的观测海表流场之间的

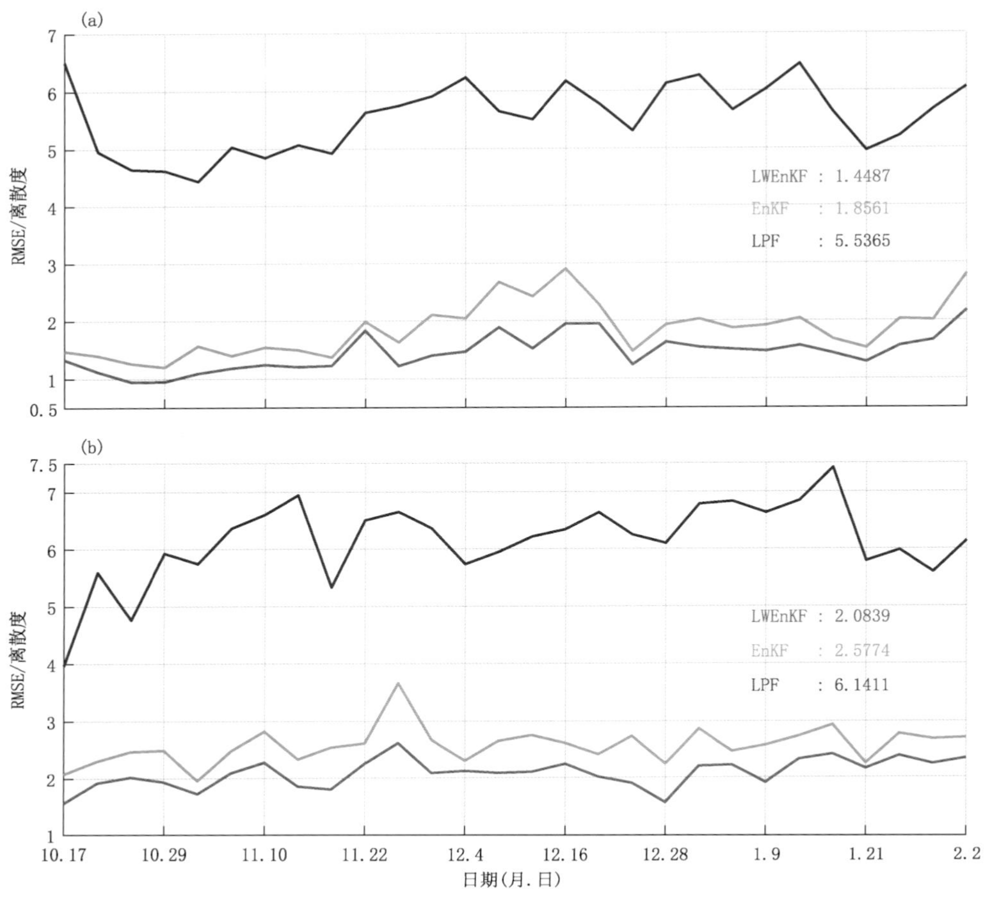

图 4.35　LWEnKF、EnKF 和 LPF 在每个分析时间步的(a)SST 和(b)SSH 的 4 d 预测的空间平均 RMSE/离散度，分别使用(a)AVHRR 和(b)AVISO 数据计算

平均 RMSE。LWEnKF 的性能是三种方法中最好的。与控制试验相比，LWEnKF 分别将 u 和 v 的误差减少了 29.90%和 20.58%，EnKF 将这两个变量的误差减少了 28.10%和 18.95%，而 LPF 仅减少了 14.81%和 1.33%。

表 4.3　与 GDP 数据相比，15 m 流场的 4 d 预测的空间平均 RMSE

变量	LWEnKF	EnKF	LPF	控制试验
u (cm/s)	19.9624	20.5015	24.2599	28.4786
v (cm/s)	19.6250	20.0270	24.3808	24.7090

为了研究三种同化方法对次表层及深层的模式变量的调整，采用 EN4 数据集的 Argo 温盐剖面进行验证。图 4.36 显示了 LWEnKF，EnKF 和 LPF 试验的 2000 m 以浅的先验温盐剖面的平均 RMSE。三种方法获得的温度的 RMSE 曲线非常相似(图 4.36a)，而 LWEnKF 的 RMSE 均值是三种方法中最小的。LWEnKF 和 EnKF 的平均盐度 RMSE 相差不大，但三种方法在不同深度的 RMSE 之间的差异相对较大。一方面，盐度观测的数量远少于温度观测(包括 SST 和温度剖面)的数量，这导致盐度的同化性能有限。另一方面，盐度也受温度观测

的影响，而三种方法在处理温度和盐度之间的相关性时有所不同。这是三种滤波方法得到的盐度的 RMSE 曲线变化较大的一部分原因。

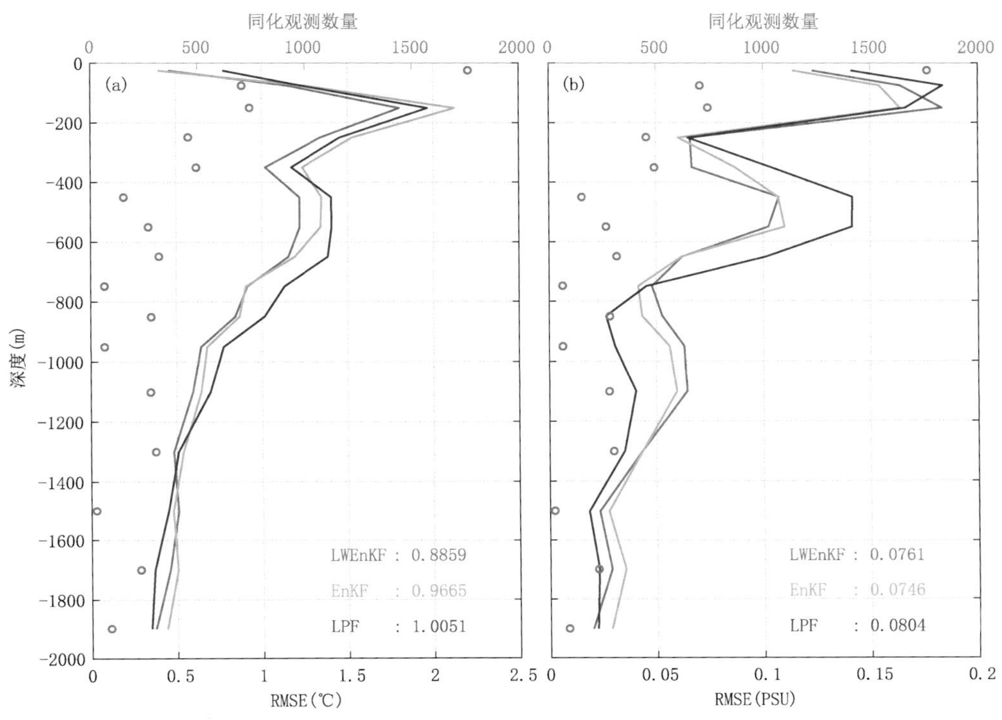

图 4.36 LWEnKF、EnKF 和 LPF 的 4 d 预测的(a)温度剖面和(b)盐度剖面在不同深度的平均 RMSE，采用 EN4 Argo 数据计算。右下角的值是三种同化方法的垂向平均 RMSE，不包括起始调整期（橙色坐标和圆圈表示在循环同化时间段内被同化的相应种类的观测的数量）

(2)海表面状态场

为了进一步定性且直观地研究 LWEnKF 与 EnKF、LPF 的区别，使用 OSCAR 流场与各同化方法的 4 d 预报进行比较。OSCAR 产品使用卫星海表面高度、风场和温度，提供了上层海洋 30 m 以浅的平均 1/3°×1/3°的全球海表面流场。尽管缺少更复杂的物理过程，OSCAR 能够以固定的时间间隔对固定的全球网格上的海表面流场进行直接地卫星观测（Dohan et al.，2010）。

图 4.37 为在选定的 4 d 中海表面（简称海表）流场和 SSH 的空间分布情况，在此期间，2015 年 11 月 10 日在中国台湾西南的 OSCAR 数据中观测到了反气旋涡，并沿大陆架向海南岛东南传播。在 LPF 试验的图 4.37d 中，预测场完全偏离了图 4.37a 中的 OSCAR 和 AVISO 数据的空间分布。与图 4.37a 相比，图 4.37b 和 c 中的 LWEnKF 和 EnKF 试验的预测 SSH 捕获了主要的空间分布特点，但在反气旋涡中心及沿岸地区，其值偏低。在 LWEnKF 的预报流场中，可以清楚地看到，反气旋涡从 2015 年 11 月 10 日从中国台湾西南传播到 2016 年 1 月 9 日的海南东南，而该涡旋并未在 EnKF 的 2016 年 1 月 9 日的预报中产生。

为了进一步评估三种滤波方法的涡旋预测能力，利用 Nencioli 等(2010)提出的基于几何的涡旋检测算法来识别三种同化方法的预报流场。该算法仅基于速度矢量的几何形状检测涡

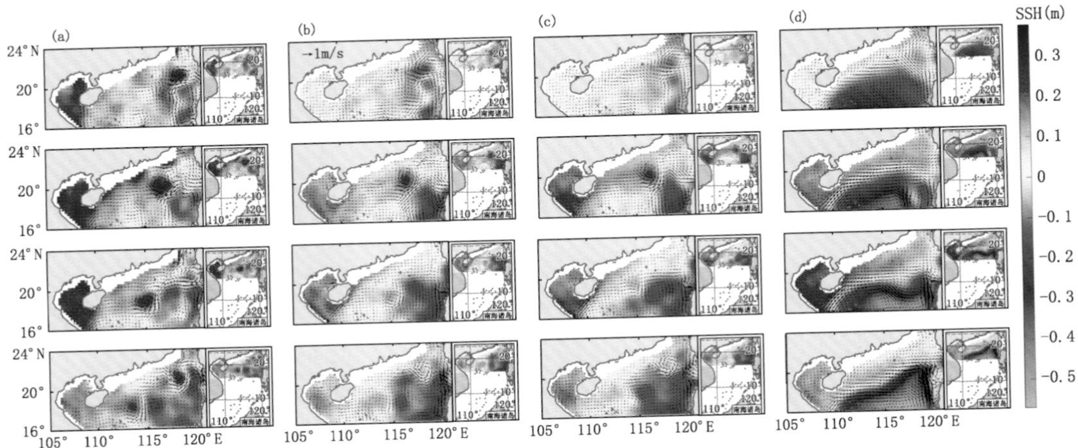

图 4.37 (a)AVISO 和 Oscar 数据、(b)LWEnKF、(c)LPF 和(d)EnKF 的 SSH(彩色阴影)和海表流场(箭头)(行表示每隔 20 d 的日期,以突出显示中尺度涡的传播过程)

旋,这也可以间接验证预测流场是否与 OSCAR 数据的流场的几何形状一致。图 4.38 显示了 2016 年 1 月 9 日的流场和涡旋。在图 4.38b 的 LWEnKF 的结果中,预测了两个反气旋涡,但在中国台湾西南的涡旋的尺度较 OSCAR 数据偏大;LWEnKF 还捕获了中部的气旋涡,但 OSCAR 数据中观测到了一个较大的涡和一个较小的涡;此外,LWEnKF 预报场的海南岛南边有一个气旋涡,而 OSCAR 中提供的气旋涡处在在海南岛的东南边。EnKF 仅在中国台湾西南边预测了一个反气旋涡,其尺度也较 OSCAR 数据偏大。LPF 获得的流场与 OSCAR 的流场有很大的差异,这是不合理的。

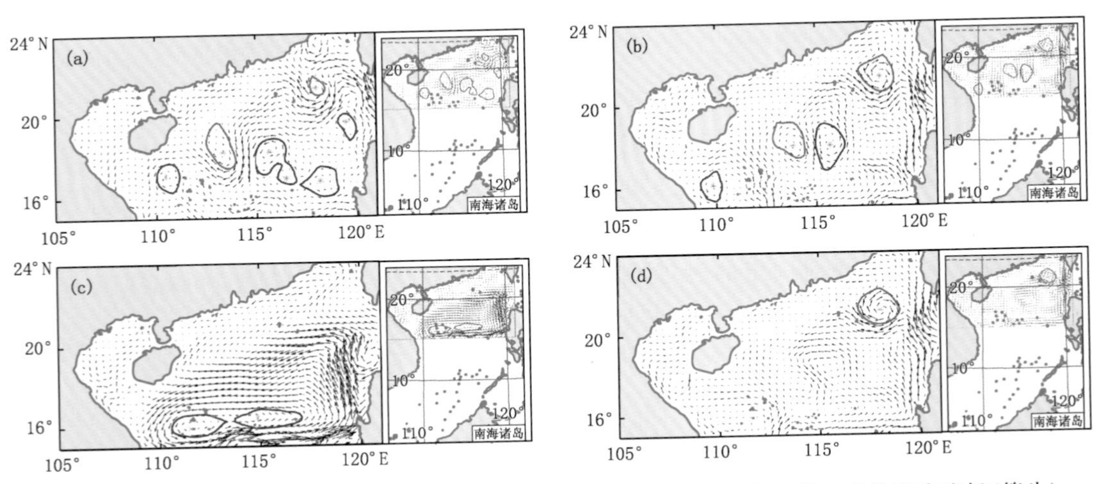

图 4.38 (a)Oscar 数据、(b)LWEnKF、(c)LPF 和(d)EnKF 在 2016 年 1 月 9 日的海表流场(箭头)红色的闭合曲线代表反气旋中尺度涡,蓝色的闭合曲线代表气旋中尺度涡。星号为中尺度涡的中心

与 OSCAR 数据的比较不足以验证速度场,因为 OSCAR 流场主要是地转的,并且没有误差估计。No. 61504350 漂流浮标受到中国台湾西南部反气旋涡的影响,从 2015 年 12 月至 2016 年 1 月向西南移动。图 4.39 将 LWEnKF、EnKF 和 LPF 预测的海表流场与 No.

61504350 漂流浮标轨迹进行了比较。2016 年 1 月 5 日,LWEnKF 预测的反气旋涡的中心比 EnKF 的更偏东,因此漂流浮标可以被该反气旋涡核心的南边缘捕获并向西北移动。2016 年 1 月 13 日,漂流浮标处在 LWEnKF 预测的反气旋涡核心的南边缘,但处在 EnKF 预测的反气旋涡核心的东北边缘,这表明 LWEnKF 的速度场更合理。LWEnKF 的速度场比 EnKF 的速度场更接近 No. 61504350 漂流浮标的轨迹,而 LPF 无法在海表重现该反气旋涡。

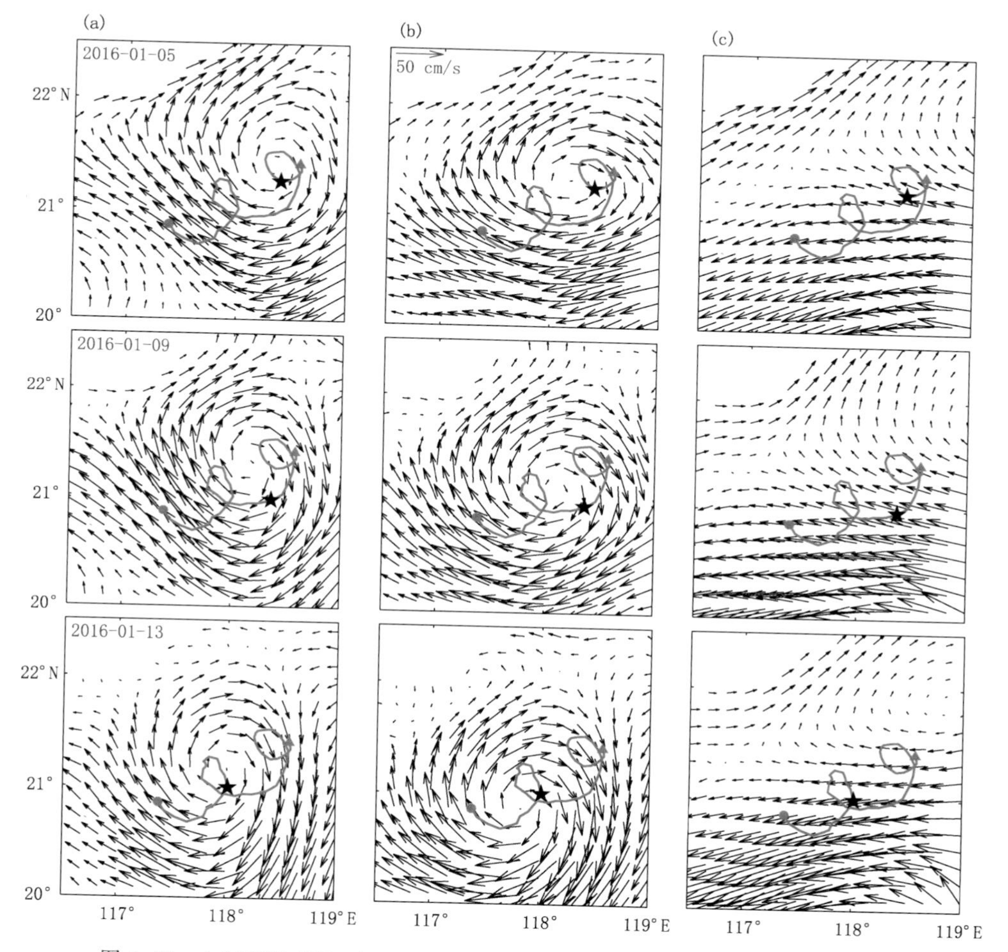

图 4.39 (a)LWEnKF;(b)EnKF 和(c)LPF 的 4 d 预测 15 m 海表流场(箭头)

行表示每隔 20 d 的日期。红色曲线表示 No. 61504350 漂流浮标的移动轨迹。漂流浮标在 2016 年 1 月 3 日的位置由三角形表示,2016 年 1 月 15 日的位置由圆圈表示,每行日期的位置由五角星形表示

图 4.40 给出了 AVHRR 数据与 LWEnKF、EnKF 和 LPF 的 4 d 预测 SST 的更新值。LPF 的性能是三种滤波方法中最差的。LWEnKF 的先验更新值具有与 EnKF 相似的空间分布,但在某些区域比 EnKF 的更新值略小。注意到,在 2015 年 12 月 20 日,吕宋岛西北边存在较大偏差。根据逐日的 AVHRR 观测数据,吕宋岛西北海岸在 2015 年的 12 月 17 日至 12 月 20 日开始降温,从 16 日的约 25℃降到 20 日的约 21℃,而在 21 日恢复到约 24℃(此处未显示)。三种同化方法的试验是根据 16 日的分析状态预测 20 日的 SST,因此该降温过程未在模式中反映出来,从而导致图 4.40a 和图 4.40b 在 2015 年 12 月 20 日在吕宋岛西北边产生了较大偏差。

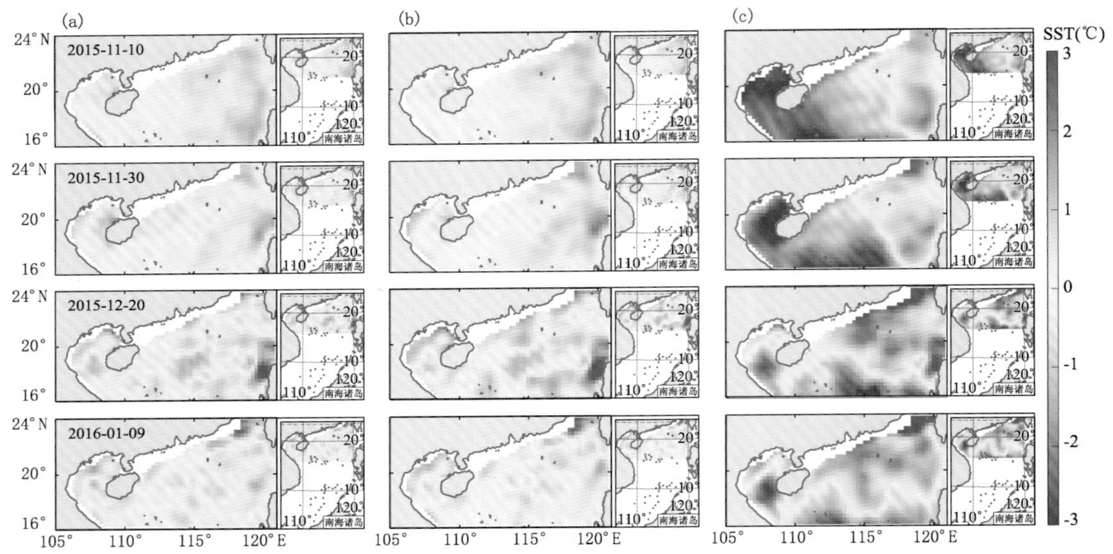

图 4.40 (a)LWEnKF;(b)EnKF 和(c)LPF 的 4 d 预报 SST 与 AVHRR 数据之间的更新值(行表示每隔 20 d 的日期)

(3)计算代价

本节对 LWEnKF、EnKF 和 LPF 在第一个分析步中的计算时间开销进行了 10 次测试。在此分析步中同化的观测总数为 4821。由于局地化半径会影响计算时间,因此本节中所有三种滤波方法的截断系数均设置为 0.02。试验中使用的硬件是 Intel Xeon CPU,每个节点具有有 16 个核和 64 GB 的可用内存。

如 4.1.1 节所述,LWEnKF 首先使用局地的扰动 EnKF 同化观测,然后计算局地提议权重,最后计算局地似然权重,并像 LPF 一样执行合并步骤和 KDDM 步骤。从理论上讲,LWEnKF 的计算复杂性由三部分构成。一部分是 EnKF 的计算复杂性(Tippett et al.,2003),一部分是如 4.1.1 节中的步骤 2 中所述计算提议权重的计算复杂性,最后一部分是 LPF 的计算复杂性,请参考。

图 4.41 中的计算时间表明,如果不采用并行,则 LPF 所需的计算时间几乎是 EnKF 的三倍,而 LWEnKF 的计算时间仅比 LPF 稍长。计算时间包括了输入和输出的时间。同时,在 LWEnKF 中,用于查找模式变量或观测的局地化初始计算仅需执行一次。随着使用核数目的增多,LWEnKF 和 LPF 的计算时间越来越接近 EnKF 的计算时间。

与 EnKF 相比,LPF 需要模式空间维数 N_x 大小的存储空间来存储似然权重。除了这些存储要求之外,LWEnKF 还额外需要 N_x 大小的存储空间来存储提议权重。而集合大小通常在几十至几百的数量级,LWEnKF 和 LPF 的存储开销分别约为两倍和三倍于 EnKF。

4.3.4 沿轨观测同化试验

上一小节的实验结果表明,作为一种新的非线性/非高斯资料同化方法,LWEnKF 可以有效地缓解粒子滤波所面临的滤波退化问题,在地球物理模型中有着广阔的应用前景。由于时效性,业务化预报系统往往同化沿轨观测,为测试 LWEnKF 方法同化沿轨观测的能力,本小

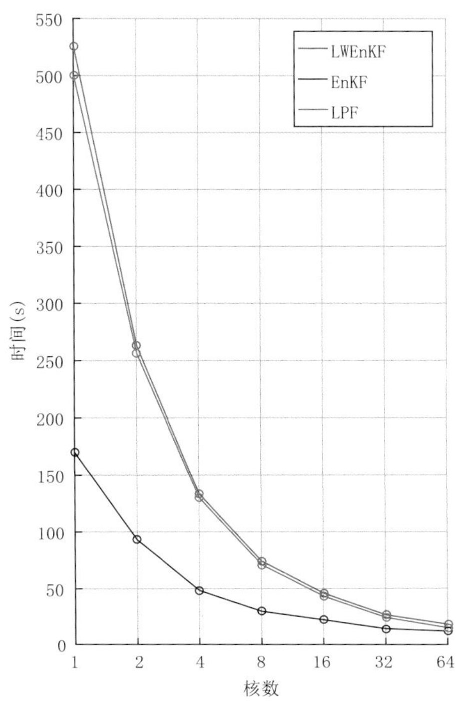

图 4.41 LWEnKF、EnKF 和 LPF 的一步分析的总计算时间

节利用南海北部 ROMS 模式，进行了数值试验，同化了沿轨海面高度(AT-SSH)、沿轨海表面温度(S-SST)和现场观测温盐(T/S)剖面。

4.3.4.1 模式与观测

选取南海北部为 ROMS 模拟区域，该区域有大尺度风驱动环流，且有活跃的中尺度涡现象，非常适合开展非线性资料同化方法应用研究。图 4.42 为研究海域(15°～24°N，105°～125°E)，模式的水平分辨率为 1/6°×1/6°，垂直方向分 24 层。模式采用 ETOPO2 的水深数据，其分辨率为 2′×2′。初边界条件从分辨率为 1/12°×1/12°的 HYCOM 再分析数据(Metzger et al.，2014)中获取，包含的变量有温度、盐度、流速和海表面高度。模式由 ERA-Interim 再分析资料提供强迫，包含的变量有风应力、海表净热通量、海表净淡水通量、太阳短波辐射通量。潮汐和河流径流在这里没有考虑。

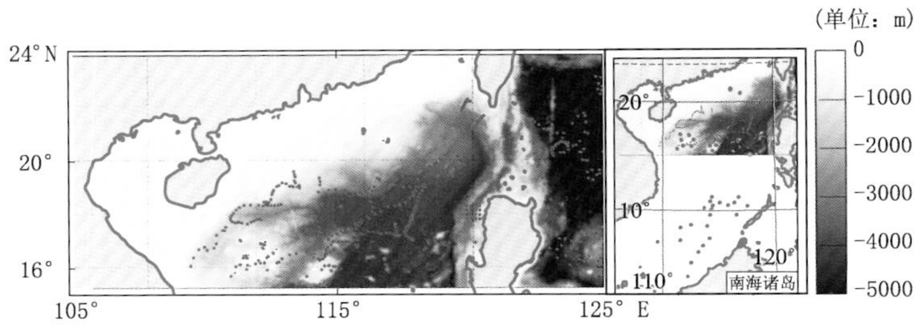

图 4.42 模拟区域及南海北部地形，图中红点为同化温盐廓线的位置

同化系统中使用的观测资料有沿轨海表面高度(AT-SSH)、沿轨海表面温度(S-SST)和T/S廓线。AT-SSH资料从哥白尼海洋环境监测平台(CMEMS)获取。S-SST取自高分辨率海表面高度团队(GHRSST)的L2P资料产品。T/S廓线取自英国气象局哈得来环境监测中心的EN4.2.1数据集。数据集中资料是经过质量控制的,其质量控制流程可以参考Good等(2013)、Ingleby等(2007)。同化系统只选取了质量控制标签为"1"的数据。尽管是经过质量控制的,数据中仍存在异常值,为减轻异常值对同化系统的影响,我们将温、盐剖面数据插值到人为设置的标准层(−5,−10,−15,−20,−25,−30,−35,−40,−50,−60,−75,−100,−125,−150,−200,−250,−300,−400,−500,−600,−800,−1000,−1200 m),从而达到平滑效果。海表资料采用超观测方案,超观测指的是当一个特定网格单元同时有多个观测数据时,我们需要对数据进行平均,并保留一个超观测数据。

4.3.4.2 参数设置

本节进行的试验均采用40个集合。局地化参数 c 通过敏感性试验确定。在EnKF和LPF中,参数 c 分别取0.02和0.005。在LWEnKF中,在计算提议权重时引入两个局地化参数 c^B 和 c^D 。其中 c^B 设置为0,表示计算提议权重时采用的模式误差方差而非协方差;c^D 与EnKF一致,设置为0.02。计算似然权重时,c 与LPF一致,设置为0.005。此外,EnKF中采用自适应先验乘性膨胀,LPF19中采用 β 膨胀方案。LWEnKF中,提议权重通过 α 膨胀方案调整,似然权重通过 β 膨胀方案调整。LPF和LWEnKF都引入了合并参数 γ,用于合并步粒子调整。试验中,为减小参数调整代价,取 $\gamma = \alpha$,其取值范围为0.70~0.99。

4.3.4.3 试验设计

在设计试验时有以下几点考虑:对于海表观测资料,S-SST与AT-SSH同时同化能否优于单观测变量同化?不同的方法在同化T/S剖面时表现如何?LWEnKF同化系统在中尺度涡预报中有优势吗?基于以上问题,试验设计如表4.4所示。

表 4.4 试验设计

试验	方法	同化数据
ExpA	Control Run	None
ExpB1	LWEnKF	AT-SSH
ExpB2		S-SST
ExpB3		AT-SSH, S-SST
ExpC1	EnKF	AT-SSH
ExpC2		S-SST
ExpC3		AT-SSH, S-SST
ExpD1	LPF19	AT-SSH
ExpD2		S-SST
ExpD3		AT-SSH, S-SST
ExpE1	LWEnKF	AT-SSH, S-SST, T/S profiles
ExpE2	EnKF	AT-SSH, S-SST, T/S profiles
ExpE3	LPF19	AT-SSH, S-SST, T/S profiles

此处 ExpA 为控制试验，没有同化任何数据；ExpB、ExpC 和 ExpD 只同化海表卫星观测；ExpE 在海表资料的基础上，加上了温盐廓线资料。同化试验时间窗口设置为 4 d，从 2013 年 10 月 3 日运行到 2014 年 2 月 1 日，共 120 d，30 个同化循环。在一个同化窗口内，中间时刻前后两天的数据被同化。

4.3.4.4 同化效果验证与评估

(1)RMSE

首先对 ExpA-ExpD 的试验结果进行讨论，探究同时同化 S-SST 和 AT-SSH 资料是否能够得到比单变量同化更好的效果。

图 4.43 展示了 SST 的均方根误差(RMSE)时间序列，其中虚线表示的是仅同化 S-SST 资料的结果，实对应同时同化 S-SST 和 AT-SSH 的结果，黑色实线为控制试验的结果，没有同化任何观测。没有观测约束的情况下，控制试验的 RMSE 越来越大。从 RMSE 的变化趋势来看，三种同化方法对 SST 的预报效果均有改善，LPF19 的 RMSE 与控制试验有相同的趋势，其同化效果并不明显，与 EnKF 和 LWEnKF 有明显差距。仅同化 S-SST 时，相比于控制

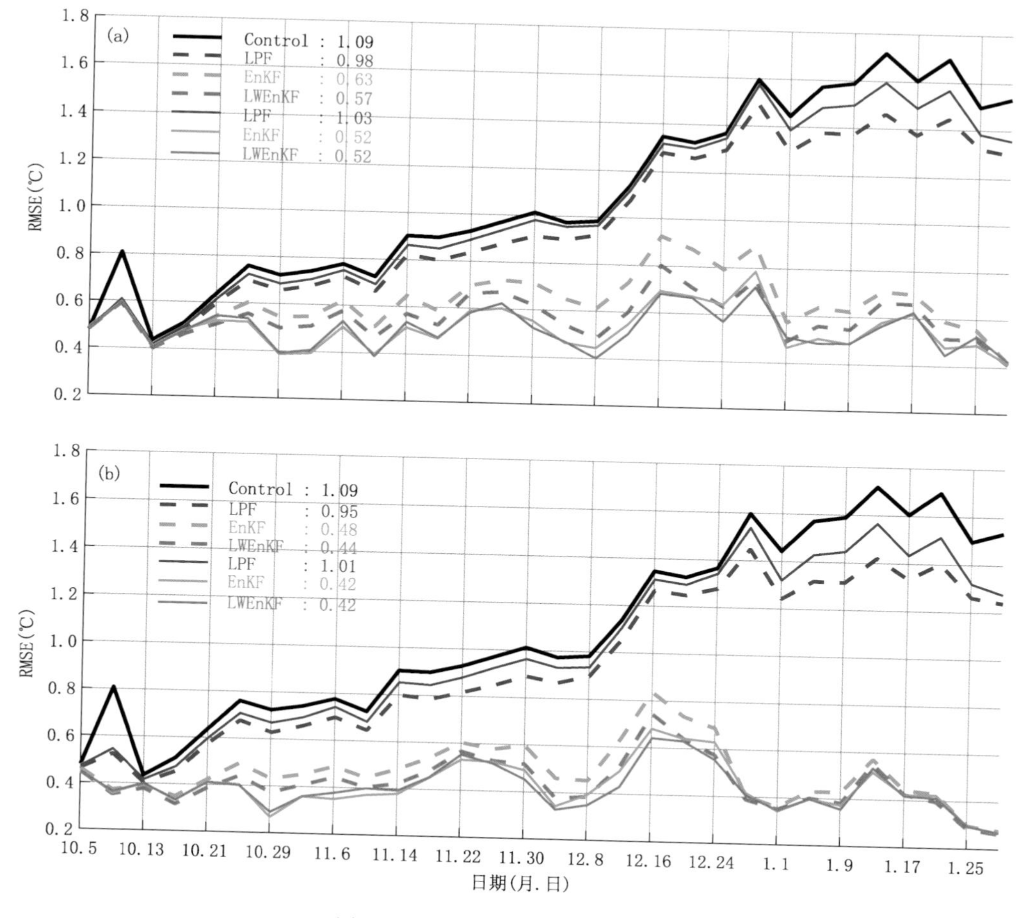

图 4.43 SST 的空间平均 RMSE

(虚线表示仅同化 S-SST，实线表示同化 AT-SSH 和 S-SST)

(a)图对应四天预报(先验)结果；(b)图对应分析(后验)结果。左上角数值为时间平均 RMSE

试验，EnKF 和 LWEnKF 分别将预报结果的平均 RMSE 降低了 41.95% 和 47.99%，分别将后验结果的平均 RMSE 降低了 55.61% 和 59.82%。当 S-SST 和 AT-SSH 同时同化时，EnKF 和 LWEnKF 分别将预报结果的平均 RMSE 降低了 51.97% 和 52.33%，分别将后验结果的平均 RMSE 降低了 61.15% 和 61.73%。需要注意的是，这里计算百分比采用的是保留两位有效数字之前的数据，所以会出现图中 RMSE 相等而计算的百分比略有不同的情况。基于 RMSE 时间序列以及其统计平均结果，EnKF 和 LWEnKF 同时同化 AT-SSH 和 S-SST 的效果优于单独同化 S-SST。这表明 AT-SSH 同化对海温预报有积极的影响。在仅同化 S-SST 时，LWEnKF 与 EnKF 具有可比性。在 AT-SSH 同化和 S-SST 同化情况下，LWEnKF 并不比 EnKF 差。

图 4.44 中虚线为三种方法仅同化 AT-SSH 得到的 SSH 预报和分析结果的 RMSE 时间序列，实线对应同时同化 AT-SSH 和 S-SST 的结果，黑色实线为控制试验结果。三种方法的 RMSE 变化趋势基本一致，RMSE 值在初始阶段波动较大，后期趋于稳定。从预报结果（图 4.44a）来看，相比于控制试验，EnKF 和 LWEnKF 单独同化 AT-SSH 将平均 RMSE 分别降低了 36.60%和 30.58%；从分析结果来看（图 4.44b），EnKF 和 LWEnKF 分别使平均 RMSE 降低了 50.47%和 44.29%。同时同化 S-SST 和 AT-SSH 后的预报结果（图 4.44a）显示，EnKF 和 LWEnKF 分别使平均 RMSE 降低了 36.66%和 38.89%。对于分析结果（图 4.44b），EnKF 和 LWEnKF 将平均 RMSE 分别降低了 49.53%和 50.81%。从 SSH 的 RMSE 时间序列以及其统计平均结果来看，同时同化 AT-SSH 和 S-SST 的效果并没有优于单独同化 AT-SSH。这表明，S-SST 同化对 SSH 模拟的影响有限，而 AT-SSH 同化对 SST 模拟的影响是积极的。对于单独的 AT-SSH 同化，LWEnKF 同化效果不如 EnKF；同时同化 AT-SSH 和 S-SST，LWEnKF 同化效果并不比 EnKF 差。

ExpE 同化了来自 EN4.2.1 的 T/S 廓线资料，包括来自 Argo 和 CTD 的温、盐廓线和 XBT 的温度廓线。同化期间 T/S 廓线共计 577 条，其中 446 条来自 Argo。所有剖面位置在图 4.42 中用红点标出。Argo 资料在整个同化期间分布均匀，XBT 和 CTD 资料较少，这里采用 Argo T/S 资料验证同化系统性能。我们评估了所有实验 T/S 廓线的 RMSE。图 4.45 展示了温度廓线的 RMSE。需要注意的是，无论同化什么数据，LPF（蓝线）和对照试验（黑线）的结果没有显著性差异，没有起到同化效果，所以我们主要关注 EnKF 和 LWEnKF 的结果。

仅同化 AT-SSH（虚线），从温度廓线的 RMSE 来看，200 m 以浅的 RMSE 值要明显大于控制试验的结果，这说明同化 AT-SSH 并不能给海洋内部温度场带来正向调节。仅同化 S-SST（虚线）时，海洋上层温度场受到约束，没有出现只同化 AT-SSH 的类似情况，内部温度场有较好改善。与控制试验相比，同时同化 AT-SSH 和 S-SST 时，RMSE 在 200 m 以浅显著减小。同化包括 T/S 廓线在内的所有数据（实线）后，EnKF 和 LWEnKF 的 RMSE 曲线大致相同。RMSE 值随深度增加而增大，在 150 m 深度处达到最大值。在 150 m 以深，RMSE 值随深度增加而减小。三种方法相比，EnKF 和 LWEnKF 明显优于 LPF19，LWEnKF 的平均 RMSE 值最小。LWEnKF 在 100 m 以深明显优于 EnKF，在 100 m 以浅与 EnKF 相当。从后验 RMSE 来看，LWEnKF 和 EnKF 同化对先验场有显著的调节，而 LPF 同化效果不明显。从平均 RMSE 来看，对于先验场，LWEnKF 比 EnKF 降低了 22.63%，对于后验场，LWEnKF 降低了 55.11%。

图 4.46 展示了盐度廓线的 RMSE。其显著特征是 100 m 以浅波动剧烈。这是因为本研

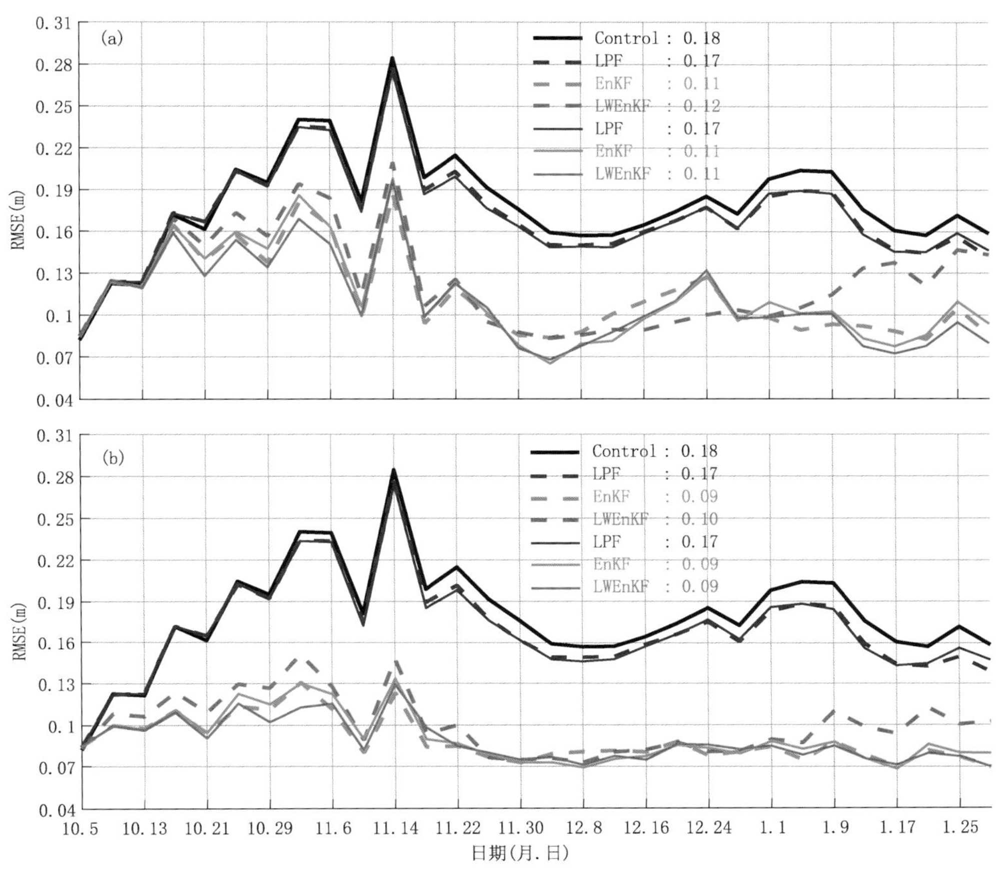

图 4.44 SSH 的空间平均 RMSE

(虚线对应 AT-SSH 同化,实线对应 AT-SSH 和 S-SST 同时同化,右上角的数值为时间平均 RMSE)

(a)图是 4 d 预报结果;(b)图对应分析结果

究中进行的实验没有同化海表盐度(SSS)数据,在不受 SSS 观测约束的情况下,模式同化结果与实际海水盐度有较大偏差,同化盐度资料后导致模型不稳定,RMSE 在 100 m 以浅波动。然而,在 S-SST 数据约束下,温度廓线的均方根误差没有类似的不稳定性。

LPF 与控制试验相比,无论同化什么数据,对盐度场没有改善效果。单独同化 S-SST(短划线)或 AT-SSH(点线)时,EnKF 和 LWEnKF 的结果与控制试验结果相差不大。当同时同化 S-SST 和 AT-SSH (点划线),情况有改善,在 200 m 浅 EnKF 和 LWEnKF 的预测效果优于控制试验,LWEnKF 的预测效果明显好于 EnKF。

当同化包括 T/S 剖面在内的所有数据(实线),LWEnKF 的平均 RMSE 最小,且在 100 m 以深效果明显优于 EnKF。从后验 RMSE 来看,LWEnKF 和 EnKF 对预报场有显著的调整,而 LPF19 同化效果不明显。与 EnKF 相比,对于先验,LWEnKF 将平均 RMSE 降低了 11.58%,对于后验,LWEnKF 将平均 RMSE 降低了 35.22%。

为探究 T/S 廓线同化对 SSH 带来的变化,这里展示了同化 T/S 廓线前后 SSH 的 RMSE,如图 4.47 所示。T/S 资料同化前后 SSH 的 RMSE 无显著变化。仅从 RMSE 来看,T/S 资料同化对 SSH 的影响是有限的。这可能是因为 T/S 廓线对于模型区域来说过于稀

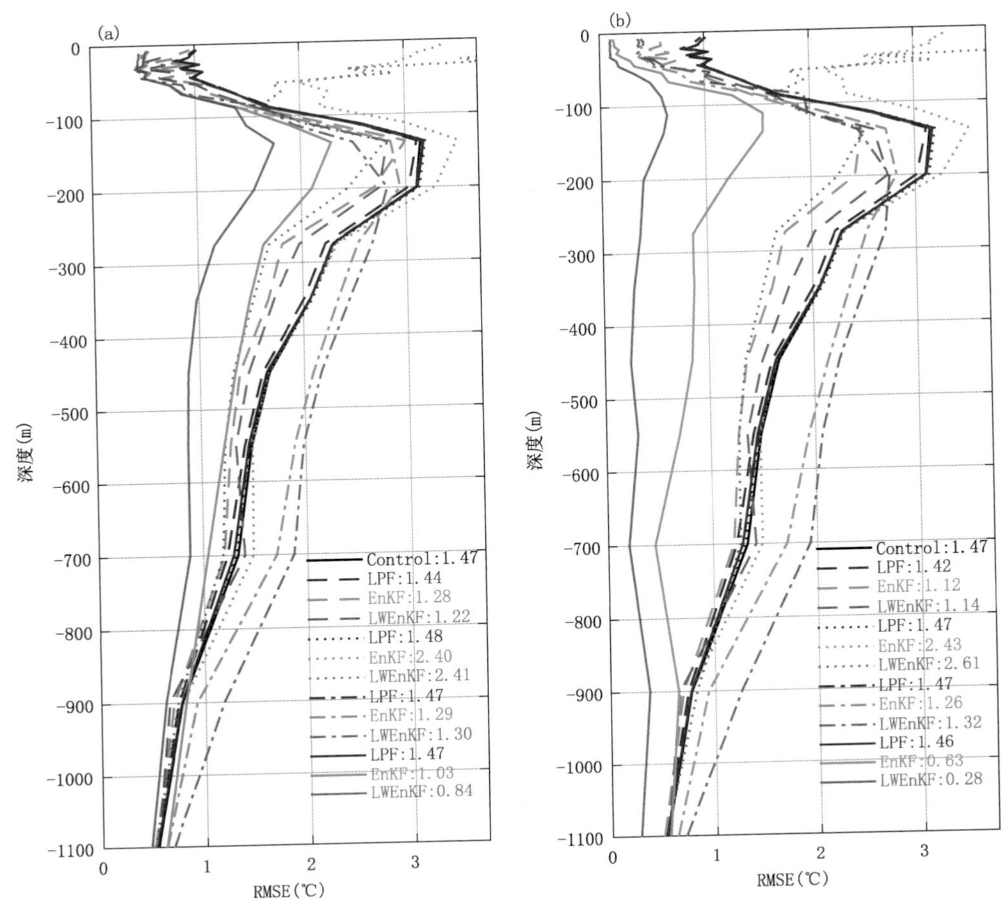

图 4.45　由 EN4.2.1 Argo 数据计算得到的温度廓线的 RMSE

点线(S-SST 同化)、短划线(AT-SSH 同化)、点划线(S-SST 和 AT-SSH 同化)和实线(S-SST、AT-SSH 和 T/S 廓线同化)分别对应不同类型数据的同化(右下角值为垂向平均 RMSE)

(a)图对应 4 d 预报结果;(b)图为分析结果

疏,难以对 SSH 产生有效调整。

(2)海表面状态

为了更直观地观察海表状态,检验同化系统的预报性能,我们选取了 2013 年 12 月 4 日、2013 年 12 月 28 日和 2014 年 1 月 17 日 3 d 的海表面状态场的预报结果,这 3 d 分别对应暖涡产生并处于稳定状态,冷暖涡旋同时存在以及冷暖涡发展的最后阶段。我们将预报结果与网格数据产品进行比较。本节展示的是 ExpE 和控制试验 ExpA 的结果。LPF 没有显著的同化效果,与控制试验差异不明显,这里没有展示。

图 4.48 展示了 SLA 和海表面流场分布。图 4.48d～f 中的红色圆点为上一个时间窗 AT-SSH 数据的位置。LWEnKF 和 EnKF 同化系统的海表状态略有差异,其预报结果都能观察到冷暖涡过程。2013 年 12 月 4 日暖涡生成初期,两个系统预报的 SLA 强度较 AVISO SLA 弱,但分布范围要比 AVISO SLA 广。与 EnKF 相比,LWEnKF 预报暖涡形态更接近 AVSIO。EnKF 预报暖涡附近流场比 OSCAR 弱,LWEnKF 预报的暖涡西侧流场比 OSCAR

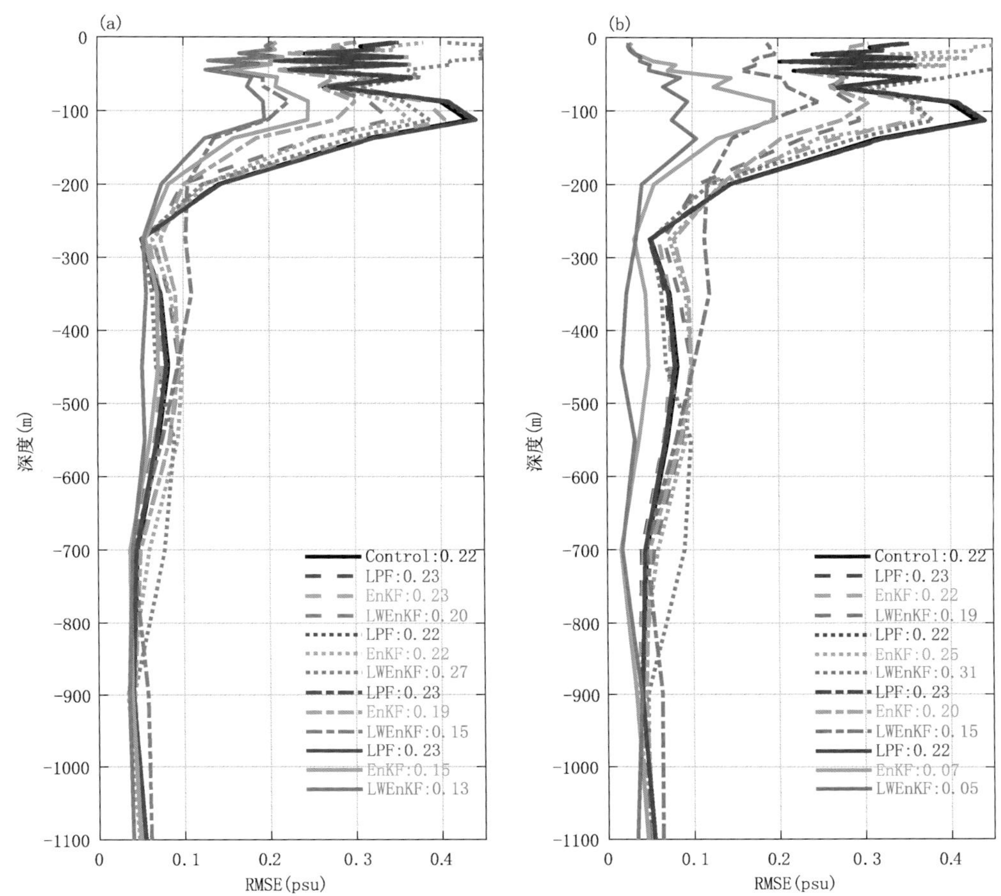

图 4.46 由 EN4.2.1 Argo 数据计算得到的盐度廓线 RMSE
点线(S-SST 同化)、短划线(AT-SSH 同化)、点划线(S-SST 和 AT-SSH 同化)和实线(S-SST、AT-SSH 和 T/S 廓线同化)分别对应不同类型数据的同化(右下角值为垂向平均 RMSE)
(a)图对应 4 d 预报结果;(b)图为分析结果

的稍弱。从流场特征来看,该暖涡很可能是黑潮穿过吕宋海峡入侵南海的结果。

前人研究表明,冷暖涡经常相伴而生(Nan et al.,2011)。2013 年 12 月 28 日出现冷暖涡对,冷暖涡形态稳定。LWEnKF 和 EnKF 系统对此次冷涡有较好的预报。与 AVISO SLA 相比,EnKF 预报冷涡强度较弱,LWEnKF 预报结果更接近 AVISO。对于冷涡附近的流场,LWEnKF 预报与 OSCAR 吻合较好,而 EnKF 预报效果与 OSCAR 差异较大。LWEnKF 和 EnKF 预报的暖涡形态与 AVISO 差异明显,预报的暖涡强度要比 AVISO 弱,而 EnKF 的预报结果显示暖涡几乎消失。此外,从两种方法的预测结果观察到研究区域南部存在两个大尺度的气旋性涡旋,要远强于从 AVISO SLA 观察到的吕宋岛东侧的气旋性涡旋。我们认为 AT-SSH 的空间分布不均是导致预报与 AVISO SLA 差异的原因之一,从之前时间窗同化的 AT-SSH 数据位置(红点)来看,在预报效果不理想的区域观测分布稀疏,观测不能有效地约束模型。

暖涡沿着大陆架向西南方向移动。2014 年 1 月 7 日,暖涡形态稳定,冷涡有与南方大尺

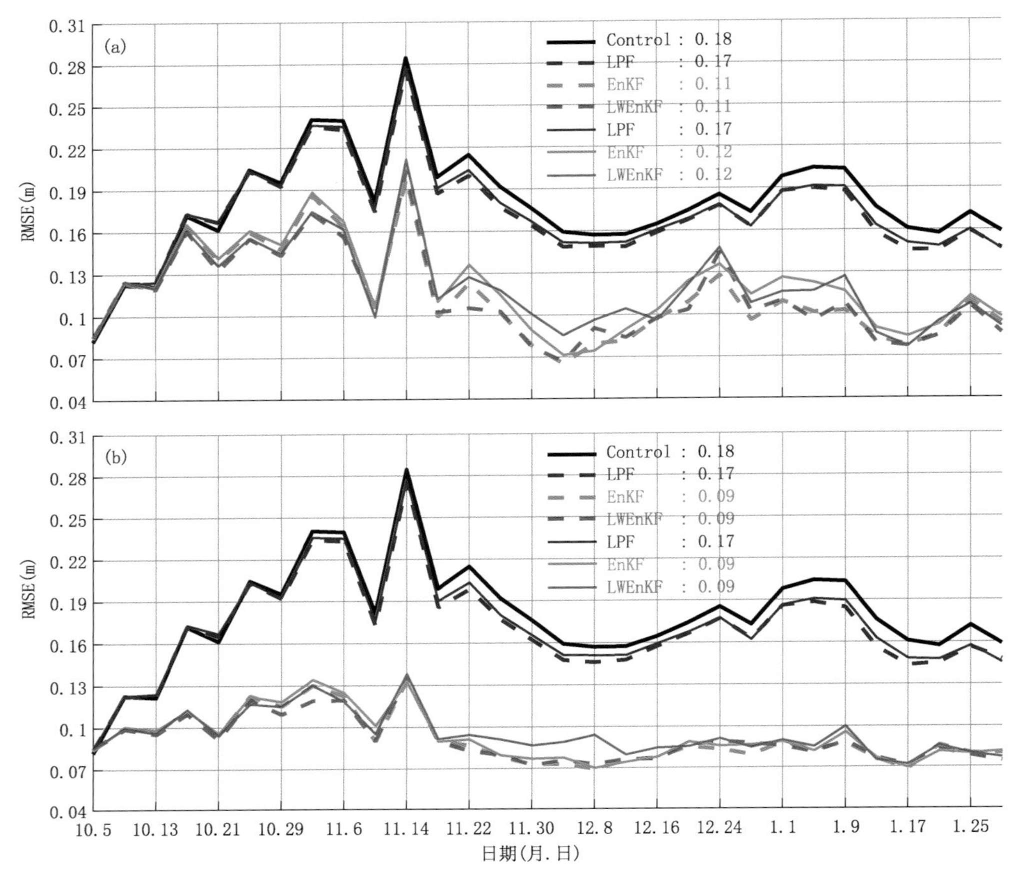

图 4.47 SSH 空间平均 RMSE

短划线对应 AT-SSH 和 S-SST 同化结果，实线对应 AT-SSH、S-SST 和 T/S 剖面同化结果

(左上角为时间平均 RMSE)

(a)图对应 4 d 预报结果；(b)图为分析结果

度涡旋辐合的趋势。LWEnKF 有效地预报了此时冷暖涡的状态，预报流场与 OSCAR 流场很好地对应。从预报结果观察到的冷涡强度略强于 AVISO。相比之下，EnKF 的预报效果并不理想，暖涡和冷涡几乎观察不到。在没有观测约束的情况下，控制试验的预报结果(图 4.48j～i)不理想，与网格数据差异明显。相比之下，LWEnKF 同化系统的预报效果显著。

图 4.49 展示了 SST 的预报结果，日期与 SLA 对应。2013 年 12 月 4 日暖涡形成初期，EnKF 与 LWEnKF 预报的暖涡中心与 AVHRR 的结果具有良好的对应。2013 年 12 月 28 日由 AVHRR SST 可以观察到冷暖涡结构，LWEnKF 预报结果显示冷涡存在相应的低温中心，但从低温区域的分布范围来看，LWEnKF 的冷涡强度较 AVHRR 弱，预报的暖涡高温区域不明显。而在 EnKF 预报结果中很难观察到冷暖涡结构。2014 年 1 月 7 日，从 AVHRR SST 观察到的结果，冷涡状态稳定，暖涡高温区域清晰可见。从 LWEnKF 预报结果可以观察到冷涡的低温结构，LWEnKF 冷涡区域较 AVHRR 分布范围小。然而，其预报结果观察不到暖涡。虽然 EnKF 预报的 SST 与 AVHRR 在大部分海域有较好的对应，但其结果观察不到冷暖涡。控制试验的预报结果与网格数据差异明显。

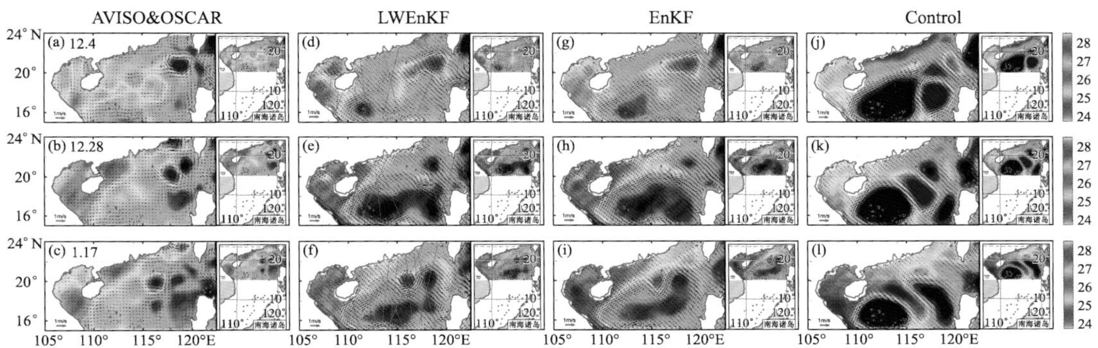

图 4.48 AVISO 与 OSCAR(a～c)、LWEnKF (d～f)、EnKF (g～i)和控制试验(j～l)的 SLA(填色图)和表面流场(矢量箭头)分布

(行对应不同的时间。d～f 中的红点表示上一时间窗口 AT-SSH 的分布。SLA 单位是 m,流速的单位为 m/s)

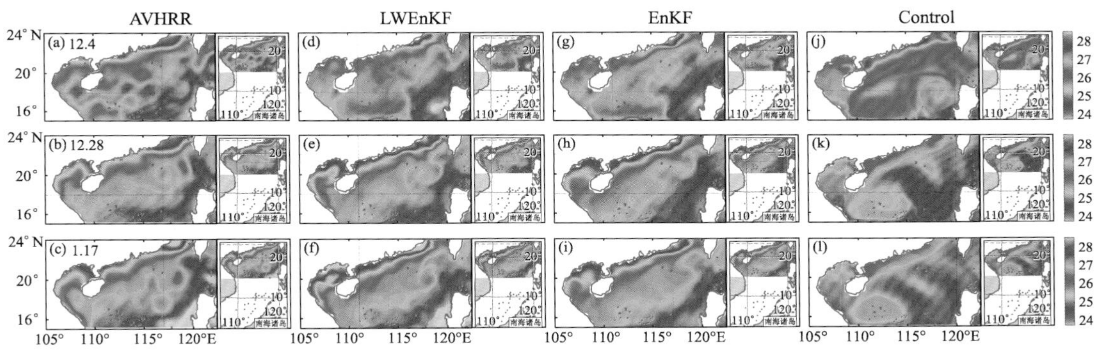

图 4.49 AVHRR (a～c)与 LWEnKF (d～f)、EnKF (g～i)和控制实验(j～k) 预报的 SST

(行对应不同的时间,单位:℃)

总的来说,基于海表流场、SLA 和 SST 分布情况,LWEnKF 系统能够较好预报中尺度涡的表面结构特征。

(3)中尺度涡结构

2013 年 12 月 4 日,中尺度暖涡表层结构稳定(图 4.50a)。我们提取了同化系统预报结果暖涡区域(19°～22°N, 117°～121°E)的温度场。图 4.51 展示了 ExpB3、ExpC3、ExpE1 和 ExpE2 的预报结果。由于模型的垂向分辨率较低,此处仅展示 600 m 以浅的结果。

图 4.50 展示了不同深度温度的水平分布,即三维结构。从 LWEnKF 预报结果(图 4.50a～f)可以清楚地观察到不同深度的暖涡高温区,并且暖涡的高温中心在不同深度不一致,高温中心从 200～600 m 逐渐向西南方向偏移。暖涡垂直结构由上到下向西南方向倾斜,倾斜方向与暖涡运动方向一致。Zhang 等(2016)认为南海中尺度涡的这种倾斜结构与陆坡地形有关。由于地形 β 效应,南海北部中尺度涡沿陆坡向西南传播,深层中尺度涡信号超前于上层中尺度涡信号。EnKF 同化系统预测的温度场(图 4.50g～l)也可以清晰地看到暖涡结构。与 LWEnKF 相比,EnKF 各层暖涡的影响范围更宽,且暖涡中心的温度更高,而到 600 m 层涡结构不明显。

从未同化 T/S 资料试验预报结果中获得的温度切片如图 4.50m～x 所示,与同化温盐廓

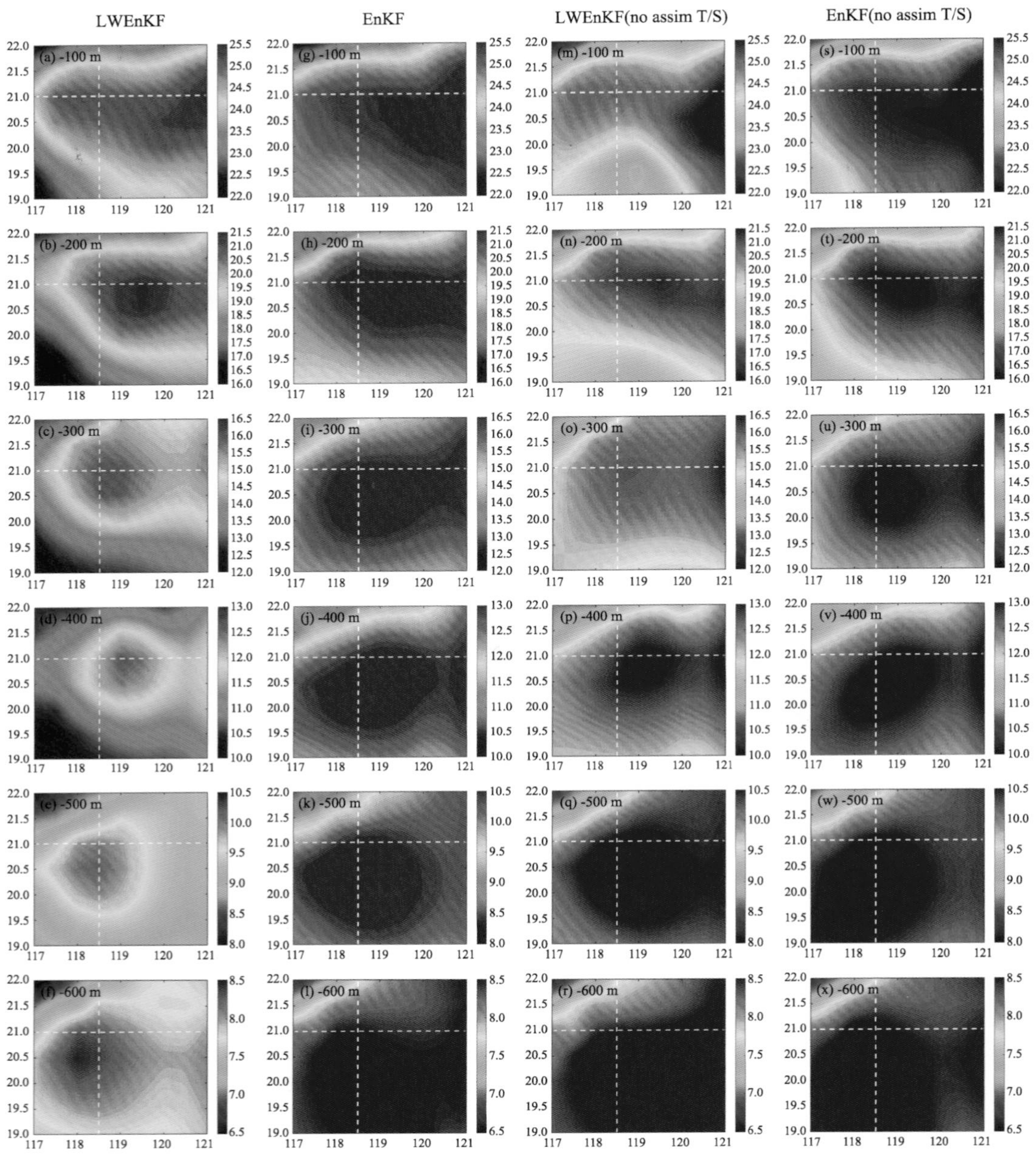

图 4.50 LWEnKF 和 EnKF 系统预报结果在不同深度的温度切片
(a)～(l)S-SST、AT-SSH 和 T/S 剖面同时同化的结果；(m)～(x)S-SST 和 AT-SSH 同时同化的结果
(白色虚线分别对应 21°N，118.5°E；单位：℃)

线的 LWEnKF 试验的预报结果比较，差异是明显的。仅依托现场观测不足以构建完整的涡旋结构，我们无法判断哪种方法的预报结果更接近实际的中尺度涡结构，只能将不同方案的结果做一个展示。但是从垂直温度廓线的 RMSE(图 4.46)来看，LWEnKF 对同化 T/S 廓线后 100～600 m 温度场的预报效果明显好于 EnKF，未同化 T/S 廓线时的对比结果也是如此，我们认为 LWEnKF 预报的温度场更为合理，由此获得的中尺度涡的三维结构也更接近实际。

下面进一步分析 2013 年 12 月 4 日暖涡的温度(图 4.51)和位势密度(图 4.52)断面。这里只展示了 ExpE1 和 ExpE2 试验的预报结果。图 4.50 的白色虚线对应 118.5°E 和 21°N。对应温度和位势密度等值线在中尺度涡区域均有加深的趋势。图 4.51 中的黑线表示 18℃的等温线,表示温跃层的位置。Zhang 等 (2013)通过布放的系泊温度观测阵列很好地捕获了这一暖涡过程,其观测结果显示,在暖涡到达之前,18℃等温线在 100～200 m 深度之间,当暖涡经过时,18℃等温线接近 250 m 深度,而 EnKF 预报结果的温跃层分布更深,LWEnKF 的预报结果与 Zhang 等(2013)的观测更吻合。位势密度能够反映水团的性质,从图 4.52 可以看到暖涡区域海水与区域外海水有明显差异,中尺度涡具有海水携带能力,而这里暖涡水可能保持着源地海水的温盐特性。

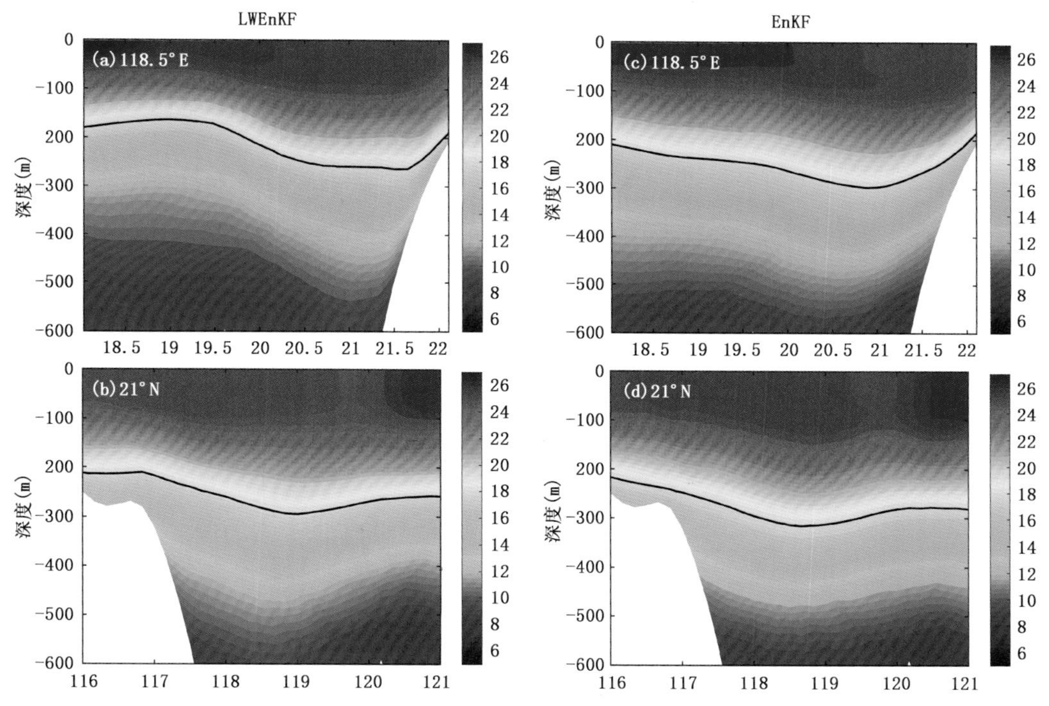

图 4.51 LWEnKF(左)和 EnKF(右)在(118.5°E,21°N)的温度垂直剖面
(黑线表示 18℃等温线,单位:℃)

仅从海表流场来看,中尺度暖涡过程黑潮密切相关。以往基于海面状态的研究表明,黑潮在通过吕宋海峡时经常以环流的形式侵入南海,并经常伴随着一个温暖的中尺度涡旋的旋出或分离(Caruso et al., 2004; Jia et al., 2011)。

为探究此次中尺度暖涡的来源,我们进一步分析了南海和黑潮的水团性质。图 4.53 展示了南海部分海域(20°～22°N, 117.5°～119.5°E)和吕宋海峡黑潮流轴附近(19°～21°N, 120.5°～122.5°E)海水的 T/S 曲线。图 4.53 中的黑色曲线是 2011—2014 年 EN4.2.1 数据集中对应区域所有盐度和温度剖面图的统计平均值。从温度和盐度特性来看,黑潮与南海海水存在明显的差异。前者在温跃层以上表现出明显的高温高盐特征,最大盐度可达 34.8 psu;中层以低温低盐度为特征,最低盐度为 34.3 psu。虽然南海海水呈类似的 S 型曲线,但其次表层最大盐度仅为 34.6 psu,中层最小盐度大于 34.4 psu。图 4.53 中红线为 LWEnKF 系统

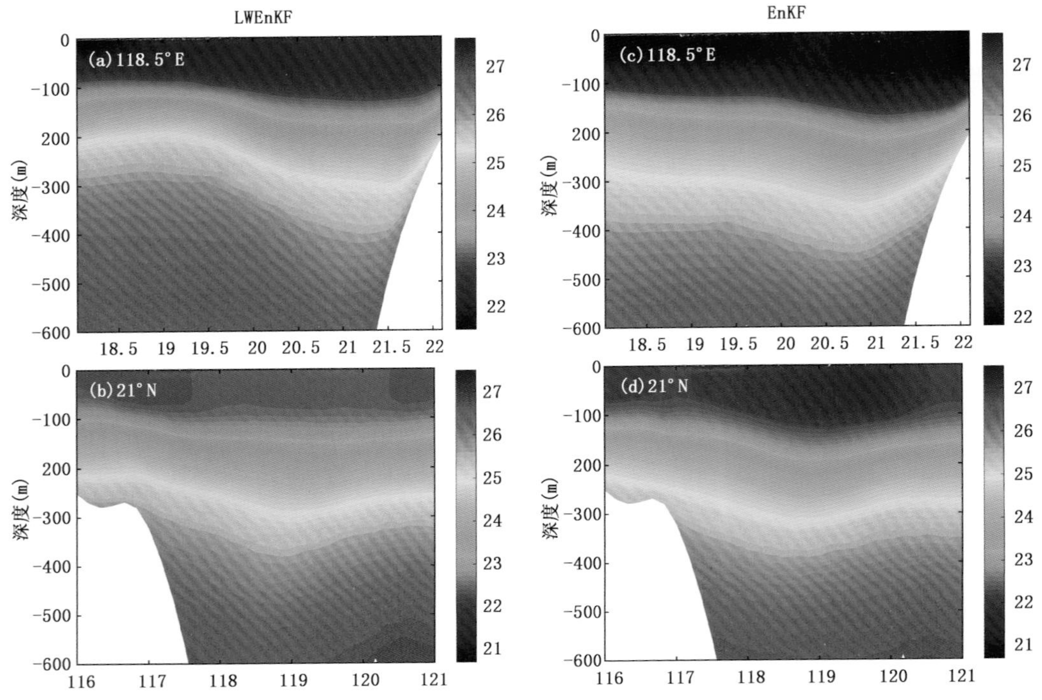

图 4.52　LWEnKF(左)和 EnKF(右)在 118.5°E 和 21°N 的位势密度垂直剖面(单位:kg/m³)

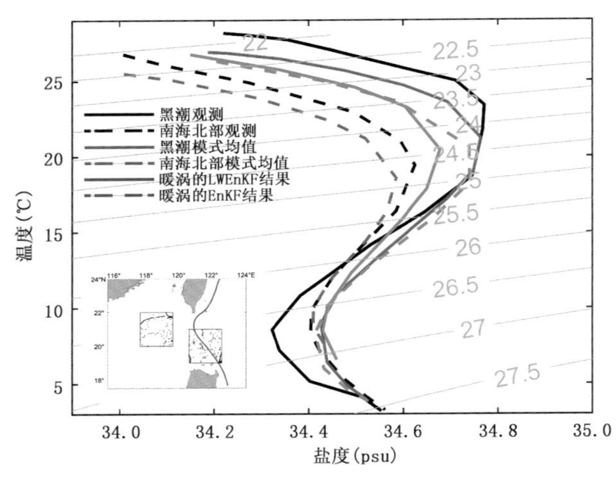

图 4.53　不同水团的 T/S 曲线

(背景灰色等值线是位势密度,单位:kg/m³。右下角子图中蓝色曲线为黑潮流轴)

2013 年 10 月 3 日至 2014 年 2 月 1 日的预报结果平均值。预报得到的 T/S 图与历史观测一致,能反映黑潮和南海海水的温、盐特征。

绿色实线为 LWEnKF 系统预报的 2013 年 12 月 4 日暖涡区(20°~22°N, 117.5°~119.5°E)的 T/S 曲线,其位于黑潮和南海海水 T/S 曲线之间,暖涡水温、盐度特征具有黑潮和南海海水的混合特性,这与暖涡水脱离黑潮流进入南海并与南海海水混合的结论是相符的。这一结果也与 Zhang 等(2016)在南海的观测结果一致,因此认为 LWEnKF 系统的预报结果是合理的。绿色的虚线显示了 EnKF 的结果,而在温跃层附近(位势密度 24～25 kg/m^3),其暖涡区域海水混合性质不明显,与 LWEnKF 相比,EnKF 表现出高温、高盐的特征,这也与以往的温度切片观测结果相一致。

4.4 小结

目前广泛应用的业务资料同化方法主要分为两类:变分方法和集合卡尔曼滤波方法。变分方法假设背景误差为高斯分布,且只能得到后验概率密度函数的一阶矩信息;需要数值模式的根线性和伴随模式,难以处理强非线性。集合卡尔曼滤波方法假设背景误差和分析误差都满足高斯分布,只能得到后验概率密度函数的一阶矩和二阶矩信息;虽然能够处理弱非线性的观测算子,但理论上仍然假设观测算子为线性。而粒子滤波方法完全摒弃了上述高斯分布和线性/弱非线性假设,且能够提供后验概率密度函数的完整信息,适用于任何非线性非高斯动力系统,有非常广阔的地球物理系统业务应用前景。

本章对粒子滤波与集合卡尔曼滤波混合方法的理论及应用进行了探讨及研究,为了将粒子滤波应用于高维系统、避免滤波退化的发生,本章结合局地化技术与提议密度技术,提出了一种新的局地加权集合卡尔曼滤波方法。该方法是一种非线性非高斯滤波方法,能够克服高维系统应用中的滤波退化问题,且能够结合粒子滤波和集合卡尔曼滤波的一些优点。其主要思想为基于加权集合卡尔曼滤波方法,将每个粒子的标量权重扩展为矢量权重,并通过局地化函数限制远距离观测的影响。

本章设计并实现了局地加权集合卡尔曼滤波方法资料同化系统,针对局地加权集合卡尔曼滤波方法的特性进行了初步的存储设计和并行算法设计。局地加权集合卡尔曼滤波方法资料同化系统能够适配多种模式,且能够处理多种类型的观测。

在不同维数的简单混沌模式、两层准地转模式和真实海洋模式中测试了局地加权集合卡尔曼滤波方法。简单模式试验的结果表明该方法适用于高维数值预报模式,在某些方面能够结合粒子滤波和集合卡尔曼滤波的优点,在某些情况下甚至能够提供更好的性能,具有实际应用的潜力。

在 ROMS 海洋资料同化试验中,针对多种参数进行了敏感性试验,并对该系统进行了同化效果验证,将其性能与集合卡尔曼滤波和局地粒子滤波进行了全面的比较。资料同化试验基于区域海洋模式 ROMS 进行,同化了海表面温度、海表面高度、Argo 温盐剖面、CTD 温盐剖面观测资料。对于观测变量,修正局地加权集合卡尔曼滤波的性能与集合卡尔曼滤波相当。由于海洋相对于大气变化缓慢,且在本文的海洋模式设置中分辨率相对较低,这使得海洋表层的非线性相对较弱。另外,观测算子也是线性的,因此同化系统整体呈现弱非线性,更有利于集合卡尔曼滤波。对于无观测的变量,局地加权集合卡尔曼滤波比集合卡尔曼滤波提供了更准确的预测,因为后者仅考虑了均值和协方差(一阶矩和二阶矩),而前者考虑了完整的概率密度函数。在该海洋资料同化试验中，局地粒子滤波得到的结果不理想，这也验证了局地粒子滤波在弱非线性系统中的同化效率偏低。

此外，为测试 LWEnKF 方法同化沿轨观测的能力，本小节利用南海北部 ROMS 模式，进行了同化沿轨海面高度(AT-SSH)、沿轨海表面温度(S-SST)和现场观测温盐(T/S)剖面的数值试验。结果表明，LWEnKF 由于引入了集合卡尔曼滤波(EnKF)作为建议密度，其性能优于局部粒子滤波(LPF)；LWEnKF 的 SSH 和 SST 的 RMSE 与 EnKF 相当，但 T/S 剖面的 RMSE 在 T 剖面和 S 剖面(相对于 EnKF)上分别显著降低了约 55%和 35%。因此，LWEnKF 对海洋内部温度场的预测更为合理。此外，使用 LWEnKF 可以更好地描述非线性中尺度涡旋的三维结构，体现了 LWEnKF 在业务化海洋预报系统中的应用前景。

参考文献

AKSOY A, DOWELL D C, SNYDER C, 2009. A multicase comparative assessment of the ensemble Kalman filter for assimilation of radar observations. Part I: Storm-Scale Analyses [J]. Monthly Weather Review, 137(6): 1805-1824.

ANDERSON J L, 2007. Exploring the need for localization in ensemble data assimilation using a hierarchical ensemble filter [J]. Physica D: Nonlinear Phenomena, 230(12): 99-111.

ANDERSON J L, 2009. Spatially and temporally varying adaptive covariance inflation for ensemble filters [J]. Tellus A, 61(1): 72-83.

BROWNE P A, VAN LEEUWEN P J, 2015. Twin experiments with the equivalent weights particle filter and HadCM3 [J]. Quarterly Journal of the Royal Meteorological Society, 141(693): 3399-3414.

CARUSO M J, BEARDSLEY R C, GAWARKIEWICZ G G, 2004. Interannual variability of the kuroshio Current intrusion in the South China Sea [J]. Gayana (Concepción), 68(2 suppl TIProc): 91-95.

DEE D P, UPPALA S M, SIMMONS A J, et al, 2011. The ERA-Interim reanalysis: configuration and performance of the data assimilation system [J]. Quarterly Journal of the Royal Meteorological Society, 137(656): 553-597.

DOHAN K, MAXIMENKO N, 2010. Monitoring ocean currents with satellite sensors [J]. Oceanography, 23(4): 94-103.

FARCHI A, BOCQUET M, 2018. Review article: Comparison of local particle filters and new implementations [J]. Nonlinear Processes in Geophysics, 25(4): 765-807.

GOOD S A, MARTIN M J, RAYNER N A, 2013. EN4: Quality controlled ocean temperature and salinity profiles and monthly objective analyses with uncertainty estimates [J]. Journal of Geophysical Research-Oceans, 118(12): 6704-6716.

HAMILL T M, 2000. Interpretation of rank histograms for verifying ensemble forecasts [J]. Monthly Weather Review, 129(3): 550-560.

HOTEIT I, HOAR T, GOPALAKRISHNAN G, et al, 2013. A MITgcm/DART ensemble analysis and prediction system with application to the Gulf of Mexico [J]. Dynamics of Atmospheres and Oceans, 63: 1-23.

HOUTEKAMER P L, 2005. Atmospheric data assimilation with an ensemble Kalman filter: Results with real observations [J]. Monthly Weather Review, 133(3): 604-620.

INGLEBY B, HUDDLESTON M, 2007. Quality control of ocean temperature and salinity profiles - Historical and real-time data [J]. Journal of Marine Systems, 65(1): 158-175.

JIA Y, CHASSIGNET E P, 2011. Seasonal variation of eddy shedding from the Kuroshio intrusion in the Luzon Strait [J]. Jouranl of Oceanography, 67(5): 601-611.

KERRY C, ROUGHAN M, POWELL B, 2018. Observation impact in a regional reanalysis of the east Australian Current System [J]. Journal of Geophysical Research-Oceans, 123(10): 7511-7528.

LEE Y, MAJDA A J, 2016. State estimation and prediction using clustered particle filters [J]. Proc Natl Acad Sci U S A, 113(51): 14609-14614.

LI Y, TOUMI R, 2017. A balanced Kalman filter ocean data assimilation system with application to the South Australian Sea [J]. Ocean Modelling, 116: 159-172.

MCGINNIS S, NYCHKA D, MEARNS L O, 2015. A new distribution mapping technique for climate model bias correction [J]. Machine Learning and Data Mining Approaches to Climate Science: 91-99.

METZGER E J, SMEDSTAD O M, THOPPIL P G, et al, 2014. US Navy operational global ocean and Arctic ice prediction systems [J]. Oceanography, 27(3): 32-43.

MOORE A, ARANGO H, BROQUET G, et al, 2011. The Regional Ocean Modeling System (ROMS) 4-dimensional variational data assimilation systems Part I - System overview and formulation [J]. Progress in Oceanography, 91: 34-49.

MORZFELD M, HODYSS D, SNYDER C, 2017. What the collapse of the ensemble Kalman filter tells us about particle filters [J]. Tellus A: Dynamic Meteorology and Oceanography, 69(1): 1283809.

MU Z, ZHANG W, WANG P, et al, 2019. Assimilation of SMOS sea surface salinity in the regional ocean model for South China Sea [J]. Remote Sensing, 11(8): 919.

NAN F, XUE H, XIU P, et al, 2011. Oceanic eddy formation and propagation southwest of Taiwan [J]. Journal of Geophysical Research Oceans, 116(C12): 78.

NENCIOLI F, DONG C, DICKEY T, et al, 2010. A vector geometry-Based eddy detection algorithm and its application to a high-resolution numerical model product and high-frequency radar surface velocities in the Southern California Bight [J]. Journal of Atmospheric and Oceanic Technology, 27(3): 564-579.

PHAM D T, 2001. Stochastic methods for sequential data assimilation in strongly nonlinear systems [J]. monthly weather review, 129(5): 1194-1207.

POTERJOY J, 2016. A localized particle filter for high-dimensional nonlinear systems [J]. Monthly Weather Review, 144(1): 59-76.

POTERJOY J, WICKER L, BUEHNER M, 2019. Progress toward the application of a localized particle filter for numerical weather prediction [J]. Monthly Weather Review, 147(4): 1107-1126.

RAYNAUD L, BOUTTIER F, 2016. Comparison of initial perturbation methods for ensemble prediction at convective scale [J]. Quarterly Journal of the Royal Meteorological Society, 142(695): 854-866.

REYNOLDS R W, SMITH T M, LIU C, et al,2007. Daily high-resolution-blended analyses for sea surface temperature [J]. Journal of Climate, 20(22): 5473-5496.

SHCHEPETKIN A F, MCWILLIAMS J C, 2005. The regional oceanic modeling system (ROMS): a split-explicit, free-surface, topography-following-coordinate oceanic model [J]. Ocean Modelling, 9(4): 347-404.

SHCHEPETKIN A F, MCWILLIAMS J C, 2009. Ocean forecasting in terrain-following coordinates: Formulation and skill assessment of the regional ocean modeling system [J]. Journal of Computational Physics, 228(24): 8985-9000.

SHEN Z, TANG Y, LI X, 2017. A new formulation of vector weights in localized particle filters [J]. Quarterly Journal of the Royal Meteorological Society, 143(709): 3269-3278.

SNYDER C, BENGTSSON T, BICKEL P, et al, 2008. Obstacles to high-dimensional particle filtering [J]. Monthly Weather Review, 136(12): 4629-4640.

SNYDER C, ZHANG F, 2003. Assimilation of simulated doppler radar observations with an ensemble Kalman filter [J]. Monthly Weather Review, 131: 1663-1677.

TIPPETT M K, ANDERSON J L, BISHOP C H, et al, 2003. Ensemble square root filters [J]. Monthly Weather Review, 131(7): 1485-1490.

TODLING R, 2015a. A complementary note to "A lag-1 smoother approach to system-error estimation": the intrinsic limitations of residual diagnostics [J]. Quarterly Journal of the Royal Meteorological Society, 141(692): 2917-2922.

TODLING R, 2015b. A lag-1 smoother approach to system-error estimation: sequential method [J]. Quarterly Journal of the Royal Meteorological Society, 141(690): 1502-1513.

ZHANG F, WENG Y, SIPPEL J A, et al, 2009. Cloud-resolving hurricane initialization and prediction through assimilation of Doppler radar observations with an ensemble Kalman filter [J]. Monthly Weather Review, 137: 2105-2125.

ZHANG Z, TIAN J, QIU B, et al, 2016. Observed 3D structure, generation, and dissipation of oceanic mesoscale eddies in the South China Sea [J]. Scientific Reports, 6: 24349.

ZHANG Z, ZHAO W, TIAN J, et al, 2013. A mesoscale eddy pair southwest of Taiwan and its influence on deep circulation [J]. Journal of Geophysical Research-Oceans, 118(12): 6479-6494.

ZHU M, VAN LEEUWEN P J, AMEZCUA J, 2016. Implicit equal-weights particle filter [J]. Quarterly Journal of the Royal Meteorological Society, 142(698): 1904-1919.

ZHU M, VAN LEEUWEN P J, ZHANG W, 2018. Estimating model error covariances using particle filters [J]. Quarterly Journal of the Royal Meteorological Society, 144(713): 1310-1320.

第 5 章
隐式等权重变分粒子平滑方法

粒子滤波方法的优势在于能适用于强非线性系统，但在实际应用中，有两大问题，一是滤波退化问题，二是同化效果往往不如集合卡尔曼滤波类方法。为了提高同化效果，一种有效的方法是将粒子滤波方法和集合卡尔曼滤波或者四维变分(4DVar)结合，比如本书第 4 章中的局地加权集合卡尔曼滤波方法就是将粒子滤波和集合卡尔曼滤波相结合，并且通过引入局地化思想克服滤波退化问题。粒子滤波与 4DVar 结合的产物是粒子平滑器方法，即在隐式粒子滤波中以 4DVar 作为提议密度，但隐式粒子滤波不能克服滤波退化的问题，因此还需要在隐式采样的基础上引入等权重思想，这就是隐式等权重粒子滤波(Implicit Equal-Weights Particle Filter，IEWPF)的基本思想。

本章重点介绍如何将 IEWPF 和 4DVar 相结合，即构建隐式等权重粒子滤波和 4DVar 的混合方法——隐式等权重变分粒子平滑方法(Implicit Equal-Weights Variational Particle Smoother，IEWVPS)。本章首先分别介绍 IEWPF 和 4DVar 的核心内容，然后介绍基于这两种方法构建混合方法 IEWVPS。在研究混合方法的过程中，有一个重要问题是 IEWPF 没有涉及的，那就是提议密度分析误差协方差矩阵的计算，该矩阵的维度不仅与模式维度相关，还与时间窗口的长度有关。我们无法显示计算该矩阵，为了克服这个问题，我们采用了一个随机方法。最后我们基于简单的 Lorenz96 模式和复杂的真实海洋模式 ROMS，构建隐式等权重变分粒子平滑同化系统，验证了 IEWVPS 方法的同化效果。

5.1 隐式等权重粒子滤波

隐式等权重变分粒子平滑方法是以隐式等权重粒子滤波为框架，其中的隐式等权重方法集合了提议密度、隐式采样和等权重的思想，该方法框架中的每个粒子隐式从各自对应的在略微不同的提议密度中进行采样，而每个粒子对应的提议密度不同的地方在于提议密度的方差前面的一个实数参数，本书称之为隐式等权重参数。该实数参数的取值取决于所有粒子的表现，以满足隐式等权重框架中的粒子等权重的性质。隐式等权重方法通过构建后验概率分布函数的采样样本，使得所有的粒子在同化观测之后均具有相等的粒子权重。因此，几乎目前所有粒子滤波方法中使用的重采样步骤就变成了不必要的步骤。更重要的是，本章将会详细展示在高维系统中粒子权重计算是如何非常明显地被简化的。隐式等权重方法的提出为解决困扰粒子滤波领域多年的“顽疾”——“维数灾难”问题提供了一个非常有效的解决方案，同时也提供了一类崭新的解决问题的思路和方法。

5.1.1 基本原理

如 2.3.5 节所述，引入提议密度思想之后，虽然后验概率密度不会发生改变，但由于采样粒子发生变化，粒子权重的表达形式发生了改变，总权重 w_i 分为了似然权重和提议权重：

$$w_i = \frac{p(\boldsymbol{y}^n \mid \boldsymbol{x}_i^n)}{p(\boldsymbol{y}^n)} \frac{p(\boldsymbol{x}_i^n \mid \boldsymbol{x}_i^{n-1})}{q(\boldsymbol{x}_i^n \mid \boldsymbol{X}^{n-1}, \boldsymbol{y}^n)} \tag{5.1}$$

第一部分和基本粒子滤波方法中的权重的表达形式一致,称为似然权重,表征的是已知模式变量时观测的概率;第二部分称为提议权重,它与提议密度的选取以及预报模式有关。

假定模式系统是马尔可夫链(Markovian)并根据贝叶斯(Bayes')定理,粒子权重表达式中的分子项可以替换为:

$$p(\boldsymbol{y}^n \mid \boldsymbol{x}^n)p(\boldsymbol{x}^n \mid \boldsymbol{x}_i^{n-1}) = p(\boldsymbol{x}^n \mid \boldsymbol{x}_i^{n-1},\boldsymbol{y}^n)p(\boldsymbol{y}^n \mid \boldsymbol{x}_i^{n-1}) \tag{5.2}$$

因此,在观测步的集合成员 i 的粒子权重就变成了:

$$w_i = \frac{p(\boldsymbol{x}_i^n \mid \boldsymbol{x}_i^{n-1},\boldsymbol{y}^n)p(\boldsymbol{y}^n \mid \boldsymbol{x}_i^{n-1})}{p(\boldsymbol{y}^n)q(\boldsymbol{x}_i^n \mid \boldsymbol{X}^{n-1},\boldsymbol{y}^n)} \tag{5.3}$$

在最优提议密度方法(Doucet et al., 2000)中,提议密度被指定为 $q(\boldsymbol{x}_i^n \mid \boldsymbol{X}^{n-1},\boldsymbol{y}^n) = p(\boldsymbol{x}_i^n \mid \boldsymbol{x}_i^{n-1},\boldsymbol{y}^n)$,从而使得粒子权重和给定前一时间步模式状态的观测的概率密度函数成正比 $w_i \propto p(\boldsymbol{y}^n \mid \boldsymbol{x}_i^{n-1})$。对于有大量的独立观测的系统,这些粒子的权重会出现衰退现象(Ades et al., 2013)。

IEWPF 的隐式部分采用隐式采样,从一个标准高斯分布的提议密度 $q(\boldsymbol{\xi})$ 中进行隐式采样,以代替原来的提议密度 $q(\boldsymbol{x}^n \mid \boldsymbol{X}^{n-1},\boldsymbol{y}^n)$ 进行采样(Chorin et al., 2009)。这两个提议密度之间的关系可以表示为:

$$q(\boldsymbol{x}^n \mid \boldsymbol{X}^{n-1},\boldsymbol{y}^n) = \frac{q(\boldsymbol{\xi})}{\left\| \dfrac{\mathrm{d}\boldsymbol{x}}{\mathrm{d}\boldsymbol{\xi}} \right\|} \tag{5.4}$$

其中,$\left\| \dfrac{\mathrm{d}\boldsymbol{x}}{\mathrm{d}\boldsymbol{\xi}} \right\|$ 表示从 $\boldsymbol{\xi}$ 的采样空间到 $\boldsymbol{x}$ 的采样空间 $\mathbb{R}^{N_x} \to \mathbb{R}^{N_x}$ 的转换 $\boldsymbol{x}_i = g(\boldsymbol{\xi}_i)$ 的雅可比(Jacobian)矩阵的行列式的绝对值。在 IEWPF 中定义函数 $g(\cdot)$ 为:

$$\boldsymbol{x}_i^n = g(\xi_i) = x_i^a + \alpha_i^{1/2}\boldsymbol{P}^{1/2}\boldsymbol{\xi}_i^{1/2} \tag{5.5}$$

其中,$\boldsymbol{x}_i^a$ 是提议密度函数 $q(\boldsymbol{x}_i^n \mid \boldsymbol{X}^{n-1},\boldsymbol{y}^n)$ 的取峰值点,$\boldsymbol{P}$ 是概率密度函数的宽度,α_i 是一个标量参数。在隐式粒子滤波(Chorin et al., 2010)中,参数 α_i 通过将提议密度选择为最优提议密度函数,即 $q(\boldsymbol{x}_i^n \mid \boldsymbol{X}^{n-1},\boldsymbol{y}^n) = p(\boldsymbol{x}_i^n \mid \boldsymbol{x}_i^{n-1},\boldsymbol{y}^n)$,同时在式(5.6)中使用 $\boldsymbol{x}_i^n$ 的式(5.5),可以得到关于 α_i 的非线性方程,从而求解得到 α_i 的值。

$$p(\boldsymbol{x}_i^n \mid \boldsymbol{x}_i^{n-1},\boldsymbol{y}^n) = \frac{q(\boldsymbol{\xi})}{\left\| \dfrac{\mathrm{d}\boldsymbol{x}}{\mathrm{d}\boldsymbol{\xi}} \right\|} \tag{5.6}$$

IEWPF 和隐式粒子滤波中选择 α_i 值的方法不同,IEWPF 中 α_i 值的选择使得所有的粒子可以得到相等的粒子权重,被称为目标粒子权重 w_{target},因此,通过式(5.7)可以求取每个粒子的 α_i 值:

$$w_i(\alpha_i) = \frac{p(\boldsymbol{x}_i^n \mid \boldsymbol{x}_i^{n-1},\boldsymbol{y}^n)p(\boldsymbol{y}^n \mid \boldsymbol{x}_i^{n-1})}{Np(\boldsymbol{y}^n)q(\boldsymbol{x}_i^n \mid \boldsymbol{X}^{n-1},\boldsymbol{y}^n)} = w_{\text{target}} \tag{5.7}$$

式(5.7)是 IEWPF 的思想核心,是 IEWPF 等权重的基本原理部分。该公式保证了 IEWPF 在任意很高维数的系统中并且拥有任意很大数量的独立观测的情况下,集合粒子权重不会产生粒子衰退现象,解决了困扰粒子滤波多年的“维数灾难”问题。

对这个公式进行展开,从 $q(\boldsymbol{\xi})$ 而不是原始的 $q(\boldsymbol{x}_i^n \mid \boldsymbol{X}^{n-1},\boldsymbol{y}^n)$ 中进行隐式采样,粒子权重则可以表示为:

$$w_i = \frac{p(\boldsymbol{x}_i^n \mid \boldsymbol{x}_i^{n-1},\boldsymbol{y}^n)p(\boldsymbol{y}^n \mid \boldsymbol{x}_i^{n-1})}{q(\boldsymbol{\xi})}\left\| \frac{\mathrm{d}\boldsymbol{x}}{\mathrm{d}\boldsymbol{\xi}} \right\| \cdot w_i^{\text{prev}} \tag{5.8}$$

其中，$q(\boldsymbol{\xi})$ 是标准高斯分布；w_i^{prev} 引入了来自于前一个时间步的粒子权重值。式(5.8)是 IEWPF 的隐式部分。

雅可比矩阵的行列式只和 $\boldsymbol{\xi}$ 到 $\boldsymbol{x}$ 的转换相关，并且这两个变量的概率密度函数相互独立，因此，从式(5.5)可以得到：

$$\left\|\frac{\mathrm{d}\boldsymbol{x}}{\mathrm{d}\boldsymbol{\xi}}\right\| = \left\|\alpha_i^{1/2}\boldsymbol{P}^{1/2} + \boldsymbol{P}^{1/2}\boldsymbol{\xi}_i^n \frac{\partial \alpha_i^{1/2}}{\partial \boldsymbol{\xi}_i^n}\right\| \tag{5.9}$$

从等式的右边提取出 $\alpha_i^{1/2}P^{1/2}$，可以得到：

$$\left\|\frac{\mathrm{d}\boldsymbol{x}}{\mathrm{d}\boldsymbol{\xi}}\right\| = \alpha_i^{N_x/2}\|\boldsymbol{P}^{1/2}\|\left\|I + \frac{\boldsymbol{\xi}_i^n}{\alpha_i^{1/2}}\frac{\partial \alpha_i^{1/2}}{\partial \boldsymbol{\xi}_i^n}\right\| \tag{5.10}$$

Sylvester’s 行列式定理(Sylvester’s determinant lemma)可以把公式中的最后一个因式简化。那么关于 $\left\|\frac{\mathrm{d}\boldsymbol{x}}{\mathrm{d}\boldsymbol{\xi}}\right\|$ 的公式可以简化为：

$$\left\|\frac{\mathrm{d}\boldsymbol{x}}{\mathrm{d}\boldsymbol{\xi}}\right\| = \alpha_i^{N_x/2}\|\boldsymbol{P}^{1/2}\|\left|1 + \frac{\partial \alpha_i^{1/2}}{\partial \boldsymbol{\xi}_i^n}\frac{\boldsymbol{\xi}_i^n}{\alpha_i^{1/2}}\right| \tag{5.11}$$

在观测系统中，误差的统计分布通常都是类高斯分布，因此假设观测误差呈高斯分布，同时，由于模式误差很难统计得到，在简化模式误差的情况下，我们也假设模式误差为高斯分布。设定观测误差和模式误差均为高斯分布的前提来探索 IEWPF 框架，同时假定观测算子 $\boldsymbol{H} \in \mathbb{R}^{N_y \times N_x}$ 是线性观测算子。在这些假定的前提下可以得到在隐式粒子滤波中同样用到的公式：

$$\begin{aligned}
& p(\boldsymbol{y}^n \mid \boldsymbol{x}^n)p(\boldsymbol{x}^n \mid \boldsymbol{x}_i^{n-1}) \\
&= \frac{1}{A}\exp[-\frac{1}{2}(\boldsymbol{y}^n - \boldsymbol{H}\boldsymbol{x}^n)^{\mathrm{T}}\boldsymbol{R}^{-1}(\boldsymbol{y}^n - \boldsymbol{H}\boldsymbol{x}^n) - \\
& \frac{1}{2}(\boldsymbol{x}^n - f(\boldsymbol{x}_i^{n-1}))^{\mathrm{T}}\boldsymbol{Q}^{-1}(\boldsymbol{x}^n - f(\boldsymbol{x}_i^{n-1}))] \\
&= \frac{1}{A}\exp(-\frac{1}{2}(\boldsymbol{x}^n - \widehat{\boldsymbol{x}_i^n})^{\mathrm{T}}\boldsymbol{P}^{-1}(\boldsymbol{x}^n - \widehat{\boldsymbol{x}_i^n}))\exp(-\frac{1}{2}\phi_i) \\
&= p(\boldsymbol{x}^n \mid \boldsymbol{x}_i^{n-1}, \boldsymbol{y}^n)p(\boldsymbol{y}^n \mid \boldsymbol{x}_i^{n-1})
\end{aligned} \tag{5.12}$$

其中，存在：

$$\boldsymbol{P} = (\boldsymbol{Q}^{-1} + \boldsymbol{H}^{\mathrm{T}}\boldsymbol{R}^{-1}\boldsymbol{H})^{-1} \tag{5.13}$$

$$\widehat{\boldsymbol{x}_i^n} = f(\boldsymbol{x}_i^{n-1}) + (\boldsymbol{Q}^{-1} + \boldsymbol{H}^{\mathrm{T}}\boldsymbol{R}^{-1}\boldsymbol{H})^{-1}\boldsymbol{H}^{\mathrm{T}}\boldsymbol{R}^{-1}(\boldsymbol{y}^n - \boldsymbol{H}f(\boldsymbol{x}_i^{n-1})) \tag{5.14}$$

$$\phi_i = (\boldsymbol{y}^n - \boldsymbol{H}f(\boldsymbol{x}_i^{n-1}))^{\mathrm{T}}(\boldsymbol{HQ}\boldsymbol{H}^{\mathrm{T}} + \boldsymbol{R})^{-1}(\boldsymbol{y}^n - \boldsymbol{H}f(\boldsymbol{x}_i^{n-1})) \tag{5.15}$$

在式(5.5)的 $\boldsymbol{x}_i^a$ 是提议密度 $p(\boldsymbol{x}^n \mid \boldsymbol{x}_i^{n-1}, \boldsymbol{y}^n)$ 取波峰值点，其表达式如下：

$$\boldsymbol{x}_i^a = \widehat{\boldsymbol{x}_i^n} = f(\boldsymbol{x}_i^{n-1}) + \boldsymbol{Q}\boldsymbol{H}^{\mathrm{T}}(\boldsymbol{HQ}\boldsymbol{H}^{\mathrm{T}} + \boldsymbol{R})^{-1}(\boldsymbol{y}^n - \boldsymbol{H}f(\boldsymbol{x}_i^{n-1})) \tag{5.16}$$

为了可以更好地表示和化简公式方程引入 ε：

$$\alpha_i = 1 + \varepsilon_i \tag{5.17}$$

对式(5.8)得到的粒子权重值取对数并取负值，可以得到：

$$\begin{aligned}
-2\lg w_i &= -2\lg w_i^{\text{prev}} + \\
&\left\{-2\lg\left(\frac{p(\boldsymbol{x}_i^n \mid \boldsymbol{x}_i^{n-1}, \boldsymbol{y}^n)p(\boldsymbol{y}^n \mid \boldsymbol{x}_i^{n-1})}{q(\boldsymbol{\xi})}\left\|\frac{\mathrm{d}\boldsymbol{x}}{\mathrm{d}\boldsymbol{\xi}}\right\|\right)\right\}
\end{aligned} \tag{5.18}$$

定义 $\boldsymbol{J}_i$ 和 $\boldsymbol{J}_i^{\text{prev}}$ 分别代表分析时刻和分析时刻前一时刻的粒子权重的两倍对数值，那么上一公式可以写作：

$$\boldsymbol{J}_i = \boldsymbol{J}_i^{\text{prev}} - 2\lg\left(\frac{p(\boldsymbol{x}_i^n \mid \boldsymbol{x}_i^{n-1}, \boldsymbol{y}^n)\, p(\boldsymbol{y}^n \mid \boldsymbol{x}_i^{n-1})}{q(\boldsymbol{\xi})}\left\|\frac{\mathrm{d}\boldsymbol{x}}{\mathrm{d}\boldsymbol{\xi}}\right\|\right) \tag{5.19}$$

将在式(5.11)中得到的雅可比参数因子代入，可以发现：

$$\begin{aligned}\boldsymbol{J}_i = {} & \boldsymbol{J}_i^{\text{prev}} + (\boldsymbol{x}_i^n - \widehat{\boldsymbol{x}_i^n})^{\mathrm{T}} \boldsymbol{P}^{-1} (\boldsymbol{x}_i^n - \widehat{\boldsymbol{x}_i^n}) + \phi_i - \\ & \boldsymbol{\xi}_i^{n\mathrm{T}} \boldsymbol{\xi}_i^n - 2\lg\left(\alpha_i^{N_x/2} \|\boldsymbol{P}^{1/2}\| \left|1 + \frac{\partial \alpha_i^{1/2}}{\partial \boldsymbol{\xi}_i^n} \frac{\boldsymbol{\xi}_i^n}{\alpha_i^{1/2}}\right|\right)\end{aligned} \tag{5.20}$$

省略了在接下来的公式推导和理论论述中对所有粒子都相同的常数项。

由于存在表达式 $\boldsymbol{x}_i^n = \widehat{\boldsymbol{x}_i^n} + \alpha_i^{1/2} \boldsymbol{P}^{1/2} \boldsymbol{\xi}_i^n$，并且假定 $\alpha_i = 1 + \varepsilon_i$，$\boldsymbol{J}_i$ 的表达式可以简化为：

$$\begin{aligned}\boldsymbol{J}_i = {} & \boldsymbol{J}_i^{\text{prev}} + \alpha_i \boldsymbol{\xi}_i^{n\mathrm{T}} \boldsymbol{P}^{1/2} \boldsymbol{P}^{-1} \boldsymbol{P}^{1/2} \boldsymbol{\xi}_i^n + \phi_i - \\ & \boldsymbol{\xi}_i^{n\mathrm{T}} \boldsymbol{\xi}_i^n - 2\lg\left(\alpha_i^{N_x/2} \|\boldsymbol{P}^{1/2}\| \left|1 + \frac{\partial \alpha_i^{1/2}}{\partial \boldsymbol{\xi}_i^n} \frac{\boldsymbol{\xi}_i^n}{\alpha_i^{1/2}}\right|\right) \\ = {} & \boldsymbol{J}_i^{\text{prev}} + \varepsilon_i \boldsymbol{\xi}_i^{n\mathrm{T}} \boldsymbol{\xi}_i^n + \varphi_i - \\ & 2\lg\left(\alpha_i^{N_x/2} \|\boldsymbol{P}^{1/2}\| \left|1 + \frac{\partial \alpha_i^{1/2}}{\partial \boldsymbol{\xi}_i^n} \frac{\boldsymbol{\xi}_i^n}{\alpha_i^{1/2}}\right|\right)\end{aligned} \tag{5.21}$$

同样，为了简化表达和公式描述过程，设定 $\boldsymbol{\xi}_i^{n\mathrm{T}} \boldsymbol{\xi}_i^n = \gamma_i$，使得 J_i 可以表示为：

$$\begin{aligned}\boldsymbol{J}_i = {} & \boldsymbol{J}_i^{\text{prev}} + \varepsilon_i \gamma_i + \phi_i - \\ & 2\lg\left(\alpha_i^{N_x/2} \|\boldsymbol{P}^{1/2}\| \left|1 + \frac{\partial \alpha_i^{1/2}}{\partial \boldsymbol{\xi}_i^n} \frac{\boldsymbol{\xi}_i^n}{\alpha_i^{1/2}}\right|\right)\end{aligned} \tag{5.22}$$

设定所有的粒子权重全部等于目标粒子权重 w_{target}，相当于将 $\boldsymbol{J}_i$ 的值等于一个常数 C，可以得到关于 ε_i 的公式：

$$\begin{aligned}& \varepsilon_i \gamma_i - 2\lg(\alpha_i^{N_x/2}) - 2\lg(\|\boldsymbol{P}^{1/2}\|) - \\ & 2\lg\left(\left|1 + \frac{\partial \alpha_i^{1/2}}{\partial \boldsymbol{\xi}_i^n} \frac{\boldsymbol{\xi}_i^n}{\alpha_i^{1/2}}\right|\right) + \phi_i + \boldsymbol{J}_i^{\text{prev}} - C = 0\end{aligned} \tag{5.23}$$

其中，由于 $-2\lg(\|\boldsymbol{P}^{1/2}\|)$ 也是一个常数，所以将其同样隐含表达在常数 C 中。

尽管这是一个标量方程，方程的偏导部分使得这个隐式方程在通常情况下较难求解(如果存在解)。由于研究的主要目的在于解决高维问题上，所以将这个方程放在高维的 $\boldsymbol{N}_x$ 限制情况下进行分析和求解。推导该方程的过程在 5.1.2.2 节中进行了详细说明，在高维系统的限制条件下可以得到非常简单的方程，如方程(5.24)所示：

$$\varepsilon_i \gamma_i - N_x \lg(1 + \varepsilon_i) + \varphi_i + J_i^{\text{prev}} - C = 0 \tag{5.24}$$

如果方程(5.24)存在解，并且可以得到 ε_i 的实数解，那么一个能够解决粒子权重衰退问题的完全相等权重的粒子滤波就被发现了。这个方程可以通过数值迭代的方法进行求解，例如使用 Newton 方法等，但是非常值得研究的是，这个方程存在解析解。该方程的解析解的求解基于一个叫 Lambert W 函数的函数方程。

5.1.2 隐式等权重参数方程解析解

式(5.24)是一个关于 ε 的方程，方程的解析解的求解基于一个叫 Lambert W 函数的函数方程。本小节对方程的解析解进行详细介绍。

5.1.2.1 Lambert W 函数

Lambert W 函数(Euler，1783；Lambert，1758)，同样被称作 Omega 函数或者是积对数

函数，是下面函数的反函数(inverse function)：

$$z = f(W) = W(z)\,\mathrm{e}^{W(z)} \tag{5.25}$$

其中，$\mathrm{e}^{W(z)}$ 是指数函数，z 是任意的复数。

因为 $f(\cdot)$ 不是一一映射函数，所以 $W(\cdot)$ 函数是多值的(除了在 0 点)。在 IEWPF 中将只研究实数值的 W 函数，复数值符号 z 被实数值符号 x 代替。在实数域内，当 $x \geqslant -1/\mathrm{e}$ 时，$W(x)$ 是存在的，并且在区间 $(-1/\mathrm{e},0)$ 上对应双值，如图 5.1 所示。图中，$W_0(x)$ 表示满足 $W(x) \geqslant -1$ 的分支，$W_{-1}(x)$ 表示满足 $W(x) \leqslant -1$ 的分支。

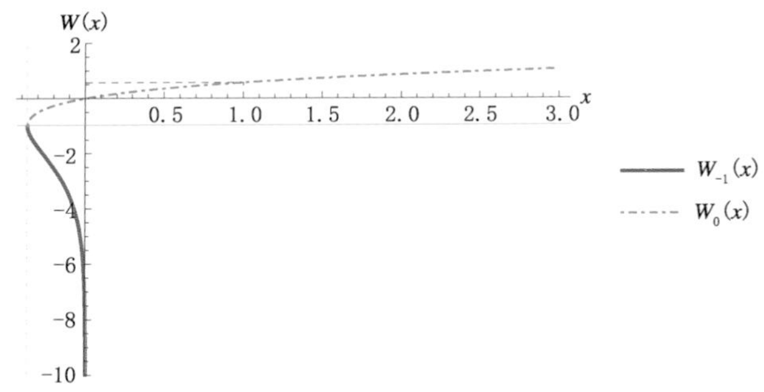

图 5.1　实数值 $W(x)$ 表示的 Lambert W 函数

如图 5.1 所示，Lambert W 函数的特殊值存在 $W_0(0) = 0$ 并且 $W_0(-1/e) = -1$ 。在分支 $W_{-1}(x)$ 中，Lambert W 函数从 $W_{-1}(-1/\mathrm{e}) = -1$ 递减到 $W_{-1}(0^-) = -\infty$。Lambert W 函数的严格意义上的定义来自于它的导数：

$$\frac{\mathrm{d}W}{\mathrm{d}z} = \frac{W(z)}{z(1+W(z))} \tag{5.26}$$

其中，$z \notin \{0, -1/\mathrm{e}\}$ ，并且方程(5.27)直接来自于其定义：

$$W(x \cdot \mathrm{e}^x) = x \tag{5.27}$$

与研究 IEWPF 过程中遇到的问题相关的是，Lambert W 函数给出了一个一般化问题的通用解，即问题方程(5.28)和该方程(5.29)的通解：

$$\lg(A + Bx) + C_w x = \lg D \tag{5.28}$$

$$x = \frac{1}{C_w} W\left[\frac{C_w D}{B}\exp\left(\frac{A C_w}{B}\right)\right] - \frac{A}{B} \tag{5.29}$$

该问题方程和方程的通解可以将方程(5.24)一般化到问题方程(5.28)并通过方程(5.29)求取关于 ε_i 的解析解。

5.1.2.2　IEWPF 框架的高维系统限制

在本节中我们需要求解方程(5.23)，本小节我们给出由方程(5.23)到方程(5.24)的详细的推导过程，为了方便表达，首先我们引入标记符号 $a = \alpha_i^{1/2}$ ，$g = \gamma_i$ ，$n = N_x$ ，$\xi = \xi_i^n$ 以及 $c = C + 2\lg(\|\boldsymbol{P}^{1/2}\|) - \phi_i - J_i^{prev}$ 。因此，每个粒子都会有一个完全不同的 g 、ξ 和 c ，我们需要求解得到 a 。那么必须求解的方程就变成了如下形式：

$$(a^2 - 1)g - 2n\lg a - 2\lg\left(\left|\, 1 + \frac{\partial a}{\partial \xi}\frac{\xi}{a}\,\right|\right) = c \tag{5.30}$$

为了继续推导，我们需要寻找方程的解，其中 α_i ，也就是 a ，是一个关于 ξ_i 的方程，通过 $\gamma_i = \xi_i^{\mathrm{T}}\xi_i$ 建立联系。那么其导数就变成了：

$$\frac{\partial a}{\partial \xi} = \frac{\mathrm{d}a}{\mathrm{d}g}\frac{\partial g}{\partial \xi} = 2\,\frac{\mathrm{d}a}{\mathrm{d}g}\,\xi^{\mathrm{T}} \tag{5.31}$$

因此就可以得到如下方程：

$$(a^2-1)g - 2n\lg a - 2\lg\left(\left|1+2\,\frac{\mathrm{d}a}{\mathrm{d}g}\,\frac{g}{a}\right|\right) = c \tag{5.32}$$

将所有的 lg 项放在一起可以得到：

$$(a^2-1)g - 2\lg\left[a^n\left(\left|1+2\,\frac{\mathrm{d}a}{\mathrm{d}g}\,\frac{g}{a}\right|\right)\right] = c \tag{5.33}$$

lg 内部的参数项可以表示为：

$$a^n\left(1+2\,\frac{\mathrm{d}a}{\mathrm{d}g}\,\frac{g}{a}\right) = a^{n-2}\left(a^2+2ga\,\frac{\mathrm{d}a}{\mathrm{d}g}\right) = a^{n-2}\,\frac{\mathrm{d}\,a^2 g}{\mathrm{d}g} \tag{5.34}$$

引入一个新的变量 $b = a^2 g$ 使得 $a^2 = b/g$，因此可以得到：

$$b - g + 2\lg g^{n/2-1} - 2\lg\left(b^{n/2-1}\left|\frac{\mathrm{d}b}{\mathrm{d}g}\right|\right) = c \tag{5.35}$$

将所有含有 b 和 g 的项放在一起，可以发现：

$$\lg\left(\mathrm{e}^{-b/2}\,b^{n/2-1}\left|\frac{\mathrm{d}b}{\mathrm{d}g}\right|\right) = \lg(\mathrm{e}^{-g/2}\,g^{n/2-1}) - \frac{c}{2} \tag{5.36}$$

在等式两边进行指数运算，可以得到：

$$\mathrm{e}^{-b/2}\,b^{n/2-1}\left|\frac{\mathrm{d}b}{\mathrm{d}g}\right| = \mathrm{e}^{-g/2}\,g^{n/2-1}\,\mathrm{e}^{-c/2} \tag{5.37}$$

这个方程可以针对 g 进行积分，进而推导出：

$$\int \mathrm{e}^{-b/2}\,b^{n/2-1}\,\mathrm{d}b = \int \mathrm{e}^{-g/2}\,g^{n/2-1}\,\mathrm{d}g\,\mathrm{e}^{-c/2} \tag{5.38}$$

现在使用如下方程：

$$\int x^m\,\mathrm{e}^{-\beta x}\,\mathrm{d}x = -\frac{\Gamma(m+1,\beta x)}{\beta^{m+1}} \tag{5.39}$$

可以得到：

$$\pm\,\Gamma(n/2, a^2 g/2) = \Gamma(n/2, g/2)\,\mathrm{e}^{-c/2} \tag{5.40}$$

这个实用的展开来自于使用如下的方式对于较大的参数 m 和 x 展开 $\Gamma(m,x)$，其方程写作：

$$Q(m,x) = \frac{\Gamma(m,x)}{\Gamma(m)} \tag{5.41}$$

现在定义 $y = x/m$，并且有

$$z = y - 1 - \lg y \tag{5.42}$$

我们不需要过多担心和考虑 z 的符号的问题，因此通常可以将方程(5.41)写作：

$$Q(m,x) = \frac{1}{2}\mathrm{erfc}(\sqrt{mz}) + \frac{\mathrm{e}^{-mz}}{\sqrt{2\pi m}}\left[\frac{1}{y-1} - \frac{1}{\sqrt{2z}} + O\left(\frac{1}{m}\right)\right] \tag{5.43}$$

更进一步，误差方程 erfc 对于大数参数可以近似为：

$$\mathrm{erfc}(\sqrt{mz}) = \frac{\mathrm{e}^{-mz}}{\sqrt{\pi mz}}\left[1 - \frac{3}{2mz} + O\left(\frac{1}{(mz)^2}\right)\right] \tag{5.44}$$

其中，我们注意到：

$$mz = x - m - m\lg y = O(N_x) \tag{5.45}$$

结合这两个展开，发现对于大数 z 和 m ：

$$Q(m,x)=\frac{e^{-mz}}{\sqrt{2\pi m}}\left[\frac{1}{y-1}+O\left(\frac{1}{m},\frac{1}{mz}\right)\right] \tag{5.46}$$

因此找到了对于 a 的如下方程：

$$\pm\frac{e^{-w}}{\sqrt{2\pi}}\left[\frac{1}{a^2g/n-1}\right]=\frac{e^{-v}}{\sqrt{2\pi}}\left[\frac{1}{g/n-1}\right]e^{-c/2} \tag{5.47}$$

其中，w 和 v 表示为：

$$w=mz=\frac{1}{2}(a^2g-n-n\lg a^2g+n\lg n) \tag{5.48}$$

$$v=mz=\frac{1}{2}(g-n-n\lg g+n\lg n) \tag{5.49}$$

通过取绝对值，方程可以变为：

$$e^{-1/2[(a^2-1)g-n\lg a^2]}\left|\frac{g-n}{a^2g-n}\right|=e^{-c/2} \tag{5.50}$$

对上式两边取对数，得到：

$$(a^2-1)g-n\lg a^2-2\lg\left|\frac{g-n}{a^2g-n}\right|=c \tag{5.51}$$

转换回原始的变量，就可得到：

$$\gamma_i\alpha_i-N_x\lg\alpha_i+2\lg(|\alpha_i\gamma_i-N_x|)=c+\gamma_i+2\lg(|\gamma_i-N_x|) \tag{5.52}$$

可以从方程的对数函数的两边提取出 N_x 变量，因此可以得到：

$$\gamma_i\alpha_i-N_x\lg\alpha_i+2\lg\left(\left|\alpha_i\frac{\gamma_i}{N_x}-1\right|\right)=c+\gamma_i+2\lg\left(\left|\frac{\gamma_i}{N_x}-1\right|\right) \tag{5.53}$$

此时需要注意的是，左手边方程的第三项要远远小于第二项，同样的情况也发生在右手边方程，因此推导出：

$$(\alpha_i-1)\gamma_i-N_x\lg\alpha_i=C-\phi_i-J_i^{\text{prev}} \tag{5.54}$$

现在已经得到了 α_i 的一个解，需要检查是否 γ_i 和 $\alpha_i\gamma_i$ 远大于 0。我们知道，对于大数 N_x，γ_i 变量服从 $\chi^2_{N_x}$ 分布，因此 γ_i 也是一个大数。对于 $\alpha_i\gamma_i$ ，通过方程(5.53)得到的解，应用短的标记符号得到：

$$\alpha_i=a^2=-\frac{n}{g}W\left[-\frac{g}{n}e^{-g/n}\cdot e^{-c/n}\right] \tag{5.55}$$

方程中存在两个解：$\alpha_i>1$ 和 $\alpha_i<1$ 。前一个解满足我们的需求，因为如果 $\alpha_i>1$ ，那么 $\alpha_i\gamma_i\gg1$ 。因此需要验证的是 $\alpha_i\gamma_i\gg1$ 对于 W_0 分支上的解和任意的 γ_i 是否成立。因此得到：

$$a^2g=-nW_0\left[-\frac{g}{n}e^{-g/n}\cdot e^{-c/n}\right] \tag{5.56}$$

我们知道 $g\sim\chi^2_n$ ，因此其平均值为 n ，标准偏差为 $\sqrt{2n}$ ，因此 $g/n=O(1)$ 。W_0 中的参数小量来自于 $e^{-c/n}$ ，对于小的参量，我们近似得到：

$$\lim_{z\to0}W_0(z)=z+O(z^2) \tag{5.57}$$

因此，对于较大的参数 c 的值：

$$a^2g=n\frac{g}{n}e^{-g/n}\cdot e^{-c/n}=g\,e^{-g/n}\cdot e^{-c/n}\approx n\,e^{c/n} \tag{5.58}$$

为了理解这个项的大小，可以估计参数 c 的值为：

$$c = C - \phi_i - J_i^{\mathrm{prev}} = \max_i(\phi + J^{\mathrm{prev}}) - \phi_i - J_i^{\mathrm{prev}} \approx \max_i(\phi) - \phi_i \tag{5.59}$$

$\phi \approx \delta\sqrt{N_y}$ 的标准偏差，其中 δ 是一个 $O(1)$ 的参数，并且 N_y 是独立观测的数目。这就表明 $c = O(\sqrt{N_y})$ 使得 $\mathrm{e}^{-c/n} \approx \mathrm{e}^{-\sqrt{N_y}/N_x} = O(1)$，同时总是可以得到 $a^2 g \gg 1$。

5.1.2.3 $\boldsymbol{\alpha}_i$的解集

方程(5.24)可以一般化为下面的形式：

$$ax - b\lg(1+x) - c = 0 \tag{5.60}$$

其中，$a = \gamma_i$；$b = N_x$；$c = C - \phi_i - J_i^{\mathrm{prev}}$；$x = \varepsilon_i$。

根据方程(5.28)，求解方程(5.60)中的变量 x（非模式状态量）的解析解的表达式为：

$$x = -\frac{b}{a}W\left[-\frac{a}{b}\cdot \mathrm{e}^{-\frac{a}{b}}\cdot \mathrm{e}^{-\frac{c}{b}}\right] - 1 \tag{5.61}$$

因此可以得到 ε_i 的解析表达式为：

$$\varepsilon_i = -\frac{N_x}{\gamma_i}W\left[-\frac{\gamma_i}{N_x}\cdot \mathrm{e}^{-\frac{\gamma_i}{N_x}}\cdot \mathrm{e}^{-\frac{c}{N_x}}\right] - 1 \tag{5.62}$$

根据方程(5.17)中定义的 α_i 和 ε_i 之间的对应关系，可以得到：

$$\alpha_i = 1 + \varepsilon_i = -\frac{N_x}{\gamma_i}W\left[-\frac{\gamma_i}{N_x}\cdot \mathrm{e}^{-\frac{\gamma_i}{N_x}}\cdot \mathrm{e}^{-\frac{c}{N_x}}\right] \tag{5.63}$$

为了满足 α_i 的解析解是实数值，参数 c 必须满足下面条件：

$$-\frac{\gamma_i}{N_x}\cdot \mathrm{e}^{-\frac{\gamma_i}{N_x}}\cdot \mathrm{e}^{-\frac{c}{N_x}} > -\mathrm{e}^{-1} \tag{5.64}$$

由此可以得到 c 的取值范围为：

$$c > N_x\lg\left(\frac{\gamma_i}{N_x}\right) - \gamma_i + N_x \tag{5.65}$$

与 Lambert W 函数本身的性质相对应，可以得到关于 α_i 的一些性质。第一，$W(\cdot)$ 有两个实数解，同样 α_i 和 ε_i 也同样有两个实数解。其中 ε_i 存在一个在 W_{-1} 分支上的正实数解，以及总是大于 1 的 W_0 分支上的负值部分给出的负实数值解。第二，如果方程(5.63)中的 c 的值为 0，根据性质方程(5.27)，那么 α_i 的值就变成了一个单独的常数解 1。

$$\begin{aligned}\alpha_i &= -\frac{N_x}{\gamma_i}W\left[-\frac{\gamma_i}{N_x}\cdot \mathrm{e}^{-\frac{\gamma_i}{N_x}}\right] \\ &= -\frac{N_x}{\gamma_i}\cdot\left\{-\frac{\gamma_i}{N_x}\right\} = 1\end{aligned} \tag{5.66}$$

实际应用中，α_i 的解析解可以通过对 Lambert W 函数的数值求解而求得，也可以通过对原始方程(5.23)的数值近似而求解。Lambert W 函数可以通过 Newton's 方法或者是 Halley's 方法(Corless et al.，1996)来求解。

5.1.2.4 解的结构

α_i 的解析解是关于 γ_i 的 Lambert W 函数的一个复杂形式。由于 γ_i 是一个拥有 N_x 自由度的服从 χ^2 分布的量，γ_i 的典型取值空间为 $[N_x - \sqrt{2N_x}, N_x + \sqrt{2N_x}]$。参数 c 的幅度值的阶数为 $O(\sqrt{N_x})$。图 5.2 显示了在不同的状态空间维数下 α_i 作为 γ_i 的函数随着 c 值的变化而轨迹发生变化的情况。

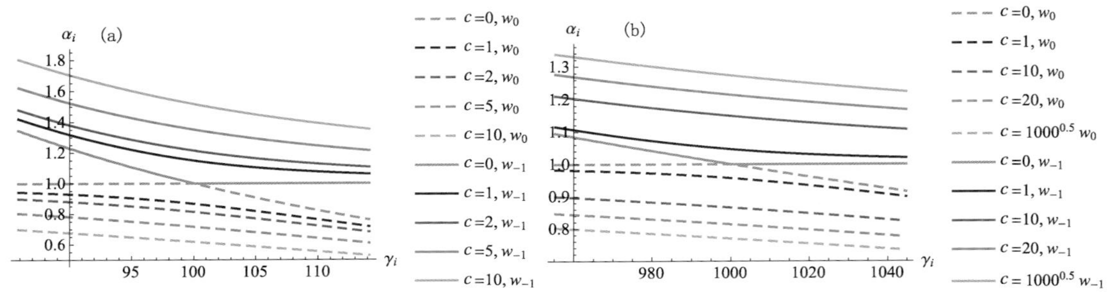

图 5.2 不同的状态空间维数 N_x 下 $\alpha_i(\gamma_i)$ 随着 c 值变化的轨迹

(a) $N_x = 100$；(b) $N_x = 1000$

由于 Lambert W 函数本身的性质，α_i 的解析解有两个分支。在图 5.2 中，虚线表示 α_i 的解析解的 -1 分支，而实线表示 α_i 的解析解的 0 分支。不同的线的颜色代表不同的 c 的取值。

由图 5.2 可以看出，当 N_x 的值不断增大时，α_i 的值趋向于接近 1，这主要是因为当 N_x 的值不断增大时，$\dfrac{\gamma_i}{N_x}$ 的波动的值会逐渐变小。同时，当 $c = 0$ 时，α_i 的两个分支的解会相较于一点，该点处存在 $\gamma_i = N_x$。当增大 c 的取值时，两个分支之间的缝隙会越来越大，导致 α_i 的取值逐渐远离 1。

5.1.2.5 关于$\boldsymbol{\alpha}_i$的讨论

图 5.2 展示了随着 c 值的变化 α_i 是如何变化的。当 $c \neq 0$ 时，存在一个缝隙，限制了 $\alpha_i^{1/2} \boldsymbol{P}^{1/2} \boldsymbol{\xi}_i^n$ 可以遍历的状态空间的大小。由于 $\boldsymbol{P}^{1/2}$ 本身是一个常数矩阵，因此可以将其忽略不计。同时定义函数 $f(\boldsymbol{\xi}_i^n)$ 为：

$$f(\boldsymbol{\xi}_i^n) = \alpha_i^{1/2} \boldsymbol{\xi}_i^n \tag{5.67}$$

其完整的函数表达式为：

$$f(\boldsymbol{\xi}_i^n) = \sqrt{-\frac{N_x}{\boldsymbol{\xi}_i^{n\mathrm{T}} \boldsymbol{\xi}_i^n} W\left(-\frac{\boldsymbol{\xi}_i^{n\mathrm{T}} \boldsymbol{\xi}_i^n}{N_x} \cdot \mathrm{e}^{-\frac{\boldsymbol{\xi}_i^{n\mathrm{T}} \boldsymbol{\xi}_i^n}{N_x}} \cdot \mathrm{e}^{-\frac{c}{N_x}}\right)} \boldsymbol{\xi}_i^n \tag{5.68}$$

为了简化表达和易于理解，选择 N_x 为 1 作为最简单的示例，并且为 c/N_x 赋三个值，0，1/2 和 1。图 5.3 显示了当 $N_x = 1$ 时，随着 c/N_x 值的变化，函数 $f(\boldsymbol{\xi}_i^n)$ 遍历的状态空间。

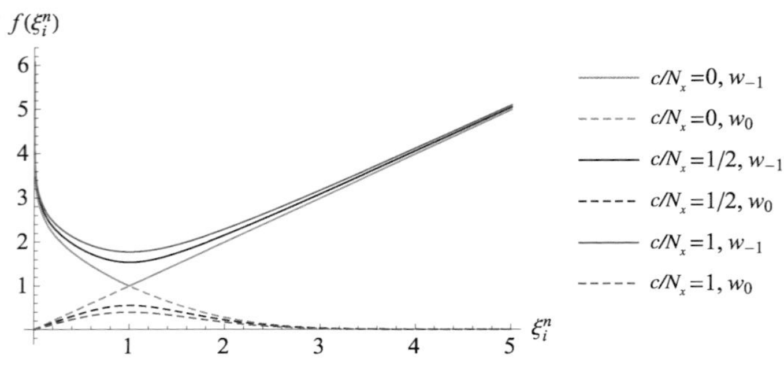

图 5.3 当 c/N_x 的值发生变化时，函数 $f(\boldsymbol{\xi}_i^n)$ 的表现

图5.3显示了当 c/N_x 的值发生变化时，解析解函数的表现。缝隙存在于所有的粒子中，除了唯一一个 $c/N_x=0$ 的粒子没有缝隙。在这种简单情况下，当 c/N_x 的值变大时，缝隙也会随之变大。对于高维系统，缝隙就会变成一个超球体(读者可以试着想象一下，N_x 维空间的一个超空间几何体)。

缝隙的重要性源于对于存在缝隙的粒子成员，IEWPF中的提议密度无法遍历完整的空间，这覆盖了所有的粒子集合成员除了那个没有缝隙的“特殊的一个”。这就意味着IEWPF存在偏差，尽管现在暂时还并不清楚这种偏差存在的形式。由于每个存在缝隙的粒子中的缝隙的位置是不相同的，所以几个粒子合起来的缝隙要远远小于单个粒子存在的缝隙。并且，因为存在一个没有缝隙的粒子，所以整个集合作为一个整体是可以遍历到完整的状态空间的。

IEWPF这个框架是专门为高维系统“量体裁衣”定制的，所以研究主要为当 N_x 增大时缝隙的变化以及其重要性。对于每一个粒子(这里的粒子只表示存在缝隙的粒子)，在缝隙周围存在两个高概率的超球体区域。附录中展示了当模式空间维数增加时，缝隙超几何体的体积和这两个高概率超球体的体积的比率是逐渐减小的，这表明当 N_x 增加时，IEWPF的系统偏差在减小，尽管减小的速率相对较慢。

5.1.3 隐式等权重参数对后验集合的影响

隐式等权重参数是IEWPF中唯一的参数，上一小节我们对它进行了详细的介绍，本小节重点介绍它对后验集合的一些影响，衡量的指标有集合离散度、均方根误差和排序直方图等。

5.1.3.1 离散度，均方根误差和排序直方图

对于所有的集合资料同化方法，分析和预报的误差统计(即不确定性)可以通过集合成员与集合平均值之间的离散度(Spread)估计出来。在本章中不考虑完整的分析和预报误差协方差矩阵，而只是通过估计集合信息的分析和预报误差方差来对集合进行评价。集合资料同化中的离散度值提供的是预报和分析误差统计的理论值，离散度的值是由系统假定的用来产生扰动的观测误差和模式误差统计值，即观测误差协方差矩阵和模式误差协方差矩阵所决定。因此，集合离散度和假设的观测误差统计值相关，而不是观测的实际误差(或者是模式分析/预报状态量)相关，这是理解本章试验结果的基础。集合资料同化的离散度定义为：

$$s=\sqrt{E(\sigma_d^2)}=\sqrt{\frac{1}{D}\sum_{d=1}^{D}\left[\frac{1}{N-1}\sum_{i=1}^{N}(x_i-\overline{x})^2\right]} \tag{5.69}$$

其中，$E(\cdot)$ 表示期望算子；σ 表示标准差；x_i 表示单个集合成员的模式状态量；$\overline{x}$ 表示集合模式状态量的平均值；N 是集合成员数；D 指定了感兴趣的时间区域。

均方根误差(RMSE)在气象学中被表示为预报量值或分析量值和真实值的均方误差的均方根。均方根误差代表预报或分析值与真实值之间差值的样本标准差，这些单独的差值被称作残差或者预报误差。集合资料同化的均方根误差定义为：

$$\mathrm{RMSE}=\sqrt{E(d^2)}=\sqrt{\frac{1}{D}\sum_{d=1}^{D}\left[(\overline{x}_d^f-x^{\mathrm{truth}})^2\right]} \tag{5.70}$$

其中，$E(\cdot)$ 表示期望算子；d 表示残差或者预报误差；$\overline{x}_d^f$ 表示集合预报量，即集合成员和集合成员权重的乘积；x^{truth} 表示真实值；D 指定了感兴趣的时间区域。

从以上集合离散度和集合均方根误差的定义，可以得到明显的差异之处：集合离散度是计算集合成员的平均标准差值，集合均方根误差是计算平均集合预报方差的均方根（Fortin et al.，2014；Whitaker et al.，2002）。对于两者的平方值，分别定义为集合方差值（Ensemble Variance）和集合均方误差值（Ensemble Mean Square Error），分别对应集合离散度的平方值和集合均方根误差的平方值。对于统计学意义上的一致性集合（consistent ensemble）需要满足：

$$(1-1/N)^{-1} < \text{Ens\_Var} > = (1+1/N)^{-1} < \text{Ens\_Mean\_Square\_Error} > \quad (5.71)$$

其中，N 表示集合成员数目。

排序直方图是评价集合预报的一个工具，可以用来确定集合预报的可靠程度以及集合的平均值和离散度的诊断误差。在本章中，排序直方图被用来研究所有观测时间步处的集合质量和离散度。观测时间步处的排序直方图有两种产生方式，一种是真值轨迹在排好序的模式状态预报成员轨迹集合中的位置的直方图（Anderson，1996；Hamill，1997，2000；Talagrand et al.，1997）；另一种是观测值在排好序的经过观测误差扰动的模式状态预报成员轨迹集合中的位置的直方图。一般情况下，一个倾斜的直方图说明资料同化系统中存在系统性偏差，一个有单峰值的直方图是集合离散度过大的标志，而一个 U 形或者凹形的直方图则表明集合离散度过小。由于对于某一个特定的直方图模式可能会有很多种产生这些直方图的原因，所以直方图的方式很多时候可能会比较难以理解。然而，在缺少更好的方法之前，排序直方图可以被视作研究 IEWPF 以及其他集合资料同化方法的集合离散度的一种有效的方式，确定集合成员是否可以追寻真值的轨迹以及是否存在合适的集合离散度。

5.1.3.2 集合的质量

由 IEWPF 的基础理论和对该框架唯一参数 α_i 的解析解的分析，可以得出其存在两个解，根据 α_i 和 ε_i 之间的关系表达式(5.17)，使用 ε_i 代替表示 IEWPF 基础问题的解，其中一个 ε_i 大于 0，另一个小于 0。选择不同百分比的正 ε_i 对 IEWPF 新框架进行测试。试验分别选择 100%、50%和 0%的正 ε_i 参数下的排序直方图进行对比分析，其中任意百分比的正负 ε_i 值是等概率随机选择的。在 20 个集合成员条件下，运行线性模式 10000 个时间步，得到的粒子集合的排序直方图如图 5.4 所示。

图 5.4 中显示了选择不同百分比的正 ε_i 导致了不同的排序直方图的形状。其中，图 5.4 单峰值的直方图说明全部正 ε_i 使得集合离散度偏大，然而图 5.4c 中的 U 形的直方图是全部负 ε_i 使得集合离散度偏小的证明。图 5.4b 中 50%随机选择的正 ε_i 产生了一个平的直方图，表明集合的质量非常好。

对于不同百分比的正 ε_i 的参数选择，对比前面 200 个时间步分析集合的均方根误差与离散度的比值，如图 5.5 所示。50%正 ε_i 的试验经过一定的启动时间后显示了一个非常接近于 1 的稳定的比值。增加或者减少正 ε_i 的百分比都会导致集合离散度的衰退，可以从图 5.5 中明确得到这样的结论。

5.1.3.3 后验概率密度函数的描述

蒙特卡洛方法允许在没有任何附加条件假设的情况下从真实的后验概率密度函数中随机采集有限个样本以实现对后验概率密度函数的描述。相比于现在业务化的资料同化方法，蒙特卡洛方法在高度非线性系统中从后验概率中采样完胜存在条件假设的变分方法和 EnKF 方

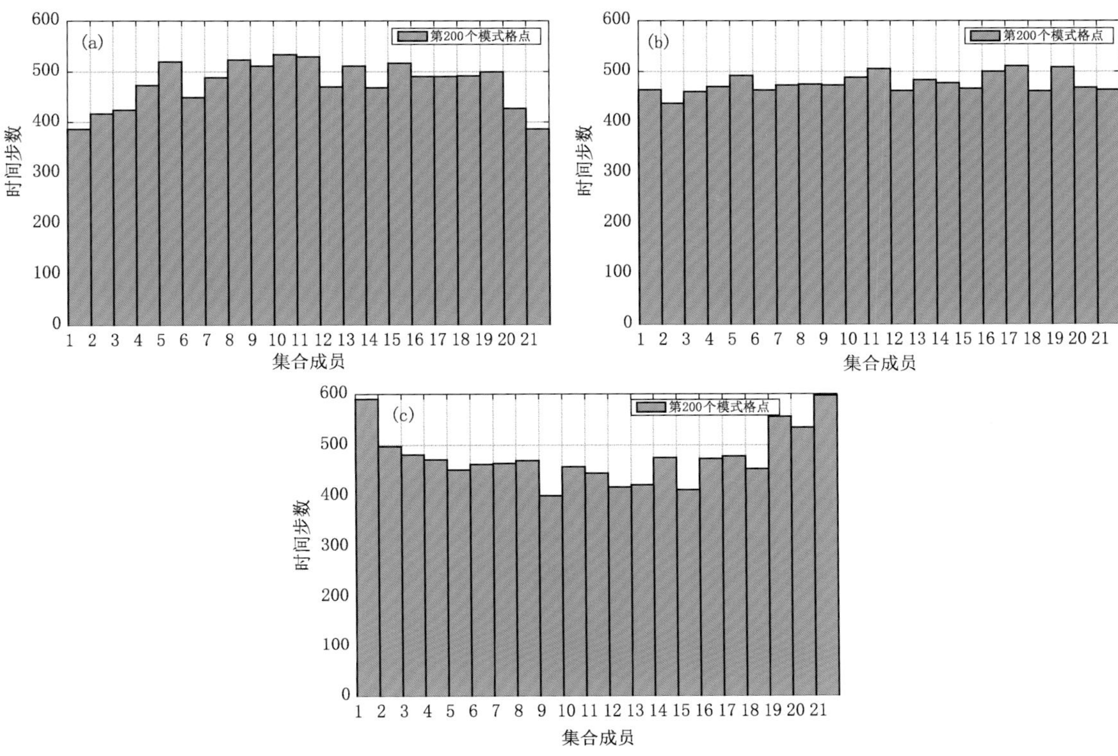

图 5.4 高维简单线性模式试验中模式格点 200 处的使用不同正 ε_i 百分比的排序直方图

(a) 100% 正 ε_i；(b) 50%随机选择正 ε_i；(c) 0%正 ε_i

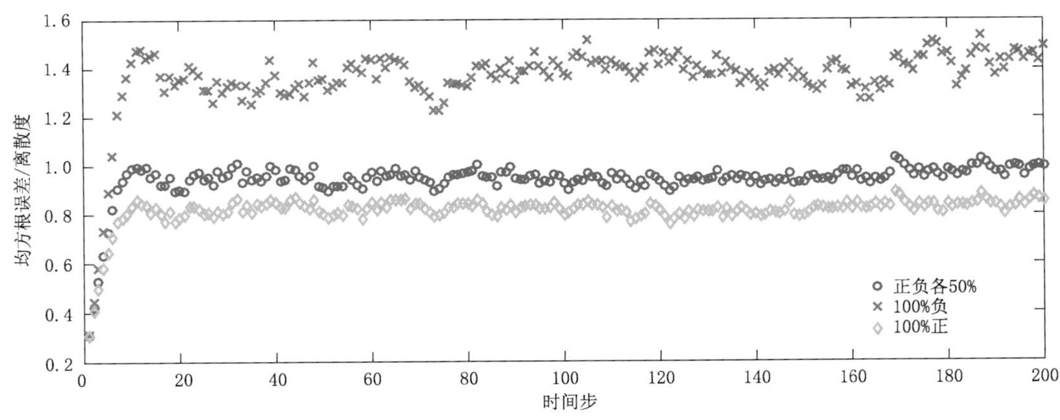

图 5.5 不同百分比正 ε_i 下分析集合的均方根误差与离散度的比值

法(Apte et al.，2008；Law et al.，2011)。比较特殊的是，尽管变分方法和 EnKF 方法可以很好地表示平均值，但是在所在的近似不太合理的情况下，却不能够准确表达协方差信息。由于蒙特卡洛方法需要非常巨大数量的模式状态成员来模拟后验概率密度函数，因此需要巨大的计算资源而不能应用到业务运行系统中。这对于依赖峰值之间的能量位垒的多峰值后验概率密度函数尤为明显。

由于试验平台是简单线性系统，根据初始条件也可以直接求得真实的后验概率分布函数。

由于已知真实的后验概率密度函数是高斯分布，因此可以测试 IEWPF 资料同化之后集合的质量。

然而，由于集合成员数目较少，直接计算后验概率密度函数并不可行。取而代之的是，模式运行了 1000 个时间步，并选择一个格点，这里是第 200 个格点。最初始的 7 个时间步由于初始集合离散度较大引起了估计值的统计误差而被舍弃。然后将集合成员每个时间步的平均值平移到 0 点处，采用 $\frac{\sigma_{\text{sample}}^{\text{starttime}}}{\sigma_{\text{sample}}^{j}}$ 缩放集合成员的标准偏差值。采用这种方法得到的每一个时间步的集合成员被当作是一个大的集合，由此产生一个后验概率分布函数图，如图 5.6 所示。

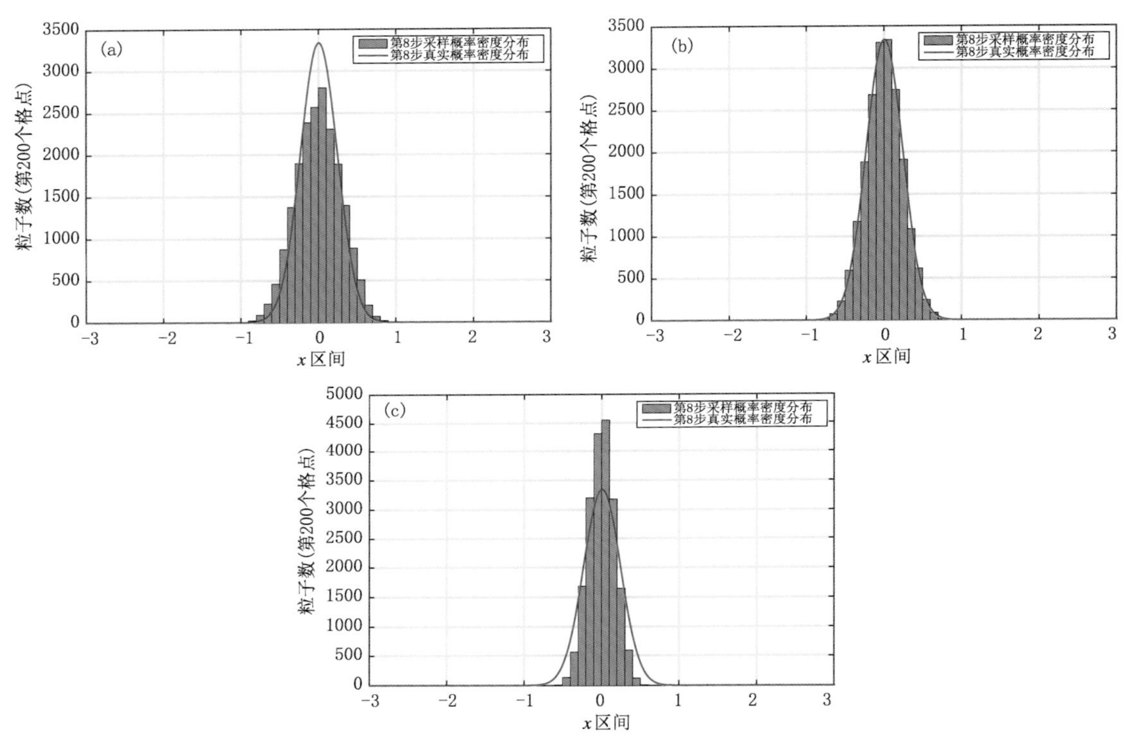

图 5.6　简单线性系统试验中使用不同百分比正 ε_i 表示的后验概率密度函数

(a) 100% 正 ε_i；(b) 50%随机选择正 ε_i；(c) 0%正 ε_i

图 5.6 中的红实线表示真实的后验概率密度函数，可以看到，图 5.6b 中的 50%正 ε_i 的情况与真实后验概率密度函数符合得最好。当减少正 ε_i 的百分比时，样本后验概率密度函数会变窄，图 5.6c 与图 5.4c 中的排序直方图的表现呈现了很好的一致性。同时，当增加正 ε_i 的百分比时，样本后验概率密度函数会变宽，图 5.6a 与图 5.4a 也呈现了很好的一致性。

为了检验 IEWPF 新框架是否也适用于大集合成员数的情况，将集合成员数增加到 1000，而 EWPF 在集合成员数为 1000 的时候会产生系统偏差问题。图 5.7 显示 50%正 ε_i 时，后验概率密度分布函数相较于真实分布函数略宽，当减少百分比到 35%时，产生的后验概率密度分布函数与真实分布函数更符合。试验结果启示也许可以以更好的方式来选择 ε_i 的值，比如，根据缝隙两边的概率总量。

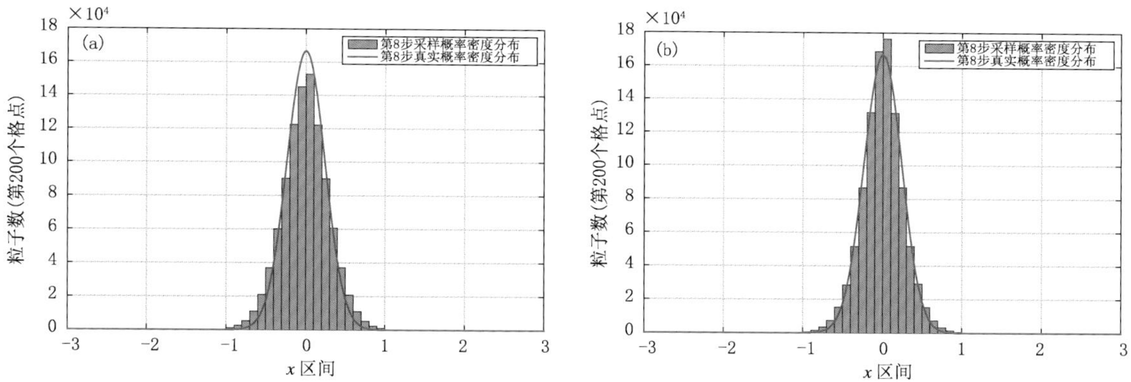

图 5.7　1000 个集合成员条件下不同百分比正 ε_i 产生的后验概率密度函数
(a)50%随机选择正 ε_i ;(b) 35%随机选择正 ε_i

5.2　弱约束四维变分

2.1 节介绍了四维变分(4DVar)的基本原理,4DVar 的一个重要特点在于它的实现依赖于具体的模式,即切线性模式和伴随模式都必须针对特定的模式进行编写,这个难度是相当大的,因此并不是所有模式都具备 4DVar 同化能力,少数真实海洋或者大气模式发布了公开版本的 4DVar 同化模块。区域海洋模拟系统(ROMS)中的 Rugster 版本自带公开的 4DVar 同化模块,包含 3 种实现形式的 4DVar,即增量形式强约束 4DVar (IS4DVar)、物理空间统计分析系统同化方法 (PSAS-4DVar)和代表向量方法 (R4DVar)。其中弱约束 4DVar 主要采用后两种实现形式,本书中的弱约束 4DVar 为 PSAS 实现形式(Moore et al. ,2011)。

5.2.1　ROMS 弱约束四维变分

在 ROMS 中,模式状态主要包括温度(T)、盐度(S)、海表面高度(ζ)和 3D 流速(u ,v),模式状态向量为 $\boldsymbol{x} = (T,S,\zeta,u,v)^{\mathrm{T}}$ 。通过大气强迫场($\boldsymbol{f}$,主要包括风应力和热通量等)和侧边界场($\boldsymbol{b}$)的驱动,模式状态在时间上的演进可以简单表示为:

$$\boldsymbol{x}^k = \mathcal{M}^{k,k-1}(\boldsymbol{x}^{k-1},\boldsymbol{f}^k,\boldsymbol{b}^k) \tag{5.72}$$

其中,$\mathcal{M}$ 是非线性模式算子,包含了雷诺平均的纳维斯托克斯方程组,热力学方程和盐度扩散方程等。考虑到初始条件、大气强迫场、侧边界条件和模式误差($\boldsymbol{\eta}$)的不确定性,ROMS 完全非线性形式的弱约束 4DVar 的代价函数可以表示为:

$$
\begin{aligned}
& J(\boldsymbol{x}^0, \boldsymbol{f}^1, \cdots, \boldsymbol{f}^n, \boldsymbol{b}^1, \cdots, \boldsymbol{b}^n, \boldsymbol{\eta}^1, \cdots, \boldsymbol{\eta}^n) \\
& = \frac{1}{2} \| \boldsymbol{x}^0 - \boldsymbol{x}_b \|^2_{\boldsymbol{B}_x^{-1}} + \\
& \frac{1}{2} \sum_{k=1}^{n} \| \boldsymbol{f}^k - \boldsymbol{f}_b^k \|^2_{\boldsymbol{B}_f^{-1}} + \frac{1}{2} \sum_{k=1}^{n} \| \boldsymbol{b}^k - \boldsymbol{b}_b^k \|^2_{\boldsymbol{B}_b^{-1}} + \\
& \frac{1}{2} \sum_{k=1}^{n} \| \boldsymbol{y}^k - \boldsymbol{H}(\boldsymbol{x}^k) \|^2_{\boldsymbol{R}_k^{-1}} + \\
& \frac{1}{2} \sum_{k=1}^{n} \| \boldsymbol{\eta}^k \|^2_{\boldsymbol{Q}_k^{-1}}
\end{aligned}
\tag{5.73}
$$

其中，$\boldsymbol{x}^b$ 、$\boldsymbol{f}^b$ 、$\boldsymbol{b}^b$ 是模式初始条件、大气强迫、和侧边界条件的背景场；$\boldsymbol{B}_x$ 、$\boldsymbol{B}_f$ 、$\boldsymbol{B}_b$ 、$\boldsymbol{R}$ 和 $\boldsymbol{Q}$ 分别代表模式初始条件、大气强迫、侧边界条件、观测和模式误差协方差矩阵。这里请读者注意一下，对于变量，时间指标 k 我们用上标表示，在模式误差和观测误差协方差矩阵中，时间指标 k 在下标位置。

在真实海洋或者大气模式中我们通常不采用完全非线性形式，为了减小优化过程中的计算量，往往采用增量形式，这就要求状态场的增量要远小于状态场本身。写成增量形式：

$$
\begin{aligned}
\boldsymbol{x}^k &= \boldsymbol{x}_b^k + \delta \boldsymbol{x}^k \\
\boldsymbol{f}_k &= \boldsymbol{f}_b^k + \delta \boldsymbol{f}^k \\
\boldsymbol{b}_k &= \boldsymbol{b}_b^k + \delta \boldsymbol{b}^k
\end{aligned}
\tag{5.74}
$$

将上式带入到非线性模式状态演进方程中：

$$
\begin{aligned}
\boldsymbol{x}_b^k + \delta \boldsymbol{x}^k &= \mathcal{M}^{k,k-1}(\boldsymbol{x}_b^{k-1} + \delta \boldsymbol{x}^{k-1}, \boldsymbol{f}_b^k + \delta \boldsymbol{f}^k, \boldsymbol{b}_b^k + \delta \boldsymbol{b}^k) \\
&\approx \mathcal{M}^{k,k-1}(\boldsymbol{x}_b^{k-1}, \boldsymbol{f}_b^k, \boldsymbol{b}_b^k) + \boldsymbol{M}^{k,k-1}(\delta \boldsymbol{x}^{k-1}, \delta \boldsymbol{f}^k, \delta \boldsymbol{b}^k)
\end{aligned}
\tag{5.75}
$$

得到：

$$
\delta \boldsymbol{x}^k \approx \boldsymbol{M}^{k,k-1}(\delta \boldsymbol{x}^{k-1}, \delta \boldsymbol{f}^k, \delta \boldsymbol{b}^k) \tag{5.76}
$$

这里 $\boldsymbol{M}$ 即为切线性模式，它的转置（ $\boldsymbol{M}^{\mathrm{T}}$ ）为伴随模式。增量形式下弱约束 4DVar 的代价函数可以表示为：

$$
\begin{aligned}
& J(\delta \boldsymbol{x}^0, \delta \boldsymbol{f}^1, \cdots, \delta \boldsymbol{f}^n, \delta \boldsymbol{b}^1, \cdots, \delta \boldsymbol{b}^n, \boldsymbol{\eta}^1, \cdots, \boldsymbol{\eta}^n) \\
& = \frac{1}{2} \| \delta \boldsymbol{x}^0 \|^2_{\boldsymbol{B}_x^{-1}} + \\
& \frac{1}{2} \sum_{k=1}^{n} \| \delta \boldsymbol{f}^k \|^2_{\boldsymbol{B}_f^{-1}} + \frac{1}{2} \sum_{k=1}^{n} \| \delta \boldsymbol{b}^k \|^2_{\boldsymbol{B}_b^{-1}} + \\
& \frac{1}{2} \sum_{k=1}^{n} \| \boldsymbol{d}^k - \boldsymbol{H} \delta \boldsymbol{x}^k \|^2_{\boldsymbol{R}_k^{-1}} + \\
& \frac{1}{2} \sum_{k=1}^{N} \| \boldsymbol{\eta}^k \|^2_{\boldsymbol{Q}_k^{-1}} \\
& = J_0 + J_f + J_b + J_R + J_Q
\end{aligned}
\tag{5.77}
$$

第一项为初始条件项 J_0 ，第二项为大气强迫项 J_f ，第三项为侧边界项 J_b ，第四项为观测项 J_R ，最后一项代表模式误差项 J_Q 。$\boldsymbol{d}_k = \boldsymbol{y}^k - \mathcal{H}(\boldsymbol{x}_b^k)$ 是 k 时刻的更新向量。在实际操作过程中，大气强迫项和侧边界项并非必须的，可以通过开关进行控制。代价函数(5.77)中包含了如下假设：①误差分布服从高斯分布；②不同来源的误差不相关；③不同时刻的误差也是不相关；④模式演进为一阶马尔可夫链过程。

引入控制向量 $\boldsymbol{\delta z}=(\delta\boldsymbol{x}^0,\delta\boldsymbol{f}^k,\delta\boldsymbol{b}^k,\boldsymbol{\eta}^k)^{\mathrm{T}}, k=1,\cdots,N$，得到：

$$\delta\boldsymbol{x}^k\approx\boldsymbol{M}^{k,k-1}\delta\boldsymbol{z} \tag{5.78}$$

这样方程中 $\boldsymbol{H}\delta(\boldsymbol{x}^k)=\boldsymbol{H}\boldsymbol{M}^{k,k-1}\delta\boldsymbol{z}=\boldsymbol{G}^k\delta\boldsymbol{z}$，这里 $\boldsymbol{G}^k=\boldsymbol{H}\boldsymbol{M}^{k,k-1}$，它在 ROMS 中是一个算子，代表在切线性模式积分的过程中，将模式状态在观测时刻投影到观测空间中。为了获取弱约束 4DVar 分析误差协方差矩阵的表达形式，我们需要对代价函数(5.77)进行简化，这里引入 $\boldsymbol{d}=(\cdots,\boldsymbol{d}^k,\cdots)^{\mathrm{T}}$，同时 $\boldsymbol{G}=(\cdots,\boldsymbol{G}^k,\cdots)^{\mathrm{T}}$，其中，$k=1,\cdots,N$。在上面的形式中，状态向量初始条件增量（$\delta\boldsymbol{x}^0$）、大气强迫增量（$\delta\boldsymbol{f}$）、侧边界条件增量（$\delta\boldsymbol{b}$）和模式误差（$\boldsymbol{\eta}$）全部包含在控制向量（$\delta\boldsymbol{z}$）中；所有时刻的更新向量全部包含在 $\boldsymbol{d}$ 中。所有时刻的观测向量 $\boldsymbol{y}=(\cdots,\boldsymbol{y}(k),\cdots)^{\mathrm{T}}$ 和控制向量 $\delta\boldsymbol{z}$ 所对应的误差协方差矩阵分别为块对角矩阵 $\boldsymbol{R}$ 和 $\boldsymbol{D}$：

$$\boldsymbol{R}=\begin{pmatrix}\boldsymbol{R}_1 & & & \\ & \boldsymbol{R}_2 & & \\ & & \ddots & \\ & & & \boldsymbol{R}_N\end{pmatrix},\quad \boldsymbol{D}=\begin{pmatrix}\boldsymbol{B}_x & & & \\ & \boldsymbol{B}_f & & \\ & & \boldsymbol{B}_b & \\ & & & \boldsymbol{Q}_k\end{pmatrix}$$

最终增量形式的弱约束 4DVar 代价函数可以简写为：

$$J(\delta\boldsymbol{z})=\frac{1}{2}\delta\boldsymbol{z}^{\mathrm{T}}\boldsymbol{D}^{-1}\delta\boldsymbol{z}+\frac{1}{2}(\boldsymbol{d}-\boldsymbol{G}\delta\boldsymbol{z})^{\mathrm{T}}\boldsymbol{R}^{-1}(\boldsymbol{d}-\boldsymbol{G}\delta\boldsymbol{z}) \tag{5.79}$$

上式在形式上和增量形式的 3DVar 表达形式是一致的，但它并不是 3DVar，因为时间维被吸收在上式的各个变量中，这是与 3DVar 的本质区别。基于上面的形式，弱约束 4DVar 代价函数的梯度可以表示为：

$$\nabla J(\delta\boldsymbol{z})=\boldsymbol{D}^{-1}\delta\boldsymbol{z}+\boldsymbol{G}^{\mathrm{T}}\boldsymbol{R}^{-1}(\boldsymbol{d}-G\delta\boldsymbol{z}) \tag{5.80}$$

弱约束 4DVar 代价函数关于 δz 求 2 阶导得到海森矩阵：

$$\nabla^2 J(\delta\boldsymbol{z})=\boldsymbol{D}^{-1}+\boldsymbol{G}^{\mathrm{T}}\boldsymbol{R}^{-1}\boldsymbol{G} \tag{5.81}$$

利用分析误差协方差矩阵与海森矩阵的关系，分析误差协方差矩阵可以表示为：

$$\boldsymbol{P}=(\boldsymbol{D}^{-1}+\boldsymbol{G}^{\mathrm{T}}\boldsymbol{R}^{-1}\boldsymbol{G})^{-1} \tag{5.82}$$

在变分方法中，代价函数在其梯度等于 0 处取得极小值，即分析增量可以表示为：

$$\begin{aligned}\delta\boldsymbol{z}^a&=(\boldsymbol{D}^{-1}+\boldsymbol{G}^{\mathrm{T}}\boldsymbol{R}^{-1}\boldsymbol{G})^{-1}\boldsymbol{G}^{\mathrm{T}}\boldsymbol{R}^{-1}\boldsymbol{d}\\&=\boldsymbol{D}\boldsymbol{G}^{\mathrm{T}}(\boldsymbol{G}\boldsymbol{D}\boldsymbol{G}^{\mathrm{T}}+\boldsymbol{R})^{-1}\boldsymbol{d}\end{aligned} \tag{5.83}$$

如果模式维度是 N_x，时间窗口的长度是 n，那么控制向量维度为 $N_z=N_x\times(n+1)$，$\boldsymbol{D}$ 的维度就是 $N_z\times N_z$。如果时间窗口内观测向量的维度是 N_y，那么 $\boldsymbol{R}$ 的维度是 $N_y\times N_y$。在简单模式中 $\boldsymbol{G}$ 可以用显示矩阵表示，它将模式变量从模式空间投影到观测空间，因此它的维度是 $N_y\times N_z$，它的伴随 $\boldsymbol{G}^{\mathrm{T}}$ 的维度是 $N_z\times N_y$。因此 $\boldsymbol{G}^{\mathrm{T}}\boldsymbol{R}^{-1}\boldsymbol{G}$ 的维度和 $\boldsymbol{D}$ 一样，也是 $N_z\times N_z$，而 $\boldsymbol{G}\boldsymbol{D}\boldsymbol{G}^{\mathrm{T}}$ 和 $\boldsymbol{R}$ 的维度一样，为 $N_y\times N_y$。在海洋资料同化中一般 $N_z>N_x\gg N_y$，在全球模式或者高分辨区域模式中，N_x 在 10^9 以上，这个维度是相当大的。式(5.83)第一个形式是在模式空间进行求解，通常称为原始形式，式(5.83)第二个形式是在观测空间进行求解，通常称为对偶形式。由于真实海气或者大气模式的维度比较大，弱约束 4DVar 只能在对偶空间中求解。对偶形式下，分析增量等价于 $\delta\boldsymbol{z}^a=\boldsymbol{D}\boldsymbol{G}^{\mathrm{T}}\boldsymbol{w}^a$，其中 $\boldsymbol{w}^a$ 满足：

$$(\boldsymbol{G}\boldsymbol{D}\boldsymbol{G}^{\mathrm{T}}+\boldsymbol{R})\boldsymbol{w}^a=\boldsymbol{d} \tag{5.84}$$

即首先在观测空间求解 $\boldsymbol{w}^a$，然后通过运行一次伴随模式 $\boldsymbol{G}^{\mathrm{T}}$ 将 $\boldsymbol{w}^a$ 转化到模式空间，最后

作用背景误差协方差算子 $\boldsymbol{D}$ 就得到了模式空间中的分析增量。对偶形式最大的优势在于 $\boldsymbol{w}^a$ 的维度和观测维度是一致的，与模式维度无关，因此计算量相对原始形式要小很多，缺点在于可能会引入一些非物理的信息。真实海洋资料同化中，弱约束 4DVar 通常在观测空间中求解。对于强约束 4DVar，如果模式区域非常大或者分辨率非常高，导致控制向量 δz 维度非常大，那么也可以采用对偶形式求解。$\boldsymbol{w}^a$ 可以通过代价函数(5.85)求极小化获取。

$$J(\boldsymbol{w}) = \frac{1}{2}\boldsymbol{w}^{\mathrm{T}}(\boldsymbol{G}\boldsymbol{D}\boldsymbol{G}^{\mathrm{T}} + \boldsymbol{R})\boldsymbol{w} - \boldsymbol{w}^{\mathrm{T}}\boldsymbol{d} \tag{5.85}$$

ROMS 弱约束 4DVar 单个外循环的计算流程如图 5.8 所示。首先运行非线性模式，然后计算内循环需要的中间变量 $\boldsymbol{w}$，在内循环中分别通过伴随模式、协方差模式、切线性模式和共轭梯度算法进行最优解的计算，再通过伴随模式将 $\boldsymbol{w}$ 从观测空间转化到模式空间，得到增量的分析初值，最后通过非线性模式得到整个时间窗口的分析值。

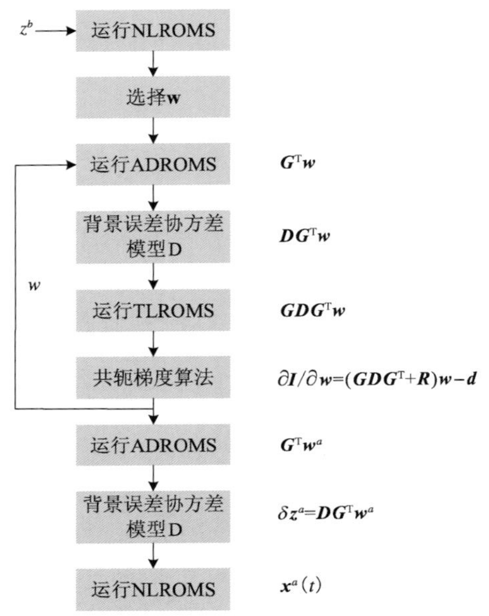

图 5.8　ROMS PSAS-4DVar 计算流程。NLROMS 代表非线性模式，TLROMS 代表切线性模式，ADROMS 代表伴随模式

在实际应用中，不管是强约束 4DVar 还是弱约束 4DVar，通常将整个模拟阶段划分为若干个短时间窗口，采取循环同化的形式(图 5.9)。以上一时间窗口的预报结果作为当前时间窗口的先验背景场，然后通过 4DVar 将海表高度、海表温度、温盐廓线等观测同化进模式中，得到分析值，再通过非线性模式将分析值从初始时间演进到下一时间窗口。随时间窗口向前滚动，直到整个模拟阶段结束。

为了保证良好的同化效果，我们先对 ROMS 弱约束 4DVar 进行了简单测试。在试验中发现，时间窗口的长度和模式误差项的输出频率对同化效果影响较大，结果如表 5.1 所示。可以看到，选择 1 d 的时间窗口平均平方误差(MSE，Mean Square Error)要比 4 d 时间窗口小很多；当模式误差输出频率比较低时(1 d)，弱约束 4DVar 的同化效果弱于强约束 4DVar；当输出频率提高之后(6 h 以上)，弱约束 4DVar 的效果是优于强约束的，尤其是 SST 的模拟效果(图 5.10)；模式误差输出频率从 6 h 提高到 3 h 之后，MSE 的改进很小了。在本章节后面的

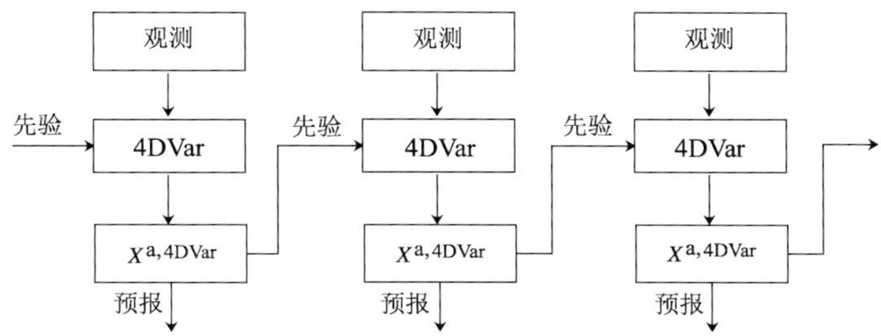

图 5.9 ROMS 4DVar 循环同化示意图(4DVar 计算流程见图 5.8)

试验中,选择时间窗口长度为 1 d,模式误差输出频率为 3 h。

表 5.1 ROMS 4DVar 平均平方误差(MSE)与相关系数(CC)

MSE, CC	SSH	温度	盐度
		1 d 时间窗口	
IS4DVar	4.18×10^{-4}, 9.92×10^{-1}	1.45×10^{-1}, 9.63×10^{-1}	1.04×10^{-2}, 9.05×10^{-1}
WCPSAS_1d	2.17×10^{-3}, 9.75×10^{-1}	3.89×10^{-1}, 9.11×10^{-1}	4.44×10^{-3}, 9.61×10^{-1}
WCPSAS_3h	2.44×10^{-4}, 9.96×10^{-1}	9.54×10^{-2}, 9.80×10^{-1}	3.89×10^{-3}, 9.66×10^{-1}
		4 d 时间窗口	
IS4DVar	2.13×10^{-4}, 9.96×10^{-1}	7.63×10^{-2}, 9.78×10^{-1}	8.49×10^{-3}, 9.41×10^{-1}
WCPSAS_6h	1.11×10^{-4}, 9.98×10^{-1}	2.51×10^{-2}, 9.93×10^{-1}	7.30×10^{-3}, 9.43×10^{-1}
WCPSAS_3h	1.09×10^{-4}, 9.98×10^{-1}	2.37×10^{-2}, 9.93×10^{-1}	7.41×10^{-3}, 9.44×10^{-1}

注:IS4DVAR 代表增量形式强约束 4DVar;WCPSAS_NADJ 代表增量形式弱约束 4DVar,模式误差输出频率为 NADJ。测试以 2015 年 6 月 21 日的真实模拟作为初始背景场,同化卫星 SSH、SST 和 T/S 廓线观测。

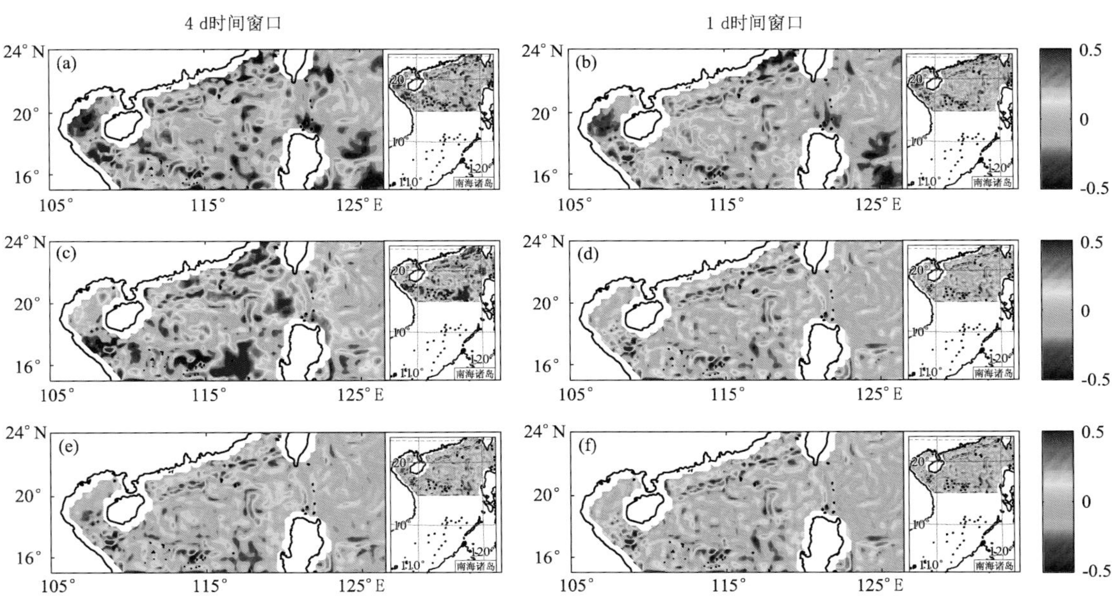

图 5.10 2015 年 6 月 21 日 SST 分析场和观测的差异

(a) IS4DVar,时间窗口 4 d;(b) IS4DVar,时间窗口 1 d;(c) WCPSAS,时间窗口 4 d,模式误差输出频率 1 d;(d) WCPSAS,时间窗口 1 d,模式误差输出频率 6 h;(e) WCPSAS,时间窗口 4 d,模式误差输出频率 3 h;(f) WCPSAS,时间窗口 1 d,模式误差输出频率 3 h

5.2.2 ROMS 背景误差协方差矩阵的构造

前面提到了背景误差协方差矩阵的维度是非常大的，因此，在实际实现过程中，必须要避免大规模矩阵的运算，尽可能通过算子实现矩阵运算。在这个过程中，背景误差协方差矩阵的构造至关重要，一方面它控制着背景场调整的幅度，另一方面控制观测信息如何在空间中进行传播，最后包含多元相关过程，即非观测变量如何被影响。在大气或者海洋资料同化中，背景误差协方差维度太大，无法显示表达和存储，通常假设背景误差协方差矩阵是可以分离的，即可以分为三部分：平衡算子（$\boldsymbol{K}_b$）、误差标准差（$\boldsymbol{\Sigma}$）及相关系数矩阵（$\boldsymbol{C}$）：

$$\boldsymbol{B} = \boldsymbol{K}_b \boldsymbol{\Sigma} \boldsymbol{C} \boldsymbol{\Sigma}^{\mathrm{T}} \boldsymbol{K}_b^{\mathrm{T}} \tag{5.86}$$

观测增量在空间中的传播主要依赖背景误差协方差矩阵中相关系数。尽管真实海洋状态往往是非均匀的和各向异性的，比如在西边界流区域（黑潮、湾流等）、锋面、上升流区域存在着很大水平梯度，但是为了简化处理，通常假设相关系数在空间上是均匀的、各向同性的，并且认为相关系数矩阵可以分离为水平和垂直两部分：$\boldsymbol{C} = \boldsymbol{C}_h \boldsymbol{C}_v$。$\boldsymbol{C}_h$ 和 $\boldsymbol{C}_v$ 分别可以表示为一个 2D 和 1D 扩散方程的解，且可以进一步分解为：

$$\begin{aligned} \boldsymbol{C}_h &= \boldsymbol{\Lambda}_h \boldsymbol{L}_h^{1/2} \boldsymbol{W}_h^{-1} (\boldsymbol{L}_h^{1/2})^{\mathrm{T}} \boldsymbol{\Lambda}_h \\ \boldsymbol{C}_v &= \boldsymbol{\Lambda}_v \boldsymbol{L}_v^{1/2} \boldsymbol{W}_v^{-1} (\boldsymbol{L}_v^{1/2})^{\mathrm{T}} \boldsymbol{\Lambda}_v \end{aligned} \tag{5.87}$$

其中，$\boldsymbol{W}$ 是一个对角矩阵，主对角元为网格单元的面积（$\boldsymbol{W}_h$）或者垂直层厚度（$\boldsymbol{W}_v$）；$\boldsymbol{L}$ 为 2D（$\boldsymbol{L}_h$）或者 1D（$\boldsymbol{L}_v$）扩散方程求解算子，$\boldsymbol{L}^{\mathrm{T}}$ 是求解算子的伴随；$\boldsymbol{\Lambda}$ 也是一个对角矩阵，对角元素为正规化系数，用来保证相关系数的取值在±1 之间。虽然 $\boldsymbol{\Lambda}$ 计算代价很大，但是通常认为它不随时间变化，因此只需要计算一次即可。

经过分解之后，背景误差标准差 $\boldsymbol{\Sigma}$ 通常为对角矩阵，可以采用气候态方法、NMC（National Meteorological Center）方法或者集合方法估计。本节研究中采用的是气候态方法，即先进行一个长时间的自由模拟，以 ECMWF 中期数据集作为大气强迫场，HYCOM-NCODA 分析数据集作为侧边界条件，从 2007 年积分到 2016 年，利用后面 9 年的瞬态输出统计每个月份的模式状态、大气强迫场和侧边界条件的无偏标准差：

$$\begin{aligned} \boldsymbol{\Sigma} &= \sqrt{\frac{\sum_{i=1}^{M} (X_i - \overline{X})^2}{M-1}} \\ &= \sqrt{\frac{1}{M-1} \left(\sum_{i=1}^{M} X_i^2 - M\overline{X}^2 \right)} \end{aligned} \tag{5.88}$$

其中，M 是样本总数。南海北部海表高度和海表温度的标准差如图 5.11 图和图 5.12 所示。可以看到，ROMS 能很好地刻画南海北部 SSH 和 SSH 的季节变率，模拟的标准差质量比较高。

中尺度和大尺度海水运动通常处于平衡或者准平衡态，为了维持这种平衡性，ROMS 4DVar 引入了平衡算子（$\boldsymbol{K}_b$）。基于 T-S 关系、地转平衡、静力平衡、无运动层假设和海水状态方程，ROMS 平衡算子描述了五个基本变量之间的关系（Weaver et al.，2005）。在整个平衡中，所有变量的增量（$\delta\boldsymbol{x}$）可以分为平衡部分（$\delta\boldsymbol{x}_B$）和非平衡部分 $\delta\boldsymbol{x}_U$：$\delta\boldsymbol{x} = \delta\boldsymbol{x}_B + \delta\boldsymbol{x}_U$，具体如下：

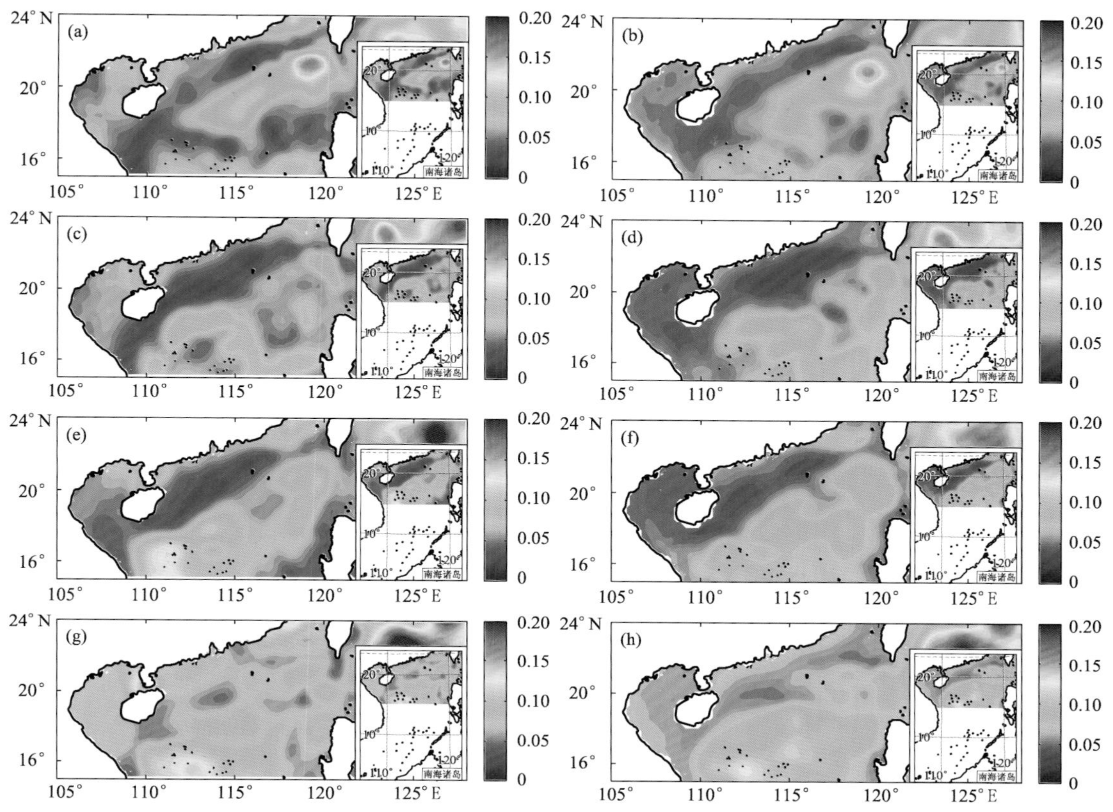

图 5.11 南海北部区域 2008—2016 年 SSH 的标准差。左为 AVISO 观测统计结果；右为 ROMS 模拟结果；从上到下以 1、4、7、10 月代表冬、春、夏、秋四个季节

$$
\begin{aligned}
\delta T &= \delta T \\
\delta S &= \boldsymbol{K}_{ST}\delta T + \delta S_U = \delta S_B + \delta S_U \\
\delta \zeta &= \boldsymbol{K}_{\zeta\rho}\delta \rho + \delta \zeta_U = \delta \zeta_B + \delta \zeta_U \\
\delta u &= \boldsymbol{K}_{up}\delta p + \delta u_U = \delta u_B + \delta u_U \\
\delta v &= \boldsymbol{K}_{vp}\delta p + \delta v_U = \delta v_B + \delta v_U \\
\delta \rho &= \boldsymbol{K}_{\rho T}\delta T + \boldsymbol{K}_{\rho S}\delta S \\
\delta p &= \boldsymbol{K}_{p\rho}\delta \rho + \boldsymbol{K}_{p\zeta}\delta \zeta
\end{aligned}
\tag{5.89}
$$

在上面的平衡关系中，以位温 T 作为基本变量，然后通过 T-S 关系将温度增量(δT)转换为盐度平衡部分增量(δS_B)；其次通过海水状态方程，将温度(δT)和盐度增量(δS)转换为密度增量；再通过无运动层假设，计算由于密度变化引起的海表高度变化($\delta \zeta_B$)；密度和海表高度的变化最终会引起海洋内部压强的变化，分布简单表示为 $\boldsymbol{K}_{p\rho}\delta\rho$ 和 $\boldsymbol{K}_{p\zeta}\delta\zeta$ 。最后，压强的变化会带来水平压强梯度力的变化，通过地转平衡关系改变海水的流速。

这里我们通过单点试验对 ROMS 平衡算子进行了验证。在海表(116°E，18.04°N)位置给定一个高于背景场 1℃的温度观测，同化该观测之后，海表温度(SST)、海表高度(SSH)、海表盐度(SSS)、海表流场(SSU，SSV)，以及 18.04°N 的温度剖面的分布如图 5.13 所示。可以看到，离观测点越远，增量越小，逐渐衰减为 0。

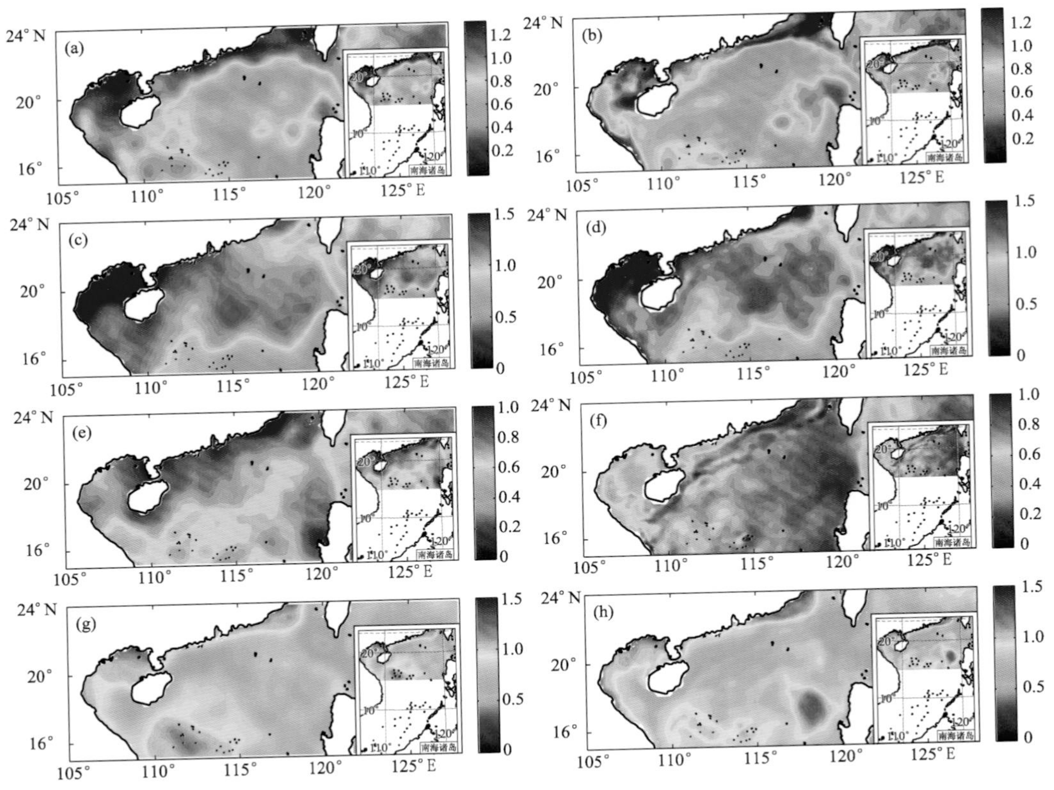

图 5.12　南海北部区域 2008—2016 年 SST 的标准差

（左为 AVHRR 观测统计结果；右为 ROMS 模拟结果；从上到下以 1、4、7、10 月代表冬、春、夏、秋四个季节）

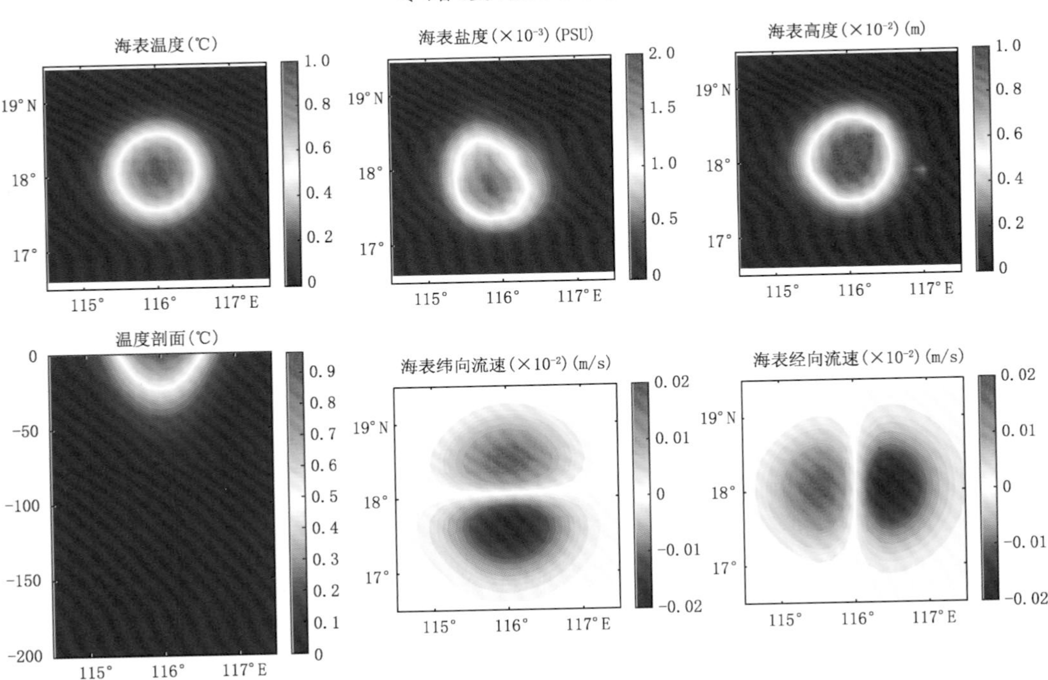

图 5.13　ROMS 4DVar 单点同化海表温度试验，海表温度观测位置(116°E，18.04°N)

5.3 隐式等权重变分粒子平滑方法

5.1 节给出了 IEWPF 的基本原理，5.2 节介绍了 ROMS 弱约束 4DVar 的实现，本节介绍如何将这两种方法结合，即如何在弱约束 4DVar 的框架下引入隐式等权重方法，构造隐式等权重变分粒子平滑(IEWVPS)方法。

5.3.1 算法设计思想

IEWPF 的隐式部分需要对一个目标函数求极小化，从而得到提议密度峰值位置，这个过程和 4DVar 的极小化过程是相似的，这就表明我们可以建立 4DVar 和 IEWPF 之间的联系。但 IEWPF 是滤波器方法，即它针对是分析时刻的优化，而 4DVar 是一个平滑器方法，它针对是一个时间窗口的优化，要实现两者的混合，我们必须将 IEWPF 扩展到 4D 空间，也就是发展为 IEWVPS 方法。IEWVPS 继承了 IEWPF 的思想，即隐式等权重思想，两者的最大不同之处在于提议密度的选取，IEWPF 是以最优提议密度作为提议密度，而 IEWVPS 是将弱约束 4DVar 作为提议密度引入到粒子平滑器中，并且通过隐式采样在后验概率密度的高概率区域进行采样，最后通过等权重方法确保所有粒子权重相等。从后面 Lorenz96 试验的结果我们可以看到，引入弱约束 4DVar 能大大降低 RMSE，在 ROMS 中的同化试验中也能取得比集合 4DVar 更好的同化效果；事实上，4DVar 具有诸多优点，比如它是以动力模式作为约束的，能同化异步观测等，这些优点也是可以被 IEWVPS 继承的。隐式采样和等权重思想结合的产物是将一个复杂的等权重问题转化为了一个简单的标量方程，该方程在高维系统中存在解析解，这个优点也将被 IEWVPS 继承。本小节将详细介绍弱约束 4DVar 是如何作为提议密度引入到粒子平滑器中的，以及整个算法实现的关键点。

给定一个时间窗口 $[0:n]$，如果已知先验概率密度分布 $p(\boldsymbol{x}^{0:n})$ 和观测的似然分布 $p(\boldsymbol{y}^{1:n} \mid \boldsymbol{x}^{0:n})$，根据贝叶斯定理，后验概率密度分布 $p(\boldsymbol{x}^{0:n} \mid \boldsymbol{y}^{1:n})$ 可以表示为：

$$p(\boldsymbol{x}^{0:n} \mid \boldsymbol{y}^{1:n}) = \frac{p(\boldsymbol{y}^{1:n} \mid \boldsymbol{x}^{0:n})\, p(\boldsymbol{x}^{0:n})}{p(\boldsymbol{y}^{1:n})} \tag{5.90}$$

类似 2.3.5 节，引入提议密度 $q(\boldsymbol{x}^{0:n} \mid \boldsymbol{y}^{1:n})$ 之后：

$$w_i = \frac{p(\boldsymbol{y}^{1:n} \mid \boldsymbol{x}_i^{0:n})}{p(\boldsymbol{y}^{1:n})} \frac{p(\boldsymbol{x}_i^{0:n})}{q(\boldsymbol{x}_i^{0:n} \mid \boldsymbol{y}^{1:n})} \tag{5.91}$$

这里我们假设提议密度中，①背景场和模式误差服从高斯分布，观测似然分布也是高斯分布；②背景场误差、观测误差和模式误差两两不相关；③观测误差时空上不相关；④模式演进为一阶马尔可夫链过程(即当前时刻的模式状态只与前一时刻的模式状态相关，与其他时刻的模式状态不相关)。这些假设事实上也是大气或者海洋资料同化最常见的假设。基于这些假设我们可以看到方程的分子部分很显然可以表示弱约束 4DVar：

$$p(\boldsymbol{y}^{1:n} \mid \boldsymbol{x}_i^{0:n})\, p(\boldsymbol{x}_i^{0:n}) \propto \exp[-J_i(\boldsymbol{x}_i^{0:n})] \tag{5.92}$$

其中，J_i 是第 i 个粒子弱约束 4DVar 的代价函数，在 ROMS 中的具体形式如式(5.78)或者式(5.81)所示。

基于 Atkins 等(2013)和 Morzfeld 等(2018)的研究，方程(5.91)的分子部分可以表示为：

$$p(\boldsymbol{y}^{1:n} \mid \boldsymbol{x}_i^{0:n})p(\boldsymbol{x}_i^{0:n}) = N(\boldsymbol{x}_i^{a,0:n}, \boldsymbol{P}_i)\exp(-\frac{1}{2}\phi_i) \tag{5.93}$$

这里我们用 $N(\bar{a}, \mathbf{A})$ 表示均值为 $\bar{a}$、协方差为 $\mathbf{A}$ 的高斯分布。上式中 $x_i^{a,0:n}$ 即就是弱约束 4DVar 的分析值，通过求解代价函数的极小值得到；$\frac{1}{2}\phi_i$ 就是代价函数的极小值；$\boldsymbol{P}_i$ 是弱约束 4DVar 的分析误差协方差矩阵，它与代价函数的海森矩阵的逆是等价的。

通过上面的式子，我们可以将提议密度选为均值为 $\boldsymbol{x}^{a,0:n}$，协方差为 $\boldsymbol{P}$ 的高斯函数，即对于第 i 个粒子：

$$q(\boldsymbol{x}_i^{0:n} \mid \boldsymbol{y}^{1:n}) = N(\boldsymbol{x}_i^{a,0:n}, \boldsymbol{P}_i) \tag{5.94}$$

上面的推导给出了弱约束 4DVar 是如何作为提议密度引入粒子滤波中的。单纯的引入提议密度，并不能在高维系统中避免滤波退化，应用隐式等权重方法才能保证粒子权重相等。

隐式等权重方法的第一个基本思想是隐式采样，即建立模式状态变量 $\boldsymbol{x}^{0:n}$ 和后验概率密度高概率区域随机采样的随机变量 $\boldsymbol{\xi}^{0:n}$ 之间的投影关系：

$$\begin{aligned}\boldsymbol{x}_i^{0:n} &= g(\boldsymbol{\xi}_i^{0:n}) \\ &= \boldsymbol{x}_i^{a,0:n} + \alpha_i^{1/2}\boldsymbol{P}_i^{1/2}\boldsymbol{\xi}_i^{0:n}\end{aligned} \tag{5.95}$$

我们知道引入提议密度之后，粒子滤波会发生两种变化，一是粒子在状态空间的位置发生了改变，即由原始粒子变为了提议粒子；二是为了保证后验概率密度不发生改变，粒子权重也发生了改变，即引入了提议权重。似然权重和提议权重以相反的方式调整粒子权重，那么必然存在一个平衡点，使得粒子权重相等，这就是等权重方法的基本思想。在 5.1 节的 IEWPF 方法中，我们通过求解等权重方程(5.7)，将等权重问题转化为单一伸缩变量 α 的求解问题。虽然 IEWPF 方法可以实现粒子等权重，避免滤波退化，但是应用于实际同化系统中，需要解决的一个问题就是 $\boldsymbol{P}$ 矩阵的计算，它代表后验分析误差协方差矩阵。在真实海洋或者大气资料同化中，模式维度非常大(全球模式～10^9)，这意味着后验分析误差协方差矩阵维度为$10^9 \times 10^9$，以目前的计算和存储能力，是无法存储这么大的矩阵的。在上一章节中，隐式等权重粒子滤波在 Lorenz 96 模式上进行试验，即使是 1000 维的 Lorenz 96 模式，我们都可以显示计算 $\boldsymbol{P}$ 矩阵，但我们无法在真实海洋或者大气系统中计算和存储 $\boldsymbol{P}$ 矩阵，因此需要采用近似的方法对 $\boldsymbol{P}$ 进行估计。接下来我们分别介绍混合方法中隐式等权重参数 α 和 $\boldsymbol{P}$ 的计算。

5.3.2 隐式等权重参数

隐式等权重方法相比等权重方法，一个显著的优点在于只有一个变量 α 需要求解。从隐式投影关系中可以看到，当 $\alpha = 0$ 时，粒子位于弱约束 4DVar 后验概率密度分布的峰值处，也就是代价函数取得极小值处，当 $\alpha \neq 0$ 时，粒子的位置相对于峰值位置就发生了偏移，α 越大代表偏离程度越大。这种偏离本质上代表的是粒子在状态空间中位置的移动，我们正是通过移动粒子的位置达到等权重的目的。需要注意的是，α 并不是越大越好，也不是越小越好，只有满足等权重方程的 α 才是我们最终需要的。

假设隐式提议密度为标准的正态分布 $q(\boldsymbol{\xi}^{0:n}) = N(0, \boldsymbol{I})$，原始提议密度和隐式提议密度之间存在如下关系：

$$q(\boldsymbol{x}^{0:n} \mid \boldsymbol{y}^{1:n}) = \frac{q(\boldsymbol{\xi}^{0:n})}{\left\| \dfrac{\mathrm{d}\,\boldsymbol{x}^{0:n}}{\mathrm{d}\,\boldsymbol{\xi}^{0:n}} \right\|} \tag{5.96}$$

其中，$\left\| \dfrac{\mathrm{d}\,\boldsymbol{x}^{0:n}}{\mathrm{d}\,\boldsymbol{\xi}^{0:n}} \right\|$ 是隐式投影关系的雅可比矩阵行列式的绝对值。从公式中可以得到：

$$\begin{aligned} \left\| \frac{\mathrm{d}\,\boldsymbol{x}^{0:n}}{\mathrm{d}\,\boldsymbol{\xi}^{0:n}} \right\| &= \left\| \alpha_i^{1/2} \boldsymbol{P}_i^{1/2} + \boldsymbol{P}_i^{1/2} \boldsymbol{\xi}_i^{0:n} \frac{\partial \alpha_i^{1/2}}{\partial \boldsymbol{\xi}_i^{0:n}} \right\| \\ &= \alpha_i^{N_z/2} \| \boldsymbol{P}_i^{1/2} \| \left| 1 + \frac{\boldsymbol{\xi}_i^{0:n}}{\alpha_i^{1/2}} \frac{\partial \alpha_i^{1/2}}{\partial \boldsymbol{\xi}_i^{0:n}} \right| \end{aligned} \tag{5.97}$$

将公式(5.97)代入式(5.91)中，粒子权重变为：

$$w_i = \frac{p(\boldsymbol{y}^{1:n} \mid \boldsymbol{x}_i^{0:n}) p(\boldsymbol{x}_i^{0:n})}{p(\boldsymbol{y}^{1:n}) q(\boldsymbol{\xi}_i^{0:n})} \left\| \frac{\mathrm{d}\,\boldsymbol{x}^{0:n}}{\mathrm{d}\,\boldsymbol{\xi}^{0:n}} \right\| \tag{5.98}$$

其中，$p(\boldsymbol{y}^{1:n})$ 为常数，我们可以忽略它。对上式两边取 $-2\lg$：

$$\begin{aligned} -2\lg w_i = &-2\lg p(\boldsymbol{y}^{1:n} \mid \boldsymbol{x}_i^{0:n}) p(\boldsymbol{x}_i^{0:n}) + 2\lg q(\boldsymbol{\xi}_i^{0:n}) - \\ &2\lg\left(\left\| \frac{\mathrm{d}\,\boldsymbol{x}^{0:n}}{\mathrm{d}\,\boldsymbol{\xi}^{0:n}} \right\| \right) \end{aligned} \tag{5.99}$$

将式(5.93)和式(5.97)以及 $q(\boldsymbol{\xi}^{0:n}) = N(0, \boldsymbol{I})$ 代入上式，$-2\lg w_i$ 变为：

$$\begin{aligned} -2\lg w_i &= (\boldsymbol{x}_i^{0:n} - \boldsymbol{x}_i^{a,0:n})^{\mathrm{T}} \boldsymbol{P}_i^{-1} (\boldsymbol{x}_i^{0:n} - \boldsymbol{x}_i^{a,0:n}) + \phi_i - \\ &\quad (\boldsymbol{\xi}_i^{0:n})^{\mathrm{T}} \boldsymbol{\xi}_i^{0:n} - 2\lg\left(\left\| \frac{\mathrm{d}\,\boldsymbol{x}^{0:n}}{\mathrm{d}\,\boldsymbol{\xi}^{0:n}} \right\| \right) \\ &= (\alpha_i - 1)(\boldsymbol{\xi}_i^{0:n})^{\mathrm{T}} \boldsymbol{\xi}_i^{0:n} + \phi_i - 2\lg\left(\left\| \frac{\mathrm{d}\,\boldsymbol{x}^{0:n}}{\mathrm{d}\,\boldsymbol{\xi}^{0:n}} \right\| \right) \\ &= (\alpha_i - 1)(\boldsymbol{\xi}_i^{0:n})^{\mathrm{T}} \boldsymbol{\xi}_i^{0:n} + \phi_i - 2\lg \alpha_i^{N_z/2} - \\ &\quad 2\lg\left(\left| 1 + \frac{\boldsymbol{\xi}_i^{0:n}}{\alpha_i^{1/2}} \frac{\partial \alpha_i^{1/2}}{\partial \boldsymbol{\xi}_i^{0:n}} \right| \right) - 2\lg(\| \boldsymbol{P}_i^{1/2} \|) \end{aligned} \tag{5.100}$$

在基本粒子滤波中，往往是先确定粒子位置，然后减小粒子权重的方差，但是这样并不能保证粒子等权重，也就不能防止滤波退化。等权重方法则不一样，它是先设置目标权重，然后令粒子权重等于目标权重，通过求解等权重方程得到满足条件的粒子的位置。将所有粒子权重设置为目标权重，等价于将式(5.100)右边设置为常数 C。将隐式投影关系式(5.95)代入式(5.100)，这样就得到：

$$\begin{aligned} &(\alpha_i - 1)(\boldsymbol{\xi}_i^{0:n})^{\mathrm{T}} \boldsymbol{\xi}_i^{0:n} + \phi_i - 2\lg \alpha_i^{N_z/2} - \\ &2\lg\left(\left| 1 + \frac{\boldsymbol{\xi}_i^{0:n}}{\alpha_i^{1/2}} \frac{\partial \alpha_i^{1/2}}{\partial \boldsymbol{\xi}_i^{0:n}} \right| \right) - 2\lg(\| \boldsymbol{P}_i^{1/2} \|) = C \end{aligned} \tag{5.101}$$

这里 $2\lg(\| \boldsymbol{P}_i^{1/2} \|)$ 也是常数，将它并入 C 中，最终将等权重问题转化为了一个关于 α 的标量方程：

$$\begin{aligned} &(\alpha_i - 1)(\boldsymbol{\xi}_i^{0:n})^{\mathrm{T}} \boldsymbol{\xi}_i^{0:n} - 2\lg \alpha_i^{N_z/2} - \\ &2\lg\left(\left| 1 + \frac{\boldsymbol{\xi}_i^{0:n}}{\alpha_i^{1/2}} \frac{\partial \alpha_i^{1/2}}{\partial \boldsymbol{\xi}_i^{0:n}} \right| \right) = c_i \end{aligned} \tag{5.102}$$

其中，$c_i = C - \phi_i$。这个方程与方程(5.24)的求解过程是一致的，差别在于方程(5.102)是包含了时间维度的。α 的性质在 5.1.2 节中进行了详细介绍，这里不再讨论。

5.3.3 P 矩阵近似估计方法

在隐式等权重变分粒子平滑方法中，$\boldsymbol{P}$ 是弱约束 4DVar 后验分析误差协方差矩阵，直接根据公式(5.82)计算 $\boldsymbol{P}$ 存在几个问题，一是 $\boldsymbol{P}$ 的维度太大，不仅和模式维度相关，还和时间窗口的长度相关。假设模式维度为 N_x，时间窗口长度为 n，那么 4D 的模式状态的维度为 $N_z = N_x \times (n+1)$，这样 $\boldsymbol{P}$ 和 $\boldsymbol{P}^{1/2}$ 的维度均为 $N_z \times N_z$。如果模式维度较大(比如区域模式维度 10^7，全球模式维度10^9)，或者时间窗口比较长(比如海洋中常用 7 d 作为时间窗口，如果时间步长为 720 s，那么整个时间窗口共 840 步)，那么就很难显示计算和储存 $\boldsymbol{P}$ 和 $\boldsymbol{P}^{1/2}$；二是需要模式算子 $\boldsymbol{G}$ 的显示矩阵，这也是一个难题；三是需要大规模矩阵运算。不解决这些问题，IEWPF 和 IEWVPS 方法都很难应用于真实海洋或者大气资料同化。从隐式投影方程(5.95)中可以看到，后验模式状态表示为确定性部分($\boldsymbol{x}_i^{a,0:n}$)和等权重调整部分 $\alpha_i^{1/2}\boldsymbol{P}_i^{1/2}\boldsymbol{\xi}_i^{0:n}$，实际上我们可以直接估计 $\boldsymbol{P}_i^{1/2}\boldsymbol{\xi}_i^{0:n}$。如果粒子数是 N，那么 $\boldsymbol{P}_i^{1/2}\boldsymbol{\xi}_i^{0:n}$ 的维度为 $N_z \times N$，远小于 $\boldsymbol{P}$ 和$\boldsymbol{P}^{1/2}$ 的维度。下面我们介绍如何通过随机方法获取 $\boldsymbol{P}_i^{1/2}\boldsymbol{\xi}_i^{0:n}$。将 $\boldsymbol{D}^{1/2}$ 从式(5.82)中提取出来：

$$\begin{aligned}\boldsymbol{P} &= (\boldsymbol{D}^{-\mathrm{T}/2}\boldsymbol{D}^{-1/2} + \boldsymbol{G}^{\mathrm{T}}\boldsymbol{R}^{-1}\boldsymbol{G})^{-1} \\ &= \{\boldsymbol{D}^{-\mathrm{T}/2}[\boldsymbol{I} + \boldsymbol{D}^{\mathrm{T}/2}\boldsymbol{G}^{\mathrm{T}}\boldsymbol{R}^{-1}\boldsymbol{G}\boldsymbol{D}^{1/2}]\boldsymbol{D}^{-1/2}\}^{-1} \\ &= \boldsymbol{D}^{1/2}[\boldsymbol{I} + (\boldsymbol{R}^{-1/2}\boldsymbol{G}\boldsymbol{D}^{1/2})^{\mathrm{T}}(\boldsymbol{R}^{-1/2}\boldsymbol{G}\boldsymbol{D}^{1/2})]^{-1}\boldsymbol{D}^{\mathrm{T}/2}\end{aligned} \tag{5.103}$$

如果已知所有协方差矩阵和 $\boldsymbol{G}$ 的显示表达，对 $\boldsymbol{R}^{-1/2}\boldsymbol{G}\boldsymbol{D}^{1/2}$ 进行奇异值分解(Singular Value Decomposition，SVD)：

$$\boldsymbol{R}^{-1/2}\boldsymbol{G}\boldsymbol{D}^{1/2} = \boldsymbol{U}\boldsymbol{S}\boldsymbol{V}^{\mathrm{T}} \tag{5.104}$$

将上式代入式(5.103)中，得到：

$$\begin{aligned}\boldsymbol{P} &= \boldsymbol{D}^{1/2}[\boldsymbol{I} + \boldsymbol{V}\boldsymbol{S}\boldsymbol{U}^{\mathrm{T}}\boldsymbol{U}\boldsymbol{S}\boldsymbol{V}^{\mathrm{T}}]^{-1}\boldsymbol{D}^{\mathrm{T}/2} \\ &= \boldsymbol{D}^{1/2}\boldsymbol{V}(\boldsymbol{I} + \boldsymbol{S}^2)^{-1}\boldsymbol{V}^{\mathrm{T}}\boldsymbol{D}^{\mathrm{T}/2}\end{aligned} \tag{5.105}$$

这里用到了 $\boldsymbol{V}\boldsymbol{V}^{\mathrm{T}} = \boldsymbol{I}$，$\boldsymbol{U}^{\mathrm{T}}\boldsymbol{U} = \boldsymbol{I}$，这样 $\boldsymbol{P}^{1/2}$ 可以表示为：

$$\boldsymbol{P}^{1/2} = \boldsymbol{D}^{1/2}\boldsymbol{V}(\boldsymbol{I} + \boldsymbol{S}^2)^{-1/2} \tag{5.106}$$

在实际应用中，是不可能显示表达协方差矩阵和 $\boldsymbol{G}$ 的，这里定义扰动的集合 $\boldsymbol{\xi}^{0:n} = [\boldsymbol{\xi}_1^{0:n}, \cdots, \boldsymbol{\xi}_N^{0:n}]$，引入一个新的临时变量 $\boldsymbol{q}_0 = [\boldsymbol{G}\boldsymbol{D}^{1/2}\boldsymbol{\xi}_i - \overline{\boldsymbol{G}\boldsymbol{D}^{1/2}\boldsymbol{\xi}}]$，$i = 1, \cdots, N$，其中 $\overline{\boldsymbol{G}\boldsymbol{D}^{1/2}\boldsymbol{\xi}}$ 是 $\boldsymbol{G}\boldsymbol{D}^{1/2}\boldsymbol{\xi}_i$ 的集合平均值，$\boldsymbol{\xi}$ 是随机扰动的集合。对 $\boldsymbol{R}^{-1/2}\boldsymbol{q}_0$ 进行奇异值分解：

$$\boldsymbol{R}^{-1/2}\boldsymbol{q}_0 = \boldsymbol{U}\boldsymbol{S}\boldsymbol{V}^{\mathrm{T}} \tag{5.107}$$

最后 $\boldsymbol{P}^{1/2}\boldsymbol{\xi}$ 的近似表达式为：

$$\boldsymbol{P}^{1/2}\boldsymbol{\xi} = \boldsymbol{D}^{1/2}\boldsymbol{\xi}\boldsymbol{V}(\boldsymbol{I} + \boldsymbol{S}^2)^{-1/2} \tag{5.108}$$

扰动部分的计算流程如图 5.14 所示，利用 ROMS 自带的扰动模块可以生成高斯分布 $N(0,\boldsymbol{I})$ 的白噪声，然后每一个粒子的随机扰动分别作用背景误差协方差算子 $\boldsymbol{D}^{1/2}$，并通过切线性模式算子 $\boldsymbol{G}$ 将扰动值从模式空间投影到观测空间，并在观测空间作用观测误差协方差矩阵 $\boldsymbol{R}^{-1/2}$；通过 SVD 分解得到矩阵 $\boldsymbol{V}$ 和奇异值 $\boldsymbol{S}$，最后完成扰动值 $\boldsymbol{P}^{1/2}\boldsymbol{\xi}$ 的计算。从图 5.14 可以看到，有两处需要用到 $\boldsymbol{D}^{1/2}\boldsymbol{\xi}$，因此，我们可以在第一次作用完背景误差协方差矩阵之后将 $\boldsymbol{D}^{1/2}\boldsymbol{\xi}$ 以文件的形成存储，并在最后一步读取使用。需要指出的是，从随机扰动的上标可以看到，我们需要存储时间窗口内所有时间步的 $\boldsymbol{D}^{1/2}\boldsymbol{\xi}$，它与模式维度和时间窗口的长度有关，因此存储量会非常巨大。实际操作过程中，我们可以间隔 M 个时间步输出一次 $\boldsymbol{D}^{1/2}\boldsymbol{\xi}$，这样就能大大减少存储量，同时也能减少整个 IEWVPS 的计算时间。在 M 个时间步的中间则通过插值完成计算。比如在本书后面的应用实例中，时间窗口为 1 d，总共 120 个时间步（模式积分时间步长为 720 s），每隔 $M=15$ 步（3 h）输出一次 $\boldsymbol{D}^{1/2}\boldsymbol{\xi}$。利用随机方法的另一个好处在于，避免了大规模矩阵运算，并且充分利用了 4DVar 的工具，矩阵 $\boldsymbol{D}$、$\boldsymbol{G}$、$\boldsymbol{R}$ 都是以算子的形式实现，避免了大规模矩阵运算。

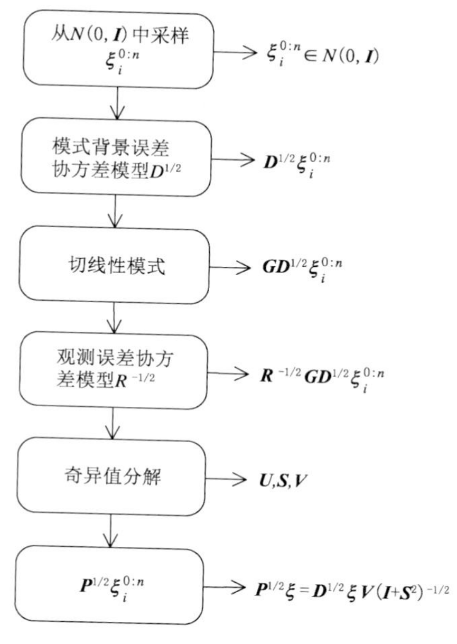

图 5.14　扰动值 $\boldsymbol{P}^{1/2}\boldsymbol{\xi}$ 计算过程

5.3.4　方法的设计和实现

将 5.3.2 节得到隐式等权重参数 α_i 和 5.3.2 节随机方法估计的 $\boldsymbol{P}^{1/2}\boldsymbol{\xi}$ 结合就得到了完整的等权重调整部分。整个基于 ROMS 弱约束 4DVar 的 IEWVPS 方法的实现分为两个模块（图 5.15），第一个模块为集合弱约束 4DVar 模块，第二个模块为等权重调整模块，等权重调整模块包括求解伸缩参数 α 和扰动计算模块。第一个模块需要将每个粒子代价函数的极小值传递给第二个模块。

完整的计算流程如图 5.16 所示，整体分为了 4 部分：

（1）每一个粒子运行一个标准的弱约束 4DVar，这样就得到了每一个粒子在时间窗口的轨迹 $\boldsymbol{x}_i^{a,0:n}$ 和代价函数的极小值 $\frac{1}{2}\phi_i=\min J_i$；

（2）隐式等权重参数 α_i 计算模块，通过牛顿迭代方法我们可以获得 α_i 在不同分支上的值，每一个粒子的 α_i 可以在不同分支上取值；

（3）按照图 5.14 的步骤计算 $\boldsymbol{P}^{1/2}\boldsymbol{\xi}$；

（4）我们将峰值处的 $\boldsymbol{x}_i^{a,0:n}$ 向等权重平衡位置进行移动。

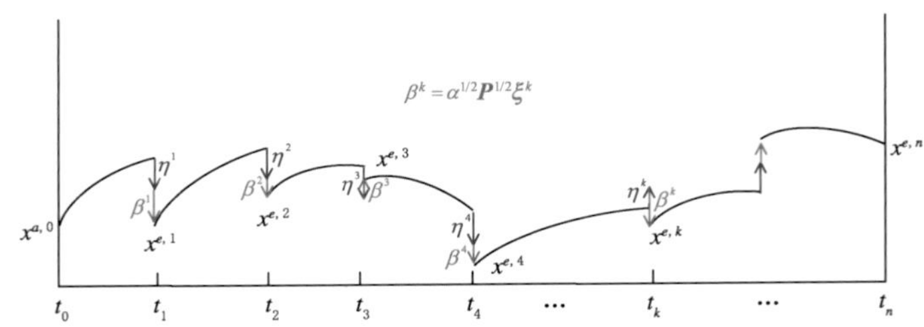

图 5.15 IEWVPS 单个粒子在时间窗口内每一时间步等权重调整示意图
“a”代表“analysis”,“e”代表“equal-weights”。蓝色箭头代表模式误差的对模式轨迹的修正,
红色箭头代表等权重调整部分对模式轨迹的修正

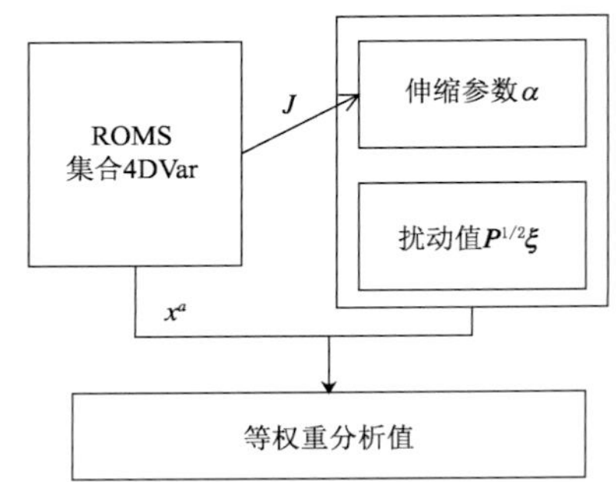

图 5.16 隐式等权变分粒子平滑方法组成模块
(扰动值计算过程见图 5.14)

从图 5.16 可以看到,观测的影响是以多种形式存在的,在步骤(1)是通过弱约束 4DVar 中进行直接同化,得到分析值;在步骤(2)中通过代价函数极小值计算隐式等权重参数 α_i;在步骤(3)计算 $\boldsymbol{P}^{1/2}\boldsymbol{\xi}$ 的中没有用到观测 $\boldsymbol{y}^{1:n}$,但我们注意到步骤(3)中用到了观测误差协方差矩阵;观测在步骤(1)～(3)中的影响最终融合到步骤(4)中的等权重调整过程中。需要注意的是,在第(4)步等权重调整步骤中,我们并不是直接按照公式(5.95)线性相加,因为这意味着我们必需存储完整的粒子轨迹,如果模式维度较大或者时间窗口较长,这会带来极大的存储代价。实际操作中,我们是通过非线性模式积分完成的,即在每一时间步模式积分过程中,将 $\alpha_i^{1/2}\boldsymbol{P}_i^{1/2}\boldsymbol{\xi}_i^k$ 作为强迫项驱动非线性模式。我们知道,通过弱约束 4DVar 极小化过程,可以得到是分析初值 $\boldsymbol{x}_i^{a,0}$ 和模式误差项 $\boldsymbol{\eta}^k$,时间窗口内的轨迹 $\boldsymbol{x}_i^{a,0:n}$ 就是通过以 $\boldsymbol{\eta}^k$ 作为强迫项驱动非线性模式积分得到的,因此,$\alpha_i^{1/2}\boldsymbol{P}_i^{1/2}\boldsymbol{\xi}_i^k$ 的调整过程类似于模式误差项 $\boldsymbol{\eta}^k$,如图 5.15 所示。需要注意的一点是模式误差 $\boldsymbol{\eta}^k$ 和等权重调整部分对模式轨迹的修正可能是相反方向的,比如图 5.15 的 t_3 和 t_k 时刻。

利用 IEWVPS 方法进行循环同化,示意图如图 5.18 所示,即以上一个循环的时间窗口末端的分析值作为当前窗口的背景场的初始条件。为了保证集合离散度,通常会对大气强迫场(Li et al., 2017)或者观测(Zuo et al., 2017)进行扰动。相比图 5.9,IEWVPS 方法在集合 4DVar 的基础上多了一步等权重调整的过程。

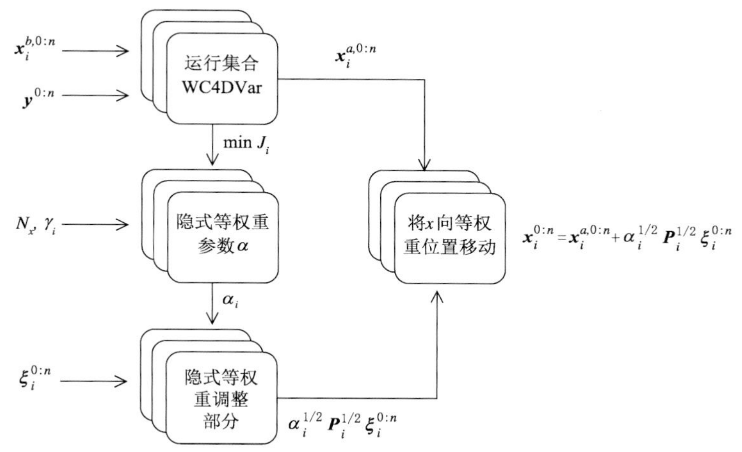

图5.17 隐式等权重变分粒子平滑方法计算流程图
（重叠框线代表粒子集合，WC4DVar代表弱约束4DVar，$x_i^{b,0:n}$代表背景场，
$y^{1:n}$代表观测，$\gamma_i=(\xi_i^{0:n})^T\xi_i^{0:n}$，$N_x$代表模式维度）

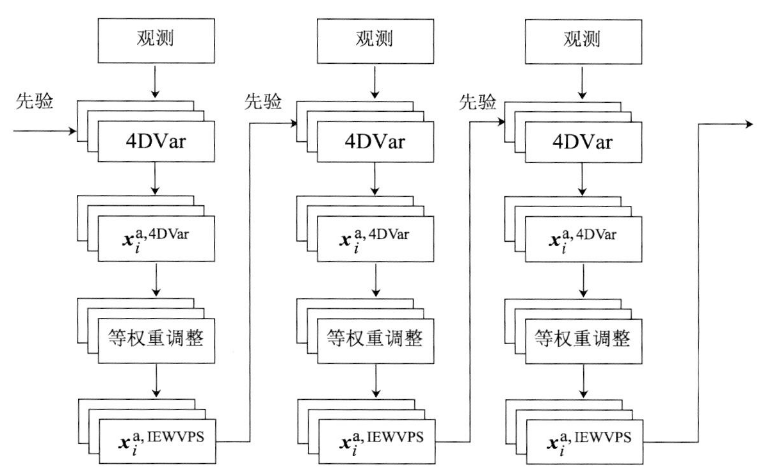

图5.18 隐式等权变分粒子平滑方法循环同化示意图（重叠方框代表集合）

5.4 隐式等权重变分粒子平滑方法的同化应用

基于前面的IEWVPS理论，本节重点介绍IEWVPS在简单Lorenz96模式和区域海洋模式ROMS中的同化效果，并且与集合4DVar等方法进行对比。

5.4.1 简单模式中的应用

这里我们采用 Lorenz96 模式来检验隐式等权重粒子平滑方法的效果。Lorenz96 模式是一个混沌系统，并且在模式维度上可以自由扩展，其动力方程请参考 1.4.1.1 节。粒子滤波方法在高维系统下容易出现滤波退化，利用 Lorenz96 模式可以检验隐式等权重粒子平滑方法在不同模式维度下的效果。对于新的资料同化方法而言，Lorenz96 模式是一个理想的试验，在应用于真实海洋或者大气资料同化之前，我们可以通过 Lorenz96 模式测试新方法的性能。本节所使用的 Lorenz96 模式的弱约束 4DVar 来自于 El-Said (2015)，可以从 https://github.com/draelsaid/AES-4DVAR-Suite 上下载。本小节分别检验了不同模式维度、不同粒子数和不同观测方案下的同化效果(离散度、RMSE 和排序直方图，参考 5.1.3.1 节)，并与集合弱约束 4DVar(En4DVar)、LETKF 和 IEWPF 方法进行了对比。使用理想模式的另一个好处在于，真值是确定的。本节试验中真值和观测的产生步骤如下：

(1)先将模式积分 50 步，该过程代表 spin-up(自适应积分)过程，第 50 步的结果作为产生真值的初始条件($\boldsymbol{x}^0$)；

(2)从 $\boldsymbol{x}^0$ 开始模式积分 200 个时间窗口(即 2000 个模式步)作为真值；

(3)在形成真值的过程中，每隔 5 个时间步对真值添加随机扰动(从均值为 0，协方差为 $\boldsymbol{R}$ 的高斯分布中采样)，形成观测。这里我们采用了扰动观测，观测集合也是 50；

(4)在真值初始条件($\boldsymbol{x}^0$)的基础上加上随机扰动(从均值为 0，协方差为 $\boldsymbol{B}$ 的高斯分布中采样)生成背景场初始条件($\boldsymbol{x}_b^0$)。

在所有相同模式维度的试验中，真值和初始条件是一样的，差别在于同化方法的不同。由于 IEWVPS(隐式等权重变分粒子平滑方法)和 En4DVar 是平滑方法，存在一个时间窗口，在同化过程中，时间窗口(10 个模式步)内的所有观测都被一起同化；IEWPF(隐式等权重粒子滤波)和 LETKF(局地集合转换卡尔曼滤波)是滤波方法，仅分析时刻的观测被同化(每隔 5 步同化一次)。尽管存在这种差异，所有试验的观测频率是一样的，即在 2000 个模式步内，所有试验的观测总数是一致的。另外，在 LETKF 中采样了自适应的局地化方案。在所有试验中，背景误差协方差($\boldsymbol{B}$)和模式误差协方差($\boldsymbol{Q}$)采样三对角矩阵形式，观测误差协方差($\boldsymbol{R}$)采用对角矩阵：

$$\boldsymbol{B}=\begin{bmatrix} 2 & 0.25 & & & \\ 0.25 & 2 & 0.25 & & \\ & \ddots & \ddots & \ddots & \\ & & 0.25 & 2 & 0.25 \\ & & & 0.25 & 2 \end{bmatrix},\boldsymbol{Q}=\begin{bmatrix} 1 & 0.25 & & & \\ 0.25 & 1 & 0.25 & & \\ & \ddots & \ddots & \ddots & \\ & & 0.25 & 1 & 0.25 \\ & & & 0.25 & 1 \end{bmatrix},$$

$$\boldsymbol{R}=\begin{bmatrix} 1.6 & & & \\ & 1.6 & & \\ & & \ddots & \\ & & & 1.6 \end{bmatrix}$$

我们首先检验不同模式维度的同化效果，每个同化方法分布设置了 $N_x=40,100,250,400$ 四组试验，每组试验集合数为 $N=50$ 。图 5.19 分别给出了 2000 个模式步的 Ratio(定义为 RMSE/Spread)随模式维度 N_x 的变化，这个比值是定量衡量集合质量的一个标准，从统计学角度，比值越接近 1 通常代表集合质量越高。总体来说，随着模式维度的增大，Ratio 也逐渐增大。对比 IEWVPS 和 En4DVar 方法，采用 IEWVPS 方法的试验比值更加接近于 1，即 IEWVPS 获取的集合质量更高，但是相比 IEWPF 和 LETKF 方法，采用 IEWVPS 方法的试验的比值要偏大。从表 5.2 中可以看到，尽管 IEWPF 和 LETKF 试验的比值最理想(接近 1.0)，但这并不代表它们的 RMSE 是最小的。

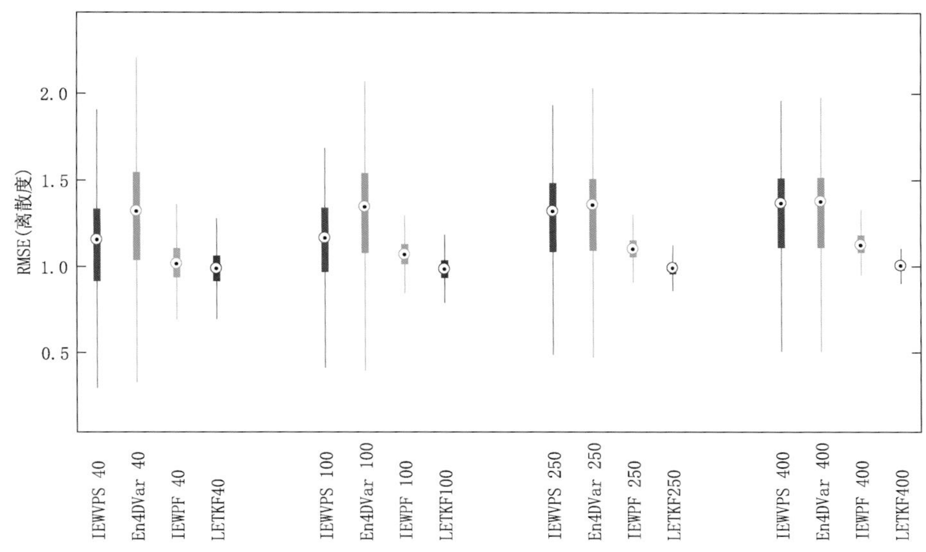

图 5.19 RMSE 和集合离散度比值随模式维度 N_x 的变化
(每一个填充的方框内代表 99.3%的数据，方框中的全齐代表中值)

表 5.2 RMSE 和集合离散度比值的平均值

	$N_x=40$	$N_x=100$	$N_x=250$	$N_x=400$
IEWVPS	1.0852	1.0909	1.2261	1.2701
En4DVar	1.2583	1.2569	1.2618	1.2780
IEWPF	1.0239	1.0751	1.1063	1.1367
LETKF	0.9929	0.9875	0.9917	1.0045

从方程中可以看到，IEWVPS 的分析值分 $\boldsymbol{x}^{0:n}$ 为两部分，其中确定性部分($\boldsymbol{x}_i^{a,0:n}$)由弱约束的 4DVar 提供，因此 IEWVPS 和 En4DVar 试验的平均 RMSE 相当，如图 5.20 所示。相比 IWEPF 和 LETKF 方法，IEWVPS 方法能显著降低 RMSE，这体现了以弱约束 4DVar 作为提议密度的价值。而等权重调整部分($\alpha_i^{1/2}\boldsymbol{P}_i^{1/2}\boldsymbol{\xi}_i^{0:n}$)的引入，则可以在 En4DVar 的基础上增加集合离散度，如图 5.21 所示。在每个时间窗口的初始时刻，集合离散度是最小的，在模式误差的强迫下，集合离散度会逐渐增加。图表明在所有时刻，IEWVPS 都能有效增加集合离散度。图 5.20 和图 5.21 表明，IEWVPS 能在保证 RMSE 水平的同时增大集合离散度。图 5.22 进一步对比了各组试验的排序直方图，由于统计样本偏少(2000 个模式步)，我们采用所有变量进行统计(即样本数增加为 $2000\times N_x$)。LETKF 在不同模式维度下的排序直方图几乎是水平的，即集合质量最高，其次是 IEWPF 方法。在 IEWVPS 和 En4DVar 试验中，排序直方图呈

U 形，这表明集合离散度相比 RMSE 偏小，即与图 5.19 和表 5.2 的结果是一致的。这与尺度因子 α 有一定的关系，在本次试验中，α 在两个分支上个随机选取 50%，如果要增大集合离散度，可以适当增加 α 在 >1 的分支上的采样比例。另外在实际的大气或者海洋模式中，集合离散度通常是通过扰动的强迫场引入的，α 和扰动方案之间的平衡性需要进行联合考虑。

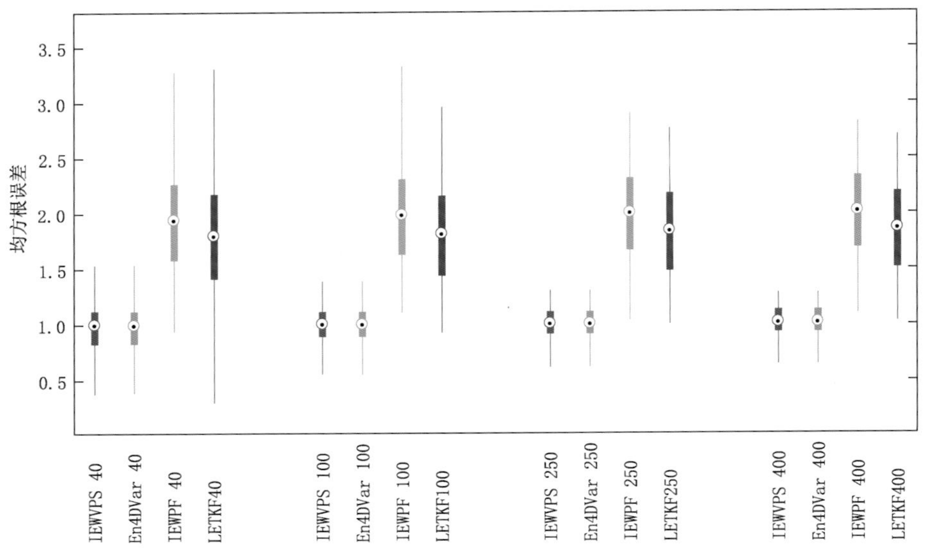

图 5.20　平均 RMSE 随模式维度 N_x 的变化

（每一个填充的方框内代表 99.3%的数据，方框中的全齐代表中值）

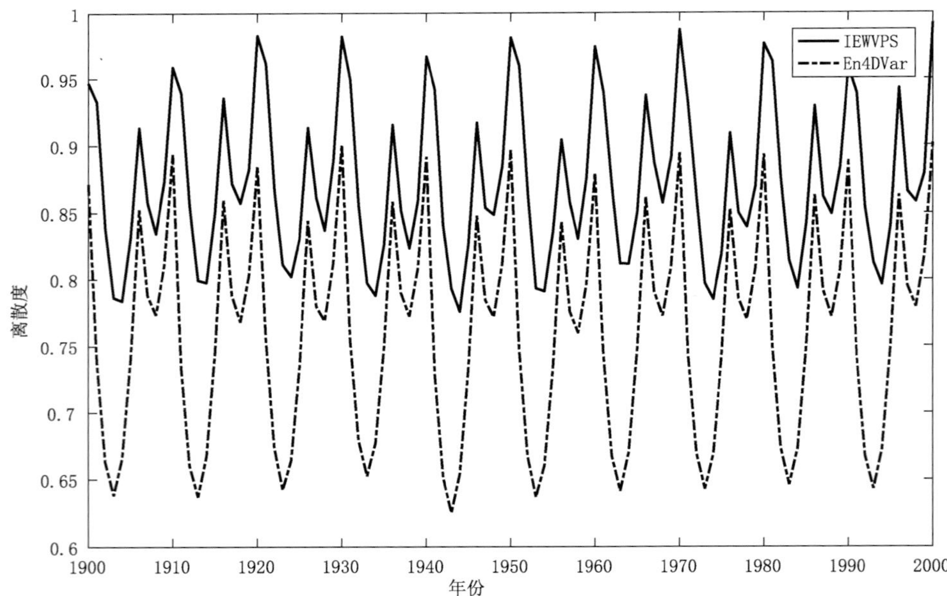

图 5.21　N_x = 100 试验中集合离散度在最后 100 个模式时间步的演变

（实线代表 IEWVPS 结果，虚线代表 En4DVar 结果）

Snyder 等(2008)研究表明,在标准的粒子滤波中,为了防止滤波退化,粒子数需要呈观测数的指数倍增加。下面我们检验不同粒子数对同化效果的影响,我们设置模式维度 $N_x=100$,将粒子数 N 从 50 增加到 100、150、200 和 400,RMSE 和集合离散度的比值如图 5.23 所示。在所有试验中,RMSE/Spread 对于粒子数不是很敏感,这表明即使采用小集合数(<100),IEWVPS 也能产生和大集合数($N=400$)相当的效果。这与 Morzfeld 等(2018)的结果是一致的,但当集合数从 10 增加到 50 时,同化效果得到了显著提高,而我们的试验中没有测试 IEWVPS 在集合数 10 到 50 之间时的性能。

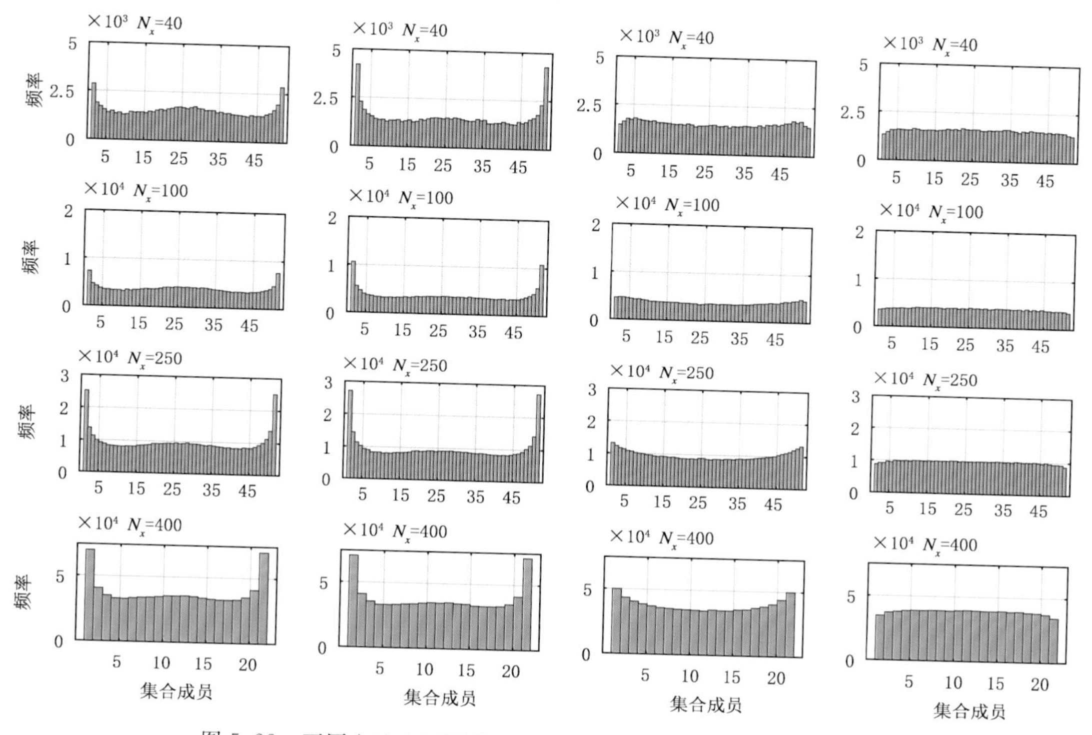

图 5.22　不同方法在不同模式维度下所有变量的排序直方图对比
(从左到右分布代表 IEWVPS、En4DVar、IEWPF 和 LETKF)

在上面的试验中,我们采用的扰动观测方案,即观测的集合数和粒子数相同。在真实大气或者海洋资料同化中,通常观测以确定的形式给定,即无论是在变分还是在 EnKF 方法中,观测集合数为 1。这里我们采用确定性观测进行试验,图 5.24 图和图 5.25 对比了 IEWVPS 和 En4DVar 第 50 个变量在前 100 个时间步和最后 100 个时间步的轨迹。当观测是确定的,如果没有其他误差来源(比如区域海洋模式通过大气强迫场和侧边界条件进行驱动,均存在不确定性),仅仅只有模式误差的情形下,En4DVar 迅速衰退为一个粒子,无法描述模式状态分布中的不确定性。但在 IEWVPS 中,由于等权重调整部分的存在,粒子不会出现衰退的情况。

总的来说,在简单的 Lorenz96 模式中,IEWVPS 的 RMSE 要比 IEWPF 小很多,证明了引入弱约束 4DVar 的优点,而相比 En4DVar,IEWVPS 能提供更优的集合质量。IEWPS 的计算代价大于 En4DVar,具体的计算代价的分析我们在下一小节的真实海洋模式的同化中进行分析。

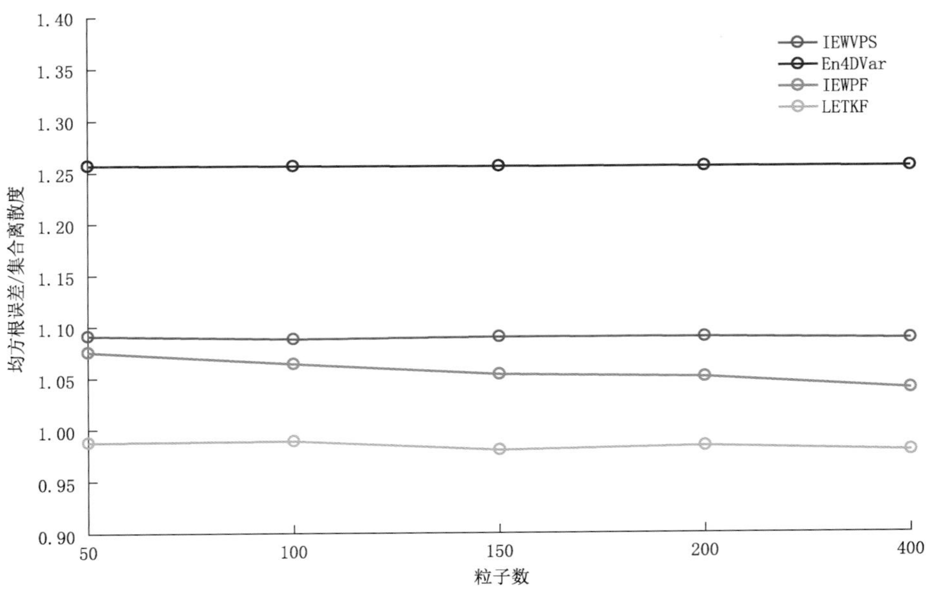

图 5.23 均方根误差/集合离散度的时间平均值随粒子数的变化

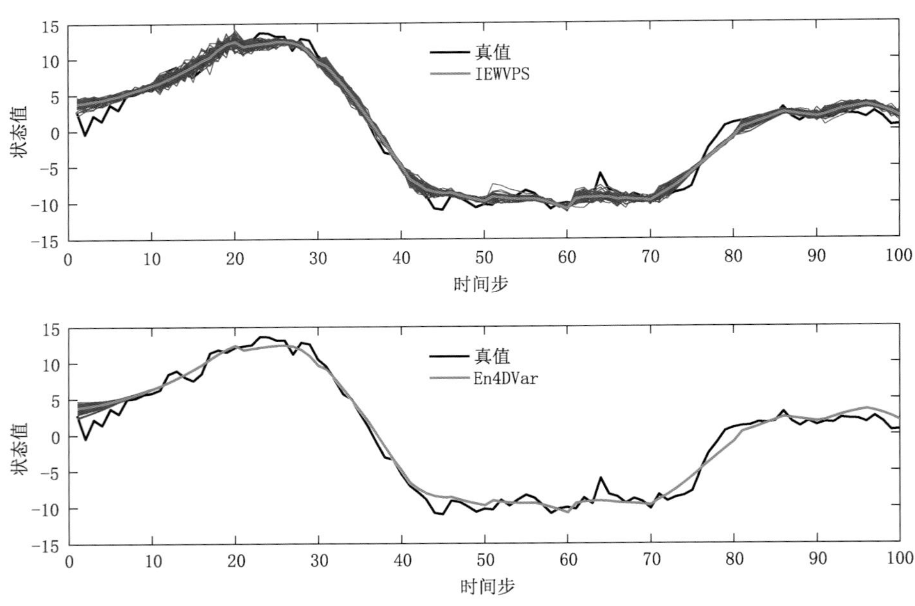

图 5.24 第 50 个变量在前 100 个模式时间步的轨迹
(黑色实线代表真值,蓝色细线代表每一个粒子的轨迹,绿线代表集合平均值。
模式维度 $N_x = 100$,粒子数 $N = 50$)

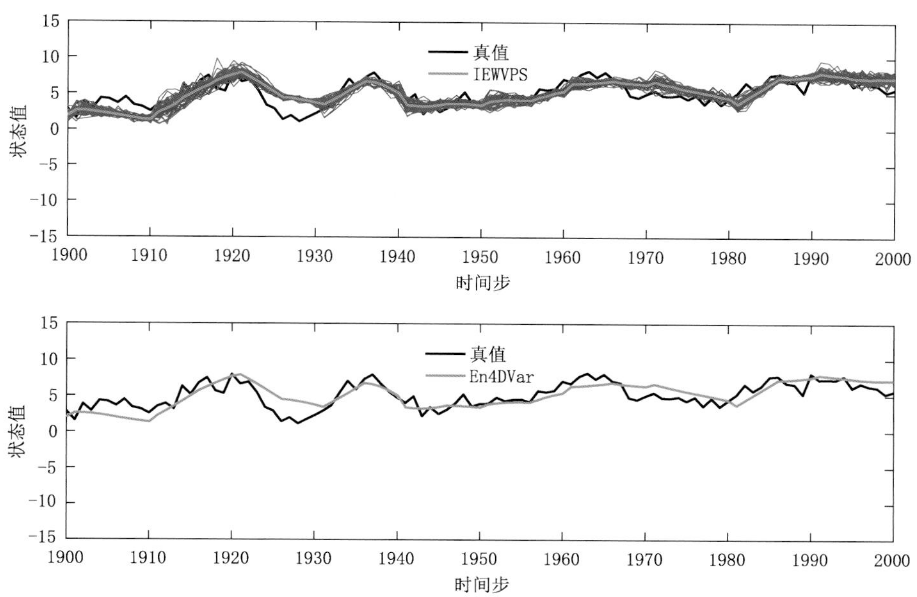

图 5.25　第 50 个变量在最后 100 个模式时间步的轨迹
（黑色实线代表真值，蓝色细线代表每一个粒子的轨迹，绿线代表集合平均值。
模式维度 $N_x = 100$，粒子数 $N = 50$）

5.4.2　海洋模式 ROMS 中的同化应用

本小节我们利用上面 IEWPS 方法的构建了一个南海北部 ROMS IEWVPS 同化系统，同化了卫星遥感海表温度（SST）和海表高度（SSH）观测，时间窗口为 1 d。模拟区域为 105°～128°E，15°～24°N，水平分辨率为 1/6°，垂直分为 24 层。海底地形来自 ETOPO2。海表大气强迫采用 ECMWF 中期数值产品，侧边条件采用 HYCOM NCODA 产品。更多的模式设置和观测介绍可以参考 4.2.2 节和 4.2.3 节。同化时间为 2015 年 10 月 1 日至 2015 年 11 月 30 日，在此期间台风“彩云”（Mujigae）进入南海，并从湛江登陆（图 5.26）。

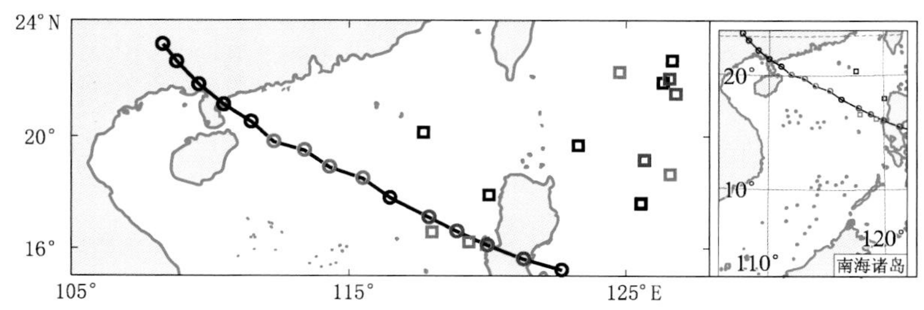

图 5.26　台风“彩云”（Mujigae）路径
（方框为 Argo 浮标位置；蓝色代表 2015 年 10 月 2 日的 Argo 浮标（方框）和台风轨迹（圆圈）；
红色代表 2015 年 10 月 03 日的 Argo 浮标（方框）和台风轨迹（圆圈））

为了验证 IEWVPS 方法的效果，我们设置了两组对照试验，试验 En4DVar 为集合弱约束 4DVar 试验（表 5.3），每一个集合成员虽然同化的观测是一样的，但是大气强迫场是添加了扰动之后的强迫场,因此集合成员之间会存在差异,利用扰动的集合样本实现对模式状态不确定性的估计。和 IEWVPS 试验相比,唯一的区别在于没有等权重调整部分,试验 WCPSAS 为弱约束 4DVar 试验,该实验没有采用集合。在集合试验中,集合数(或者称为粒子数)为 40。为了便于比较,所有试验均同化相同的观测(卫星遥感 SST 和 SSH),和前面 Lorenz96 模式不同,这里本章节试验没有对观测添加扰动,因为大气强迫已经进行了扰动,能够为集合提供离散度,同时也是为了便于与 WCPSAS 进行比较。在对比 3 种方法的模拟结果时,本节重点分析从初始场预报 1 d 之后的结果。

表 5.3 同化试验设置

试验	集合数	观测
IEWVPS	40	SST+SLA
En4DVar	40	SST+SLA
WCPSAS	1	SST+SLA

2015 年台风"彩虹"从 10 月 2 日进入南海北部,10 月 4 日在湛江登陆。图 5.27 给出了 2015 年 10 月 2 日至 2015 年 10 月 5 日 SLA 的模拟效果。在台风经过期间,南海北部的海平面异常整体表现为高水位,且存在两个明显的中尺度涡,一个刚从黑潮脱落出,一个被台风经过;吕宋海峡以东的西太平洋表现为低水位,但是在菲律宾以东海域存在一个反气旋涡。从图 5.25 可以看到,ROMS 弱约束 4DVar 能很好地同化卫星遥感 SSH 观测,3 组同化试验均能很好模拟出台风期间模式区域的 SSH 分布,与 AVISO 观测的差异非常小,约 4 cm。IEWVPS 和 En4DVar 北部湾和吕宋海峡西侧的模拟效果略优于 WCPSAS。整体而言,在对 SSH 的模拟上,3 种方法模拟效果差别并不大。

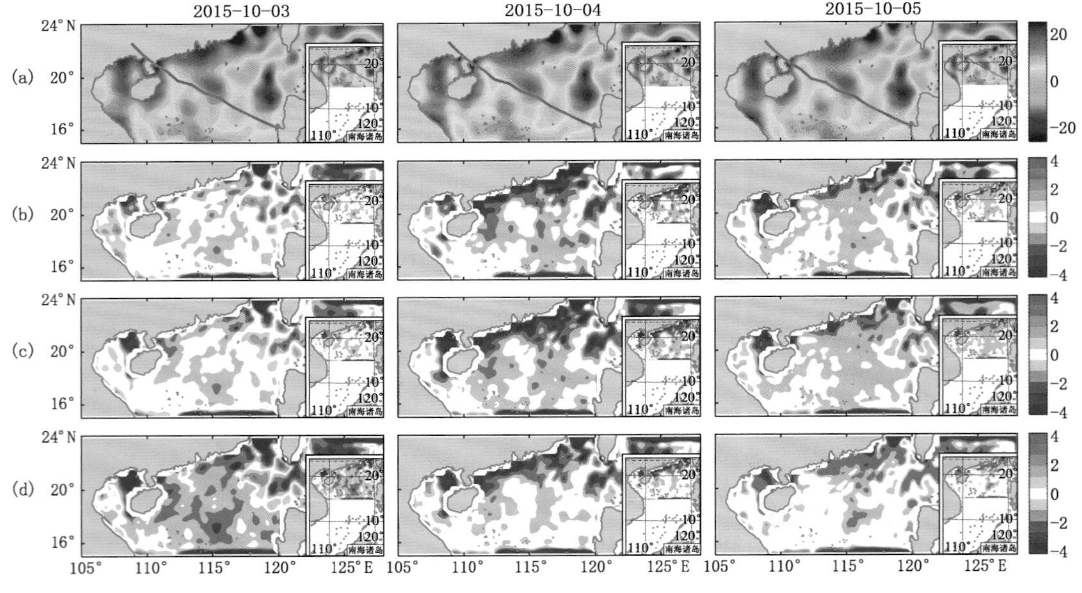

图 5.27 2015 年 10 月 2 日至 10 月 5 日 SSH 分布(单位:m)

(a) AVISO;(b) WCPSAS 试验和 AVISO 的差异;(c) En4DVar 试验和 AVISO 的差异;(d) IEWVPS 试验和 AVISO 的差异,单位:cm

当台风经过海面时，Ekman 抽吸效应会导致 SST 降低，这一点在观测中和同化试验中有很好的体现(图 5.28)，比如台风经过南海北部之前 SST 在 29.5 ℃左右，台风经过后，SST 下降到 28 ℃以下，但 SST 的最大降温并非在台风经过时(10 月 3 日)，而是滞后了一天(10 月 4 日)。10 月 5 日之前，各组试验 SST 降温分布相差不大，但是从 10 月 5 日 SST 开始升温开始(图 5.29)，IEWVPS 方法模拟的降温区域明显比 En4DVar 更加接近 AVHRR 观测。另外可以看到，除了南海北部，在模式区域的东北，WCPSAS 和 En4DVar 都出现了温度偏高的问题(图 5.28)，IEWVPS 则保持了和 AVHRR 的一致。将同化试验模拟 SST 与观测相减之后更加容易体现各组试验的差别，集合同化试验(En4DVar 和 IEWVPS) SST 与观测的差异明显小于 WCPSAS，整体而言 IEWVPS 是 3 种方法中与 AVHRR 差异最小的(图 5.28 和图 5.29)。IEWVPS 改善最明显的时间并非台风期间(10 月 1 日 至 10 月 4 日)，而是在 10 月 4 日之后，此时台风的影响逐渐消失，SST 开始升高(图 5.29)。IEWVPS 与观测的差异始终在 1 ℃以内，WCPSAS 从 10 月 6 日开始在菲律宾以西海区和吕宋海峡西侧升温明显过高过快，En4DVar 比 WCPSAS 略好一点，但 SST 仍然偏高。除了南海，西太平洋 IEWVPS 试验模拟 SST 的偏差要比其他两种方法小很多。

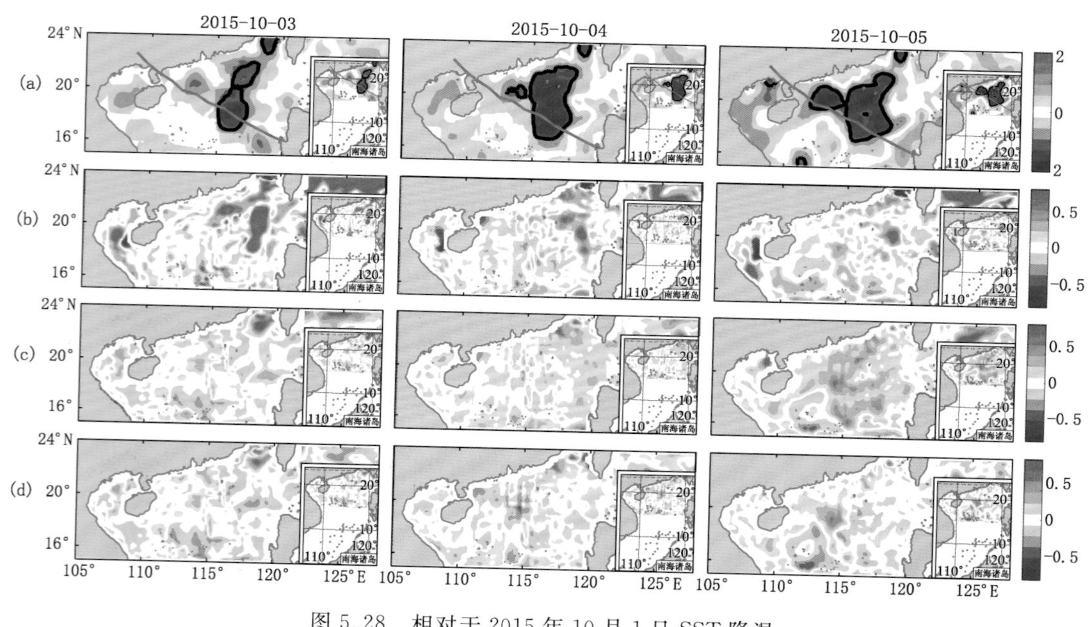

图 5.28 相对于 2015 年 10 月 1 日 SST 降温

(a) AVHRR；(b) WCPSAS 试验和 AVHRR 的差异；(c) En4DVar 试验和 AVHRR 的差异；(d) IEWVPS 试验和 AVHRR 的差异；紫色实线为台风彩虹 10 月 2 日至 10 月 4 日台风最佳路径，单位：℃

同化 SST 之后，通过背景误差协方差和模式动力过程可以将海表的影响向下传递，沿着台风路径的次表层温度分布如图 5.30 所示。在台风进入南海之前，沿台风路径上层 (100 m 以浅)海水在 28℃以上，10 月 3 日台风经过南海北部中心区域时(116°E 附近)等温线明显上凸，10 月 4 日出现最大降温(图 5.30)。IEWVPS 试验和 En4DVar 试验的从 10 月 5 日开始出现明显差异，IEWVPS 试验在中心区域(115°～117°E)仍然能保持 27.5°C 左右，与观测的 SST 保持了一致(图 5.28)。相比 En4DVar，IEWVPS 试验中 Ekman 抽吸引起的降温在 50 m 以浅更加显著(图 5.31)。

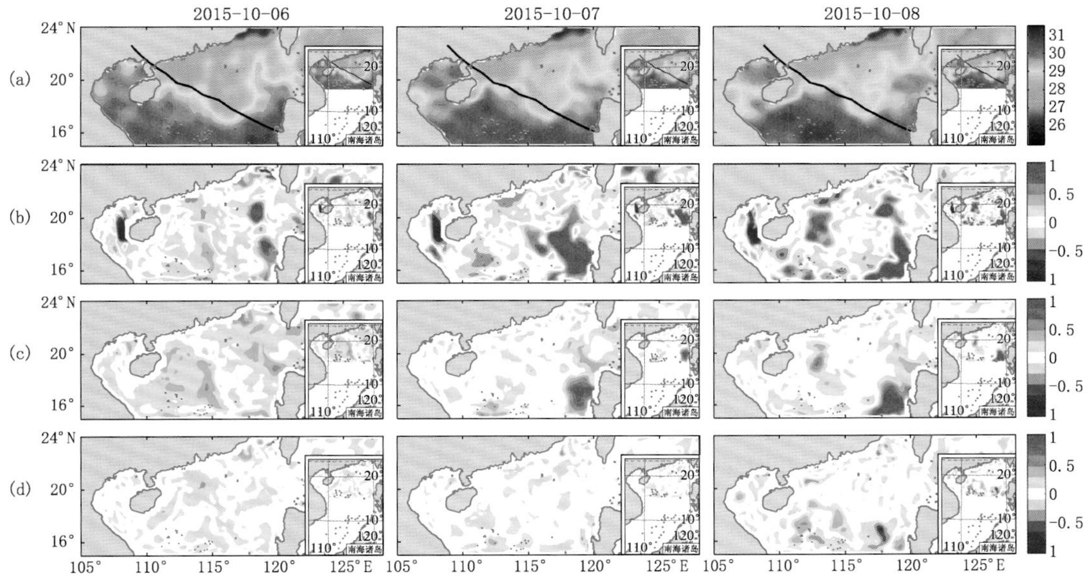

图 5.29　2015 年 10 月 6 日至 10 月 9 日同化试验 SST

(a) AVHRR；(b) WCPSAS 试验和 AVHRR 的差异；(c) En4DVar 试验和 AVHRR 的差异；

(d) IEWVPS 试验和 AVHRR 的差异(实线代表台风最佳路径，单位：℃)

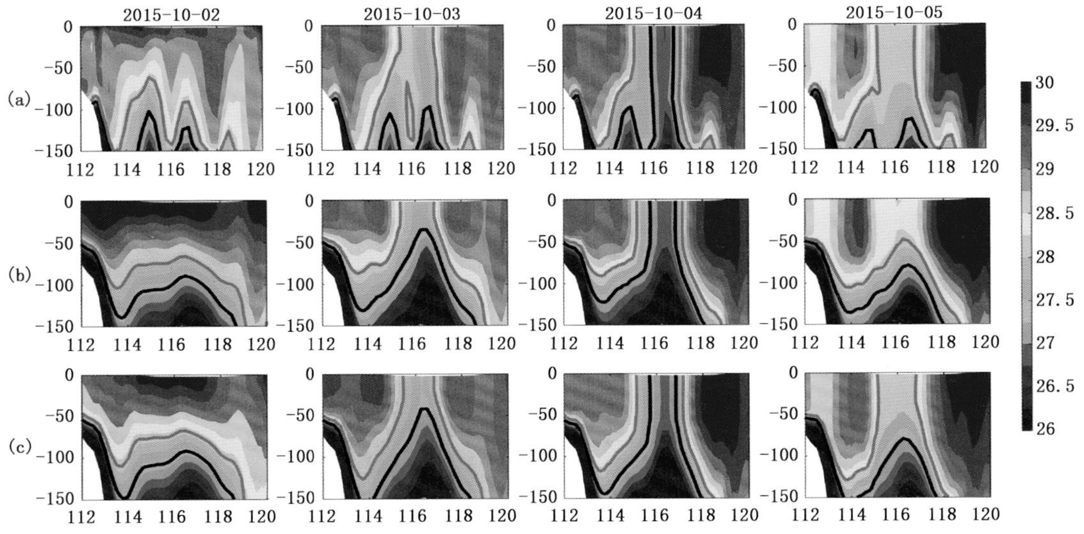

图 5.30　10 月 2 日至 10 月 5 日沿台风最佳路径温度剖面

黑色实线为 27.5℃等值线；灰色实线为 28.3℃等值线

(a) WCPSAS 试验；(b)En4DVar 试验；(c)IEWVPS 试验，单位：℃

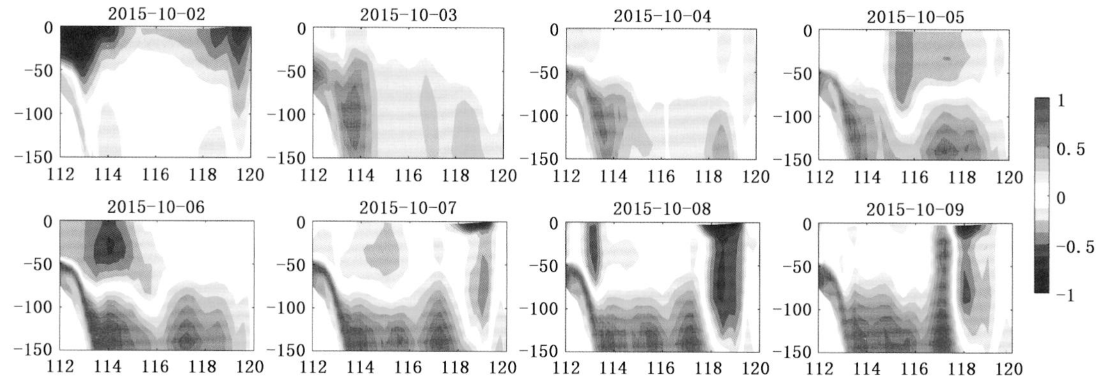

图 5.31 IEWVPS 和 En4DVAR 试验沿台风最佳路径温度剖面的差异(℃)

上面比较了 3 组试验的海表状态,下面我们定量的比较 3 组试验的误差,图 5.32 对比了 3 组试验在 2015 年 11 月模拟的 SSH 和 SST 的 RMSD (Root Mean Square Deviation)。IEWVPS 试验和 En4DVar 试验中 SSH 的同化效果上相当,且略优于 WCPSAS 试验,体现了集合方法的优势。对于 SST 分析场,IEWVPS 试验输出的 SST 的 RMSD 约为 0.1°C,相比 En4DVar 试验的 SST 的 RMSD 减少了 52.6%。1 d 预测场的 RMSD 比分析场大,这是可以理解的,尽管如此,IEWVPS 试验的 SST 1 d 预报的 RMSD 相比 En4DVar 减少了 10.5%。

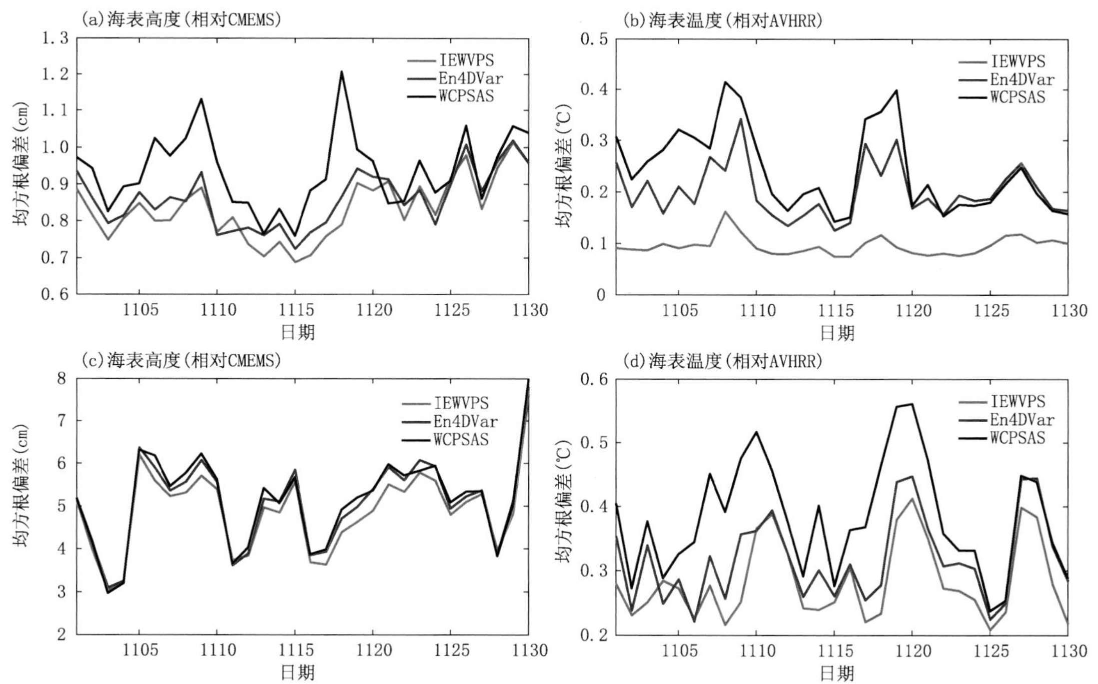

图 5.32 SSH(左侧)和 SST(右侧)的均方根偏差(上图:分析场;下图:1 d 预报场)

为了更加客观，我们将 SST 与 ESACCI (European Space Agency Cliamte Change Initiative)和英国气象局(UKMO)的格点化 SST 产品进行了比较。各组试验 SST 相对于 ESACCI 和 UKMO 的 RMSD 比相对于 AVHRR 的 SST 的 RMSD 大。尽管 SST 产品存在差异，但在三个同化实验中，IEWVPS 产生的 RMSD 是最小的。与 En4DVar 相比，IEWVPS 试验中 SST 的分析场的 RMSD 降低了 12.1%(ESACCI)和 12.3%(UKMO)(图 5.33)。在 1 d 的预报中，IEWVPS 试验中 SST 的 RMSD 与 En4DVar 相比降低了 6.7%(ESACCI)和 6.2%(UKMO)。

总的来说，三个同化试验的 SSH 的 RMSD 相似，IEWVPS 试验 SST 的 RMSD 最小，特别是分析场。对于 1 d 的预报场，SSH 和 SST 的 RMSD 都有所增加。影响这一结果的一个因素是侧边界存在很大的偏差。另一个因素是在预报步骤中没有考虑模式误差。在相同的大气强迫和开边界条件下，预报场的 RMSD 取决于初始条件，也就是时间窗口末端时刻的分析状态。

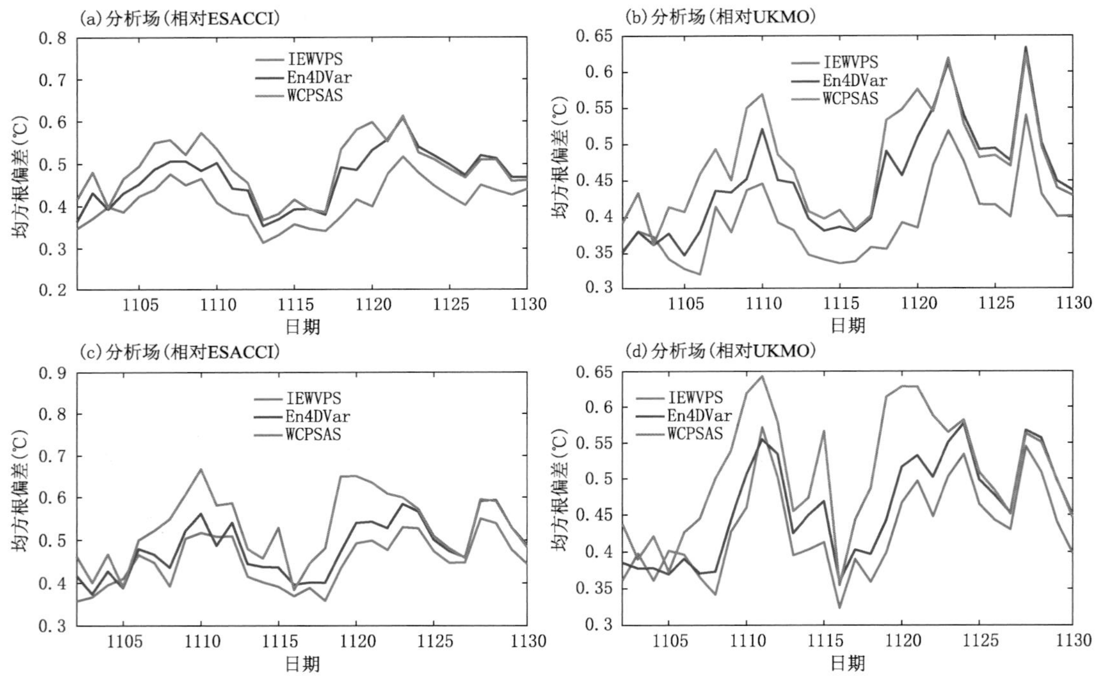

图 5.33 SST 相对于 ESACCI(左图)和 UKMO(右图)产品的均方根偏差(上图：分析场；下图：预报场)

为了更好地理解等权重调整部分的工作原理，我们比较了 SST 的偏差。偏差定义为观测值与相应模式值之间的距离的平均值（$y-H(x)$），如图 5.34 所示。在我们的试验中，至少有四个因素造成了偏差：初始条件、扰动的大气强迫场、侧边界条件和模式误差。如图 5.34a 所示，初始条件的偏差非常小(平均值约为 0.002℃)，所以可以将初始条件从引起偏差的因素中排除。然而，随着模式被扰动的大气强迫因素、开放的边界条件和模式误差的影响，偏差会随着模式积分增大。因此，在 En4DVar 试验中，SST 在时间窗口的末端时刻是有偏差的（平均值为 0.1℃)，这种偏差也出现在 WCPSAS 实验中(图 5.34b)。我们可以看到 IEWVPS 试验中的偏差即使在时间窗口的末端时刻也非常小(图 5.34b)，平均值约为 0.007℃。En4DVar

试验中 SST 的偏差比 IEWVPS 试验中 SST 的偏差大了约 0.093℃。两个试验中偏差的差异接近于 En4DVar 和 IEWVPS 试验之间 0.1℃的 RMSD 差异。IEWVPS 能够减小状态偏差这是可以理解的，我们知道粒子权重与观测似然分布相关，即与观测和模式之间的距离相关（在观测空间中），IEWVPS 继承了隐式等权重粒子滤波的特性，粒子是完全等权重的，这意味着同化之后观测和模式的距离分布必然是无偏的。因此，相比 En4DVar 方法，IEWVPS 方法有两大优势，一是引入粒子滤波可以应用于强非线性系统，二是隐式等权重思想除了可以避免滤波退化还可以消除状态偏差。

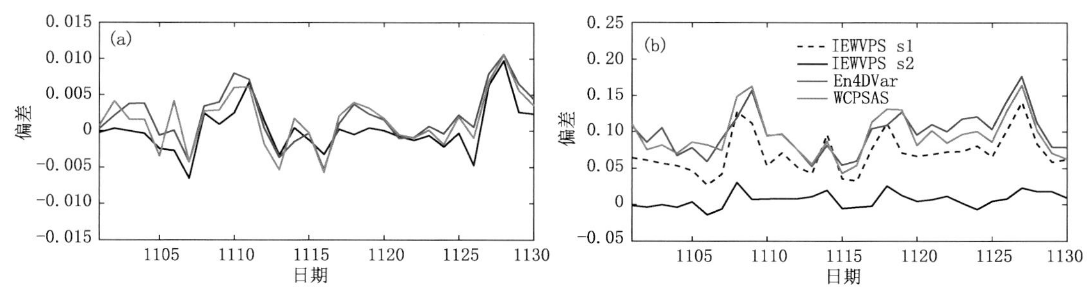

图 5.34　SST 的偏差

(a)时间窗口初始时刻；(b) 时间窗口的末端时刻

总的来说，通过真实观测同化试验，我们发现 IEWVPS 方法能有效抑制同化窗口内 SST 偏差的增长，从而显著降低 SST 的 RMSD。IEWVPS 试验中 SSH 的 RMSD 则与 En4DVAR 相当。一个可能的原因在于 SLA 的分布实际上是接近高斯分布的，而 SST 的分布是非高斯分布，这就体现了粒子滤波的优势。

5.5　小结

本章系统介绍了隐式等权重粒子滤波（IEWPF）和弱约束 4DVar，并且基于这两种方法构建了隐式等权重变分粒子平滑（IEWVPS）方法。通过隐式等权重方案，IEWVPS 方法可以避免滤波退化问题，通过引入弱约束 4DVar，大大减少了系统的 RMSE。无论是在简单的 Lorenz96 模式还是在复杂的 ROMS 模式中，IEWVPS 相对于 En4DVar 都取得了更优的效果。

IEWVPS 继承了 IEWPF 的优点，实现非常简单，在 En4DVar 的基础上，需要一个额外的等权重调整步骤，这也是实现 IEWVPS 的最大难点，因为 IEWVPS 需要提议密度的分析误差协方差矩阵（本章中 $\boldsymbol{P}$ 矩阵）的平方根。$\boldsymbol{P}$ 矩阵的维度不仅与模式维度相关，也与时间窗口的长度相关，我们虽然可以给出 $\boldsymbol{P}$ 矩阵的显示表达，但直接计算仍然不现实，针对这个难题，我们采用了随机方法，通过切线性模式近似估计 $\boldsymbol{P}_i^{1/2}\boldsymbol{\xi}_i^{0:n}$，然后与隐式等权重参数 α 结合，形成等权重调整部分。从计算代价的角度，IEWVP 方法在计算等权重调整部分时，每个粒子需要一个额外的切线性模式积分，在将提议粒子向等权重位置移动时，需要一次额外的非线性模式积分。在本章节 ROMS 同化应用中，每个粒子的 ROMS 弱约束 4DVar 的外循环数为 1，内循环数为 30，整个流程包含了 2 次非线性模式积分、30 次切线性模式积分和 30 次伴随模式积分以及共轭梯度法的计算过程。相比 ROMS 弱约束 4DVar 的计算代价，每个粒子一次切线性模式和一次非线性模式的计算量是很小的。此外，我们还需要计算和存储 $\boldsymbol{D}^{1/2}\xi$，当时间窗口比较长时（几天），这个存储量非常大，通过在时间上进行稀疏化存储可以大大节省存储量以及缩减输入输出的时间，比如本章，1 d 的时间窗口包含了 120 个模式步，如果每个 15 步输出一次 $\boldsymbol{D}^{1/2}\xi$，这一部分计算代价可以缩小为原来的 1/8。整个 IEWVPS 分为 FORTRAN 和 MATLAB 两部分计算，其中 FORTRAN 部分，所有粒子 10 个同化周期的平均运行时间为 910.8300 s，而 En4DVar 的平均运行时间为 852.1825 s，IEWVPS 单个粒子增加的运行时间不到 1 min，MATLAB 部分的运行时间也不到 1 min，故 IEWVPS 方法增加的计算量是非常小的，平均而言，相比 En4DVar 计算代价增加了 13.9%。

参考文献

ADES M, VAN LEEUWEN P J, 2013. An exploration of the equivalent weights particle filter [J]. Q J R Meteorol Soc, 139(672): 820-840.

ANDERSON J L, 1996. A method for producing and evaluating probabilistic forecasts from ensemble model integrations [J]. Journal of Climate, 9(7): 1518-1530.

APTE A, JONES C K, STUART A, 2008. A Bayesian approach to Lagrangian data assimilation [J]. Tellus A, 60(2): 336-347.

ATKINS E, MORZFELD M, CHORIN A J, 2013. Implicit particle methods and their connection with variational data assimilation [J]. Monthly Weather Review, 141(6): 1786-1803.

CHORIN A J, MORZFELD M, TU X, 2010. Implicit particle filters for data assimilation [J]. Mathematics, 5(2): 221-240.

CHORIN A J, TU X, 2009. Implicit sampling for particle filters [J]. Proceedings of the National Academy of Sciences, 106(41): 17249-17254.

CORLESS R, GONNET G, HARE D, et al, 1996. On the Lambert W function [J]. Advances in Computational Mathematics, 5: 329-359.

DOUCET A, GODSILL S, ANDRIEU C, 2000. On sequential Monte Carlo sampling methods for Bayesian filtering [J]. Statist Comput, 10: 197-208.

EL-SAID A, 2015. Conditioning of the weak-constraint variational data assimilation problem for numerical weather prediction [D]. University of Reading.

EULER L,1783. De serie Lambertina Plurimisque eius insignibus proprietatibus [J]. Acta Acad Scient Petropol, 2: 29-51.

FORTIN V, ABAZA M, ANCTIL F,et al, 2014. Why should ensemble spread match the RMSE of the ensemble mean? [J]. Journal of Hydrometeorology, 15(4): 1708-1713.

HAMILL T M, 2000. Interpretation of rank histograms for verifying ensemble forecasts [J]. Monthly Weather Review, 129(3): 550-560.

HAMILL T M, COLUCCI S J, 1997. Verification of Eta-RSM short-range ensemble forecasts [J]. Monthly Weather Review, 125(6): 1312-1327.

LAMBERT J H, 1758. Observationes variae in mathesin puram [J]. Acta Helvetica, physicomathematico-an-

atomico-botanico-medica, Basel, 3: 128-168.

LAW K J, STUART A M, 2011. Evaluating data assimilation algorithms [J]. Monthly Weather Review, 140: 3757-3782.

LI Y, TOUMI R, 2017. A balanced Kalman filter ocean data assimilation system with application to the South Australian Sea [J]. Ocean Modelling, 116: 159-172.

MOORE A M, ARANGO H G, BROQUET G, et al, 2011. The Regional Ocean Modeling System (ROMS) 4-dimensional variational data assimilation systems: Part I-System overview and formulation [J]. Progress in Oceanography, 91(1): 34-49.

MORZFELD M, HODYSS D, POTERJOY J, 2018. Variational particle smoothers and their localization [J]. Q J R Meteorol Soc, 144(712): 806-825.

SNYDER C, BENGTSSON T, BICKEL P, et al, 2008. Obstacles to High-Dimensional Particle Filtering [J]. Monthly Weather Review, 136(12): 4629-4640.

TALAGRAND O, VAUTARD R, STRAUSS B, 1997. Evaluation of probabilistic prediction systems [R]. Proc ECMWF Workshop on Predictability: 1-25.

WEAVER A T, DELTEL C, MACHU E, et al, 2005. A multivariate balance operator for variational ocean data assimilation [J]. Quarterly Journal of the Royal Meteorological Society, 131(613): 3605-3625.

WHITAKER J S, HAMILL T M, 2002. Ensemble Data Assimilation without perturbed observations [J]. Monthly Weather Review, 130(7): 1913-1924.

ZUO H, BALMASEDA M, DE BOISSESON E, et al, 2017. A generic ensemble generation scheme for data assimilation and ocean analysis [R]. ECMWF Technical Memorandum.

第 6 章
混合资料同化未来发展

本书第3、4、5章将典型的三大类混合资料同化进行了系统介绍，混合资料同化的发展时间还比较短，从实现业务可用混合资料同化到现在也就10年左右的发展历史，当前混合资料同化方法仍然处在蓬勃发展中。本章展望混合资料同化未来的发展，重点介绍近期有望实现的技术，包括集合变分混合、粒子滤波变分混合、以及粒子滤波集合卡尔曼滤波三类混合方法当前正在发展中的技术，同时介绍了近年来得到普遍关注的耦合资料同化和智能资料同化，这两种方法不是严格意义上的混合资料同化。但耦合资料同化需要组合海、陆、气等不同圈层的资料同化分量，同时需要在同化阶段实现不同圈层资料同化分量之间信息交互，是一种广义的不同圈层之间的混合；智能资料同化在资料同化框架内利用机器学习方法进行参数学习、误差统计和偏差订正，这是典型的将机器学习和资料同化相结合的方法，而且已越来越显示这种方法有巨大发展潜力。因此本章将耦合资料同化和智能资料同化作为混合资料同化未来的重要发展方向来进行介绍。

6.1 集合变分混合

从2010年ECMWF将集合资料同化业务化以来，集合变分混合资料同化在持续不断地进步和发展，对全球中期预报水平的提升做出了很大贡献，根据ECMWF的2016—2025年十年发展策略，ECMWF至少在2025年前仍然会继续发展集合变分混合资料同化方法。当前已业务化的集合变分混合资料同化的一个突出问题是计算代价很高，许多学者正在开展高效集合变分混合同化的相关研究工作，希望能开发出计算代价更低但同样有效的集合变分混合资料同化。为了降低计算代价，集合变分混合资料同化往往选择在低分辨率下统计得到误差协方差矩阵，而这种低分辨率下计算方法会带来中小尺度信息丢失，也就是低分辨率的扰动成员相对于高分辨率分析场的质量显著地降低了，ECMWF等正在研究采用非对称、多分辨率集合或分布观测等方法来克服或缓解这方面问题。Massimo等(2017)对集合变分混合同化未来发展做了系统总结，本节在该论文基础上给出集合变分混合未来发展。

6.1.1 非对称集合变分

集合卡尔曼滤波的各种实现通常是将分析分解为集合平均和一组集合扰动。Lorenc等(2017)对集合四维变分混合同化应用了类似方法，即将分析分解为通过四维集合变分(4DEnVar)计算得到集合平均分析，以及使用线性化方程和3DVar计算得到的集合平均分析偏差，Bowler(2016a)实验证明了均值扰动方法不会显著改变集合RMSE和离散度，但分析的计算成本却能够降低三倍左右。Buehner等(2015)、Caron等(2015)采用了类似方法，并通过减少同化观测量和使用气候协方差来进一步简化扰动分析。

将分析分解为集合平均值和集合平均偏差隐含地假设了后验概率密度的高斯分布和线性化算子，能够在集合变分混合同化中探索Lorenc等(2017)提出的类似方法。这样集合变分的控制和扰动成员采用了不同的外循环配置,同时引入了一个固有的再中心化步骤,这样可以减少集合变分计算量,并保留其表征高分辨率4DVar同化误差演变的重要特性。扰动成员利用控制成员进行再中心化处理以得到初猜值。

通常,从理论角度来看,再中心化步骤是不可取的,因为它是基于线性假设。集合变分混合资料同化一个有吸引力的特性是它可以在分析时处理弱非线性情况,这可以提高集合预报的初始条件。然而为了实现这一点,需要实时的高质量集合变分来初始化集合。只要在分析质量方面存在明显差异,再中心化利大于弊。在受计算资源受限的情况下,中心化不对称集合变分配置是增加集合变分成员一种有效途径,能够进一步提高流依赖协方差估计质量和改善集合初始条件。

6.1.2 多分辨率集合变分

降低更高分辨率集合计算成本的一种方法是运行多分辨率集合。这一方式已得到验证,如Rainwater等(2013)测试了LETKF;Gregory等(2017)测试了粒子滤波。后者使用Giles(2008)的多层蒙特卡罗方法,该方法已经被开发成为给定计算资源条件下,调整集合成员和分辨率是分析最精确的计算框架。

对于集合变分混合资料同化,可以使用不同分辨率的一系列子集合来更有效地对协方差矩阵进行采样。为了有效地利用多分辨率集合来对协方差进行采样,有必要在较大区域上平均最高分辨率的成员,以增加小波B的最高波段的采样大小。例如,ECMWF使用的最高波段为$T_L399/50$ km,空间样本平均为B_{TL399}的250 km分辨率,使得在这个尺度上几乎完全为流依赖信息,而气候协方差矩阵只有7%的贡献。

正如Berre等(2007)所指出的,为了有效增加相关矩阵样本的数量,平均长度尺度应该大于样本噪声相关长度尺度,同时相关性应在平均区域上慢慢变化。近来关于将对角小波公式与局部网格变形相结合的工作,使相关性更为均匀,表明即使在对流尺度上,这也是可行的(Legrand et al., 2014; Michel, 2013a,2013b; Pannekoucke et al., 2014)。在B的对角小波公式添加各向异性网格变形(局部伸长和旋转)使相关性更接近于完全各向异性,同时在较大区域上实现空间平均以增加样本大小。这是因为相关性是在缓变的网格上计算的。以这种方式,流依赖性的最小尺度的相关矩阵移动到变换网格。

此外,多分辨率集合可灵活调整可用资源以改变内存和CPU之间的约束平衡。混合分辨率集合的另一方面是它可以提供与分辨率相关的模式不确定性显式采样。如何使用多分辨率集合来初始化集合预测是一个悬而未决的问题,从运行多分辨率集合到组合不同分辨率集合变分成员的初始条件的方法。

6.1.3 自适应集合变分

资料同化属于不适定问题,需要基于有限信息实现高维变量估计,信息量的不足是限制资料同化效果的一个重要因素。而混合方法是增加信息量的有效途径,如集合资料同化EDA、集合卡尔曼滤波利用多个扰动成员表征大气运动状态的可能分布,利用这些信息可以估计随流型演变的高维背景误差协方差矩阵,粒子滤波也需要构造多个成员计算出有效的提议密度。

尽管如此，对于资料同化而言，可用的信息依然是十分有限，对很多参数的定义依然是经验性或者模型化的，如集合四维变分混合资料同化方法中对截断波数的定义、集合卡曼滤波中局地化函数和半径的定义、膨胀系数的定义等。此外，目前大部分系统中用到的背景误差协方差模型，无论是基于球面小波、谱空间还是格点空间都是基于各向同性理论构建的，区别在于假设的强度不同而已。解决上述问题的一种思路是发展自适应方法，这类方法不仅可以应用在同化中，还可用于数值预报模式、新型资料同化等方面，有望带来革命性、颠覆性的改变。目前已有一些研究机构和业务中心开始发展此类方法，以下通过应用个例进行说明。

(1)在数值预报模式中采用自适应分辨率、可变分辨率，尺度感知方法

近年来，在自适应分辨率和可变分辨率上求解数值模型变得越来越普遍。与传统提升模式分辨率方法不同的是，自适应分辨率和可变分辨率能够根据变量的梯度和变率信息实现局地自动加密和稀疏。美国开发的跨尺度预测模型(MPAS)(Skamarock et al.，2018)可用于气候，区域气候和天气尺度的大气，海洋和其他地球系统模拟。MPAS 中定义的非结构化 Voronoi 网格和 C 网格可以允许球体的准均匀离散化和局部精细化，适合于高分辨率，中尺度大气和海洋模拟。尺度感知与自适应分辨率思路相似，能够根据天气形势筛选最为恰当的物理参数化方案。中国科学院大气物理研究所研制的 GRIST-A20.9(Zhou et al.，2020)也是一种可变分辨率的全球天气和气候模式，用于替代计算昂贵的高分辨率模式，且网格过渡区的不利影响可以得到很好的控制，是一种十分经济而又可靠的数值模式。由于同化中也需要用到数值模式，因此这些方法或技术是可以直接移植到同化中的，但是需要解决因网格节点数量变化而导致状态向量维数不守恒问题，以及如何统一地从集合成员中获取相关信息(Aydodu et al.，2019)。

(2)自适应非结构化的误差协方差矩阵

模式误差、观测误差及背景误差作为同化中很难显式定义的高维物理量，其估计精度直接影响同化效果。在对其模型化的过程中仍遗留了大量需要设定的参数，这些包括模式误差的特征尺度、观测误差的相关长度、背景误差中的局地化半径等。所有的这些参数都是随时间或者随天气形势发生变化的，随地理位置、变量、高度等因素影响，目前还很难做到真正的自适应计算或者调整。一种可能的解决方法是构造非结构化的误差协方差矩阵，在高影响天气系统周边可以采用局地高分辨率误差模型，而在其他平稳地区和高层则可采用低分辨率模型。为了获得非结构化的误差协方差矩阵，需要设计和构造非结构化的集合成员，这就需要首先解决第一点中提到的两个问题。Ha 等(2017)已在这方面进行了卓有成效的尝试，其采用非结构化网格建立了基于集合卡尔曼滤波的同化系统。一个月对比试验表明，可变网格的同化系统始终优于粗糙均匀网格的同化系统，并大幅改善 5 d 的预报结果。

6.1.4 混合增益矩阵方法

未来一种非常有潜力的混合资料同化方法是最近几年新发展起来的混合增益矩阵方法(Mats et al.，2014)，该方法将背景场误差协方差矩阵 $\boldsymbol{B}$ 与模式误差协方差矩阵 $\boldsymbol{P}$ 对应的卡尔曼增益矩阵 $\boldsymbol{K}_b$ 与 $\boldsymbol{K}_p$ 进行加权求和，而不是 $\boldsymbol{B}$ 与 $\boldsymbol{P}$ 本身。与另一类始于变分框架并将集合误差信息融入变分目标泛函方法不同的是，该方法始于 EnKF 框架，然后利用变分方法中模式空间的修正来加强 EnKF 的稳定性。混合增益矩阵方法在性能上与混合协方差矩阵方法相当或略优，但在开发实现方面，该方法几乎不用改动已有变分同化系统，可大幅降低工作量。同时，

由于构成混合同化系统的两个子系统相对独立，因此在设计与改进新算法时，两个子系统可以分别进行，这样可以充分发挥独立子系统各自的优势，可以更好地查找性能和效率瓶颈并加以改进。

目前的混合增益矩阵方法使用局部集合转换卡尔曼滤波(LETKF)与变分系统进行结合，主要考虑到 LETKF 在顺序处理观测资料和消除远距离观测影响方面的优势。但顺序使用局部观测资料容易导致在区域边界出现不连续的现象。因此可采用集合变分方法(即 EnVar，EnKF 在变分框架中的实现)来替代 LETKF，一方面可避免顺序处理观测资料带来的不连续性，另一方面又可再次充分利用已有变分系统的重要组成部分。另外，由于集合统计信息中存在多种尺度的误差，不同尺度的误差特性不同，使用 EnVar 方法可以对系统状态和集合扰动进行多尺度分解，以充分分离多尺度运动和误差，更好地理解多尺度误差结构和滤除采样误差、修正模式误差等，而这在 LETKF 中是很难实现的。

借鉴混合卡尔曼增益矩阵思想，可研究将 EnVar 与 4DVar 相结合的方法，一方面使得流依赖集合统计信息中采样误差和模式误差能够充分滤除，并与静态气候信息进行有效结合，另一方面可以充分利用原变分资料同化系统重要组成部分，以使开发实现方便快捷。这对于改进当前变分资料同化系统性能和促进资料同化技术发展具有重要的理论意义和实际应用价值。

6.2 粒子滤波和四维变分混合

第 5 章介绍的隐式等权重变分粒子平滑方法(IEWVPS)相比 4DVar 或者集合 4DVar 无论是在简单的 Lorenz96 模式还是 ROMS 中，都表现出了明显的优势。但粒子滤波和 4DVar 的混合在真实海洋模式或者大气模式中的应用仍然面临很多问题，需要继续深入研究。

6.2.1 流依赖的背景误差协方差

当前数值天气预报业务化系统中的主流同化方法是集合变分混合同化方法，目的在于结合 4DVar 和集合资料同化的优点，最典型的实现是在 4DVar 提供流依赖和各项异性的背景误差协方差矩阵，从而提高同化效果。IEWVPS 是以弱约束 4DVar 作为基础，但具体实现的过程中仍然采用的是静态的背景误差协方差矩阵。Bannister(2017)的综述和第 2 章中总结了集合和变分的多种形式的混合，这可以为 IEWVPS 中构造流依赖的背景误差协方差矩阵提供借鉴。

另外，在 IEWVPS 的实现中，所有粒子的误差协方差矩阵(背景场、观测、模式误差)是一样的，在集合四维变分这一步中，唯一不同的是大气强迫场，这样会导致一个问题，如果大气强迫场扰动幅度太小，那么很可能粒子直接的区别很小，这对于刻画模式状态的不确定性是不利的。有没有可能为每个粒子构造不一样的误差协方差矩阵呢？在强非线性系统中，代价函数可能是多模态的(后验概率密度分布是非高斯分布的)，自然希望不同粒子能收到各个极小值点，这样更加准确地估计后验概率密度分布。误差协方差矩阵对4DVar极小化过程非常重要，为每个粒子构造合理的误差协方差矩阵可以增强IEWVPS在强非线性物理过程中的同化效果。

本书中IEWVPS采用的是弱约束4DVar，即存在模式误差。事实上，模式误差很难估计，通常假定服从$N(0,Q)$的高斯分布，然后代价函数极小化进行优化。模式误差协方差矩阵的构造也很难，在ROMS中，模式误差协方差假设和背景误差协方差矩阵结构是一样的，即可以分离为标准差、相关系数和平滑算子三部分。其中模式误差协方差矩阵的标准差是背景误差协方差矩阵的标准差的5%。如何更好地构造模式误差协方差矩阵对于进一步提升同化效果至关重要。

真实海洋或者大气的动力或者热力过程是非常复杂，而不同变量之间存在关系，在4DVar中，背景误差协方差通常包含了这些平衡关系，比如海洋中的地转平滑、静力平衡、温盐关系等。在IEWVPS方法中，ROMS弱约束4DVar是存在平衡算子的，因此，确定性部分考虑变量之间的平衡性，但是等权重调整部分的平衡性在第5章中并没有考虑，等权重调整部分的平衡性仍需要进一步研究。

6.2.2 自适应调整方案

研究自适应调整方案就是为了增强系统应对不同情况的能力，在IEWVPS方法中至少有2处需要研究自适应调整方案。

第一处是等权重伸缩参数。在隐式等权重方法中集合质量依赖于等权重伸缩参数α的采用方案，Zhu等(2016)比较过α对集合离散度的影响，如果$\alpha>1$分支上采样比例高，那么集合离散度偏大，反之则偏小。在ROMS的应用中，可以发现α的方差是很小的，一个可能的原因是观测维度相比模式维度太低。另外，Zhu等(2016)提出的隐式等权重粒子滤波是存在系统偏差的，原因就在于α的采样。Skauvold等(2019)的研究表明，α不应该在$\alpha>1$的分支上采样，只能在$\alpha<1$的分支上采样。为了消除系统误差，Skauvold提出了一个两层调整方案(图6.1)，额外引入了一个可调参数β，它也是标量。通过调节β的大小可以调整集合离散度的大小。不管是Zhu等(2016)还是Skauvold等(2019)的方案，研究自适应的方案(α或者β)可以提高IEWVPS同化系统的性能。

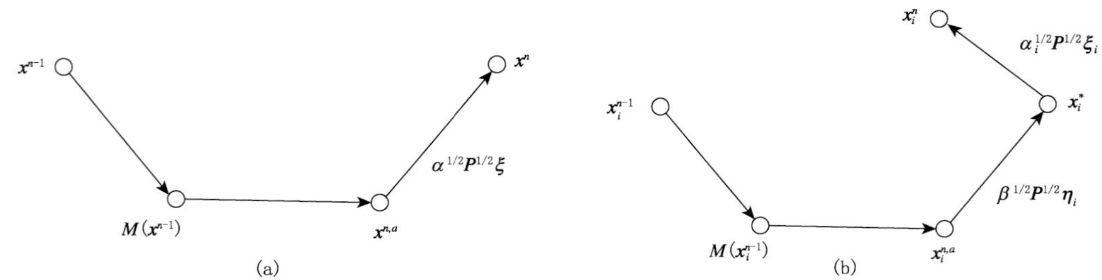

图6.1　隐式等权重粒子滤波(a)和两层隐式等权重粒子滤波(b)示意图

第二处是大气扰动方案中的膨胀因子，在风应力的扰动方案中设置的膨胀因子是0.2，热通量的膨胀因子是100。这都是人为定的，在ROMS应用中发现，SSH的集合离散度偏小，这表明0.2并不是最优的风应力膨胀因子,需要增大风应力的扰动。为了获取最优的集合质量,需要研究自适应的大气扰动膨胀方案。另外,关于大气强迫场扰动方案本身也需要研究。在第4章和第5章中采用的是精确二阶采样方案(Hoteit et al., 2013),通过EOF成分生成扰动,但这种方式生成的扰动集合标准差是固定的,不具有流依赖性质。

6.2.3 无伴随模式4DVar

IEWVPS依赖于4DVar的实现,因而4DVar需要切线性模式和伴随模式,它们都需要针对特定的模式进行编写,因此,4DVar以及依赖4DVar的IEWVPS方法的可移植性是比较差的,对于没有切线性和伴随模式的大气或者海洋模式,IEWVPS是无法适用的。一种解决的方法是为大气或者海洋模式编写切线性和伴随模式,这并不是一个简单的工作,尤其是伴随模式较难编写,当然现在有自动微分工具(比如OpenAD/F;(Utke et al., 2008))可以帮助构建切线性和伴随模式,但对于复制的大气或者海洋模式而言,这种自动微分工具构造的切线性模式和伴随模式在优化方面还存在不足。另一种解决方法是用集合代替切线性和伴随模式,比如四维集合变分方法(Liu et al., 2008;Tian et al., 2008;Liang et al., 2020)。在四维集合变分方法中,第二个好处在于不需要线性化模式和观测算子,代价函数中时间维是通过非线性模式积分完成,在观测步,通过非线性算子投影到观测空间,并存储到矩阵中。第三个好处是四维集合变分方法可以估计集合不确定性(集合离散度),4DVar的一个缺点就是很难估计系统的不确定性;最后,4DVar在海洋中应用不多的一个因素在于计算量非常大,很大一部分计算量就在切线性模式和伴随模式积分,利用集合代替切线性和伴随模式,可以大大减少计算代价。基于最小二乘4DVar发展多重网格(图6.2)同化方法,可以通过不同的网格分辨率获取不同尺度的信息,而且迭代收敛速度也非常快(Zhang et al.,2018)。

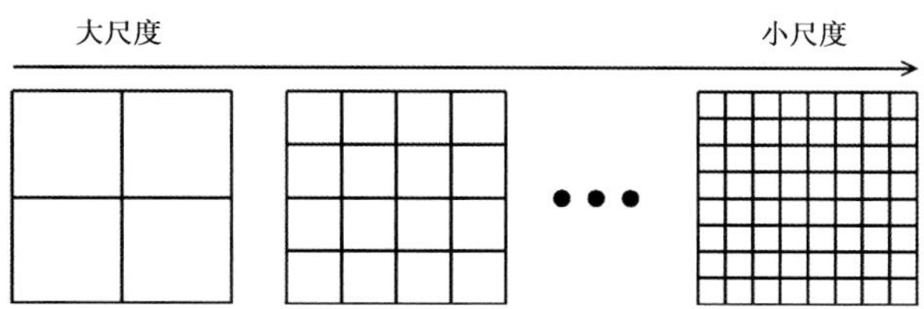

图6.2 多重网格示意图

利用四维集合变分代替4DVar可以大大提高IEWVPS可移植性,因为基本上,任何模式都可以通过集合来近似切线性模式和伴随模式。但是需要说明的是,目前的四维集合变分方法是没有考虑模式误差的,即针对的是强约束的4DVar,而IEWVPS方法采用的是弱约束4DVar,这个差异也是需要解决的问题。当然,也可以尝试推导基于强约束4DVar的IEWVPS方法,这样就可以用四维集合变分进行替换了。

6.2.4 发展趋势展望

未来海洋资料同化的发展与未来观测平台的发展息息相关。遥感观测未来会出现大面积高度计观测,海洋盐度卫星也会提供更高质量的盐度观测,沿岸地波雷达基站也会遍布海岸线。深海 Argo 和声层析技术在未来会非常重要，因为海洋内部没有有效的大面积观测手段，观测方式的转变是未来同化研究需要考虑的问题。

模式层面，考虑波浪、潮汐的耦合模式会对同化系统提出挑战，现阶段的同化仍然以大中尺度过程为主，未来则会向中小尺度发展，如何处理多时间尺度信息需要在未来资料同化中进一步研究。

从理论到实践，再到业务化，这是一条漫长的道路，充满了可能性和挑战，如何更好地将粒子滤波和 4DVar 结合，并应用到大气和海洋数值预报中，需要长期的探索和研究。

6.3 粒子滤波和集合卡尔曼滤波混合

粒子滤波处理非线性/非高斯的能力在目前的三大同化方法中具有独特优势。在未来越来越关注中小尺度过程的高分辨率大气/海洋资料同化中，粒子滤波与集合卡尔曼滤波的混合方法仍将是一大热门发展方向。

6.3.1 混合方法展望

前文介绍了粒子滤波与集合卡尔曼滤波的两种混合思想：一是将集合卡尔曼滤波方法作为提议密度引入粒子滤波框架；二是利用渐进校正原理将同化分为两个阶段，从而在不同的阶段采用不同的同化方法。近十多年以来还发展了自适应高斯混合滤波和二阶精确滤波两类方法，下面简要介绍这两类方法的主要思想，以期未来能够发展出更多的不同思路的混合同化方法。

6.3.1.1 自适应高斯混合滤波

集合卡尔曼滤波与粒子滤波的分析更新之间可通过一个公式光滑地联结起来，自适应高斯混合滤波(Stordal et al.，2010)即为这样的一种公式。高斯混合滤波将误差分布近似为以粒子值为中心的正态分布的组合：

$$p(\boldsymbol{x}^n)=\sum_{i=1}^{N}w_i N(\boldsymbol{x}_i^f,\widehat{\boldsymbol{P}}^f) \tag{6.1}$$

其中，高斯分布 $N(\boldsymbol{x}_i^f,\widehat{\boldsymbol{P}}^f)$ 的均值为 $\boldsymbol{x}_i^f$ 、协方差矩阵为 $\widehat{\boldsymbol{P}}^f$ 。该协方差矩阵由粒子统计得到的协方差 $\boldsymbol{P}^f$ 乘以带宽参数 $0<h\leqslant 1$ 得到：

$$\widehat{\boldsymbol{P}}^f=h^2\boldsymbol{P}^f \tag{6.2}$$

高斯混合滤波方法由两步组成：第一步根据集合卡尔曼滤波方法更新集合成员和协方差矩阵：

$$\boldsymbol{x}_i^n=\boldsymbol{x}_i^f+\widehat{\boldsymbol{K}}^n(\boldsymbol{y}_n^o-\boldsymbol{H}\boldsymbol{x}_i^f) \tag{6.3}$$

$$\widehat{\boldsymbol{K}}^n=\widehat{\boldsymbol{P}}^f\boldsymbol{H}^{\mathrm{T}}(\boldsymbol{H}\widehat{\boldsymbol{P}}^f\boldsymbol{H}^{\mathrm{T}}+\boldsymbol{R}^n) \tag{6.4}$$

集合卡尔曼滤波方法的分析误差协方差矩阵为：

$$\boldsymbol{P}^n = (\boldsymbol{I} - \widehat{\boldsymbol{K}^n}\boldsymbol{H})\widehat{\boldsymbol{P}^f} \tag{6.5}$$

为提高计算效率，可在上述计算中采用奇异值分解 $\widehat{\boldsymbol{P}^f} = \boldsymbol{LU}\boldsymbol{L}^{\mathrm{T}}$ 。第二步更新粒子权重：

$$w_i^n = w_i^{n-1} N_{y_n^o | x^f}(\boldsymbol{H}\boldsymbol{x}_i^f, \boldsymbol{R}^n) \tag{6.6}$$

将粒子滤波权重与均匀权重联结起来，得到分析权重：

$$w_i^a = \alpha w_i^n + (1-\alpha)\frac{1}{N} \tag{6.7}$$

其中，α 为联结参数。这样就得到了集合卡尔曼滤波和粒子滤波的联结公式。通过调节 h 和 α 参数，可调整集合卡尔曼滤波和粒子滤波的"比例"。若选取 $h=1$ 和 $\alpha=0$，则混合方法退化为集合卡尔曼滤波；若选取 $h=0$ 和 $\alpha=1$，则混合方法退化为粒子滤波。Stordal 等(2010)提出了一种自适应调整参数的方法，选取最优的 $\alpha = N^{-1}\widehat{N}_{eff}$，其中 $\widehat{N}_{eff} = (\sum_{i=1}^{N} w_i^2)^{-1}$ 为有效样本数。

自适应高斯混合滤波方法能够降低滤波退化的风险，但不能完全避免。或可考虑在此基础上结合重采样方案和/或局地化方案。

6.3.1.2 二阶精确滤波

二阶精确滤波方法要求后验集合的均值和协方差矩阵与粒子滤波方法的加权值相等。也就是说分析集合的均值和协方差矩阵应满足：

$$\overline{\boldsymbol{x}}^n = \frac{1}{N}\sum_{i=1}^{N} \boldsymbol{x}_i^n = \frac{1}{N}\sum_{i=1}^{N} w_i \boldsymbol{x}_i^f \tag{6.8}$$

$$\begin{aligned}\boldsymbol{P}^a &= \frac{1}{N}\sum_{i=1}^{N} (\boldsymbol{x}_i^n - \overline{\boldsymbol{x}}^n)(\boldsymbol{x}_i^n - \overline{\boldsymbol{x}}^n)^{\mathrm{T}} \\ &= \sum_{i=1}^{N} w_i (\boldsymbol{x}_i^f - \overline{\boldsymbol{x}}^n)(\boldsymbol{x}_i^f - \overline{\boldsymbol{x}}^n)^{\mathrm{T}}\end{aligned} \tag{6.9}$$

在此思想的指导下，发展出了多种二阶精确滤波方法，如：合并粒子滤波(Nakano et al., 2007)、非线性集合变换粒子滤波(Tödter et al., 2015)、非线性集合调整粒子滤波(NETF)(Lei et al., 2011)、二阶精确集合转换粒子滤波(Acevedo et al., 2017)等。下面介绍 NETF 方法。

在粒子滤波方法中，可由(6.8)式得到分析均值。而分析误差协方差可根据(6.9)式进行计算：

$$\boldsymbol{P}^a = \boldsymbol{X}^f(\boldsymbol{W} - \boldsymbol{w}\boldsymbol{w}^{\mathrm{T}})(\boldsymbol{X}^f)^{\mathrm{T}} \tag{6.10}$$

其中，$\boldsymbol{w} = (w_1, w_2, \cdots, w_N)^{\mathrm{T}}$，$\boldsymbol{W} = \mathrm{diag}(\boldsymbol{w})$ 。分析集合扰动可由矩阵 $\boldsymbol{A} = \boldsymbol{W} - \boldsymbol{w}\boldsymbol{w}^{\mathrm{T}}$ 进行因式分解得到，如进行奇异值分解 $\boldsymbol{A} = \boldsymbol{V}\Lambda\boldsymbol{V}^{\mathrm{T}}$，那么 $\boldsymbol{A}^{1/2} = \boldsymbol{V}\Lambda^{1/2}\boldsymbol{V}^{\mathrm{T}}$，则分析扰动为：

$$\boldsymbol{X}'^n = \sqrt{N}\boldsymbol{X}^f\boldsymbol{V}\Lambda^{1/2}\boldsymbol{V}^{\boldsymbol{T}} \tag{6.11}$$

最终得到后验粒子为：

$$\boldsymbol{x}_i^n = \boldsymbol{X}^f(\boldsymbol{w}_1{}^{\mathrm{T}} + \sqrt{N}\boldsymbol{X}^f\boldsymbol{V}\Lambda^{1/2}\boldsymbol{V}^{\mathrm{T}})_i \tag{6.12}$$

式中的括号部分称为滤波转换矩阵。NETF 方法的计算与 ETKF 方法类似，因此，可以对 NETF 进行类似的局地化。局地化 NETF 方法已应用于 NEMO 模式(Tödter et al., 2016)。

另外，通过将式中的滤波转换矩阵扩展到多个分析步，该滤波方法易于扩展为光滑方法(Kirchgessner et al.，2017)。

6.3.2 LWEnKF 展望

LWEnKF 方法在非线性非高斯和线性高斯系统中都具有较高的同化效率，具有业务应用潜力，未来的研究工作将围绕构建 LWEnKF 业务海洋资料同化系统的目标展开，具体包括：

(1)参数 α 在 LWEnKF 方法中的作用是为提议权重人为地设置一个下限。当观测值异常或预测模式的偏差较大时，可能导致提议权重退化，即极少数的粒子的提议权重特别大，而大多数粒子的提议权重非常小，甚至可以忽略。因此，需要采用 α 参数对提议权重进行调整以有效防止滤波退化并增强算法的鲁棒性。这一调整必将引入误差，因此需要研究参数 α 如何合理设置。

(2)目前实现的 LWEnKF 海洋资料同化系统中，将模式误差协方差矩阵简化为了对角矩阵，没有考虑真实系统中复杂的协方差，这必然在提议权重的计算中引入了误差，无法满足真实系统对复杂物理机制的要求。因此需要研究模式误差协方差矩阵的建模方案，提高提议权重的准确性，从而改善同化效果。

(3)完善 LWEnKF 方法的海洋同化系统，需要考虑的方面有：实现卫星沿轨观测资料的预处理及质量控制、实现多种模式的同化代码接口、提高模式分辨率、改进算法的并行计算技术等。在此基础上开展多方面的研究：

①将 LWEnKF 方法与目前业务应用广泛的同化方法(如局地集合转换卡尔曼滤波方法、集合变分混合方法等)进行全面系统的比较，充分衡量混合方法的有效性和实用性。

②海洋中存在着多尺度运动，也有各种分辨率的观测，多源观测资料的采样密度也不同。针对不同分辨率的各种观测资料，研究多尺度的粒子滤波资料同化实现。

③本节中的数值试验主要考虑了均匀分布的观测，而没有对非均匀分布的观测进行同化效果的对比，因此需要设计试验，验证粒子滤波方法对非均匀观测资料的同化效果。

④海洋中有许多要素，如：温度、盐度、流等，而观测中也有 SST、SSH、Argo 温盐剖面等。在针对不同的海洋现象时，不同海洋要素的重要性不同，因此，考虑在粒子滤波同化方法中，调整对不同要素的权重赋值，并验证同化效果。

6.4 耦合资料同化

随着地球科学的发展，人们已经认识到大气、海洋、陆面和海冰等地球系统分量之间存在着重要的相互作用，这种相互作用在天气气候现象以及整个地球系统的发展演变中扮演着重要角色。为了更全面准确地衡量不同地球系统分量间的相互作用，耦合数值模式已被广泛应用到天气气候现象及其演变规律的研究中。随着耦合模式的广泛应用，对耦合资料同化

(Coupled Data Assimilation,CDA)的需求随之出现并迅速发展。耦合资料同化通过将一个或多个分量的观测资料融入耦合模式中,实现观测信息在耦合模式不同分量之间的传输和交换,从而寻求与模式物理和动力过程相一致的最优耦合状态估计,使耦合模式模拟或预报预测结果与实际情况最为符合。因此,发展耦合资料同化,是提高观测资料利用率以及改进耦合状态估计和预报预测初始场平衡性和协调性的必然要求,也是当前数值天气预报领域一个令人振奋的发展方向。由于耦合资料同化要求每个模块都要以与其他所有模块在物理上协调一致的方式初始化,这对资料同化提出了一系列的新挑战。

对耦合数值模式预报预测和耦合再分析应用而言,耦合资料同化具有许多优势。(1)耦合同化为减弱耦合模式初始振荡提供了有效的解决方法。在耦合同化中,同化分析的背景场不再来自单一分量模式,而是通过耦合模式的预报场得到。因此,地球系统不同分量之间具有更好的一致性和平衡性。在耦合同化中,针对耦合系统不同分量的观测数据被同化到统一的耦合模式中,通过保持不同模式分量间的动力一致性可达到减小耦合模式初始振荡的效果。(2)耦合资料同化可用于耦合状态估计。随着耦合气候模式和观测系统的不断发展,耦合同化可促进气候再分析和气候预测的持续改进。耦合同化可以产生自平衡且动力一致的气候状态估计,因此,国际上多个重要的业务中心已将耦合同化用于建立基于耦合气候模式的气候分析系统,如美国地球物理流体力学实验室(Geophysical Fluid Dynamics Laboratory,GFDL)、NCEP、ECMWF 和 JMA 等。(3)耦合资料同化可用于气候预测。随着高性能计算和耦合数值模拟技术的不断发展,许多国家已经在先进的耦合气候模式中建立了基于耦合资料同化的气候预测系统,如日本海洋地球科学技术厅(Japan Agency for Marine-Earth Science and Technology,JAMSTEC)、NRL、Met Office 以及中国科学院大气物理研究所等。(4)耦合资料同化也可用于数值天气预报。为了减少大气下边界带来的不确定性,多个数值天气预报中心开始使用海气耦合模式和耦合同化制作天气预报,结果表明,采用耦合模式和耦合同化可得到比传统单一大气模式和大气资料同化更好的预报技巧。例如,耦合同化可以减弱预报中的表面初始化振荡。另外,耦合同化能为大气和海洋提供协调一致的 SST 和海冰分析。与目前将海洋现场观测、卫星观测、大气风场和海洋混合层信息相结合的方法相比,耦合海气分析能生成更加协调一致的 SST 分析。这将依赖于耦合资料同化能力的提高和经过偏差订正的2级 SST 产品的实时性,以及海冰浓度等数据的反演。

耦合资料同化一般可分为两类,分别是弱耦合资料同化(Weakly Coupled Data Assimilation,WCDA)和强耦合资料同化(Strongly Coupled Data Assimilation,SCDA)。在 WCDA 中,耦合模式的各个分量模式独立进行资料同化,不同分量模式之间的耦合作用仅在模式预报阶段通过交叉分量通量的动力学方式实现。对 WCDA 而言,不同分量模式中的同化分析过程是独立进行的。因此,观测数据对分析场的直接影响仅限于观测所在的分量模式中,而不同分量模式间的影响则只能通过数值模式向前积分时耦合模式自身的动力耦合相互作用实现。目前,主要的业务化耦合同化系统都是在过去单一分量模式同化系统的基础上发展起来的 WCDA 系统。此时,WCDA 系统的实现可直接采用单一分量模式中的同化方法。而在 SCDA 中,整个耦合系统同时进行资料同化。此时,整个耦合系统本质上被视作一个单一的集成系统。对 SCDA 而言,观测资料可通过耦合交叉误差协方差(以下简称耦合协方差)在同化分析阶段以统计学方式直接更新各个分量模式。例如,以海气强耦合资料同化而言,大气(海洋)中的观测资料不但可以被同化到大气(海洋)分量模式中,还会通过海气耦合协方差被直接同化到海洋(大气)分量模式中。因此,在 SCDA 中,不同分量模式之间的耦合作用不仅可在预报阶段通过交叉分量通量的动力学方式实现,还能在同化分析阶段通过耦合协方差的统计学方式实现。

6.4.1 耦合观测资料处理

耦合资料同化的优点之一是单个分量系统的观测可以向另一个分量系统状态传递信息。某些观测依赖于多个分量系统,例如大部分辐射资料既依赖于大气状态,又依赖于地表状态。目前,对这种观测一般采用两种处理手段,一种是对地表状态所知甚少时,则不使用该观测;一种是仅调整其中一个分量系统的状态,则可能导致出现虚假解。依赖于两个分量系统的观测算子,在耦合同化系统中具有一定的重要性,即使采用非耦合的切线性模式、伴随模式以及非耦合的背景误差协方差矩阵,资料同化仍然有助于协调一致地更新大气和地表状态。曾有研究致力于开发辐射资料观测算子,但由于数值天气预报系统无法提供辐射传输所需要的物理量场,因而限制了该模式的发展,这就导致了经验方法的出现,例如根据辐射观测资料反演地表发射率,但此时没有考虑发射率对地表是否具有物理上的合理性。

法国气象局和 ECMWF 正合作研究利用海浪模式改进大气资料同化。Meuniera 等(2014)利用海浪模式的海浪能量耗散,计算破碎海浪的白帽泡沫比率。微波海表发射率对海洋泡沫非常敏感,在大气快速辐射传输模式(Radiative Transfer for TOVS,RTTOV)中,泡沫覆盖由 10m 风速估计得到,但这仅反映了强风和海浪破碎之间的相关性。随后,RTTOV 直接利用海浪模式输出的泡沫覆盖计算微波海表发射率,已有结果表明,其性能至少不差于基于风速的估算方法。

另外,ECMWF 构建了臭氧分析系统以支持高光谱辐射资料的同化,随着未来耦合同化和模式框架的发展,辐射资料同化还可以扩展到气溶胶等其它大气成分中。为了充分利用耦合资料同化的优势,各种分量模式(如海洋、海浪、雪、海冰、陆地、大气等模式)中观测算子的构建也正在快速发展中。

6.4.2 耦合算法设计

变分框架下的耦合资料同化需要解决的一个主要问题是,全局控制变量将拓展到所有的分量系统,那么应如何在不同分量系统的控制变量之间有效地传递信息?一方面,利用耦合的切线性模式和伴随模式,即使背景误差协方差矩阵不包含交叉协方差,4DVar 也可以利用某个分量系统中的观测计算得到另一个分量系统中的分析增量。另一方面,若采用具备交叉协方差的耦合背景误差协方差矩阵,即使采用独立的切线性和伴随模式,也可以根据某个分量系统的观测生成另一个分量系统的分析增量。理论上,上述两个方面相结合可以得到最佳的分析场。

另一种解决办法是改进代价函数,对每个分量系统的 4DVar 代价函数(具有背景项和观测项)和附加的耦合项求和。虽然各个分量系统的切线性模式和伴随模式独立运行,但同化算法能够在迭代最小化过程中考虑到耦合项的作用。最后一种方法是在资料同化中考虑耦合,这种耦合可能存在误差但可以利用同化过程来估计耦合误差。耦合是以弱约束方式加到同化中的,因此可能更容易补偿某个分量系统相对于另一个分量系统的偏差。这在概念上同弱约束4DVar十分相似，弱约束4DVar将模式的两个相邻时间域耦合在一起，利用模式误差协方差矩阵作为耦合项。然而，在代价函数中为耦合不同模式定义耦合项是一个全新的问题，还需要大量的研究工作；编写耦合的切线性和伴随模式同样需要投入大量资源，但似乎具有更可预见的结果，虽然这一领域的初步研究已经开始(Pellerej et al.，2016；Smith et al.，2015)，但现阶段尚不清楚哪种方法最有效且实用。

为补充分析增量在同化窗口中的传播过程，可设计多种形式的背景误差协方差耦合方案：从忽略分量模式间相关性的块对角矩阵，到包含分量模式间交叉相关性的更复杂的矩阵模型。耦合背景场可由分析集合运行耦合模式得到，这些分析集合可以不是耦合的。例如陆气业务系统循环和针对海气耦合的CERA系统。基于预报集合，可将模式向样本拟合或采用增广(α)控制变量方法估计交叉相关性，即使切线性和伴随模式尚未实现耦合，也能为评估背景误差协方差矩阵中的交叉相关提供参考。为了估计强耦合系统中资料同化对误差的附加影响，在耦合框架下评估集合资料同化模块的效果是十分重要的。

耦合变分同化系统的关键是将耦合状态作为计算代价函数的输入。理想情况下，耦合状态的演变由耦合模式控制，而在最小化过程中，由耦合切线性模式和伴随模式控制。然而，也可以采用两个独立演变的增量(例如由两个非耦合模式控制)形成一个全局增量，作为代价函数中的Jo和/或Jc的输入。更进一步，若在海气耦合系统中，可使海洋增量在同化窗口内保持不变，并用于随时间演变大气状态的所有时间步。这将使大气4DVar同海洋3DVar在内循环层面实现耦合，并使用了具有交叉相关的背景误差协方差或耦合观测算子。如果某个分量系统(如海冰或化学模式)的切线性和伴随模式不可用或难以获得，可对该方法进行扩展，利用EnVar得到分量系统的增量。

SCDA与WCDA的本质区别在于同化算法中是否采用耦合误差协方差信息，从而决定一个分量中的观测能否在同化分析阶段以统计方式直接对另一个分量的背景场进行更新。因此，SCDA原则上是比WCDA更优的耦合资料同化算法。然而，由于不同分量之间运动时间尺度和响应机制的不同，SCDA在理论研究和实现方案上仍面临诸多挑战，其有效实现仍然是当前耦合资料同化领域中一个重要的研究课题。SCDA能否有效进行同化的关键在于耦合协方差的信噪比。然而，耦合协方差的质量受到诸多因素的影响，包括模式误差、耦合误差、采样误差以及不同系统分量间的时空尺度差异等。Han等(2013)在一个简单耦合模式中实现了基于集合滤波算法的SCDA，结果表明，若使用相同时刻海洋和大气状态采样得到的耦合协方差，只有当集合成员数增加到10^4时，SCDA才能表现出比WCDA更好的同化效果。Sugiura等(2008)在过去单一大气同化和海洋同化系统的基础上，为一个海气耦合模式开发了伴随模式，基于4DVar的试验结果显示，SCDA系统可提高季节到年际尺度上的预测技巧。Lu等(2015)基于海气耦合相关在时间上的不对称性，提出了一种实现SCDA的超前平均耦合协方差方法。试验结果表明，该方法利用超前平均的大气状态和当前海洋状态间显著增强的耦合相关信噪比，可使SCDA的同化性能显著优于WCDA。Smith等(2015)基于单柱海气耦合模式和增量4DVar方法，系统比较了非耦合、弱耦合和强耦合同化的性能表现，结果表明，与非耦合和WCDA相比，SCDA能够降低初始震荡并改善后续预测结果。Smith等(2018)进一步通过将一种再条件(Reconditioning)技术和模式状态空间的局地化方案相结合，提出了一种用于提高耦合协方差信噪比的新方法。该方法既能够在保持耦合相关结构的前提下避免丢失动力显著但幅度较小的模态，又能够降低耦合协方差采样误差。此外，Frolov等(2016)提出了一种交界面求解器方法用以实现 SCDA，该方法假设海气间的显著相关只发生在大气和海洋的边界层中，从而可大大降低耦合背景误差协方差的复杂度。基于简单海气耦合模式的数值试验表明，该交界面求解器可得到比常规 SCDA 方案更好的同化分析结果。虽然目前 SCDA 方面的研究更多考虑的是海洋和大气之间的耦合同化，对于大气和其他分量系统（如陆面）之间的强耦合同化也已开始受到关注，并取得了一些积极的研究成果。

6.4.3 未来发展趋势展望

耦合资料同化是一个相对较新的研究领域，尤其是强耦合资料同化，许多问题仍然是开放的。随着科学界经验的增多，未来的发展方向也会随之变化。在耦合资料同化领域，需要考虑的主要有三个方面：依赖于多个分量系统的观测使用、耦合增量的传播以及耦合协方差的定义和使用。虽然每个方面都可以独立发展和使用，但对一个最优的耦合同化系统而言，应该同时考虑这三个方面。地球物理系统中各个分量系统的误差通常会随不同的特征时间尺度而变化，这说明对不同分量系统采用不同长度的同化窗口具有潜在的优势。地球系统模式不同模块间的偏差是另一个可能在实践中具有重要影响的方面，而且，偏差订正很可能会影响耦合同化系统中海表温度的分析结果，对耦合同化中的偏差订正方案进行研究是非常必要的。地球物理系统中非大气模块观测资料的实时可用性也可能会影响耦合同化在耦合数值预报预测中的业务运行。为了实现无缝隙天气气候预报预测，既要求高分辨率耦合模式的使用，又要求具备与之匹配的高分辨率耦合资料同化系统。虽然集合滤波算法能够有效规避耦合模式自身的复杂性，然而，随着未来耦合模式分辨率的逐步提高，受有限计算资源限制，基于传统的集合滤波算法实现高分辨率耦合同化系统可能不再是一个在实践中可行的有效方式。如何进一步设计实现计算更加高效的耦合同化算法是当前耦合资料同化领域一个前沿且重要的研究课题。此外，由于不同分量系统具有多尺度特性，随着分辨率的提高，耦合模式将能够有效解析具有更小时空尺度的天气气候现象和过程。如何更有效地利用耦合模式和观测数据中的多尺度信息是当前耦合同化领域另一个重要的研究方向。Yu 等（2019）提出了一种仅需使用单一模式成员并能够显性考虑多时间尺度特征的高效滤波耦合资料同化算法，该算法是一种在高分辨率耦合地球系统模式中实现多源观测数据耦合同化的有效方法。此外，虽然为一个具有完全复杂度的耦合数值模式开发切线性和伴随模式的代价是巨大的，ECMWF 仍然在尝试从同化算法的角度实现这一目标，这可能会涉及到对完整的耦合背景误差协方差矩阵进行必要的简化。作为当前最先进的同化算法之一，将混合资料同化算法应用到耦合资料同化系统的实现中也将是未来一个令人期待的研究方向。

6.5 机器学习与资料同化混合

目前主要有两个层面需要突破，第一层面是在现有的同化框架下融入机器学习算法，在背景场、模式误差、偏差订正、参数估计等一系列需要统计的地方引入机器学习算法；另一层面是思想层面的融合，发展出全新的资料同化算法当前方法存在的一系列问题。

2016年，AlphaGo与李世石的“大战”，引爆了人工智能的热潮。AlphaGo也不断发展到了围棋以外，完成了Alpha Zero对于所有棋类游戏的进化，机器学习攻破了完美信息博弈这个难题；除此之外，DeepMind还给出了蛋白质结构和属性预测的AlphaFold。像美国得克萨斯州扑克、“星际争霸”等不完美信息博弈，机器学习也给出了相应的解决方案，比如Libratus、Pluribus、AlphaStar等。图像分类、语言翻译等领域应用中，机器学习更是取得了飞速进步。这些应用绝大多数需要用到神经网络，并且这些神经网络包含百万到数十亿的训练参数，以及非常多的层和特定的复杂结构，比如卷积神经网络。随着人工智能和机器学习、计算机科学等领域的飞速进步，需要重新审视机器学习在资料同化中的乃至地球科学中的应用潜力和发展前景。

现在，地球科学中，尤其是数值模拟领域，机器学习已经有了一部分的应用，这些已有的应用基本上都是基于两种假设：一是机器学习可以提供一种以接近非线性的方式逼近已有的物理方程的能力；二是通过机器学习学习大量数据之后建立的模型要比物理建模的方式更加高效和快速。众所周知，机器学习必须采用大量数据来进行训练和学习，这些数据通常都是结构化的稀疏数据，同时，机器学习采用的复杂的模型结构都是经过大量试验设计出来的。而地球科学中，每天都会有大量的数据产生，这样的数据包括大量的观测、数值模式生成的分析和预报产品等。这些数据来自于卫星、科学观测、现场观测，未来也可能来自于手机、手表等一系列的物联网设备。所以，对于使用机器学习的方式来分析、使用好这么巨大数量的观测数据和其他数据充满了期待。

在数值预报中，目前已经拥有一个发展了30余年的观测数据应用框架，这个框架就是资料同化。尤其，4DVar资料同化方法的业务运行是全球业务数值天气预报的里程碑。1997年，四维变分资料同化方法在欧洲中期天气预报中心业务运行，四维变分方法经过20余年的发展，创新的科学研究成果也在不断地改进其主要组成部分。其中包括将预报模式和高效计算的辐射传输模式相结合以更充分地利用卫星辐射率数据，使得大量的卫星遥感数据可以在数值天气预报中得到充分应用，数值预报的精度也得到了飞速进步。除了不同的来源和应用，机器学习和资料同化拥有非常多的共同点。机器学习与资料同化都是通过数据来学习和了解这个物理世界，并且都是采用反方法。资料同化中的变分方法与机器学习中的训练方法在数学原理上是基本一致的，尤其是其两者的代价函数的表示方式，这两种方法均采用梯度下降法求解代价函数。资料同化中，尤其是四维变分资料同化方法中采用的伴随方法与机器学习中的后向传播方法在数学上是完全相同的。从数学视野角度来看，更准确地说是从概率论的角度来看，资料同化和机器学习是贝叶斯理论的两种不同的表现形式，并且可以被统一到贝叶斯理论框架下。

机器学习在实际应用中也存在一些问题，尤其是与已有的物理知识结合以及其训练模型的脆弱性等方面。比如输入的数据必须是特定的，有一定的不确定性数据的输入就非常可能造成结果的错误或者模型的崩溃。提高不确定性的控制能力是机器学习在地球科学中应用的一个关键技术，但是现在这项能力仅仅聚焦于预报的不确定性的机器学习技术的开发中，在机器学习应用于地球科学中的其他的方面还没有用到。经过30余年的发展，现在的业务资料同化系统拥有非常优秀的鲁棒性（控制理论中追求的系统稳定性）和非常丰富的控制不确定性

(很多时候,不确定性是以误差的形式表现的)的方法。同时,资料同化中包含先验知识,这个先验知识包含物理定律和来自于过去的观测建立起来的累积知识,因此资料同化遵循贝叶斯理论的同时,可以保持现有的物理平衡以及对于不确定性的正确量化,这样可以更好地约束模式中可供学习的部分。资料同化中包含着各种通过直接手段或者非直接手段(遥感)测量获得的稀疏并且不规则分布的真实观测资料处理的算法。机器学习在应用于地球科学的过程中时,可以吸收和使用现成的资料同化中的算法和方法。

资料同化的主要应用是后验状态估计,为数值天气预报提供初始条件,无论是在完美模式和不完美模式的条件下。资料同化同样可以从机器学习中学到其部分优势。在贝叶斯框架下混合的资料同化一机器学习方法的目的是将一个可训练的模型,比如卷积神经网络或者其他,作为物理模型的一部分或者物理模型的完全替代,应用于资料同化的状态估计和预报的过程中。这些机器学习方法能否应用到真实的大气或者海洋数值模式中,现有的研究还在继续,并没有完全支持或者完全反对的观点。资料同化中的参数估计,对模式是完美模式的假定进行了放宽,并且使得模式参数和模式状态同步更新,如果参数多一点,那么就是数值模式的一种自由学习探索形式,这种形式更像是机器学习的学习方式和学习过程,可以改进地球系统模式。

未来可以将资料同化与机器学习各自的优势部分结合起来,更好地使用观测来提高地球系统模式的可预报性。

参考文献

ACEVEDO W, DE WILJES J, REICH S, 2017. Second-order accurate ensemble transform particle filters [J]. Siam Journal on Scientific Computing, 39(5): 1834-1850.

AYDODU A, CARRASSI A, GUIDER CT, et al, 2019. Data assimilation using adaptive, non-conservative, moving mesh models [J]. Nonlinear Processes in Geophysics, 26(26): 175-193.

BANNISTER R N,2017. A review of operational methods of variational and ensemble-variational data assimilation[J]. Quarterly Journal of the Royal Meteorological Society, 143(703): 607-633.

BERRE L, PANNEKOUCKE O, DESROZIERS G, et al, 2007. A variational assimilation ensemble and the spatial filtering of its error covariances: increase of sample size by local spatial averaging[C]. ECMWF Workshop on Flow-dependent aspecyts of data assimilation.

BOWLER N E,et al, 2016. The development of an ensemble of 4D-ensemble Variational assimilation[J]. Q J R Meteorol Soc. 143: 1280-1308.

BUEHNER M,MCTAGGART-COWAN R,BEAULNE A,et al,2015. Implementation of deterministic weather forecasting systems based on ensemble-variational data assimilation at ennronment caneda. Pare I:The Global Sysom[J]. Monthly Weather Review,143(7):2532-2559.

CARON J F,MILEWSKI T,BUEHNER M, et al,2015. Implementation of deterministic weather forecasting systems based on ensemble-variational data assimilation at environment Canada. Part II: The Regional System[J]. Monthly Weather Review,143(7):2560-2580.

FROLOV S, BISHOP C H, HOLT T, et al, 2016. Facilitating strongly coupled ocean? Atmosphere data assimilation with an interface solver [J]. Monthly Weather Review, 144(1): 3-20.

GILES MB, 2008. Multilevel Monte Carlo Path Simulation [J]. Operations Research, 56(3): 607-617.

GREGORY A, COTTER CJ, 2017. A Seamless multilevel ensemble transform particle Filter [J]. Siam Journal on Scientific Computing, 39(6): 2684-2701.

HA S, SNYDER C, SKAMAROCK WC, et al. , 2017. Ensemble Kalman filter data assimilation for the Model for Prediction Across Scales (MPAS) [J]. MWR-D-17-0145. 0141.

HAN G, WU X, ZHANG S, et al, 2013. Error covariance estimation for coupled data assimilation using a Lorenz atmosphere and a simple pycnocline ocean model [J]. Journal of Climate, 26(24): 10218-10231.

HOTEIT I, HOAR T, GOPALAKRISHNAN G, et al, 2013. A MITgcm/DART ensemble analysis and prediction system with application to the Gulf of Mexico [J]. Dynamics of Atmospheres and Oceans, 63: 1-23.

KIRCHGESSNER P, TÖDTER J, AHRENS B, et al, 2017. The smoother extension of the nonlinear ensemble transform filter [J]. Tellus A: Dynamic Meteorology and Oceanography, 69(1): 1327766.

LANG S T K, BONAVITA M, LEVTBECHER M, 2015. On the impact of re-centning initial conditions for dnsemble forecasts[J]. Q J R Meteorol Soc. 141:2571-2581.

LEGRAND R, MICHEL Y, 2014. Modelling background error correlations with spatial deformations: a case study [J]. Tellus A: Dynamic Meteorology and Oceanography, 66(1): 23984.

LEI J, BICKEL P,2011. A moment matching ensemble filter for nonlinear non-Gaussian data assimilation[J]. Monthly Weather Review, 139(12): 3964-3973.

LIANG K,LI W,HAN G,et al,2020. An analytical four-dimensional ensemble-variational data assimilation scheme [J]. Journal of Advances in Modeling Earth Systems: e2020MS002314.

LIU C, XIAO Q, WANG B, 2008. An ensemble-based four-dimensional variational data assimilation scheme. Part I: Technical formulation and preliminary Test [J]. Monthly Weather Review, 136(9): 3363-3373.

LORENC A C,JARDAK M,PAYNE T,et al,2017. Computing an ensemble of variational data assimilations using its mean and perturbations[J]. Quarterly Journal of the Royal Meteorological Society,143(703):789-805.

LU F, LIU Z, ZHANG S, et al, 2015. Strongly coupled data assimilation using Leading Averaged Coupled Covariance (LACC). Part I: Simple model study [J]. Monthly Weather Review, 143(9): 3823-3837.

MASSIMO B, YANNICK T, ELIAS H SIMON,et al,2017. A strategy for data assimilation ECMWF technical memoranda 800.

MATS H, MASSIMO B, LARS I,2014. EnKF and Hybrid Gain Ensemble Data assimilation, ECMWF Technical Memoranda 733.

MEUNIERA LF, ENGLISHB S, JANSSENB P, 2014. Improved ocean emissivity modelling for assimilation of microwave imagers using foam coverage derived from a wave model [R].

MICHEL Y, 2013a. Estimating deformations of random processes for correlation modelling in a limited area model[J]. Quarterly Journal of the Royal Meteorological Society, 139(671): 534-547.

MICHEL Y, 2013b. Estimating deformations of random processes for correlation modelling: methodology and the one-dimensional case[J]. Quarterly Journal of the Royal Meteorological Society, 139(672): 771-783.

NAKANO S, UENO G, HIGUCHI T,2007. Merging particle filter for sequential data assimilation [J]. Nonlinear Processes in Geophysics, 14: 395-408.

PANNEKOUCKE O, RAYNAUD L, FARGE M, 2014. A wavelet-based filtering of ensemble background-error variances [J]. Quarterly Journal of the Royal Meteorological Society, 140(678): 316-327.

PELLEREJ R, VIDARD A, LEMARIE F,2016. Toward variational data assimilation for goopled models: first experiments on a diffvsion problem[Z]. CARI 2016,Tunis, Tunisia. hal-01337743.

PELLEREJ R,VIDARD A,LEMARIE F,2016. Toward variational data assimilation for coupled models:first experiments on a diffasion problem[Z]. CARI2016,Tunis Tunisia. hal-01337743.

RAINWATER S, HUNT B, 2013. Mixed-resolution ensemble data assimilation [J]. Monthly Weather Review, 141(9): 3007-3021.

SKAMAROCK WC, DUDA M, HA S, et al, 2018. Limited-area atmospheric modeling using an unstructured mesh [J]. Monthly Weather Review,146(10):3445-3460.

SKAUVOLD J, EIDSVIK J, VAN LEEUWEN PJ, et al, 2019. A revised implicit equal-weights particle filter [J]. Quarterly Journal of the Royal Meteorological Society, 145(721): 1490-1502.

SMITH P J, FOWLER A M, LAWLESS A S, 2015. Exploring strategies for coupled 4D-Var data assimilation using an idealised atmosphere-ocean model[J]. Tellus A: Dynamic Meteorology and Oceanography, 67(1): 27025.

SMITH P J, LAWLESS A S, NICHOLS N K, 2018. Treating sample covariances for use in strongly coupled atmosphere-ocean data assimilation[J]. Geophysical Research Letters, 45(1): 445-454.

STORDAL A S, KARLSEN H A, NAVDAL G, et al, 2010. Bridging the ensemble Kalman filter and particle filters: the adaptive Gaussian mixture filter[J]. Computational Geosciences, 15(2): 293-305.

SUGIURA N, AWAJI T, MASUDA S, et al, 2008. Development of a four-dimensional variational coupled data assimilation system for enhanced analysis and prediction of seasonal to interannual climate variations [J]. Journal of Geophysical Research: Oceans, 113(C10):1-21.

TIAN X, XIE Z, DAI A,2008. An ensemble-based explicit four-dimensional variational assimilation method [J]. Journal of Geophysical Research: Atmospheres, 113(21):1-13.

TÖDTER J, AHRENS B, 2015. A second-order exact ensemble square root filter for nonlinear data assimilation [J]. Monthly Weather Review, 143(4): 1347-1367.

TÖDTER J, KIRCHGESSNER P, NERGER L, et al, 2016. Assessment of a nonlinear ensemble transform filter for high-dimensional data assimilation[J]. Monthly Weather Review, 144(1): 409-427.

UTKE J, NAUMANN U, FAGAN M, et al,2008. OpenAD/F: A modular open-source tool for automatic differentiation of Fortran codes [J]. ACM Transactions on Mathematical Software (TOMS), 34(4): 1-36.

YU X, ZHANG S, LI J, et al, 2019. A multi-timescale EnOI-Like High-Efficiency approximate filter for coupled model data assimilation [J]. Journal of Advances in Modeling Earth Systems, 11(1): 45-63.

ZHANG H, TIAN X,2018. A multigrid nonlinear least squares four-dimensional variational data assimilation scheme with the advanced research weather research and forecasting model[J]. Journal of Geophysical Research: Atmospheres,123(10): 5116-5129.

ZHOU Y,ZHANG Y,LI J,et al,2020. Configuration and evaluation of a global unstructured mesh atmospheric model (GRIST-A20.9) based on the variable-resolution approach [J]. 13(12): 6325-6348.

ZHU M,VAN LEEUWEN PJ, AMEZCUA J,2016. Implicit equal-weights particle Filter [J]. 142(698).

附录 A
名词对照表

英文	英文简写	中文
adaptive covariance relaxation	ACR	自适应协方差松弛
adjoint model		伴随模式
Advanced Very High Resolution Radiometer	AVHRR	超高分辨率辐射计
Aircraft Meteorological Data Relay programme	AMDAR	飞机气象数据中继计划
An ECMWF Reanalysis from January 1989 onward	ERA-Interim	1989 年 1 月以后的 ECMWF 再分析
analysis		分析
analysis residual		分析残差
Archiving Validation and Interpretation of Satellite Oceanographic data	AVISO	法国国家空间研究中心卫星海洋学存档数据中心
Array for Real-time Geostrophic Oceanography	Argo	沉浮式海洋观测浮标
atmospheric motion vector	AMV	云导风
background		背景
Bayes' theorem		贝叶斯定理
Canadian Meteorological Center	CMC	加拿大气象中心
Conductivity Temperature Depth	CTD	温盐深仪
conjugate gradient	CG	共轭梯度
Consortium for small-scale modeling	COSMO	小尺度模式联盟
control variable transform	CVT	控制变量变换
Coordinated Universal Time	UTC	协调世界时
Coriolis		科里奥利
Covariance Understimation		协方差低估
Cumulative Distribution Function	CDF	累积概率分布函数
Data Assimilation	DA	资料同化
Deutscher Wetterdienst	DWD	德国气象局
Empirical Orthogonal Function	EOF	经验正交函数
ensemble		集合
Ensemble Kalman Adjustment Filter	EAKF	集合调整卡尔曼滤波
Ensemble Reduced-Rank Kalman Filter	EnRRKF	降秩集合卡尔曼滤波
Ensemble Transform Kalman Filter	ETKF	集合变换卡尔曼滤波
Ensemble Kalman Filter	EnKF	集合卡尔曼滤波
Ensemble Kalman Particle Filter	EnKPF	集合卡尔曼粒子滤波
Ensemble Kalman Smoother	EnKS	集合卡尔曼平滑
Ensemble Square Root Filter	EnSRF	集合均方根滤波
Ensemble Transform Particle Filter	ETPF	集合变换粒子滤波
Ensemble Variational Integrated Localized [or Lanzos]	EVIL	集合变分集成局地化
Environment Canada	EC	加拿大环境部
Equvalent Weight Particle Filter	EWPF	等权重粒子滤波

续表

英文	英文简写	中文
European Centre for Medium-Range Weather Forecasts	ECMWF	欧洲中期天气预报中心
European Organisation for the Exploitation of Meteorological Satellites	EUMETSAT	欧洲气象卫星开发组织
European Space Agency	ESA	欧洲空间局
Extended Kalman Filter	EKF	扩展卡尔曼滤波
fast Fourier transform	FFT	快速傅里叶变换
Filter		滤波方法
Finite Volume Coastal Ocean Model	FVCOM	非结构网格有限体积原始方程海洋模式
flow-dependence		流依赖
Four Dimensional Variational DA	4DVar	四维变分同化
Geophysical Fluid DynamicsLaboratory	GFDL	美国地球物理流体力学实验室
Geostationary Earth Orbiting Satellite	GEOS	地球静止轨道卫星
Global Drifter Program	GDP	全球海表漂流浮标计划
Global Ensemble Forecast System	GEFS	全球集合预报系统
Global Environmental Multiscale Model	GEM	全球环境多尺度模式
Global Forecast System	GFS	全球预报系统
Global Observing System	GOS	全球观测系统
Global Ocean Data Assimilation Experiment	GODAE	全球海洋数据同化实验
Global/Regional Assimilation and Prediction System	GRAPES	全球/区域通用数值天气预报系统
Hierarchical Ensemble Filter	HEF	分层集合滤波
hybrid		混合
HYbrid Coordinate Ocean Model	HYCOM	混合坐标海洋模式
Icosahedral Nonhydrostatic	ICON	正二十面 体非静力模式
Implicit Equal Weight Particle Filter	IEWPF	隐式等权重粒子滤波
Implicit particle filter	IPF	隐式粒子滤波
Incremental 4DVar	I4DVAR	增量四维变分同化
Inflation		膨胀
innovation		新息量
Integrated Forecast System	IFS	欧洲综合预报系统
inverse function		反函数
Jacobian		雅可比
Japan Aerospace Exploration Agency	JAXA	日本宇宙航空研究开发机构
Japan Agency for Marine-Earth Science and Technology	JAMSTEC	日本海洋地球科学技术厅
Japan Meteorological Agency	JMA	日本气象厅
Kalman Filter	KF	卡尔曼滤波
kernel density distribution mapping	KDDM	核密度分布映射

续表

英文	英文简写	中文
Laplacian		拉普拉斯
leapfrog		蛙跳
likelihood		似然
Local Ensemble Kalman Particle Filter	LEnKPF	局地集合卡尔曼粒子滤波方法
Local Ensemble Transform Kalman Filter	LETKF	局地集合变换卡尔曼滤波
localization		局地化
Localized Adaptive Particle Filter	LAPF	局地调整粒子滤波
Localized Weighted Ensemble Kalman Filter	LWEnKF	局地加权集合卡尔曼滤波方法
Lorenz96	L96	洛伦兹 96 模式
Low Earth Orbiting Satellite	LEOS	低地球轨道卫星
Markov Chain Monte Carlo	MCMC	马尔可夫链蒙特卡罗
Mean Dynamic Topography	MDT	平均动力高度
Met Office		英国气象局
Meteo-France		法国气象局
MIT General Circulation Model	MITgcm	美国麻省理工学院大气-海洋通用环流模式
Nansen Environmental and Remote Sensing Center	NERSC	挪威南森环境与遥感中心
National Aeronautics and Space Administration	NASA	美国国家航空航天局
National Center for Atmospheric Research	NCAR	美国国家大气研究中心
National Centers for Environmental Prediction	NCEP	美国国家环境预测中心
National Oceanic and Atmospheric Administration	NOAA	美国国家海洋和大气管理局
Navy Coupled Ocean Data Assimilation	NCODA	美国海军耦合海洋数据同化
Nonlinear Ensemble Adjustment Filter	NEAF	非线性集合调整滤波方法
Nonlinear Ensemble Transform Filter	NETF	非线性集合转换滤波方法
Nucleus for European Modelling of the Ocean	NEMO	欧洲海洋模式
Numerical Weather Prediction	NWP	数值天气预报
Objective Analysis		客观分析
Observing System Simulation Experiment	OSSE	模拟观测系统试验
Ocean general circulation models	OGCMs	海洋环流模式
Ocean Surface Current Analysis Real-time	OSCAR	海表流场实时分析
Optimal Interpolation	OI	最优插值法
particle		粒子
Particle Filter	PF	粒子滤波
posterior		后验
Princeton Ocean Model	POM	普林斯顿海洋模式
prior		先验
probability distribution function	pdf	概率密度函数

续表

英文	英文简写	中文
proposal density		提议密度
quasi-geostrophic	QG	准地转
Radiative Transfer for TOVS	RTTOV	大气快速辐射传输模式
Regional Ocean Model System	ROMS	区域海洋模式
relaxation-to-prior-perturbation	RTPP	背景扰动松弛
relaxation-to-prior-spread	RTPS	背景离散度松弛
Relaxtion		松弛
Root Mean Square Error	RMSE	均方根误差
Rossby		罗斯贝
Sea Level Anomaly	SLA	海表高度异常
Sea Surface Temperature	SST	海表面温度
Sea Surface Height	SSH	海表面高度
Sequential Importance Sampling	SIS	顺序重要性采样
Singular Value Decomposition	SVD	奇异值分解
Smoother		平滑方法
Spread		离散度
Stochastic Kinetic Energy Backscatter	SKEB	随机后向散射法
Stochastically Perturbed Parametrisation Tendency	SPPT	参数化倾向随机扰动法
Surface Synoptic Observations	SYNOP	地面气象观测
tangent linear model		切线性模式
The Advanced Regional Prediction System	ARPS	区域预报模式
Three Dimensional Variational DA	3DVar	三维变分同化
transition density		转移密度
Undersampling		欠采样
United States Naval Research Laborator	NRL	美国海军研究实验室
University Corporation for Atmospheric Research	UCAR	美国大学大气研究协会
Weather Research and Forecasting Model	WRF	中尺度天气预报模式
weight		权重
Weighted Ensemble Kalman Filter	WEnKF	加权集合卡尔曼滤波方法
World Meteorological Organization	WMO	世界气象组织
International Civil Aviation Organization	ICAO	国际民航组织

附录 B
符号列表

第 1 章

N_x	模式变量维数
$M(\cdot)$	数值预报模式
$\boldsymbol{x}_{n-1}$	$n-1$ 时刻的模式状态
$\boldsymbol{x}_{n,f}$	n 时刻的模式预报场
(u,v)	速度分量
(ψ,η)	涡度和散度
(Ψ,ξ)	流函数和势函数
$p(\cdot)$	概率密度函数
$\boldsymbol{x}^b$	背景场
$\boldsymbol{x}^a$	分析场
$\delta\boldsymbol{x}^a$	分析增量
$\boldsymbol{x}^t$	模式变量真值
N_y	观测维数
$\boldsymbol{y}$	观测
H	观测算子
$\boldsymbol{\epsilon}^b$	背景误差
$\boldsymbol{\epsilon}^o$	观测误差
$\boldsymbol{\epsilon}^m$	模式误差
$\boldsymbol{\epsilon}^a$	分析误差
$\boldsymbol{B}$	背景误差协方差矩阵
$\boldsymbol{R}$	观测误差协方差矩阵
$\boldsymbol{Q}$	模式误差协方差矩阵
$\boldsymbol{A}$	分析误差协方差矩阵
$\mathrm{var}(.)$	方差算子
$\mathrm{cov}(.,.)$	协方差算子
$\rho(.,.)$	相关系数算子
$\boldsymbol{T}$	模式状态的线性变换矩阵
$P(\cdot)$	概率分布
w_i	粒子的权重
C	常数
$\exp(.)$	自然常数的指数函数
$\boldsymbol{a}$	未知参数
$\boldsymbol{H}$	切线性观测算子
$\boldsymbol{K}$	卡尔曼增益矩阵
T_{ICAO}	ICAO 温度廓线
φ_{ICAO}	1013.25 hPa 上的位势

Λ	0.0065 km^{-1}(在 ICAO 对流层),0(在 ICAO 同温层)
ϕ_{ICAO}	ICAO 位势
T^*	表面温度
T_0	平均海平面温度
$e_{sat}(T)$	饱和水气压
$\boldsymbol{U}$	相对湿度
$\boldsymbol{q}$	比湿
PWC	可降水
sp	风速
dir	风向
υ	波数
θ	天顶角
$L(\upsilon,\theta)$	大气顶向上的辐射
$L^{Clr}(\upsilon,\theta)$	晴空大气顶的向上辐射
$L^{Cld}(\upsilon,\theta)$	云天大气顶的向上辐射
N	云量比例
T_s	地表温度
$B(\upsilon,T)$	Planck 函数
$\tau_s(\upsilon,\theta)$	地面至外空间的透过率
$\tau(\upsilon,\theta)$	各层至外空间的透过率
$\xi_s(\upsilon,\theta)$	地表发射率
$\tau_{cld}(\upsilon,\theta)$	云顶向外空间的透过率
T_{cld}	云顶温度
$\tau_{i,j}$	模式层 j 至外空间在通道 i 谱响应区间内的透过率
$\tau_{i,j}^{tot}$	通道透过率
N	折射率
n	折射率指数
$H_N(T,p,q)$	模式网格点上非球对称折射率
F_I	模式网格点上的折射率插值到射线的近地面切点位置的算子
H_a	根据近地面切点位置的折射率,利用 Abel 变换得出弯曲角的计算过程
α	弯曲角
erf	误差方程
σ^0	后向散射系数
p(VV,HH)	极化方式
θ	入射角
ϕ_R	风速 U 和风向的相对方位角
J_b	背景场的代价函数
J_o^{scat}	散射计风观测的代价函数
$\kappa=0.4$	卡门常数

s	能量变量
ϑ_{soil}	土壤湿度
ϑ_{vap}	场容量(2/7 体积单位)土壤湿度
W_{snow}	雪量
C_M	黏滞系数
C_H	加热系数

第 2 章

$\mathbf{y}^o$	观测量
$\mathbf{y}^t$	观测真值
$\mathbf{H}$	切线性观测算子
$\mathbf{H}^{\mathrm{T}}$	伴随观测算子
$\mathbf{M}$	切线性模式
$\mathbf{M}^T$	伴随模式
c	局地函数的截断参数(cutoff)
N	粒子(集合成员)数目
$\boldsymbol{\mu}$	提议密度的均值
$\boldsymbol{\Sigma}$	提议密度的方差
ρ	局地化函数
r	两空间位置的欧式距离
λ	膨胀系数
B_0	静态背景误差协方差
$P^b_{(N)}$	由 N 个集合成员统计得到的背景误差协方差
$\mathbf{B}_h$	混合背景误差协方差
χ_{var}	四维变分同化资料同化的控制变量
$\mathbf{L}$	控制变量转换算子
J_{inc}	增量形式的目标函数
$J^{En4DVar}$	集合四维变分同化资料同化的目标函数
χ_{ens}	集合四维变分同化资料同化的控制变量
$\underline{\mathbf{H}}_M$	时间序列的线性化观测算子与切线性模式的乘积
$\mathbf{W}^b$	从集合中统计得到的控制变量转换算子
$\mathbf{M}_{0,t}$	模式的切线性算子
$\mathbf{M}^T_{0,t}$	模式的伴随算子
$\mathbf{K}^h$	混合卡尔曼增益
$\mathbf{K}^{ens}$	纯 EnKF 的卡尔曼增益
$\mathbf{K}^{var}$	纯 Var 的卡尔曼增益
α	扩展控制变量
C_{loc}	控制集合扰动局地化的经验协方差矩阵
$\mathbf{U}$	混合集合四维变分的控制变量变换

J^{HEn4DVar}	混合集合四维变分的目标函数
$\boldsymbol{\chi}_h$	混合集合四维变分的控制变量
$\overline{\boldsymbol{x}}^a_{\text{ens}}$	纯集合卡尔曼滤波的分析均值
$\boldsymbol{x}^a_{\text{var}}$	纯变分的分析值
$\boldsymbol{x}^a_h$	混合分析值
$\boldsymbol{Z}_q$	控制空间中的 Hessian 矩阵特征向量矩阵
$\boldsymbol{\Theta}$	控制空间中的 Hessian 矩阵特征值矩阵

第 3 章

$R(.)$	各向同性的相关函数
L	长度尺度
$\boldsymbol{A}$	模式网格尺度运动(非参数化部分)对预报量倾向的贡献
$\boldsymbol{P}$	次网格物理过程参数化对预报量倾向的贡献
λ	经度
ϕ	纬度
r	某一区域内均匀分布的随机数
ζ	涡度
η	散度
(T, P_{surf})	温度和表面气压
q	湿度
$\boldsymbol{C}(\cdot)$	变量的自相关
$\boldsymbol{K}$	平衡算子
$\boldsymbol{B}_u$	平衡部分的背景误差协方差
$\boldsymbol{S}$	谱格变换
$\boldsymbol{V}$	模式非平衡变量在格点空间的方差
$\boldsymbol{E}$	非平衡变量在谱空间的垂直协方差矩阵的本征矢量
$\boldsymbol{D}$	非平衡变量在谱空间的垂直协方差矩阵的本征值
n	总波数
$\mathcal{H}$	水平平衡算
$\mathcal{M}, \mathcal{N}$	垂直平衡算子
$\psi_j(r), j=1,\cdots,k$	径向基函数
W_j	球面小波变换
$\hat{\psi}_j(n)$	ψ 的勒让德变换的第 n 个系数
$\boldsymbol{K}^k$	不同气象变量之间的物理变换
$\delta \boldsymbol{x}^m_n$	谱系数
$\boldsymbol{P}(\widetilde{\boldsymbol{W}})$	随机采样噪声能量谱
N_{trunc}	截断波数
A	低频系数

D　高频系数

$\sigma(j)$　尺度 j 上的标准偏差

T_A　迭代阈值

$\widetilde{\boldsymbol{X}}^e$　噪声

$\widetilde{\boldsymbol{X}}^{\mathrm{Ge}}$　噪声的高斯项

$\widetilde{\boldsymbol{X}}^{\mathrm{NGe}}$　噪声的非高斯项

$\widetilde{R}_{i,j}$　截断余项

第 4 章

N_x　模式变量维数

N_y　观测维数

N　粒子数目

$\boldsymbol{x}$　模式变量

$\boldsymbol{y}$　观测

$\boldsymbol{\mu}$　提议密度的均值

$\boldsymbol{\Sigma}$　提议密度的方差

$\boldsymbol{K}$　卡尔曼增益矩阵

$\boldsymbol{H}$　切线性观测算子

$\mathcal{H}(\cdot)$　观测算子

$\mathcal{M}(\cdot)$　预报模式

$\boldsymbol{Q}$　模式误差协方差矩阵

$\boldsymbol{R}$　观测误差协方差矩阵

B　局地块

D　局地域

c^B　局地块的截断参数

c^D　局地域的截断参数

c　局地函数的截断参数

N_{eff}　目标有效采样规模

α　提议权重的调整参数

β　β 膨胀系数

$w_{i,k}^*$　粒子 i 模式变量 k 的提议权重

$w_i^{o,j}$　同化观测 j 时，粒子 i 的似然权重，由 $p(y_j \mid x_i^{j-1})$ 计算得到

$l_{j,k}^c$　同化观测 j 时，局地函数对于模式变量 k 的值

$w_{i,k}^j$　同化观测 j 时，粒子 i 模式变量 k 的总权重

$\widetilde{w}_i^j$　同化观测 j 时，粒子 i 的似然权重，由 $p(y_j \mid x_i^0)$ 计算得到

$\boldsymbol{x}^0$　提议粒子

$\omega_{i,k}^j$　同化观测 j 时，粒子 i 模式变量 k 的局地似然权重

$\upsilon_{i,k}^j$　同化观测 j 时，粒子 i 模式变量 k 的局地总权重

Ω_k^j	同化观测 j 时，模式变量 k 的局地总权重的标准化系数
$x_{i,k}^j$	同化观测 j 时，粒子 i 的模式变量 k
$\overline{x}_k^j$	同化观测 j 时，模式变量 k 的加权均值
σ_k^j	同化观测 j 时，模式变量 k 的加权标准差
$r_{1,k}$	模式变量 k 的总权重的合并系数
$r_{2,k}$	模式变量 k 的上一步的总权重的合并系数
γ	合并方案中的合并参数
$P^{\text{in}}(\cdot)$	KDDM 的输入 CDF(KDDM:核密度分布映射)
$P^{\text{out}}(\cdot)$	KDDM 的输出 CDF(CDP:累积概率分布函数)
$\text{erf}(\cdot)$	误差函数
$x_{i,k}^a$	分析粒子 i 的模式变量 k

第 5 章

N_z	控制向量维数
$\boldsymbol{x}$	模式变量
$\boldsymbol{y}$	观测
$\boldsymbol{z}$	控制向量
$\boldsymbol{d}$	更新向量或者新息向量
$\boldsymbol{H}$	切线性观测算子
$\boldsymbol{M}$	切线性模式
$\boldsymbol{M}^T$	伴随模式
$\boldsymbol{G}$	切线性模式状态在观测空间中的投影算子
$\mathcal{H}(\cdot)$	非线性观测算子
$\mathcal{M}(\cdot)$	非线性预报模式
$\boldsymbol{Q}$	模式误差协方差矩阵
$\boldsymbol{R}$	观测误差协方差矩阵
$\boldsymbol{B}_x$	背景场初始条件误差协方差矩阵
$\boldsymbol{B}_f$	大气强迫场误差协方差矩阵
$\boldsymbol{B}_b$	侧边界条件误差协方差矩阵
$\boldsymbol{D}$	控制向量背景误差协方差矩阵
$\boldsymbol{K}_b$	平衡算子
$\boldsymbol{\Sigma}$	误差标准差
$\boldsymbol{C}$	相关系数矩阵
w_i	第 i 个粒子权重
w_i^{prev}	第 i 个粒子前一个时间步的权重值
w_{target}	目标权重
$\boldsymbol{\xi}$	服从标准正态分布的随机扰动
α	隐式等权重参数

$\boldsymbol{P}$	提议密度分析误差协方差矩阵
$\widehat{\boldsymbol{x}_i^n}$	第 i 个粒子提议密度取波峰值点
$\boldsymbol{x}_i^{a,0:n}$	4DVar 分析值
J_i	第 i 个粒子分析时刻的粒子权重的两倍对数值或 4DVar 代价函数
J_i^{prev}	第 i 个粒子分析时刻前一时刻的粒子权重的两倍对数值
$W(\cdot)$	Lambert W 函数
$E(\cdot)$	期望算子
$\boldsymbol{f}$	大气强迫场
$\boldsymbol{b}$	侧边界条件
$\boldsymbol{\eta}$	模式误差
$\boldsymbol{U}$	奇异值分解左奇异向量矩阵
$\boldsymbol{S}$	奇异值
$\boldsymbol{V}$	奇异值分解右奇异向量矩阵